VISUAL ENCYCLOP... ...SHIPS FOR ALL AGES

전함·군함

데이비드 로스(David Ross) 저 | 이동훈 옮김

백과사전

Human & Books

*일러두기

- 외국어는 원래의 발음에 가깝게 옮겼다. 다만 원음을 알 수 없는 일부는 영어식 발음으로 옮겼다.

- 적당한 번역어가 없거나 일반적으로 외국어를 사용하고 있어서 번역할 경우 오히려 혼동의 우려가 있는 단어는 외국어 발음대로 옮겼다.

- 원서에는 한국 배에 관해 정보가 부족하여 부록에 별도로 역사적으로 대표적인 한국 배에 관한 정보를 실었다.

- 인명과 약자 등은 괄호 안에 원문을 병기하였다. 또한 의미를 분명하게 하기 위해 필요한 경우에도 괄호 안에 원문을 병기하였다.

- 권말 색인은 이 책의 분류 체계와 순서에 따라 작성하였으며, 한글과 영어 명칭을 병기하였다.

전함·군함
백과사전

데이비드 로스(David Ross) 지음
이동훈 옮김

초판 발행 | 2018. 12. 25.

발행처 | **Human & Books**
발행인 | 하웅백
출판등록 | 2002년 6월 5일 제2002-113호
서울특별시 종로구 삼일대로 457 1009호(경운동, 수운회관)
기획 홍보부 | 02-6327-3535, 편집부 | 02-6327-3537, 팩시밀리 | 02-6327-5353
이메일 | hbooks@empas.com

ISBN 978-89-6078-681-3 (03390)

차례

서문

초기 인류가 바다나 호수와 같은 깊은 물을 건너가려면 3가지가 필요했다. 첫 번째는 사람이 탈 수 있는 배, 두 번째는 그 배를 추진할 방법, 세 번째는 그 배를 조향할 방법이었다. 인간들은 머나먼 선사 시대에 그 3가지를 여러 장소에서 여러 차례 발견 또는 발명한 것 같다. 최초의 배는 어떤 용도로 쓰였을까? 그건 상상에 맡길 수밖에 없다.

배에 대한 묘사는 배의 긴 역사에 비하면 비교적 최근에 나타났다. 6,000년 전 이집트 묘지의 배 그림이야말로 현존하는 배에 대한 묘사 중 가장 오래된 것이다. 이 그림 속에는 나무 범선이 나와 있다. 최초의 배는 아마 수송이나 어업 등 실용적이고 평화로운 목적으로 사용되었을 것이다. 물론 종교적인 목적으로도 사용되었을지 모른다. 죽은 이의 영혼을 싣고 사후 세계로 가는 배의 이미지는 매우 예전부터 존재했다. 또한 다른 모든 도구와 마찬가지로 배는 전쟁에 사용되었다. 창잡이를 태운 배는 매복 공격에 쓰였다. 배 자체에도 다른 배를 들이받아 격침시키기 위한 튼튼한 충각이 설치되었다.

기본 원리

배는 처음 등장한 이래 엄청나게 많은 응용과 확장, 추가 공정을 거쳐 왔다. 그러나 그 저변에 있는 기본은 변하지 않았다. 오늘날의 배의 능력은 과거의 배와는 비교할 수도 없을만큼 커졌다. 잠수하거나 수면 위를 스쳐 가면서도 먼 거리를 갈 수 있다. 그리고 매우 강력하고 정밀한 장비를 탑재하고 있다. 그러나 그 능력은 맨 처음에 말한 3가지 원칙을 정밀하게 다듬은 데서 온 것이다.

배의 발전과정

시대에 따른 배의 성능을 그래프로 나타낸다면, 대부분의 기간 동안 큰 발전이 없다가 노, 마스트, 가로돛, 조타노가 도입될 때마다 그 성능이 눈에 띄게 높아지게 될 것이다. 그리고 한참을 지나서 틸러, 타, 나침반, 바람에 적응하기 쉬운 세로돛, 타취차가 나오면서 또 높아졌다. 1790년대 증기 기관이 도입되면서 배의 성능은 급속도로 높아졌다. 동력 구동 체계, 철제 선체, 그 뒤를 이은 강철제 선체가 등장하고, 배의 크기도 급격히 커진 것이다. 동시에 군함의 파괴력도 크게 높아졌다. 강선포, 고폭탄, 어뢰는 물론, 핵탄두 탑재 대륙간 탄도 미사일까지도 나왔다. 기술 혁신은 계속 되고, 새로운 수요에 맞춰 새로운 형태의 배가 나왔다. 얼마 안 있어 원격 조종되는 배들이 해저를 굴착하는 모습도 보게 될 것이다.

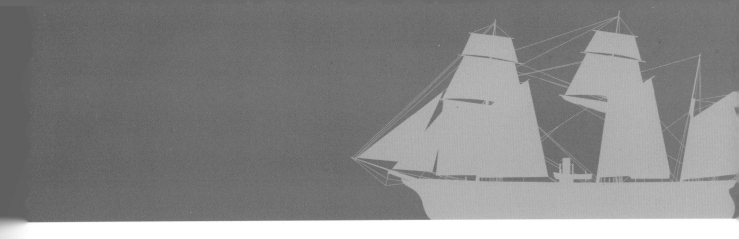

복잡한 건조

높은 마스트에 돛을 단 큰 범선의 모습은 사람들을 매혹시킨다. 반면 최신예 슈퍼 탱커를 보러 많은 사람들이 모여들지는 않는다. 배에는 언제나 실용성과 미학이 뒤섞여 있다. 그리고 배는 어느 시대에나 인간이 만든 가장 복잡한 구조물이었다. 최첨단 선박들도 구식 범선만큼 아름다운가? 이는 격한 논쟁을 낳을 수 있는 질문이다. 그러나 배는 언제나 흥미와 열정을 자아내는 대상이라는 데는 이론의 여지가 없다.

2001년 진수된 USS 로널드 레이건 함. 니미츠급 초대형 항공모함이다. 세계 최대 규모의 해군 주력함이다.

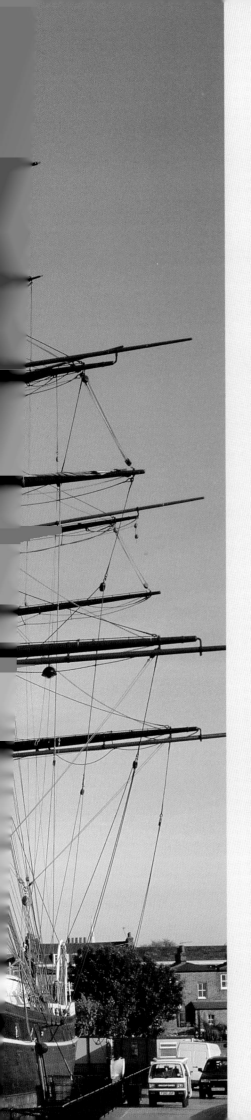

1899년까지의 함선들

최초의 배는 나무가 아닌 갈대를 엮어서 만들었을지도 모른다. 만약 그렇다면, 아프리카와 남미에서 같은 기술이 아직 쓰이는 것에 주목해야 할 것이다.

구할 수 있는 자원과 배의 건조 목적이 변하지 않았고, 건조 기법도 조기에 완성되었기 때문에 더 이상의 발전은 가능하지도 않았고 필요하지도 않았다. 같은 이유로 조정 보트도 오늘날까지 어느 항구에서건 볼 수 있다. 그러나 이 장을 읽어보면 시간이 흐를수록 조선업자들이 자연력과 기계력을 더욱 효율적으로 이용한 역사를 알 수 있을 것이다.

왼쪽: 1869년에 진수된 커티 사크는 중국 차 무역을 위해 건조된 최후의 고속 클리퍼들 중 하나다. 전속력시에는 당시의 증기선보다도 빨랐다.

초기의 함선

고고학 연구 결과에 따르면, 최초의 배는 갈대를 엮어 만들었다고 한다. 그리고 이러한 건조 기술은 이집트와 남미에서 발전되었다고 한다. 그러나 목선의 유래도 매우 오래되었다. 처음 나온 목선은 통나무의 안을 파내어 만들었고, 그 다음에는 나무 판자를 짜맞추어 만들었다. 돛과 노 역시 선사 시대의 발명품이다.

이집트 갈대배

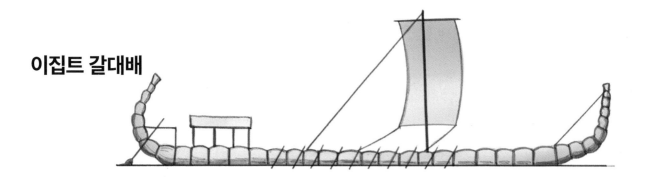

고대 이집트는 나무가 귀했다. 그러나 나일강 삼각주에는 키 큰 파피루스가 흔했다. 이런 형태의 배는 최소 기원전 3200년부터 만들어졌다. 당시 이미 조향 노도 있었다. 갈대배의 수명은 잘 해봐야 몇 달이었다. 그러나 신속 저렴하게 건조할 수 있었다.

제원	
유형: 이집트 갈대배	
크기: 16.5m×2.7m×1.5m(54피트×9피트×5피트)	
삭구장치: 마스트 1개, 가로돛	
화물: 물고기, 갈대, 곡식	
건조년도: 기원전 3200년	

쿠푸 배

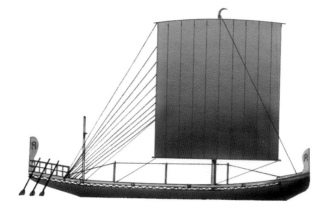

수입한 삼나무로 건조한 이 배는 현존하는 가장 오래된 배 중 하나다. 측판은 로프로 고정되어 있고, 용골은 없다. 예식용으로 건조된 이 배는 2개의 갑판 선실을 갖추고 있다. 노와 돛도 있어서 맞바람과 나일 강의 물살을 거슬러 나아갈 수 있다.

제원	
유형: 이집트 삼나무 배	
배수량: 95.5미터톤(94영국톤)	
크기: 43.6m×5.7m×1.45m(143피트×18피트 7인치×4피트 9인치)	
삭구장치: 마스트 1개, 가로돛	
정원: 12명	
건조년도: 기원전 2500년	

TIMELINE

기원전 3200년   기원전 2500년   기원전 1550년

나일 바지선

이 배는 오벨리스크를 싣고 아스완을 출발해 하류의 룩소르까지 갈 수 있도록 특별 설계되었다. 이런 배는 상당히 많은 화물을 실을 수 있다. 오벨리스크만 해도 2개를 동시에 탑재할 수 있다. 무동력선이고 조향 노 4개를 탑재하고 있다. 작은 노선 27척에 예인되어 움직인다. 큰 구조물을 지지하기 위해 로프를 사용했다.

제원	
유형: 이집트 오벨리스크 바지선	
배수량: 만재시 1,524미터톤(1,500영국톤)	
크기: 59.4m×21.3m×2.1m(195피트×70피트×7피트)	
삭구장치: 없음	
정원: 보조 승조원까지 합쳐 900명	
건조년도: 기원전 1550년	

페니키아 화물선

이집트 동굴 벽화는 이 무역선이 존재했다는 증거다. 이 배는 목선이고 주 동력은 노, 보조 동력은 돛이다. 마스트 꼭대기에 달린 밧줄 사다리, 물이나 포도주를 담는 암포라(항아리), 갑판의 화물과 노군을 분리하는 목적으로 추정되는 고리버들 울타리가 특징이다.

제원	
유형: 페니키아 노 화물선	
크기: 16.8m×3.7m×1.5m(55피트×12피트×5피트)	
삭구장치: 마스트 1개, 위 가로대와 아래 가로대 사이에 걸린 가로돛	
정원: 12명	
화물: 원목, 물고기, 곡식, 금속, 포도주	
건조년도: 기원전 1500년	

그리스 화물선

높은 마스트와 넓은 돛을 보건대 노는 정박할 때나 바람이 없을 때 등 꼭 필요할 때만 썼던 것 같다. 선체는 소나무판을 이용해 가볍게 만들어졌다. 선수에 충각이 있는 것으로 볼 때 전시(기원전 479년 페르시아 전쟁 등)에는 군함으로 사용도 가능했던 것 같다.

제원	
유형: 그리스 화물 범선	
크기: 15.2m×4.3m×1.8m(50피트×14피트×6피트)	
삭구장치: 마스트 1개, 축범식 가로돛	
정원: 8~10명	
화물: 포도주, 원목, 곡식, 양모, 가죽	
건조년도: 기원전 500년	

 기원전 1550년   기원전 500년

갤리 군함

중세 시대까지 노선은 해군의 주요 전투함이었다. 심지어 중세에도 지중해와 발트해에서는 그랬다. 선체 설계는 돛과 조향장치의 설계보다 훨씬 빠르게 발전했다. 최대 200명의 노군이 움직이는 대형 갤리선은 근접전에 쓰였다.

이집트 갤리

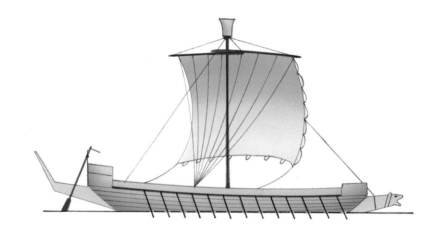

파라오 <람세스 3세>의 해군에서 이 배는 중요했다. 용골과 충각 능력을 갖추고 있다. 현장으로 노군을 보호하고, 함수에서부터 함미에 걸쳐 적함과의 근접전을 위한 전투대가 있다. 마스트 상단에 견시소가 있으며, 줄로 돛의 면적을 줄일 수 있다.

제원	
유형: 이집트 갤리 군함	
크기: 25.9m×5.5m×1.2m(75피트×14피트×5피트)	
삭구장치: 마스트 1개, 두 개의 막대로 이루어진 하나의 가로대에 설치된 가로돛	
정원: 노군 24명+사관 및 수병들	
건조년도: 기원전 1180년	

페니키아 비레메

페니키아는 500년 이상 지중해의 강국이었다. 이 비레메(2단 갤리)의 세부는 추정에만 의존할 뿐이다. 그러나 속을 비운 통나무로 건조되었던 것 같다. 이중 갑판, 함수에서 함미까지 노군들 위에 배치된 전투대, 함수에 설치된 충각 등을 갖추고 있다.

제원	
유형: 페니키아 갤리 군함	
크기: 27.4m×4.3m×1.8m(90피트×14피트×6피트)	
삭구장치: 마스트 1개, 가로돛	
정원: 노군 56명+사관 및 수병들	
건조년도: 기원전 700년경	

TIMELINE

기원전 1180년   기원전 700년   기원전 500년

그리스 트리레메

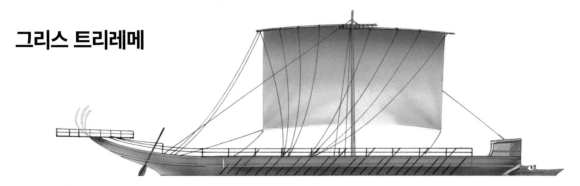

노가 3단으로 배치되어 있어 11.5노트의 충각 속도를 낸다. 기원전 650년 코린토스에서 처음 만들어졌을 것으로 추정되는 트리레메는 크기, 속도, 기동성 면에서 당대 최강의 군함이었다. 전투대 갑판은 함수에서 함미까지 있고, 짧은 앞 마스트와 주 마스트가 설치될 수 있다.

제원	
유형: 그리스 갤리 군함	
배수량: 약 50미터톤(49영국톤)	
크기: 32.5m×4.6m×1.1m(106피트 7인치×15피트×3피트 6인치)	
삭구장치: 마스트 1~2개, 두 조각으로 이루어진 가로대에 가로돛 설치	
정원: 노군 170명+사관 및 수병	
건조년도: 기원전 500년	

로마 퀸쿼레메

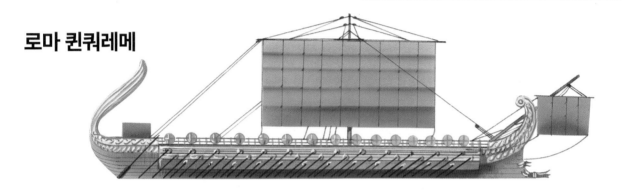

이름만 보고 노가 5단이라고 생각해서는 안 된다. 이 배에서 노는 3단으로 배치된다. 맨 아래 층에는 노 하나에 노군이 1명씩, 2층과 3층에는 노 하나에 노군이 2명씩 붙는다. 로마 군함은 그리스 군함보다 보통 빔이 넓었다. 따라서 해전에서 힘은 세지만 기동력은 떨어졌다.

제원	
유형: 로마 갤리 군함	
크기: 빔 5m(16피트 4인치)	
삭구장치: 제거 가능한 마스트 1개, 가로돛	
무장: 발리스타(대형 투석기)	
정원: 노군 300명, 사관, 수병 120명	
건조년도: 기원전 350년	

로마 트리레메

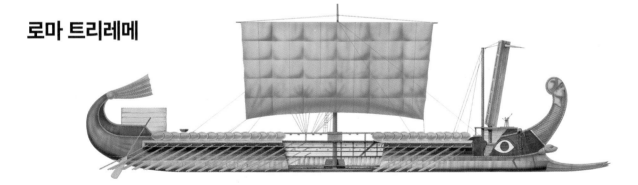

로마는 카르타고와 오랜 전쟁을 벌이면서, 카르타고의 함선 설계를 본떠 대형 트리레메를 만들었다. 충각, 발리스타 외에도 적함에 화로도 던졌다. 또한 대형 승선대가 있으며, 여기 있는 못으로 적함을 찌를 수 있다.

제원	
유형: 로마 갤리 군함	
크기: 35m×4.6m×1.5m(115피트×15피트×5피트)	
삭구장치: 마스트 1개, 가로돛	
정원: 노군 190명 사관 및 수병	
건조년도: 기원전 200년경	

기원전 350년   기원전 200년

중세 초기의 함선 제1부

인구가 늘어나고 기술이 발전하고 국제 교역이 증가하면서 함선의 설계도 새롭게 발전했다. 돛의 중요성이 커졌고 그 사용 기술도 발전되었다. 배의 숫자도 크게 늘어났다. 이때까지만 해도 아직 상선을 쉽게 군용으로 전용할 수 있었다.

지중해 화물선

이런 배들은 보통 이탈리아, 그리스, 북아프리카, 중동 간을 운항했다. 마스트가 기울어져 있기 때문에 더 확실히 지지할 수 있다. 세로돛은 바람이 강하게 불 때는 접을 수 있다. 이는 아랍에서 배워 온 신기술이었다. 아랍의 배도 지중해에서 흔하게 볼 수 있었다.

제원	
유형: 소형 화물범선	
크기: 24.4m×7.6m×2.7m(80피트×25피트×9피트)	
삭구장치: 앞으로 기울어진 마스트, 이중 원재에 설치된 세로돛	
정원: 5~8명	
화물: 포도주, 기름, 곡식, 나무, 가죽	
건조년도: 서기 800년경	

스칸디나비아 바이킹선

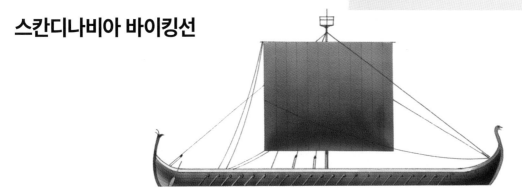

바이킹은 도둑이지만 상인이기도 했다. 바이킹선은 두 용도에 모두 최적이었다. 바이킹선은 처음부터 북구식 클링커 건조방식(나무판을 겹쳐서 뱃전을 만드는)으로 만들어졌다. 마스트는 튼튼한 떡갈나무 용골에 연결되어 있다. 사람과 동물도 나를 수 있지만 지붕이 없기 때문에 건조한 상태를 유지해야 하는 화물 운반에는 좋지 않다.

제원	
유형: 갤리 범선	
크기: 36.6m×6.1m×1.1m(120피트×20피트×3피트 6인치)	
삭구장치: 마스트 1개, 가로돛	
정원: 44~50명	
건조년도: 서기 900년경	

TIMELINE   기원전 800년   기원전 900년   1200

이탈리아 화물선

이미 1200년이 되면 이 설계도 이미 구식이 되었다. 그러나 그 시점에도 아직 그림에 나온 것처럼 2개의 마스트를 사용해 풍력을 더 많이 잡아주는 배들은 있었다. 지중해의 배들은 카벌식 건조 방식으로 만들어졌다. 카벌식은 외판을 서로 겹치지 않고 연결하는 방식이다. 선수와 선미의 대를 보면 전투를 염두에 두고 건조되었음을 알 수 있다.

제원	
유형: 화물 범선	
배수량: 약 76미터톤(74.7영국톤)	
크기: 21.3m×7.6m×2.7m(70피트×25피트×9피트)	
삭구장치: 마스트 1~2개와 이중 원재에 세로돛	
정원: 6~10명	
화물: 곡식, 포도주, 원목, 기름, 노예	
건조년도: 1200년경	

스웨덴 화물선

1930년대 칼마르 만의 진흙탕 속에서 발견된 이 배는 현재 알려진 것 중 가장 먼저 타를 사용한 배다. 타는 과거의 조향노가 고정 장비로 변한 것이다. 이 배는 클링커식으로 건조되었고, 부분 갑판식이다. 짧은 뱃머리돛대를 보면 지삭삼각돛을 실었음도 알 수 있다. 이 배는 양묘기를 장비하고 있어 그물을 잡아당기거나 닻을 끌어올릴 수도 있다.

제원	
유형: 화물 범선	
배수량: 20미터톤(19.7영국톤)	
크기: 11.1m×4.6m×1.1m(36피트 6인치×15피트× 3피트 6인치)	
삭구장치: 제거 가능한 마스트 1개, 가로돛, 앞돛	
정원: 4명	
화물: 건어물, 원목, 광석, 통에 담긴 상품	
건조년도: 1200년경	

한자 코그선

한자 동맹은 이런 배를 많이 보유하고 있었다. 이 배는 당시 기준으로 작고 항해 능력이 뛰어나면서도 효율적이었다. 선체는 적재 능력을 극대화시킬 수 있도록 둥글게 제작되었다. 선미대 아래쪽의 선실에 소수의 승객을 탑승시킬 수도 있었다. 지난 1962년 브레멘의 베저 강에서 전형적인 코그선이 발견되었다.

제원	
유형: 화물 범선	
배수량: 122미터톤(120영국톤)	
크기: 24m×8m×3m(78피트 9인치×26피트 3인치×10피트)	
삭구장치: 마스트 1개, 가로돛	
정원: 6~8명	
화물: 석탄, 목재, 포도주, 양모, 가죽, 생선	
건조년도: 1239년	

1239

헨리 그레이스 어 듀

초대형 카라크선 계열로 건조되어 대형 함포를 탑재하고 사격하는 이 배는 잉글랜드 왕 헨리 8세의 기함이기도 했다. <그레이트 해리>로도 알려진 이 배는 1536~1539년에 걸쳐 21문의 대형 청동 함포와 130문의 소형 철 함포를 탑재하도록 개조되었다. 에드워드 6세의 즉위에 맞춰 <에드워드>로 개칭된 이 배는 1553년 화재로 소실되었다.

이때까지만 해도 잉글랜드 해군의 군함들은 상선을 개조한 것들이었다. 따라서 전시에는 상선의 구입이나 개조에 애를 먹었다. 대형 카라크선인 <헨리 그레이스 어 듀>는 처음부터 자매함 <메리 로즈>, <그레이트 갤리>와 마찬가지로 군함으로 건조되었다.

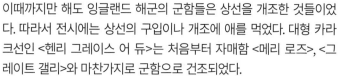

제원

유형: 잉글랜드 군함	
배수량: 약 1,659미터톤(1,500영국톤)	
크기: 약 57.9m×15.2m(190피트×50피트)	
삭구장치: 마스트 4개, 앞쪽 및 주 마스트는 가로돛, 후부 마스트은 세로돛	
주무장: 대형 함포 43문, 소형 함포 141문	
진수년도: 1514년	

전투 망루
기존의 배와는 달리 가로돛들이 많아 전투 망루의 효율적인 배치가 어려웠다.

함미루
그레이트 해리의 함미루는 길고 이층갑판으로 되어 있어 왕과 그 수행원들을 모두 수용할 수 있었다.

포문
방수 처리가 되어 있지 않은 등 부적절하게 만들어진 포문은 배의 침수 및 신속한 침몰을 불러왔다. 1545년 메리 로즈 함도 이 때문에 침몰했다.

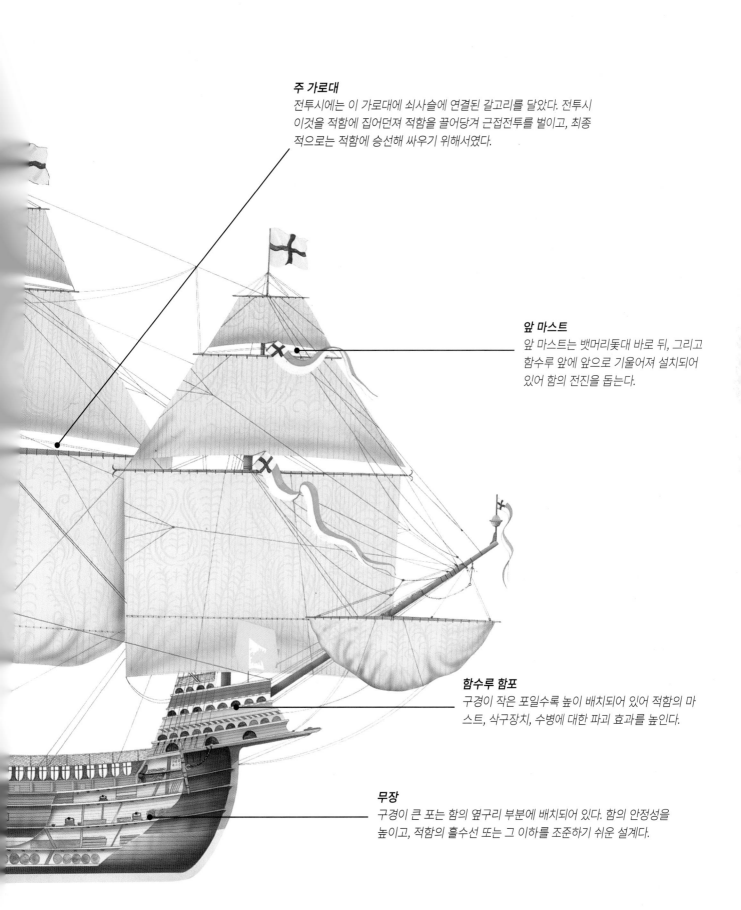

주 가로대
전투시에는 이 가로대에 쇠사슬에 연결된 갈고리를 달았다. 전투시 이것을 적함에 집어던져 적함을 끌어당겨 근접전투를 벌이고, 최종적으로는 적함에 승선해 싸우기 위해서였다.

앞 마스트
앞 마스트는 뱃머리돛대 바로 뒤, 그리고 함수루 앞에 앞으로 기울어져 설치되어 있어 함의 전진을 돕는다.

함수루 함포
구경이 작은 포일수록 높이 배치되어 있어 적함의 마스트, 삭구장치, 수병에 대한 파괴 효과를 높인다.

무장
구경이 큰 포는 함의 옆구리 부분에 배치되어 있다. 함의 안정성을 높이고, 적함의 흘수선 또는 그 이하를 조준하기 쉬운 설계다.

중세 초기의 함선 제2부

항법술, 건조술, 조함술의 발전으로 인해 장거리 전투의 효율이 높아졌으며, 민간 무역 및 여행도 편리해졌다. 여러 곳에서 조향노를 지닌 구식 함선을 여전히 만들고 있었으며 마스트의 개수도 1개가 일반적이었다.

베네치아 십자군 군함

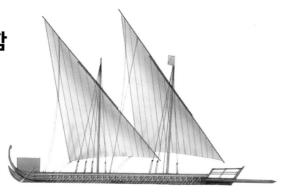

베네치아는 유럽과 팔레스타인 사이에 병력과 보급품을 옮겨주며 이득을 얻었다. 13세기 후반이 되면 이런 갤리식 배에도 세로돛이 달린 마스트 2개가 이동 속도를 높이기 위해 설치되었다. 갑판은 2중이며 조향노를 갖추고 있다. 충각도 있어 전투에도 사용 가능하다.

제원	
유형: 수송용 갤리	
배수량: 약 122미터톤(120영국톤)	
크기: 25.8m×6.4m×3.4m(84피트 6인치×21피트×11피트)	
삭구장치: 세로돛이 달린 마스트 2개, 3토막으로 이루어진 가로대	
정원: 불명	
화물: 병력, 말, 사료, 공성장비, 기타 물자	
건조년도: 1268년	

크리스토퍼 오브 더 타워

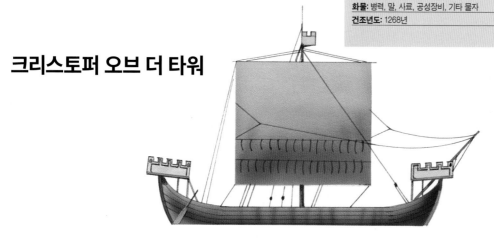

함포를 장비한 최초의 군함 중 하나다. 적함의 갑판과 전투 망루에 있는 수병들을 사살하기 위해 3문의 철포를 장비하고 있었다. 이름에 들어간 <오브 더 타워>는 무장 설치를 왕립 조병창에서 했음을 의미한다. 이 배는 1339년 프랑스에 노획되었으나, 1340년 슬루이스 해전에서 잉글랜드군에 탈환되었다.

제원	
유형: 범장 군함	
배수량: 305미터톤(300영국톤)	
크기: 불명	
삭구장치: 전투 망루와 가로돛을 갖춘 마스트 1개	
무장: 철포 3문	
건조년도: 1338년경	

TIMELINE

1268	1338	1370

잉글랜드 군함

14세기 후반 잉글랜드에서는 이만한 크기와 설계의 군함이 최대 200척 건조되었다. 상당한 크기의 함미루가 있는 함체는 코그 선의 설계를 꽤 많이 참조했다. 뱃머리돛대의 길이는 길지만 돛을 매달 수 있을 것 같지는 않다.

제원	
유형: 범장 군함	
배수량: 약 122미터톤(120영국톤)	
크기: 22.9m×6.7m×2m(75피트×22피트×6피트 6인치)	
삭구장치: 마스트 1개, 가로돛, 뱃머리돛대에 연결된 지주.	
정원: 수병 10명, 이외에 사관과 전투병	
건조년도: 1370년경	

덴마크 군함

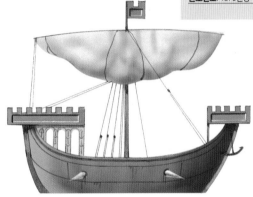

이 배의 설계 개념은 군함으로 개조한 상선이다. 기본적으로는 앞에 나온 배와 같지만, 함체 형상이 다르고, 함수루와 함미루의 구조도 좀 대충인 모습이다. 측면에 달린 스파이크는 적함을 붙잡을 때 도움이 된다. 스캄스트루프의 교회 천정 벽화에도 이 배가 그려져 있다.

제원	
유형: 개조된 범장 군함	
크기: 30.5m×6.1m×1.5m(100피트×20피트×5피트)	
삭구장치: 마스트 1개, 가로돛	
정원: 수병 6~8명, 사관, 전투병	
건조년도: 1390년	

스페인 군함(나오)

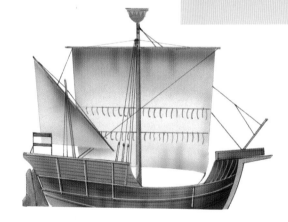

나오(Não)는 스페인어로 배(또는 대형 배)라는 뜻이다. 스페인은 함선 설계의 유행을 주도해 나가는 국가였다. 세로돛이 걸린 두 번째 마스트는 긴 선미루 갑판 위에 설치되어 있다. 급경사로 위로 들린 뱃머리돛대는 앞 마스트와 비슷해지고 있다. 클링커식으로 건조된 함체의 함미에 대형 타가 달려 있는 것도 주목하라.

제원	
유형: 범장 군함	
배수량: 152.5미터톤(150영국톤)	
크기: 19.8m×6.7m×2m(65피트×22피트×6피트 6인치)	
삭구장치: 가로돛을 장비한 주 마스트, 세로돛을 장비한 후부 마스트	
정원: 수병 15-20명, 사관, 전투병	
건조년도: 1450년	

1390   1450

산 마르틴

포르투갈을 위해 건조되었던 이 배는 1580년 포르투갈이 스페인에 합병되면서 1582년 테르세이루 전투 당시 스페인 해군의 기함을 맡았다. 스페인은 이 전투에서 프랑스에 맞서 싸워 승리했다. 스페인은 1588년 잉글랜드에 무적함대를 원정 보낼 때도 이 배를 기함으로 사용했다. 잉글랜드 군함들과 격렬한 전투를 벌인 이 배는 잉글랜드군 포탄 200여발을 맞고도 살아남았다. 비록 전투에서 패하고, 폭풍까지 만났지만 스페인까지 돌아가는 데 성공했다.

산 마르틴

스페인이 무적함대를 건설하던 시기, 산 마르틴은 함대의 최강 전력으로 여겨져 무적함대 사령관 메디나 시도니아 공작의 기함으로 선정되었다. 이 배는 1588년 그레벨링건 전투에서 큰 피해를 입었으나, 적의 공격에서 벗어나 거친 폭풍을 뚫고 무적함대를 이끌고 스페인으로 돌아왔다.

제원	
유형: 스페인 갈레온	
배수량: 약 1,016미터톤(1,000영국톤)	
크기: 빔 9.3m(30피트 9인치)	
삭구장치: 마스트 4개, 앞 마스트 및 주마스트에는 가로돛, 후부 마스트에는 세로돛	
주무장: 대형 함포 48문	
정원: 수병 및 포수 350명, 아르퀘부스 사수 및 머스켓 사수 302명	
진수년도: 1579년경	

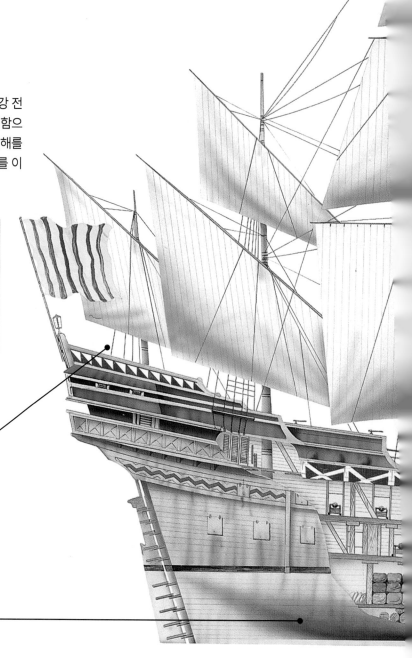

전투원
아르퀘부스 사수 및 머스켓 사수들은 덩치 큰 함수루 및 함미루에 배치되어 적함을 향해 사격했다.

함체
이베리아 갈레온들은 측면이 높아 근접전 시 적함에 갈고리를 던진 다음 승함하는 데 유리했다.

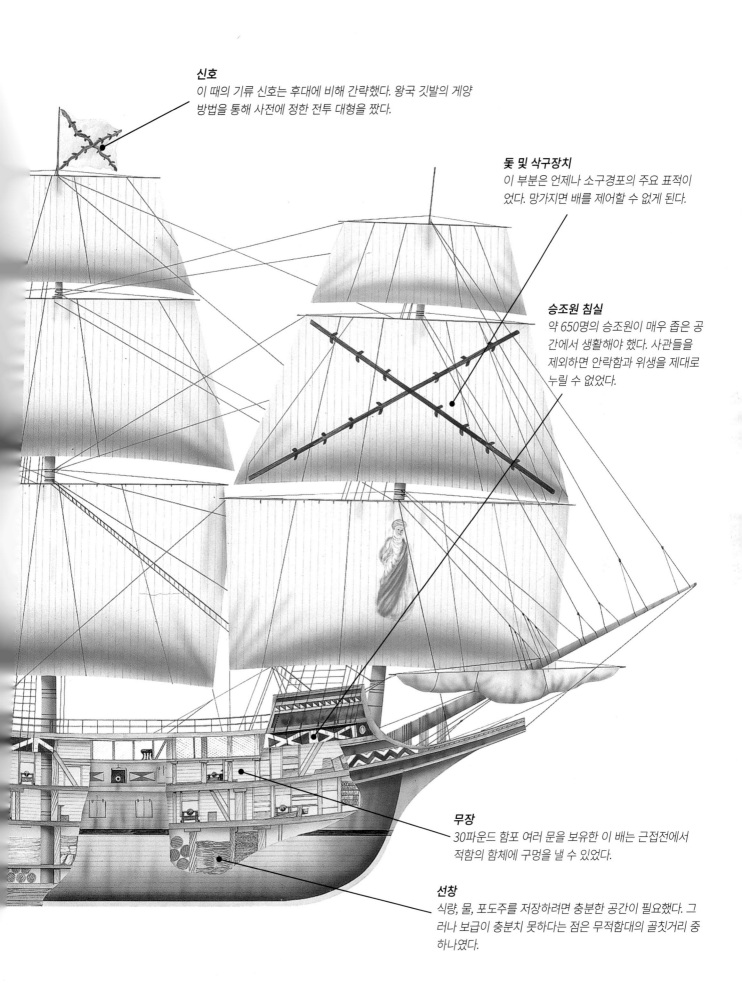

신호
이 때의 기류 신호는 후대에 비해 간략했다. 왕국 깃발의 게양 방법을 통해 사전에 정한 전투 대형을 짰다.

돛 및 삭구장치
이 부분은 언제나 소구경포의 주요 표적이었다. 망가지면 배를 제어할 수 없게 된다.

승조원 침실
약 650명의 승조원이 매우 좁은 공간에서 생활해야 했다. 사관들을 제외하면 안락함과 위생을 제대로 누릴 수 없었다.

무장
30파운드 함포 여러 문을 보유한 이 배는 근접전에서 적함의 함체에 구멍을 낼 수 있었다.

선창
식량, 물, 포도주를 저장하려면 충분한 공간이 필요했다. 그러나 보급이 충분치 못하다는 점은 무적함대의 골칫거리 중 하나였다.

탐험의 시대

1450년대부터 지리학자들과 탐험가들은 꾸준히 지식의 지평을 늘려 나갔다. 이 추세의 선두에 선 나라는 당대의 해군 최강국이었던 포르투갈과 스페인이었다. 또한 예전에는 감히 꿈도 꿀 수도 없을만큼 먼 거리를 가는 배도 건조되었다. 금, 은, 향신료 등 귀중한 물건을 획득해 가져오기 위해서였다.

니냐

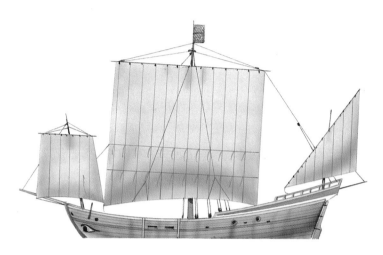

세로돛을 지닌 카라벨 선(저갑판선)으로 만들어진 니냐는 선수에 3번째 마스트를 설치해 카라벨라 레돈다 선으로 개조되어 속도와 감항성이 우수해졌다. 1492년에는 크리스토퍼 콜럼버스의 제1차 대서양 횡단 원정대의 기함을 맡았다. 이 배는 그 외에도 대서양을 최소 4번 더 건너갔다.

제원
유형: 스페인 범선
배수량: 약 76미터톤(74.8영국톤)
크기: 18.3m×5.5m×2.1m(60피트×18피트×7피트)
삭구장치: 앞 마스트 및 주마스트에는 가로돛, 후부 마스트에는 세로돛
정원: 24명
건조년도: 1491년경

상 가브리에우

인도행 항로를 탐사하기 위해 건조된 이 배는 바스코 다 가마 원정대의 기함이었다. 이 원정대는 1497년부터 1499년 사이에 아프리카 대륙을 돌아갔다. 고갑판 나오인 이 배는 여러 혁신적인 특징을 지니고 있다. 상단 주돛이나 뱃머리돛대에 달리는 앞돛 등이 그 특징이다. 이러한 특징들은 더 큰 배들의 표준으로 급속히 퍼져나갔다.

제원
유형: 포르투갈 범선
배수량: 약 101.5미터톤(100영국톤)
크기: 21.3×7×2.7m(70×23×9피트)
삭구장치: 상단 주돛을 갖춘 가로돛(앞 마스트 및 주 마스트), 후부 마스트의 세로돛
무장: 함포 20문
정원: 60명
건조년도: 1497년경

TIMELINE   1491   1497   1519

라 도핀

이 3마스트 카라벨 선은 1523년에 지오바니 다 베라차노의 지휘
하에 대서양 횡단에 성공했다. 다 베라차노는 원래 중국으로 가는
뱃길을 뚫고자 했다. 대신 이 배는 북미 대륙 해안에 도착했다. 배의
선원들은 오늘날의 뉴잉글랜드 해안의 지도와 해도를 만들었다. 배
가 디에프로 돌아온 것은 1524년 7월이었다.

제원	
유형: 프랑스 카라벨	
배수량: 101.5미터톤(100영국톤)	
크기: 24.5m×5.8m×4.6m(80피트×19피트×15피트)	
삭구장치: 상단 주돛을 갖춘 가로돛(앞 마스트 및 주 마스트), 후부 마스트의 세로돛	
정원: 50명	
건조년도: 1519년	

골든 하인드

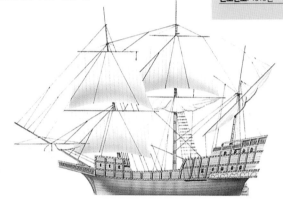

처음에 펠리칸이라고 불리웠던 이 배는 프랜시스 드레이크가 1577
년부터 1580년에 걸쳐 세계일주 항해를 할 때 썼던 기함이었다. 작
지만 무장이 탁월한 이 배는 탐험선적 요소도, 해적선적 요소도 모
두 갖추고 있었다. 이중 선체 구조인 이 배는 외판 사이에 타르를 칠
한 말털을 넣어 바다 벌레를 예방했다. 이 배는 이후 런던에 보존되
었지만, 1660년이 되자 완전 부패되고 말았다.

제원	
유형: 잉글랜드 갈레온	
배수량: 약 152.5미터톤(150영국톤)	
크기: 21.3m×5.8m×2.7m(70피트×19피트×9피트)	
삭구장치: 앞 마스트와 주 마스트에는 주돛 및 상단 주돛을 갖춘 가로돛과 중간돛, 후부 마스트에는 세로돛	
무장: 함포 18문	
정원: 80~85명	
건조년도: 1576년	

트라이엄프

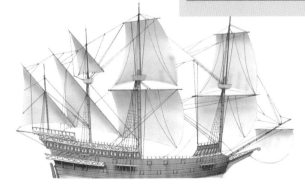

잉글랜드와 스페인 간의 해군력 경쟁으로 인해, 스페인 갈레온보
다 더 길고 폭이 좁은 잉글랜드 갈레온이 나왔다. 각형함미를 보유
해 속도와 기동성이 우월했다. 트라이엄프는 가장 큰 잉글랜드 갈레
온이었으며, 1588년 스페인 무적함대와의 전투에서 중요한 역할을
맡았다.

제원	
유형: 잉글랜드 갈레온 군함	
배수량: 1,117.6미터톤(1,100영국톤)	
크기: 64m×15.5m×6.4m(210피트×51피트×21피트)	
삭구장치: 마스트 4개: 앞 마스트와 주 마스트에는 가로돛, 후부 마스트에는 세로돛	
무장: 함포 60문	
정원: 수병 300명, 포수 40명, 전투병 180명	
건조년도: 1580년경	

1576

1580

소버린 오브 더 시즈

영국 왕 찰스 1세의 권위의 상징이었던 이 배는 진정한 전투함이었고, 당대 최대의 군함이었다. 아마 상단돛 위에 최상단 돛을 단 최초의 배였을 것이다. 그러나 함체가 워낙 커서 속도는 느렸다. 3차례의 영국 네덜란드 전쟁에서 싸웠던 이 배는 1703년 실화로 파괴되었다.

소버린 오브 더 시즈

배 대목 피니어스 피트의 걸작인 소버린 오브 더 시즈는 잉글랜드의 강력한 해군력과 잉글랜드 스코틀랜드 국왕의 위엄을 시현하는 것이 건조 목적이었다. 3개의 완전한 포갑판을 장비한 이 배는 100여문의 대형 함포를 장비한 최초의 군함이었다.

제원	
유형: 영국 군함	
배수량: 1,159미터톤(1,141영국톤)	
크기: 70.7m×14.2m×7.1m(232피트×46피트 6인치×23피트)	
삭구장치: 마스트 3개. 앞 마스트와 주 마스트에는 가로돛이, 후부 마스트에는 세로돛과 중간돛	
주무장: 함포 102문	
정원: 수병 250명, 이외에 포수 및 전투병	
진수년도: 1637년	

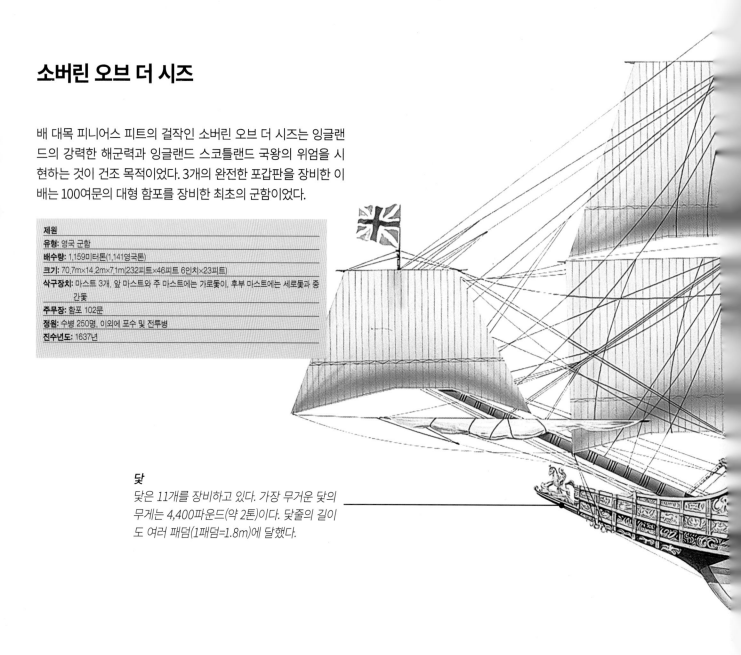

닻
닻은 11개를 장비하고 있다. 가장 무거운 닻의 무게는 4,400파운드(약 2톤)이다. 닻줄의 길이도 여러 패덤(1패덤=1.8m)에 달했다.

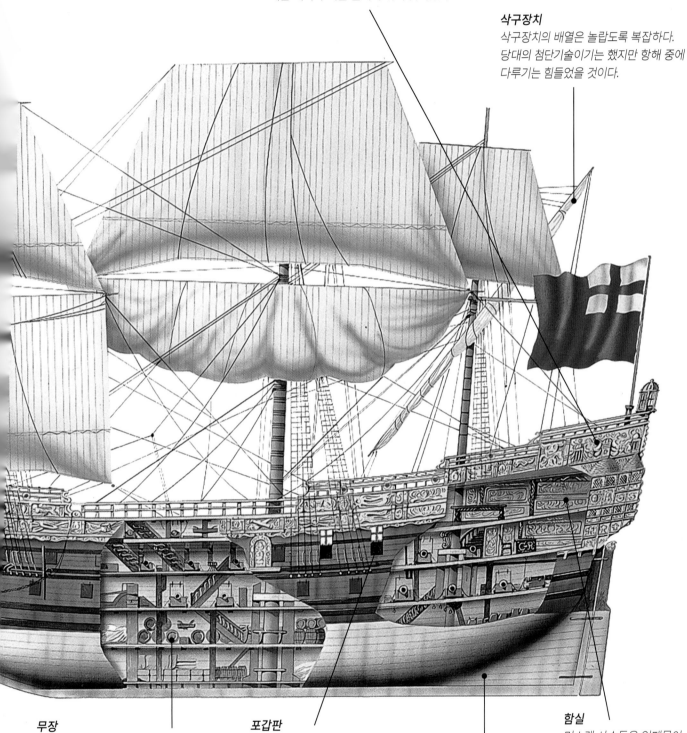

함미루
2층 규모이지만 꽤 크게 만들어졌다. 나중에는 배의 무게를 줄이기 위해 낮아졌다.

삭구장치
삭구장치의 배열은 놀랍도록 복잡하다. 당대의 첨단기술이기는 했지만 항해 중에 다루기는 힘들었을 것이다.

무장
가장 낮은 포갑판에는 30파운드 함포 30문이 있었고, 중간 포갑판에는 10파운드 데미 컬버린 함포 30문이 있었다.

포갑판
비평가들은 3중 포갑판을 가진 배는 전투 및 항해를 동시에 제대로 수행할 수 없을 것이라고 주장한다.

최하 갑판
최하 갑판에는 변질되지 않는 화물을 저장한다. 그러나 쥐들은 로프와 돛까지도 물어뜯었다.

함실
머스켓 사수들은 엄폐물이 없는 갑판 위 보다는, 함실에 있는 많은 구멍을 통해 사격하기를 좋아했다.

17세기 유럽 군함

이제 네덜란드는 강대국이 되었다. 강력한 해군을 만들고 상업 활동을 늘려나갔다. 당연히 배도 크게 만들었다. 연근해용, 원양용 등 함형과 선형이 더욱 다양해졌다. 그러나 권위를 나타내기 위해 만들어진 최대 규모의 배들이 그 덩치만큼 유용하거나 큰 성과를 거두는 경우는 적었다.

갈레아스

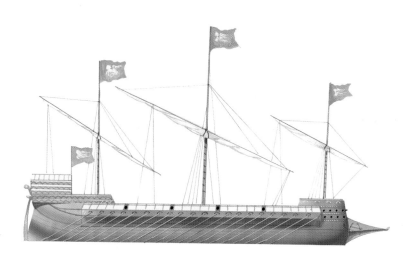

노선과 갈레온을 혼합한 이 갈레아스는 1580년대부터 1700년대까지 지중해에서 북해에 이르는 각국 해군에서 사용했다. 갈수록 지중해에서만 사용되기는 했지만 말이다. 여기 나온 것은 1650년대 베네치아와 터키에서 사용했던 것이다. 갈레온식 선미루와 갤리식 충각이 있다.

제원	
유형: 갈레아스	
크기: 48.7m×9.1m×3.6m(160피트×30피트×12피트)	
삭구장치: 마스트 3개(모두 세로돛)	
무장: 캐논포 20문, 소형 선회포 20~30문	
정원: 노군 350명, 수병 30명, 포수 40명	
건조년도: 1650년대	

도팽 르와얄

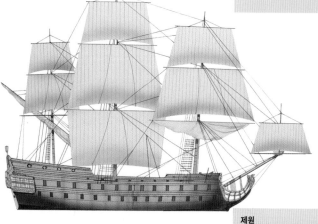

이 배는 최초로 지삭삼각돛(이 그림에는 없다), 그리고 주 마스트에 보조돛을 사용한 배 중 하나일 것이다. 2층식 포갑판과 현이 높은 함체는 당시 최신기술을 적용한 것이었다. 1666년 비치 곶 해전에서 이 배는 영국 및 네덜란드 해군에 맞서 싸웠지만 패배했다.

제원	
유형: 범장 군함(베소)	
배수량: 1,077미터톤(1,060영국톤)	
크기: 44m×12.2m(144피트×40피트) 흘수 불명	
삭구장치: 가로돛과 중간돛을 지닌 마스트 3개, 후방마스트에는 세로돛, 사형돛과 뱃머리돛대의 중간돛	
무장: 함포 104문	
정원: 760명	
건조년도: 1658년	

데 제번 프로빈키엔

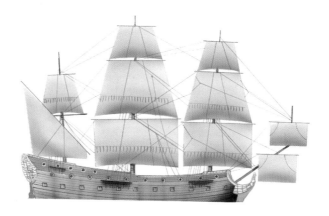

1665년 다운스 해전에서 마스트를 잃은 이 배는 네덜란드 해군 데 로이테르 제독의 기함이었다. 1666년 메드웨이를 기습해 영국군을 놀라게 하기도 했다. 이 튼튼한 2층 갑판선은 솔 만, 텍셀, 라 오그 곶에서 전투를 치르고 1694년에 해체되었다.

제원	
유형: 범장 군함	
크기: 44.7m×11.8m×4.4m(146피트 9인치×38피트 9인치×14피트 5인치)	
삭구장치: 가로돛과 중간돛을 지닌 마스트 3개, 후방마스트에는 세로돛, 사형돛과 뱃머리돛대의 중간돛	
무장: 함포 80문	
정원: 450명	
건조년도: 1665년	

지벡

지벡은 북아프리카의 베르베르 해적들이 습격용으로 자주 사용했던 배다. 삭구장치와 흘수선 아래 부분이 매우 잘 만들어져 속도와 기동성이 탁월하다. 이를 이용해 상선을 약탈한 다음 신속히 이탈해 물이 얕은 항구로 돌아올 수 있다. 9쌍의 노를 가지고 있다.

제원	
유형: 보조용 노를 지닌 범장 군함	
배수량: 193.5미터톤(190영국톤)	
크기: 31×6.7×2.5m(103피트 9인치×22피트×8피트 2인치)	
삭구장치: 마스트 3개, 처음에는 모두 세로돛을 장비했으나 나중에는 주마스트와 후방마스트에 가로돛 장비.	
무장: 함포 12-15문	
정원: 수병 24명, 그 외에 전투병 탑승	
건조년도: 1670년경	

베를린

프리깃은 해적선, 호위함, 정찰함으로도 쓰였다. 17세기 들어 그 중요성은 더욱 커졌다. 네덜란드에서 건조된 프리깃함 <베를린>은 비교적 작은 프리깃으로 브란덴부르크(이후의 프로이센)의 발트 해 앞바다에서 운용할 목적으로 만들어졌다. 이후 이 배는 동인도를 향해 장거리 항해를 떠났고, 1688년 1월 마지막으로 목격된 후 소식이 끊겼다.

제원	
유형: 소형 프리깃	
크기: 22.7m×6.3m(74피트 6인치×20피트 7인치) 흘수 불명	
삭구장치: 가로돛과 중간돛을 지닌 마스트 3개, 후방마스트에는 세로돛, 사형돛과 뱃머리돛대의 중간돛	
무장: 24파운드 함포 20문	
정원: 72명	
화물: 목재, 수산물, 곡식, 금속, 포도주	
건조년도: 1674년	

1670

1674

빅토리

1778년에야 취역한 빅토리는 이후 항상 제독의 기함 역할을 했다. 1797년 카부 디 상 비센테에서는 저비스 제독의 기함을 맡았다. 그러나 이 배는 1805년 10월 21일 트라팔가 해전에서 넬슨 제독의 기함으로 쓰임으로서 가장 유명해졌다. 이 배는 적의 맹공격을 받았으나 살아남았고, 넬슨 제독의 시신을 싣고 영국으로 돌아왔다. 이 배는 개장을 거쳐 1812년까지 발트 해에서 기함으로 쓰였다. 이 배는 현재도 영국 해군의 현역함이다. 현역함 중 가장 함령이 오래되었다.

빅토리

빅토리 함은 1759년 채덤 도크 조선소에서 기공되어 1765년 진수되었다. 100문의 함포를 갖춘 제1급 전열함이던 빅토리는 1778년에야 취역했다. 같은 해, 프랑스는 미국 식민지인들과 동맹을 맺었다. 넬슨은 트라팔가 해전에서 대승을 거두고 갑판에서 저격당했다. 이후 발트해에서 소마레즈 제독의 기함으로 사용되었다.

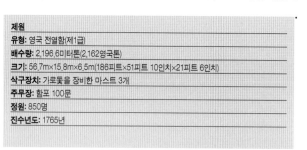

제원	
유형: 영국 전열함(제1급)	
배수량: 2,196.6미터톤(2,162영국톤)	
크기: 56.7m×15.8m×6.5m(186피트×51피트 10인치×21피트 6인치)	
삭구장치: 가로돛을 장비한 마스트 3개	
주무장: 함포 100문	
정원: 850명	
진수년도: 1765년	

보조 무장
24파운드 포와 12파운드 포가 각각 28문, 6파운드 포가 16문이 있어 3층으로 이루어진 포갑판을 완성한다.

대형 함실
이 함실은 제독의 주간 함실, 식당, 침실 세 부분으로 나뉜다. 전투시에는 여기에도 함포를 설치할 수 있다.

주무장
68파운드 포 2문, 42파운드 포 28문이 이 함의 화력의 기반을 이룬다.

구리판
영국 해군은 1761년부터 흘수선 아래 함체에 구리판을 입히기 시작했다. 항해 성능과 수명에 큰 영향을 미친다.

돛

빅토리의 33m(108.24피트) 짜리 뱃머리돛대는 사
실상 4번째 마스트나 다름없다. 이 배의 돛 총면적은
5,440m2(58,555sq.피트)이다.

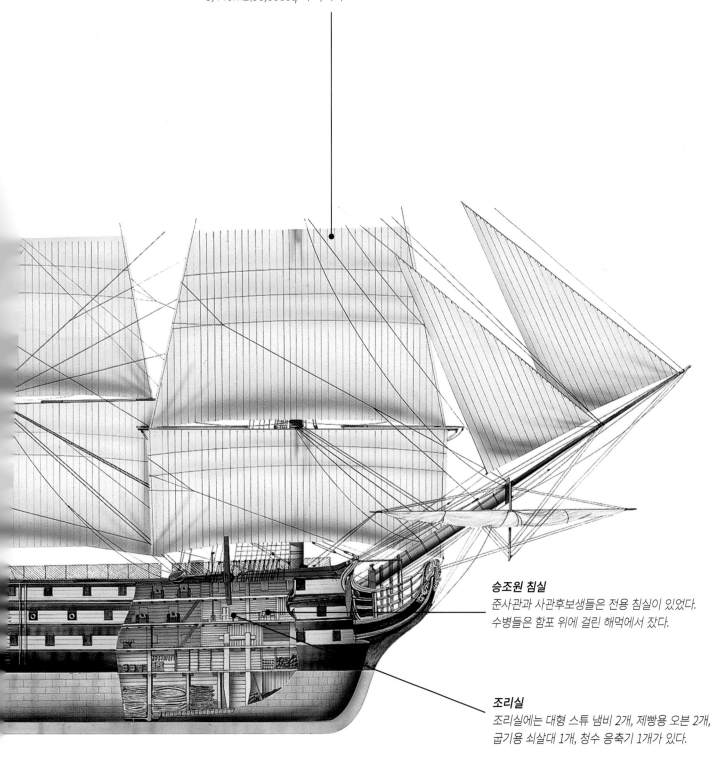

승조원 침실

준사관과 사관후보생들은 전용 침실이 있었다.
수병들은 함포 위에 걸린 해먹에서 잤다.

조리실

조리실에는 대형 스튜 냄비 2개, 제빵용 오븐 2개,
굽기용 쇠살대 1개, 청수 응축기 1개가 있다.

18세기의 군함

이제 군함의 가짓수는 더욱 더 세분화되었다. 전열함은 함포 개수에 따라 제1급에서부터 제4급까지 나뉘어 공격 및 방어용으로 운용되었다. 프리깃은 함대의 눈 역할을 했다. 프리깃과 전함의 중간 정도 규모인 순양함도 발전했다. 프리깃 미만의 함급으로는 슬루프, 코르벳, 투폭함(포탄을 발사) 등이 있다.

빌 드 파리

당시의 주요 군함들은 3층의 포갑판을 갖추고 있었다. 1763년부터 1771년 사이의 프랑스 해군 군비 증강 계획의 일환으로 건조된 이 함은 제1급 전열함으로 제독의 기함으로 쓰였다. 1782년 생트 해전에서 이 함은 탄약이 떨어지자 영국에 항복했다. 이후 영국으로 가던 중 폭풍을 만나 침몰했다.

제원
유형: 제1급 범장 군함
배수량: 2,412미터톤(2,347영국톤)
크기: 56.5m×16.3m×6.7m(185피트 7인치×53피트 8인치×22피트 6인치)
삭구장치: 마스트 3개, 가로돛
무장: 함포 100문
정원: 850명
진수년도: 1764년

USS 행콕

프리깃은 신생 미 해군의 주력을 이루었다. 미국 독립전쟁 중 이 배는 영국군에 노획되어 <아이리스>로 개명되었다. 이후 영국 해군에서 운용되면서, 1781년 USS 트럼불 함을 나포하기도 했다. 이후 이 배는 프랑스 해군에 노획되었으나, 프랑스 해군은 배 이름을 <아이리스>로 유지한 채 운용한다. 1793년 툴롱에서 폭파처분되었다.

제원
유형: 범장 프리깃
배수량: 762미터톤(750영국톤)
크기: 41.6m×10.8m×3.5m(136피트 6인치×35피트 6인치×11피트 6인치)
삭구장치: 마스트 3개, 가로돛
무장: 10파운드 함포 24문, 6파운드 함포 10문
정원: 290명
진수년도: 1776년

TIMELINE

1764

1776

샤를

갈레아스를 떠올리게 하는 이 노 달린 프리깃은 지중해에서 쓰였다. 베르베르 해적들의 지벡 선에 필적하는 속도, 그리고 지벡 선을 능가하는 항속거리와 화력을 목표로 건조되었다. 하갑판에는 양현에 각각 15명씩의 노군이 배치되었다. 하지만 흘수가 깊어 얕은 물에서 근접 추격은 할 수 없었다.

제원	
유형: 프랑스식 노젓는 프리깃	
배수량: 1,016미터톤(1,000영국톤)	
크기: 45m×11m×4m(135피트×38피트×14피트)	
삭구장치: 마스트 3개, 가로돛	
무장: 함포 40문	
정원: 330명	
진수년도: 1776년	

투폭함

투폭함은 보통 작고 튼튼한 케치 선을 썼다. 하지만 여기 소개하는 것은 투폭 용도로 만든 전용함이다. 중박격포 사격은 배의 보강된 프레임도 흔들 정도로 반동이 세다. 중박격포는 부앙각 조절은 가능하지만 좌우 각도 조절은 안 되므로, 좌우 각도를 조절할 때는 뱃머리 자체를 돌려야 했다.

제원	
유형: 박격포 발사정	
배수량: 약 56미터톤(55영국톤)	
크기: 10.7m×3.7m×1.5m(35피트×12피트×5피트)	
삭구장치: 사형돛과 앞돛을 단 마스트 1개	
무장: 330-381mm(13-15인치) 박격포 1문, 소형 캐논 2문	
정원: 18명	
건조년도: 1780년경	

USS 콘스티튜션

지중해 전대의 기함이던 이 배는 베르베르 족 해적을 격퇴했다. 또한 1812년 영국 군함 HMS 게리어 함을 격침시킴으로서 <올드 아이언사이즈>라는 별명을 얻었다. 그 후에도 이 배는 여러 승리를 거두었다. 이 배를 보존하기 위한 전국적 캠페인이 벌어져, 이 배는 1830년 해체 처분을 면하게 되었다. 이 배는 현재도 미국의 국보로 남아 있다.

제원	
유형: 범장 프리깃	
배수량: 2,235미터톤(2,200영국톤)	
크기: 53.3m×13.3m×6.9m(175피트×43피트 6인치×22피트 6인치)	
삭구장치: 마스트 3개, 상 상단돛이 달린 가로돛	
무장: 32파운드 함포 20문, 24파운드 함포 34문	
정원: 450명	
진수년도: 1797년	

1780　　　　1797

산티시마 트리니다드

이 배는 18세기 최대 최강의 군함이었다. 포갑판이 무려 4층 구조였다. 연합 함대의 스페인측 기함이던 이 배는 트라팔가 해전에 참전, 마스트가 부러지고 제어 불능이 된 상태에서도 전투를 지속. HMS 프린스와의 싸움 이후에야 비로소 항복했다.

산티시마 트리니다드

1769년 쿠바 하바나에서 건조된 산티시마 트리니다드는 당대 가장 유명했던 스페인 군함이었다. 4층 포갑판을 장비한 배 중 치열한 전투에 참가한 유일한 배였다. 이 배가 트라팔가 해전에서 상실된 것은 높은 전투력을 내기 위해 너무 많은 무장을 실었던 때문으로 짐작된다.

제원	
유형: 스페인 제1급 전열함	
배수량: 4,851미터톤(4,572영국톤)	
크기: 60.1m×19.2m(200피트×62피트 9인치)	
삭구장치: 가로돛을 장비한 마스트 3개	
주무장: 함포 130문	
정원: 950명	
진수년도: 1769년	

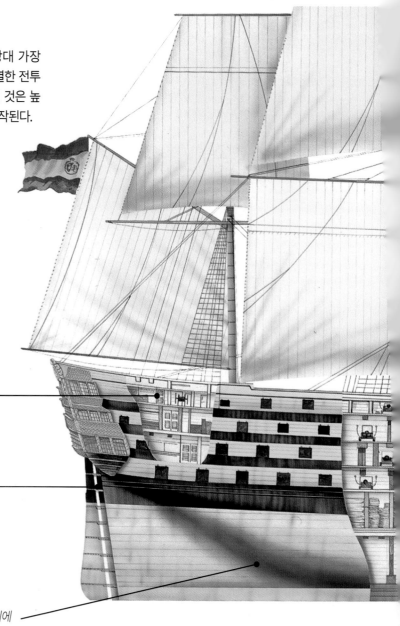

약점
큰 창문이 달린 함미 구조물은 함포를 설치할 수 있었지만, 근거리에서 사격을 당할 경우 함 내부 전체에 피해를 입을 수 있었다.

타
타는 매우 크고 튼튼하게 만들어졌다. 그러나 트라팔가 해전에서도 그랬듯이, 이 배는 바람에 둔감했다. 특히 약한 바람에는 심하게 둔감했다.

함체
목격자 증언에 따르면 1805년 이 배의 함체에는 적색과 백색의 굵은 줄무늬가 칠해졌다고 한다. 아마도 함장의 취향이었던 듯하다.

마스트 파손

1805년 10월 21일 이른 오후, 산티시마 트 리니다드의 마스트는 부러졌다. 그러나 전 투가 끝날 때까지 군함기를 내리지 않았다.

설계

이 배는 아일랜드 출신의 탁월한 함선 설계사 매튜 뮬란이 설계하고, 쿠바의 하바나에서 건조되었다.

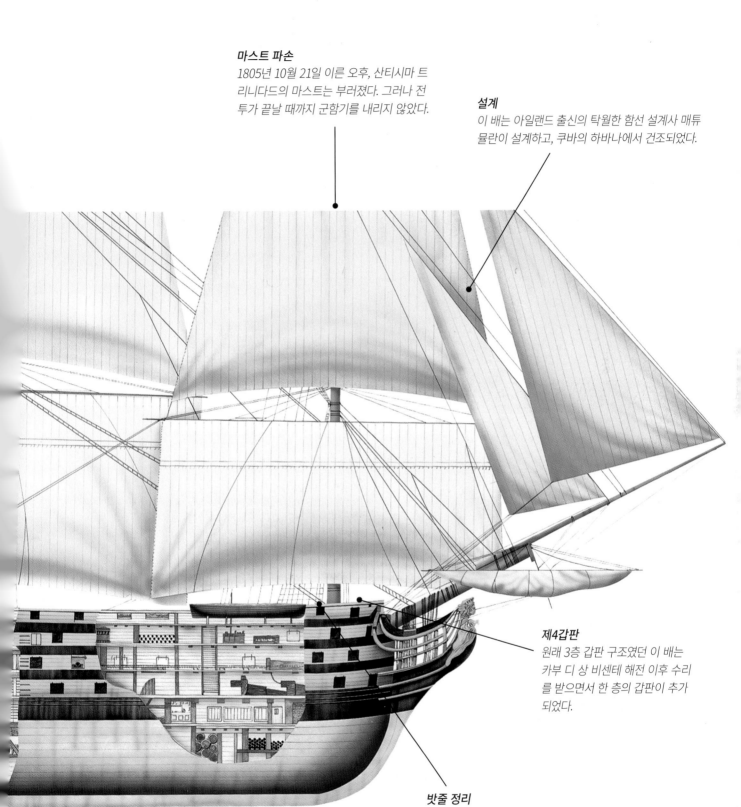

제4갑판

원래 3층 갑판 구조였던 이 배는 카부 디 상 비센테 해전 이후 수리 를 받으면서 한 층의 갑판이 추가 되었다.

밧줄 정리

갑판의 수동식 캡스턴과 함내의 윈치를 사용해 닻줄과 계선용 로프를 말아올렸다.

초기 증기선

프랑스와 영국에서 개발된 증기 기관은 육상에서 먼저 쓰이기 시작했다. 이후 수십 년이 지나 크기와 중량이 작아지면서 해사용으로도 사용 가능해졌다. 유럽과 미주의 발명가들은 18세기 후반 증기 기관의 문제 해결에 매달렸으나, 큰 성과를 보지는 못했다.

존 피치

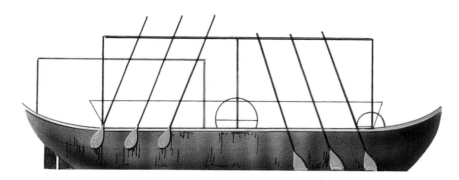

미국 공학자 존 피치는 이 배에서 기계식 노를 구현하려 했다. 이 배의 시운전은 델라웨어 강에서 실시되었다. 크랭크 로드가 구동축을 실린더에 연결해 준다. 하지만 출력이 모자라 실패했다. 피치는 1788년과 1790년에 또다른 증기선을 건조했으나 자금 지원은 얻지 못했다.

제원	
유형: 실험용 증기선	
크기: 18.3m×3.7m×0.9m(60피트×12피트×3피트)	
기관: 증기 보일러가 피스톤을 사용해 받침대에 달린 노를 젓는 식.	
정원: 2명	
진수년도: 1787년	

샤를로트 던대스

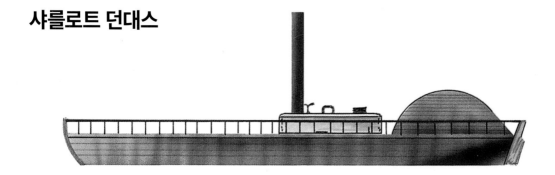

운하 바지선을 예인하기 위해 건조된 이 배는 세계 최초의 제대로 된 증기선이다. 보일러와 실린더를 양현에 배치해 균형을 맞추었다. 유감스럽게도 선미의 외륜이 일으키는 물의 흐름이 운하 둑을 갉아 먹을 수 있었기 때문에 정식 취항은 하지 못했다. 결국 이 배는 1861년에 해체 처분되었다.

제원	
유형: 선미 외륜식 증기선	
크기: 17.1m×5.5m×2.4m(56피트×18피트×8피트)	
기관: 증기 보일러와 피스톤으로 선미 외륜을 돌린다.	
정원: 4명	
진수년도: 1801년	

TIMELINE 1787 1801 1803

풀턴

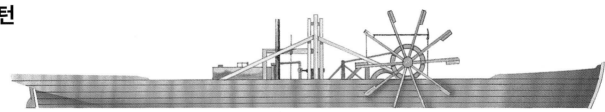

파리에 살던 미국인 공학자 로버트 풀턴은 측면외륜형 증기선의 선구자였다. 이 배는 그가 두 번째로 만든 것이다. 1803년 8월의 시운전에서 세느 강의 물살에 거슬러 짐을 실은 2척의 바지선을 예인하는 데 성공했다. 풀턴은 미국으로 돌아와 미 해군의 첫 증기 프리깃인 <디몰로고스> 함을 건조했다. 이 배는 1814년에 진수되었다.

제원	
유형: 측면외륜형 증기선	
배수량: 25.5미터톤(25영국톤)	
크기: 27.4m×4.9m×1.5m(90피트×16피트×5피트)	
기관: 단일 실린더 빔 엔진. 피스톤과 크랭크로 외륜를 작동.	
속도: 4.5노트	
정원: 2명	
진수년도: 1803년	

클레몬트

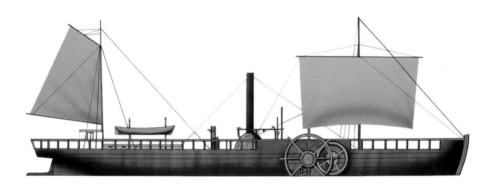

풀턴이 설계한 이 배는 처음에는 <스팀 보트>로 불리다가, 그 다음에는 <노스 리버 스팀보트>로 불렸다. <클레몬트>는 정식 취항한 최초의 증기선이다. 1814년까지 140명의 승객을 싣고 뉴욕-알바니 사이를 왕래했다. 하천 슬루프 승조원들은 이 배를 보고 <풀턴의 바보짓>이라고 조롱했지만, 하천 슬루프의 시대는 저물어 가고 있었다.

제원	
유형: 측면외륜형 증기선	
배수량: 101.6미터톤(100영국톤)	
크기: 40.5m×4m×2.1m(133피트×13피트×7피트)	
기관: 보울턴 & 와트 증기기관과 톱니바퀴를 사용해 외륜를 돌린다.	
삭구장치: 마스트 2개. 앞 마스트에는 가로돛, 후방 마스트에는 가프돛	
항로: 허드슨강	
진수년도: 1807년	

코메트

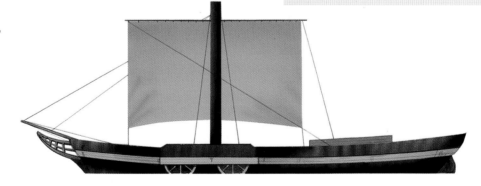

1812년이 되면 더 강력한 추진력을 생산하는 고압 증기 보일러가 등장했다. 헨리 벨이 건조한 코메트는 유럽에서 최초로 상용 운항된 증기선이다. 그러나 빠른 기술 발전으로 인해 얼마 못가 더욱 성능이 우수한 배가 나왔다. 이 배는 1820년 12월 13일 스코틀랜드 해안에서 파선되었으나 엔진은 인양되었다.

제원	
유형: 여객 증기선	
배수량: 23.4미터톤(23영국톤)	
크기: 13.3m×3.4m×1.7m(43피트 5인치×11피트 3인치×5피트 6인치)	
기관: 4마력 증기기관으로 측면외륜 2개를 구동	
정원: 6명	
진수년도: 1811년	

1807   1811

19세기의 선구적인 증기선

비평가들은 증기선이 대서양을 건너가려면 많은 석탄을 실어야 하기 때문에 그만큼 화물을 실을 수 없다고 주장했다. 그러나 새로운 이론적 지식은 이러한 주장이 틀렸음을 입증했다. 그리고 증기 기관의 발전으로 증기선은 대양을 건널 수 있게 되었다.

제임스 와트

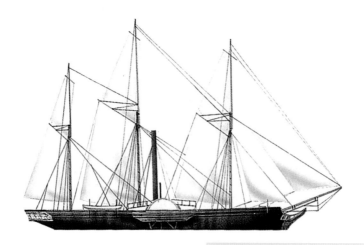

이러한 연안 증기선들은 철도망이 발전하기 전까지 영국 연안 장거리 수송의 중핵을 이루어, 비교적 연착 없는 수송을 실시했다. 굴뚝이 높아 증기 기관에 필요한 공기를 쉽게 공급할 수 있고 갑판과 하부 삭구장치가 연기에 뒤덮이는 것을 막을 수 있었다.

제원	
유형: 영국 외륜선	
크기: 43m×14,3m(141피트 8인치×47피트) 외륜 덮개까지 잇는 빔	
기관: 100마력 증기 기관, 508mm(20인치) 실린더 2개	
삭구장치: 마스트 3개(스쿠너 식)	
최고속도: 9노트	
항로: 에딘버러-런던	
진수년도: 1820년	

퀴라소

이 배는 영국 도버에서 <칼프>라는 이름으로 진수되었다. 이후 네덜란드에 매각되어 <퀴라소>로 개칭되었다. 경무장을 한 보급 및 경비함으로 쓰였다. 네덜란드 해군 최초의 증기선이었던 이 배는 로테르담-수리남 노선을 빈번히 운항하면서, 카리브해와 네덜란드 본토에 모항을 두고 활동했다. 1850년 해체처분되었다.

제원	
유형: 네덜란드 외륜선	
배수량: 445미터톤(438영국톤)	
크기: 39,8m×8,2m×4,1m(130피트 6인치×26피트 9인치×13피트 6인치)	
삭구장치: 마스트 3개(바크 식)	
기관: 측면 레버 증기 엔진(100마력)	
무장: 12파운드 함포 2문	
정원: 42명	
항로: 네덜란드-카리브 해	
진수년도: 1826년	

TIMELINE

1820   1826   1831

로열 윌리엄

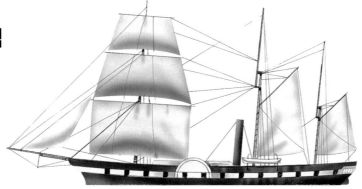

다른 초기 증기선들처럼 선체가 목제이던 이 배는 철제 수밀 격벽이 설치된 최초의 배 중 하나다. 1839년에 발생한 충돌 사고에도 이 배는 침몰하지 않아, 수밀 격벽의 진가를 입증했다. 이 배는 리버풀-핼리팩스 노선에서 다년간 운용되었다. 결국 더블린에 계류되어 있던 이 배는 1888년 침몰했다.

제원	
유형: 영국 화객 증기선	
배수량: 573미터톤(564영국톤)	
크기: 53.3m×8.2m×5.3m(175피트×27피트×17피트 6인치)	
삭구장치: 마스트 3개(바컨틴 식)	
기관: 증기 엔진(200마력)	
정원: 40명	
화물: 잡화, 모피	
진수년도: 1831년	

비버

런던에서 건조된 비버는 처음에는 허드슨즈 베이 사가 운용했다. 뱅쿠버 항에서 엔진을 이식받아 북태평양 최초의 증기선이 되었다. 무역선 및 조사선으로 쓰이던 이 배는 오레곤에서 알래스카에 이르는 북서 해안에서 운용되다가 1888년 뱅쿠버 버라드 만에서 파선되었다.

제원	
유형: 캐나다 외륜선	
배수량: 190미터톤(187영국톤)	
크기: 30.75m×6.1m×2.6m(100피트 10인치×20피트×8피트 6인치)	
삭구장치: 마스트 2개(브리건틴 식)	
기관: 측면 레버 증기 엔진으로 측면 외륜을 구동	
무장: 황동 캐논 4문	
정원: 31명	
화물: 모피, 석탄, 잡화	
진수년도: 1836년	

시리어스

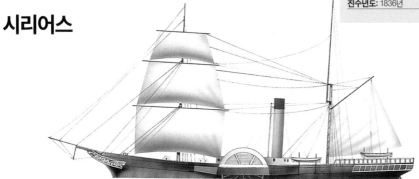

대서양 정기 횡단 노선에 처음으로 투입된 증기선인 시리어스는 40명의 승객을 싣고 1838년 3월 28일 런던을 떠나 4월 22일에 뉴욕에 도착했다. 이 횡단 성공에는 표면 응축기도 한 몫 했다. 이 장비는 청수를 만들어 보일러에 전달해 준다. 1847년 파선되었다.

제원	
유형: 영국 외륜선	
배수량: 714미터톤(703영국톤)	
크기: 54m×7.6m(178피트×25피트)	
기관: 외륜이 달린 측면 레버 엔진 2개	
최고속도: 8노트	
항로: 북대서양	
진수년도: 1837년	

1836   1837

철제 증기선

19세기 중반 제철 기술이 발달, 산업 혁명에 본격 시동이 걸리면서 더 큰 배를 만들 수 있게 되었다. 그 결과 건조 기간 단축, 배의 강도 및 수송력의 향상도 이루어졌다. 철 프레임에 리벳으로 연철판을 붙이는 식으로 배를 만들었다. 높은 마스트와 돛은 아직 남아 있었으나, 시간이 갈수록 덜 쓰이게 되었다.

그레이트 브리튼

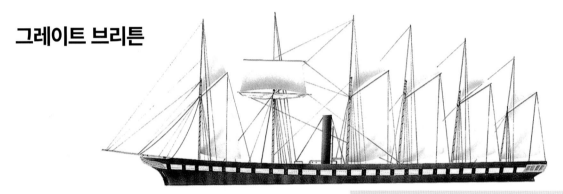

브루넬이 설계한 <그레이트 브리튼> 호는 최초로 철제 선체와 스크류 프로펠러를 장비한 증기선이었다. 당대 최대의 증기선이기도 했다. 1846년에는 벨파스트 인근에 좌초되었고, 1년 후 인양되어 대대적인 수리를 받았다. 수십 년 동안 포클랜드 제도에 방치되어 있던 이 배는 브리스톨로 예인되어 복원된 후, 1970년에 박물관선으로 재개장되었다.

제원	
유형: 영국 여객선	
배수량: 3,322미터톤(3,270영국톤)	
크기: 88m×15m(289피트×50피트)	
기관: 스크류 1개, 복식 엔진	
최고속도: 9노트	
진수년월: 1843년 7월	
완공년도: 1844년	

존 보우스

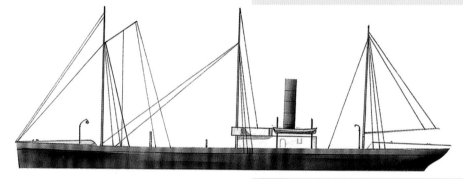

재로우에서 존 보우스가 진수됨에 따라 영국의 콜리어 범선단은 순식간에 구식이 되었다. 이 배는 650톤의 석탄을 싣고 뉴캐슬을 출항한 지 5일만에 런던에 가서 짐을 내려놓은 다음 돌아올 수 있었다. 20m 크기의 해치가 있어 신속하게 짐을 실을 수 있었다. 또한 이 해치로 밸러스트 용수를 펌프를 사용해 배출할 수 있었다. 건조비는 10,000파운드였다.

제원	
유형: 영국 석탄 화물선	
배수량: 444미터톤(437영국톤)	
크기: 30m×5.5m×3m(98피트×18피트×9피트 6인치)	
기관: 스크류 1개, 복식 엔진	
삭구장치: 마스트 1개, 지삭삼각돛	
최고속도: 9노트	
화물: 석탄	
항로: 뉴캐슬-런던	
진수년도: 1852년	

TIMELINE   1844   1852   1853

히말라야

원래 외륜선이던 히말라야는 건조 중 스크루 추진으로 설계가 변경되었다. 운용 비용이 너무 많이 든 이 배는 영국 정부에 매각되어 병력 수송선으로 사용되었다. 크림 전쟁에 참전한 후 이 배는 1919년까지 모함으로 사용되었다. 1920년에는 매각되어 석탄 헐크선으로 사용되었다. 1940년 포틀랜드에서 침몰했다.

제원	
유형:	영국 여객선
배수량:	4,765미터톤(4,690영국톤)
크기:	103.7m×14m×6.5m(340피트 5인치×46피트 2인치×21피트 5인치)
기관:	스크루 1개, 수평방향 작동 트렁크 엔진
삭구장치:	마스트 3개, 가로돛
최고속도:	14노트
진수년월:	1853년 5월

브레멘

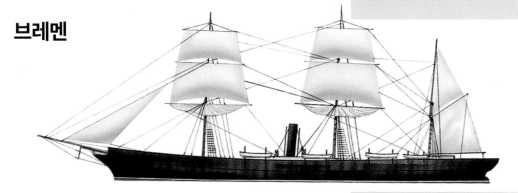

1858년 6월, 북독일 로이드 라인 사는 이 브레멘으로 북대서양 항로에 처음 발을 디뎠다. 이 배는 115명의 승객과 152톤의 화물을 싣고 12일만에 뉴욕에 도착했다. 1874년 브레멘은 영국 회사에 판매되어 엔진이 제거된 채 범선으로 운용되었다. 1882년에 파선되었다.

제원	
유형:	독일 여객선
배수량:	2,717미터톤(2,674영국톤)
크기:	97m×12m(318피트×41피트)
기관:	스크루 1개, 복식 엔진
삭구장치:	마스트 3개(바크 식)
최고속도:	10노트
항로:	함부르크/브레멘-뉴욕
진수년도:	1858년

아메리카

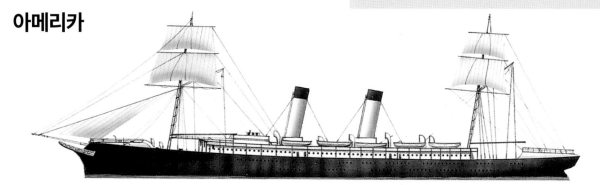

고속 여객선으로 건조된 아메리카는 1등석 300명, 3등석 700명의 승객을 실을 수 있다. 하지만 석탄 소모량이 엄청나 경제성이 떨어졌다. 그래서 <내셔널 라인> 사는 1887년에 이 배를 이탈리아 정부에 판매했다. 이탈리아 정부는 이 배를 개장해 <트리나크리아>로 개칭하고 왕실용 요트로 사용했다. 1925년 해체처분되었다.

제원	
유형:	영국 여객선, 이탈리아 왕실 요트
배수량:	5,729미터톤(5,639영국톤)
크기:	135m×15.5m(442피트 11인치×50피트 10인치)
기관:	스크루 1개, 복식 엔진
삭구장치:	마스트 2개, 가로돛
진수년도:	1884년

1858   1884

마지막 대형 범선들

범선은 연료비가 들지 않는다는 엄청난 장점이 있다. 따라서 범선 설계자들은 선체와 삭구, 돛을 설계할 때 기술적 이점을 활용했다. 조건만 좋으면, 돛을 최대한 편 고속 범선들은 증기선보다도 더 빨리 움직일 수 있었다. 범선의 신규건조는 19세기 말까지도 계속되었다.

플라잉 클라우드

이 유명한 목제 클리퍼선은 보스턴에서 도널드 맥케이가 설계하고 건조했다. 아마도 바람이 불 때 가장 빨리 움직일 수 있는 배였을 것이다. 1862년부터 약 10년간 오스트레일리아 양모 무역 항로를 운항했다. 1874년 뉴 브런스위크 해안에 좌초되었다. 이후 인양되었으나 1875년에 해체 및 소각 처분되었다.

제원	
유형: 미국 전장 범선	
배수량: 1,812미터톤(1783영국톤)	
크기: 71.6m×12.4m(235피트×40피트 8인치)	
삭구장치: 마스트 3개, 가로돛	
최고속도: 14노트 이상	
화물: 차, 면, 양모, 질산염	
진수년도: 1851년	

폼비

이 배는 최초의 대형 철선이다. 건조비는 24,000파운드였다. 하지만 동일한 배수량의 철선에 비해 15% 더 많은 짐을 실을 수 있기 때문에 비싼 건조비는 충분히 뽑았다. 조선사인 퀴긴 & 존스 사는 미국 남부연맹의 봉쇄 돌파선인 <밴시> 호도 건조했다. 이 배는 1862년 사상 최초로 대서양을 건넌 철제 증기선이 되었다.

제원	
유형: 영국 전장 범선	
배수량: 1,291미터톤(1,271영국톤)	
크기: 63.85m×10.95m×7.15m(209피트 5인치×36피트×23피트 6인치)	
삭구장치: 마스트 3개, 가로돛	
화물: 다양	
진수년도: 1863년	

TIMELINE

1851

1863

1865

아리엘

아리엘은 균형잡힌 멋진 외관을 하고 있으며, 오랫동안 16노트로 항해할 수 있다. 낮은 돛대의 높이는 일반적인 다른 배들보다 훨씬 높다. 또한 면적이 넓은 돛을 사용하므로 바람이 약할 때도 빠르게 갈 수 있다. 이 배는 1872년 1월 런던을 떠나 오스트레일리아 시드니로 가던 중 실종되었다.

제원	
유형: 영국 전장 범선	
배수량: 만재시 1,067미터톤(1050영국톤)	
크기: 59.4m×10.3m(195피트×33피트 9인치)	
삭구장치: 마스트 3개, 전면 가로돛	
화물: 차, 화물 일반	
항로: 영국-중국, 영국-오스트레일리아	
진수년도: 1865년	

로힐

철제 선체를 사용한 최후의 대형 범선 중 하나였던 로힐은 훗날 장거리 노선에서 케로신, 곡식, 질산염 등 다양한 화물을 수송하게 된다. 핀란드 선적이던 로힐은 1941년 남아프리카에서 영국군에 징발된다. 이로써 로힐의 이력은 사실상 종지부를 찍었으나, 이 배는 1958년까지 살아남았다.

제원	
유형: 영국 전장 범선	
배수량: 2,861미터톤(2,816영국톤)	
크기: 96.7m×13.7m×7.6m(317피트 4인치×45피트×25피트 2인치)	
삭구장치: 마스트 4개, 바크 식	
화물: 다종	
항로: 전 세계	
진수년도: 1892년	

됭케르크

루앙에서 건조된 이 배는 모항 이름을 따 명명되었다. 철제 선체의 산적 화물선인 이 배의 건조 목적은 칠레산 질산염(비료) 수입이었다. 약 30년 동안 폭풍이 심한 혼 곶을 지나 칠레 사막과 유럽 항구를 이어 왔다. 질산염 운반은 편도 방식이라, 유럽에서 칠레로 갈 때는 밸러스트만 싣고 갔다.

제원	
유형: 프랑스 전장 범장 화물선	
배수량: 3,392미터톤(3,334영국톤)	
크기: 99.85m×13.85m×7.75m(327피트 8인치×45피트 6인치×25피트 6인치)	
삭구장치: 마스트 4개, 바크 식	
화물: 질산염	
항로: 북유럽-칠레	
진수년도: 1896년	

1892 1896

커티 사크

커티 사크는 중국에 8번만 출항하고 나서 증기선에 차 무역 운반선 지위를 넘겨 주었다. 1877년부터 1883년 사이에는 부정기 화물선으로 운용되었으며, 이후 1895년까지는 오스트레일리아 양모 항로에 투입되었다. 이후 27년간 포르투갈 선적으로 운용되었다. 커티 사크는 2007년의 화재도 견디고 현재 영국 런던에 보존되어 있다.

커티 사크

커티 사크는 허큘리스 린튼이 설계하여 1869년 스코틀랜드 덤바튼에서 건조되었다. 선장은 존 윌리스였다. 커티 사크는 현존하는 유일한 차 클리퍼(쾌속 범선)이다. 런던 그리니치의 건선거에 보존되어 있다. 이 배는 2007년의 화재로 큰 피해를 입었으나, 2012년 수리 완료되었다.

제원
유형: 영국 전장 범선(차 클리퍼)
등록 총톤수: 978미터톤(963영국톤)
크기: 65m×11m×6.4m(212피트 5인치×36피트×21피트)
삭구장치: 마스트 3개, 가로돛
최고속도: 21노트
화물: 차, 양모, 이후에는 일반 화물
항로: 영국-중국, 영국-오스트레일리아
진수년도: 1869년

거주구
그 스타일 때문에 리버풀 하우스로도 알려졌던 거주구는 선장, 사관, 승객들의 숙소로 쓰였다.

보트
구명정 2척, 커터 1척, 선장 전용 보트 1척이 탑재된다. 선장 전용 보트는 접는 식 마스트와 돛이 있다.

프레임
선체는 목제이지만 프레임은 강철이다. 프레임은 가로대와 L자형 철재로 만들어져 있으며 양 끝에 수밀격벽도 있다.

마스트와 가로대
주 마스트의 총 높이는 46.34m(152피트).
맨 위 가로대의 높이는 44.5m(146피트)이
다. 주 가로대의 너비는 23.8m(78피트)로
빔의 두 배 이상이다.

돛
클리퍼의 돛은 범선 역사상 가장 다채로웠
다. 최상단 돛과 보조돛을 사용해 아무리
미약한 바람이라도 이용할 수 있었다.

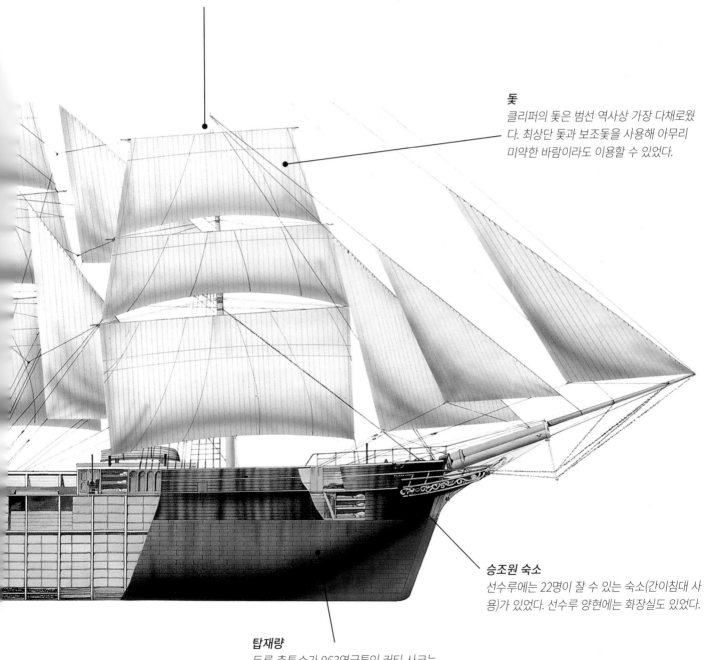

승조원 숙소
선수루에는 22명이 잘 수 있는 숙소(간이침대 사
용)가 있었다. 선수루 양현에는 화장실도 있었다.

탑재량
등록 총톤수가 963영국톤인 커티 사크는
비교적 작은 배였다. 따라서 가볍지만 비싼
화물의 수송 목적으로 사용되었다.

미국 남북 전쟁의 아이언클래드(장갑함)

해군은 미시시피 강 같은 큰 강이나, 해안의 강어귀, 대서양 연안에서도 전투를 벌일 수 있게 되었다. 하천 작전에 적합하게 건조되거나 개조된 새로운 포함들이 나왔다. 이 배들은 강 하류에서 기동성이 뛰어났다. 1861년부터 1865년 사이 미국 남부와 북부 해군은 이런 배들을 많이 운용했다.

촉토우

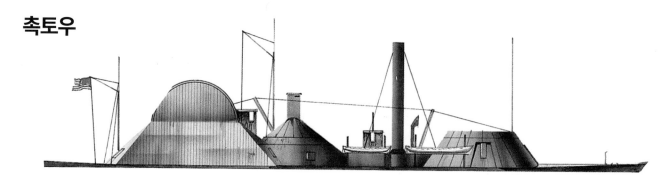

촉토우의 독립형 외륜은 조향성과 제어성이 뛰어났다. 전방 포곽에는 228mm(9인치) 포 3문과 100파운드 강선포 1문이 들어갔다. 제2포곽에는 곡사포 2문이 들어갔다. 함미에는 30파운드 강선포 2문이 들어갔다. 촉토우는 남북전쟁 당시 빅스버그 인근에서 전투에 투입되었다. 1866년에 매각되었다.

제원	
유형: 북부 연방 아이언클래드	
배수량: 1,020미터톤(1,004영국톤)	
크기: 79m×13.7m×2.4m(260피트×45피트×8피트)	
기관: 복식 엔진으로 외륜을 구동	
최고속도: 6노트	
주무장: 228mm(9인치) 함포 3문	
진수년도: 1855년	

애틀란타

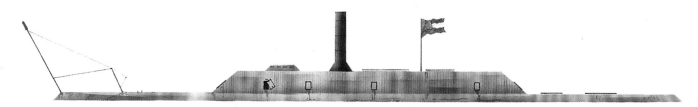

1861년 봉쇄 돌파선 <핑갈>이 대량의 군수물자를 싣고 사반나에 도착했다. 탈출할 길이 없던 <핑갈>은 1862년 1월 남부 연맹에 매입되어 아이언클래드로 개조, <애틀란타>로 개칭되었다. 1863년 6월, <애틀란타>는 짧은 전투 끝에 좌초되어 북부 연방에 항복했다.

제원	
유형: 남부 연맹 아이언클래드	
배수량: 1,022미터톤(1,006영국톤)	
크기: 62m×12.5m×4.7m(204피트×41피트×15피트 9인치)	
기관: 스크루 1개	
최고속도: 7노트	
주무장: 178mm(7인치) 함포 2문, 165mm(6.4인치) 함포 2문, 외장 수뢰 1발	
정원: 145명	
진수년도: 1858년경	

TIMELINE

1855      1858   1860   

발틱

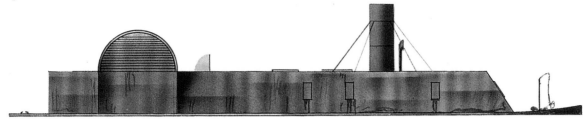

측면외륜을 지닌 목제 하천 증기선인 발틱은 예인선으로 건조되었다가 앨라배마 주가 인수해 남북전쟁 중 아이언클래드로 개조되었다. 이 배는 모바일 만에 기뢰를 부설했다. 그 기뢰 중 1발이 북부 연방 모니터 함 <테쿰세>를 격침했다. 이 배의 장갑은 이후 CSS 내쉬빌에 장착되었다.

제원	
유형: 남부 연맹 아이언클래드	
배수량: 652미터톤(642영국톤)	
크기: 56.5m×11.5m×2m(185피트 4인치×37피트 9인치×6피트 6인치)	
기관: 사갱 엔진으로 8m(26피트 3인치) 직경의 외륜을 구동	
최고속도: 6노트	
주무장: 42파운드 함포 1문, 32파운드 함포 2문	
정원: 86명	
진수년도: 1860년	

벤튼

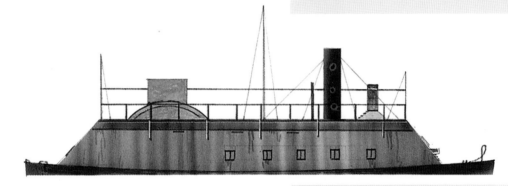

벤튼은 원래 쌍동 선체의 해난 구조선 <잠수함 7호>였다. 쌍동 선체 사이에 판자를 대고, 새로운 함수를 달고 2층 포곽을 전신에 설치하는 개조를 받았다. 장갑판은 1865년 철거되었고, 배는 경매를 통해 원가의 몇 분의 1 가격으로 매각되었다.

제원	
유형: 북부 연방 아이언클래드	
배수량: 643미터톤(633영국톤)	
크기: 61.5m×22m(202피트×72피트 9인치)	
기관: 사갱 엔진으로 함미 외륜 1개를 구동	
최고속도: 5.5노트	
주무장: 279mm(11인치) 함포 2문	
정원: 176명	
개조년도: 1861년	

카이로

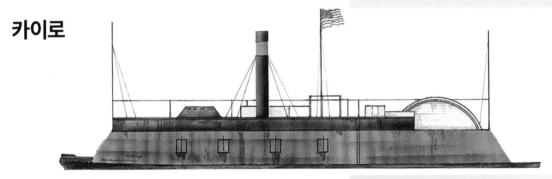

처음부터 포함으로 건조된 카이로는 제임스 이즈가 미시시피 전대를 위해 설계했다. 낮은 목제 함체 위에 안쪽으로 경사진 모습의 거대한 장갑 포곽을 얹었다. 엔진 주위에도 장갑이 있었다. 1862년 12월 2일 침몰했으나 인양되어 박물관함으로 쓰이고 있다.

제원	
유형: 미국 포함	
배수량: 902미터톤(887영국톤)	
크기: 53m×16m×2m(173피트 9인치×4피트 9인치×6피트 6인치)	
기관: 2대의 비복수 왕복 기관으로 함미의 외륜 1개를 구동	
최고속도: 8노트	
주무장: 203mm(8인치) 함포 3문, 178mm(7인치) 함포 3문	
장갑: 포곽에 68mm(2.5인치)	
정원: 251명	
진수년도: 1861년 12월	

1861

1861

미국 모니터함

남북전쟁은 군함 기술 발전에 큰 영향을 미쳤다. 지금 소개하는 철제 군함들은 <모니터>라고 불린다.이 이름은 발명자인 존 에릭슨이 지었다. 모니터함의 철제 장갑은 매우 효과적이었다. 그것은 1862년 5월 9일, 4시간 동안 진행되었지만 결판이 나지 않은 CSS 메리맥 함과 USS 모니터 함 간의 싸움에서도 알 수 있다.

모니터

에릭슨이 설계한 모니터 함은 신속히 건조되었다. 장갑이 충실하며 저건현이라 적이 조준하기가 어려웠다. 1862년 햄프턴 로즈에서 메리맥 함과 벌어진 결판나지 않은 해전 이후, 제임스 강에서 운용되다가 1862년 12월 31일 폭풍을 만나 침몰했다.

제원	
유형: 미국 모니터함	
배수량: 1,000미터톤(987영국톤)	
크기: 52m×12.6m×2.5m(172피트×41피트 6인치×8피트 4인치)	
기관: 스크루 1개, 더블 트렁크 엔진	
최고속도: 6노트	
주무장: 280mm(11인치) 함포 2문	
장갑: 포탑 203mm(8인치), 함체 127mm(5인치)	
정원: 49명	
진수년도: 1862년 1월	

퍼세이크

퍼세이크는 남북 전쟁 당시 북부 연방 해군의 주력을 이룬 10척의 단일 포탑 모니터함급의 네임쉽(시리즈 중 첫 번째 배, 리드쉽)이다. 원 모니터의 개량형으로 배수량을 늘렸다. 전쟁 중 2척이 손실되었다. 퍼세이크는 1898년 미서전쟁에도 참전했으며, 1899년 매각 처분되었다.

제원	
유형: 미국 모니터함	
배수량: 1,905미터톤(1,875영국톤)	
크기: 61m×14m×3.2m(200피트×46피트×10피트 6인치)	
기관: 스크루 1개, 트렁크 엔진	
최고속도: 7노트	
주무장: 280mm(11인치) 함포 1문, 381mm(15인치) 함포 1문	
장갑: 포탑 280mm(11인치), 함체 127mm(5인치)	
정원: 75명	
진수년도: 1862년 8월	

위네바고

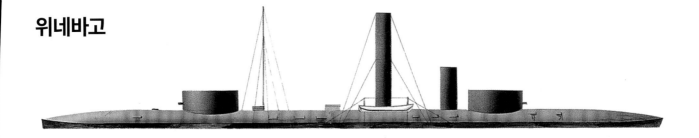

위네바고는 하천 작전에 이상적인 설계다. 동급함 4척이 건조되었으며, 각 함은 2개의 함포탑이 달려 있다. 하나는 에릭슨식이고 또 하나는 위네바고의 건조자인 제임스 이즈가 만든 것이다. 거북이 등처럼 생긴 갑판에는 함포탑, 연돌, 환풍기를 빼면 튀어나온 것이 없다. 측면 장갑은 일체형이다. 위네바고는 1874년 매각되었다.

제원	
유형: 미국 모니터함	
배수량: 1,320미터톤(1,300영국톤)	
크기: 70m×17m×1.8m(229피트×56피트×6피트)	
기관: 스크루 4개, 수평 복식 엔진	
최고속도: 9노트	
주무장: 279mm(11인치) 함포 4문	
장갑: 포탑 203mm(8인치), 함체 측면 76mm(3인치)	
정원: 120명	
진수년도: 1863년	

모나드노크

2개의 포탑이 달린 모니터함인 모나드노크는 건조 시기가 너무 늦어 미국 남북전쟁에 참전하지 않았다. 이 배는 태평양 연안에서 운용되었다. 해상 항행 성능이 우수했고, 파도가 갑판을 휩쓸 때도 함포 사격 성능이 좋았다. 그러나 목제로 된 측면 판이 너무 빨리 열화되는 바람에 1875년에 해체처분 되었다.

제원	
유형: 미국 모니터함	
배수량: 3,454미터톤(3,400영국톤)	
크기: 78.8m×16m×3.9m(258피트 6인치×52피트 8인치×12피트 8인치)	
기관: 스크루 2개, 진동 레버 엔진	
최고속도: 9노트	
주무장: 380mm(15인치) 함포 4문	
장갑: 포탑 254mm(10인치), 함체 127mm(5인치), 갑판 51mm(2인치)	
정원: 150명	
진수년도: 1864년	

몬테레이

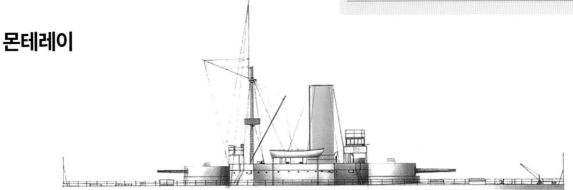

미군이 마지막으로 건조한 2포탑 모니터함이다. 실전에서는 밸러스트 탱크에 물을 넣으면 건현 높이를 더욱 낮출 수 있었다. 1893년에 완공된 이 배는 태평양 해안에서 해안방어용으로 쓰였고, 1898년부터 1917년까지는 필리핀에 주둔하다가, 이후 하와이에 배치되었고, 1921년에 매각되었다.

제원	
유형: 미국 모니터함	
배수량: 4,084미터톤(4,000영국톤)	
크기: 78m×18m×4.2m(256피트×59피트×14피트 10인치)	
기관: 스크루 2개, 수직 3단 팽창 엔진	
주무장: 254mm(10인치) 함포 2문, 305mm(12인치) 함포 2문	
장갑: 포탑에 190-203mm(7.5-8인치), 측면 장갑 벨트 127-330mm(5-13인치)	
진수년도: 1891년 4월	

1864   1891

남북전쟁의 함선

미 남북전쟁은 대서양으로까지 번졌다. 북부 연방 해군이 남부 연맹 항구를 봉쇄하려 하자, 남부 연맹은 봉쇄를 돌파할 수 있는 빠른 배들을 건조한 것이다. 대서양 건너 영국에는 남부 연맹 동조자들이 있었다. 영국 조선소들은 남부 연맹에 함선을 판매해 이익을 보았다.

휴서토닉

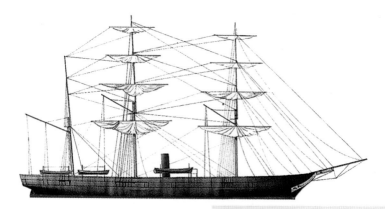

휴서토닉은 1861년 북부 연방 해군 군비 증강 계획의 일부로 기공되었다. 1862년에는 찰스톤 앞바다에서 남부 아이언클래드 치코라 함과 전투를 벌였다. 1864년에는 남부 잠수함 H. L. 헌리 함의 외장 수뢰 공격을 당했다. 휴서토닉 함의 함저에서 폭발한 외장 수뢰로 두 함은 모두 격침당했다.

제원	
유형: 미국 순양함	
배수량: 1,964미터톤(1,934영국톤)	
크기: 62m×11.5m×5m(205피트×38피트×16피트 6인치)	
기관: 스크루 1개, 수평 직동 엔진	
삭구장치: 마스트 3개, 바크 식	
최고속도: 10노트	
주무장: 280mm(11인치) 함포 1문, 100파운드 함포 1문, 30파운드 함포 3문	
정원: 214명	
진수년도: 1861년	

이오스코

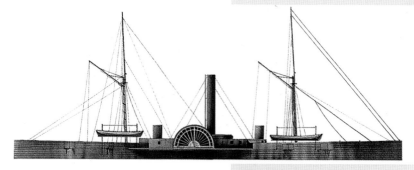

하천에서 배를 돌리는 것은 위험했다. 때문에 앞 뒤 양방향으로 움직일 수 있는 흘수가 얕은 빠른 배가 필요했다. 이후 이오스코와 동급함들은 함수와 함미에 모두 타를 부착해 <더블 엔더스>로 알려졌다. 기관과 보일러는 배의 중앙에 설치되었고 함수와 함미에 모두 동력을 공급한다.

제원	
유형: 미국 외륜 함포	
배수량: 1,191미터톤(1,173영국톤)	
크기: 62m×10.6m×2.9m(205피트×35피트×9피트 6인치)	
기관: 외륜, 직동 사경 엔진	
삭구장치: 마스트 2개, 지삭삼각돛	
최고속도: 13노트	
주무장: 228mm(9인치) 함포 4문, 24파운드 함포 2문, 100파운드 함포 2문	
정원: 145명	
건조년도: 1863년	

TIMELINE   1861   1863   1864

당마르크

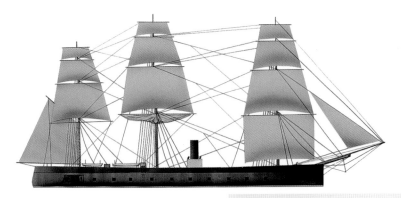

남부 해군을 위해 글래스고에서 수주 및 건조된 이 아이언클래드는 당시 세계 최강의 군함이었다. 그 현측은 북부 해군의 어떤 배와도 상대가 가능했다. 그러나 <당마르크>가 완공되기 전 남북 전쟁은 끝이 났다. 이 배는 덴마크 해군에 매각되어 <당마르크>라고 명명되었다.

제원	
유형: 남부 기선 군함	
배수량: 4,823미터톤(4,747영국톤)	
크기: 82.3m×15.2m×6m(270피트×50피트×19피트 6인치)	
기관: 스크류 1개, 단일 팽창 엔진	
삭구장치: 마스트 3개, 가로돛	
주무장: 203mm(8인치) 함포 12문, 26파운드 함포 12문	
장갑: 티크 프레임 위에 115mm(4.5인치)	
정원: 530명	
진수년도: 1864년	

플로리다

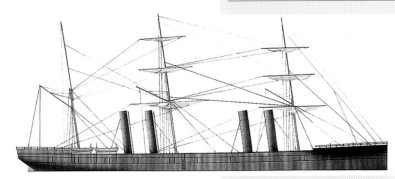

벤저민 델라노가 설계한 이 배는 목제 초고속선으로 만들어졌다. 애초 <왐파노아그>라 불렸으며, 영국과의 전쟁에서 통상 파괴용으로 쓰일 예정이었다. 거대한 엔진 때문에 선체 공간을 많이 잡아먹어, 해군의 정규 군함으로는 비실용적이라고 간주되었다. 1885년 매각되었다.

제원	
유형: 미국 순양함	
배수량: 4,282미터톤(4,215영국톤)	
크기: 108m×13.8m×6m(335피트×45피트 2인치×19피트 10인치)	
기관: 스크류 1개, 수평 후방 작동 엔진	
삭구장치: 마스트 3개, 바크 식	
최고속도: 17.7노트	
무장: 228mm(9인치) 함포 10문, 60파운드 함포 3문	
정원: 330명	
진수년도: 1864년	

스톤월

스톤월은 남부 해군의 마지막 아이언클래드다. 주포는 충각 위의 함수에 수납되어 있으며, 함의 전방은 물론, 측면의 포곽에서도 함포 사격이 가능하다. 1865년에는 일본에 매각되어 <아즈마>로 개칭되었다. 1888년에는 현역함 목록에서 제적되어 숙박함으로 쓰였다.

제원	
유형: 남부 장갑 충각함	
배수량: 1,585미터톤(1,560영국톤)	
크기: 60m×32m×16m(194피트×31피트 6인치×15피트 8인치)	
기관: 스크류 2개, 수평 직동 엔진	
주무장: 228mm(9인치) 함포 1문, 70파운드 함포 2문	
삭구장치: 마스트 2개, 가로돛	
장갑: 장갑벨트 89-115mm(3.5-4.5인치), 함수포탑 140mm(5.5인치)	
정원: 135명	
진수년월: 1864년 6월	

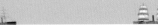

앨라배마

앨라배마는 오래 쓰이지는 않았지만, 남부 통상 파괴함 중 가장 큰 전과를 거두었다. 1862년 8월부터 1864년 4월까지 격침 또는 나포 수가 66척에 달한다. 그 금전적 가치는 약 600만 달러 이상으로 추산된다. 이 배의 전과 중에는 북부 해군 포함 <해터러스>도 있었다. 1864년 6월, 앨라배마는 프랑스 쉘부르 앞바다에서 미 해군 슬루프 <키어사지>에 의해 격침당했다.

앨라배마

앨라배마는 북서 잉글랜드의 존 레어드 앤 손즈 사에서 비밀리에 건조되었다. 처음에는 선체번호 290으로 알려진 이 배는 1862년 7월 29일 <엔리카>라는 이름으로 비밀리에 진수되었다. 앨라배마는 남북 전쟁에 참전한 배 중 가장 유명한 배일 것이다. 이 배 때문에 북부 연방의 상선단이 괴멸 직전까지 갔기 때문이다.

제원	
유형: 남부 무장 슬루프	
배수량: 1066.8미터톤(1,050영국톤)	
크기: 67m×9.6m×4.2m(220피트×31피트 8인치×14피트)	
기관: 스크루 1개, 증기 기관	
삭구장치: 마스트 3개, 바크 식	
최고속도: 13노트	
주무장: 162mm(6.4인치) 함포 1문, 68파운드 함포 1문, 32파운드 함포 6문	
정원: 145명	
진수년도: 1862년	

함명
이 배는 비밀리에 건조되어 <엔리카>라는 상선으로 진수되었다. 이후 해상에서 무장 장착 및 취역이 진행되었고, <앨라배마>로 개칭되었다.

커다란 선창
상선으로 건조되었기 때문에 장기 항해에 필요한 대량의 물자와 연료를 실을 공간이 풍부했다.

잔해
*1984년 11월, 쉘부르 해안에서 10km 떨어진 앞바다 수심 59m
에서 프랑스 해군 잠수사가 앨라배마의 잔해를 발견했다.*

충격
앨라배마의 전투로 미국 국적 선박의 보험
료는 무려 900%가 올랐다. 때문에 많은
선박들이 외국으로 국적을 바꾸었다.

기관
석탄 사용 직동식 증기기관의 출력은
300 지시마력(252kW)이다. 이 엔진
은 돛으로 낼 수 있는 속도인 10노트에
3.25노트를 더 낼 수 있다.

선체
앨라배마는 목선이었고 장갑판도 없다.
철선이나 장갑함과의 싸움에는 불리했다.

스크류 프로펠러
엔진이 돛의 보조 동력으로 쓰이던 배들이 흔히
그렇듯이, 이 배의 스크류도 필요 없을 때는 배
안으로 접어 넣어 저항을 줄일 수 있다.

외륜 구동 군함들

해군의 군함 설계사들은 외륜 구동 군함에 열의가 있었던 적이 단 한 번도 없었다. 외륜 자체가 약점인데다가 그 약점을 방호하기도 어려웠기 때문이다. 이들은 대신 수면 아래의 스크류프로펠러를 더 선호했다. 스크류 프로펠러의 이점이 입증되자 스크류 프로펠러는 외륜을 빠르게 대체해 갔다. 그러나 1860년대까지는 외륜 사용 군함이 많이 건조되었다.

알렉토

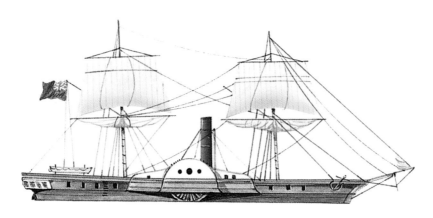

목제 외륜 프리깃인 알렉토는 스크류 추진식 포함인 <래틀러>와 성능 비교를 할 함으로 선정되었다. 외륜과 스크류 중 어떤 것이 더욱 우월한지 알아보는 것이 이 비교의 목적이었다. 두 배는 크기와 출력이 비슷했다. 그러나 알렉토가 전속력을 냈는데도, <래틀러>는 알렉토를 후진 2.8노트 속도로 밀어붙였다.

제원
유형: 영국 포함
배수량: 만재시 816미터톤(803영국톤)
기관: 200마력 엔진으로 외륜 2개 구동
진수년도: 1839년

글래디에이터

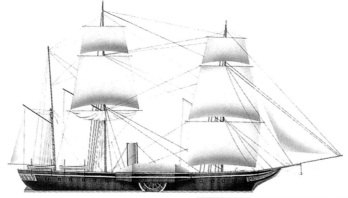

1850년대 중반, 영국 해군은 77척의 외륜 군함을 보유하고 있었다. 이 중 41척이 해외에 주둔하고 있었다. 1860년, 글래디에이터는 영미 연합전대의 일원으로, 니카라과 대통령을 자칭하던 윌리엄 워커 체포 작전에 투입되었다. 프리깃 중 크기가 작은 것을 코르벳이라고 부른다.

제원
유형: 영국 코르벳
배수량: 1,229미터톤(1,210영국톤)
크기: 67m×8.5m×3m(220피트×28피트×10피트)
기관: 외륜, 요동 엔진
삭구장치: 마스트 3개, 바크 식
최고속도: 9.5노트
주무장: 24파운드 함포 6문
진수년도: 1844년

TIMELINE

1839

1844

1850

해터러스

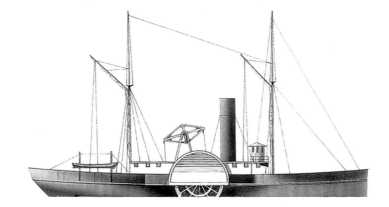

원래 뉴욕 항의 페리선이었던 해터러스는 1861년 미 해군에 매각되었다. 갤브스톤 앞바다에서 해상봉쇄 임무를 수행하던 이 배는 남부 해군의 앨라배마를 추적한다. 앨라배마에 비해 화력이 열세이던 해터러스는 13분간의 전투 끝에 격침당한다. 이는 남북 전쟁 중 남부 해군 순양함이 북부 해군 군함을 격침시킨 유일한 사례다.

제원	
유형: 미국 포함	
배수량: 1,144미터톤(1,126영국톤)	
크기: 64m×10.3m×5.4m(210피트×34피트×18피트)	
기관: 외륜, 측면 레버 엔진	
최고속도: 8노트	
주무장: 20파운드 함포 1문, 32파운드 함포 4문	
정원: 120명	
진수연도: 1850년경	

해리에트 레인

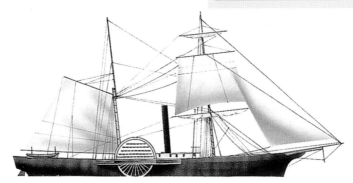

미국 밀수 감시정인 이 배는 1861년 4월 11일, 함포를 사격함으로서 남북 전쟁의 첫 방아쇠를 당겼다. 갤브스턴에서 노획된 이 배는 텍사스 주 해양청에서 운용되면서 개조되어 <라비니아>로 개칭되어 1864년 봉쇄 돌파선으로 사용되었다. 1865년 하바나에서 침몰했지만 인양되었다. 1865년 <엘리어트 리치>로 개칭된 이 배는 1884년 브라질 앞바다에서 파선되었다.

제원	
유형: 미국 포함	
배수량: 610미터톤(600영국톤)	
기관: 외륜	
삭구장치: 마스트 2개, 바컨틴 식	
최고속도: 9노트	
주무장: 228mm(9인치) 함포 3문	
진수년월: 1857년 11월	

푸아드

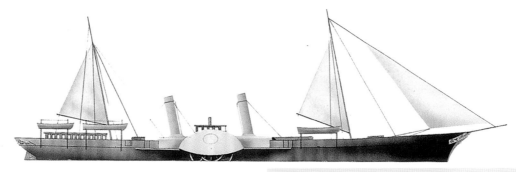

푸아드와 그 자매함 3척은 최후의 외륜 구동 군함이다. 함체는 철제에 경량 돛을 장비하고, 경사진 굴뚝이 2개 있다. 경무장 통보함 및 호위함으로 쓰였다. 속도는 그리 빠르지 않으나 항속거리는 대단했다. 푸아드는 1898년에 해체처분 되었다.

제원	
유형: 터키 통보함	
배수량: 1,075미터톤(1,058영국톤)	
크기: 76.2m×9.1m×3.7m(250피트×30피트×12피트)	
기관: 외륜	
삭구장치: 마스트 2개, 경량 돛	
최고속도: 12.5노트	
주무장: 119mm(4.7인치) 함포 1문, 그 밖에 부포 3문	
진수년도: 1864년	

1857   1864

글롸르

훌륭한 함선 설계사인 뒤피 드 롬이 만든 이 아이언클래드는, 세계 최초의 현대적인 전함이다. 68파운드 활강포를 탑재할 계획이었지만, 실제로는 68파운드 강선포가 탑재되었다. 이 포는 훗날 근대식 함포로 교체되었다. 글롸르가 현역 함선 목록에서 제적된 것은 1879년이었다.

글롸르

글롸르는 함체는 목제이고 상갑판에만 장갑판이 있다. 당시 프랑스 조선소들은 함체 전체를 장갑화할만큼 충분한 철을 공급할 수 없었다. 이 전함의 설계는 함체 전체에 함포가 달려 있던 증기 프리깃 <나폴레옹>에 기반했다.

제원	
유형: 프랑스 전함	
배수량: 5,720미터톤(5,630영국톤)	
크기: 77.8m×17m×8.4m(255피트 6인치×55피트 9인치×27피트 10인치)	
기관: 스크류 1개, 수평 귀환 기관	
최고속도: 13노트	
주무장: 162.5mm(6.4인치) 함포 36문	
장갑: 벨트 119-110mm(4.7-4인치)	
최고속도: 12.5노트	
정원: 570명	
진수년월: 1859년 11월	
완공년도: 1860년	

무장
영국 철제 군함 <워리어> 함(1861년)에 비교하면 함포가 너무 조밀하게 배치되어 있다는 비판이 있었다.

장갑
목제 함체에 두께 120mm(4.7인치) 철판을 대고, 철제 조임쇠를 대량으로 사용했다. 주갑판도 철이다.

기관
2,100지시마력(1,864kW)의 힘을 만들어내는 8개의 연관 보일러, 2실린더 수평 귀환 연결봉 엔진이 주동력원이고, 돛이 부동력원이다.

워리어

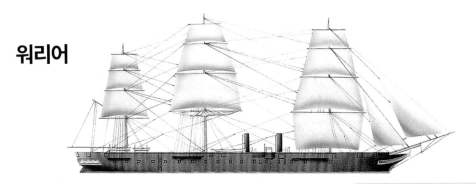

워리어는 세계 최초의 철제 주력함이다. 아이작 와츠가 설계했고 1859년 5월에 기공되었다. 함체의 앞부분이 V자형으로 되어 있어 고속을 낼 수 있다. 1980년대에 복원되어 잉글랜드 포츠머스 선거에 보존되어 있다.

제원
유형: 영국 전함
배수량: 9,357미터톤(9,137영국톤)
크기: 115.8m×17.8m×8m(420피트×58피트 4인치×26피트)
기관: 스크루 1개, 1단 팽창 트렁크 엔진
최고속도: 14노트
주무장: 68파운드 함포 26문, 70파운드 함포 4문, 110파운드 함포 10문
장갑: 벨트 및 포대에 114mm(4.5인치)의 철 장갑. 그 뒤에 457mm(18인치)의 나무
진수년월: 1860년 12월

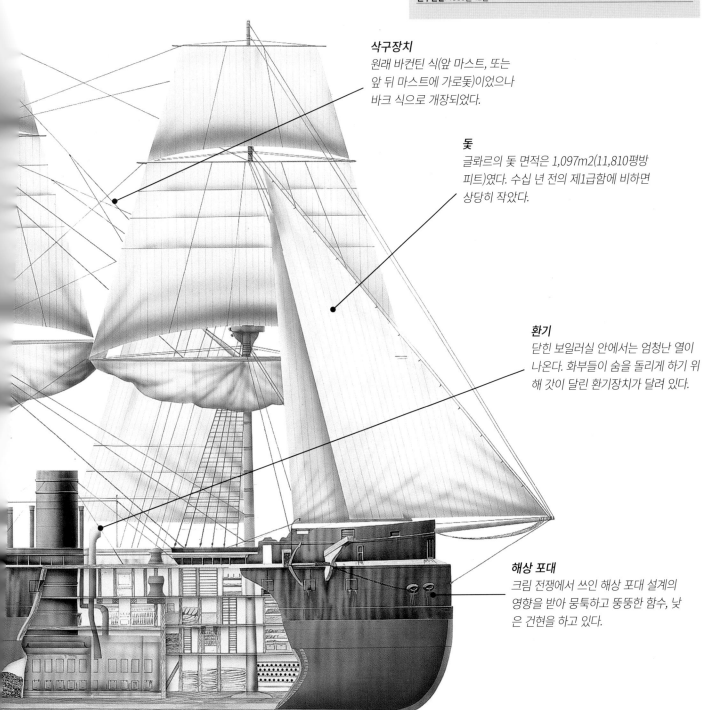

삭구장치
원래 바컨틴 식(앞 마스트, 또는 앞 뒤 마스트에 가로돛)이었으나 바크 식으로 개장되었다.

돛
글롸르의 돛 면적은 1,097m2(11,810평방 피트)였다. 수십 년 전의 제1급함에 비하면 상당히 작았다.

환기
닫힌 보일러실 안에서는 엄청난 열이 나온다. 화부들이 숨을 돌리게 하기 위해 갓이 달린 환기장치가 달려 있다.

해상 포대
크림 전쟁에서 쓰인 해상 포대 설계의 영향을 받아 뭉툭하고 뚱뚱한 함수, 낮은 건현을 하고 있다.

19세기 스크류 추진 군함 제1부

스크류 프로펠러 추진식 군함들이 처음 나왔을 때 기관은 보조 동력장치로 간주되었다. 바람이 약할 때 및 정박지가 좁을 때나 쓰는 것으로 여겨졌던 것이다. 여전히 동력의 주력은 돛이었다. 스크류 프로펠러는 필요시 항력을 줄이기 위해 경첩으로 접거나, 배에서 분리하거나, 수면 위로 들어올릴 수 있게 설계되었다. 증기력으로 배를 움직이는 것은 아직 부담스러웠다.

잘라만더

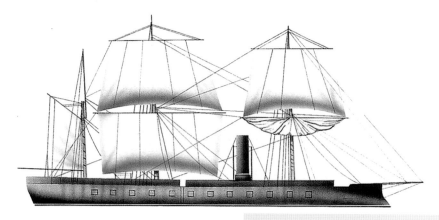

오스트리아 최초의 아이언클래드인 잘라만더는 함수 끝에서 함미 끝에 이르기는 수선 보호 벨트를 장착하고 있었다. 이 벨트는 위쪽으로도 연장되어, 앞 마스트 양옆의 포대도 보호한다. 1867년부터 1868년에 걸친 개장 공사로 돛 면적이 커져 느린 엔진 속도를 보충하게 되었다. 1883년에 퇴역한 이 배는 1896년까지 기뢰 창고로 사용되었다.

제원	
유형: 오스트리아 전함	
배수량: 3,075미터톤(3,027영국톤)	
크기: 62.8m×13.9m×6.3m(206피트 7인치×45피트×20피트 8인치)	
기관: 스크류 1개, 수평 저압 엔진	
삭구장치: 마스트 3개, 바크 식	
최고속도: 11노트	
주무장: 150mm(5.9인치) 함포 14문, 68파운드 함포 14문	
정원: 346명	
진수년월: 1861년 8월	

아진쿠트

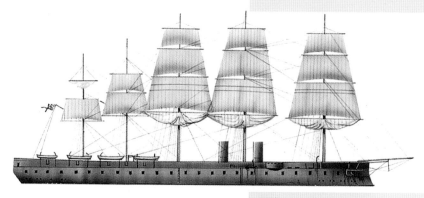

2척의 자매함이 있는 이 배는 당시 단일 스크류 추진 군함 중에서는 제일 길었다. 여러 면에서 현대적인 배였지만, 이 배는 영국 해군에서 마지막으로 전장식 함포를 사용했다. 나중에 함포는 후장식 함포로 교체되었다. 함체는 1960년까지 보존되었다.

제원	
유형: 영국 전함	
배수량: 만재시 10,812미터톤(10,642영국톤)	
크기: 124m×18.2m×8.5m(406피트 10인치×58피트 9인치×27피트 10인치)	
삭구장치: 마스트 5개, 가로 돛	
최고속도: 15노트	
주무장: 229mm(9인치) 함포 4문, 178mm(7인치) 전장식 강선 함포 24문	
진수년도: 1862년	

TIMELINE   1861   1862   1865

아폰다토레

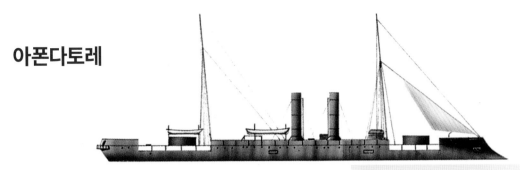

강철 함체에 스쿠너 식 삭구장치를 가지고 있던 아폰다토레는 연철 제 충각도 있었다. 영국 해군 대령 카우퍼 콜스가 설계한 포탑도 2개 달려 있었다. 이 배는 1866년 7월 리사 해전에서 오스트리아군에 맞선 페르사노 제독의 기함이었다. 1885년에 개장된 이 배는 그후로도 20년 동안 이탈리아 해군에서 운용되었다.

제원	
유형: 이탈리아 포탑 전함	
배수량: 4,393미터톤(4,324영국톤)	
크기: 93.9m×12m×6.3m(308피트×39피트 4인치×20피트 8인치)	
기관: 스크류 1개, 1단 팽창 엔진, 보일러 8개	
최고속도: 12노트	
주무장: 229mm(9인치) 전장 강선식 함포 2문	
삭구장치: 마스트 2개, 지삭삼각돛	
장갑: 벨트 및 포탑 127mm(5인치)	
정원: 309명	
진수년월: 1865년 11월	

아르미드

장갑판을 덧댄 목제 함체의 이 배는 식민지 지배를 위한 원양 작전용 <알마>급 함정 6척 중 하나다. 배의 크기가 작고 함포는 중앙의 장갑 포대에 설치되어 있다. 삭구장치를 완벽히 갖추고 있어, 순항 시에는 석탄을 절약하고자 돛에만 의존했다.

제원	
유형: 프랑스 전함	
배수량: 3,569미터톤(3,513영국톤)	
크기: 70m×14m×7m(229피트 8인치×46피트×23피트)	
기관: 스크류 1개, 수평 복식 엔진	
삭구장치: 마스트 3개, 바크 식	
최고속도: 11.9노트	
주무장: 193mm(7.6인치) 함포 6문	
장갑: 벨트 152mm(6인치), 포대 120mm(4.7인치)	
진수년월: 1867년 11월	

아사리 튜픽

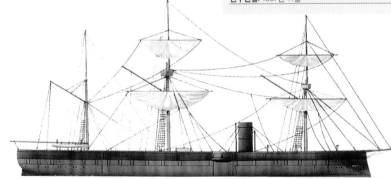

오스만 제국 해군은 지중해와 흑해에서 작전했다. 이들의 함정 운용년수는 서유럽 해군보다도 길었다. 아사리 튜픽의 포대는 함체 중간에 배치되어 있으며, 원래는 전장식이었다. 이 배는 1913년까지 운용되다가, 발칸 전쟁 중 암초에 부딪쳐 퇴함되었다.

제원	
유형: 터키 전함	
배수량: 4,762미터톤(4,687영국톤)	
크기: 83m×16m×6.5m(272피트 4인치×52피트 6인치×21피트 4인치)	
기관: 스크류 1개, 수평 복식 엔진	
삭구장치: 마스트 1개, 바크 식	
최고속도: 13노트	
주무장: 228mm(9인치) 함포 8문	
장갑: 벨트 152mm(6인치), 포대 120mm(4.7인치)	
진수년도: 1868년	

1867   1868

빅토리아

3층 갑판식 증기기관 군함은 그리 많이 건조되지 않았다. 빅토리아는 프랑스의 3층 갑판 군함인 <라 브르타뉴>에 대항하기 위해 건조되었다. 기관의 위치는 독특했다. 연돌은 좌현과 우현에 하나씩 있었다. 이 설계는 10년 이내에 구식화되어, 빅토리아는 퇴역했으나 1893년까지 해체되지 않았다.

빅토리아

빅토리아는 실용화된 것 중 사상 최대의 목제 전함이다. 그리고 1861년 영국 최초의 아이언클래드 전함인 <HMS 워리어> 함이 나오기 전까지는 세계 최대의 전함이었다. 또한 2개의 연돌을 지닌 최초의 영국 전함이었다.

제원	
유형: 영국 전함	
배수량: 7,070미터톤(6,959영국톤)	
크기: 79,2m×18,3m×7,8m(260피트×60피트×25피트 10인치)	
기관: 스크루 1개, 수평 복식 엔진	
삭구장치: 마스트 3개, 가로돛	
주무장: 203mm(8인치) 함포 62문, 32파운드 함포 58문	
정원: 1,000명	
진수년월: 1859년 11월	

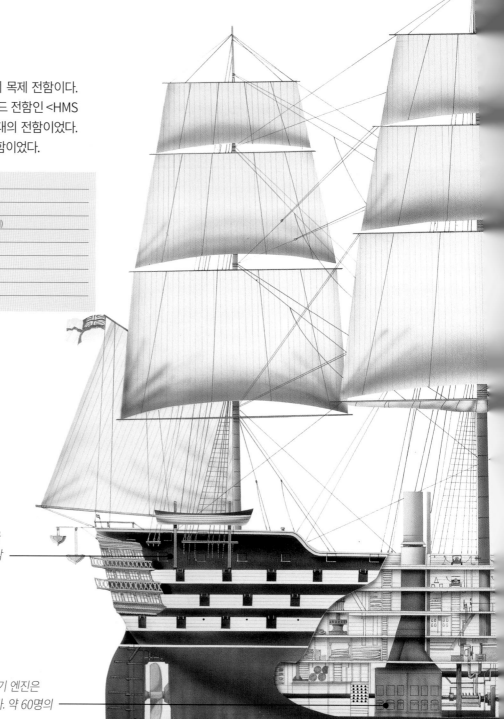

함체
빅토리아는 사상 최대의 목선이었으며, 영국 해군의 마지막 목제 주력함이었다. 다만 대각 선 철제 버팀대가 쓰이기는 했다.

기관
보일러 8개를 갖춘 모즐리 왕복 증기 엔진은 4,403지시 마력(3283.3kW)을 낸다. 약 60명의 화부와 보조원이 필요하다.

무장

주포갑판: 203mm(8인치) 함포 32문
중갑판: 203mm(8인치) 함포 30문
상갑판: 32파운드 함포 32문
후갑판: 32파운드 함포 20문, 68파운드 함포 1문

단명

빅토리아의 현역 운용 기간은 1864~1867년뿐이었다.
이 기간 동안 지중해 함대의 기함을 맡았다. 그 외의 기
간 동안은 예비역이었다.

경쟁함

빅토리아가 건조된 주 원인은 프랑스의 3층 갑판함 <라
브르타뉴>의 진수였다. 그러나 빅토리아의 자리는 얼
마 못 가 전철제 군함들이 차지하게 된다.

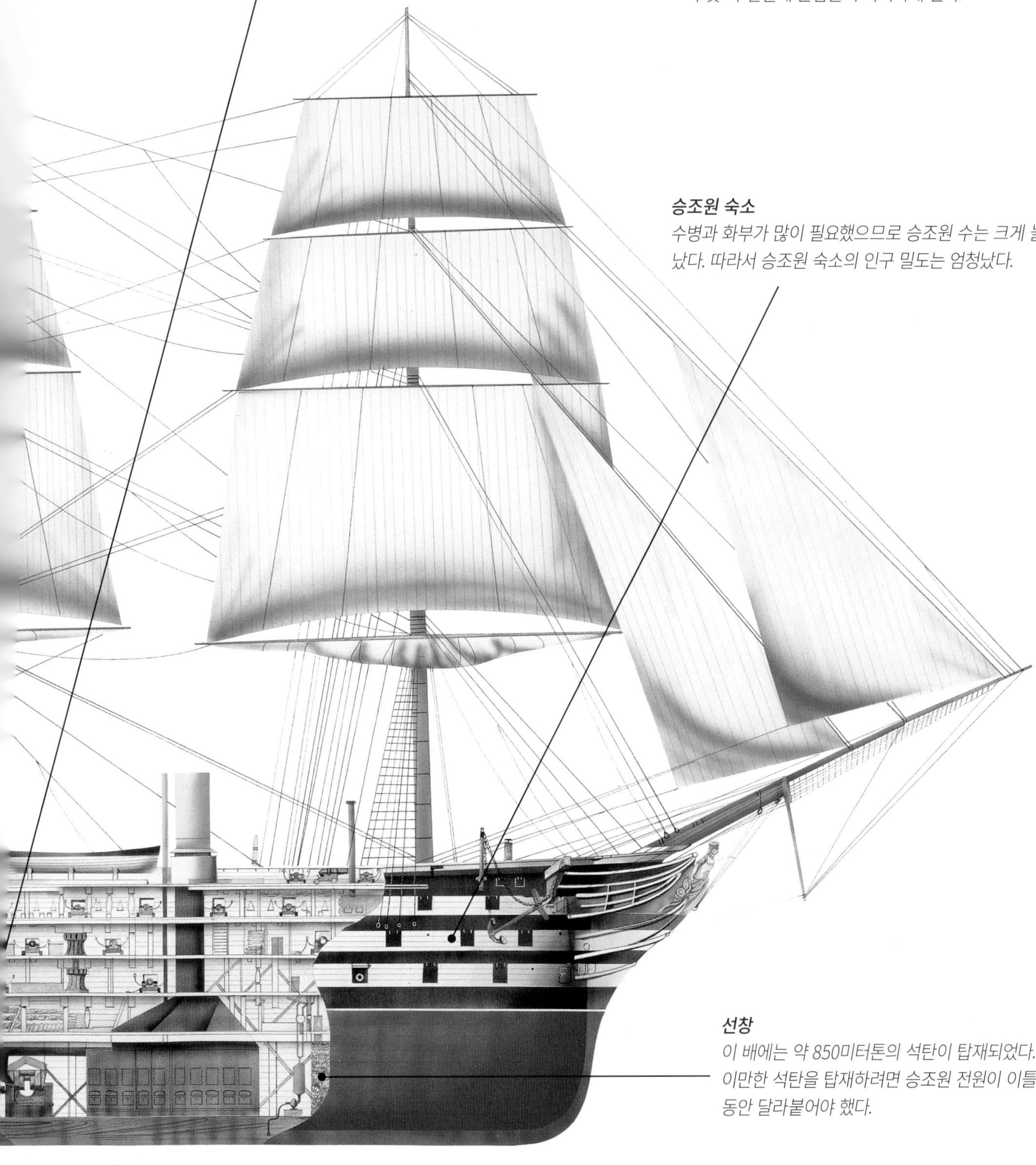

승조원 숙소

수병과 화부가 많이 필요했으므로 승조원 수는 크게 늘어
났다. 따라서 승조원 숙소의 인구 밀도는 엄청났다.

선창

이 배에는 약 850미터톤의 석탄이 탑재되었다.
이만한 석탄을 탑재하려면 승조원 전원이 이틀
동안 달라붙어야 했다.

19세기 스크류 추진 군함 제2부

1870년대가 되면 더욱 강력한 복식 증기 엔진이 주요 추진 수단이 된다. 그리고 돛은 뒷바람이 불 때나 쓰는 보조 추진 수단이 된다. 이후 19세기 말까지 각국 군함은 돛의 사용을 크게 줄여 나갔다.

뱅가드

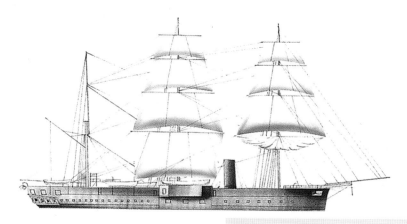

함체 중앙에 포대가 달린 이 배는 원양에서 다른 나라 해군의 아이언클래드(철갑선)를 상대하기 위해 건조되었다. 원래 전장식 범선이었던 이 배는 1871년 바크 식으로 개조되어 2,202제곱미터(23,700제곱피트)의 캔버스를 싣고 다녔다. 1875년 <아이언 듀크>와 안개 속에서 사고로 충돌한 후 침몰했다.

제원	
유형: 영국 전함	
배수량: 6,106미터톤(6,010영국톤)	
크기: 85.3m×16.4m×6.8m(280피트×54피트×22피트 7인치)	
기관: 스크류 2개, 수평 귀환 연접봉 엔진	
삭구장치: 마스트 3개, 바크 식	
주무장: 228mm(9인치) 함포 10문, 152mm(6인치) 4문	
장갑: 벨트 152-203mm(6-8인치), 티크 목재 203-254mm(8-10인치), 포대 152mm(6인치)	
진수년도: 1870년	

알미란테 코크라네

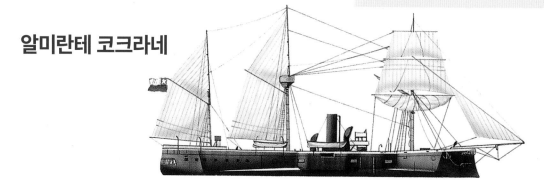

함포를 함 중앙의 포대에 모으는 것이 당시의 유행이었다. 이렇게 하면 함의 전면, 후면, 측면 어느 쪽으로도 사격을 할 수 있다. 1879년, 알미란테 코크라네는 자매함 블랑코 엔칼라다와 함께 페루 전함 후아스카르를 나포했다. 1891년, 정박 중 혁명이 일어나, 어뢰정 2척에 의해 격침당했다.

제원	
유형: 칠레 전함	
배수량: 3,631미터톤(3,574영국톤)	
크기: 64m×13.9m×6.7m(210×45피트 7인치×22피트)	
기관: 스크류 2개, 수평 복식 엔진	
삭구장치: 마스트 3개, 바컨틴 식	
최고속도: 12.7노트	
주무장: 228mm(9인치) 함포 6문	
장갑: 벨트 115-152-229mm(4.5-6-9인치), 포대 152-203mm(6-8인치)	
정원: 300명	
진수년도: 1874년	

TIMELINE　　　　1870 　　　　1874　　　　1879

아라곤

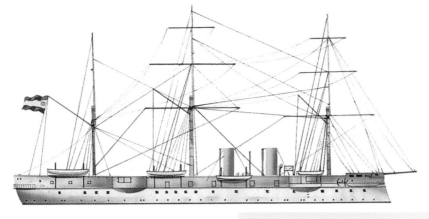

원래 아라곤의 목제 함체는 강철판으로 보강될 예정이었으나, 그런 일은 일어나지 않았다. 포대의 양 끝에 장출 마운트가 있어 전방 및 후방으로 사격이 가능했다. 동급 순양함은 모두 3척이었다. 그 중의 한 척인 카스티야는 미서전쟁 중인 1898년 5월 1일 마닐라에서 미 해군 군함에게 격침당했다.

제원	
유형: 스페인 순양함	
배수량: 3,342미터톤(3,289영국톤)	
크기: 71.9m×13.4m×7.2m(236피트×44피트×23피트 7인치)	
기관: 스크류 1개, 수평 복식 엔진	
삭구장치: 마스트 3개, 바컨틴 식	
최고속도: 14노트	
주무장: 163mm(6.4인치) 함포 6문	
진수년도: 1879년	

진원

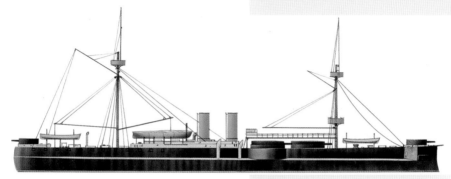

진원과 자매함 정원은 함포탑, 중포용 바벳, 엔진과 탄약고를 보호하는 장갑 중앙 포대를 갖춘 청 제국의 유일한 전함이었다. 진원은 1894년 황해 해전에 참전했다. 1895년 일본군에 나포되어 1914년 해체처분되었다.

제원	
유형: 중국 전함	
배수량: 7,792미터톤(7,670영국톤)	
크기: 94m×18m×6m(307피트 9인치×59피트×20피트)	
기관: 스크류 2개, 수평 복식 엔진	
최고속도: 15.7노트	
주무장: 304mm(12인치) 함포 4문, 152mm(6인치) 함포 2문	
장갑: 벨트 356mm(14인치), 바벳 356-305mm(14-12인치)	
정원: 350명	
진수년월: 1882년 11월	

우네비

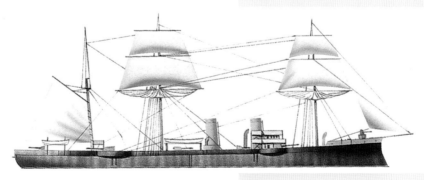

프랑스에서 설계 및 건조한 우네비는 배수량에 비해 중무장을 하고 있었다. 함체 장출부에 238mm(9.4인치) 함포를 설치하고, 그보다 소구경인 포들은 갑판에 설치했다. 그러나 우네비는 일본에 가지 못하고, 1887년 10월 항해 중 태풍을 만나 실종되었다.

제원	
유형: 일본 순양함	
배수량: 3,672미터톤(3,615영국톤)	
크기: 98m×13m×5.7m(321피트 6인치×43피트×18피트 9인치)	
기관: 스크류 2개, 수평 복식 3단 팽창 엔진	
삭구장치: 마스트 3개, 바크 식	
주무장: 238mm(9.4인치) 함포 4문, 150mm(5.9인치) 함포 7문	
장갑: 갑판 67mm(2.5인치)	
정원: 280명	
진수년월: 1886년 4월	

1882   1886

해안 방어 함선

해안 방어 함선의 장거리 중포는 해전 시대의 산물이다. 비교적 작은 크기에 1~2문의 대구경 함포를 싣고 천해에서 운항이 가능한 이 배는 적의 침공을 저지하고, 아군의 해안을 포격하러 오는 적의 대형함들을 저지하는 역할을 맡았다.

고름

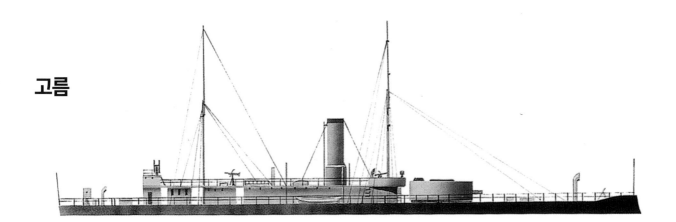

중무장한 고름은 천해 연안 방어용으로 설계되었다. 254mm(10인치) 암스트롱 전장 강선포를 탑재한 포탑은 수면으로부터 불과 1.6m(5피트 5인치) 높이다. 이 포들은 이후 150mm(5.9인치) 포로 교체되었다. 고름은 1912년 해체처분되었다.

제원	
유형: 덴마크 해안 방어함	
배수량: 2,381미터톤(2,344영국톤)	
크기: 68.5m×13.7m×4.9m(225피트×45피트×16피트 4인치)	
기관: 스크루 1개, 1단 팽창 엔진	
주무장: 254mm(10인치) 함포 2문	
장갑: 함체 178mm(7인치), 포탑 203mm(8인치)	
진수년도: 1870년	

고곤

이런 유형의 배는 1870~1871년 사이에 다수 발주되었다. 그러나 프랑스와의 전쟁 위험성이 줄어들자, 이 배들은 할 일이 없어졌다. 감항성이 떨어져 작전 가치는 제한되어 있었다. 1874년에 완공된 고곤은 대부분의 시간을 데븐포트 항구에서 머무르며 기만함으로 운용되다가, 1903년 파선되었다.

제원	
유형: 영국 해안 방어함	
배수량: 3,535미터톤(3,480영국톤)	
크기: 70m×15m×4.3m(231피트×49피트×14피트 3인치)	
기관: 스크루 2개, 수평 직동 엔진	
주무장: 254mm(10인치) 함포 4문	
장갑: 함체 152-203mm(6-8인치), 흉벽 203-228mm(8-9인치), 포탑 228-254mm(9-10인치)	
진수년도: 1870년	

하이

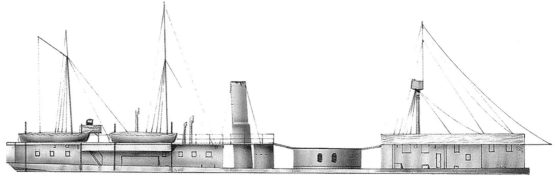

포탑 하나에 2문의 대구경포를 탑재한 모니터함인 하이는 함수 충각도 있다. 자매함은 총 5척(맨 마지막 함의 설계는 꽤 다르다)이다. 하이는 네덜란드 해군의 첫 대형 해안 방어함이었다. 이후 279mm(11인치) 함포 1문과 부포로 무장을 변경했다.

제원

유형: 네덜란드 해안 방어함	
배수량: 1,580미터톤(1,555영국톤)	
크기: 59.6m×13.4m×2.9m(195피트 5인치×44피트×9피트 9인치)	
기관: 스크루 2개, 복식 엔진	
최고속도: 8노트	
주무장: 228mm(9인치) 함포 2문	
진수년도: 1871년	

노브고로드

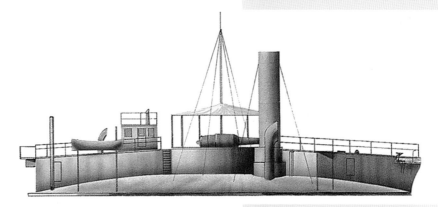

포포프 제독이 설계한 노브고로드는 위에서 보면 원형 모양을 하고 있고, 세로 구조물이 바벳을 지지하고 있다. 이 바벳에는 2문의 대구경 함포가 수납되어 있다. <포포프카스>로도 불린 이 함급은 2척이 건조되었다. 건조에는 모듈 방식을 사용했다. 스크루 프로펠러는 6개였으나 이 중 2개가 나중에 제거되었다. 1900년경 해체처분된다.

제원

유형: 러시아 해안 방어함	
배수량: 2,500미터톤(2,491영국톤)	
크기: 36.9m×36.9m×4.1m(121피트×121피트×13피트 6인치)	
기관: 스크루 6개, 수평 복식 엔진	
최고속도: 6노트	
주무장: 280mm(11인치) 함포 2문, 86mm(3.4인치) 함포 2문	
진수년도: 1876년	

하랄드 하르파그레

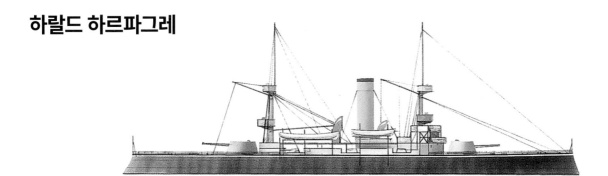

하랄드 하르파그레는 판세르스키페트(장갑함)로 분류된다. 노르웨이 최초의 주력함이었다. 연안 작전에 맞게 크기가 작고 속도가 느렸다. 1930년대에 퇴역했으나 제2차 세계대전 중 독일군에 징발되어 대공포대로 개조되었다. 1948년에 해체되었다.

제원

유형: 노르웨이 해안 방어함	
배수량: 3,919미터톤(3,858영국톤)	
크기: 92.6m×14.7m×5.3m(304피트×48피트 6인치×17피트 8인치)	
기관: 스크루 2개, 3단 팽창 엔진	
주무장: 208mm(8.2인치) 함포 2문, 120mm(4.7인치) 함포 6문	
장갑: 벨트 102-178mm(4-7인치), 주포탑 127-203mm(5-8인치)	
진수년월: 1897년 1월	

1876 1897

1880년대와 1890년대의 순양함: 제1부

19세기 후반의 순양함은 보통 그저 호위 없이 장거리 임무가 가능한 배를 말하는 경우가 많았다. 이 때의 순양함들은 이후의 순양함들에 비해 크기가 작은 경우도 많았다. 같은 함급이라도 시대의 흐름에 따라 덩치가 커진 것이다.

초용

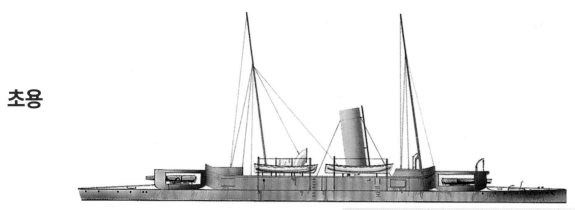

당시 청나라 해군 수뇌부는 휘하 함대들 간의 중앙 통제를 잘 못하고 있었다. 초용은 북양 함대에서 발주했다. 당시 기준으로 매우 빨랐던 초용은 비교적 작은 배수량인데도 큰 함포를 탑재하고 있었다. 1894년 황해 해전에서 일본군과 맞서 싸운 초용은 화재를 일으켰고, 심하게 기울어져 침몰했다.

제원	
유형: 중국 순양함	
배수량: 1,566미터톤(1,542영국톤)	
크기: 64m×10m×5m(210피트×32피트×15피트)	
기관: 스크루 2개, 수평 복식 왕복 엔진	
주무장: 254mm(10인치) 함포 2문	
장갑: 갑판 68mm(2.7인치), 포탑 25.5mm(1인치)	
정원: 177명	
진수년월: 1880년 11월	

보스턴

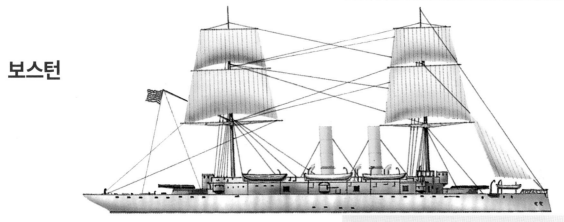

1880년대 미 해군의 군비는 크게 확충되었다. 보스턴과 자매함 아틀란타는 강력한 순양함이었다. 상부구조물 전후방의 바벳에 203mm(8인치) 함포를 탑재했다. 건조 중 조선사가 파산한 관계로 완공은 뉴욕 해군 조선소에서 해냈다.

제원	
유형: 미국 순양함	
배수량: 3,240미터톤(3,189영국톤)	
크기: 86.2m×12.8m×5.2m(283피트×42피트×17피트)	
기관: 스크루 1개, 수평 복식 엔진	
삭구장치: 마스트 2개, 가로돛	
주무장: 203mm(8인치) 함포 2문, 152mm(6인치) 함포 6문	
장갑: 바벳 50mm(2인치), 갑판 37mm(1.5인치)	
정원: 317명	
진수년도: 1884년	

TIMELINE 1880 1884

칼리오페

칼리오페의 함체는 철이었고, 바깥으로 갈수록 내리막을 타는 장갑 갑판을 지니고 있었다. 측면에 설치된 장출부에는 152mm(6인치) 함포가 탑재되었다. 이 시기에는 일부 군함의 갑판에 상부구조물이 설치되었으나, 칼리오페는 그런 것이 없다. 6개의 추진용 보일러가 고압 실린더 2개와 저압 실린더 2개에 증기를 공급한다.

제원	
유형: 영국 순양함	
배수량: 2,814미터톤(2,770영국톤)	
크기: 71,6m×13,6m×6m(235피트×44피트 6인치×19피트 11인치)	
기관: 스크류 1개, 수평 복식 엔진	
삭구장치: 마스트 1개, 가로돛	
최고속도: 13,75노트	
주무장: 152mm(6인치) 함포 4문, 127mm(5인치) 함포 12문	
장갑: 갑판 37mm(1,5인치)	
정원: 317명	
진수년도: 1884년	

에트나

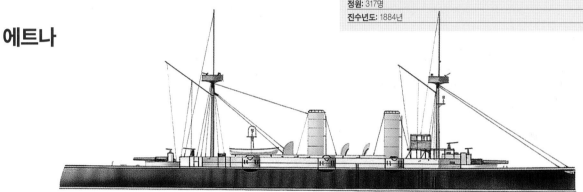

에트나는 전 세계의 순양함 표준을 정립했다. 우수한 속도와 강력한 무장과 장갑, 적절한 감항성이 조화된 것이다. 1907년에는 훈련함으로 개장되었고 1914년에는 항만방어함으로 전용되었다. 이후 타란토 항의 모함으로 쓰이다가 1921년에 퇴역했다.

제원	
유형: 이탈리아 순양함	
배수량: 3,881미터톤(3,820영국톤)	
크기: 91,4m×13,2m×6,2m(300피트×43피트 4인치×20피트 4인치)	
기관: 스크류 2개, 2단 팽창 엔진	
최고속도: 17,8노트	
주무장: 254mm(10인치) 함포 2문, 152mm(6인치) 함포 6문	
진수년월: 1885년 9월	

포스

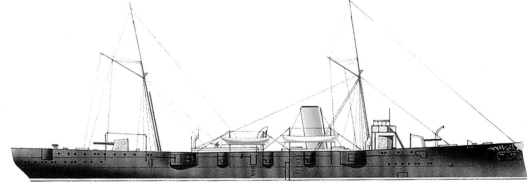

포스와 그 자매함들은 이전의 세컨드 급 순양함과는 완벽히 단절한 미래적인 설계였다. 2개의 통나무 마스트에 경량 돛을 달 수 있다. 그러나 처음으로 돛 없이도 움직일 수 있는 배가 되었다. 또한 최초로 갑판 전체를 장갑화한 배이기도 하다. 1921년 매각되었다.

제원	
유형: 영국 순양함	
배수량: 4,115미터톤(4,050영국톤)	
크기: 96m×14m×5,9m(315피트×46피트×19피트 6인치)	
기관: 스크류 2개, 수평 직동 복식 엔진	
주무장: 203mm(8인치) 함포 2문, 152mm(6인치) 함포 10문	
장갑: 갑판 76-50mm(3-2인치)	
정원: 300명	
진수년월: 1886년 10월	

1885   1886

1880년대와 1890년대의 순양함: 제2부

각국의 순양함은 외관도 서로 달랐지만, 매우 다양한 임무에 투입되었다. 순양함은 속도가 빠르고 효율성이 높아 지원 및 경비 임무에 적합했고, 따라서 제국주의 국가들에게 반드시 필요한 함종이었다. 또한 전함보다도 건조비와 운용비가 적었다.

찰스턴

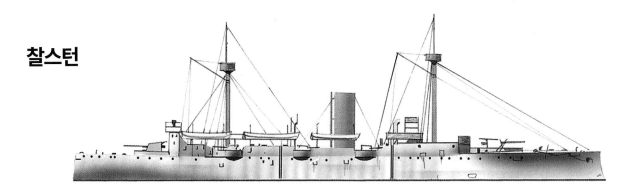

미국은 1887년 영국에서 신형 순양함 설계를 구입했다. 이 설계는 일본과 칠레를 위해 건조했던 배들의 설계에 기반한 것이었다. 상부 구조물의 양끝에는 203mm(8인치) 함포가 1문씩 설치되어 있고, 함체 중간에는 152mm(6인치) 함포가 있다. 돛을 쓰지 않는 최초의 미 순양함인 찰스턴은 1899년 11월에 파선되었다.

제원
유형: 미국 순양함
배수량: 4,267미터톤(4,200영국톤)
크기: 97.4m×14m×6m(319피트 6인치×46피트×18피트 4인치)
기관: 스크루 2개, 수평 복식 엔진
최고속도: 18.9노트
주무장: 203mm(8인치) 함포 2문, 152mm(6인치) 함포 6문
정원: 300명
진수년월: 1888년 7월

포르뱅

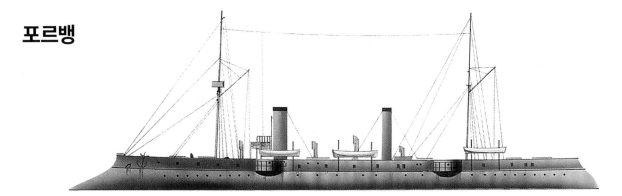

포르뱅은 실루엣이 멋지고 눈에 띄는 쟁기형 함수를 지닌 동급 중형 순양함 3척 중 하나다. 함포는 장출부에 설치되어 사각이 넓다. 함체는 눈에 띄는 텀블홈 방식이다. 갑판 전체는 휘어진 41mm(1.6인치) 두께의 장갑 갑판이다. 퇴역한 포르뱅은 1913년 석탄선이 되었다.

제원
유형: 프랑스 순양함
배수량: 1,880미터톤(1,850영국톤)
크기: 95m×9m×5.2m(311피트 8인치×29피트 6인치×17피트 2인치)
기관: 스크루 2개, 수평 복식 엔진
최고속도: 19.5노트
주무장: 140mm(5.5인치) 함포 4문
진수년월: 1888년 1월

치요다

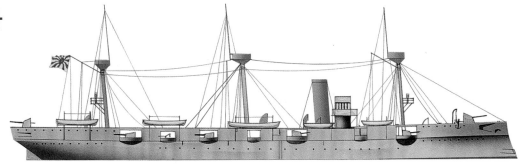

실종된 우네비의 대체함인 이 배는 일본 최초의 장갑순양함이다. 또한 당시 기준으로 매우 현대적인 함이었다. 5초에 1발씩 쏠 수 있는 엘스위크 속사포를 탑재하고 있었다. 3개의 마스트가 달려 있었지만 돛을 매단 적은 없다. 8개의 보일러가 5,600마력의 힘을 생산한다. 장갑 벨트는 크롬강이다.

제원	
유형: 일본 순양함	
배수량: 2,439미터톤(2,400영국톤)	
크기: 94.5m×13m×4.3m(310피트×42피트×14피트)	
기관: 스크류 2개, 수직 3단 팽창 엔진	
최고속도: 19노트	
주무장: 119mm(4.7인치) 함포 10문, 356mm(14인치) 어뢰 발사관 3문	
장갑: 벨트 115mm(4.5인치), 갑판 38-25mm(1.5-1인치)	
진수년도: 1890년	

에우리디체

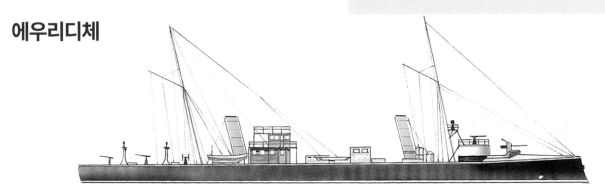

에우리디체는 트리폴리 어뢰순양함을 개량한 어뢰순양함 8척 중 하나다. 함체는 철제고 원래는 경량 앞돛과 뒷돛을 지니고 있었다. 함대의 외곽에서 고속 수색함 역할, 또는 독립 행동을 하려고 만든 배였다. 에우리디체는 1907년 퇴역했다.

제원	
유형: 이탈리아 순양함	
배수량: 918미터톤(904영국톤)	
크기: 73.9m×8.2m×3.7m(242피트 6인치×27피트×12피트 2인치)	
기관: 스크류 2개, 3단 팽창 엔진	
최고속도: 20노트	
주무장: 120mm(4.7인치) 함포 1문, 430mm(17인치) 어뢰 발사관 6문	
진수년도: 1890년	

게이세르

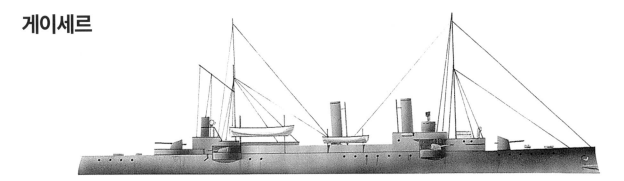

멀리 그린란드까지 나아가 북대서양을 순찰하던 덴마크 해군은 감항성이 뛰어난 배가 필요했다. 게이세르는 순양함으로 분류되지만 무장은 적당한 수준이었다. 일부 어뢰정을 제외하면 이 배는 소니크로프트 수관 보일러를 처음으로 장비한 군함이다. 그로써 효율과 성능을 크게 높였다.

제원	
유형: 덴마크 순양함	
배수량: 1,311미터톤(1,290영국톤)	
크기: 78.5m×8.4m×4m(257피트 6인치×27피트 6인치×13피트)	
기관: 스크류 2개, 수직 3단 팽창 엔진	
주무장: 119mm(4.7인치) 함포 2문	
진수년도: 1892년	

1892

1880년대와 1890년대의 순양함: 제3부

이제 새 군함에서 가로돛 원재는 거의 보이지 않게 되었다. 그러나 높이가 높은 마스트는 여전히 필요했다. 마스트에 견시소를 세울 수 있고 선박 간에 기류 신호로 통신해야 하기 때문이다. 목제 선체도 구식이 되었고, 포탄의 발전으로 장갑은 필수가 되었다.

프리앙

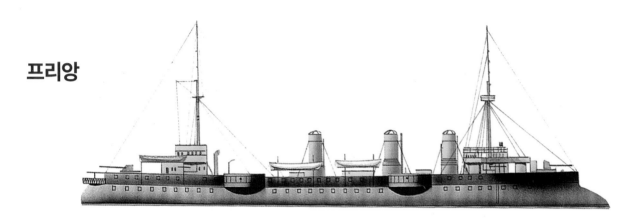

프리앙은 측면이 비장갑이지만, 갑판에는 평면 부분이 30mm(1.2인치), 경사 부분이 81mm(3.2인치) 두께의 장갑이 있다. 기관실 위에는 스플린터 갑판이 있다. 제1차 세계대전 중에 지중해에서 호위함으로 운용된 이 배는 1918년에는 잠수모함으로 운용되었으며, 1920년 현역함 목록에서 제적되었다.

제원	
유형: 프랑스 순양함	
배수량: 3,861미터톤(3,800영국톤)	
크기: 95m×13m×6.4m(311피트 8인치×42피트 8인치×21피트)	
기관: 스크류 2개, 3단 팽창 엔진	
주무장: 163mm(6.4인치)함포 6문, 102mm(4인치) 함포 4문	
진수년도: 1893년 4월	

게피온

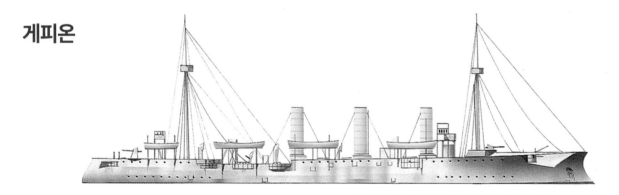

게피온을 기점으로 독일 순양함 설계는 변하기 시작한다. 1894년 6월 완공 시에는 152mm(6인치) 함포를 탑재했다. 그러나 이후 더 가벼운 104mm(4.1인치) 함포가 선정되었고, 이것이 독일 순양함의 표준 무장이 된다. 제1차 세계대전 이후 상선으로 개장되어 <아돌프 섬머필드>로 개칭된 이 배는 1923년 해체처분된다.

제원	
유형: 독일 순양함	
배수량: 4,275미터톤(4,208영국톤)	
크기: 110.4m×13.2m×6.5m(362피트 2인치×43피트 4인치×21피트 3인치)	
기관: 스크류 2개, 3단 팽창 엔진	
최고속도: 20.5노트	
주무장: 104mm(4.1인치) 주포 10문	
진수년월: 1893년 5월	

게네랄 가리발디

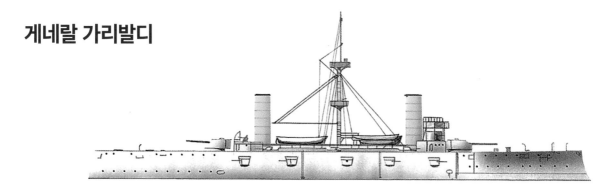

원래 이탈리아 해군 군함 <쥬세페 가리발디>였던 이 배는, 3척의 자매함들과 함께 아르헨티나에 매각되었다. 주포는 함의 크기에 비해서는 이례적일만치 컸다. 이 순양함들을 보유한 아르헨티나 해군은 남미 동해안에서 최강이 되었다. 이 배는 1935년에 해체 처분되었다.

제원	
유형:	아르헨티나 순양함
배수량:	6,949미터톤(6,840영국톤)
크기:	100m×18.1m×7.6m(328피트×59피트 6인치×25피트)
기관:	스크루 2개, 3단 팽창 엔진
최고속도:	19.9노트
주무장:	254mm(10인치) 함포 2문, 152mm(6인치) 함포 10문, 119mm(4.7인치) 함포 6문
진수년도:	1895년 5월

헬데르란트

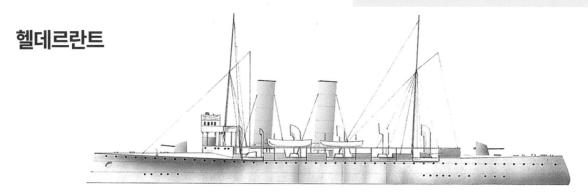

이 순양함은 1920년부터 사격 연습함으로 사용되었다. 그러나 제2차 세계대전에서 네덜란드가 패전하자 독일은 이 배에 104mm(4.1인치) 함포 8문과 20여 문의 부포를 설치해 방공함 <니오베>로 개장했다. 1944년 7월 소련군 항공기의 폭격과 뇌격을 당했다.

제원	
유형:	네덜란드 순양함
배수량:	4,013미터톤(3,950영국톤)
크기:	95m×14.7m×5.4m(312피트×48피트 17피트 9인치)
기관:	스크루 2개, 3단 팽창 엔진
최고속도:	20.1노트
주무장:	152mm(6인치) 함포 2문, 119mm(4.7인치) 함포 6문
진수년도:	1898년

그로모보이

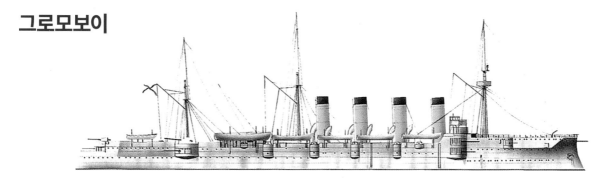

구식 설계인 그로모보이는 방어력이 우수하고 공격력도 상당했다. 1904년 러일전쟁 중 러시아 태평양 함대에 배속되었다. 이 배는 일본 순양함 전대의 포격을 당해 손상을 입었음에도, 18노트의 속도로 적을 따돌리는 데 성공했다. 1922년 해체처분되었다.

제원	
유형:	러시아 순양함
배수량:	12,564미터톤(12,367영국톤)
크기:	144m×20.7m×8.8m(472피트 6인치×68피트×29피트)
기관:	스크루 3개, 3단 팽창 엔진
최고속도:	20노트
주무장:	152mm(6인치) 함포 16문, 203mm(8인치) 함포 4문, 12파운드 함포 12문
장갑:	벨트 152mm(6인치)
진수년월:	1899년 5월

1898

1899

나체즈

나체즈는 속도가 높기로 유명했다. 1870년 뉴올리언즈를 출발한 나체즈는 상류의 세인트루이스를 향해 평균 11.17노트의 속도로 1,672km(1,039마일)를 항진했다. 선창 위에 3층 갑판을 지닌 이 배는 빠른 선박 여행을 원하는 승객을 태울 공간이 충분했다. 당시 무역선의 성능 경쟁은 치열했다.

나체즈

나체즈는 미시시피강에서 운용할 면화, 우편, 여객 운반선으로 건조되었다. 나체즈는 9년 반 동안 뉴올리언즈와 나체즈 사이를 401회 운항했다. 뉴올리언즈-세인트루이스 노선에서 경쟁선인 <로버트 E. 리> 호보다 더 높은 속도를 낸 것으로도 유명하다.

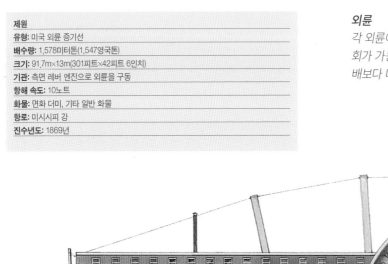

제원
유형: 미국 외륜 증기선
배수량: 1,578미터톤(1,547영국톤)
크기: 91.7m×13m(301피트×42피트 6인치)
기관: 측면 레버 엔진으로 외륜을 구동
항해 속도: 10노트
화물: 면화 더미, 기타 일반 화물
항로: 미시시피 강
진수년도: 1869년

상갑판
상갑판은 <텍사스>로 알려졌다. 살롱과 특등 선실을 갖추고 있다.

외륜
각 외륜이 독립적으로 작동하므로 선회가 가능하며, 선미에 외륜이 있는 배보다 더욱 기동성이 높다.

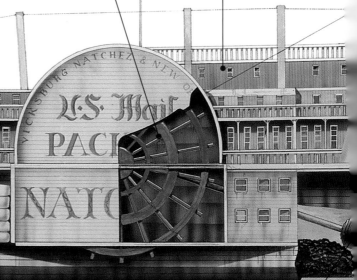

기관
나체즈는 석탄을 정상 연소시킨다. 엔진은 흘수가 얕고, 부피는 크지만 가벼운 거주구를 지닌 이 배의 균형을 잡는 데도 도움이 된다.

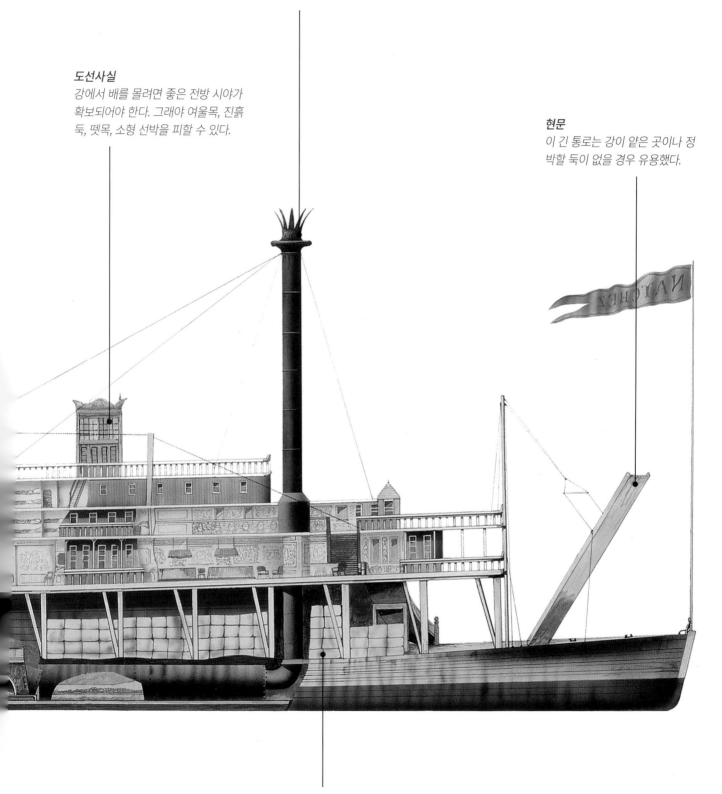

연돌
연돌이 높으므로 흘수를 얕게 만들 수 있고,
연기가 갑판에 깔리는 것도 막을 수 있다. 두
연돌 사이에 배의 엠블럼이 걸려 있다.

도선사실
강에서 배를 몰려면 좋은 전방 시야가
확보되어야 한다. 그래야 여울목, 진흙
둑, 뗏목, 소형 선박을 피할 수 있다.

현문
이 긴 통로는 강이 얕은 곳이나 정
박할 둑이 없을 경우 유용했다.

선창
최대 5,500 뭉치의 면화 또는 담배를 긴 주갑판에
적재하여, 배의 안정성을 높일 수 있다.

외륜 및 선미외륜 증기선 제1부

1830년대 후반부터 외륜 증기선이 대양을 횡단하게 되었다. 해양 공학이 별도의 학문으로 독립했고, 엔진의 신뢰성은 더욱 높아졌다. 그러나 모든 장거리 증기선은 돛을 장비했다. 기관 고장 시를 대비한 것이었다.

브리타니아

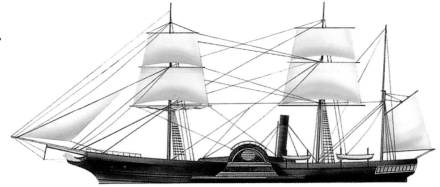

브리타니아는 목제 선체에 바크 식 3개 마스트, 2층 갑판, 연돌 1개, 클리퍼식 선수를 장비했다. 이 배는 첫 정기 대서양 횡단 우편 운송을 시작했다. 1849년 북독일 연방 해군에 매각된 이 배는 <바르바롯사>로 개칭되었다. 1852년 이 배는 프로이센 왕국 해군에 이관되었다. 1880년 표적함으로 쓰여 격침되었다.

제원	
유형: 영국 외륜 증기선	
배수량: 2,083미터톤(2,050영국톤)	
크기: 70m×17m(외륜 상자 포함)×5m(228피트×56피트×16피트 10인치)	
기관: 측면 레버 엔진으로 외륜 구동	
삭구장치: 마스트 3개, 바크 식	
최고속도: 8.5노트	
진수년월: 1840년 2월	

워싱턴

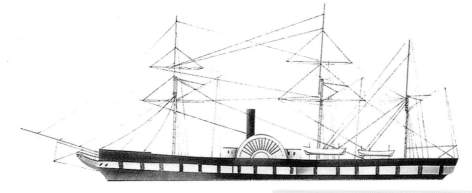

프랑스의 대서양 횡단 일반 상사의 첫 여객선인 워싱턴 호는 211명의 승객을 싣고, 1등석 승객은 128명이다. 여러 외륜선들이 폐선되던 1868년. 이 배는 1단 팽창 엔진과 스크류 2개로 기관을 바꾸어 속도를 높였다. 이 배는 1900년에 해체되었다.

제원	
유형: 프랑스 여객선	
배수량: 3,462미터톤(3,408영국톤)	
크기: 105m×13m(345피트×44피트)	
기관: 외륜, 측면 레버 엔진	
삭구장치: 마스트 3개, 주 마스트와 전방 마스트에는 가로돛, 후부 마스트에는 스팽커 돛	
최고속도: 9노트	
항로: 뉴욕-르 아브르	
진수년월: 1847년 1월	

TIMELINE 1840   1847   1848

캘리포니아

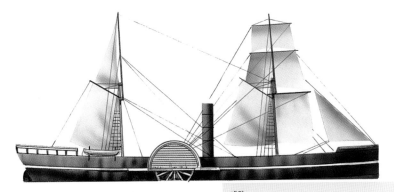

뉴욕에서 건조된 캘리포니아는 혼 곶을 통과한 3번째 증기선이었다. 그리고 샌 프랜시스코 만으로 들어온 첫 번째 증기선이다. 이 배는 미 서해안에서 28년간 운용되었다. 1875년 엔진이 제거되고 바크 선으로 개조되었다. 1895년 페루 해안에서 파선되었다.

제원	
유형: 미국 외륜 증기선	
배수량: 1,074미터톤(1,057영국톤)	
크기: 빔 10m(33피트)×흘수 6.7m(22피트)	
기관: 외륜, 엔진(형식 불명)	
삭구장치: 마스트 2개, 바컨틴 식	
정원: 75명	
화물: 일반 화물, 우편	
항로: 미국 서해안	
진수년도: 1848년	

아크틱

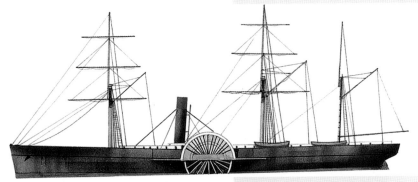

콜린스 라인 사의 외륜 증기선인 아크틱 호는 1854년 9월 21일 승객 246명과 승조원 135명을 태우고 영국을 출발해 뉴욕으로 향했다. 27일, 이 배는 짙은 안개 속에서 프랑스 증기선 베스타 호와 충돌했다. 3곳에 구멍이 난 아크틱은 침몰했고, 탑승자 중 322명이 사망했다. 사망자 중에는 콜린스 라인 사 사장의 처자식도 있었다.

제원	
유형: 미국 여객선	
배수량: 2,896미터톤(2,850영국톤)	
크기: 86m×13.7m×9.6m(282피트×45피트×31피트 6인치)	
기관: 외륜	
최고속도: 12.5노트	
화물: 공산품, 우편	
항로: 북대서양	
진수년도: 1849년	

훔볼트

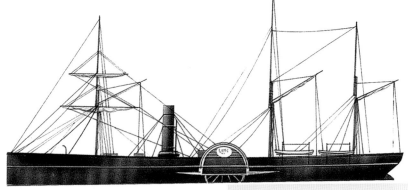

뉴욕-르 아브르 증기 해운 회사가 선구적으로 채용한 증기선이다. 뉴욕-르 아브르 증기 해운 회사는 미 우편국과의 계약을 대양 증기 해운 회사에서 빼앗는데 성공했다. 이후 훔볼트는 뉴욕, 사우샘프턴, 르 아브르 간을 운항하다가 1853년 노바 스코시아 핼리팩스 앞바다의 시스터스 락에서 파선되었다.

제원	
유형: 미국 여객선	
배수량: 2,387미터톤(2,350영국톤)	
크기: 85.9m×12m(282피트×40피트)	
기관: 외륜, 측면 레버 엔진	
삭구장치: 마스트 3개, 바크 식	
최고속도: 10노트	
화물: 일반 화물, 우편	
항로: 북대서양	
진수년도: 1850년	

1849 1850

외륜 및 선미외륜 증기선 제2부

범선은 운용비가 적게 든다. 그래서 증기 상선은 여객 및 우편 운송용으로만 쓰였다. 그러나 스크류 추진은 속도가 더 빨랐으므로, 외륜은 하천용 함선 등 흘수가 얕은 배에만 쓰이게 되었다.

포와탄

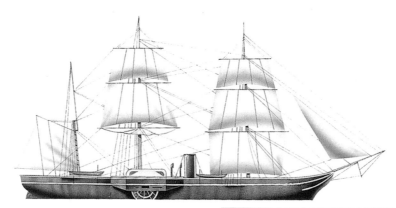

포와탄의 무장은 상갑판에 집중되어 있었다. 1861년 280mm(11인치) 함포 1문과 228mm(9인치) 함포 10문으로 무장이 개장된다. 미국 남북 전쟁 때는 여러 문의 100파운드 강선포를 추가로 탑재하기도 했다. 이 함은 1880년대 초반까지 현역에 머무르다가 1886년에 매각되어 1887년에 해체되었다.

제원	
유형:	미국 순양함
배수량:	3,825미터톤(3,765영국톤)
크기:	76.2m×21.2m(외륜 박스 포함)×6.3m(250피트×69피트 6인치×20피트 9인치)
기관:	외륜, 사갱 직동 엔진
삭구장치:	마스트 3개, 바크 식
주무장:	203mm(8인치) 함포 12문
진수년월:	1850년 2월

아라비아

커나드 라인을 위해 건조된 최후의 목제 외륜 증기선인 아라비아는 장비가 충실했다. 증기식 중앙난방장치를 포함한 승객들을 위한 편의 시설도 훌륭했다. 1854년 크림 전쟁 중에는 병력 수송선으로 사용되었다. 1858년 <유로파>와 충돌사고를 일으켜 파손되었다. 1864년에는 매각되었다.

제원	
유형:	영국 여객선
배수량:	3,962미터톤(3,900영국톤)
크기:	89.6m×12.5m(284피트×41피트)
기관:	외륜, 엔진(형식 불명)
삭구장치:	마스트 2개, 가로돛
최고속도:	15노트
화물:	경량 화물, 우편
항로:	북대서양
진수년도:	1851년

TIMELINE

1850   1851   1854

퀘이커 시티

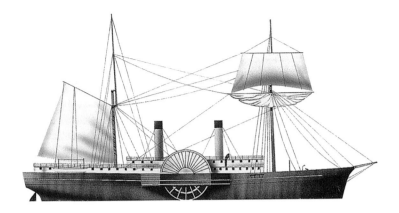

상선 <퀘이커 시티>는 남북 전쟁 중 북부 연방이 운용한 유일한 사략선(무장한 민영 선박)이다. 무장도 모두 민간인의 기부로 설치한 것이다. 이 배는 체사피크만 수역에서 남부 연맹 선박 4척을 나포했다. 그 후 이 배는 해군부에서 인수했다가, 1865년에 퇴역하여 다시 상선으로 운용되었다.

제원	
유형: 미국 사략선	
배수량: 1,625미터톤(1,600영국톤)	
크기: 74.6m×10.9m×3.9m(244피트 8인치×36피트×13피트)	
기관: 외륜, 측면 레버 엔진	
삭구장치: 마스트 2개, 스쿠너 식	
주무장: 32파운드 함포 2문, 6파운드 함포 2문	
진수년도: 1854년	

에이드리애틱

콜린스 라인 소속 최대, 최후의 증기선인 이 배는 뉴욕 노벨티 워크스에서 건조되었다. 완공된 지 얼마 안 되어 갤웨이 라인에 매각되었다. 1864년에 보일러 폭발 사고를 겪었으나 살아남아 리버풀로 예인된다. 마지막에는 서아프리카 보니에서 창고선으로 사용되다가 1885년에 파선된다.

제원	
유형: 미국 여객선	
배수량: 5,982미터톤(5,888영국톤)	
크기: 105.1m×15.2m(345피트×50피트)	
기관: 외륜, 측면 레버 엔진	
화물: 일반 화물, 우편	
항로: 북대서양	
진수년도: 1856년	

샤프론

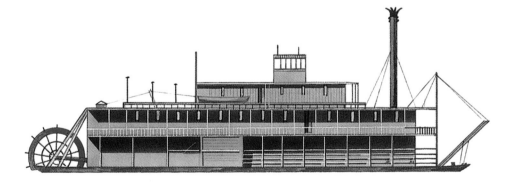

19세기에 미시시피 강에서 운용된 외륜 증기선의 수는 5,000척이 넘는다. 선체가 길고 낮으며 흘수가 최소한으로 얕은 샤프론은 그 전형이라 할 만하다. 상갑판 위 원재 위로 뻗친 강력한 지지용 트러스로 선체 전후방을 보강한 것 역시 당대 증기선의 전형이다.

제원	
유형: 미국 선미외륜 증기선	
배수량: 812미터톤(800영국톤)	
크기: 37m×6m×2m(121피트×21피트×4피트)	
기관: 선미외륜, 복식 엔진	
최고속도: 8노트	
진수년도: 1884년	

1856   1884

19세기말의 여객선

여러 해운사들은 더 많은 승객을 실을 수 있는 더욱 큰 배를 취항시켜 '여객선 전쟁'을 벌이기 시작했다. 특히 북서 유럽-미국 동부간 항로에서 이 전쟁은 치열했다. 복식 엔진은 3단 팽창 엔진에 밀려 교체되어 갔다. 돛의 비중도 줄어갔고, 이제 선체 위에 상부구조물이 세워지기 시작했다. 삭구장치보다는 연돌이 배의 인상을 좌우하기 시작했다.

시티 오브 롬

원래 인맨 라인을 위해 건조되었던 시티 오브 롬은 1881년의 테스트에서 원하던 속도를 내는 데 실패, 앵커 라인에 매각되었다. 1등석 승객 520명, 3등석 승객 810명을 태울 수 있었다. 내부 시설이 화려해 인기가 많았다. 1902년 해체되었다.

제원	
유형: 영국 여객선	
배수량: 8,550미터톤(8,415영국톤)	
크기: 171m×15.8m(560피트×52피트)	
기관: 스크류 1개, 복식 엔진	
삭구장치: 마스트 4개, 가로돛, 후부 마스트에는 스팽커 돛	
최고속도: 16노트	
진수년도: 1881년	

에트루리아

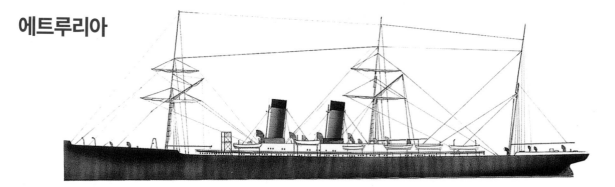

커나드 라인 소속의 에트루리아와 그 자매선 엄브리아는 해상 호텔이라는 개념을 처음 선보였다. 550명의 승객에게 호화로운 편의시설을 제공했다. 1885년 5월에는 서향 항해 최고 속도를 갱신해 대서양의 블루 리밴드로 불렸다. 1909년에 해체되었다.

제원	
유형: 영국 여객선	
배수량: 7,841미터톤(7,718영국톤)	
크기: 153m×17m(502피트×57피트)	
기관: 스크류 1개, 복식 엔진	
최고속도: 19.9노트	
진수년도: 1885년	

TIMELINE

1881　　　　　　　　1885

라 샹파뉴

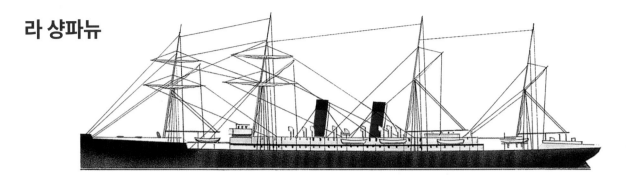

라 샹파뉴와 자매선 브르타뉴는 프랑스 최초의 호화 여객선이다. 당대의 영미 여객선에 맞서 건조되었다. 1등석 390명, 2등석 65명, 3등석 620명을 탑승시킨다. 1913년 5월 28일 생나제르에서 닻이 해저에 끌리다가 좌초, 전손되었다.

제원	
유형: 프랑스 여객선	
배수량: 6,858미터톤(6,750영국톤)	
크기: 154.8m×15.7m×7.3m(508피트×51피트 8인치×24피트)	
기관: 스크류 1개, 3단 팽창 엔진	
삭구장치: 마스트 4개, 일부 가로돛	
최고속도: 18.6노트	
항로: 북대서양	
진수년도: 1885년 4월	

아우구스테 빅토리아

아우구스테 빅토리아는 1889년 첫 대서양 횡단 항해에서 신기록을 수립했다. 1897년에는 배수량이 8,614미터톤(8,479영국톤)으로 늘었다. 1904년에는 러시아에 매각되어 <쿠반>으로 개칭, 보조 순양함으로 운용되었다. 쓰시마 해협으로 향하는 함대를 위해 미끼 노릇을 했다. 1907년 해체되었다.

제원	
유형: 독일 여객선	
배수량: 7,783미터톤(7,661영국톤)	
크기: 140m×17m(459피트×56피트)	
기관: 스크류 2개, 수직 3단 팽창 엔진	
삭구장치: 마스트 3개, 지삭삼각돛	
항해 속도: 18노트	
항로: 북대서양	
진수년도: 1889년	

고틀랜드

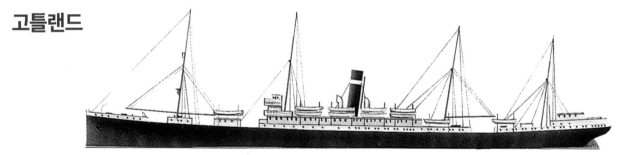

이 배는 화이트 스타 라인 사를 위해 <고딕>이라는 이름으로 건조되었다. 이후 1907년 레드 스타 라인 사에 매각되면서 <고틀랜드>로 개칭되었다. 선체가 길고 선미가 곧으며 중심부의 상부구조물 위에 연돌 하나가 있다. 상부구조물은 1등석 승객의 숙소로 쓰인다. 말년의 고틀랜드는 이민선으로 쓰였다. 1926년 해체되었다.

제원	
유형: 벨기에 여객선	
배수량: 7,880미터톤(7,755영국톤)	
크기: 150m×16m(491피트×53피트)	
기관: 스크류 2개, 3단 팽창 엔진	
최고속도: 14노트	
화물: 일반 화물	
항로: 북대서양	
진수년도: 1893년	

1889 1893

초기 잠수함: 제1부

잠수함은 관련 기술의 발전으로 주요 실험을 할 수 있게 되기 오래 전부터 구상되어 왔다. 다른 여러 기계물들이 그렇듯이, 잠수함 역시 전쟁에 사용되기 위해 발전되었다. 잠수함은 제대로만 작동해 준다면 완벽한 은밀 작전이 가능한 함선이다.

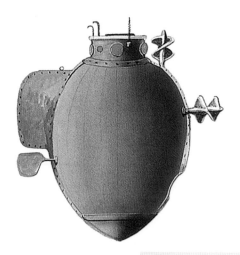

터틀

데이빗 부시넬이 건조한 터틀은 전투에 사용된 최초의 잠수함이다. 또한 최초로 스크류를 사용한 배이기도 하다. 스크류의 동력은 인력이다. 심도 조절용 수직 스크류도 있었다. 송곳으로 적함의 함체에 구멍을 내고 외장 폭약을 설치하는 방식으로 공격했다. 후일 터틀은 영국군에게 노획당하지 않도록 자폭당했다.

제원	
유형: 미국 잠수함	
배수량: 2미터톤(2영국톤)	
크기: 1.8m×1.3m(6피트×4.5피트)	
기관: 수동 크랭크식 스크류 2개	
주무장: 분리식 외장 폭약(중량 68kg)	
진수년도: 1776	

엘 이크티네오

현대의 잠수함과 비슷한 모양을 하고 있는 이 배는 복각선체 구조다. 엔진은 잠항 시에도 화학 전환 장치를 사용해 산소를 공급받아 작동 가능하다. 압축 공기 펌프로 밸러스트 탱크를 작동시킨다. 이 기술은 당시로서는 너무 선구적이었고, 따라서 신뢰도가 확보되지 못했다.

제원	
유형: 스페인 잠수함	
배수량: 30.5미터톤(30영국톤)	
크기: 길이 9m(30피트), 흘수 2m(7피트)	
기관: 스크류 1개, 증기 엔진	
정원: 3명	
진수년도: 1858년	

TIMELINE　　　　1776　　　　　　1858　　　　　　1862

인텔리전트 웨일

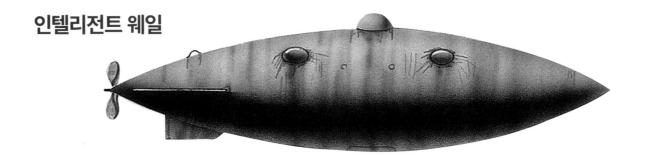

이 배는 북부 연방 해군 최초의 잠수함이다. 남부 잠수함들에 맞서기 위해 건조되었다. 시가 모양의 함체에는 트랩 도어가 있어, 여기로 잠수 공작원이 나와서 적함 함저에 기뢰를 장착한다. 이 프로젝트는 1872년에 중단되었고, 배는 워싱턴 해군 조선소에 전시되었다.

제원

유형:	미국 잠수함
배수량:	불명
크기:	9.4m×2.6m×2.6m(31피트×8피트 6인치×8피트 6인치)
기관:	수동식 스크류 1개
최고속도:	4노트
정원:	승조원 6명, 잠수 공작원 7명
진수년도:	1862년

H. L. 헌리

실전에서 처음으로 전과를 거둔 잠수함이다. 함체는 원통형 증기 보일러를 개조해 만들었고, 경사진 모양으로 가공된 함수와 함미가 부착되었다. 승조원 8명이 손으로 프로펠러를 돌리고, 그 중 1명이 조타를 한다. 1864년 2월 17일, 북부 해군 군함 휴서토닉 함을 격침시켰으나, 헌리 함도 함께 침몰하고 만다.

제원

유형:	남부 연맹 잠수함
배수량:	약 2미터톤(2영국톤)
크기:	12m×1m×1.2m(40피트×3피트 6인치×4피트)
기관:	수동 스크류 1개
주무장:	외장 수뢰 1발
진수년도:	1863년

페니언 램

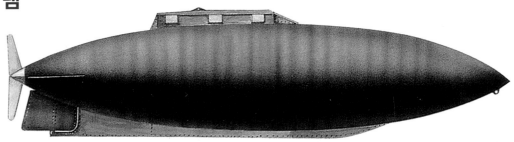

페니언 협회를 위해 뉴욕에서 건조된 이 배는 1883년 뉴헤븐으로 예인되었다. 군함으로 사용된 적이 없던 이 배는 1916년 매디슨 스퀘어 가든에 전시되어 그해 벌어진 아일랜드 봉기 후원금 모금에 사용되었다. 현재는 뉴욕 웨스트 사이드 파크에 있다.

제원

유형:	아일랜드 공화국 잠수함
배수량:	19.3미터톤(19영국톤)
크기:	9.4m×1.8m×2.2m(31피트×6피트×7피트 3인치)
기관:	스크류 1개, 석유 엔진
주무장:	228mm(9인치) 함포 1문
진수년월:	1881년 5월

1863   1881

초기 잠수함: 제2부

잠항 시에도 유효한 추진 체계야 말로 잠수함 개발의 열쇠였다. 19세기에 발견된 전기모터는 그런 추진 체계가 될 잠재력이 충분했다. 그러나 작은 선체 내에서 모터 작동에 필요한 전력을 생산하는 것은 늘 숙제로 남았다. 그러다가 1860년, 과학자 가스통 플랑테가 축전지를 발명하여 이 문제를 해결했다.

구베 1호

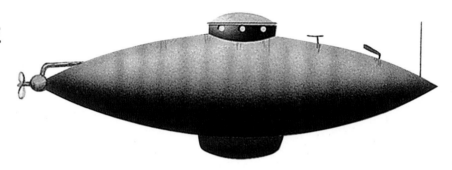

1880년, 플랑테의 납축전지는 표면을 연단으로 코팅하는 개량을 통해 독립된 파워소스가 되었다. 재충전이 가능한 이 납축전지를 통해 잠항 시 동력을 공급받을 수 있었다. 클로드 구베가 만든 구베 1호는 실제 운항이 가능한 최초의 전동 잠수함이다. 1889년 크기를 더 키운 구베 2호도 나왔다.

제원	
유형: 프랑스 잠수함	
배수량: 부상시 1.6미터톤(1.6영국톤), 잠항시 1.8미터톤(1.8영국톤)	
크기: 5m×1.7m×1m(16피트 5인치×5피트10인치×3피트 3인치)	
기관: 스크류 1개, 전기 모터	
최고속도: 5노트	
진수년도: 1887년	

짐노트

뒤피 드 롬의 설계를 구스타브 제드가 개량해 단각선체 잠수함을 만들었다. 분리 가능한 선도 용골을 달고 있다. 선체 하부에 설치된 204개의 셀에서 나오는 전력으로 구동된다. 짐노트는 2,000회 이상의 잠항을 실시했다. 1907년 툴롱에서 침몰했다가 인양되었고, 1908년에 해체되었다.

제원	
유형: 프랑스 잠수함	
배수량: 부상 시 30.5미터톤(30영국톤), 잠항 시 31.6미터톤(31영국톤)	
크기: 7.3m×1.8m×1.6m(58피트 5인치×6피트×5피트 6인치)	
기관: 스크류 1개, 전기 모터	
최고속도: 부상 시 7.3노트, 잠항 시 4.2노트	
주무장: 355mm(14인치) 어뢰 발사관 2문	
진수년월: 1888년 9월	

TIMELINE   1887   1888   1892

델피노

이탈리아는 다른 나라보다 일찍 잠수함을 해군에서 운용했다. 델피노 함은 라 스페치아 해군 조선소에서 건조되었다. 그리고 10년간 성공리에 운용되었다. 1902년부터 1904년 사이 대규모 개장을 거쳐 크기와 배수량을 늘렸다. 이 때 가솔린 엔진이 부착되었고 지휘탑의 크기를 늘렸다. 제1차 세계대전 내내 운용된 이 잠수함은 1918년 폐기되었다.

제원	
유형: 이탈리아 잠수함	
배수량: 부상 시 96미터톤(95영국톤), 잠항 시 108미터톤(107영국톤)	
크기: 24m×3m×2.5m(78피트 9인치×9피트 5인치×8피트 4인치)	
기관: 부상 시 스크류 1개, 잠항 시 전기 모터	
주무장: 355mm(14인치) 어뢰 발사관 2문	
진수년도: 1892년	

구스타브 제드

720셀 배터리는 초기에 출력이 모자라고 너무 무겁다는 문제가 있었다. 그러나 그 문제를 해결하고 난 후, 이 배는 처음으로 성공을 거둔 잠수함이 되었다. 2,500회 이상의 잠항을 해냈다. 또한 최초로 잠망경을 장착한 잠수함이다. 이 잠수함 때문에 프랑스는 잠수함 기술의 선진국이 되었다. 구스타브 제드는 1909년 프랑스 해군 함정 목록에서 제적되었다.

제원	
유형: 프랑스 잠수함	
배수량: 부상 시 265미터톤(261영국톤), 잠항 시 274미터톤(270영국톤)	
크기: 48.5m×3.2m×3.2m(159피트×10피트 6인치×10피트 6인치)	
기관: 스크류 1개, 전기 모터	
최고속도: 부상 시 9.2노트, 잠항 시 6.5노트	
주무장: 450mm(17.7인치) 어뢰 발사관 1문	
진수년월: 1893년 6월	

아고너트

아고너트는 사이먼 레이크가 연안 인양용으로 건조했다. 엔진을 두 전륜에 연결하고, 이 전륜이 해저를 밟으면서 잠수함을 움직인다. 후륜은 조향용으로 쓰인다. 잠수사의 출입에 필요한 공기실도 있다. 이 배는 1899년에 건조되었으며 약 3,200km(1,684해리)를 운항했다.

제원	
유형: 미국 잠수함	
배수량: 잠항 시 60미터톤(59영국톤)	
크기: 11m×2.7m(36피트×9피트)	
기관: 스크류 1개, 30마력 가솔린 엔진	
정원: 5명	
진수년도: 1897년	

1893 1897

어뢰정: 제1부

어뢰는 원래 긴 원재에서 밀려 나가거나 예인되는 것이었다. 그러다가 1866년 로버트 화이트헤드가 '추진식 어뢰'를 발명했다. 그 병기로서의 잠재력은 분명 대단했다. 추진식 어뢰의 첫 실전 전과는 1878년 러시아 군함이 터키 배 <인티바>를 격침시킨 것이다. 이 때 이미 최초의 어뢰정이 취역하고 있었던 것이다.

라이트닝

라이트닝은 화이트헤드가 발명한 어뢰를 발사할 목적으로 처음 건조된 군함이다. 어뢰 발사에 맞게 철제 함체는 날씬하고 지휘탑도 보강된 철제다. 연돌 뒤의 레일 위에는 예비 어뢰 2발이 있다. 다른 나라 해군들도 이 설계를 기본으로 하여 자신들의 어뢰정을 만들었다.

제원
유형: 영국 어뢰정
배수량: 27.4미터톤(27영국톤)
크기: 26.5m×3.3m×1.6m(87피트×10피트 9인치×5피트)
기관: 스크류 1개, 복식 엔진
최고속도: 19노트
주무장: 356mm(14인치) 어뢰 발사관 1문, 어뢰 3발
정원: 15명
진수년도: 1877년

아볼토이오

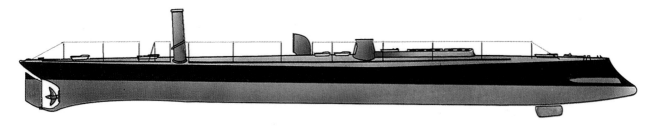

아볼토이오는 전형적인 초기 어뢰정이다. 함체가 길고 낮아 시야가 좋고 적을 기습하기에도 유리하다. 함체가 가볍기 때문에 당대의 다른 군함들보다 속도가 훨씬 빠르다는 점을 제외하면 방어상 유리한 부분은 거의 없다. 이탈리아 해군에 채용된 것은 제2형이다. 아볼토이오는 1904년 폐기되었다.

제원
유형: 이탈리아 어뢰정
배수량: 25미터톤(25영국톤)
크기: 26m×3.3m×1.3m(86피트×11피트×4피트 6인치)
기관: 스크류 1개, 수직 3단 팽창 엔진, 보일러 1대에서 공급되는 증기로 420마력 출력
최고속도: 21.3노트
주무장: 356mm(14인치) 어뢰 발사관 2문, 1파운드 리볼빙 캐논 1문
진수년도: 1879년

TIMELINE   1877   1879   1883

에우테르페

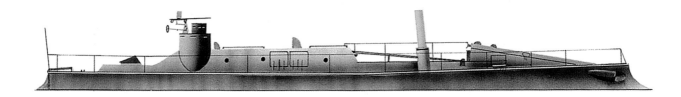

에우테르페는 해안 방어에 사용되었던 어뢰정 8척 중 하나다. 이제 어뢰정은 전투 함대를 위협할 수 있는 주요 전력이 되었다. 그 위협은 야간에 더욱 커졌다. 에우테르페의 지휘탑은 함미를 향해 있고, 지휘탑 앞에는 어뢰 저장고와 어뢰 발사관이 있다. 에우테르페는 1897년경에 폐기되었다.

제원	
유형: 이탈리아 어뢰정	
배수량: 13.5미터톤(13.3영국톤)	
크기: 19.2m×2.2m×1.1m(63피트×7피트 6인치×3피트 9인치)	
기관: 스크류 1개, 수직 3단 팽창 엔진	
주무장: 355mm(14인치) 어뢰 발사관 2문, 25mm(1인치) 기관포 1문	
진수년도: 1883년	

복룡

복룡은 철제 함체를 지니고 원양 항해가 가능한 어뢰정이었다. 어뢰 발사관 2문은 함수 양현에 있었다. 예비 어뢰는 2발 있었다. 1894년 황해 해전에 참전했으며, 웨이하이웨이(위해위)가 일본군에게 함락될 때 함께 노획되어 <후쿠류>로 개칭되었다. 1908년 파선되었다.

제원	
유형: 중국 어뢰정	
배수량: 130미터톤(128영국톤)	
크기: 44m×5m×2.3m(144피트 4인치×16피트 5인치×7피트 6인치)	
기관: 스크류 1개, 3단 팽창 엔진	
주무장: 356mm(14인치) 어뢰 발사관 2문	
정원: 20명	
진수년도: 1886년	

발니

노르망 조선사에서는 기존 모델을 개량해 발니를 포함해 원양항해가 가능한 동급 어뢰정 10척을 건조하려고 했다. 그러나 임무에 비해 함체가 너무 작았다. 횡요가 심했고 따라서 갑판에 서 있기도 힘들었다. 1890년 10척 모두가 해안 방어 임무로 전환되었다.

제원	
유형: 프랑스 어뢰정	
배수량: 66미터톤(65영국톤)	
크기: 40.8m×3.4m×1m(134피트×11피트×3피트 5인치)	
기관: 스크류 1개, 복식 엔진	
최고속도: 19노트	
주무장: 함수에 355mm(14인치) 어뢰 발사관 2문	
진수년도: 1886년	

1886

어뢰정: 제2부

어뢰정의 생산은 해군 전략과 전술에 영향을 주었다. 작고 빠르고 쉽게 관측되지 않는 어뢰정은 그 이전까지 거의 무적으로 여겨졌던 주력함들에게 치명적 위협이었다. 이로써 강대국 해군 간의 전력 균형이 한 때 붕괴되는 것 같기도 했다. 전함을 구입할 돈이 없는 나라도 어뢰정은 살 수 있었기 때문이다.

비보르그

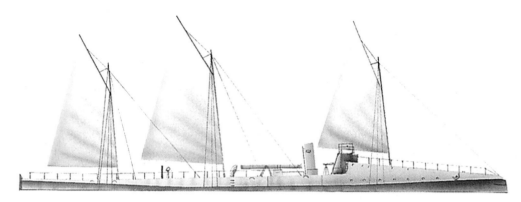

당대 최대의 어뢰정인 비보르그는 스코틀랜드 톰슨 조선소에서 어뢰정 전문가들에 의해 건조되었다. 37mm(1.5인치) 리볼빙 호치키스 캐논 2문이 함체 전방에 연돌과 병렬해서 배치되어 있다. 지휘탑 앞에는 장갑이 두터운 귀배갑판이 있다. 비보르그는 1910년 폐기되었다.

제원	
유형:	러시아 어뢰정
배수량:	169미터톤(166영국톤)
크기:	43.4m×5m×2m(142피트 6인치×17피트×7피트)
기관:	스크류 2개, 수직 복식 엔진
삭구장치:	마스트 3개, 가프 식
최고속도:	20노트
주무장:	381mm(15인치) 어뢰 발사관 3문
진수년도:	1886년

하바냐

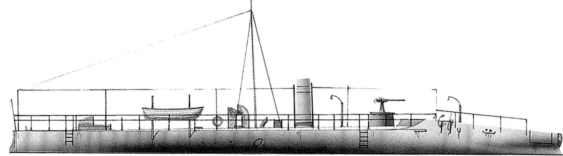

하바냐는 잉글랜드의 소니크로프트 사가 스페인 해군을 위해 건조한 13척의 철제 어뢰정 중 하나다. 이 배들은 당시의 최첨단 기술이 적용되어, 그 잠재력을 아낌없이 보여주었다. 낮은 지휘탑에는 기관총이 실려 있고, 함수에는 2문의 어뢰 발사관이 있다.

제원	
유형:	스페인 어뢰정
배수량:	68미터톤(67영국톤)
크기:	38.8m×3.8m×1.5m(127피트 7인치×12피트 7인치×5피트)
기관:	스크류 1개, 3단 팽창 엔진
최고속도:	24.5노트
주무장:	355mm(14인치) 어뢰 발사관 2문, 기관총 1정
건조년도:	1887년

TIMELINE

1886 　　1887 　　1890

쿠싱

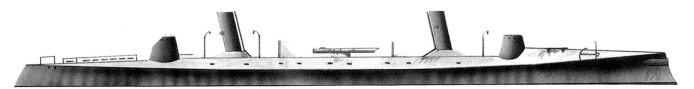

쿠싱은 처음부터 어뢰정으로 설계된 미 해군 최초의 어뢰정이다. 앞 뒤 모두에 지휘탑이 있다. 1897년 이 배는 쿠바 앞바다에 연락용으로 파견되었다. 1898년에는 미서전쟁에서 4척의 스페인 경수송선을 나포했다. 뉴포트 항에 주둔하던 이 배는 표적함으로 쓰여 1920년 9월에 침몰했다.

제원	
유형: 미국 어뢰정	
배수량: 118미터톤(116영국톤)	
크기: 42m×4.5m×1.5m(140피트×15피트 1인치×4피트 10인치)	
기관: 스크류 2개, 수직 4단 팽창 엔진	
최고속도: 23노트	
주무장: 457mm(18인치) 어뢰 발사관 3문, 6파운드 함포 3문	
진수년월: 1890년 1월	

해보크

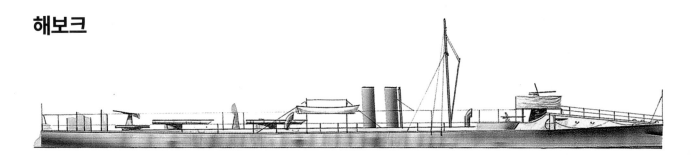

1892년 알프레드 야로우는 프랑스의 우월한 어뢰정 전력에 맞설 어뢰정을 만들어 달라는 의뢰를 받는다. 그래서 1894년 해보크가 만들어졌다. 어뢰정이 해야 하는 모든 기능을 다 가지고 있었으며, 또한 적 어뢰정을 격침시킬 화력도 있었다. <구축함>이라는 별명으로까지 불리웠던 뛰어난 군함인 해보크는 1912년 해체되었다.

제원	
유형: 영국 어뢰정 구축함	
배수량: 243.8미터톤(240영국톤)	
크기: 54.8m×5.6m×3.3m(180피트×18피트 6인치×11피트)	
기관: 스크류 2개, 3단 팽창 엔진	
최고속도: 26노트	
주무장: 12파운드 함포 1문, 6파운드 함포 3문, 어뢰 발사관 3문	
진수년월: 1893년 8월	

포르방

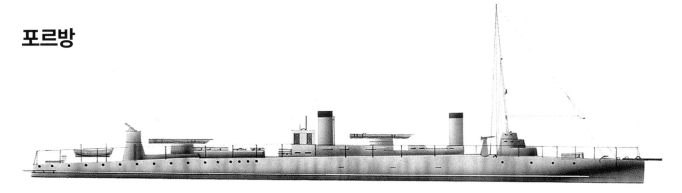

포르방은 30노트를 넘은 최초의 배다. 해상 항해 성능이 월등하다. 노르망에서 설계 및 건조한 이 배는 필리뷔스티에르 급의 후속 함급 어뢰정이다. 영국은 필리뷔스티에르 급을 보고 이에 맞서 구축함을 건조하기 시작했다. 1907년 어뢰 발사관이 457mm(18인치) 구경으로 교체되었다. 1920년에 매각되었다.

제원	
유형: 프랑스 어뢰정	
배수량: 152미터톤(150영국톤)	
크기: 44m×4.6m×1.4m(144피트 4인치×15피트 3인치×4피트 5 인치)	
기관: 스크류 2개, 3단 팽창 엔진	
최고속도: 31노트	
주무장: 356mm(14인치) 어뢰 발사관 2문	
진수년월: 1895년 7월	

1893   1895

어뢰 포함

어뢰정의 위협에 대처하는 방식은 다양했다. 전함의 장갑을 늘리는 방법도 있었고, 어뢰정을 요격, 포격해 격침시키는 군함을 건조하는 방법도 있었다. 그러나 어느 것 하나 쉽지는 않았다. 공격자는 공격 시점을 고를 수 있는데, 방어자는 늘 정신을 차리고 주위를 감시해야 했기 때문이다.

봄브

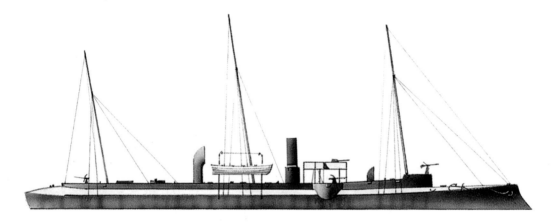

어뢰 포함은 어뢰정의 위협에 대처하고, 전투 함대를 따라잡을 충분한 속도를 확보하기 위해서 배수량을 최소로 낮춰야 했다. 이렇게 작은 배수량은 악천후 시 불리했다. 따라서 각국 해군은 호위함의 개념을 재검토해야 했다. 봄브는 1921년 파선되었다.

제원	
유형: 프랑스 어뢰 포함	
배수량: 375미터톤(369영국톤)	
크기: 60m×6m×3m(194피트 3인치×19피트 7인치×10피트 5인치)	
기관: 스크류 2개, 수직 복식 엔진	
주무장: 355mm(14인치) 어뢰 발사관 2문, 3파운드 함포 2문	
진수년월: 1885년 4월	

데스트룩토르

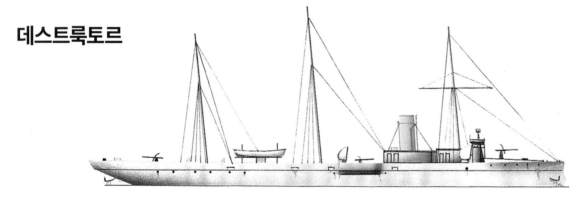

이런 함종이 보통 그렇듯이, 데스트룩토르 역시 전방 함체에 귀배갑판 구조를 채택했다. 3단 팽창 엔진을 처음으로 채택한 배 중 하나인 이 배는 병렬형 연돌 2개와 경첩식 마스트 3개를 탑재하고 있다. 지휘탑과 기관실에 경장갑처리가 되어 있고, 주포를 보조하는 부무장도 있다.

제원	
유형: 스페인 어뢰정	
배수량: 465미터톤(458영국톤)	
크기: 58m×7,6m×2m(192피트 6인치×25피트×7피트)	
기관: 스크류 2개, 3단 팽창 엔진	
주무장: 89mm(3.5인치) 함포 1문, 380mm(15인치) 어뢰 발사관 5문	
진수년월: 1886년 7월	

TIMELINE

1885 1886 1888

블리츠

어뢰 포함이라는 함종은 오래 살아남지 못했다. 포의 화력과 감항성이 너무 모자라서 어뢰정에게 큰 위협이 될 수 없었다. 어뢰정 문제에 대한 정답은 무장이 더욱 강화된 구축함이었다. 블리츠와 그 자매함 코메트는 1920년에 이탈리아에 인도되었고, 그 나라에서 함력을 마쳤다.

제원	
유형: 오스트리아 어뢰 포함	
배수량: 433미터톤(426영국톤)	
크기: 59m×7m×2m(193피트 6인치×22피트 5인치×6피트 10인치)	
기관: 스크류 1개, 3단 팽창 엔진	
주무장: 3파운드 함포 9문, 355mm(14인치) 어뢰 발사관 4문	
진수년도: 1888년	

에스포라

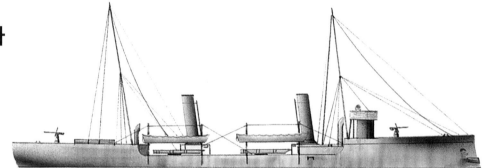

버큰헤드의 레어드 사에서 건조한 에스포라는 쌍열 어뢰 발사관 2개를 선체 중앙 하부에 장비한 강철제 군함이다. 함수에도 어뢰 발사관이 1개 더 있다. 칠레와 브라질 내전 당시 이 배는 실전에서 그 성능을 입증했다. 1905년 보일러와 무장이 교체되었으며 1920년에는 폐기되었다.

제원	
유형: 아르헨티나 어뢰 포함	
배수량: 528미터톤(520영국톤)	
크기: 60.9m×7.6m×2.5m(200피트×25피트×8피트 3인치)	
기관: 스크류 2개, 3단 팽창 엔진	
최고속도: 19.5노트	
주무장: 14파운드 함포 2문, 457mm(18인치) 어뢰 발사관 5문	
진수년도: 1890년	

구스타보 삼파이오

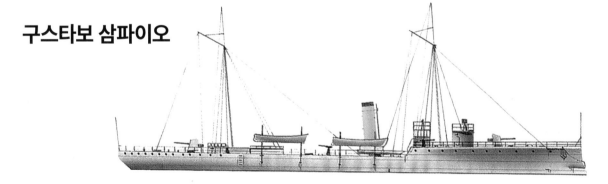

잉글랜드 뉴캐슬의 암스트롱에서 모험적으로 건조한 강철 함체의 <오로라>는 1893년 10월 브라질에 매각되어 <구스타보 삼파이오>로 개칭되었다. 1894년 4월 16일 이 배는 반란선 <아퀴다반>을 어뢰 1발로 격침시켰다. 적탄을 38발이나 맞고도 살아남았다. 1920년에 폐기되었다.

제원	
유형: 브라질 어뢰 포함	
배수량: 487미터톤(480영국톤)	
크기: 59.9m×6.1m×2.5m(196피트 9인치×20피트×8피트 6인치)	
기관: 스크류 2개, 3단 팽창 엔진	
속도: 18노트	
주무장: 89mm(3.5인치) 함포 2문, 406mm(16인치) 어뢰 발사관 3문	
진수년도: 1893년	

1890   1893

초기 구축함

구축함이 갖춰야 할 요소로는 적 어뢰정을 신속히 격파할 수 있는 강력한 무장, 지속적인 초계를 할 수 있는 높은 감항성, 전투 함대 또는 대규모 전대와 동행하며 작전하기에 충분한 연료와 탄약 보유 능력을 들 수 있다. 따라서 구축함의 크기는 갈수록 커졌다.

푸로르

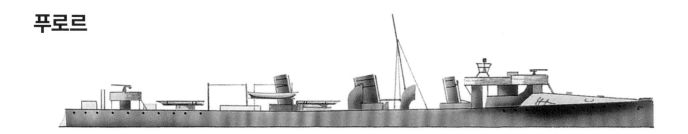

스코틀랜드 클라이드뱅크에서 건조된 푸로르는 스페인 해군의 첫 구축함이다. 속도와 장비 면에서 어뢰 포함과는 차별화되었다. 1898년 미서전쟁 중 스페인 <케베라스> 제독의 전대에 소속된 이 함은 7월 3일 순양함들을 따라 산티아고를 떠났다가, 매복해 있던 미 군함에 격침되었다.

제원	
유형: 스페인 구축함	
배수량: 376미터톤(370영국톤)	
크기: 67m×6,7m×1,7m(219피트 10인치×22피트×5피트 7인치)	
기관: 스크루 2개, 3단 팽창 엔진	
최고속도: 28노트	
주무장: 14파운드 함포 2문, 356mm(14인치)어뢰 발사관 2문	
진수년도: 1896년	

코리엔테스

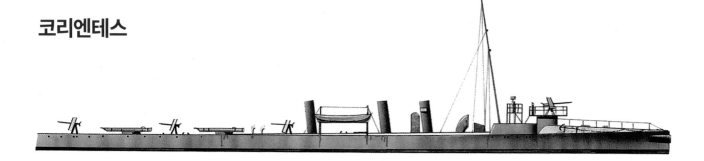

코리엔테스는 영국 군함 해보크를 기반으로 설계되었다. 아르헨티나는 그 진가를 신속히 알아보고, 야로우에게 4척을 추가 발주했다. 해보크보다 길이와 배수량이 더 크고 연돌은 3개, 앞갑판은 경사도가 덜한 귀배갑판이다. 코리엔테스는 1925년 현역함 목록에서 제적되었다.

제원	
유형: 아르헨티나 구축함	
배수량: 284미터톤(280영국톤)	
크기: 58m×6m×2m(190피트×19피트 6인치×7피트 4인치)	
기관: 스크루 2개, 3단 팽창 엔진	
주무장: 14파운드 함포 1문, 6파운드 함포 3문, 457mm(18인치) 어뢰 발사관 3문	
진수년도: 1896년	

불핀치

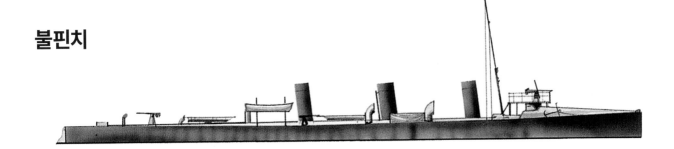

영국은 1894년 최고속도가 30노트에 달하는 구축함 다수를 추가 취역시킨다. 조선사 측에서는 기본 설계를 바탕으로 어느 정도 확장을 시킨다. 그래서 연돌이 2개, 3개, 4개인 배도 있었다. 하지만 어느 것이나 무장은 같았다. 불핀치는 1901년 6월에 완공되어 1919년 해체되었다.

제원	
유형: 영국 구축함	
배수량: 396미터톤(390영국톤)	
크기: 65m×6m×2.5m(214피트 6인치×20피트 6인치×7피트 10인치)	
기관: 스크류 2개, 3단 팽창 엔진	
최고속도: 30노트	
주무장: 12파운드 함포 1문, 6파운드 함포 5문, 457mm(18인치) 어뢰 발사관 2문	
정원: 63명	
진수년도: 1898년 2월	

패러것

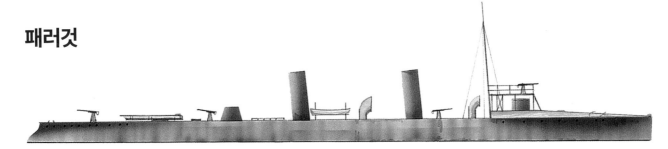

어뢰정으로 분류된 이 배는 사실상 미 해군 최초의 구축함이다. 엔진 출력은 5,878마력으로, 3대의 소니크로프트 보일러로부터 증기를 공급받는다. 석탄 저장량은 96미터톤(95영국톤), 승조원 수는 66명이다. 1918년 8월 패러것은 해안 어뢰정 5호로 개칭되었으며, 1919년 매각되었다.

제원	
유형: 미국 구축함	
배수량: 283미터톤(279영국톤)	
크기: 65m×6.3m×1.8m(214피트×20피트 8인치×6피트)	
기관: 스크류 2개, 수직 3단 팽창 엔진	
최고속도: 33.7노트	
주무장: 6파운드 함포 6문, 457mm(18인치) 어뢰 발사관 2문	
진수년월: 1898년 7월	

프라메

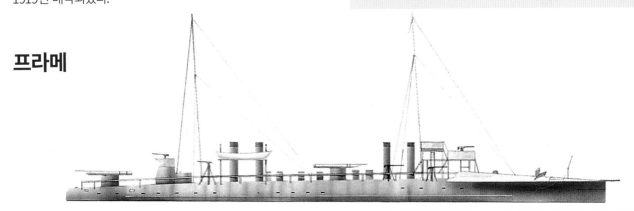

시제품 구축함인 프라메는 좁은 함체에 병기와 장비를 싣고 있으며, 위쪽이 무거워 횡요가 심했다. 프라메에서 얻은 교훈은 후속 설계에 반영되었으나, 이 급 자체는 재생산되지 않았다. 1900년 8월 11일 프라메는 전함 브레뉘와의 충돌사고로 침몰했다.

제원	
유형: 프랑스 구축함	
배수량: 354미터톤(348영국톤)	
크기: 58.1m×6.3m×3m(190피트 7인치×20피트 8인치×9피트 10인치)	
기관: 스크류 2개, 3단 팽창 엔진	
최고속도: 26노트	
주무장: 65mm(2.56인치) 함포 1문	
진수년월: 1899년 10월	

1899

1880년대와 1890년대의 전함

이제 전함 설계 시에는 어뢰정의 위협을 감안해야 했고, 주력함은 이전에 비해 더 강력한 장갑과 더 빠른 속도를 갖추어야 했다. 따라서 주력함의 덩치는 커졌고 건조, 운용, 유지 비용도 비싸졌다. 또한 전통적인 현측(측면 포대) 개념은 소수의 대구경포로 바뀌어 갔다.

이탈리아

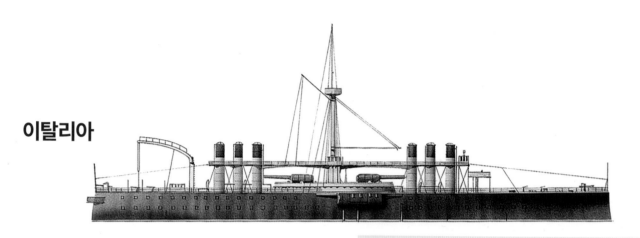

1880년대 이탈리아 해군 전략은 외국 군함들에 비해 전력이 훨씬 압도적인 소수의 군함을 건조하는 것이었다. 이탈리아 함포는 당대 최대 구경이었고, 바벳도 엄청나게 컸다. 하지만 이 배가 취역했을 때 속사포와 첨단 고폭탄 때문에 과거의 병기는 구식이 되었다. 이탈리아는 1921년에 해체되었다.

제원

유형: 이탈리아 전함	
배수량: 15,904미터톤(15,654영국톤)	
크기: 124.7m×22.5m×8.7m(409피트 2인치×73피트 10인치×28피트 6인치)	
기관: 스크류 4개, 수직 복식 엔진	
최고속도: 17.8노트	
주무장: 431mm(17인치) 함포 4문	
장갑: 갑판 102mm(4인치), 바벳 482mm(19인치)	
정원: 669명	
진수년월: 1880년 9월	

쿠르베

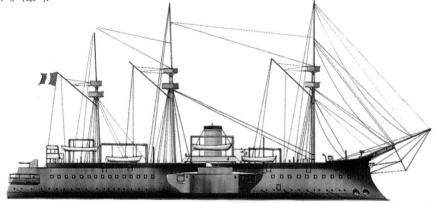

쿠르베와 자매함 데바스타시옹은 사상 최대의 중앙 포대 탑재함이다. 함체 측면은 높고 함수에는 충각이 있다. 두 개의 연돌은 주 포대를 통해 병렬식으로 배치되어 있다. 1890년대에 삭구장치의 개량을 통해 각 마스트에 두 개의 전투 망루가 있다. 1910년에 퇴역했다.

제원

유형: 프랑스 전함	
배수량: 9,855미터톤(9,700영국톤)	
크기: 95m×20m×7.6m(312피트×67피트×25피트)	
기관: 스크류 2개, 수직 복식 엔진	
최고속도: 15노트	
주무장: 340mm(13.4인치) 함포 4문, 266mm(10.5인치) 함포 4문	
장갑: 벨트 381-178mm(15-7인치), 포대 244mm(9.5인치)	
정원: 689명	
진수년도: 1882년 4월	

TIMELINE

1880 　　1882 　　1886

예카테리나 2세

흑해 함대를 위해 건조된 이 배는 3단 팽창 엔진을 보유한 최초의 대형함이다. 함체 중앙의 배 모양의 각면보에 6문의 주포가 얹혀 있다. 1906년에 2급 전함으로 함급이 재분류된 예카테리나 2세 함은 그 다음 해 표적함으로 전용되어, 텐드라 앞바다에서 침몰했다.

제원	
유형: 러시아 전함	
배수량: 11,224미터톤(11,048영국톤)	
크기: 100,9m×21m×8,5m(331피트×68피트 11인치×27피트 11인치)	
기관: 스크루 2개, 수직 3단 팽창 엔진	
최고속도: 16노트	
주무장: 304mm(12인치) 함포 6문	
장갑: 벨트 203-406mm(8-16인치), 각면보 305mm(12인치)	
진수년월: 1886년 5월	

카이저 프리드리히 3세

카이저급 전함의 눈에 띄는 특징은 주무장이 비교적 약하고, 대신 부무장이 더 강하다는 것이다. 그러나 이러한 배치는 <드레드노트>의 출현에 견디지 못했다. 카이저 프리드리히 3세 함의 배수량은 전함 치고는 적절했다. 장갑 무게는 3,860미터톤(3,800영국톤)이었다. 1920년에 해체되었다.

제원	
유형: 독일 전함	
배수량: 11,784미터톤(11,599영국톤)	
크기: 125,3m×20,4m×8,2m(411피트×67피트×27피트)	
기관: 스크루 3개, 3단 팽창 엔진	
최고속도: 18노트	
주무장: 238mm(9,4인치) 함포 4문, 152mm(6인치) 함포 18문, 86,3mm(3,4인치) 함포 12문	
장갑: 벨트 152-305mm(6-12인치), 주포탑 254mm(10인치), 부포탑 및 포곽 152mm(6인치)	
정원: 651명	
진수년월: 1896년 7월	

캐노퍼스

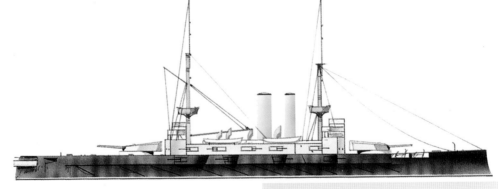

캐노퍼스 급은 출력과 연비 증대를 위해 수관 보일러를 사용한 영국 최초의 전함이다. 최고속도를 내면 시간당 10톤의 석탄을 소비했다. 제1차 세계대전 중 포클랜드 제도에 주둔했던 이 배는 1914년 12월 독일 해군 폰 슈페 제독이 이끄는 전대와 전투를 벌였다. 1920년에 매각되었다.

제원	
유형: 영국 전함	
배수량: 13,360미터톤(13,150영국톤)	
크기: 128m×23m×8m(421피트 6인치×74피트×26피트)	
기관: 스크루 2개, 3단 팽창 엔진	
최고속도: 18,3노트	
주무장: 305mm(12인치) 함포 4문, 152mm(6인치) 함포 12문	
장갑: 벨트 152mm(6인치), 바벳 305mm(12인치), 갑판 51mm(2인치)	
정원: 682명	
진수년월: 1897년 10월	

1896   1897

1900~1929년 사이의 함선들

20세기까지 배란 수상선 뿐이었다. 그리고 군함의 힘은 그 군함이 실은 함포의 힘과 동의어였다.

그러나 1900년부터 1929년 사이 해전의 속성은 새로운 차원으로 변하기 시작했다. 그러한 변화를 일으킨 첫 번째 요인은 잠수함과 추진식 어뢰의 개발이었다. 두 번째 요인은 동력 비행의 등장이었다. 항공기는 일찌감치 바다로 나갔다. 민간 선박에서도 여객선은 갈수록 커지고 호화로워지고 많은 승객을 태우게 되었다.

왼쪽: 1900년대에 많은 연돌은 속도와 힘을 상징했다. 타이타닉의 제4연돌도 빠르고 강력해 보이기 위해 만들어 붙인 가짜다.

1929년까지의 항공모함: 제1부

바다에서 쓰인 첫 번째 비행기는 수상기였다. 군함 또는 개조된 상선에 탑재되어 주로 정찰에 사용되었다. 항공기의 효용과 군사적 가치가 증가하면서 비행갑판을 갖춘 배들이 나오기 시작했다. 제1차 세계대전은 더욱 큰 항공모함의 개발을 촉진시켰다.

데달로

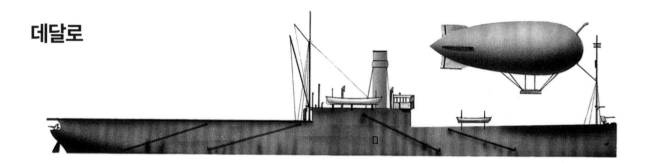

최초의 항공기 발함 전용선인 데달로는 전방 갑판에서 비행선을 발함시킬 수 있었다. 자체 수소 제조 시설로 비행선에 수소를 공급할수도 있었다. 수상기 갑판과 크레인은 거주구 후방에 있었다. 이 배는 1935년 프랑코군 항공기의 공습으로 침몰했으며, 잔해는 1940년 인양 해체되었다.

제원	
유형: 스페인 수상기 모함	
배수량: 10,972미터톤(10,800영국톤)	
크기: 182m×16,7m×6m(597피트×55피트×20피트 6인치)	
기관: 스크류 1개, 3단 팽창 엔진	
주무장: 102mm(4인치) 함포 2문	
항공기: 24대	
진수년도: 1901년	

벤 마이 크리

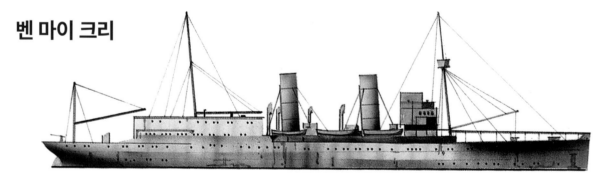

맨 섬 항로에 투입되었던 여객선 <벤 마이 크리> 호는 1915년 항공모함으로 개조되었다. 후방갑판에는 격납고가, 전방갑판에는 비행용 경사로가 설치되었다. 다르다넬스 전역에 투입되었던 이 항공모함은 터키 해군 군함 2척을 격침시켰다. 1917년 카스텔로르지오에 정박하던 중 터키 해안포에 격침되었다.

제원	
유형: 영국 항공모함	
배수량: 3,942미터톤(3,880영국톤)	
크기: 114m×14m×5,3m(375피트×46피트×17피트 6인치)	
기관: 스크류 2개, 터빈	
항공기: 4-6대	
최고속도: 24,5노트	
진수년도: 1908년 3월	

TIMELINE
1901
1908
1911

엥가딘

제1차 세계대전 중 영국 해군은 영불해협 노선에 취항하고 있던 증기선 <엥가딘>과 <리비에라>를 징발해 수상기 모함으로 개조했다. 이 배들은 1914년 12월 실전을 치렀다. 1915년 추가 개조를 받은 엥가딘은 북해와 지중해에서 운용되었다. 이들은 1919년 페리선으로 복구되었다.

제원	
유형: 영국 수상기 모함	
배수량: 1,702미터톤(1,676영국톤)	
크기: 96.3m×12.5m(316피트×41피트)	
기관: 스크루 3개, 터빈	
항공기: 4-6대	
최고속도: 21노트	
진수년도: 1911년 9월	

커레이저스

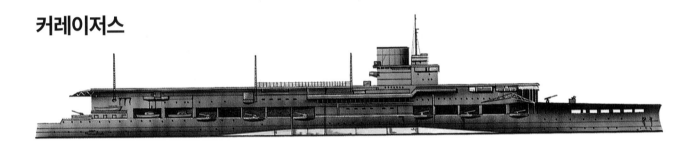

순양함 커레이저스는 1925~1928년 사이 항공모함으로 개장되었다. 격납 갑판 전반부는 비행 갑판이다. 그리고 그 위에 함체 전체에 걸친 비행 갑판이 또 있다. <퓨리어스>, <글로리어스>와 함께 1939년 당시 영국 해군 항공모함 전력의 주축을 이루었다. 커레이저스는 개전 초기 U-29의 어뢰 공격으로 격침당했다.

제원	
유형: 영국 항공모함	
배수량: 26,517미터톤(26,100영국톤)	
크기: 240m×27m×8m(786피트 5인치×90피트 6인치×27피트 3인치)	
기관: 스크루 4개, 터빈	
최고속도: 31.5노트	
주무장: 120mm(4.7인치) 함포 16문	
장갑: 벨트 76-50mm(3-2인치), 갑판 38-20mm(1.5-0.75인치)	
항공기: 48대	
정원: 842명	
진수년월: 1916년 2월	

퓨리어스

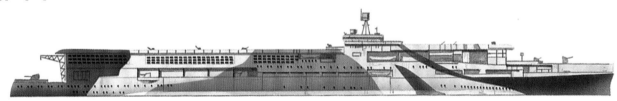

원래 중순양함으로 진수된 퓨리어스는 1917~1918년에 걸쳐 항공모함으로 부분 개장되었고, 1921~1925년에 걸쳐 항공모함으로 완전 개장되었다. 1930년대에도 개장 공사가 이루어졌다. 제2차 세계대전 당시 현역이었던 이 배는 지중해에서 운용되면서, 몰타 섬으로 항공기를 실어날랐다. 1944년 이 배의 항공기들은 티르피츠를 폭격했다. 1948년 해체처분되었다.

제원	
유형: 영국 항공모함	
배수량: 22,758미터톤(22,400영국톤)	
크기: 239.6m×27.4m×7.3m(786피트 4인치×90피트×24피트)	
기관: 스크루 4개, 터빈	
최고속도: 31.5노트	
주무장: 102mm(4인치) 함포 6문	
항공기: 36대	
정원: 880명	
진수년월: 1916년 8월	

1916

1929년까지의 항공모함: 제2부

1918년이 되면 주요 국가 해군들은 항공모함을 함대의 중요한 요소로 받아들이게 되었다. 또한 해군에 항공 병과가 생겼다. 항공모함으로서 설계되고 건조된 최초의 배는 1917년에 기공되었다. 이 혁신적인 설계의 배는 평평한 비행 갑판을 구현하기 위해 무게 균형을 잘 맞춰야 했다.

에우로파

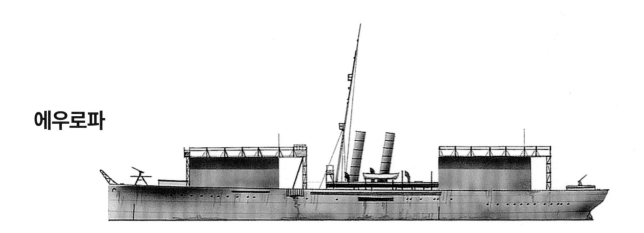

원래 영국 상선 <마닐라>였던 이 배는 1915년 이탈리아 해군에 의해 항공모함으로 개장되어 2개의 격납고가 설치되었다. 이 배는 8대의 수상기(전투기 6대, 정찰기 2대)를 탑재하며, 수상기를 출납할 때는 크레인을 사용했다. 1916년 1월까지 브린디시에 주둔하던 이 배는 벨로나로 옮겨 1918년까지 주둔했다. 1920년에 해체되었다.

제원	
유형:	이탈리아 수상기 모함
배수량:	8,945미터톤(8,805영국톤)
크기:	123m×14m×7.6m(403피트 10인치×46피트×25피트)
기관:	스크루 1개, 수직 3단 팽창 엔진
항공기:	8대
최고속도:	12노트
주무장:	30mm(1.2인치) 대공포 2문
진수년월:	1895년 8월(1915년 개장)

이글

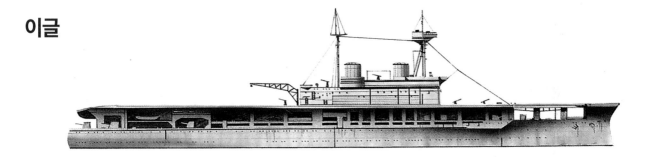

이 배는 원래 칠레 해군의 초노급(슈퍼 드레드노트급) 전함 <알미란테 코크라네>로 기공되었다. 그러나 기공된 지 얼마 안 되어 제1차 세계대전이 개전되었고, 이 배는 영국 해군의 항공모함으로 개장되었다. 1924년에 취역한 이글은 1942년 8월, 몰타 섬으로 항공기를 수송하던 중 지중해에서 U-73 잠수함에게 격침당했다.

제원	
유형:	영국 항공모함
배수량:	27,664미터톤(27,229영국톤)
크기:	203.4m×32m×8m(667피트 6인치×105피트×26피트 3인치)
기관:	스크루 4개, 터빈
주무장:	152mm(6인치) 함포 9문, 102mm(4인치) 함포 5문
장갑:	벨트 114mm(4.5인치), 갑판 38mm(1.5인치)
항공기:	24대
정원:	748명
진수년월:	1918년 6월

TIMELINE

1915

1918

1919

허미즈

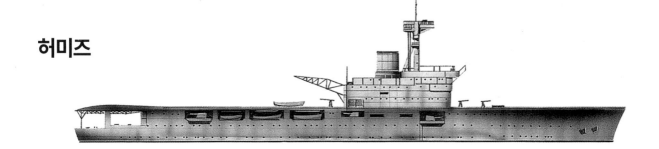

처음부터 항공모함으로 설계된 최초의 배인 허미즈는 항공모함의
표준 양식을 확립했다. 함체는 순양함용이지만, 주 갑판이 강도를
확보하고, 그 위에 격납 갑판, 맨 위에 비행 갑판을 올렸다. 갑판 구
조물과 연돌은 우현에 배치되었다. 1942년 4월 9일 실론 섬 앞바다
에서 일본 항공기에 의해 격침되었다.

제원	
유형:	영국 항공모함
배수량:	13,208미터톤(13,000영국톤)
크기:	182.9m×21.4m×6.5m(600피트×70피트 2인치×21피트 6인치)
기관:	스크류 2개, 터빈
최고속도:	25노트
주무장:	102mm(4인치) 함포 3문, 140mm(5.5인치) 함포 6문
항공기:	20대
진수년도:	1919년

베아른

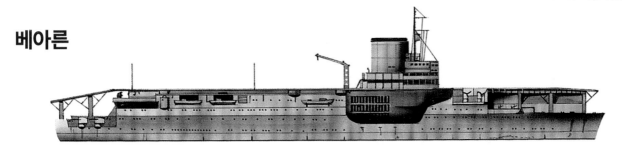

베아른은 속도가 느려 제2차 세계대전 중 제1선급 항공모함으로 운
용되지 않았다. 그러나 항공기 수송용으로는 제몫을 다했다. 1940
년 프랑스 패망 이후 이 배는 프랑스 본국으로 돌아가지 못하도록
마티니크에 묶여 있었다. 제2차 세계대전 이후 인도차이나 전쟁에
참전했다. 1949년 해체 처분되었다.

제원	
유형:	프랑스 항공모함
배수량:	28,854미터톤(28,400영국톤)
크기:	182.5m×27m×9m(599피트×88피트 11인치×30피트 6인치)
기관:	스크류 4개, 기어 터빈, 3단 팽창 엔진
항공기:	35-40대
최고속도:	21.5노트
주무장:	152mm(6인치) 함포 8문
진수년도:	1920년 4월

호쇼

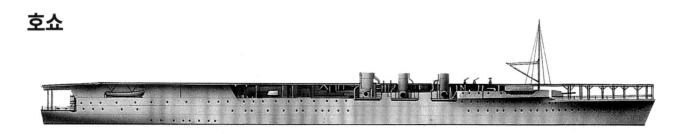

취역 시기로 따지면 세계 최초의 항공모함이다. 영국의 허미즈보다
7개월 먼저 취역했다. 전통 비행갑판을 갖추고, 격납고는 함체 중
앙에 있다. 성능은 훌륭했으나 1930년대에 제2선급으로 밀려났고,
1947년에 해체 처분되었다.

제원	
유형:	일본 항공모함
배수량:	10,160미터톤(10,000영국톤)
크기:	168m×21.3m×6m(551피트 6인치×70피트×20피트 3인치)
기관:	스크류 2개, 터빈
최고속도:	25노트
주무장:	140mm(5.5인치) 함포 4문
항공기:	26대
정원:	550명
진수년도:	1921년

1920   1921

1929년까지의 항공모함: 제3부

항공모함의 등장으로 새로운 전술이 필요했다. 크지만 무장은 빈약하고, 장갑 방어력이 다양한 항공모함은 상대적으로 속도가 빨랐다. 주력 전투 함대와 별도로 움직일 수 있게 하기 위해서다. 경순양함과 대형 구축함은 이제 항공모함을 호위하는 임무까지 떠맡았다. 항공모함의 적 중에서 이들이 특히 신경써야 할 것은 잠수함이었다.

카가

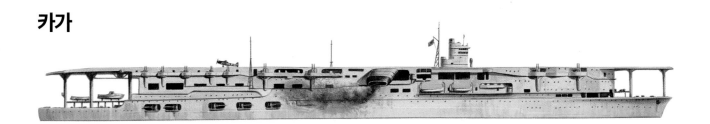

원래 전함으로 기공된 카가는 1928년까지 완공되지 못했다. 이후 1934~1935년에 걸쳐 전통 비행 갑판과 함교가 설치되었다. 제1항공전대에 배속된 이 배는 진주만 공습에도 참가했다. 1942년 미드웨이 해전에서 다른 일본 항공모함들과 함께 미군 항공기에 의해 격침당했다.

제원	
유형:	일본 항공모함
배수량:	34,232미터톤(33,693영국톤)
크기:	240.5m×32.9m×9.44m(798피트×108피트×31피트)
기관:	스크류 4개, 기어 터빈
항공기:	90대
최고속도:	27.5노트
주무장:	20mm(0.75인치) 기관포 25문, 경대공포 30문
장갑:	벨트 279mm(11인치), 갑판 58.4mm(2.3인치)
정원:	1,340명
진수년도:	1921년

쥬세페 미라글리아

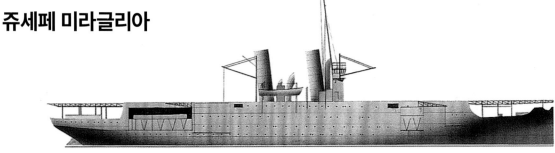

1923년 구 여객선인 <시타 디 메시나>는 <쥬세페 미라글리아>로 개칭되어 수상기 모함으로 개조되었다. 이 배는 캐터펄트 발함 실험에 사용되었다. 제2차 세계대전에는 항공기 수송선 및 훈련함으로 사용되었다. 1943년에는 몰타 섬에서 영국군에 항복했다.

제원	
유형:	이탈리아 수상기 모함
배수량:	5,486미터톤(5,400영국톤)
크기:	115m×15m×5.2m(377피트 4인치×49피트 3인치×17피트)
기관:	스크류 2개, 터빈
최고속도:	21.5노트
주무장:	102mm(4인치) 함포 4문
항공기:	20대
진수월:	1923년 12월

TIMELINE 1921 1923 1925

렉싱턴

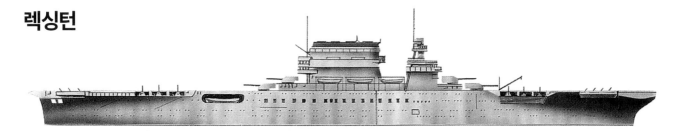

1921년 순양전함으로 기공된 이 배는 항공모함으로 설계 변경을 거쳤다. 137m×21m(450피트×70피트) 규모의 격납고를 보유한 이 배는 여러 해 동안 세계 최대의 항공모함이었다. 1942년 일본군과 전투 중에 화재를 일으켰고, 미군 구축함 <펠프스>에 의해 자침 처분되었다.

제원	
유형: 미국 항공모함	
배수량: 48,463미국톤(47,700영국톤)	
크기: 270.6m×32.2m×9.9m(88피트×105피트 8인치×32피트 6인치)	
기관: 스크류 4개, 터보 전기 구동	
최고속도: 33.2노트	
주무장: 203mm(8인치) 함포 8문, 127mm(5인치) 함포 12문	
장갑: 벨트 178-127mm(7-5인치), 갑판 50mm(2인치)	
항공기: 90대	
정원: 2,327명	
진수년월: 1925년 10월	

아카기

아카기는 원래 41,820미터톤(41,161영국톤)급 순양전함으로 기공되었다. 건조 중 최대 60대의 항공기를 발함시킬 수 있는 항공모함으로 개장된 아카기는 이후 더 큰 함재기를 탑재할 수 있도록 개장되었다. 1941년 12월 7일 진주만 공습에도 참가했다. 7개월 후 미드웨이 전투에서 미국 급강하 폭격기에 의해 격침당했다.

제원	
유형: 일본 항공모함	
배수량: 29,580미터톤(29,114영국톤)	
크기: 249m×30.5m×8.1m(816피트 11인치×100피트×26피트 7인치)	
기관: 스크류 4개, 터빈	
최고속도: 32.5노트	
주무장: 203mm(8인치) 함포 10문, 119mm(4.7인치) 함포 12문	
장갑: 벨트 152mm(6인치)	
항공기: 66대(예비기 25대 추가 가능)	
진수년도: 1925년	

아퀼라

크루저 <로마> 호는 1941년 이탈리아 해군에 징발되어 이탈리아 최초의 항공모함으로 개조되었다. 강력한 엔진과 제2용골이 설치되었으며, 제2용골 내에 시멘트를 부어 안정성을 향상시켰다. 아퀼라는 취역하지 못했으며 자침 처분되었다. 1946년에 인양되어 1951년에 해체되었다.

제원	
유형: 이탈리아 항공모함	
배수량: 28,810미터톤(28,356영국톤)	
크기: 231.5m×29.4m×7.3m(759피트 6인치×96피트 5인치×24피트)	
기관: 스크류 4개, 기어 터빈	
최고속도: 32노트	
주무장: 135mm(5.3인치) 주포 8문	
장갑: 팽출부에 강화 콘크리트 600mm(23.5인치), 연료탱크와 탄약고에 강철판 76mm(3인치)	
항공기: 36대	
정원: 승조원 1,165명+항공대 요원 243명	
진수년도: 1926년	

1926

드레드노트

드레드노트의 등장으로 인해 함선 건조의 새 시대가 열렸다. 영독 해군 간의 건함 경쟁도 시작되었다. 첫 전거포 주력함인 이 배의 출현으로, 기존 전함들은 구식이 되었다. 이제 모든 나라 해군들은 자국판 드레드노트를 보유해야 했다. 이런 드레드노트도 시대의 흐름에 따라 구식이 되어 1923년에 해체처분되었다.

드레드노트

드레드노트의 등장으로 인해 열린 전거포 시대는, 다수의 부포로 소수의 주포를 보충하는 것이 아니라, 모든 화력을 주포로만 충당하는 것이다. 또한 드레드노트는 완공 당시 세계에서 제일 빠른 전함이었다.

제원
유형: 영국 전함
배수량: 22,194미터톤(21,845영국톤)
크기: 160.4m×25m×8m(526피트 3인치×82피트×26피트 3인치)
기관: 스크류 4개, 터빈
최고속도: 21.6노트
주무장: 304mm(12인치) 10문
장갑: 벨트 203-280mm(8-11인치), 포탑 280mm(11인치)
진수년월: 1906년 2월

기관
밥콕 및 윌콕스 3드럼 수관 보일러 18대에서 만들어낸 증기가 파슨스 직동 터빈을 돌린다. 엔진 출력은 22,500축마력(17MW)이다.

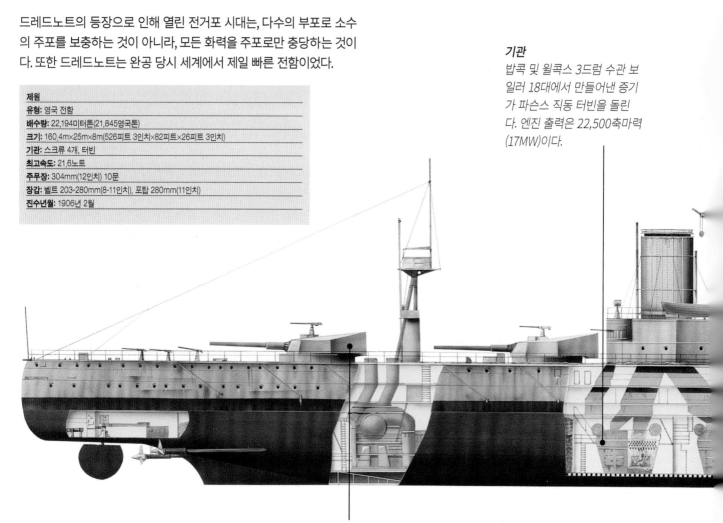

승조원 숙소
기존 전통과는 달리, 장교 숙소는 함수 쪽에, 사병 숙소는 함미 쪽에 배치했다.

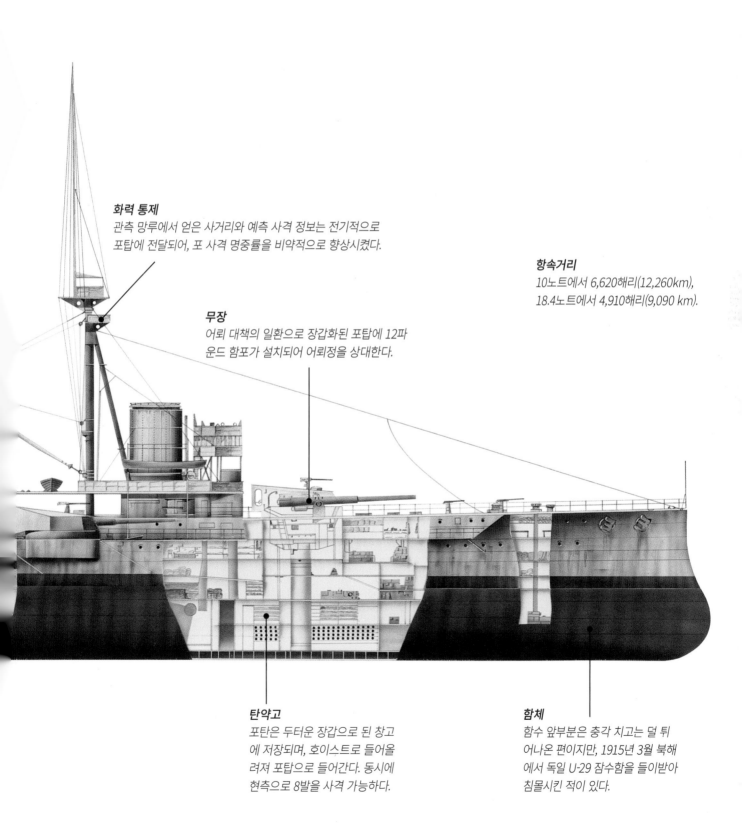

화력 통제
관측 망루에서 얻은 사거리와 예측 사격 정보는 전기적으로
포탑에 전달되어, 포 사격 명중률을 비약적으로 향상시켰다.

항속거리
10노트에서 6,620해리(12,260km),
18.4노트에서 4,910해리(9,090 km).

무장
어뢰 대책의 일환으로 장갑화된 포탑에 12파
운드 함포가 설치되어 어뢰정을 상대한다.

탄약고
포탄은 두터운 장갑으로 된 창고
에 저장되며, 호이스트로 들어올
려져 포탑으로 들어간다. 동시에
현측으로 8발을 사격 가능하다.

함체
함수 앞부분은 충각 치고는 덜 튀
어나온 편이지만, 1915년 3월 북해
에서 독일 U-29 잠수함을 들이받아
침몰시킨 적이 있다.

드레드노트의 출현

1900년경 전함 설계의 혁신이 일어났다. 1906년에 나온 HMS 드레드노트는 <전거포함> 추세를 확고히 했고 가속시켰다. 전거포함이란 구경이 동일한 주포 여러 문, 증기 터빈과 중장갑, 수밀격벽을 장비한 함이다.

콩쿼러

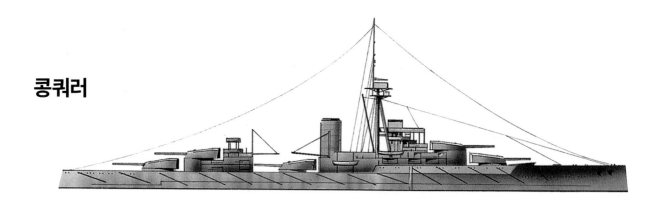

신형 342mm(13.5인치) 함포는 634kg(1,400파운드) 무게의 포탄을 21,936m(24,000야드) 거리까지 날려보낸다. 이로써 콩쿼러는 최초의 초노급(슈퍼 드레드노트급) 전함이 되었다. 콩쿼러는 영국 대함대의 제2전대에 배치되었다. 중심선을 따라 대구경포를 배치한 이 함은 3문의 533mm(21인치) 어뢰 발사관도 장비하고 있다. 1922년 파선되었다.

제원	
유형:	영국 전함
배수량:	26,284미터톤(25,870영국톤)
크기:	177m×27m×9m(581피트×88피트 7인치×28피트)
기관:	스크류 4개, 터빈
최고속도:	21노트
주무장:	342mm(13.5인치) 함포 10문, 102mm(4인치) 함포 16문
장갑:	벨트 203-305mm(8-12인치), 포탑 279mm(11인치)
정원:	752명
진수년월:	1911년 5월

모나크

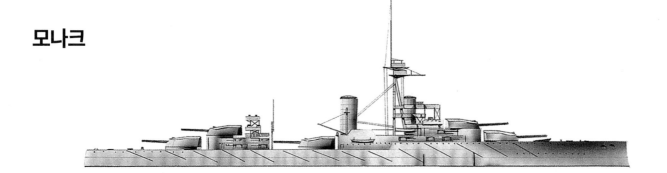

당대의 드레드노트보다 2,540미터톤(2,500영국톤) 무거워진 배수량을 지닌 모나크와 자매함들은 초노급 전함으로 함 중심선에 모든 주포를 지닌 최초의 주력함이다. 측면 장갑은 흘수선에서 5m(17피트) 높이까지 솟아 있다. 모나크는 1925년 표적함으로 쓰여 격침당했다.

제원	
유형:	영국 전함
배수량:	26,284미터톤(25,870영국톤)
크기:	177m×26,9m×8,7m(580피트×88피트 6인치×28피트 9인치)
기관:	스크류 4개, 터빈
최고속도:	20,8노트
주무장:	343mm(13.5인치) 함포 10문, 102mm(4인치) 함포 16문
장갑:	벨트 203-305mm(8-12인치), 포탑 280mm(11인치)
진수년월:	1911년 3월

TIMELINE

 1911   1913

퀸 엘리자베스

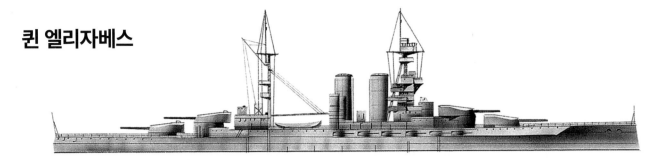

전함의 발달사에서 큰 역할을 차지한 이 배는 건조시부터 석유 연료 보일러를 채택한 최초의 주력함이다. 그러나 동시에 석유 공급이 끊길 경우 문제가 될 수도 있다는 걱정도 안고 다녔다. 그래서 후속 리벤지급은 석탄과 석유를 모두 싣고 다녔다. 퀸 엘리자베스는 1948~1949년에 걸쳐 해체되었다.

제원	
유형: 영국 전함	
배수량: 33,548미터톤(33,020영국톤)	
크기: 196.8m×27.6m×10m(646피트×90피트 6인치×30피트)	
기관: 스크루 4개, 터빈	
최고속도: 23노트	
주무장: 380mm(15인치) 함포 8문, 152mm(6인치) 함포 16문	
장갑: 벨트 330-152mm(13-6인치), 포탑 330-279mm(13-11.5인치), 갑판 76-25mm(3-1인치)	
정원: 1,297명	
진수년월: 1913년 10월	

에린

오스만 제국 해군을 위해 건조되었던 에린은 완공 전 영국 해군에 압수되어, 제1차 세계대전에 대함대에서 운용되었다. 유틀란트 해전에서도 싸웠다. 대부분의 영국 전함보다 함폭이 넓은 이 배는 1917년에 개장되었고, 1919년에는 예비역 편입, 1922년에는 파선되었다.

제원	
유형: 영국 전함	
배수량: 25,654미터톤(25,250영국톤)	
크기: 170.5m×27.9m×8.6m(559피트 5인치×91피트 6인치×28피트 5인치)	
기관: 스크루 4개, 터빈	
주무장: 343mm(13.5인치) 함포 10문	
장갑: 벨트 300-100mm(12-4인치), 갑판 76-38mm(3-1.5인치) 포탑 전면 280mm(11인치)	
정원: 1,070명	
진수년월: 1913년 9월	

워스파이트

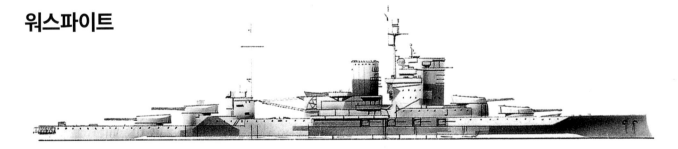

워스파이트는 퀸 엘리자베스 급에 해당되지만 배수량은 2,540미터톤(2,500영국톤) 늘어났다. 길이도 6m(20피트) 늘어났다. 381mm(15인치) 함포는 871kg(1,916파운드) 포탄을 32,000m(35,000야드) 까지 쏘아 보낸다. 양차 세계 대전에서 모두 현역으로 싸운 워스파이트는 1948년에 해체되었다.

제원	
유형: 영국 전함	
배수량: 33,548미터톤(33,020영국톤)	
크기: 197m×28m×9m(646피트×90피트 6인치×29피트 10인치)	
기관: 스크루 4개, 터빈	
주무장: 381mm(15인치) 함포 8문, 152mm(6인치) 함포 16문	
장갑: 벨트 102-330mm(4-13인치), 포탑 127-330mm(5-13인치), 바벳 102-254mm(4-10인치)	
진수년월: 1913년 11월	

다른 나라 해군의 드레드노트: 제1부

1906년부터 1914년 사이 드레드노트 모델에 속하는 전함들이 다수 신규건조되었다. 가장 눈에 띄는 것들은 라이벌 관계이던 영국과 독일의 전함들이었다. 그러나 다른 나라들도 항속거리가 긴 전거포함들을 만들어내었다.

미시건

미시건은 영국의 혁신적인 드레드노트보다 먼저 설계되었으나 늦게 완공되었다. 대부분의 76mm(3인치) 함포가 함 중앙의 상자형 포대에 집중되어 있고, 나머지는 상갑판에 있다. 새장형 마스트는 적에 대한 폭로면적을 크게 줄여 준다. 1923년 제적되었다.

제원	
유형: 미국 전함	
배수량: 18,186미터톤(17,900영국톤)	
크기: 138.2m×24.5m×7.5m(453피트 5인치×80피트 4인치×24피트 7인치)	
기관: 스크루 2개, 수직 3단 팽창 엔진	
항해 속도: 18.5노트	
주무장: 305mm(12인치) 함포 8문, 76mm(3인치) 함포 22문	
장갑: 벨트 228-305mm(9-12인치), 포탑 203-305mm(8-12인치)	
정원: 869명	
진수년월: 1906년 12월	

나사우

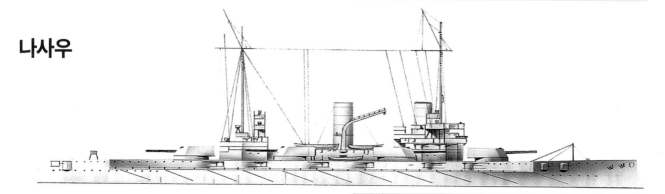

나사우와 세 자매함은 독일 최초의 드레드노트급 전함이다. 1906년에 기공되었다. 영국 드레드노트보다 함체가 짧고 좁다. 장갑 방어력은 뛰어나지만 함포의 화력은 영국보다 모자랐다. 또한 상당한 규모의 부무장도 갖고 있다. 나사우는 1921년 해체되었다.

제원	
유형: 독일 전함	
배수량: 20,533미터톤(20,210영국톤)	
크기: 146m×27m×8.5m(479피트 4인치×88피트 3인치×27피트 10인치)	
기관: 스크루 3개, 수직 3단 팽창 엔진	
최고속도: 20노트	
주무장: 280mm(11인치) 함포 12문, 150mm(5.9인치) 함포 12문	
장갑: 벨트 300mm(11.8인치), 포탑 280-220mm(11-8.6인치), 갑판 80mm(3.2인치)	
정원: 1,008명	
진수년도: 1908년 3월	

TIMELINE   1906   1908   1910

단테 알리기에리

마스데아 제독이 설계한 이 이탈리아 최초의 드레드노트는 함체 중심선상의 포탑 3개에 대구경 함포를 설치했다. 현측으로 투사할 수 있는 화력을 극대화하기 위해서다. 제1차 세계대전 중 이 배는 남아드리아해 함대의 기함을 맡았다. 1923년 마스트를 삼각대형 단일 마스트로 교환한 이 배는 1928년 해체되었다.

제원	
유형: 이탈리아 전함	
배수량: 22,149미터톤(21,800영국톤)	
크기: 168m×26.5m×10m(551피트 2인치×87피트 3인치×31피트 10인치)	
기관: 스크루 4개, 터빈	
최고속도: 22노트	
장갑: 벨트 152-249mm(6-9.8인치), 포탑 280mm(11인치)	
정원: 987명	
진수년월: 1910년 8월	

콘테 디 카보우르

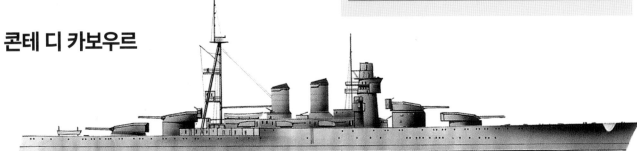

콘테 디 카보우르는 1914년 완공되었으나, 1930년대의 개장 작업을 통해 사실상 새 배가 되었다. 타란토 항구에서 영국 항공기의 뇌격으로 격침당한 이 배는, 인양되어 트리에스테에 예인되어 재생되었다. 이후 1943년 9월 독일군에 압수당했으며, 1945년 폭침되었다. 잔해는 1945년 이후 해체되었다.

제원	
유형: 이탈리아 전함	
배수량: 29,496미터톤(29,032영국톤)	
크기: 186m×28m×9m(611피트 6인치×91피트 10인치×30피트)	
기관: 스크루 2개, 터빈	
최고속도: 21.5노트	
주무장: 320mm(12.6인치) 함포 10문, 120mm(4.7인치) 함포 12문	
장갑: 벨트 250-127mm(10-5인치), 포탑 280mm(11인치), 갑판 170mm(6.6인치)	
정원: 1,136명	
진수년월: 1911년 10월	

브르타뉴

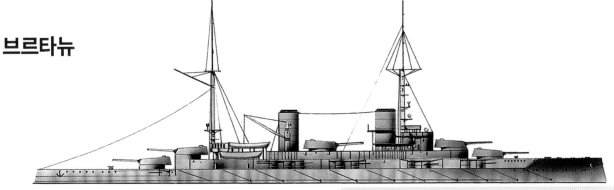

쿠르베 급 설계에 기반한 브르타뉴는 1916년부터 1918년 사이 지중해에서 운용되었다. 전간기에 근대식으로 개장(개조)되었다. 1940년 항복한 프랑스는 자국 해군 함대가 항구 밖으로 나가지 못하게 했다. 이에 1940년 7월 3일 영국 해군은 함포 사격과 항공기 폭격으로 브르타뉴를 비롯한 여러 프랑스 군함들을 격침시켰다.

제원	
유형: 프랑스 전함	
배수량: 29,420미터톤(28,956영국톤)	
크기: 166m×27m×10m(544피트 8인치×88피트 3인치×32피트 2인치)	
기관: 스크루 4개, 기어 터빈	
최고속도: 20노트	
주무장: 340mm(13.4인치) 함포 10문	
장갑: 벨트 270-180mm(10.6-7인치), 포탑 430-250mm(16.8-9.8인치), 갑판 50mm(2인치)	
정원: 1,113명	
진수년월: 1913년 4월	

1911

1913

다른 나라 해군의 드레드노트: 제2부

이 시대는 전함의 전성기였다. 당시 전함은 전쟁의 주무기였고 국력과 국방력의 상징이었다. 항공기의 위협을 진지하게 받아들이는 사람은 거의 없었다. 초기 주력함은 방뢰망을 통해 어뢰를 막았지만, 드레드노트급은 장갑과 속도로 어뢰에 맞섰다.

강구트

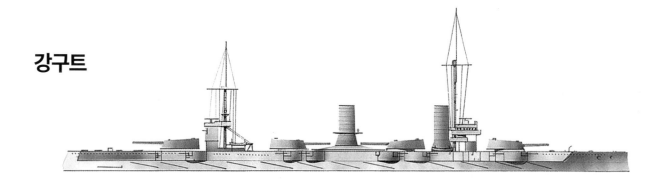

강구트와 그 자매함 3척은 러시아 최초의 드레드노트였다. 러시아의 공업력으로는 대량의 고장력강을 만들 수 없었으므로 러시아 특유의 건조 기법이 사용되어 공기가 길어졌다. 강구트는 1914년까지도 전투 준비가 되지 못했다. 1919년 <옥챠브르스카야 레볼루치아(10월 혁명)>으로 개칭된 이 배는 1956~1959년 사이에 해체되었다.

제원	
유형: 러시아 전함	
배수량: 26,264미터톤(25,850영국톤)	
크기: 182.9m×26.5m×8.3m(600피트×87피트×27피트 3인치)	
기관: 스크류 4개, 터빈	
주무장: 305mm(12인치) 함포 12문, 119mm(4.7인치) 함포 16문	
장갑: 벨트 102-226mm(4-8.9인치), 포탑 127-203mm(5-8인치), 바벳 203mm(8인치)	
정원: 1,125명	
진수년월: 1911년 10월	

에스파냐

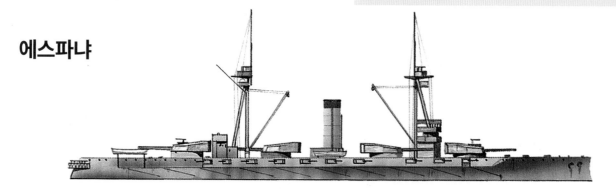

드레드노트치고는 적절한 크기인 에스파냐와 두 자매함은 전근대적인 해군 조선소에서도 정비가 가능하도록 만들어졌다. 1923년 8월 26일, 에스파냐는 모로코 앞바다에서 해도에 없던 암초에 걸려 좌초, 한동안 인양되지 못했다. 이후 1931년 알폰소 13세로 개칭되었으나 1937년 촉뢰해 격침당했다.

제원	
유형: 스페인 전함	
배수량: 15,991미터톤(15,740영국톤)	
크기: 140m×24m×7.8m(459피트×78피트 9인치×25피트 7인치)	
기관: 스크류 4개, 터빈	
최고속도: 19.5노트	
주무장: 304mm(12인치) 함포 8문, 102mm(4인치) 함포 20문	
장갑: 벨트 76-203mm(3-8인치), 포대 76mm(3인치), 포탑 203mm(8인치)	
정원: 854명	
진수년월: 1912년 2월	

TIMELINE
1911   1912   1913

그로서 쿠르퓌르스트

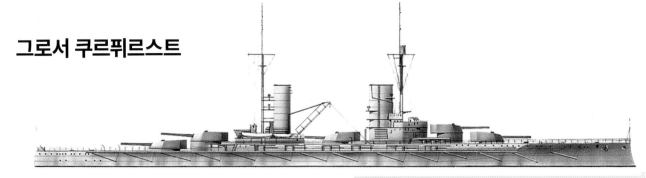

그로서 쿠르퓌르스트는 헬고란트 급을 대폭 개량한 것이다. 터빈 엔진과 후방의 배부식 포탑 채용으로 인해 현측으로 쏠 수 있는 305mm(12인치) 함포 수를 6문에서 10문으로 늘렸다. 유틀란트 해전에도 참전했으나 제1차 세계대전 종전 후인 1919년 스카파 플로우에서 자침처분되었다. 1936년 인양 후 해체되었다.

제원	
유형: 독일 전함	
배수량: 28,598미터톤(28,148영국톤)	
크기: 175,7m×29,5m×8,3m(576피트 5인치×96피트 9인치×27피트 3인치)	
기관: 스크류 3개, 터빈	
항해 속도: 21노트	
주무장: 305mm(12인치) 함포 10문, 150mm(5,9인치) 함포 14문, 86mm(3,4인치) 함포 8문	
장갑: 벨트 350-120mm(13,8-4,7인치), 포탑 300mm(11,8인치), 갑판 100mm(3,9인치)	
정원: 1,150명	
진수년월: 1913년 5월	

네바다

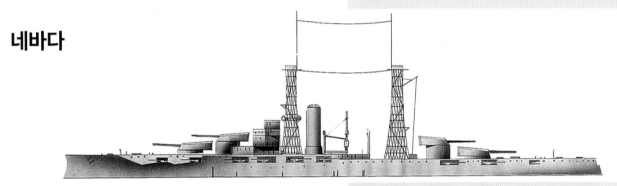

네바다는 미 해군 최초의 3포탑 전함이다. 미 해군은 네바다를 도입하면서 중점 방어 방식을 채택했다. 주요 부위의 장갑은 가장 두껍게 하되, 나머지 부위는 사실상 비장갑 상태로 두는 것이다. 1927~1930년에 걸쳐 전면 개장된 네바다는 노르망디 상륙작전을 지원했다. 1948년 하와이 앞바다에서 표적함으로 쓰여 침몰했다.

제원	
유형: 미국 전함	
배수량: 29,362미터톤(28,900영국톤)	
크기: 177,7m×29m×9,5m(583피트×95피트 3인치×31피트)	
기관: 스크류 2개, 터빈	
최고속도: 20,5노트	
주무장: 355mm(14인치) 함포 10문, 127mm(5인치) 함포 21문	
장갑: 벨트 203-343mm(8-13,5인치), 포탑 228-406mm(9-18인치)	
정원: 1,049명	
진수년월: 1914년 7월	

구스타프 5세

스웨덴의 포켓 전함 3척 중 하나인 이 배는 여러 차례의 개장을 받았다. 마스트도 삼각대형으로 바뀌었고, 원래 2개이던 연돌도 하나로 줄어들었다. 또한 연료도 일부 석유를 사용할 수 있게 바뀌었다. 기존 무장 일부를 대공포로 바꾸기도 했다. 1957년까지 운용되던 이 배는 1970년에 해체되었다.

제원	
유형: 스웨덴 전함	
배수량: 7,757미터톤(7,635영국톤)	
크기: 121,6m×18,6m×6,7m(399피트×61피트×22피트)	
기관: 스크류 2개, 기어 터빈	
최고속도: 22,5노트	
주무장: 283mm(11,1인치) 함포 4문, 152mm(6인치) 함포 8문, 75mm(3인치) 함포 6문	
장갑: 벨트 200-60mm(7,8-2,4인치), 포탑 200-100mm(7,8-3,9인치)	
정원: 443명	
진수년도: 1918년	

1914   1918

영국과 오스트레일리아의 순양전함

순양전함 개념은 장갑 순양함에서 나왔다. 전함 수준의 화력과 순양함의 속도를 결합한 함종이다. 때문에 장갑 방어력이 약할 수밖에 없다. 따라서 이들은 함대 전투 시 취약했다.

인플렉시블

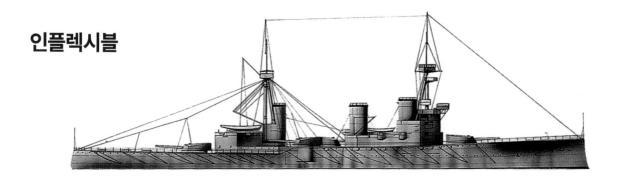

1904년 일본 순양함 <쓰쿠바>, <이부키>를 본 영국 해군은 순양전함 개발에 착수, <인플렉시블>을 비롯한 자매함들을 만들기 시작했다. <인플렉시블>과 <인빈시블>은 1914년 12월 <샤른호르스트>, <그나이제나우>를 격침시켰다. <인빈시블>은 1916년 유틀란트 해전에서 격침당했고, <인플렉시블>과 <인도미터블>은 1922년 해체되었다.

제원
유형: 영국 순양전함	
배수량: 20,320미터톤(20,000영국톤)	
크기: 172.8m×23.9m×8m(567피트×78피트 5인치×26피트 8인치)	
기관: 스크류 4개, 터빈	
항해 속도: 25노트	
주무장: 305mm(12인치) 함포 8문, 102mm(4인치) 함포 16문	
장갑: 벨트 102-152mm(4-6인치), 포탑 178mm(7인치)	
진수년월: 1907년 6월	

라이언

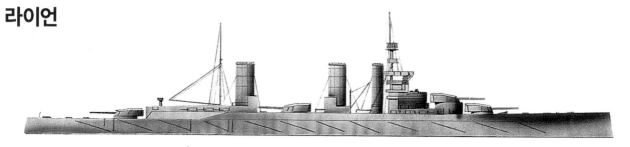

라이언은 대부분의 전함들보다도 컸다. 이 배의 주포는 4개의 주포탑에 나눠 설치되어 있었다. 전방을 향한 2개의 주포탑은 배부식이었고, 나머지 포탑 중 하나는 함미쪽에, 나머지 하나는 제2 연돌과 제3 연돌 사이에 있었다. 1916년 유틀란트 전투 당시 비티 제독의 기함이었다. 이 전투에서 장갑을 버리고 속도를 추구한 것이 패착임이 드러났다. 라이언은 1922년에 해체되었다.

제원
유형: 영국 순양전함	
배수량: 30,154미터톤(29,680영국톤)	
크기: 213.3m×27m×8.7m(700피트×88피트 6인치×28피트 10인치)	
기관: 스크류 2개, 터빈	
항해 속도: 26노트	
주무장: 343mm(13.5인치) 함포 8문, 102mm(4.2인치) 함포 16문	
장갑: 주 벨트 127-228mm(5-9인치), 상단 벨트 102-152mm(4-6인치), 포탑 102-228mm(4-9인치)	
정원: 997명	
진수년월: 1910년 8월	

TIMELINE

1907   1910   1911

오스트레일리아

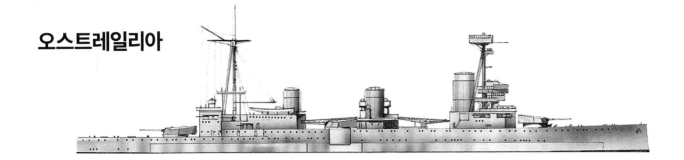

18년 사이 영국 대함대에 배속되었다. 충돌사고를 2번 일으켜 손상당했다. 이 급의 전함은 빠르지만 장갑이 약하다. 그 때문에 자매함 인디퍼티거블이 유틀란트에서 격침당했다. 이 배는 1924년 시드니 앞바다에서 표적함으로 쓰여 격침당했다.

제원
유형:	오스트레일리아 순양전함
배수량:	21,640미터톤(21,300영국톤)
크기:	180m×24.3m×9m(590피트×80피트×30피트)
기관:	스크루 4개, 기어 터빈
최고속도:	26.9노트
주무장:	305mm(12인치) 함포 8문
장갑:	벨트 152mm(6인치)
진수년월:	1911년 10월

타이거

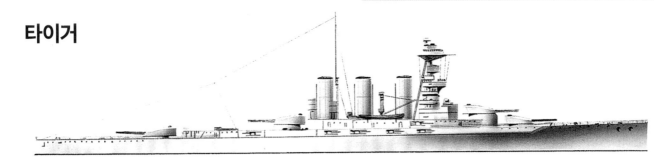

타이거는 당대 제일 빠르고 제일 큰 주력함이었다. 또한 영국 해군 최후의 석탄 연료 사용 주력함이었으며, 152mm(6인치) 함포를 장비한 유일한 영국 순양전함이었다. 도거 뱅크 해전과 유틀란트 해전에서 손상을 입는다. 1924년 개장 공사를 받았으며 1932년 해체된다.

제원
유형:	영국 순양전함
배수량:	35,723미터톤(35,160영국톤)
크기:	214.6m×27.6m×8.6m(704피트×90피트 6인치×28피트 5인치)
기관:	스크루 4개, 터빈
항해 속도:	30노트
주무장:	343mm(13.5인치) 함포 8문, 152mm(6인치) 함포 12문
장갑:	벨트 229-76mm(9-3인치), 포탑 229mm(9인치), 갑판 76-25mm(3-1인치)
정원:	1,121명
진수년월:	1913년 12월

후드

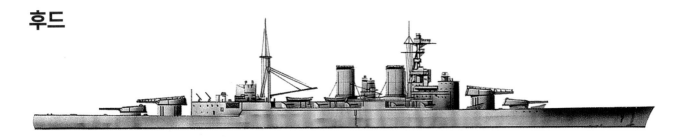

후드의 동급함은 4척 건조될 예정이었으나, 이 중 완공된 것은 후드 하나뿐이다. 엔진 출력은 144,000마력. 항속거리는 10노트에서 7,600km(4,000해리)다. 당대 최강의 군함으로 여겨졌던 후드는 1941년 독일 전함 <비스마르크>와 순양함 <프린츠 오이겐>의 공격으로 침몰했다.

제원
유형:	영국 순양전함
배수량:	45,923미터톤(45,200영국톤)
크기:	262m×31.7m×8.7m(860피트×104피트×28피트 6인치)
기관:	스크루 4개, 터빈
최고속도:	32노트
주무장:	381mm(15인치) 함포 8문, 140mm(5.5인치) 함포 12문
장갑:	벨트와 바벳 305-127mm(12-5인치), 포탑 381-279mm(15-11인치), 갑판 76-26mm(3-1인치)
정원:	1,147명
진수년도:	1918년 8월

1913   1918

더플링거

장갑과 무장의 균형이 잘 맞는 더플링거와 자매함 힌덴부르크, 뤼초브는 당대 최고의 주력함으로 불린다.1916년 더플링거는 HMS 퀸 메리 함을 중파시키고, 380mm(15인치) 탄 10발과 304mm(12인치) 탄 10발을 맞고도 살아남았다. 1919년 스캐퍼 플로우에서 자침했다.

더플링거

더플링거는 다른 독일 군함들과 함께 잉글랜드 동북 해안에서 스카버러 시와 휘트비 시를 포격했다. 그 뒤 얼마 안 있어 1915년 1월, 도거 뱅크 해전에서 중파당한다. 이듬해의 유틀란트 해전에서도 중파당했지만 살아남는다.

제원	
유형: 독일 순양전함	
배수량: 30,706미터톤(30,223영국톤)	
크기: 210m×29m×8m(689피트×95피트 2인치×27피트 3인치)	
기관: 스크루 4개, 터빈	
최고속도: 28노트	
주무장: 304mm(12인치) 함포 8문	
장갑: 벨트 300mm(11.8인치)	
진수년월: 1913년 7월	

타
2개의 타가 있어 매우 효과적이었다. 급선회시 배가 11도나 기울므로, 횡요 저항 탱크가 있었다.

어뢰 발사관
특이하게도 4문의 수중 어뢰 발사관이 있었다. 2문은 함체 중앙에, 그리고 함수와 함미에 1문씩이 있었다.

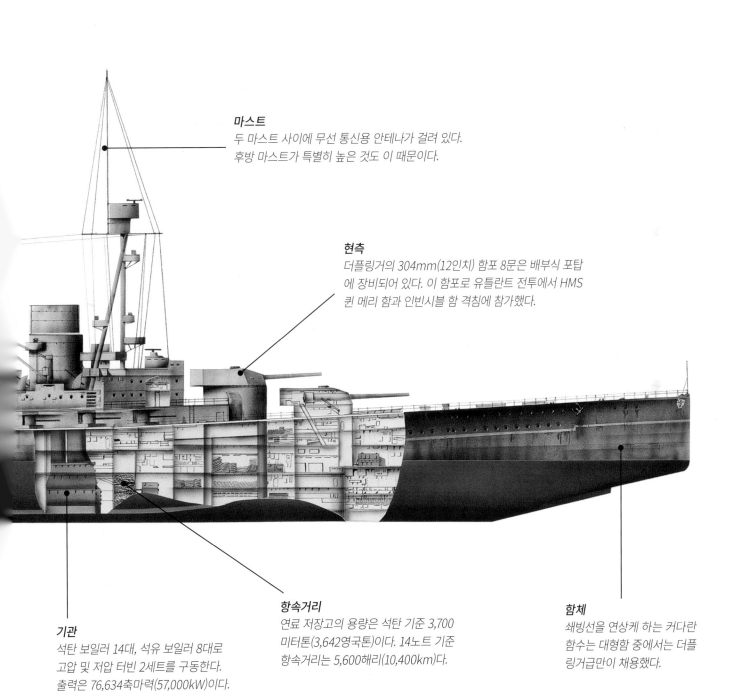

마스트
두 마스트 사이에 무선 통신용 안테나가 걸려 있다.
후방 마스트가 특별히 높은 것도 이 때문이다.

현측
더플링거의 304mm(12인치) 함포 8문은 배부식 포탑
에 장비되어 있다. 이 함포로 유틀란트 전투에서 HMS
퀸 메리 함과 인빈시블 함 격침에 참가했다.

기관
석탄 보일러 14대, 석유 보일러 8대로
고압 및 저압 터빈 2세트를 구동한다.
출력은 76,634축마력(57,000kW)이다.

항속거리
연료 저장고의 용량은 석탄 기준 3,700
미터톤(3,642영국톤)이다. 14노트 기준
항속거리는 5,600해리(10,400km)다.

함체
쇄빙선을 연상케 하는 커다란
함수는 대형함 중에서는 더플
링거급만이 채용했다.

독일과 일본의 순양전함

1914년까지 독일과 일본은 해군력을 증강시키고, 순양전함도 채용했다. 독일 순양전함은 영국 순양전함보다 무장은 약했으나 장갑이 더 강해 전투에서 유리했다.

쓰쿠바

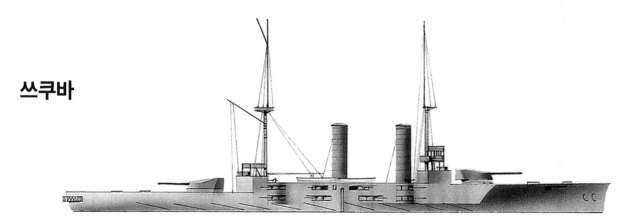

구레 해군 조선소에서 건조된 쓰쿠바는 처음에는 장갑순양함으로 분류되었다. 1907년에 취역한 이 배는 순양전함 중 가벼운 축이었다. 1917년 1월 요코스카 만에서 탄약고 화재로 폭침했다. 이후 인양 후 해체되었다.

제원	
유형: 일본 순양전함	
배수량: 15,646미터톤(15,400영국톤)	
크기: 137m×23m×8m(449피트 10인치×75피트 6인치×26피트 3인치)	
기관: 스크류 2개, 수직 3단 팽창 엔진	
최고속도: 20.5노트	
주무장: 305mm(12인치) 함포 4문, 152mm(6인치) 함포 12문	
장갑: 벨트 102-178mm(4-7인치), 포탑 및 바벳에 178mm(7인치), 갑판 76mm(3인치)	
진수년월: 1905년 12월	

폰 데어 탄

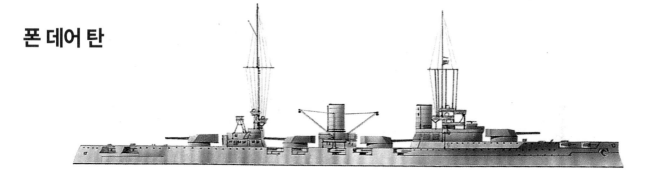

독일 최초의 순양전함인 폰 데어 탄은 터빈을 장착한 독일 첫 주력함이다. 이 배는 유틀란트 해전에서 4발의 적탄에 피격되어 화재가 발생, 주포를 사용할 수 없게 되었음에도 귀항한다. 1919년 스카파 플로우에서 자침한 이 배는 1930년 12월 인양되어 1931년부터 1934년에 설쳐 해체되었다.

제원	
유형: 독일 순양전함	
배수량: 22,150미터톤(21,802영국톤)	
크기: 172m×26.6m×8m(563피트 4인치×87피트 3인치×26피트 7인치)	
기관: 스크류 4개, 터빈	
최고속도: 27.7노트	
주무장: 280mm(11인치) 함포 8문, 150mm(5.9인치) 함포 10문	
장갑: 벨트 100-248mm(3.9-9.8인치), 바벳과 터렛 228mm(9인치), 갑판 50-76mm(2-3인치)	
정원: 910명	
진수년월: 1909년 3월	

괴벤

괴벤은 뛰어난 설계와 안전 장치, 강력한 무장을 갖춘 막강한 군함이었다. 지중해 동부에 주둔했던 괴벤은 터키 해군에 이양되어 1918년 영국 군함 2척을 격침한다. <야부즈 술탄 셀림>으로 개칭된 괴벤은 1926년부터 1930년에 걸쳐 근대화 개장을 받아 1960년대까지 운용된다.

제원	
유형: 독일 순양전함	
배수량: 25,704미터톤(25,300영국톤)	
크기: 186.5m×29.5m×9.2m(611피트 10인치×96피트 9인치×30피트 2인치)	
기관: 스크루 4개, 터빈	
최고속도: 28노트	
주무장: 280mm(11인치) 함포 10문, 150mm(5.9인치) 함포 12문	
장갑: 벨트 266-95mm(10.5-3.7인치), 갑판 50mm(2인치)	
정원: 1,107명	
진수년월: 1911년 3월	

하루나

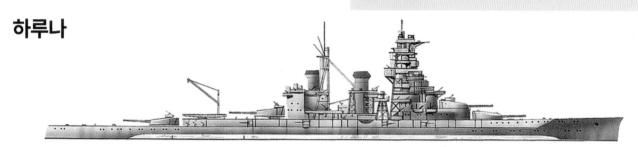

하루나는 일본 조선소에서 건조된 최초의 드레드노트급 군함이다. 1927~1928년에 걸쳐 대규모 개장을 받은 하루나는 전함으로 분류되었다. 3개의 연돌은 2개로 줄었다. 보일러도 신형으로 교체되었고 장갑도 증강되었다. 1945년 7월 미 항공기에 의해 격침된 하루나는 1946년 해체되었다.

제원	
유형: 일본 순양전함	
배수량: 32,715미터톤(32,200영국톤)	
크기: 214.5m×28m×8.4m(703피트 9인치×91피트 10인치×27피트 6인치)	
기관: 스크루 4개, 터빈	
최고속도: 27.5노트	
주무장: 355mm(14인치) 함포 8문, 152mm(6인치) 함포 16문	
장갑: 벨트 76-203mm(3-8인치), 포탑 228mm(9인치)	
진수년월: 1912년 11월	

그라프 슈페

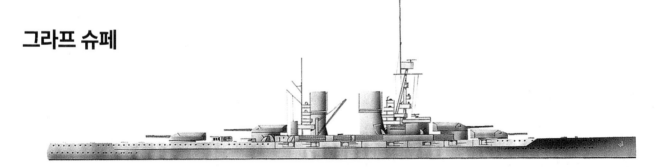

그라프 슈페는 힌덴부르크의 개량형이다. 주무장이 개량되었다. 함포는 2연장 포탑 4개에 설치되었다. 이 포탑들은 전후방 배부식이다. 부무장은 길다란 상갑판 포대에 집중 배치되어 있다. 1917년 진수된 이 배는 제1차 세계대전이 종전될 때까지 완공되지 못했다. 1921~1923년에 걸쳐 해체되었다.

제원	
유형: 독일 순양전함	
배수량: 36,576미터톤(36,000영국톤)	
크기: 223m×30.4m×8.4m(731피트 8인치×99피트 10인치×27피트 7인치)	
기관: 스크루 4개, 터빈	
최고속도: 28노트	
주무장: 350mm(13.8인치) 함포 8문, 150mm(5.9인치) 함포 12문	
장갑: 벨트와 포탑 305-120mm(12-4.7인치), 갑판 30mm(1.7인치)	
정원: 1,186명	
진수년월: 1917년 9월	

1912   1917

북해의 라이벌들

영국과 독일은 10년간 군비 경쟁을 벌이면서 대형함 건조에 막대한 돈을 썼다. 영국 대함대(The Grand Fleet)와 독일 대해함대(The High Seas Fleet)는 좁은 북해에서 대치했다. 1916년 5월 31일 유틀란트 앞바다 해전은 그 와중에서 벌어진 유일한 대접전이었다. 이 싸움에서는 독일이 상대적으로 나은 전과를 거두었다. 그러나 영국은 제해권을 뺏기지 않았다.

헬고란트

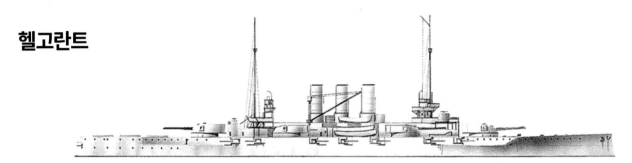

헬고란트는 연돌 3개를 지닌 마지막 독일 전함이다. 그리고 주무장으로 304mm(12인치) 함포를 장비한 최초의 독일 전함이다. 모든 동급함이 제1차 세계대전에 참전했다. 이 중 2척이 1916년 유틀란트 해전에서 손상되었다. 헬고란트는 1924년에 해체되었다.

제원	
유형: 독일 전함	
배수량: 24,700미터톤(24,312영국톤)	
크기: 166.4m×28.5m×8.3m(546피트×93피트 6인치×27피트 6인치)	
기관: 스크류 3개, 3단 팽창 엔진	
항해 속도: 20.3노트	
주무장: 304mm(12인치) 함포 12문, 150mm(5.9인치) 함포 14문	
장갑: 벨트 102-300mm(4-11.8인치), 포탑 280mm(11인치), 포곽 76-170mm(3-6.7인치)	
정원: 1,100명	
진수년도: 1909년	

아이언 듀크

유틀란트 해전에서 영국 함대의 기함이었던 초노급 전함 아이언 듀크는 1919년까지 대함대에 있었다. 이후 흑해에, 그리고 지중해에 파견되었다. 1931년부터는 훈련함으로 쓰였으며, 제2차 세계대전 중에는 스캐퍼 플로우에서 모함으로 쓰였다. 1946년 해체되었다.

제원	
유형: 영국 전함	
배수량: 30,866미터톤(30,380영국톤)	
크기: 189.8m×27.4m×9m(622피트 9인치×90피트×29피트 6인치)	
기관: 스크류 4개, 터빈	
최고속도: 21.6노트	
주무장: 342mm(13.5인치) 함포 10문, 152mm(6인치) 함포 12문	
장갑: 벨트 102-305mm(4-12인치), 중간 벨트 228mm(9인치), 포대 51-152mm(2-6인치)	
정원: 1,193명	
진수년월: 1912년 10월	

TIMELINE   1909   1912   1914

로열 오크

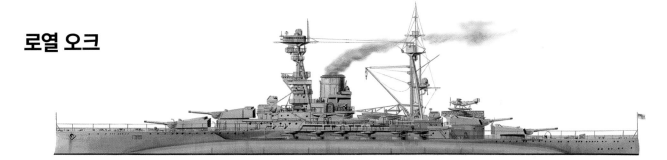

1916년에 완공된 이 배는 유틀란트 해전에 참전했다. 1920년대에
개장을 받아 지중해에서 활동했고, 추가 개장을 통해 1935년 본토
함대에 배속되었다. 1939년에는 영국 북방 해역 초계 임무에 투입
되었다. 1939년 10월 13일과 14일 사이의 밤, 스캐퍼 플로우 항구에
서 U-47 잠수함의 어뢰 공격으로 격침당했다.

제원	
유형: 영국 전함	
배수량: 31,699미터톤(31,200영국톤)	
크기: 190.3m×27m×8.7m(624피트 3인치×88피트 6인치×28피트 7인치)	
기관: 스크류 4개, 터빈	
최고속도: 23노트	
주무장: 381mm(15인치) 함포 8문, 152mm(6인치) 함포 14문	
장갑: 갑판 102-25mm(4-1인치)	
정원: 936명	
진수년도: 1914년	

바럼

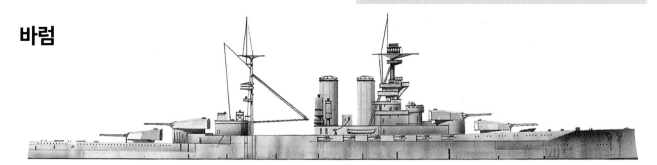

바럼은 새로 설계된 381mm(15인치) 함포를 탑재했다. 이 함포는
기존의 343mm(13.5인치) 함포보다 더욱 정확하다. 또한 더 크고
파괴력이 센 포탄을 쏠 수 있다. 이 배는 유틀란트 전투에서 손상을
입었으나, 수리를 받은 후 1930년대에 근대화 개장을 받았다. 1941
년 11월 25일 지중해에서 U-331의 공격으로 침몰했다.

제원	
유형: 영국 전함	
배수량: 32,004미터톤(31,500영국톤)	
크기: 196m×27.6m×8.8m(643피트×90피트 6인치×29피트)	
기관: 스크류 4개, 터빈	
최고속도: 24노트	
주무장: 381mm(15인치) 함포 8문, 152mm(6인치) 함포 14문	
진수년월: 1914년 10월	

바이에른

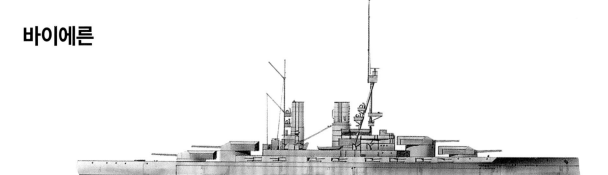

독일 설계자들은 바이에른을 영국 380mm(15인치) 함포 장비 전함
과 대등한 전함으로 설계했다. 바이에른은 근해에서는 매우 안정성
이 높은 좋은 함포 플랫폼이었다. 내부 분할은 매우 효과적이었고,
일부 설계 특성은 나중의 비스마르크에 전해졌다. 1919년 스캐퍼
플로우에서 자침되었다.

제원	
유형: 독일 전함	
배수량: 32,412미터톤(32,000영국톤)	
크기: 182.4m×30m×8m(598피트 5인치×99피트×27피트 10인치)	
기관: 스크류 3개, 기어 터빈	
최고속도: 22노트	
주무장: 380mm(15인치) 함포 8문, 150mm(5.9인치) 함포 16문	
장갑: 하부 수선 벨트 350mm(13.8인치), 상부 벨트 170-249mm(6.7-9.8인치), 포탑 350mm(13.8인치)	
진수년도: 1915년	

1915

1900~1920년 일본 제국의 군함

일본은 유럽 국가들에 비해 뒤늦게 산업 혁명을 겪으면서 경제력과 야망이 급속히 커졌다. 일본 해군 역시 세계 최첨단의 해군으로 성장하며 태평양의 군사력 균형을 바꿔 나갔다. 1905년에는 쓰시마 해전에서 러시아 해군을 대패시켰다.

카스가

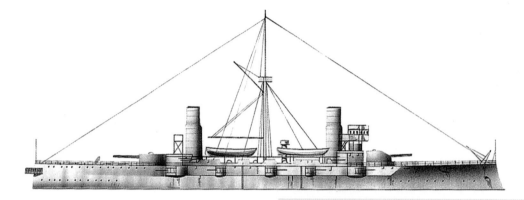

카스가는 원래 아르헨티나를 위해 이탈리아 제노바 안살도에서 건조되었다. 그러나 완공 직전인 1903년 일본에 인수되었다. 사실상 이탈리아 순양함 <가리발디>와 동형함이다. 방어력과 무장, 속도가 모두 우수하다. 1920년에 일부 무장이 탈거되고 훈련함으로 운용되었으며, 1948년 해체되었다.

제원	
유형: 일본 순양함	
배수량: 7,750미터톤(7,628영국톤)	
크기: 111.7m×18.9m×7.3m(366피트 7인치×62피트×24피트)	
기관: 스크루 2개, 수직 3단 팽창 엔진	
최고속도: 20노트	
주무장: 254mm(10인치) 함포 1문, 203mm(8인치) 함포 2문, 152mm(6인치) 함포 14문	
장갑: 벨트 70-150mm(2.8-5.9인치), 갑판 25-38mm(0.98-1.5인치), 바벳 100-150mm(3.9-5.9인치)	
진수년월: 1902년 10월	

이부키

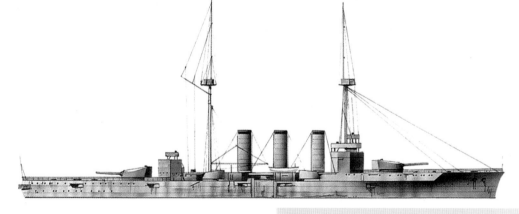

이부키는 터빈 엔진을 장착한 최초의 일본 군함이다. 출력은 24,000마력이다. 석탄 탑재량은 2,032미터톤(2,000영국톤)이고 석유는 221미터톤(218영국톤)을 탑재한다. 이부키는 제1차 세계대전 초기 다르다넬스로 가는 오스트레일리아군 병력의 호위를 맡았다. 1924년 해체되었다.

제원	
유형: 일본 순양전함	
배수량: 15,844미터톤(15,595영국톤)	
크기: 148m×23m×8m(465피트×75피트 4인치×26피트 1인치)	
기관: 스크루 2개, 터빈	
최고속도: 21노트	
주무장: 304mm(12인치) 함포 4문, 203mm(8인치) 함포 8문, 120mm(4.7인치) 함포 14문	
장갑: 벨트 102-178mm(4-7인치), 포탑 127-178mm(5-7인치)	
정원: 820명	
진수년도: 1907년 11월	

TIMELINE   1902   1907   1914

후소

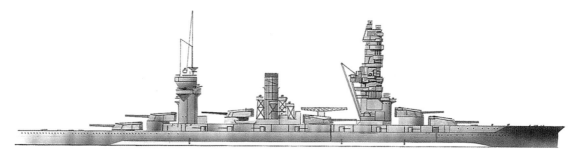

후소는 일본 국내에서 처음으로 건조된 전함이다. 원래는 연돌이 2개였고, 제1연돌은 함교와 제3포탑 사이에 있었다. 그러나 1930년대에 제1연돌을 없애고 커다란 함교 구조물을 그 자리에 세웠다. 흘수선 아래 방어력이 강화되었고 새 기관도 장비되었다. 1944년 10월 미 군함의 함포 및 어뢰 공격으로 침몰했다.

제원	
유형: 일본 전함	
배수량: 36,474미터톤(35,900영국톤)	
크기: 205m×28.7m×8.6m(672피트 6인치×94피트×28피트)	
기관: 스크류 4개, 터빈	
최고속도: 23노트	
주무장: 357mm(14인치) 함포 12문, 152mm(6인치) 함포 16문	
장갑: 벨트 102-306mm(4-12인치), 포탑 119-306mm(4.5-12인치), 바벳 204mm(8인치)	
정원: 1,193명	
진수년월: 1914년 3월	

이세

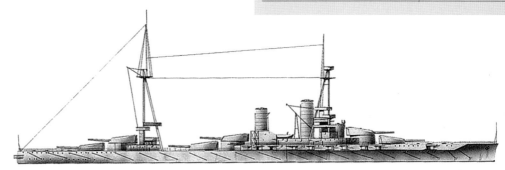

후소 급의 개량형인 이세는 함체 중앙에 2개의 배부식 2연장 포탑이 있다. 제1차 세계대전 이후 근대화 개장을 받은 이 배는 1937년에 후방함체가 7.6m(25피트) 늘어났다. 1942년 6월 미드웨이 해전 이후 항공전함으로 개조되었다. 1945년 초 구레에서 격침당했으며, 1946년 인양 및 해체되었다.

제원	
유형: 일본 전함	
배수량: 32,576미터톤(32,063영국톤)	
크기: 208.2m×28.6m×8.8m(683피트×94피트×29피트)	
기관: 스크류 4개, 터빈	
최고속도: 23노트	
주무장: 355mm(14인치) 함포 12문, twenty 140mm(5.5인치) 함포 20문	
장갑: 305-102mm(12-4인치) belt, 305mm(12인치) on turrets, 55-25mm(2.16-1인치) deck	
정원: 1,360명	
진수년월: 1916년 11월	

나가토

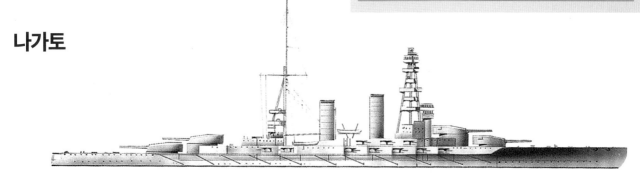

나가토와 무츠는 406mm(16인치) 주포를 지닌 최초의 일본 전함이다. 이들 주포의 사거리는 40,233m(44,000야드)에 달한다. 함교 위에는 삼각대형 마스트가 서 있고, 1920년대 중반 제1연돌이 뒤로 꺾였다. 1934~1936년의 개장에서는 연돌이 하나로 줄었다. 1946년 7월 비키니 원자폭탄 실험으로 파괴되었다.

제원	
유형: 일본 전함	
배수량: 39,116미터톤(38,500영국톤)	
크기: 215.8m×29m×9m(708피트×95피트 1인치×29피트 10인치)	
기관: 스크류 4개, 터빈	
최고속도: 23노트	
주무장: 406mm(16인치) 함포 8문, 140mm(5.5인치) 함포 20문	
진수년월: 1919년 11월	

1916   1919

1900~1917년 러시아 제국 군함들

러시아 제국은 발트 해, 흑해, 태평양에서 최고급의 함대를 유지해야 했다. 이는 러시아와 같은 강국에도 쉽지 않은 과제였다. 러시아는 과학적이고 조직적으로 해군을 육성했으나, 러일 전쟁 중인 1905년 쓰시마 해전에서 일본 해군에게 대패를 당하고 말았다.

아브로라

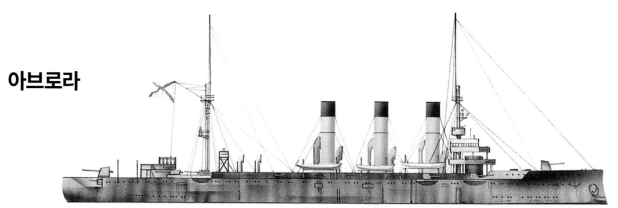

장갑순양함 아브로라는 1905년 쓰시마 해전에 참전해 큰 피해를 입었다. 1917년 러시아 혁명이 일어났을 때 네바 강에 정박 중인 아브로라에서 혁명의 첫 포성이 울렸다. 현재도 아브로라는 그 자리에 혁명 기념물로 보존되어 있다.

제원	
유형: 러시아 순양함	
배수량: 6,939미터톤(6,830영국톤)	
크기: 125m×16.7m×6.5m(410피트×55피트×21피트 6인치)	
기관: 스크류 3개, 수직 3단 팽창 엔진	
최고속도: 19노트	
주무장: 152mm(6인치) 주포 8문	
진수년도: 1900년	

레트비산

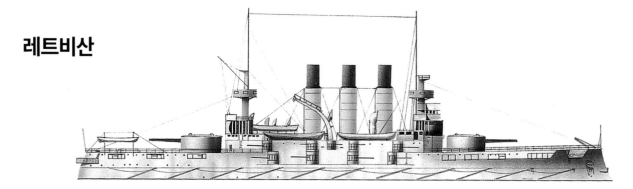

레트비산은 미국 조선소에서 건조된 유일한 러시아 주력함이다. 따라서 평갑판에 함체 중앙에 상부구조물이 있는 미국식 형태를 하고 있다. 1904년 여순에서 일본군의 어뢰 공격을 당했다. 1905년 여순이 일본군에게 함락되자 항복했다. 이후 <히젠>으로 개칭되었으며 1924년 표적함으로 쓰여 침몰했다.

제원	
유형: 러시아 전함	
배수량: 13,106미터톤(12,900영국톤)	
크기: 117.8m×22m×7.9m(386피트 8인치×72피트 2인치×26피트)	
기관: 스크류 2개, 수직 3단 팽창 엔진	
최고속도: 18.8노트	
주무장: 305mm(12인치) 함포 4문, 152mm(6인치) 함포 12문, 11파운드 함포 20문	
진수년월: 1900년 10월	

체사레비치

프랑스 설계를 바탕으로 1903년에 건조된 이 배는 함수루가 높고 텀블홈이 눈에 띈다. 여순에 주둔하고 있던 태평양 제1전대의 기함이었다. 1904년 황해 해전에서 손상을 입었다. 제1차 세계대전 당시 발트 해에 배치된 이 배는 <그라슈다닌>으로 개칭되었고, 1922년 해체되었다.

제원	
유형:	러시아 전함
배수량:	13,122미터톤(12,915영국톤)
크기:	118.5m×23.2m×7.9m(388피트 9인치×76피트×26피트)
기관:	스크루 2개, 수직 3단 팽창 엔진
최대속도:	18.5노트
주무장:	305mm(12인치) 함포 4문, 152mm(6인치) 함포 12문, 3파운드 함포 20문
장갑:	벨트 178-254mm(7-10인치), 주포탑 254mm(10인치), 부포탑 152mm(6인치)
진수년도:	1901년

크니아즈 소우바로프

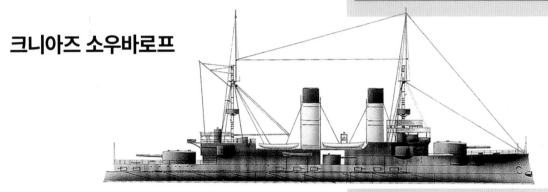

1905년 5월 쓰시마 해전 당시 로제스트벤스키 제독의 기함이던 이 배는 비교적 길이가 짧고 폭이 넓다. 이 배는 너무 많은 석탄과 탄약을 실어 주 장갑 벨트가 흘수선 아래로 잠길 정도였다. 이 배는 일본군의 어뢰 공격으로 침몰했으며, 동급함 2척도 침몰했다.

제원	
유형:	러시아 전함
배수량:	13,732미터톤(13,516영국톤)
크기:	121m×23.2m×8.1m(397피트×76피트×27피트)
기관:	스크루 2개, 수직 3단 팽창 엔진
최고속도:	18.2노트
주무장:	305mm(12인치) 함포 4문, 152mm(6인치) 함포 12문
장갑:	벨트 190-152mm(7.5-6인치), 포탑 254-102mm(10-4인치), 탄약고 76mm(3인치), 갑판 55mm(2인치)
총원:	835
진수년월:	1902년 9월

아드미랄 나히모프

1915년 진수되었으나 러시아 혁명 때문에 완공은 1927년에야 이루어졌다. <체르노바 우크라이나>로 개칭되어 소련 해군 함대에 배치되었다. 533mm(21인치) 어뢰 발사관 6문을 장비한다. 1941년 11월 13일, 세바스토폴에서 독일군을 저지하던 중 독일 공군의 폭격으로 격침되었다.

제원	
유형:	러시아 순양함
배수량:	8,128미터톤(8,000영국톤)
크기:	154.5m×15.4m×5.6m(506피트 11인치×50피트 5인치×18피트)
기관:	스크루 2개, 기어 터빈
최고속도:	29.5노트
주무장:	130mm(5.1인치) 함포 15문
장갑:	벨트 76mm(3인치), 갑판 38mm(1.5인치)
정원:	630명
진수년도:	1915년

1902   1915

남미 여러 나라의 군함들

서로 경쟁을 벌이고 있던 남미 여러 국가들은 전투에 투입 가능한 함대를 유지해야 했다. 한 나라가 새 군함을 획득하면 다른 나라들도 그에 맞춰 새 군함을 발주했다. 남미의 주력함들은 유럽의 주력함들보다 대체로 훨씬 장수했다.

볼로그네시 대령

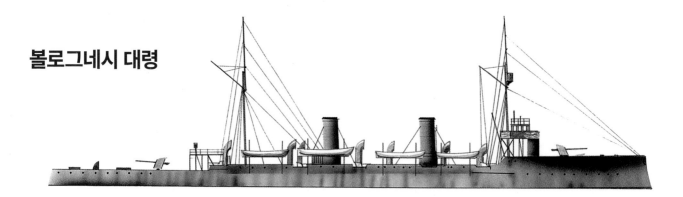

<볼로그네시 대령> 함은 수색 순양함이었다. 그러나 인도 항해 도중 보일러가 건조 작동되어 큰 손상을 입었다. 1923~1925년 사이 대규모 개장 공사를 받고, 1934~1935년 사이 보일러를 교체받았다. 1936년에는 다수의 76mm(3인치) 함포가 설치되었다. 아주 오랜 운용 끝에 1958년에 퇴역했다.

제원	
유형: 페루 순양함	
배수량: 3,251미터톤(3,200영국톤)	
크기: 116m×12m×4m(380피트×40피트 4인치×14피트)	
기관: 스크루 2개, 3단 팽창 엔진	
최고속도: 24.6노트	
주무장: 152mm(6인치) 함포 2문	
진수년월: 1906년 11월	

미나스 제라이스

칠레 해군용으로 건조 중이던 강력한 군함들에 맞서기 위한 전노급 전함으로 설계되었다. 그러다가 중간에 설계 변경을 통해 소규모 해군을 위해 건조된 최초의 노급 전함이 되었다. 1923년에 미국에서 대규모 근대화를 받았으며, 1934~1937년에는 브라질에서 또 근대화 개장을 받았다. 1954년까지 운용되었다.

제원	
유형: 브라질 전함	
배수량: 21,540미터톤(21,200영국톤)	
크기: 165.8m×25.3m×8.5m(544피트×83피트×27피트 10인치)	
기관: 스크루 2개, 수직 3단 팽창 엔진	
최고속도: 21노트	
주무장: 305mm(12인치) 함포 12문, 120mm(4.7인치) 함포 22문	
장갑: 벨트 230-102mm(9-4인치), 포탑 230-203mm(9-8인치)	
정원: 850명	
진수년월: 1908년 9월	

TIMELINE   1906   1908   1909

바이아

바이아와 자매함 히우 그란지 두 술은 지1차 세계대전에 참전, 북서 아프리카 앞바다에서 작전했다. 1925~1926년에 걸쳐 새 보일러가 장착되고 기타 개장을 거쳐 약 29노트까지 속도를 냈다. 제2차 세계 대전에는 연합국에 합류해 싸웠다. 바이아는 1945년 7월 U보트의 어뢰 공격을 받아 폭발 굉침했다.

제원	
유형: 브라질 순양함	
배수량: 3,200미터톤(3,150영국톤)	
크기: 122.5m×11.9m×4.2m(401피트 6인치×39피트×14피트)	
기관: 스크류 3개, 터빈	
주무장: 114mm(4.7인치) 함포 10문	
장갑: 갑판 19mm(0.75인치), 지휘탑 76mm(3인치)	
진수년월: 1909년 4월	

모레노

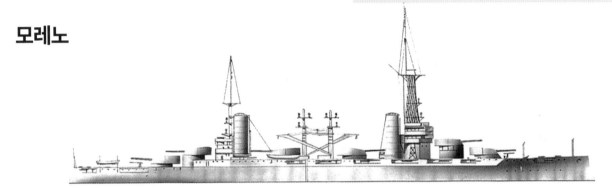

1910년 아르헨티나는 드레드노트급 전함 2척을 발주했다. 이렇게 도입된 모레노와 자매함 리바다비아는 1924~1925년에 근대화 개장을 받았다. 연료는 석유로 바뀌었고 전방의 격자형 마스트는 크기가 줄었다. 후방의 장대형 마스트는 삼각대형으로 바뀌었다. 배수량도 1,016미터톤(1,000영국톤)이 늘었다. 1956년 매각되었다.

제원	
유형: 아르헨티나 전함	
배수량: 30,500미터톤(30,000영국톤)	
크기: 173.8m×29.4m×8.5m(270피트 3인치×96피트 9인치×27피트 10인치)	
기관: 스크류 3개, 터빈	
최고속도: 22.5노트	
주무장: 305mm(12인치) 함포 12문, 152mm(6인치) 함포 12문	
장갑: 벨트 279-203mm(11-8인치), 갑판 76mm(3인치)	
정원: 1,080명	
진수년월: 1911년 9월	

알미란테 라토레

영국에서 건조 중이던 알미란테 라토레는 1914년 영국 해군에 매각되어 <캐나다>로 개칭되었다. 1915년에 완공된 이 배는 영국 해군에서 가장 강력한 전함 중 하나였으며, 1916년 유틀란트 해전에도 참전했다. 이 배는 1920년 칠레에 반환되었으며, 1958년에 퇴역, 1959년에 해체되었다.

제원	
유형: 영국/칠레 전함	
배수량: 32,634미터톤(32,120영국톤)	
크기: 202m×28m×9m(660피트 9인치×92피트×29피트)	
기관: 스크류 4개, 기어 터빈	
주무장: 355mm(14인치) 함포 10문	
장갑: 벨트 230mm(9인치), 갑판 38mm(1.5인치), 포탑 250mm(10인치)	
진수년월: 1913년 11월	

1911　　　　　1913

1900년대의 영국 순양함들

순양함은 용도에 따라 작은 수색 순양함에서부터 큰 장갑 순양함까지 크기가 다양하다. 유일한 공통점은 독립 작전이 가능하다는 점, 주력함보다 속도가 매우 빠르다는 점이다. 전 세계에 식민지를 가지고 있던 대영제국은 세계 최대의 순양함 전력을 지니고 있었다.

햄프셔

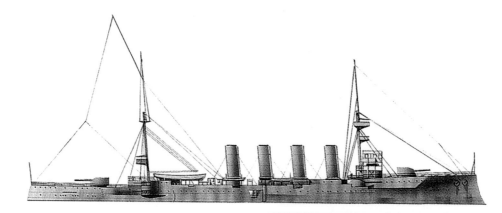

몬머스 급의 개량형인 햄프셔의 엔진 출력은 21,508마력에 달했다. 따라서 속도가 빨랐다. 이 때문에 키치너 경이 러시아에 갈 때 사용했다. 그러나 1915년 6월 5일, 키치너 경이 타고 있던 햄프셔는 U-75 잠수함이 래스 곶에 설치한 기뢰에 촉뢰, 침몰했다.

제원	
유형: 영국 순양함	
배수량: 11,023미터톤(10,850영국톤)	
크기: 144.3m×20.8m×7.3m(473피트 6인치×68피트 6인치×24피트)	
기관: 스크류 2개, 3단 팽창 엔진	
최고속도: 22노트	
주무장: 190mm(7.5인치) 함포 4문, 152mm(6인치) 함포 6문	
장갑: 벨트 51-152mm(2-6인치), 포탑 127mm(5인치), 포곽 152mm(6인치), 주갑판 51mm(2인치)	
진수년월: 1903년 9월	

포어사이트

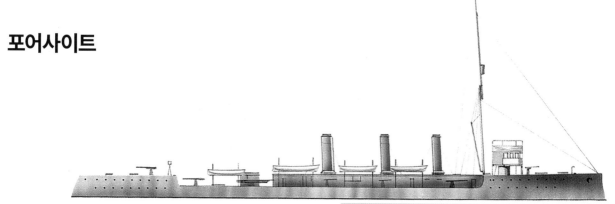

포어사이트는 영국 해군성이 구축함 전단 선도함용으로 주문한, 설계가 비슷한 수색 순양함 8척 중 하나다. 흘수가 얕아 연안 작전에 적합하다. 포어사이트는 함수루와 함미루 갑판으로 이루어진 전통적인 설계를 따르고 있다. 그러나 이 급 중 6척은 함수와 함미가 비교적 평평하게 연결된 현대적인 설계다. 1921년에 매각되었다.

제원	
유형: 영국 순양함	
배수량: 2,896미터톤(2,850영국톤)	
크기: 109.7m×11.9m×4.3m(360피트×39피트×14피트)	
기관: 스크류 2개, 3단 팽창 엔진	
최고속도: 25.3노트	
주무장: 12파운드 함포 10문	
장갑: 갑판 38mm(1.5인치)	
진수년월: 1904년 10월	

TIMELINE   1903   1904

블랙 프린스

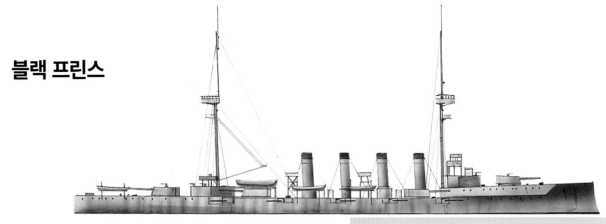

블랙 프린스의 설계는 훌륭하지 못했다. 함체 중앙의 함포가 너무 낮았다. 이 때문에 해상에서는 거의 제대로 사용할 수 없었다. 또한 현장을 없애서 상갑판의 높이를 낮추려고 한 결과, 물이 쉽게 넘어 왔다. 블랙 프린스는 1916년 5월 유틀란트에서 격침당했다.

제원	
유형: 영국 순양함	
배수량: 13,716미터톤(13,500영국톤)	
크기: 154m×23m×8m(505피트 6인치×73피트 6인치×26피트)	
기관: 스크류 2개, 3단 팽창 엔진	
최고속도: 23노트	
주무장: 228mm(9.2인치) 함포 6문, 152mm(6인치) 함포 10문	
장갑: 벨트 76-152mm(3-6인치)	
진수년월: 1904년 11월	

데본셔

데본셔 건조 당시, 장갑 재질의 개선을 통해 기존보다 더 얇고 가벼운 장갑으로도 순양함의 주요 부위를 152mm(6인치) 포탄으로부터 방어할 수 있게 되었다. 이로써 장갑의 무게가 줄어들었고, 함의 다른 부분에 무게를 배분할 수 있게 되었다. 데본셔는 1921년 매각 후 해체되었다.

제원	
유형: 영국 순양함	
배수량: 11,023미터톤(10,850영국톤)	
크기: 144m×21m×7.3m(473피트 6인치×68피트 6인치×24피트)	
기관: 스크류 2개, 3단 팽창 엔진	
최고속도: 22노트	
주무장: 190mm(7.5인치) 함포 4문, 152mm(6인치) 함포 6문	
장갑: 벨트 51-152mm(2-6인치), 포탑 127mm(5인치), 포곽 152mm(6인치), 갑판 51mm(2인치)	
진수년월: 1904년 4월	

디펜스

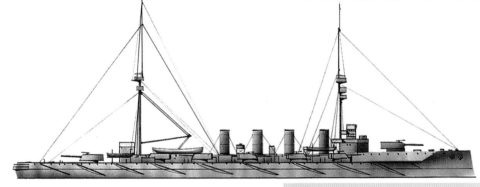

디펜스는 확장된 순양함 설계로, 무장은 강화되었으나 장갑은 약간 약화되었다. 제1차 세계대전 서전에 디펜스의 소속 전대는 독일 전함 괴벤을 찾아다녔다. 디펜스는 1916년 유틀란트에서 격침당했고, 893명이 전사했다.

제원	
유형: 영국 순양함	
배수량: 14,833미터톤(14,600영국톤)	
크기: 158m×22m×8m(519피트 6인치×74피트 6인치×26피트)	
기관: 스크류 2개, 3단 팽창 엔진	
최고속도: 22.9노트	
주무장: 228mm(9.2인치) 함포 4문, 190mm(7.5인치) 함포 10문	
장갑: 벨트 152-76mm(6-3인치), 갑판 50-25mm(2-1인치)	
진수년월: 1907년 5월	

1907

1900년대 다른 나라의 순양함들: 제1부

목제 군함에는 수병, 포수, 전투병만 태우면 되었다. 그러나 순양함은 훨씬 다양한 종류의 장병들을 필요로 했다. 엔지니어, 기술병, 기능공, 전기 기사, 포술 전문가 등이 필요했다. 또한 석탄 연료, 윤활유, 예비 부품 등의 물자도 필요했다.

글롸르

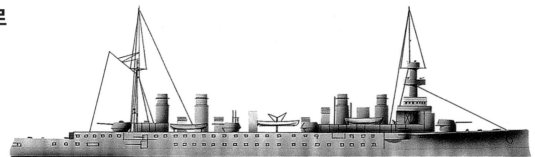

글롸르는 프랑스 장갑순양함 개발 도중 건조되었다. 배에서 전력을 생산해 사용한다. 함포도 전기로 작동된다. 호이스트 기계류도 장갑처리되어 있다. 높은 지휘탑이 작은 함수루를 내려다보고 있다. 1922년 퇴역했다.

제원	
유형: 프랑스 순양함	
배수량: 10,375미터톤(10,212영국톤)	
크기: 139,7m×20m×7,6m(458피트 4인치×66피트 3인치×25피트 2인치)	
기관: 스크류 3개, 수직 3단 팽창 엔진	
최고속도: 21노트	
주무장: 193mm(7,6인치) 함포 2문, 162mm(6,4인치) 함포 8문, 100mm(3,9인치) 함포 6문	
장갑: 벨트 102-170mm(4-7인치), 주포탑 203mm(8인치)	
진수년월: 1900년 6월	

콩데

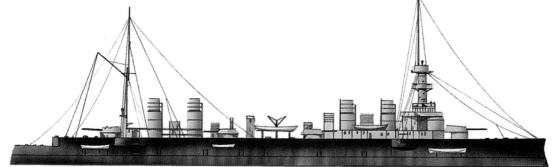

콩데의 기본 개념은 푸르니에 제독이 제시했다. 그는 크고 방어력이 높은 군함을 통상 파괴용으로 사용하자고 주장했다. 따라서 콩데는 수선 방어력이 높았고, 수선 장갑 벨트의 윗단과 아랫단에는 장갑 갑판을 연결시켜 장갑 상자를 만들었다. 1933년 해체되었다.

제원	
유형: 프랑스 순양함	
배수량: 10,396미터톤(10,233영국톤)	
크기: 140m×20m×8m(458피트 8인치×66피트 3인치×25피트 2인치)	
기관: 스크류 3개, 수직 3단 팽창 엔진	
최고속도: 21,5노트	
주무장: 193mm(7,6인치) 함포 2문, 162mm(6,4인치) 함포 8문	
장갑: 수선 장갑 벨트 58-152mm(2,3-6인치)	
진수년도: 1902년 3월	

TIMELINE

1900   1902

프란체스코 페루치오

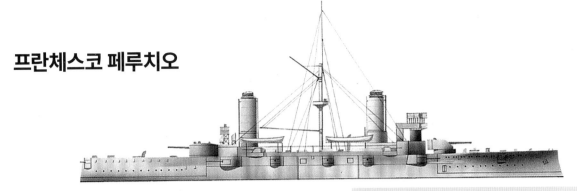

1890년대 초중반에 설계된 프란체스코 페루치오 급은 설계가 훌륭했고, 아르헨티나, 스페인, 일본, 이탈리아 해군에서 운용되었다. 무장이 강하고 속도가 빠른 이 배의 설계는 균형이 잡혀 있었다. 때문에 당대 전함들의 사격을 견딜 수 있었고, 표준 순양함을 격침시킬 수 있었다.

제원	
유형: 이탈리아 순양함	
배수량: 8,230미터톤(8,100영국톤)	
크기: 111.8m×18.2m×7.3m(366피트 10인치×59피트 9인치×24피트)	
기관: 스크류 2개, 수직 3단 팽창 엔진	
최고속도: 20노트	
주무장: 254mm(10인치) 함포 1문, 203mm(8인치) 함포 2문, 152mm(6인치) 함포 14문	
장갑: 102-152mm(4-6인치) 벨트와 주포탑	
진수년도: 1902년	

베를린

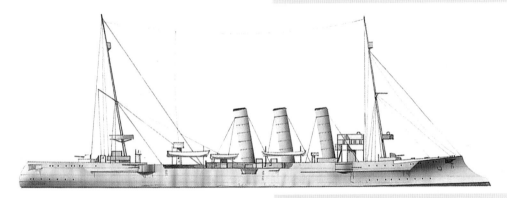

베를린은 7척이 건조된 브레멘급 순양함이다. 브레멘급은 수색 용도로 만들어졌다. 기존 독일 경순양함보다 더 강력한 엔진을 달고 있다. 102mm(4인치) 함포는 속사가 가능하게끔 설계되었지만, 포탄이 가벼워 실전에서는 효과가 부족했다. 제1차 세계대전에서 살아남아 1935년에 무장을 해제당했다.

제원	
유형: 독일 순양함	
배수량: 3,816미터톤(3,756영국톤)	
크기: 111m×13m×5.6m(364피트 9인치×43피트 8인치×18피트 5인치)	
기관: 스크류 2개, 3단 팽창 엔진	
주무장: 102mm(4인치) 함포 10문	
진수년도: 1903년	

그나이제나우

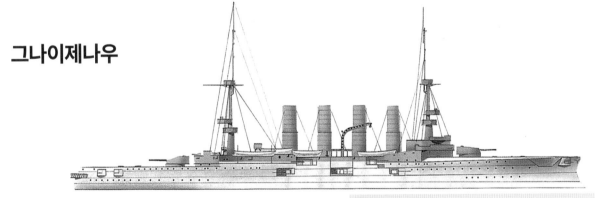

장갑 순양함 그나이제나우와 자매함 샤른호르스트는 제1차 세계대전 발발 시 중국에 주둔하고 있었다. 독일로 돌아오던 도중 코로넬 앞바다에서 영국 해군 전대를 격파했다. 그러나 두 배 모두 1914년 12월 포클랜드 제도 앞바다에서 영국군에게 격침당했다.

제원	
유형: 독일 순양함	
배수량: 12,985미터톤(12,781영국톤)	
크기: 144.6m×21.6m×8.3m(474피트 5인치×70피트 10인치×27피트 6인치)	
기관: 스크류 3개, 3단 팽창 엔진	
최고속도: 22.5노트	
주무장: 208mm(8.2인치) 함포 8문, 152mm(6인치) 함포 6문	
장갑: 벨트 102-152mm(4-6인치), 포대 152mm(6인치), 포탑 170mm(6.75인치)	
정원: 764명	
진수년월: 1906년 6월	

1903   1906

1900년대 다른 나라의 순양함들: 제2부

이제 대형함에서 돛은 쓰이지 않게 되었다. 그러나 높은 마스트는 다른 용도로 쓰이게 되었다. 다름 아닌 무선 안테나를 걸어놓는 용도였다. 처음에는 모르스 코드를 사용했던 무선 통신의 가치는 곧 입증되었다. 1910년이 되면 통신병은 필수불가결한 존재가 되었다.

바얀

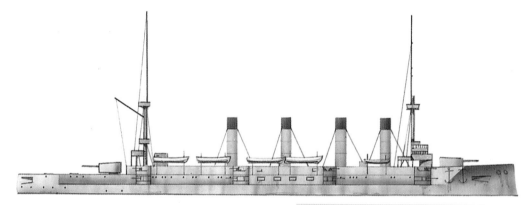

바얀은 내부 설계에 문제가 있어 고속 순양함으로서는 성능이 뒤졌다. 연료고에서 노로 석탄을 빨리 옮기기 힘들었던 것이다. 태평양 해안에 주둔했던 이 배는 러일전쟁 당시 수색 및 초계함으로 사용되었다. 1905년 1월 일본군에게 나포되어 1932년 표적함으로 쓰여 침몰했다.

제원	
유형: 러시아 순양함	
배수량: 7,924미터톤(7,800영국톤)	
크기: 135m×17m×6.7m(443피트×55피트 9인치×22피트)	
기관: 스크류 2개, 수직 3단 팽창 엔진	
최고속도: 21노트	
주무장: 203mm(8인치) 함포 2문, 152mm(6인치) 함포 8문	
장갑: 벨트 203mm-76mm(8인치-3인치), 포탑 178mm(7인치)	
진수년월: 1900년 6월	

덴버

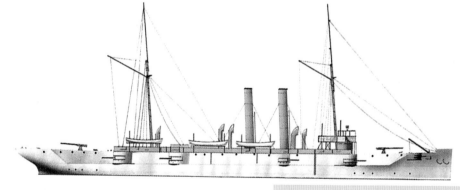

필라델피아에서 건조된 덴버는 경순양함 치고는 느리지만 미 대서양 함대 및 태평양 함대에서 유용하게 활약했다. 제1차 세계대전 당시에는 상선을 호위했으며, 1918년 이후에는 카리브해와 남미 해안에서 해안 초계 및 친선사절 임무를 수행했다. 1931년 퇴역했으며 1933년 해체되었다.

제원	
유형: 미국 순양함	
배수량: 3,570미터톤(3,514영국톤)	
크기: 94m×13m×4.8m(308피트 10인치×44피트×15피트 9인치)	
기관: 스크류 2개, 수직 3단 팽창 엔진	
최고속도: 16.7노트	
주무장: 127mm(5인치) 함포 10문	
정원: 339명	
진수년도: 1902년	

TIMELINE

1900

1902

이줌루드

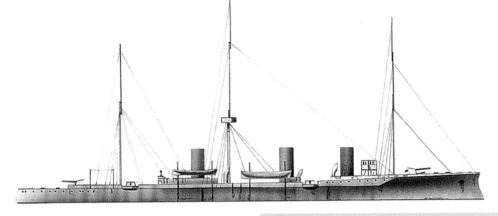

이줌루드는 러시아 최초로 무선통신기가 장비된 군함 중 하나였다. 엔진 출력은 24,000마력, 시간당 석탄 소모량은 25톤 이상이었다. 1905년 5월 쓰시마 해전에서 살아남은 소수의 러시아 군함 중 하나였던 이 배는 블라디보스토크 인근에서 짙은 안개 속에서 항법 착오를 일으켜 좌초했다.

제원	
유형: 러시아 순양함	
배수량: 3,098미터톤(3,050영국톤)	
크기: 110.9m×12.2m×5m(345피트×49피트×16피트)	
기관: 스크루 2개, 3단 팽창 엔진	
최고속도: 25노트	
주무장: 120mm(4.7인치) 함포 6문	
장갑: 갑판 51mm(2인치)	
진수년도: 1903년	

필기어

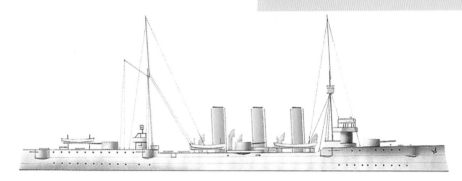

필기어는 세계에서 제일 작은 장갑 순양함이다. 함체 중앙의 장갑 벨트는 전후방 포탑을 연결하며 후방 수밀격벽까지 이어져 후방으로부터의 공격을 방어한다. 장갑 갑판은 51mm(2인치) 두께로 경사가 져 있으며, 장갑 벨트 너머 함체의 양끝으로 휘어져 있다.

제원	
유형: 스웨덴 순양함	
배수량: 4,810미터톤(3,670영국톤)	
크기: 115.1m×14.8m×6.3m(377피트 6인치×48피트×20피트 7인치)	
기관: 스크루 2개, 3단 팽창 엔진	
최고속도: 22.8노트	
주무장: 152mm(6인치) 함포 8문	
진수년월: 1905년 12월	

에드가 퀴네

크기에 비해 포의 구경이 작고, 연돌을 6개 장비한 에드가 퀴네와 발덱 루소는 프랑스 해군이 마지막으로 도입한 장갑 순양함이다. 연장포탑 또는 단장포탑에 총 10문의 포를 장비하고, 포곽에는 4문의 포를 장비했다. 1928년에는 훈련함으로 전용되었고, 1930년에는 알제리 앞바다에서 파선되었다.

제원	
유형: 프랑스 순양함	
배수량: 14,068미터톤(13,847영국톤)	
크기: 159m×21.5m×8.4m(521피트 4인치×70피트 6인치×27피트 7인치)	
기관: 스크루 3개, 수직 3단 팽창 엔진	
최고속도: 23.9노트	
주무장: 193mm(7.6인치) 함포 14문	
장갑: 벨트 152-38mm(6-1.5인치), 포탑 203mm(8인치)	
정원: 859명	
진수년월: 1907년 9월	

1903   1905   1907

1910-1929년 영국 순양함

순양함은 다재다능했다. 심지어 해상에서 함재기를 발함시킬 수도 있었다. 이 기능은 영국의 아레투사 급에 처음 부여되었다. 제1차 세계대전이 발발했을 때 식민지 해군 기지에 주둔 중이던 순양함들은 적의 맹공격을 받았다. 특히 영국 남대서양 전대는 1914년 10월 코로넬에서 폰 슈페에게 격파당했다.

칼리오페

칼리오페와 챔피언은 1914년부터 1917년 사이 총 22척이 건조된 경순양함 C급의 초도함이다. 이 급의 설계 목적은 수색이었으나, 수상기는 탑재하지 않았다. 처음으로 연돌 2개를 사용한 영국 순양함이다. 그 결과 보일러 공간을 개편할 수 있었다.1931년 해체되었다.

제원	
유형: 영국 순양함	
배수량: 4,770미터톤(4,695영국톤)	
크기: 136m×12.6m×5m(446피트×41피트 6인치×14피트 9인치)	
기관: 스크류 4개, 기어 터빈	
최고속도: 28.5노트	
주무장: 152mm(6인치) 함포 2문	
진수년월: 1914년 12월	

갈라테아

갈라테아는 요함 HMS 페이톤과 함께 1916년 5월 제펠린 L7 비행선을 격추했다. 갈라테아의 장갑은 구조재의 일부로 만들어져 함체의 강도를 높이고 중량을 감소시킨다. C급의 일부는 사상 최초로 항공기를 발함시킨 군함이 되기도 했다. 발함에는 함수에 설치한 플랫폼을 사용했다. 갈라테아는 1921년 해체되었다.

제원	
유형: 영국 순양함	
배수량: 4,470미터톤(4,400영국톤)	
크기: 132.9m×11.9m×4.1m(436피트×39피트×13피트 5인치)	
기관: 스크류 4개, 터빈	
최고속도: 28.5노트	
주무장: 152mm(6인치) 함포 2문, 102mm(4인치) 함포 6문	
장갑: 벨트 76-25mm(3-1인치), 갑판 25mm(1인치)	
정원: 276명	
진수년도: 1914년	

TIMELINE 　　　　1914　　　　　　　　　　　　　　　　　　　　1921

에핑햄

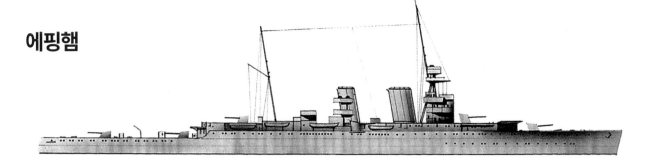

독일 통상파괴함들이 공해에서 영국 상선들을 대거 격침시키자, 1915년부터 독일함들을 요격할 고속 순양함 설계가 시작되었다. 에핑햄은 노르웨이 침공 함대를 호위하던 중 1940년 5월 18일 노르웨이 앞바다에서 해도에 나오지 않은 암초에 걸려 파선했다.

제원	
유형: 영국 순양함	
배수량: 9,906미터톤(9,750영국톤)	
크기: 184m×20m×6.2m(605피트×65피트×20피트 6인치)	
기관: 스크류 4개, 터빈	
최고속도: 30.5노트	
무장: 190mm(7.5인치) 함포 7문	
장갑: 벨트 38-76mm(1.5-3인치)	
진수년월: 1921년 6월	

콘월

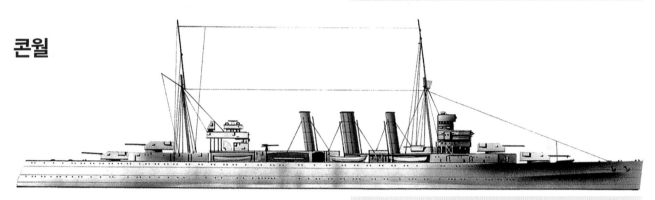

콘월은 취역 기간 대부분을 태평양과 인도양에서 활약했다. 1941년 초 독일 통상파괴함 <핑귄>을 격침했다. 대부분의 구형함들과 마찬가지로, 대공 화기가 적어 항공 공격에 취약했다. 1942년 4월 5일, 요함 도세트셔와 함께 실론 앞바다에서 일본군 급강하 폭격기에 의해 격침당했다.

제원	
유형: 영국 순양함	
배수량: 8,382미터톤(8,250영국톤)	
크기: 175m×17.3m×6m(574피트×56피트 9인치×19피트 8인치)	
기관: 스크류 4개, 터빈	
최고속도: 32.3노트	
주무장: 203mm(8인치) 함포 6문, 102mm(4인치) 함포 4문	
장갑: 벨트 76mm(3인치), 탄약고 100mm-25mm(4-1인치)	
정원: 623명	
진수년월: 1928년 7월	

요크

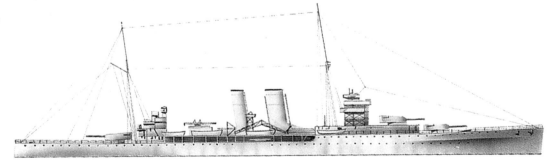

워싱턴 조약 제한 내에서 강력한 순양함을 만들려는 첫 번째 시도였다. 켄트 급과 유사한 속도와 방어력을 확보하기 위해 203mm(8인치) 함포 2문을 없앴다. 1941년 자폭 모터 보트에 공격당한 후 수다 만에 좌초했다. 잔해는 1952년에 해체되었다.

제원	
유형: 영국 순양함	
배수량: 8,382미터톤(8,250영국톤)	
크기: 175m×17.3m×6m(574피트×56피트 9인치×19피트 8인치)	
기관: 스크류 4개, 터빈	
주무장: 203mm(8인치) 함포 6문, 102mm(4인치) 함포 4문	
장갑: 벨트 76mm(3인치), 탄약고 100mm-25mm(4인치-1인치)	
진수년월: 1928년 7월	

1928

엑세터

1939년 12월 엑세터는 남대서양에서 독일 전함 아드미랄 그라프 슈페와 싸웠다. 슈페가 쏜 280mm(11인치) 포탄을 7발 맞고 대파된 엑세터는 1940~1941년에 걸쳐 수리를 받았다. 극동에 파견된 이 배는 1942년 3월 자바해 해전에서 격침되었다.

엑세터

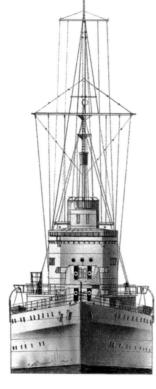

엑세터는 함재기를 발함시킨다는 현대적인 기능이 있다. 그러나 함포의 앙각이 50도를 못 넘기 때문에 적 항공기에 대한 공격력이 떨어진다. 1930년대를 거쳐 제2차 세계대전이 벌어지고 전투에서 대파되기까지 이 문제점은 고쳐지지 않았다. 수리 중 주무장에도 개량이 가해져, 주포의 앙각이 70도로 늘어났다.

항공기
처음에는 함재기 2대와 캐터펄트 1대가 탑재되었다. 함재기는 이후 1939년 슈퍼마린 월러스 수상기 1대로 바뀌었다.

기관
자바 해 해전에서 보일러 8대 중 6대가 멈춰 출력과 속도를 크게 줄었다.

제원	
유형: 영국 순양함	
배수량: 10,657미터톤(10,490영국톤)	
크기: 175m×17.6m×6m(575피트×58피트×20피트 3인치)	
기관: 스크루 4개, 터빈	
최고속도: 32노트	
주무장: 203mm(8인치) 함포 6문, 102mm(4인치) 함포 4문	
장갑: 측면 76mm(3인치), 갑판 25.4mm(1인치)	
정원: 630명	
진수년월: 1929년 7월	

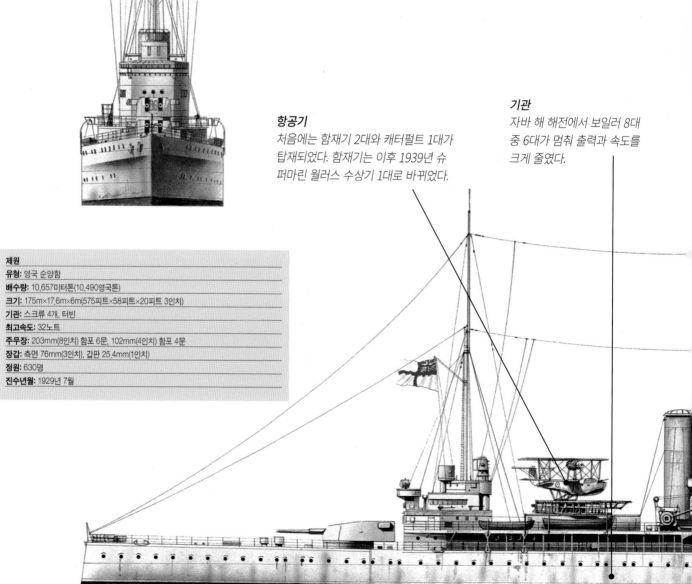

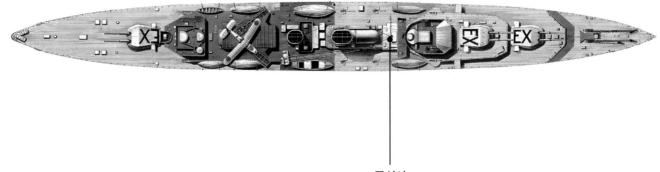

중심선
이 평면도를 보면 전형적인 중심선 건조방식이 드러난다.
포탑에 적힌 문자는 대공포판 역할을 한다.

마스트
장대형 강철 마스트는 1941년 삼각
대형으로 개장되었다. 더 무거운 견
시소와 286M형 레이더 장비를 싣기
위해서다.

항속거리
12노트로 항해할 시 항속거리는 9,635km(5,200해리)다.
연료고 용량은 석유 1,930미터톤(1,900영국톤)이다.

크레인
함재기, 탄약, 기타 무거운 물건들을 나른다.

함포
B포탑은 그라프 슈페의 280.5mm(11인치) 포탄을
얻어맞고 완파된 후 새로 만들어져 부착되었다. 슈
페와의 전투에서 A포탑과 Y포탑도 못 쓰게 되었다.

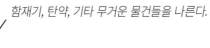

1910-1929년 프랑스, 이탈리아, 그리스 순양함

프랑스와 이탈리아는 광대한 식민지와 보호령을 지니고 있었다. 이 영토를 보호하고 순찰하려면 대규모의 순양함 전력이 필요했다. 그리스 해군의 규모는 이 두 나라에 비하면 훨씬 작았다. 그러나 오스만 제국과의 오랜 전쟁 때문에 에게 해와 이오니아 해에서 유효한 전력을 키울 수 있었다.

게오르기오스 아베로프

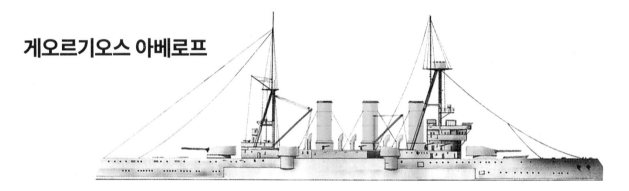

오랫동안 그리스 해군의 기함이었던 게오르기오스 아베로프는 이탈리아에서 장갑 순양함으로 건조되었으며, 제1차 세계대전 전에 있었던 발칸 전쟁에 참전했다. 1916년에는 다르다넬스에 있었다. 1920년대 전면 개장을 거쳐 1941년에는 독일군에게서 탈출, 나포를 면했다. 1946년 제적된 이 배는 현재 박물관함으로 사용되고 있다.

제원	
유형: 그리스 순양함	
배수량: 10,119미터톤(9,960영국톤)	
크기: 140m×21m×7.5m(459피트×69피트×25피트 6인치)	
기관: 스크루 2개, 3단 팽창 엔진	
최고속도: 23노트	
주무장: 228mm(9.2인치) 함포 4문, 189mm(7.5인치) 함포 8문	
장갑: 벨트 203-76mm(8-3인치), 포탑 165mm(6.5인치)	
진수년월: 1910년 3월	

마르살라

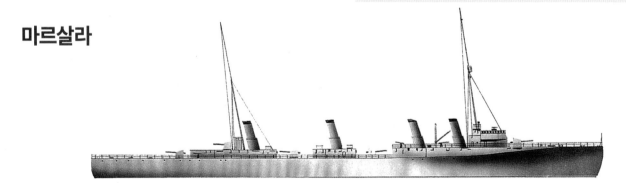

마르살라의 120mm(4.7인치) 주포들 중 2문은 함수루에 병렬로 붙어 있고, 2문은 중심선에서 뒤를 보고 있으며, 또 2문은 함체 중앙에 있다. 기관실에는 장갑 갑판이 붙어 있다. 배의 중심 구역을 따라 있는 이 장갑 갑판은 함미와 함수에서 함폭이 좁아지는 곳 앞까지 이어져 있다. 1927년 해체되었다.

제원	
유형: 이탈리아 순양함	
배수량: 4,207미터톤(4,141영국톤)	
크기: 140.3m×13m×4.1m(460피트 4인치×42피트 8인치×13피트 5인치)	
기관: 스크루 3개, 터빈	
최고속도: 27.6노트	
주무장: 120mm(4.7인치) 함포 6문, 76mm(3인치) 함포 6문	
진수년월: 1912년 3월	

TIMELINE   1910   1912   1923

뒤과이 트루앵

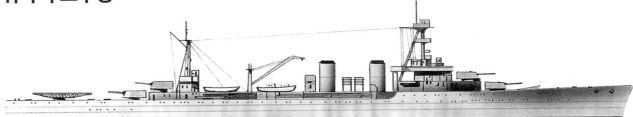

뒤과이 트루앵은 제1차 세계대전 이후 프랑스에서 처음 건조된 대형함이다. 152mm(6인치) 함포는 프랑스 육군에서도 쓰이던 신형이었다. 장갑이 약했지만 훌륭한 설계였다. 1940년 알렉산드리아에서 무장 해제된 이 함은 이후 자유 프랑스군에 배속되었다. 1952년 해체되었다.

제원	
유형:	프랑스 순양함
배수량:	9,500미터톤(9,350영국톤)
크기:	184m×17m×6m(604피트×56피트 3인치×17피트 3인치)
기관:	스크류 4개, 기어 터빈
최고속도:	34.5노트
주무장:	152mm(6인치) 주포 8문
장갑:	포탑 25mm(1인치), 갑판 19mm(0.75인치)
정원:	578명
진수년월:	1923년 8월

트리에스테

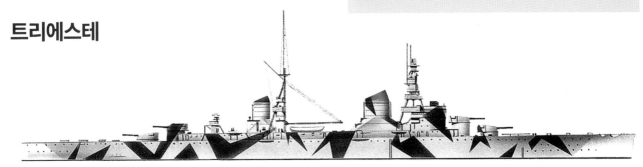

트리에스테는 워싱턴 해군 조약의 제한선인 10,160미터톤(10,000영국톤)에 맞춰 설계된 2척의 순양함(나머지 1척은 트렌토) 중 하나다. 그러나 실 배수량은 이 제한을 넘었다. 1942년 영국 잠수함 <어트모스트>의 어뢰 공격으로 대파되었다. 1943년 사르디냐 공습 때 격침당했다.

제원	
유형:	이탈리아 순양함
배수량:	13,540미터톤(13,326영국톤)
크기:	196.9m×20.6m×6.8m(646피트 2인치×67피트 7인치×22피트 4인치)
기관:	스크류 4개, 터빈
최고속도:	35.6노트
주무장:	100mm(3.9인치) 함포 16문, 203mm(8인치) 함포 8문
장갑:	벨트 70mm(2.75인치), 포탑 100mm(3.9인치), 갑판 78mm(3인치)
정원:	781명
진수년도:	1926년

트렌토

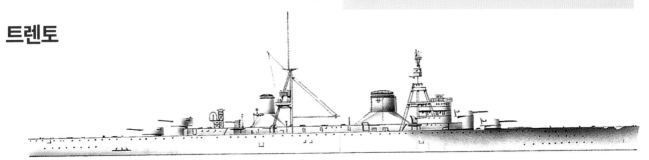

트렌토 역시 트리에스테와 동일한 약점을 안고 있었다. 엔진 출력이 146,975마력에 달해 매우 높은 속도를 낼 수 있었다. 그러나 이만한 속도에서 나오는 진동을 억제하려면 함체 구조에 보강이 필요했다. 시터델 상부구조물의 장갑판이 승무원을 보호했다. 1942년 6월 15일 영국 잠수함 <엄브라> 함에게 격침당했다.

제원	
유형:	이탈리아 순양함
배수량:	13,547미터톤(13,334영국톤)
크기:	196.9m×20.6m×6.8m(646피트 2인치×67피트 7인치×22피트 4인치)
기관:	스크류 4개, 터빈
최고속도:	36노트
주무장:	100mm(3.9인치) 함포 16문, 203mm(8인치) 함포 8문
장갑:	벨트 70mm(2.75인치), 포탑 100mm(3.9인치), 갑판 78mm(3인치)
정원:	781명
진수년월:	1927년 10월

1926

1927

1920-1929년 기타 국가 해군 순양함

1918년 이후 여러 군함들이 폐기되었다. 그리고 국제조약으로 신조함의 크기가 규제되었다. 대형함의 동력원으로 터빈이 도입되어 속도를 높였다. 가장 빠른 구축함만큼은 안 되지만, 그 외의 다른 모든 함종을 속도에서 따돌릴 수 있는 구축함들이 늘어갔다.

자바

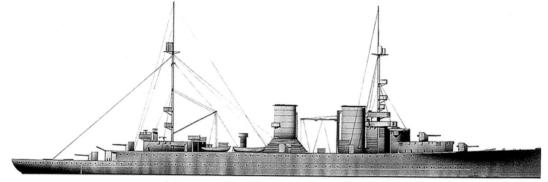

독일에서 설계 및 건조된 자바는 1916년에 기공되었다. 그러나 완공은 1925년에야 이루어졌다. 1935년 대규모 개장을 받아 새 관상 마스트와 제2연돌 근처 짧은 장대형 주마스트가 설치되었다. 자바는 1942년 2월 27일, 압도적인 일본군에 맞서 싸우다 격침당했다.

제원	
유형: 네덜란드 순양함	
배수량: 6,776미터톤(6,670영국톤)	
크기: 155m×16m×5.4m(509피트 6인치×52피트 6인치×18피트)	
기관: 스크류 3개, 터빈	
최고속도: 31노트	
주무장: 150mm(5.9인치) 함포 10문	
장갑: 벨트 76-50mm(3-2인치), 갑판 50-38mm(2-1.5인치)	
정원: 480명	
진수년월: 1921년 8월	

멤피스

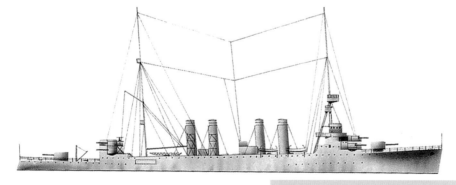

이들 수색 순양함은 152mm(6인치) 함포 10문을 탑재하는 것이 원래 계획이었다. 그러나 건조 중 함포 수가 12문으로 늘어났다. 멤피스와 그 동급함들은 속도는 빠르지만 장갑이 빈약했다. 유일하게 충실하게 방어된 곳은 기관실 인근 흘수선을 덮은 두께 76mm(3인치) 벨트뿐이었다. 1946년 폐기되었다.

제원	
유형: 미국 순양함	
배수량: 9,660미터톤(9,508영국톤)	
크기: 169.5m×16.9m×4m(555피트 9인치×55피트 6인치×13피트 6인치)	
기관: 스크류 4개, 터빈	
최고속도: 34.4노트	
주무장: 152mm(6인치) 함포 12문	
장갑: 벨트 76mm(3인치), 갑판 38mm(1.5인치)	
정원: 458명	
진수년월: 1924년 4월	

TIMELINE   1921   1924   1925

후루타카

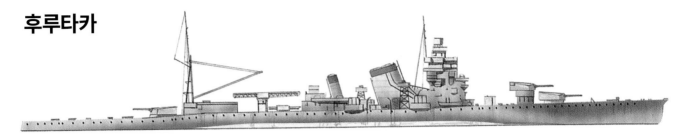

일본이 1922년 워싱턴 해군 조약에 조인한 이후 최초로 진수한 일본 중순양함이다. 그 건조 목적은 건조 취소된 대형함들을 대체하는 것이었다. 처음에는 203mm(8인치) 함포를 단장 포탑에 설치했다. 그러나 나중에는 2연장 포탑 3개를 설치하는 것으로 바뀌었다. 1942년 10월에 격침당했다.

제원	
유형: 일본 순양함	
배수량: 10,506미터톤(10,341영국톤)	
크기: 185.2m×15.8m×5.6m(607피트 6인치×51피트 9인치×18피트 3인치)	
기관: 스크루 4개, 터빈	
최고속도: 34.5노트	
주무장: 203mm(8인치) 함포 6문	
장갑: 벨트 76mm(3인치), 갑판 38mm(1.5인치)	
정원: 625명	
진수년월: 1925년 2월	

엠덴

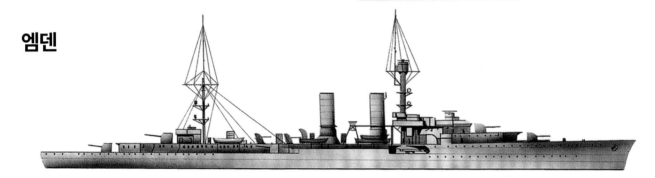

1919년 이래 최초로 건조된 독일 해군 순양함인 엠덴은 원양 작전을 위해 10,460km(6,500마일)의 항속거리를 갖고 있다. 제2차 세계대전 노르웨이 침공에 참전했다. 킬에서 폭격으로 파손된 이후 1945년 5월에 자침했다. 잔해는 1948년 해체되었다.

제원	
유형: 독일 순양함	
배수량: 7,102미터톤(6,990영국톤)	
크기: 155m×14m×6.6m(509피트×47피트×21피트 8인치)	
기관: 스크루 2개, 터빈	
최고속도: 29.4노트	
주무장: 152mm(6인치) 함포 8문	
장갑: 벨트 38mm(1.5인치), 포방패 50mm(2인치)	
정원: 650명	
진수년월: 1925년 1월	

아오바

아오바와 키누가사는 후루타카급의 개량형이다. 또한 일본 최초로 항공기 발함용 캐터펄트를 장착한 순양함이기도 하다. 근대화 개장으로 203mm(8인치) 함포와 더 구경이 큰 대공포가 설치되었다. 배수량도 10,820미터톤(10,650영국톤)으로 늘어났다. 1945년 7월 구레에서 미 항공기에 격침당했다.

제원	
유형: 일본 순양함	
배수량: 8,900미터톤(8,760영국톤)	
크기: 185m×15.8m×5.7m(607피트×51피트 10인치×18피트 8인치)	
기관: 스크루 4개, 기어 터빈	
최고속도: 33.5노트	
주무장: 203mm(8인치) 함포 6문, 120mm(4.7인치) 함포 4문	
장갑: 포탑 127mm(5인치), 갑판 50mm(2인치)	
정원: 625명	
진수년월: 1926년 9월	

1926

1900~1929년의 중순양함들

장갑 순양함이라는 말은 사어가 되어가고 있었다. 모든 순양함들이 두터운 장갑을 장비하게 되었기 때문이다. 대신 배수량이 12,000톤 이상, 주포 구경이 203mm(8인치) 이상, 상당한 부무장을 갖춘 순양함을 가리켜 중순양함으로 부르게 되었다. 이 기간 설계와 제원도 상당히 바뀌었다.

아부키르

1886년 이후 건조된 영국 순양함 중 방어력 향상을 위해 장갑 벨트를 장비한 최초의 함이다. 1914년 9월 22일 북해 초계 중 독일 잠수함 U-9에 의해 격침되었다. 이 때 자매함 <크레시>와 <호그>도 격침당했다. 이로써 영국과 독일은 잠수함의 강력한 힘을 확실히 알게 되었다.

제원	
유형: 영국 장갑 순양함	
배수량: 만재 시 15,966미터톤(15,715영국톤)	
크기: 153.76m×22.2m×7.6m(504피트 6인치×72피트 11인치×25피트)	
기관: 스크류 2개, 수직 3단 팽창 엔진	
최고속도: 22노트	
주무장: 254mm(10인치) 함포 4문, 152mm(6인치) 함포 16문	
장갑: 벨트 127mm(5인치), 포탑 229-127mm(9-5인치)	
정원: 858명	
진수년도: 1906년	

몬타나

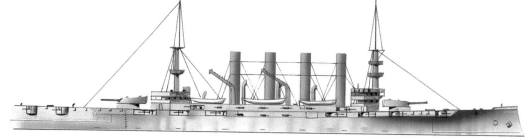

몬타나는 1917년까지 대서양 함대에서 활약했다. 하지만 그 동안 여러 번 지중해에도 파견되었다. 제1차 세계대전에는 대서양 호송대를 호위했다. 전쟁 이후에는 귀환병을 실어나르는 수송함 임무도 1번 했다. 1920년에는 <미줄라>로 개칭되었으며, 1921년에 퇴역해 1930년에 매각 해체되었다.

제원	
유형: 미국 장갑순양함	
배수량: 12,240미터톤(12,047영국톤)	
크기: 144m×21.2m×7.6m(472피트 5인치×69피트 7인치×24피트 11인치)	
기관: 스크류 2개, 3단 팽창 엔진	
최고속도: 22.5노트	
주무장: 234mm(9.2인치) 함포 2문, 150mm(6인치) 함포 12문	
장갑: 측면 및 포탑 150mm(6인치), 갑판 75mm(3인치)	
정원: 760명	
진수년월: 1900년 5월

루리크

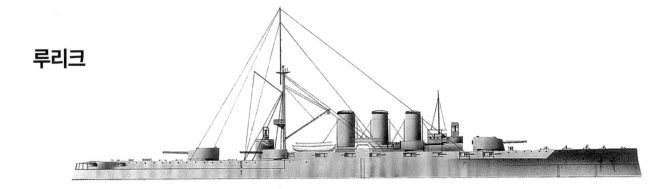

외국(영국 빅커스사)에서 건조된 마지막 러시아 대형함이다. 설계는 이탈리아 피사급과 비슷하다. 러일전쟁으로 함선들이 소모된 이후 발주되었다. 따라서 탄약고에는 러시아 해군 함정치고는 드물게 신속 침수 장비가 있다. 1923년 해체되었다.

제원	
유형: 러시아 순양함	
배수량: 15,433미터톤(15,190영국톤)	
크기: 161,2m×22,8m×7,9m(529피트×75피트×26피트)	
기관: 스크루 2개, 수직 3단 팽창 엔진	
최고속도: 21노트	
주무장: 254mm(10인치) 함포 4문, 203mm(8인치) 함포 8문, 120mm(4.7인치) 12문	
장갑: 벨트 102-152mm(4-6인치), 주포탑 178-203mm(7-8인치), 부포탑 152-178mm(6-7인치), 포대 76mm(3인치)	
정원: 899명	
진수년도: 1906년	

피사

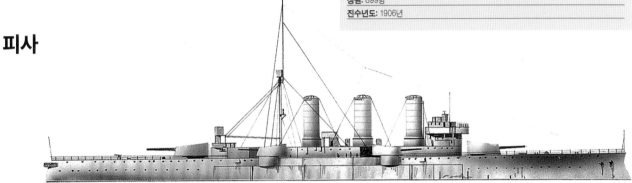

피사는 1909년 9월에 완공되었다. 254mm(10인치) 함포가 2연장 포탑에 설치된다. 후방의 마스트에는 탐조등 플랫폼과 2개의 견시소가 있다. 나중에 전방에도 마스트가 설치된다. 1921년 피사는 해안방어함으로 재분류되어 1925년부터 1930년까지는 훈련함으로 사용되었다. 1937년 제적되었다.

제원	
유형: 이탈리아 순양함	
배수량: 10,770미터톤(10,600영국톤)	
크기: 140,5m×21m×7,1m(461피트×68피트 10인치×23피트 4인치)	
기관: 스크루 2개, 수직 3단 팽창 엔진	
최고속도: 23,4노트	
주무장: 76mm(3인치) 함포 16문, 190mm(7,5인치) 함포 8문, 254mm(10인치) 함포 4문	
진수년월: 1907년 9월	

산 지오르지오

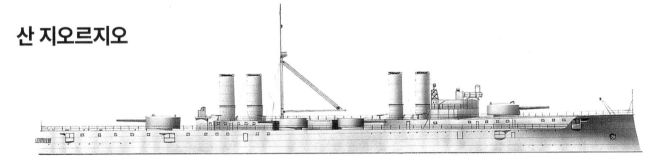

산 지오르지오는 1905년 기공되었다. 피사의 개량형인 이 함은 1937~1938년에 훈련함으로 개장되었으며, 제2차 세계대전에는 해상포대로 쓰였다. 1941년 노획을 막기 위해 자침했다. 1952년 인양되었으나, 예인 도중 토브룩 앞바다에 다시 침몰했다.

제원	
유형: 이탈리아 순양함	
배수량: 11,480미터톤(11,300영국톤)	
크기: 140,8m×21m×7,3m(462피트×68피트 10인치×24피트)	
기관: 스크루 2개, 수직 3단 팽창 엔진	
최고속도: 23,7노트	
주무장: 254mm(10인치) 함포 4문, 190mm(7,5인치) 함포 8문, 76mm(3인치) 함포 18문	
장갑: 벨트 및 주포탑 200mm(8인치), 갑판 50mm(2인치)	
정원: 700명	
진수년월: 1908년 7월	

1907

1908

1900~1929년 영국 경순양함

경순양함 주포 구경은 보통 152mm(6인치)다. 구축함과 호위함을 압도하는 화력이다. 경순양함은 보통 함체가 길고 날씬하며 연돌은 3~4개다. 속도와 감항성이 뛰어나 바다가 거칠어져도 잘 버틴다.

어텐티브

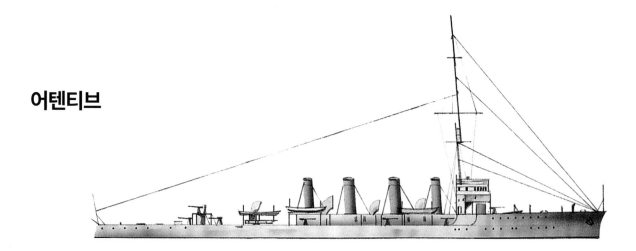

어텐티브는 선도 구축함 용도로도 쓸 수 있게 건조된 8척의 소형 수색 순양함 중 하나다. 하지만 무장은 선도 구축함으로는 적절하지 않았다. 1911~1912년, 8척 모두가 9척의 102mm(4인치) 함포 9문씩을 갖추게 되었다. 이 모두가 제1차 세계대전에서 격전을 치렀고, 이 중 2척이 격침되었다. 어텐티브는 1920년 매각 해체되었다.

제원	
유형:	영국 순양함
배수량:	2,712미터톤(2,670영국톤)
크기:	114m×11.6m×4.2m(374피트×38피트 3인치×13피트 6인치)
기관:	스크류 2개, 3단 팽창 엔진
최고속도:	25.6노트
주무장:	76mm(3인치) 함포 10문
진수년도:	1904년

글래스고

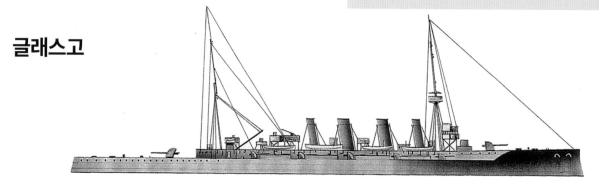

제1차 세계대전 개전 당시 글래스고는 클래독 전대의 일원으로 폰 슈페 순양함 부대 수색을 위해 남대서양에 투입되었다. 글래스고는 그 곳에서 살아서 빠져나온 유일한 영국 함선이다. 1914년 포클랜드 제도 전투에서 순양함 <라이프치히> 격침에 기여했다. 1927년 해체되었다.

제원	
유형:	영국 순양함
배수량:	4,876미터톤(4,800영국톤)
크기:	131m×14m×5.4m(430피트×47피트×17피트 9인치)
기관:	스크류 4개, 터빈
최고속도:	25.8노트
주무장:	152mm(6인치) 함포 2문, 102mm(4인치) 함포 10문
장갑:	갑판 50-20mm(2-1인치)
정원:	480명
진수년월:	1909년 9월

TIMELINE

1904   1909   1913

버밍햄

제1경순양함 전대 소속 버밍햄은 제1차 세계대전에서 처음으로 전과를 올린 영국 군함 중 하나다. 1914년 8월초 독일 상선 2척을 격침시킨 것이다. 또한 같은 해 8월 9일 U-15를 격침시킴으로서 독일 잠수함을 처음으로 격침한 영국 군함이 되었다. 1931년 해체되었다.

제원	
유형:	영국 순양함
배수량:	6,136미터톤(6,040영국톤)
크기:	140m×15.2m×4.8m(457피트×50피트×16피트)
기관:	스크루 4개, 기어 터빈
최고속도:	25.5노트
주무장:	152mm(6인치) 함포 9문
진수년도:	1913년

캐롤라인

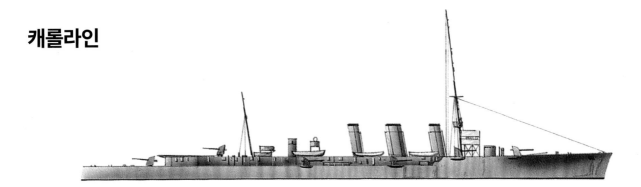

경순양함이 발전하면서 무장도 강화되었으나, 캐롤라인의 무장은 약한 편이다. 1917~1918년에 걸쳐 연장형 전투기 발함 플랫폼을 장비, 체펠린 비행선과의 교전 능력을 갖췄다. 캐롤라인은 취역 상태로 벨파스트 항에 정박하여 영국 해군 의용 예비군(Royal Navy Volunteer Reserve, RNVR)의 훈련함으로 쓰였다.

제원	
유형:	영국 순양함
배수량:	5,017미터톤(4,733영국톤)
크기:	136m×13m×160m(446피트×41피트 6인치×16피트)
기관:	스크루 4개, 기어 터빈
주무장:	152mm(6인치) 함포 2문, 102mm(4인치) 함포 8문
장갑:	벨트 25-76mm(1-3인치)
진수년월:	1914년 9월

에메랄드

고속 순양함은 적 경순양함과 통상 파괴함을 수색 섬멸할 목적으로 설계된다. 길이와 폭의 비율이 높아 속도가 빠르다. 9m(30피트)짜리 건현 때문에 악천후에도 속도를 유지할 수 있다. 1931년에 개장되었으며 제2차 세계대전에 참전한 이 배는 1948년 매각 해체되었다.

제원	
유형:	영국 순양함
배수량:	9,601미터톤(9,450영국톤)
크기:	173.7m×16.6m×5.6m(570피트×54피트 6인치×18피트 4인치)
기관:	스크루 4개, 터빈
최고속도:	33노트
주무장:	152mm(6인치) 함포 7문
무장:	벨트 76-38mm(3-1.75인치), 갑판 25-15mm(1-0.5인치)
정원:	450명
진수년월:	1920년 5월

1914   1920

1900~1929년 독일 경순양함

독일 경순양함은 영국 경순양함과 비슷했다. 다만 포의 구경은 작았다. 그리고 통상파괴, 수색 등 더욱 구체적인 임무를 띠고 있었다. 동력원도 수직 3단 팽창 엔진에서 터빈으로 바뀌어 속도를 높였다.

쾨니히스베르크

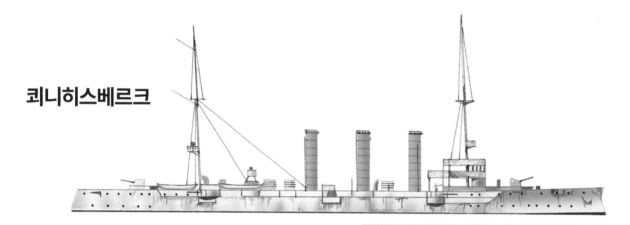

독일 경순양함들은 통상 파괴 또는 수색용으로 쓰였다. 이 함은 전자쪽이다. 104mm(4.1인치) 함포는 영국 함포보다 구경이 작았지만 속사 성능은 우수했다. 분당 20발을 쏠 수 있었다. 독일령 동아프리카에 주둔했던 이 함은 1915년 루피지 강에서 침몰했다.

제원	
유형: 독일 순양함	
배수량: 4,336미터톤(4,628영국톤)	
크기: 118m×13m×4.8m(389피트×44피트×16피트)	
기관: 스크류 2개, 수직 3단 팽창 엔진	
최고속도: 25노트	
주무장: 102mm(4인치) 함포 10문	
장갑: 벨트 30-20mm(1.75-0.75인치)	
정원: 361명	
진수년월: 1908년 5월	

엠덴

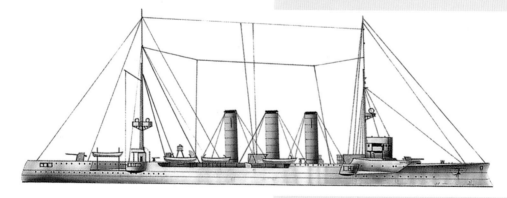

제1차 세계대전 개전 당시 엠덴은 아시아에서 활약했다. 인도양에서는 짧지만 인상적인 통상파괴 활동을 벌여 영국 상선 16척을 격침했다. 그러다가 1914년 11월 9일 오스트레일리아 순양함 시드니의 공격을 당해 좌초했다. 잔해는 1950년에야 부분적으로 해체되었다.

제원	
유형: 독일 경순양함	
배수량: 3,875미터톤(3,814영국톤)	
크기: 114.8m×13.2m×5.2m(376피트 8인치×43피트 4인치×17피트)	
기관: 스크류 2개, 수직 3단 팽창 엔진	
최고속도: 24노트	
주무장: 104mm(4.1인치) 함포 10문	
정원: 352명	
진수년도: 1905년	

TIMELINE   1905   1908   1911

브레슬라우

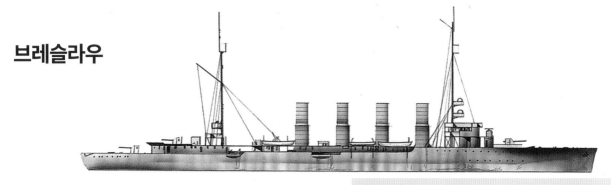

브레슬라우는 경순양함 중 최초로, 함체 대부분에 니켈강제 장갑 벨트를 사용했다. 이 장갑 벨트는 구조재의 일부를 이루고 있어, 함체의 중량 경감 및 강도 향상에 도움이 된다. 제1차 세계대전 당시 브레슬라우는 터키 국기를 달고 <미딜리> 함으로 이름을 바꾸어 지중해에서 활약했다. 1918년 기뢰에 촉뢰해 침몰했다.

제원	
유형:	독일 순양함
배수량:	5,676미터톤(5,587영국톤)
크기:	138m×14m×5m(455피트×44피트×16피트 10인치)
기관:	스크류 4개, 터빈
주무장:	102mm(4인치) 함포 12문
장갑:	벨트 70mm(2.75인치), 갑판 57-38mm(2.25-1.5인치)
정원:	354명
진수년월:	1911년 5월

칼스루헤

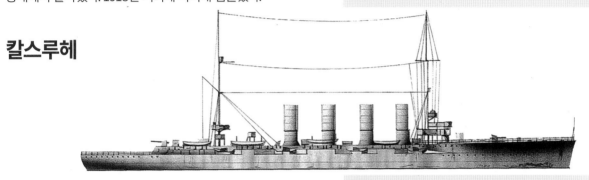

칼스루헤는 짧은 운용 기간에도 영국 상선단에 큰 피해를 입혔다. 1914년 카리브해에서 이 배는 상선 17척 77,834미터톤(76,609영국톤) 이상을 격침했다. 1914년 11월 4일 탄약고 폭발로 침몰했다.

제원	
유형:	독일 순양함
배수량:	6,290미터톤(6,191영국톤)
크기:	142.2m×13.7m×5.5m(466피트 6인치×45피트×18피트)
기관:	스크류 2개, 터빈
최고속도:	28.5노트
주무장:	105mm(4.1인치) 함포 12문
장갑:	벨트 18-60mm(0.7-2.4인치), 갑판 40-60mm(1.6-2.4인치)
정원:	373명
진수년월:	1912년 11월

그라우덴츠

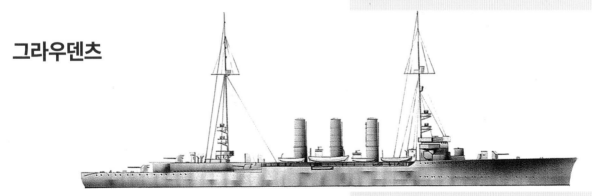

경순양함이지만 연돌은 4개가 아니라 3개였다. 104mm(4.1인치) 포를 고각 사격할 수 있어 사거리가 길었다. 이후 순양함의 무장이 150mm(5.9인치) 구경 포로 개장될 때 그라우덴츠도 개장된다. 주수색 전단에 배치되었다. 1921년 이탈리아에 양도되어 <안코나>로 개칭되고, 1938년 해체되었다.

제원	
유형:	독일 순양함
배수량:	6,484미터톤(6,382영국톤)
크기:	142.7m×13.8m×5.7m(468피트 2인치×45피트 3인치×18피트 10인치)
기관:	스크류 2개, 터빈
최고속도:	27.5노트
주무장:	104mm(4.1인치) 함포 12문
장갑:	벨트 60-18mm(2.25-0.75인치), 갑판 60-40mm(2.25-1.5인치)
정원:	442명
진수년월:	1913년 10월

1912   1913

쾰른

쾰른의 건조에는 전기 용접이 사용되었다. 쾰른은 120발의 기뢰와 신형 3연장 포탑을 장비했다. 후부의 포탑 2개는 중심선에 배부식으로 배치되었다. 캐터펄트와 500mm(19.7인치) 어뢰 발사관 12문 중 6문은 제2차 세계대전 초기에 철거되었다. 수리 도중 폭격으로 침몰한 이 배는 이후 인양되어 1946년 해체되었다.

쾰른

독일 해군의 K급 순양함 3척은 1930년대 부활한 독일 해군의 상징이었다. 건조에 전기 용접을 사용하는 등 대담한 신설계를 채용했다. 처음으로 증기와 디젤 엔진을 혼합 배치했다. 하지만 두 엔진은 늘 별도로 작동되었다.

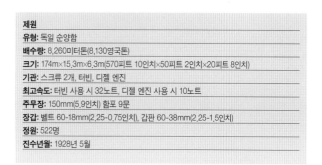

제원	
유형: 독일 순양함	
배수량: 8,260미터톤(8,130영국톤)	
크기: 174m×15.3m×6.3m(570피트 10인치×50피트 2인치×20피트 8인치)	
기관: 스크류 2개, 터빈, 디젤 엔진	
최고속도: 터빈 사용 시 32노트, 디젤 엔진 사용 시 10노트	
주무장: 150mm(5.9인치) 함포 9문	
장갑: 벨트 60-18mm(2.25-0.75인치), 갑판 60-38mm(2.25-1.5인치)	
정원: 522명	
진수년월: 1928년 5월	

사격 통제
보기 드물게 전방 보다 후방에 주포가 더 많다. 후방 포탑은 중심선 배부식으로 배치되어 탄도가 우수했다.

함포
공습으로 심하게 손상된 이 군함의 함포는 1945년 4월 철거되어 빌헬름스하펜 육상 방어에 전용되었다.

항속거리
쾰른은 17노트 속도로 13,140km(7,300해리)를 항해할 수 있었다. 장거리 임무 수행이 어려워 함의 효용을 떨어뜨렸다.

함재기
처음에는 하인켈 He 60 항공기 2대가 탑재되었고 캐터펄트도 2개 있었다. 1939년에는 함재기가 플레트너 FL265 수상기 1대로 줄어들고, 캐터펄트도 1개로 줄어들었다.

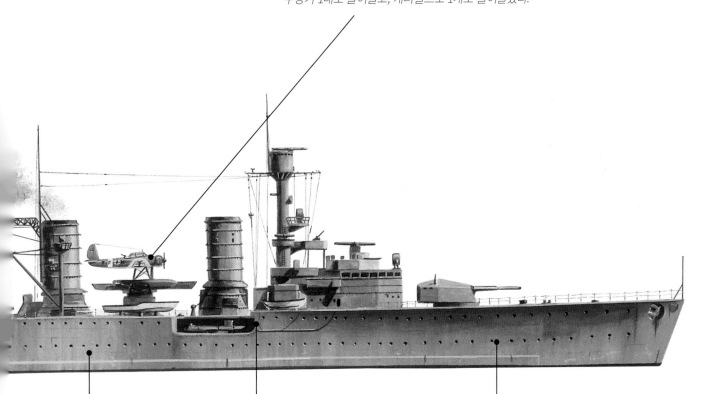

기관
보일러 6대와 증기 터빈 2대, MAN 10실린더 디젤 엔진 2대가 있었다. 총출력은 52,050kW(69,800축마력)였다.

어뢰 발사관
503mm(19.7인치) 어뢰 발사관 4문이 있었다. 기뢰도 120발 탑재했다.

함체
함체의 85%를 용접 공법으로 조립해 중량을 경감했다. 그러나 이 때문에 구조 강도가 약해지고 고속 시 진동이 일어났다.

1900~1929년 다른 나라의 경순양함들

제1차 세계대전은 그 규모 면에서 이전의 어떤 전쟁보다도 거대했다. 1898년 미서전쟁, 1904~1905년 러일전쟁, 그리스와 터키가 발칸 반도에서 벌인 분쟁 중 어느 것도 제1차 세계대전에 비하면 미약하기 그지없었다. 그러나 이 모든 국가들에서 경순양함은 수색 및 전투용으로 중요하게 활용되었다.

아스콜드

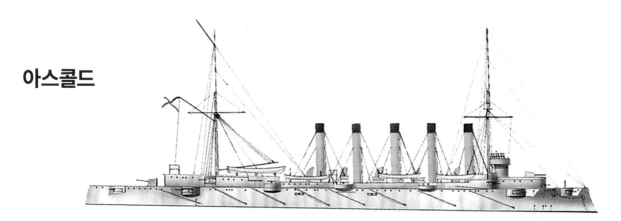

아스콜드는 1898년 크루프 조선소에서 기공되었다. 최신예 슐츠-소니크로프트 보일러 9대를 장비하고, 연돌도 5개였다. 기관실은 함체 중앙부분 거의 대부분을 차지했다. 러일전쟁 중 여순 항 순양함 전대의 기함이었다. 1921년 해체되었다.

제원	
유형: 러시아 순양함	
배수량: 6,198미터톤(6,100영국톤)	
크기: 133.2m×15m×6.2m(437피트×16피트 5인치×20피트 4인치)	
기관: 스크류 3개, 수직 3단 팽창 엔진	
최고속도: 23.8노트	
주무장: 152mm(6인치) 함포 12문, 76mm(3인치) 함포 12문	
진수년도: 1900년	

엑스트레마두라

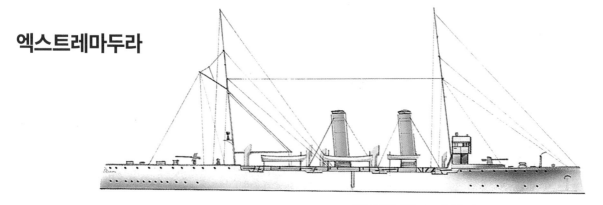

현측 중앙의 162mm(6.4인치) 암스트롱 속사포 2문을 주포로 쓴다. 13mm(0.5인치) 두께의 전통 장갑 갑판이 있고 엔진실 위에는 크기가 높은 크라운이 있다. 함저 쪽에는 11개의 수밀 격실이 있다. 1930년에 해체되었다.

제원	
유형: 스페인 순양함	
배수량: 2,168미터톤(2,134영국톤)	
크기: 87m×11m×4.5m(288피트×36피트×14피트 6인치)	
기관: 스크류 2개, 3단 팽창 엔진	
최고속도: 20.5노트	
주무장: 162mm(6.4인치) 함포 4문, 120mm(4.7인치) 함포 4문	
진수년도: 1900년	

체스터

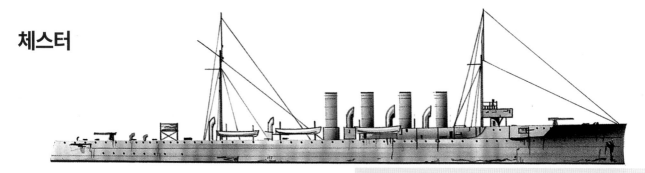

경무장, 고속, 높은 감항성으로 전투 함대와 함께 직접 작전이 가능한 새로운 유형의 고속 수색 순양함을 상징하는 배다. USS 살렘과 함께 미 해군에서 최초로 터빈 엔진을 장착한 배다. 다만 최초의 터빈 엔진은 문제도 많았다. 1928년 <요크>로 개칭되고, 1930년 해체되었다.

제원	
유형: 미국 순양함	
배수량: 4,762미터톤(4,687영국톤)	
크기: 129m×14m×5m(423피트×47피트×16피트 9인치)	
기관: 스크루 4개, 터빈	
최고속도: 24노트	
주무장: 127mm(5인치) 함포 2문, 76mm(3인치) 함포 6문	
장갑: 벨트 50mm(2인치), 갑판 25mm(1인치)	
정원: 359명	
진수년월: 1907년 6월	

나가라

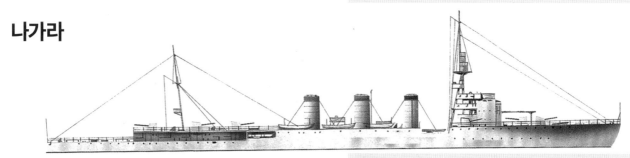

610mm(24인치) 어뢰 발사관을 장비한 일본 최초의 함정이다. 이들 어뢰 발사관 중 2문은 함교와 제1연돌 사이에, 또다른 2문은 제3연돌 뒤에 있다. 전갑판 위에는 경수상기 발함용 플랫폼이 있는데, 이 플랫폼은 1931~1932년 사이에 철거되었다. 그리고 같은 시기에 삼각대형 마스트가 설치되었다. 1944년 8월 침몰했다.

제원	
유형: 일본 순양함	
배수량: 5,560미터톤(5,570영국톤)	
크기: 163m×14.2m×4.6m(535피트×46피트 9인치×15피트 10인치)	
기관: 스크루 4개, 터빈	
최고속도: 36노트	
주무장: 140mm(5.5인치) 함포 7문	
장갑: 벨트 63mm(2.5인치), 장갑 32mm(1.25인치)	
진수년월: 1921년 4월	

멘데스 누녜스

영국 설계에 기반한 경순양함으로, 함 앞뒤에 함포가 3문씩 있다. 엔진 출력은 43,776마력이며, 석탄 탑재량은 800미터톤(787영국톤), 석유 탑재량은 500미터톤(492영국톤)이다. 533mm(21인치) 어뢰 발사관 12문을 장비한다. 1963년에 폐함되었다.

제원	
유형: 스페인 순양함	
배수량: 6,140미터톤(6,043영국톤)	
크기: 140.8m×14m×4.7m(462피트×46피트×15피트 5인치)	
기관: 스크루 4개, 터빈	
최고속도: 29.2노트	
주무장: 152mm(6인치) 함포 6문	
장갑: 중앙함체 벨트 76mm(3인치), 함수 및 함미 벨트 31mm(1.25인치), 갑판 25mm(1인치)	
정원: 343명	
진수년월: 1923년 3월	

1921

1923

1929년까지의 구축함의 발달: 제1부

1900년대 초반, 구축함은 작은 군함이었고, 상대인 어뢰정과 비교해도 엄청나게 큰 배는 아니었다. 3단 팽창 엔진으로 움직이는 구축함의 속도는 작은 크기에서 나왔다. 연료 및 탄약 탑재량이 모자라 지속 작전은 무리였다.

디카터

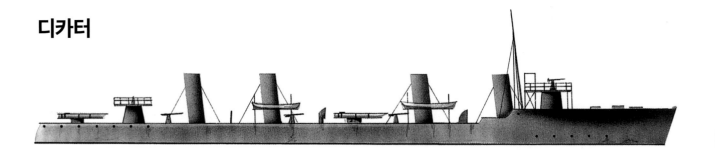

기존의 미군 구축함은 동급함이 없었고, 배수량은 238~283미터톤 (235~279영국톤) 사이였다. 디카터는 1898년에 인가된 5척으로 이루어진 동급함의 네임쉽이었다. 태평양 함대에 배속된 이들은 주로 필리핀에서 활동했다. 1917년 동급함 천시가 충돌사고로 침몰했다. 다른 동급함들은 1920년에 퇴역했다.

제원	
유형: 미국 구축함	
배수량: 426미터톤(420영국톤)	
크기: 77m×7m×2m(252피트 7인치×23피트 6인치×6피트 6인치)	
기관: 스크류 2개, 수직 3단 팽창 엔진	
최고속도: 29노트	
주무장: 76mm(3인치) 함포 2문, 6파운드 함포 5문, 457mm(18인치) 어뢰 발사관 2문	
진수년월: 1900년 9월	

보레아

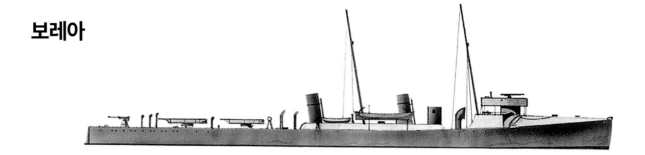

확대판 어뢰정이라고 할 수 있는 보레아와 그 자매함 5척은 이탈리아 해군의 첫 주력 소형 구축함급이다. 이후 보일러와 무장 교체를 받았다. 1915년에는 기뢰부설 장치가 추가되었다. 1917년 5월 14일 오스트리아 구축함 크세펠, 발라톤에게 격침당했다.

제원	
유형: 이탈리아 구축함	
배수량: 386미터톤(380영국톤)	
크기: 64m×6m×2,3m(210피트×19피트 6인치×7피트 6인치)	
기관: 스크류 2개, 3단 팽창 엔진	
주무장: 76mm(3인치) 함포 5문, 355mm(14인치) 어뢰 발사관 4문	
진수년월: 1902년 12월	

TIMELINE

1900

1902

베도비

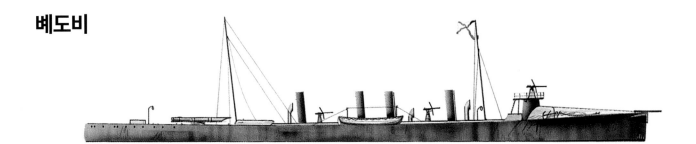

1900~1903년 사이 러시아 조선소에서 기공된 구축함 22척 중 하나다. 이 중 다수가 1904~1905년 사이의 러일전쟁에 참전했다. 1905년 쓰시마 해전 이후 부상을 입은 로제스트벤스키 제독을 태우고 탈출을 시도하던 중 일본군에게 나포된다. 1922년 해체된다.

제원	
유형: 러시아 구축함	
배수량: 355미터톤(349영국톤)	
크기: 56.6m×6m×3m(185피트 6인치×19피트 6인치×9피트 8인치)	
기관: 스크류 2개, 수직 3단 팽창 엔진	
최고속도: 26.5노트	
주무장: 12파운드 함포 1문, 3파운드 함포 5문, 380mm(15인치) 어뢰 발사관 3문	
진수년도: 1902년	

그롬키

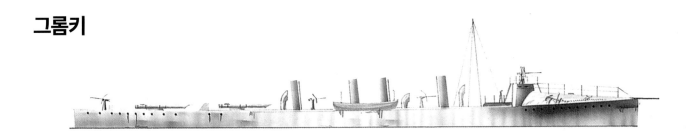

이 소형 구축함은 제2 태평양 전대의 일원이었다. 1905년 쓰시마 해전에서 일본 해군 함정 다수의 공격을 받았다. 2시간의 전투 끝에 대파된 그롬키는 항복하지 않고 5월 28일 낮에 침몰했다. 승조원 중 2/3가 죽거나 부상을 입었다.

제원	
유형: 러시아 구축함	
배수량: 355미터톤(350영국톤)	
크기: 64m×6.4m×2.5m(210피트×21피트×8피트 6인치)	
기관: 스크류 2개, 수직 3단 팽창 엔진	
최고속도: 26노트	
주무장: 11파운드 함포 1문, 3파운드 함포 5문, 380mm(15인치) 어뢰 발사관 3문	
진수년도: 1904년	

G132

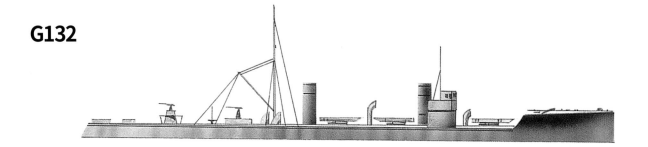

1900년대 독일은 적의 전열을 돌파해 어뢰 공격을 가함으로서 전투 함대와 함께 작전이 가능한 구축함 전력을 건설하고 있었다. 또한 보조 기능으로 적 구축함 공격을 추구했다. G132의 건조 중에도 설계는 계속 발전하고 있었고, 이후에 나온 G-구축함들은 또 많은 차이점을 띠게 된다.

제원	
유형: 독일 구축함	
배수량: 553미터톤(544영국톤)	
크기: 65.7m×7m×2.6m(215피트 6인치×2피트×8피트 6인치)	
기관: 스크류 2개, 3단 팽창 엔진	
최고속도: 28노트	
주무장: 51mm(2인치) 함포 4문, 450mm(17.7인치) 어뢰 발사관 3문	
진수년월: 1906년 5월	

1904

1906

1929년까지의 구축함의 발달: 제2부

해군 강국들의 대립이 심해지면서 구축함의 발달도 속도를 더해갔다. 1909년부터 구축함의 크기는 커져갔다. 그리고 잠수함 척수의 증가와 무제한 해전 수요는 구축함의 발달에 큰 영향을 미쳤다.

그래스호퍼

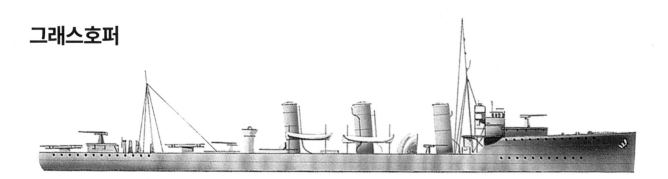

1907년 영국 해군성은 독일 해군의 구축함 건조계획을 입수하고, 이들을 압도할 전력 발전 계획을 짠다. 그래스호퍼와 자매함 15척은 연료로 석탄을 사용한다. 이들이 탑재한 신형 어뢰는 가열기가 달려 있어 30노트에서 10,972m(12,000야드)의 사거리를 낼 수 있다. 1921년에 매각되었다.

제원	
유형: 영국 구축함	
배수량: 937미터톤(923영국톤)	
크기: 82,6m×27,5m×9,7m(271피트×27피트 10인치×9피트 6인치)	
기관: 스크류 3개, 터빈	
최고속도: 27노트	
주무장: 102mm(4인치) 주포 1문, 12파운드 함포 3문	
진수년월: 1909년 11월	

가리발디노

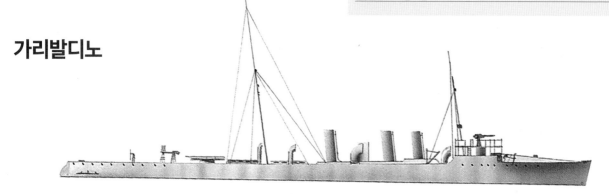

솔다토급 및 알피노급 후기형이 석유를 사용하는데도 가리발디노는 석탄을 사용한다. 엔진 출력은 6,000마력으로, 항속거리는 12노트에서 2,850km(1,500해리), 23.5노트에서 760km(400 해리)다. 1918년 7월 16일 남 프랑스 빌프랑슈 앞바다에서 영국 구축함 시그넷과 충돌해 침몰했다.

제원	
유형: 이탈리아 구축함	
배수량: 419미터톤(412영국톤)	
크기: 65m×6,1m×2,1m(213피트 3인치×20피트×7피트)	
기관: 스크류 2개, 3단 팽창 엔진	
최고속도: 28노트	
주무장: 76mm(3인치) 함포 3문, 450mm(17,7인치) 어뢰 발사관 3문	
진수년도: 1910년	

TIMELINE   1909   1910   1911

페렛

20여 척의 동급함을 거느리고 있는 페렛은 J.S. 화이트가 설계했다. 30노트 이상의 속도로 8시간을 항해할 수 있다. 진방 연돌의 각도도 좋지만, 배기연이 함교에 악영향을 미쳤다. 이 문제는 연돌의 키를 높여서 해결했다. 1921년 해체되었다.

제원	
유형: 영국 구축함	
배수량: 762미터톤(750영국톤)	
크기: 75m×7.8m×2.7m(246피트×25피트 8인치×8피트 9인치)	
기관: 스크류 2개, 터빈	
최고속도: 33노트	
주무장: 102mm 함포 2문	
진수년월: 1911년 4월	

그롬키

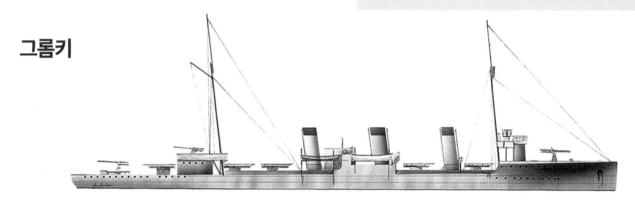

그롬키는 1913년 흑해함대에 배속되었다. 중심선에 2연장 어뢰 발사관이 5개 있다. 102mm(4인치) 함포가 함수에 1문, 함미에 2문이 있다. 엔진 출력은 25,500마력이다. 그러나 이 급의 모든 함선들이 설계한 만큼의 성능을 내지는 못했다. 동급함 모두가 제1차 세계대전에 참전했다. 그롬키는 1918년 6월 세바스토폴에서 자침했다.

제원	
유형: 러시아 구축함	
배수량: 1,483미터톤(1,460영국톤)	
크기: 98m×9.3m×3.2m(321피트 6인치×30피트 6인치×10피트 6인치)	
기관: 스크류 2개, 터빈	
주무장: 102mm(4인치) 함포 3문, 457mm(18인치) 어뢰 발사관 10문	
진수년월: 1913년 12월	

갈랜드

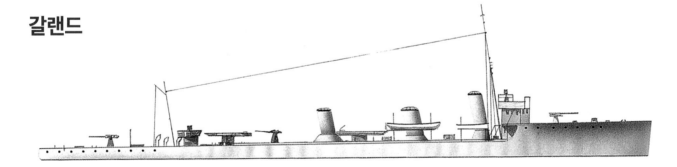

영국과 독일은 드레드노트 뿐 아니라 구축함도 건함 경쟁을 벌였다. 그 일환으로 영국이 내놓은 이 1911~12급은 102mm(4인치) 함포 2문과 12파운드 포 4문으로 무장할 계획이었으나, 실제로는 102mm(4인치) 함포 3문으로 무장했다. 이들은 당대 최강의 구축함이 되었다. 가랜드는 1921년 폐함되었다.

제원	
유형: 영국 구축함	
배수량: 1,005미터톤(989영국톤)	
크기: 81.5m×8.2m×2.8m(267피트 6인치×27피트×9피트 3인치)	
기관: 스크류 2개, 세미 기어 터빈	
주무장: 102mm(4인치) 함포 3문, 533mm(21인치) 어뢰 발사관 2문	
진수년월: 1913년 4월	

1929년까지의 구축함의 발달: 제3부

1914년이 되면 구축함들도 터빈 추진기관을 장착하여 속도를 30노트 이상으로 높였다. 그 결과 어뢰정 및 잠수함과 접적했을 때 빠르게 돌격할 수 있었다. 배수량도 늘어나 내부 용적과 항해 기간도 늘어났다.

구아디아나

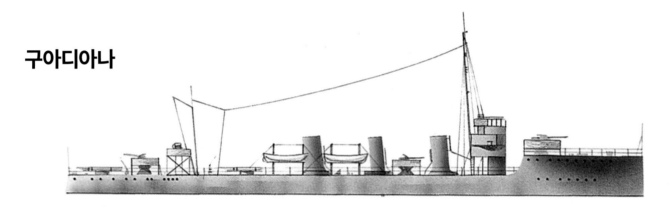

구아디아나는 포르투갈에서 건조된 4척의 영국형 구축함 중 하나다. 이는 당시 포르투갈 해군이 간만에 한 대규모 발주였다. 중심선에는 2개의 2연장 어뢰 발사관이 있다. 엔진 출력은 11,000마력이며, 항속거리는 15노트에서 3,040km(1,600해리)이다. 1934년 폐함되었다.

제원	
유형: 포르투갈 구축함	
배수량: 670미터톤(660영국톤)	
크기: 73.2m×7.2m×2.3m(240피트 2인치×23피트 8인치×7피트 6인치)	
기관: 스크류 2개, 터빈	
주무장: 102mm(4인치) 함포 1문, 76mm(3인치) 함포 2문, 457mm(18인치) 어뢰 발사관 4문	
진수년월: 1914년 9월	

G101

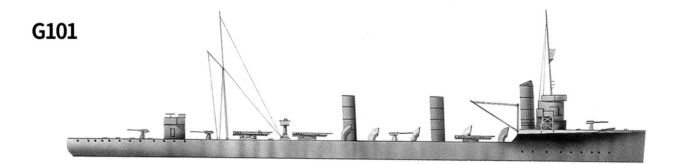

아르헨티나 해군이 발주한 4척의 함 중 하나로, 기공은 1914년 킬의 게르마니아베르프트에서 이루어졌다. 그러나 완성되자 독일 해군에 인도되었다. G101과 그 자매함들은 당대 가장 빠르고 강한 구축함들이었다. 터빈 출력은 29,500마력이었다. 동급함 모두가 스캐퍼 플로우에 억류되어, 1919년 자침했다.

제원	
유형: 독일 구축함	
배수량: 1,873미터톤(1,843영국톤)	
크기: 98m×9.4m×3.9m(321피트 6인치×30피트 9인치×12피트 9인치)	
기관: 스크류 2개, 터빈	
최고속도: 36.5노트	
주무장: 85mm(3.3인치) 함포 4문, 508mm(20인치) 어뢰 발사관 6문	
진수년도: 1914년	

TIMELINE   1914   1915

G40

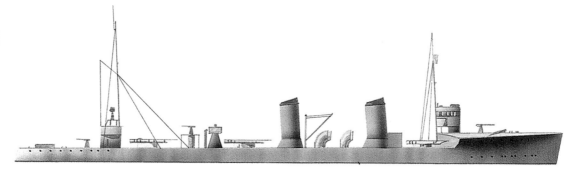

G40과 자매함 3척은 너무 커서 안전하게 근접 공격 대형을 짜기 어렵다고 간주되었다. 그러나 유용하고 감항성이 뛰어났다. 함교 구조물 양측에 측면 어뢰 발사관이 있다. 나머지 어뢰 발사관들은 중심선 위에 2문씩 짝을 지어 있다.

제원	
유형: 독일 구축함	
배수량: 1,068미터톤(1,051영국톤)	
크기: 79.5m×8.36m×3.74m(261피트×27피트 6인치×12피트 1인치)	
기관: 스크류 2개, 터빈	
최고속도: 34.5노트	
주무장: 85mm(3.3인치) 함포 3문, 508mm(20인치) 어뢰 발사관 6문	
진수년월: 1915년 2월	

프룬제

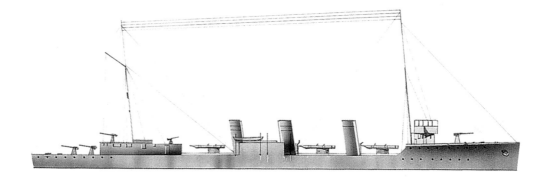

원 이름은 <비스트리>였다. 매우 훌륭한 구축함 설계다. 상부구조물 뒤의 중심선 위에 3연장 450mm(17.7인치) 어뢰 발사관 2개가 있다. 상부구조물 앞에는 3연장 어뢰 발사관 1개가 있다. 여러 차례에 걸쳐 무장 개량 및 변경을 받았다. 1941년 독일 항공기에게 격침당했다.

제원	
유형: 러시아 구축함	
배수량: 1,321미터톤(1,300영국톤)	
크기: 93m×9.3m×2.8m(305피트×30피트 6인치×9피트 2인치)	
기관: 스크류 2개, 터빈	
최고속도: 34노트	
주무장: 102mm(4인치) 함포 4문, 75mm(3인치) 함포 1문	
진수년도: 1915년	

워커

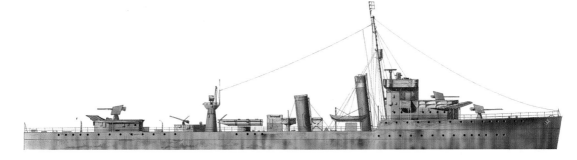

1917~1919년에 나온 다수의 V급, W급 구축함은 제2차 세계대전에 단거리 호위함 또는 방공함으로 사용되었다. 워커는 폭뢰 발사기, 헤지호그 대잠수함 박격포, 20mm 함포를 장비했다. 전방 보일러실은 연료 저장고로 바뀌었다. 1946년 해체되었다.

제원	
유형: 영국 구축함	
배수량: 1,117.6미터톤(1,100영국톤)	
크기: 95.1m×9m×3.2m(312피트×29피트 6인치×10피트 6인치)	
기관: 스크류 2개, 기어 터빈	
최고속도: 34노트	
주무장: 102mm(4인치) 함포 4문, 533mm(21인치) 어뢰 발사관 6문	
정원: 127명	
진수년도: 1917년	

1917

1929년까지의 구축함의 발달: 제4부

1920년대에 증기 어뢰정은 구식이 되었다. 구축함의 함포는 계속 성능이 높아지는데, 표준형 화이트헤드 어뢰의 사거리는 여전히 1,000m(3,280피트)에 머물러 있었고, 탄두의 위력도 1906년에서 크게 나아지지 않았다. 오직 일본만이 어뢰 개량에 공을 들였다..

그윈

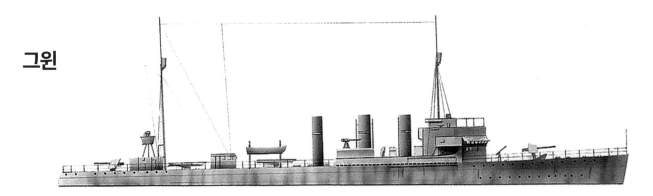

그윈은 초기 평갑판 구축함으로, 당대에 흔했던 방탄 설비가 안 된 함포를 싣고 있다. 상부구조에서 앞 마스트가 뻗어 있다. 그리고 102mm(4인치) 함포 2문이 제2번 연돌 근처의 갑판 구조물에 붙어 있다. 동급함 중 다수가 제2차 세계대전에도 참전했다. 그러나 그윈은 1939년 매각되었다.

제원	
유형:	미국 구축함
배수량:	1,205미터톤(1,187영국톤)
크기:	96.2m×9.3m×2.7m(315피트 7인치×30피트×9피트)
기관:	스크루 2개, 터빈
최고속도:	32노트
주무장:	102mm(4인치) 함포 4문, 533mm(21인치) 어뢰 발사관 12문
진수년월:	1917년 12월

길리스

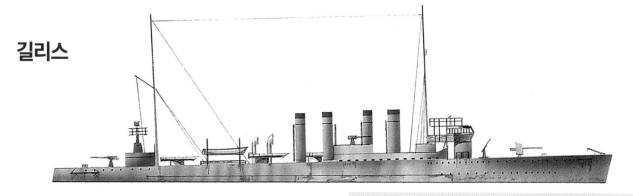

연돌 4개인 길리스는 매우 빠른 속도로 항해할 수도 있지만, 최대 항속거리인 4,750km(2,500해리)를 가려면 속도를 20노트 이하로 내야 한다. 터빈 출력은 27,000마력이다. 제2차 세계대전 중 개장을 통해 승조원 방호력을 높였다. 1946년 해체되었다.

제원	
유형:	미국 구축함
배수량:	1,328미터톤(1,308영국톤)
크기:	95.8m×9.4m×3m(314피트 4인치×30피트 10인치×9피트 10인치)
기관:	스크루 2개, 터빈
최고속도:	35노트
주무장:	102mm(4인치) 함포 4문, 533mm(21인치) 어뢰 발사관 12문
진수년월:	1919년 4월

TIMELINE

1917   1919   1923

칼라타피미

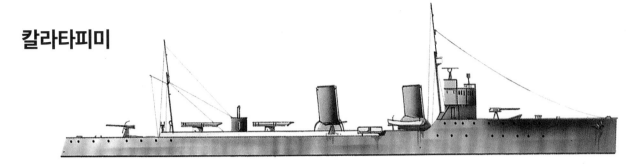

1915년 발주된 이 배는 물자 부족으로 건조가 지연되었다. 1930년이 되자 구축함 치고는 크기가 작은 것으로 판명났고, 따라서 1938년에 어뢰정으로 재분류되었다. 후방의 2연장 마운트를 102mm(4인치) 함포 1문으로 교체했다. 1943년에 독일군이 노획해 TA 19로 개칭했다. 1944년 침몰했다.

제원	
유형: 이탈리아 구축함	
배수량: 894미터톤(880영국톤)	
크기: 85m×8m×3m(278피트 9인치×26피트 3인치×9피트 9인치)	
기관: 스크류 2개, 터빈	
최고속도: 34노트	
주무장: 102mm(4인치) 함포 4문, 444mm(17.5인치) 어뢰 발사관 6문	
진수년월: 1923년 3월	

보라스크

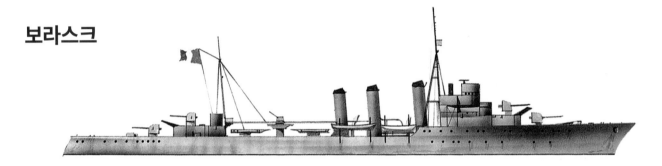

보라스크는 무장이 충실하고, 경쟁 함정에 비해 성능이 더 좋았다. 그러나 포의 발사속도는 분당 4~5발로 낮았다. 모든 동급함이 무장 개장을 받았다. 일부 함들은 안정성을 높이기 위해 후방 함포를 제거했다. 보라스크는 1940년 5월 됭케르크에서 침몰했다.

제원	
유형: 프랑스 구축함	
배수량: 1,930미터톤(1,900영국톤)	
크기: 106m×10m×4.2m(347피트×31피트 9인치×14피트)	
기관: 스크류 2개, 기어 터빈	
주무장: 127mm(5인치) 함포 4문	
진수년도: 1925년	

아덴트

영국 해군은 1918년에 신규 구축함 건조를 중단했다가, 8년만에 아덴트가 속한 W급을 필두로 재개했다. 아덴트는 1940년 6월 항공모함 글로리어스를 호위하던 중 샤른호르스트와 그나이제나우에 의해 격침당했다. 글로리어스도 이 때 함께 격침당했다. W급의 나머지 세 자매함도 모두 전쟁 중 손실되었다.

제원	
유형: 영국 구축함	
배수량: 2,022미터톤(1,990영국톤)	
크기: 95.1m×9.8m×3.7m(312피트×32피트 3인치×12피트 3인치)	
기관: 스크류 2개, 기어 터빈	
최고속도: 35노트	
주무장: 120mm(4.7인치) 함포 4문, 533mm(21인치) 어뢰 발사관 8문	
진수년도: 1929년	

1925   1929

이탈리아와 영국의 전단 선도함

여러 나라 해군에서는 경순양함을 선도 구축함으로 썼다. 전대 내 군함들의 움직임을 통제하는 용도다. 반면 이 용도에 특화된 군함인, 충분한 지휘통신 설비를 실을 수 있는 대형 구축함을 만든 나라들도 있다.

스위프트

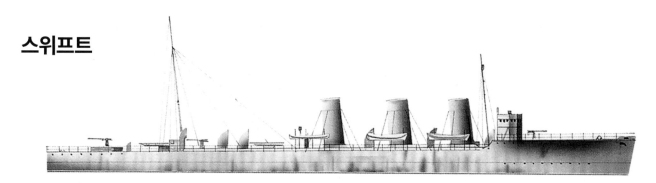

전단 선도함이라는 개념 자체가 새로웠다. 속도가 36노트는 나와야 했다. 그러나 스위프트는 스크류를 개량하고 연돌을 높여도 35노트가 간신히 넘었다. 2년간의 시운전을 통해 1910년에 취역했다. 구조가 가벼워 폭풍이 많은 북해에서 취약했다. 1921년 폐함되었다.

제원	
유형:	영국 전단 선도함
배수량:	2,428미터톤(2,390영국톤)
크기:	107.8m×10.4m×3.2m(353피트 8인치×34피트 2인치×10피트 6인치)
기관:	스크류 4개, 터빈
최고속도:	35노트
주무장:	102mm(4인치) 함포 4문, 457mm(18인치) 어뢰 발사관 2문
진수년월:	1907년 12월

구글리엘모 페페

구글리엘모 페페는 제노바에서 1913년 기공된 전단 선도함 3척 중 하나다. 1916년에는 76mm(3인치) 대공포 2문이 장착되었다. 그러나 이 포들은 이듬해에 제거되었다. 1921년에는 구축함으로 재분류되었다. 1938년 6월에는 스페인에 인도되었다. <테루엘>로 개칭된 이 배는 1947년까지 사용되다가 해체되었다.

제원	
유형:	이탈리아 구축함
배수량:	1,235미터톤(1,216영국톤)
크기:	85m×8m×2.8m(278피트 10인치×26피트 3인치×9피트 2인치)
기관:	스크류 2개, 터빈
최고속도:	31.5노트
주무장:	102mm(4인치) 함포 6문, 450mm(17.7인치) 어뢰 발사관 4문
진수년월:	1914년 9월

TIMELINE

1907　　　　　　1914

포크너

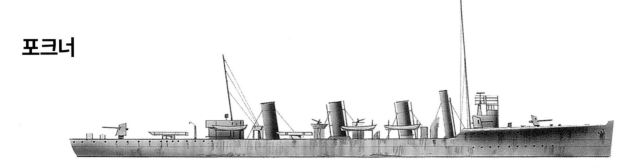

J.S. 화이트가 1912년에 설계한 이 배는 원래 칠레 해군의 <알미란 테 심프손>이었다. 그러나 1914년 8월에 영국에 인도되었다. 포크 너는 영국 구축함보다 무장이 더 강했다. 4문의 함포를 전방으로 쏠 수 있다. 1918년 이후 칠레에 반환되었다. 칠레 해군에서는 1933년 에 제적되었다.

제원	
유형: 영국 전단 선도함	
배수량: 2,024미터톤(1,993영국톤)	
크기: 100m×10m×6.4m(330피트 10인치×32피트 6인치×21피트 1인치)	
기관: 스크류 3개, 터빈	
최고속도: 29노트	
주무장: 102mm(4인치) 함포 6문, 533mm(21인치) 어뢰 발사관 4문	
진수년월: 1914년 2월	

아우구스토 리보티

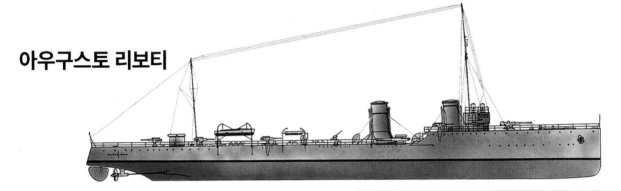

아우구스토 리보티와 그 자매함 2척은 경장갑 경순양함으로 구상 되었으나, 실제로는 장갑을 늘려 구축함 전단의 선도함으로 완성되 었다. 자매함 <카를로 알베르토 라치아>, <카를로 미라벨로>는 기 뢰에 촉뢰해 침몰했으나, 아우구스토 리보티는 세계 대전에서 살아 남아 1940년대에 해체되었다.

제원	
유형: 이탈리아 전단 선도함	
배수량: 1,788미터톤(1,760영국톤)	
크기: 94.7m×9.5m×3.6m(310피트 8인치×31피트 2인치×11피트 10인치)	
기관: 스크류 2개, 터빈	
최고속도: 35.2노트	
주무장: 152mm(6인치) 함포 3문	
진수년월: 1919년 8월	

팔코

1913년 루마니아 해군의 <비스콜> 함으로 진수되었던 이 배는 1916년 7월에 이탈리아 해군에 인도되어 <팔코>로 개칭되고 수색 함으로 재분류되었다. 그러나 1920년까지 완성되지 못했다. 1937 년 스페인 내전 당시 프랑코파 군에게 인도되어 <세우타>로 개칭되 었다. 1948년 폐함되었다.

제원	
유형: 이탈리아 전단 선도함	
배수량: 2,003미터톤(1,972영국톤)	
크기: 103.7m×9.7m×3.6m(340피트×32피트×12피트)	
기관: 스크류 2개, 터빈	
주무장: 102mm(4인치) 함포 8문	
진수년도: 1916년	

1916   1919

기뢰부설함 및 소해함

기뢰의 역사는 길다. 그러나 1914년부터 1918년까지 대량으로 생산된 기뢰는 예전보다 더욱 큰 위협이 되었다. 기뢰부설 및 소해는 해군 함정의 통상 임무 중 위험도가 높다. 일부 소해함에 기뢰 부설 장비가 탑재되기도 했지만, 사실 두 임무는 매우 다르다.

푸가스

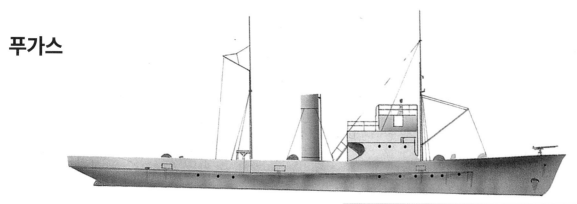

러시아 해군은 1904년 일본군에게 패배한 이후 기뢰를 늘 경계해 왔다. 소해정으로 분류된 이 배는 기뢰 부설도 가능하다. 푸가스는 1916년 11월 사우로프 앞바다에서 촉뢰했다. 자매함 4척 중 3척도 제1차 세계대전 중 촉뢰했다. 오직 한 척만 살아남아 1930년에 해체되었다.

제원	
유형: 러시아 소해정	
배수량: 152미터톤(150영국톤)	
크기: 45.1m×6.1m×1.9m(148피트×20피트×6피트)	
기관: 스크류 2개, 2단 팽창 엔진	
주무장: 63mm(2.5인치) 함포 1문	
진수년도: 1910년	

헬레

원래 중국 해군에서 미국에 발주한 경순양함이던 헬레는 그리스에 매각된다. 1928년 기뢰부설함으로 개장된다. 상부구조물과 내부구조에 상당한 변경이 가해졌다. 새로운 엔진과 보일러도 장착되었다. 1940년 8월 이탈리아 잠수함 <델피노>에게 격침당했다.

제원	
유형: 그리스 기뢰부설함	
배수량: 2,641.6미터톤(2,600영국톤)	
크기: 98.1m×9.75m×4.3m(322피트×39피트×14피트)	
기관: 스크류 3개, 터빈	
최고속도: 18노트	
주무장: 152mm(6인치) 함포 2문	
장갑: 갑판 50-25mm(2-1인치)	
정원: 232명	
진수년도: 1912년	

TIMELINE   1910   1912   1913

카멜레온

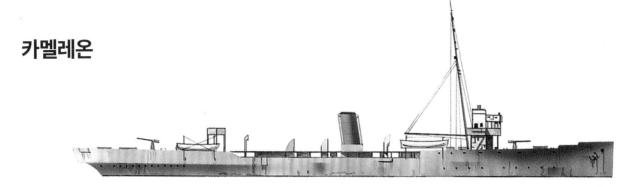

기뢰부설에는 은밀성과 속도가 반드시 필요하다. 카멜레온은 오스트리아 해군에서 가장 뛰어난 기뢰부설함이었다. 갑판에는 기뢰 처리용 레일이 설치되어 있다. 어뢰정 대응 경무장이 설치되어 있고 함재기도 탑재한다. 1920년에 영국에 항복하고, 이탈리아에서 해체된다.

제원	
유형: 오스트리아 기뢰부설함	
배수량: 1,184미터톤(1,165영국톤)	
크기: 88m×9m×3m(288피트 8인치×30피트 2인치×8피트 10인치)	
기관: 스크루 2개, 수직 3단 팽창 엔진	
주무장: 90mm(3.5인치) 함포 4문, 기뢰 300발	
진수년월: 1913년 12월	

다포딜

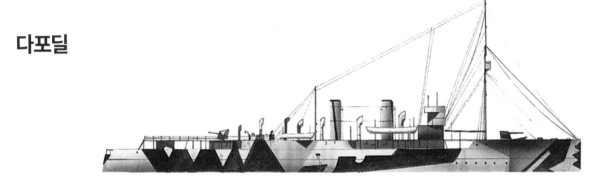

다포딜은 12척의 다용도함 중 하나다. 이들 다용도함들은 기뢰부설함, 호위함, 훈련함 등으로 사용되었다. 안정돛이 달려 있어 소해작업 시 함수를 바람 쪽으로 돌릴 수 있다. 다포딜은 처음에는 소해함으로 사용되었으나 1917년에 호송대 호위용으로 전용되었다. 1935년에 매각되었다.

제원	
유형: 영국 소해함/슬루프	
배수량: 1,219미터톤(1,200영국톤)	
크기: 80m×10m×3m(262피트 6인치×33피트×11피트)	
기관: 스크루 1개, 3단 팽창 엔진	
최고속도: 16.5노트	
주무장: 76mm(3인치) 함포 2문	
진수년월: 1915년 8월	

플루톤

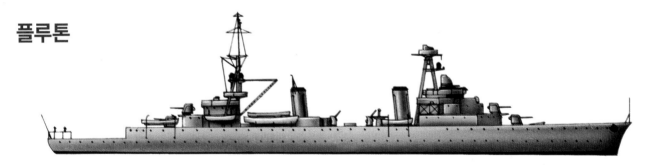

기뢰부설 순양함인 플루톤은 평시에는 포술연습함으로 쓰였다. 그러나 1939년 <라 투르 도베르뉴>로 개칭된다. 지중해 함대에 배속된 이 배는 사관후보생들의 훈련함으로 사용되었다. 1939년 9월 18일 카사블랑카에서 기뢰 폭발 사고로 내부 유폭을 일으켜 침몰했다.

제원	
유형: 프랑스 기뢰부설함	
배수량: 만재 시 6,604미터톤(6,500영국톤)	
크기: 152.5m×15.6m×5.18m(500피트 4인치×51피트 2인치×17피트)	
기관: 스크루 2개, 기어 터빈	
최고속도: 30노트	
주무장: 140mm(5인치) 함포 4문, 76mm(3인치) 함포 3문, 기뢰 290발	
정원: 424명	
진수년도: 1929년	

1915   1929

1900~1929년 모니터 및 대형 포함

제1차 세계대전 중 모니터함 아이디어가 부활했다. 부활한 모니터함은 해안 방어 및 해안 표적 포격용으로 쓰였다. 모니터함은 배수량이 큰 상대도 잘 공격했고, 건조 비용이 비교적 쌌다. 이는 같은 포를 탑재하고 있던 전함과 비교되는 부분이었다.

험버

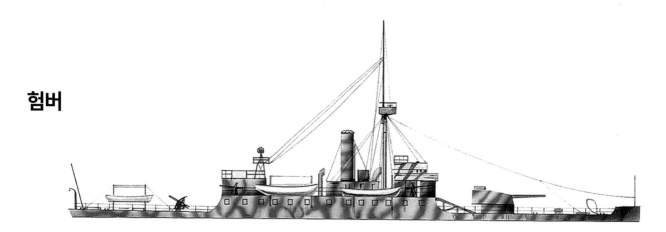

브라질 해군을 위해 건조된 얕은 흘수 모니터함 3척 중 1척이다. 1914년 영국 해군에 인도되었다. 상당히 많은 작전을 치렀다. 1920년 네덜란드 인양 업체에 매각되어 크레인 바지선으로 개조되었다. 1939년에도 운용 중이었다. 1945년 이후 해체되었다(정확한 시기 불명).

제원	
유형: 영국 모니터함	
배수량: 1,544미터톤(1,520영국톤)	
크기: 81m×14.9m×1.7m(266피트 9인치×49피트×5피트 8인치)	
기관: 스크류 2개, 3단 팽창 엔진	
최고속도: 9.6노트	
주무장: 152mm(6인치) 함포 2문, 120mm(4.7인치) 박격포 2문	
장갑: 벨트 76mm(3인치), 탄약고 부분 갑판 51mm(2인치)	
정원: 140명	
진수년월: 1913년 6월	

글래턴

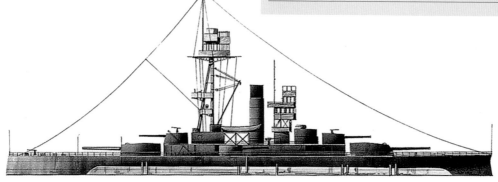

글래턴은 원래 1913년 노르웨이에서 발주한 2척 중 하나였다. 1914년 영국에서 기공되었다. 같은 해 11월 제1차 세계대전을 맞은 영국 해군에 매각되었다. 이후 영국제 포탄을 사용할 수 있게 개조되었다. 완공 직후인 1918년 8월 도버에서 폭침했다.

제원	
유형: 영국 해안방어함	
배수량: 5,831미터톤(5,740영국톤)	
크기: 94.5m×22.4m×5m(310피트×73피트 6인치×16피트 5인치)	
기관: 스크류 2개, 3단 팽창 엔진	
최고속도: 12노트	
삭구장치: 마스트 3개, 가로돛	
주무장: 233mm(9.2인치) 함포 2문, 152mm(6인치) 함포 4문	
장갑: 벨트 76-178mm(3-7인치), 포탑 203mm(9인치), 바벳 152-203mm(6-9인치)	
진수년월: 1914년 8월	

TIMELINE 1913 1914

보스나

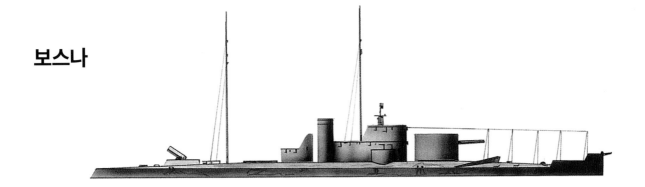

보스나는 다뉴브 강 및 그 지류에서 운용하기 위해 만들어진 천흘수 모니터함이다. 1914년 진수 직후 <테메스>로 개칭되었다. 선대 <테메스>는 그해 침몰한 후, 인양되어 다시 운용되었다. 그래서 1917년 이 배는 다시 <보스나>로 개칭되었다. 1920년에는 유고슬라비아에 인도되어 <바르다르>로 개칭되었다.

제원	
유형: 오스트리아 하천 모니터	
배수량: 590미터톤(580영국톤)	
크기: 62m×10m×1m(203피트 5인치×33피트 9인치×4피트 3인치)	
기관: 스크류 2개, 3단 팽창 엔진	
최고속도: 13.5노트	
주무장: 120mm(4.7인치) 함포 2문, 120mm(4.7인치) 곡사포 2문	
진수년도: 1914년	

마셜 솔트

흘수가 3m(10피트)밖에 안 되는 함체에 대구경 함포를 탑재하는 것은 큰 문제가 되었다. 그래서 갑판 위로 5m(17피트) 높이의 바벳을 달았다. 설계상의 속도는 9노트였으나, 엔진이 그만한 힘을 내주지 못했다. 또한 조향하기도 힘들었다. 1921년 훈련함으로 전용된 마셜 솔트는 1946년 폐함되었다.

제원	
유형: 영국 모니터함	
배수량: 7,010미터톤(6,900영국톤)	
크기: 108.4m×27m×3m(355피트 8인치×90피트 3인치×10피트 6인치)	
기관: 스크류 2개, 디젤 엔진	
최고속도: 6노트	
주무장: 380mm(15인치) 함포 2문	
장갑: 갑판 102mm(4인치), 포탑 330mm(13인치)	
정원: 228명	
진수년월: 1915년 8월	

에레버스

이 함은 장갑 포탑에 380mm(15인치) 주포 2문이 있다. 이 포탑은 중심선에서 살짝 앞쪽으로 치우쳐져 배치된 높은 바벳에 올려져 있다. 중앙함체에는 152mm(6인치) 함포 2문이 있다. 주포 앞에는 낮은 지휘탑이 있다. 삼각대형 마스트 위에는 견시소가 있다. 1946년 폐함되었다.

제원	
유형: 영국 모니터함	
배수량: 8,585미터톤(8,450영국톤)	
크기: 123.4m×26.9m×3.6m(404피트 10인치×88피트 3인치×11피트 10인치)	
기관: 스크류 2개, 3단 팽창 엔진	
최고속도: 14노트	
주무장: 380mm(15인치) 함포 2문, 152mm(6인치) 함포 2문	
장갑: 내장 벨트 102mm(4인치), 탄약고 102mm(4인치), 포탑 330mm(13인치)	
진수년도: 1916년	

1915   1916

1900~1929년 함대 보조함

함대의 지원에는 다양한 보조함이 필요하다. 석탄, 석유, 탄약, 물, 식량 등을 영구 해군 기지에서 함대 또는 전대에 보급해 줘야 한다. 이런 일을 하는 배는 대부분 상선들이며, 배수량도 소형 어선 수준에서 수천 톤급에 이르기까지 다양하다

벵가시

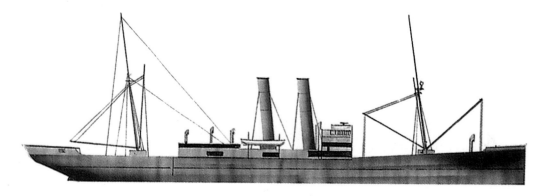

이 배는 원래 터키 수송선이던 <데르나> 호였다. 이 배는 이탈리아 해군의 해상봉쇄를 뚫고 트리폴리에 도달하는 데 성공했다. 그러나 트리폴리가 함락되자 후퇴하던 터키군은 이 배를 자침시켜 버렸다. 1911년 인양된 이 배는 이탈리아 해군에 인도되어 지중해 해안의 수송 업무에 이용되었다. 1925년 11월 민간에 매각되었다.

제원	
유형: 이탈리아 해군 수송함	
배수량: 3,617미터톤(3,560영국톤)	
크기: 87.3m×11.2m×5.8m(286피트 8인치×37피트×19피트)	
기관: 스크류 1개, 수직 3단 팽창 엔진	
주무장: 76mm(3인치) 함포 2문	
진수년도: 1904년	

브론테

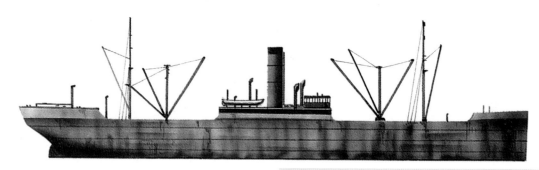

처음부터 함대 석탄함 및 급유함으로 건조된 이 배는 매우 큰 적재 공간과 해상 연료 공급을 위한 특수 장비를 지니고 있다. 브론테는 1941년 8월 21일 영국군에 나포되어 <엠파이어 페리>로 개칭되고 같은 용도로 운용되었다. 이 배는 1946년 이탈리아에 반환되고 같은 해 폐함되었다.

제원	
유형: 이탈리아 해군 연료 보급함	
배수량: 9,611미터톤(9,460영국톤)	
크기: 119m×14.3m×7.5m(391피트×47피트×25피트)	
기관: 스크류 2개, 수직 3단 팽창 엔진	
최고속도: 14.5노트	
주무장: 6파운드 함포 4문	
진수년도: 1904년	

TIMELINE   1904   1916

사이클롭

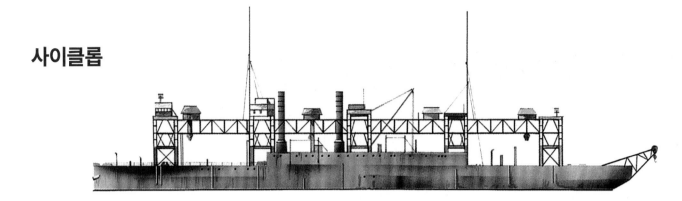

사이클롭은 쌍동 함체 구조에 앞뒤를 잇는 큰 갠트리가 있다. 최대 인양 능력은 1,219미터톤(1,200영국톤)이다. 두 함체 사이에 잠수함을 끌어올려 현장에서 수리하거나, 수리 계선거로 가져갈 수 있다. 1918년에 취역, 제1차 세계대전 종전 시 영국에 인도되었으며 1923년에 해체되었다.

제원	
유형: 독일 잠수함 구난함	
배수량: 4,074미터톤(4,010영국톤)	
크기: 94m×19m×6m(308피트 5인치×64피트 4인치×20피트 8인치)	
기관: 스크루 2개, 수직 3단 팽창 엔진	
최고속도: 9노트	
진수년도: 1916년	

블레넘

블루 퍼널 사의 화물선 <아킬레스>였던 이 배는 제2차 세계대전 초반 구축함 모함으로 개조되었다. 20mm(0.8인치) 대공포 8문이 탑재되고 블레넘으로 개칭된 이 배는 정비 및 가벼운 수리가 가능한 공구와 부품은 물론 의료시설도 적재했다. 1948년 해체되었다.

제원	
유형: 영국 모함	
배수량: 16,865미터톤(16,600영국톤)	
크기: 160m×19m×7.6m(528피트 6인치×63피트 3인치×25피트 3인치)	
기관: 스크루 2개, 기어 터빈	
주무장: 102mm(4인치) 함포 4문	
진수년도: 1919년	

달마치아

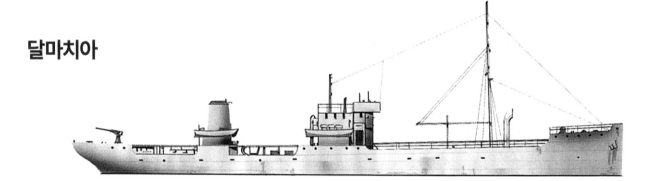

원래 용수 수송선이었던 달마치아는 다년간 이탈리아 해군에서 운용되면서 해상에서 다른 함정들에게 급유를 하고, 해군 연료 저장소에 연료를 보급할 수도 있게 되었다. 엔진 마력은 최고속도에서 1,450마력이었다. 화물 탑재량은 1,829미터톤(1,800영국톤)이었다. 120mm(4.7인치) 함포 1문과 20mm(0.8인치) 대공포 2문으로 무장했다.

제원	
유형: 이탈리아 급유함	
배수량: 5,080미터톤(5,000영국톤)	
크기: 80m×10m×4.6m(260피트×32피트 6인치×15피트 3인치)	
기관: 스크루 2개, 3단 팽창 엔진	
주무장: 120mm(4.7인치) 함포 1문	
진수년도: 1922년	

1919

1922

1900~1909년의 잠수함: 제1부

19세기에 불안하게 출발한 잠수함은 1900년대에는 해군 함정으로서 그 중요성이 갈수록 커졌다. 그 잠재력을 입증하기에는 아직 기술 개발과 승조원 훈련의 여지가 컸지만 말이다. 부상 시에도 만족스럽게 작동하는 추진기관은 아직 나오지 않았다.

파르파데

파르파데는 단거리 전기 잠수함이었다. 부상 시에는 5.3노트 속도로 218.5km(115해리), 잠항 시에는 4.3노트로 53km(28해리)를 항해할 수 있었다. 지휘탑 뒤의 거치대에 어뢰 4발을 탑재할 수 있다. 1905년 비제르타에서 침몰했다. 인양 후 1909년 <폴레>로 개칭되어 재취역했다. 1913년 제적되었다.

제원	
유형: 프랑스 잠수함	
배수량: 부상 시 188미터톤(185영국톤), 잠항 시 205미터톤(202영국톤)	
크기: 41.3m×2.9m×2.6m(135피트 6인치×9피트 6인치×8피트 6인치)	
기관: 스크류 1개, 전기 모터	
최고속도: 부상 시 6노트, 잠항 시 4.3노트	
주무장: 450mm(17.7인치) 어뢰 발사관 4문	
진수년월: 1901년 5월	

에스파동

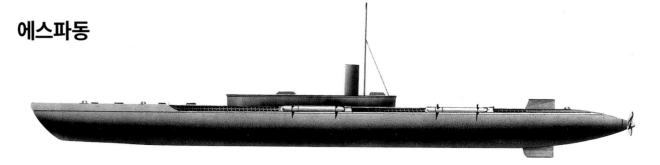

1880년대의 잠수함들은 부상 시에는 증기력으로 달렸다. 그리고 잠항 시에는 새로 개발된 전기 모터를 사용했다. 에스파동도 이런 식이다. 제1차 세계대전에 참전한 이 배는 1919년에 제적되었다.

제원	
유형: 프랑스 잠수함	
배수량: 부상 시 159미터톤(157영국톤), 잠항 시 216미터톤(213영국톤)	
크기: 32.5m×3.9m×2.5m(106피트 8인치×12피트 10인치×8피트 2인치)	
기관: 스크류 1개, 3단 팽창 증기 엔진(부상 시), 전기 모터(잠항 시)	
주무장: 450mm(17.7인치) 어뢰 4발	
진수년월: 1901년 9월	

TIMELINE

1901

1902

A1

A급은 영국에서 최초 설계된 잠수함이다. 또한 부상 항주 시 요긴한 지휘탑을 처음으로 설치한 잠수함이기도 하다. 원래는 함수에 어뢰 발사관 1문이 있었다. A5부터는 1문이 더 추가되었다. 1902년부터 1905년 사이에 13척이 건조되었다. 이 중 일부는 제1차 세계대전 중 훈련함으로 운용되었다.

제원	
유형: 영국 잠수함	
배수량: 부상 시 194미터톤(191영국톤), 잠항 시 274.5미터톤(270영국톤)	
크기: 30.5m×3.4m(100피트×11피트 2인치)	
기관: 부상 시 160마력 가솔린 모터, 잠항 시 126마력 전기 모터	
최고속도: 부상 시 9.5노트, 잠항 시 6노트	
주무장: 460mm(18.1인치) 어뢰 발사관 2문	
진수년월: 1902년 7월	

B1

A급 잠수함들이 완공되기도 전에 B급 잠수함들이 만들어지고 있었다. 건조사인 빅커스사는 자사가 개발한 엔진을 이 잠수함에 탑재했다. 함체에 달린 연장된 상부구조물은 부상 시 성능을 높여주었다. 또한 지휘탑에 달린 작은 수평타로 잠항 시 조종성을 높였다. B1은 1921년 해체되었다.

제원	
유형: 영국 잠수함	
배수량: 부상 시 284미터톤(280영국톤), 잠항 시 319미터톤(314영국톤)	
크기: 41m×4.1m×3m(135피트×13피트 6인치×10피트)	
기관: 스크류 1개, 부상 시 가솔린 엔진, 잠항 시 전기 모터	
주무장: 457mm(18인치) 어뢰 발사관 2문	
진수년월: 1904년 10월	

하옌

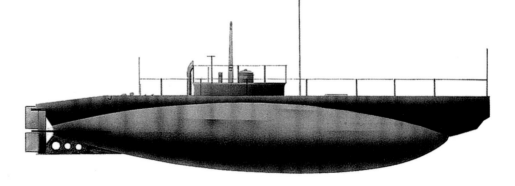

스웨덴 최초의 잠수함인 하옌은 미국에서 잠수함 건조를 배운 엔지니어 카를 리크손이 설계했다. 1902년 스톡홀름에서 기공된 이 배는 1916년에 대규모 개장을 받아 길이가 1.8m(6피트) 늘어났다. 1922년 퇴역한 이 배는 현재 박물관에 전시되어 있다.

제원	
유형: 스웨덴 잠수함	
배수량: 부상 시 108미터톤(107영국톤), 잠항 시 130미터톤(127영국톤)	
크기: 19.8m×3.6m×3m(65피트×11피트 10인치×9피트 10인치)	
기관: 스크류 1개, 부상 시 파라핀 엔진, 잠항 시 전기 모터	
최고속도: 부상 시 9.5노트, 잠항 시 7노트	
주무장: 457mm(18인치) 어뢰 발사관 1문	
진수년월: 1904년 7월	

1904

U-9

단치히(그단스크)에서 건조된 U-9은 복각선체 구조로 동급함 4척 중 네임쉽이다. 1914년 9~10월 북해에서 영국 순양함 아부키르, 크레시, 호그, 호크 4척을 격침시켰다. 1916년 훈련함으로 전용되었다. 1918년 영국에 인도되어 1919년 해체되었다.

지휘탑
여기서 함장은 24개의 레버로 이루어진 일명 <잠항 피아노>를 조작해 잠항 탱크를 조작하고, 어뢰 발사관의 격발기구도 조작했다.

기관
4대의 코르팅 케로신(파라핀) 엔진은 엄청난 연기를 발생시키므로, 탈착식 연돌을 사용해 연기를 위로 뿜어 올렸다.

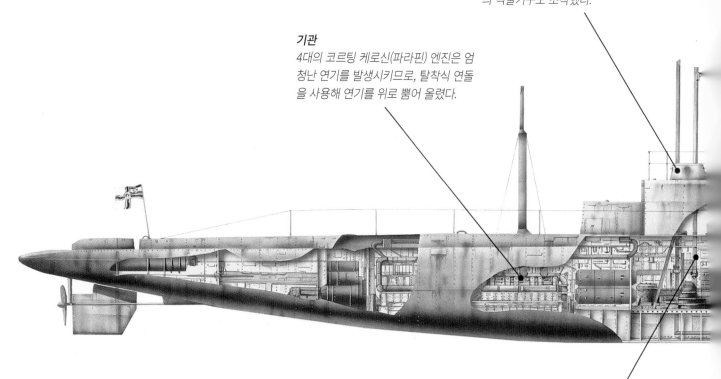

중심 부서
여기에는 자이로 콤파스, 수동식 잠항타 조작장치, 빌지 펌프, 공기 압축기가 있다.

U-9

제1차 세계대전 중 이 배는 <호그>, <크레시>, <아부키르> 등 영국 순양함 3척을 불과 1시간만에 격침했다. 전쟁 기간 중 상선 13척과 군함 5척을 격침하는 엄청난 전과를 올렸다.

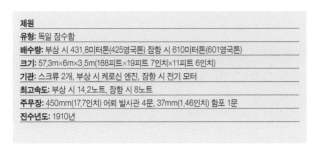

제원

유형: 독일 잠수함	
배수량: 부상 시 431.8미터톤(425영국톤) 잠항 시 610미터톤(601영국톤)	
크기: 57.3m×6m×3.5m(188피트×19피트 7인치×11피트 6인치)	
기관: 스크루 2개, 부상 시 케로신 엔진, 잠항 시 전기 모터	
최고속도: 부상 시 14.2노트, 잠항 시 8노트	
주무장: 450mm(17.7인치) 어뢰 발사관 4문, 37mm(1.46인치) 함포 1문	
진수년도: 1910년	

승조원 숙소
좁고 냄새나는 곳이었다. 당직 장교용 침대도 너무 좁아 등을 대고 눕기가 힘들 정도였다.

어뢰
U-9는 어뢰 6발을 탑재했다. 잠항 및 적과의 교전 시 어뢰 재장전 및 재사격이 가능한 최초의 잠수함이었다.

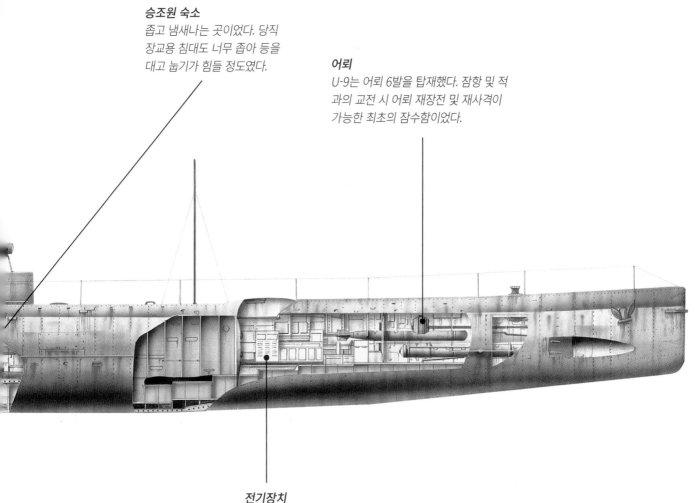

전기장치
전방 함체 전체에 전기 어큐뮬레이터가 있다. 전기 설비는 합선을 잘 일으켰는데, 특히 조리용 스토브가 그런 경향이 심했다.

1900~1909년의 잠수함: 제2부

여러 국가에서 진행된 잠수함 설계와 운용 연구로 인해 잠수함 설계는 새로운 함이 나올 때마다 더욱 발전되어 갔다. 프랑스에서는 잠수함에 디젤 엔진을 탑재했다. 당시의 잠수함들은 비교적 크기가 작았고 따라서 연료 및 어뢰 탑재량이 작았다. 승무원 숙소도 매우 좁았다.

C급

영국 최후의 가솔린 엔진 잠수함이다. 모든 동급함들이 제1차 세계대전 전후로 좋은 활약을 보여주었다. 3척은 홍콩에, 4척은 발트 해에 배치되었는데, 발트 해에 배치된 잠수함들은 독일군에게 노획되는 것을 막기 위해 자침했다. C3은 1918년 제브뤼헤의 고가교 폭파에 동원되었다.

제원	
유형: 영국 잠수함	
배수량: 부상 시 295미터톤(290영국톤), 잠항 시 325미터톤(320영국톤)	
크기: 43m×4m×3.5m(141피트×13피트 1인치×11피트 4인치)	
기관: 스크류 1개, 부상 시 가솔린 엔진, 잠항 시 전기 모터	
최고속도: 부상 시 12노트, 잠항 시 7.5노트	
주무장: 457mm(18인치) 어뢰 발사관 2문	
진수년도: 1906년	

U-1

독일 최초의 실용 잠수함이자 당대 가장 화려한 성능을 보였다. 부상 시 항속거리는 속도 10노트에서 2,850km(1,500해리)였다. 잠항 시 항속거리는 속도 5노트에서 80km(50마일)였다. U-1은 시운전용이었고, 이후 훈련함으로 전용되었다. 1919년에 폐함된 이 배는 뮌헨 국립독일박물관에 기증되었다.

제원	
유형: 독일 잠수함	
배수량: 부상 시 241미터톤(238영국톤), 잠항 시 287미터톤(283영국톤)	
크기: 42.4m×3.8m×3.2m(139피트×12피트 6인치×10피트 6인치)	
기관: 스크류 2개, 부상 시 케로신 엔진, 잠항 시 전기 모터	
최고속도: 부상 시 10.8노트, 잠항 시 8.7노트	
주무장: 450mm(17.7인치) 어뢰 발사관 1문	
진수년월: 1906년 8월	

TIMELINE   1906   1908

D1

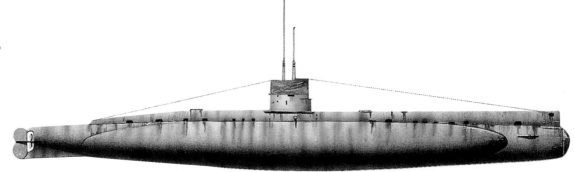

연안 지역을 떠나 멀리까지 초계가 가능한 최초의 영국 잠수함인 D급은 더욱 발전된 설계였다. 더 넓은 내부 공간과 늘어난 배수량은 물론 디젤 엔진도 갖추고 있었다. 무선 통신기도 있었다. 1918년 표적함으로 쓰여 침몰했다.

제원	
유형: 영국 잠수함	
배수량: 부상 시 490미터톤(483영국톤), 잠항 시 604미터톤(595영국톤)	
크기: 50m×6m×3m(163피트×20피트 6인치×10피트 5인치)	
기관: 스크류 2개, 부상 시 디젤 엔진, 잠항 시 전기 모터	
최고속도: 부상 시 14노트, 잠항 시 9노트	
주무장: 457mm(18인치) 어뢰 발사관 3문, 12파운드 함포 1문	
진수년월: 1908년 8월	

그레일링

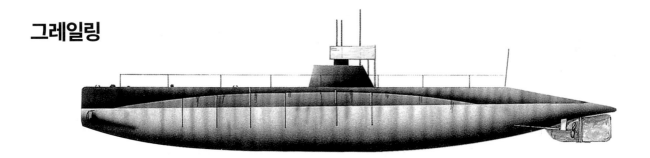

원래는 함번이 D2였다가 나중에 SS18이 되었다. 미 해군에서 마지막으로 가솔린 엔진을 사용한 잠수함 중 하나다. 때문에 15명의 승조원은 늘 불안해했다. 엔진 출력은 600마력이었다. 부상 시 항속거리는 속도 10노트 시 2,356km(1,240해리)였다. 1922년 폐함되었다.

제원	
유형: 미국 잠수함	
배수량: 부상 시 292미터톤(288영국톤), 잠항 시 342미터톤(337영국톤)	
크기: 41m×4.2m×3.6m(135피트×13피트 9인치×12피트)	
기관: 스크류 2개, 부상 시 가솔린 엔진, 잠항 시 전기 모터	
최고속도: 부상 시 12노트, 잠항 시 9.5노트	
주무장: 457mm(18인치) 어뢰 발사관 4문	
진수년월: 1909년 6월	

뒤케렌

이탈리아 라 스페치아의 피아트 산 지오르지오 조선소에서 건조된 뒤케렌은 1909년 10월 덴마크 해군에 매각되었다. 이후 카테카트와 스카게라크 초계 임무에 운용되었다. 1916년 노르웨이 증기선 베스타와 충돌해 침몰했다. 1917년 인양되어, 이듬해 해체되었다.

제원	
유형: 덴마크 잠수함	
배수량: 부상 시 107미터톤(105영국톤), 잠항 시 134미터톤(132영국톤)	
크기: 34.7m×3.3m×2m(113피트 10인치×10피트 10인치×7피트 3인치)	
기관: 스크류 2개, 부상 시 가솔린 엔진, 잠항 시 전기 모터	
최고속도: 부상 시 12노트, 잠항 시 7.5노트	
주무장: 457mm(18인치) 어뢰 발사관 2문	
진수년월: 1909년 6월	

1909

제1차 세계대전의 잠수함들: 제1부

1914년 9월의 어느 날 오후, 독일 잠수함 U-9는 북해에서 순식간에 영국 순양함 3척을 격침, 1,400여 명을 죽였다. 이 사건으로 잠수함이 해군 전략에서 중요한 요소임이 확실해졌다. 독일 잠수함들은 영국의 대서양 보급선을 거의 절단할 뻔 했다.

아트로포

독일이 설계한 메두사급에 속한 아트로포는 1912년 3월에 취역, 제1차 세계대전에 참전했다. 1919년에 제적되었다. 지휘탑에 1개, 중앙통제실에 1개, 합 2개의 잠망경이 있다. 두 잠망경 모두 끝부분이 경사 처리되어 피탐지율을 낮추고 있다.

제원	
유형: 이탈리아 잠수함	
배수량: 부상 시 234.6미터톤(231영국톤), 잠항 시 325미터톤(320영국톤)	
크기: 44.5m×4.4m×2.7m(146피트×14피트 5인치×8피트 10인치)	
기관: 스크루 2개, 부상 시 디젤 엔진, 잠항 시 전기 모터	
최고속도: 부상 시 15.2노트, 잠항 시 7.4노트	
주무장: 450mm(17.7인치) 어뢰 발사관 2문	
진수년도: 1912년	

올레르

1914년의 프랑스 잠수함대는 세계 최강이었지만, 그 자리를 순식간에 독일에게 넘겨주게 된다. 올레르는 16척이 건조된 브뤼메르 급 중 1척이다. 항속거리는 부상 시 10노트로 3,230km(1,700nm), 잠항 시 5노트로 160km(84nm)다. 1920년대에 제적되었다.

제원	
유형: 프랑스 잠수함	
배수량: 부상 시 403미터톤(397영국톤), 잠항 시 560미터톤(551영국톤)	
크기: 52m×5.4m×3m(171피트×17피트 9인치×10피트 3인치)	
기관: 스크루 2개, 부상 시 디젤 엔진, 잠항 시 전기 모터	
최고속도: 부상 시 14노트, 잠항 시 7노트	
주무장: 450mm(17.7인치) 어뢰 발사관 1문, 드롭 칼라 4문, 외부 탑재대 2개	
진수년월: 1912년 10월	

TIMELINE　　　1912

F4

F4는 간단한 시운전을 위해 1915년 3월 25일 호놀룰루 항구를 떠났으나 정상적으로 돌아오지 못했다. 무려 91m(300피트) 해저에 침몰한 것이었다. 그 때까지 그 어떤 배도 인양된 적이 없는 수심이었다. 그러나 5개월 후 인양에 성공했다. 이로써 세계 최저 수심 잠수 기록도 세우게 되었다.

제원	
유형:	미국 잠수함
배수량:	부상 시 335미터톤(330영국톤), 잠항 시 406미터톤(400영국톤)
크기:	43.5m×4.7m×3.7m(142피트 9인치×15피트 5인치×12피트 2인치)
기관:	스크루 2개, 부상 시 디젤 엔진, 잠항 시 전기 모터
최고속도:	부상 시 11노트, 잠항 시 5노트
주무장:	어뢰 발사관 4문
진수년월:	1912년 1월

구스타브 제드

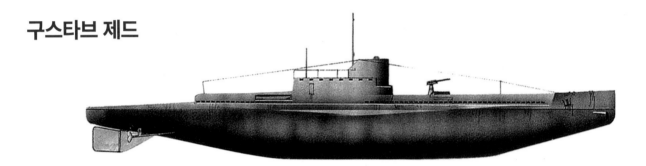

구스타브 제드는 2대의 왕복 엔진으로 3,500마력을, 전기 모터로 1,640마력을 낸다. 항속거리는 부상 시 10노트로 2,660km(1,400해리), 잠항 시 5노트로 256km(135해리)다. 1921~1922년에 걸쳐 U-165에서 떼어낸 디젤 엔진이 장착되고, 새 함교도 설치되었다. 1937년에 퇴역했다.

제원	
유형:	프랑스 잠수함
배수량:	부상 시 862미터톤(849영국톤), 잠항 시 1,115미터톤(1,098영국톤)
크기:	74m×6m×3.7m(242피트 9인치×19피트 8인치×12피트 2인치)
기관:	스크루 2개, 부상 시 왕복 엔진, 잠항 시 전기 모터
최고속도:	부상 시 17.5노트, 잠항 시 11노트
주무장:	450mm(17.7인치) 어뢰 발사관 8문
진수년월:	1913년 5월

G1

E급 설계에 기초한 G급은 독일이 복각 함체 원양항해형 잠수함 부대를 기획 중이라는 보고가 들어온 1914년에 발주되었다. 1915~1917년에 걸쳐 15척이 건조되어 북해에서 운용되었다. G1은 1920년 해체되었다. 마지막 G급 잠수함이 해체된 것은 1928년이었다.

제원	
유형:	영국 잠수함
배수량:	부상 시 704미터톤(693영국톤), 잠항 시 850미터톤(836영국톤)
크기:	57m×6.9m×4.1m(187피트×22피트×13피트 6인치)
기관:	스크루 2개, 부상 시 디젤 엔진, 잠항 시 전기 모터
최고속도:	부상 시 14.25노트, 잠항 시 9노트
주무장:	533mm(21인치) 어뢰 발사관 1문, 457mm(18인치) 어뢰 발사관 4문, 76mm(3인치) 함포 1문
진수년월:	1915년 8월

1913   1915

제1차 세계대전의 잠수함들: 제2부

1차 세계 대전 동안 잠수함은 더욱 커져서, 항속거리는 더 늘어나고 작전 심도는 더 깊어졌다. 독일군이 선호한 전술은 되도록 어뢰 사용을 줄이면서 잠수 상태에서 수면에 접근한 뒤 함포 사격으로 표적을 격파하는 것이었다. 영국과 프랑스도 76mm(3인치) 이상의 대형 함포를 장착하기 시작했다.

뒤피 드 롬

잠수포함 뒤피 드 롬은 1917년부터 제1차 세계대전 종전까지 모로코 전단에서 운용되고, 전후 개장되었다. 원래 달려 있었던 증기 엔진은 독일 잠수함에서 제거한 더 강력한 디젤 엔진(출력 2,900마력)으로 교체되었다. 1935년에 폐함되었다.

제원	
유형: 프랑스 잠수함	
배수량: 부상 시 846미터톤(833영국톤), 잠항 시 1,307미터톤(1,287영국톤)	
크기: 75m×6.4m×3.6m(246피트×21피트×11피트 6인치)	
기관: 스크류 2개, 부상 시 3실린더 왕복 엔진, 잠항 시 전기 모터	
최고속도: 부상 시 15노트, 잠항 시 8.5노트	
주무장: 450mm(17.7인치)어뢰 발사관 8문, 76mm(3인치) 함포 2문	
진수년월: 1915년 9월	

J1

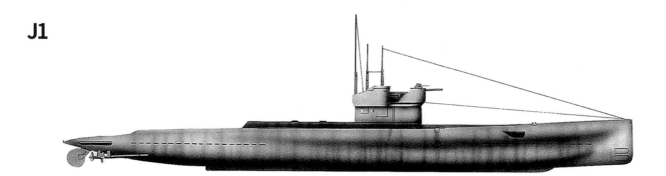

진수 후의 개장을 통해 해상 상태가 나빠도 17노트 속도를 유지할 수 있게 되었다. 12.5노트 속도에서 항속거리는 9,500km(5,000nm)다. 훗날 102mm(4인치) 함포 1문이 지휘탑 전방에 설치되었다. J1은 1919년 오스트레일리아 해군에 인도되었으며, 1924년 해체되었다.

제원	
유형: 영국 잠수함	
배수량: 부상 시 1,223미터톤(1,204영국톤), 잠항 시 1,849미터톤(1,820영국톤)	
크기: 84m×7m×4.3m(275피트 7인치×23피트×14피트)	
기관: 스크류 3개, 부상 시 디젤 엔진, 잠항 시 전기 모터	
최고속도: 부상 시 17노트, 잠항 시 9.5노트	
주무장: 457mm(18인치) 어뢰 발사관 6문, 76mm(3인치) 함포 1문	
진수년월: 1915년 11월	

E20

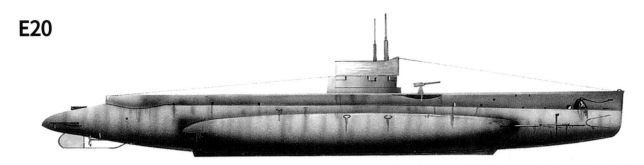

50척 이상이 건조된 E급은 장기간 원양 초계가 가능한 최초의 잠수함이었다. 또한 처음으로 갑판에 함포를 장비한 잠수함들 중 하나다. 지중해, 흑해 전구에 배치된 E20은 1915년 독일 잠수함 UB-14에 격침당했다. 이로써 최초로 잠수함에게 격침당한 잠수함이 되었다.

제원	
유형: 영국 잠수함	
배수량: 부상 시 677미터톤(667영국톤), 잠항 시 820미터톤(807영국톤)	
크기: 55.6m×4.6m×3.8m(182피트 5인치×15피트×12피트 6인치)	
기관: 스크류 2개, 부상 시 디젤 엔진, 잠항 시 전기 모터	
주무장: 457mm(18인치) 어뢰 발사관 5문, 76mm(3인치) 함포 1문	
최고속도: 부상 시 14노트, 잠항 시 9노트	
진수년월: 1915년 6월	

발릴라

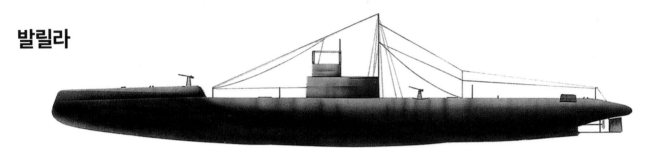

원래 독일 해군을 위해 이탈리아에서 건조된 U-42 잠수함이었던 발릴라는 1915년 이탈리아 해군에 인도되었다. 아드리아해에서 운용되었다. 1916년 7월 14일 초계 중 오스트리아 어뢰정에게 격침되어 승조원 38명 전원이 전사했다.

제원	
유형: 이탈리아 잠수함	
배수량: 부상 시 740미터톤(728영국톤), 잠항 시 890미터톤(876 영국톤)	
크기: 65m×6m×4m(213피트 3인치×19피트 8인치×13피트)	
기관: 스크류 2개, 부상 시 디젤 엔진, 잠항 시 전기 모터	
최고 속도: 부상 시 14노트, 잠항 시 9노트	
주무장: 450mm(17.7인치) 어뢰 발사관 4문, 76mm(3인치) 대공포 2문	
정원: 38명	
진수년월: 1915년 8월	

L3

L3은 갑판에 함포를 설치한 최초의 미국 잠수함이다. 이 함포는 수직으로 내려가 전용 수납공간 속으로 들어간다. 수납이 끝나면 포신의 일부만 함 밖으로 노출된다. 이로써 잠항 시 저항을 줄인다. 항속거리는 부상 시 11노트에서 6,270km(3,300해리), 잠항 시 5노트에서 285km(150해리)이다. 1932년 해체되었다.

제원	
유형: 미국 잠수함	
배수량: 부상 시 457미터톤(450영국톤), 잠항 시 556미터톤(548영국톤)	
크기: 51m×5.3m×4m(167피트 4인치×17피트 4인치×13피트 5인치)	
기관: 스크류 2개, 부상 시 디젤 엔진, 잠항 시 전기 모터	
최고속도: 부상 시 15노트, 잠항 시 9노트	
주무장: 457mm(18인치) 어뢰 발사관 4문, 76mm(3인치) 함포 2문	
진수년월: 1915년 2월	

제1차 세계대전의 잠수함들: 제3부

모든 강대국들이 대규모의 잠수함대를 만들었다. 동시에 대 잠수함 전력 육성에도 많은 노력이 들어갔다. 해군 군항 입구에는 대잠용 장대와 망이 설치되었다. 영국은 뒤늦게나마 호송대 체계를 도입, U보트로 인한 피해를 줄였다. 독일 U보트도 다수가 호위함에게 격침당했다.

N1

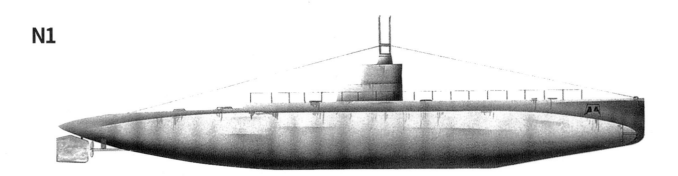

N급 7척은 이전의 L급보다 약간 작다. 엔진 신뢰성을 크게 높이기 위해 출력을 낮추었다. N급은 금속제 함교를 지닌 최초의 미국 잠수함이며, 갑판 함포 없이 1946년까지 현역에 머물렀다. 이후 SS53으로 함번이 바뀐 N1은 1931년 해체되었다.

제원	
유형: 미국 잠수함	
배수량: 부상 시 353미터톤(348영국톤), 잠항 시 420미터톤(414영국톤)	
크기: 45m×4.8m×3.8m(147피트 4인치×15피트 9인치×12피트 6인치)	
기관: 스크류 2개, 부상 시 디젤 엔진, 잠항 시 전기 모터	
최고속도: 부상 시 13노트, 잠항 시 11노트	
주무장: 457mm(18인치) 어뢰 발사관 4문	
진수년월: 1916년 12월	

바르바리고

바르바리고는 4척의 중형 잠수함으로 구성된 전대에 소속되어 있었다. 전통 수평 갑판 아래 4개의 수밀 격실이 있고 이 격실에 포가 장착되어 있다. 이 함의 잠항 가능 수심은 50m(164피트)에 불과하지만 수중 기동성은 우수했다. 1928년에 매각되었다.

제원	
유형: 이탈리아 잠수함	
배수량: 부상 시 774미터톤(762영국톤), 잠항 시 938미터톤(923영국톤)	
크기: 67m×6m×3.8m(220피트×19피트 8인치×12피트 6인치)	
기관: 스크류 2개, 부상 시 디젤 엔진, 잠항 시 전기 모터	
최고속도: 부상 시 16노트, 잠항 시 9.8노트	
주무장: 450mm(17.7인치) 어뢰 발사관 6문, 76mm(3인치) 함포 2문	
진수년월: 1917년 11월	

TIMELINE   1916   1917

M1

M1은 305mm(12인치) 함포 1문을 연장된 지휘탑 앞에 설치했다. 이 함포는 장전된 경우 잠망경 심도에서는 30초 내에, 부상 중에는 20초 내에 사격이 가능했다. 전쟁에 참전한 기간이 그리 길지 않았던 M1은 상선 비다르와 충돌해 침몰했다.

제원	
유형: 영국 잠수함	
배수량: 부상 시 1,619미터톤(1,594 영국톤), 잠항 시 1,977미터톤(1946영국톤)	
크기: 90m×7.5m×4.9m(295피트 7인치×24피트 7인치×16피트)	
기관: 스크류 2개, 부상 시 디젤 엔진, 잠항 시 전기 모터	
최고속도: 부상 시 15노트, 잠항 시 9노트	
주무장: 305mm(12인치) 함포 1문, 533mm(21인치) 어뢰 발사관 4문	
진수년월: 1917년 7월	

U-140

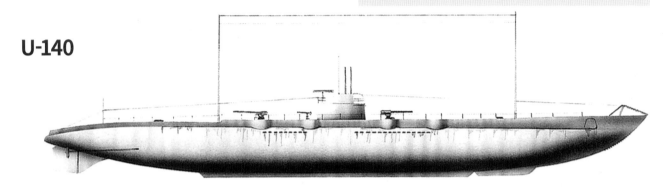

U-139부터 U-147까지는 독일 잠수함 사상 처음으로 함명이 부여되었다. U-140의 함명은 <베디겐>이었다. 어뢰 발사관은 6문이었으나 어뢰 탑재수가 부족했다. 150mm 함포도 2문 있었다. 부상 시에도 표적에 함포 사격을 가해 격침시키기 위한 용도였다. 1921년 7월 표적함으로 쓰여 침몰했다.

제원	
유형: 독일 잠수함	
배수량: 부상 시 1,960미터톤(1,930영국톤), 잠항 시 2,522미터톤(2,483영국톤)	
크기: 92m×9m×5.3m(301피트 10인치×29피트 10인치×17피트 4인치)	
기관: 스크류 2개, 부상 시 디젤 엔진, 잠항 시 전기 모터	
최고속도: 부상 시 15.5노트, 잠항 시 7.5노트	
주무장: 150mm(5.9인치) 함포 2문, 500mm(19.7인치) 어뢰 발사관 6문	
진수년월: 1917년 11월	

H4

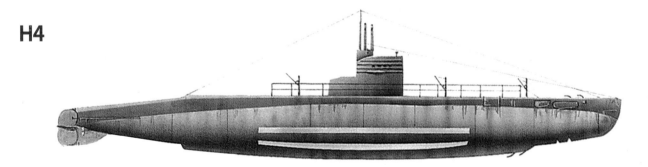

러시아 제국 해군이 일렉트릭 보트 컴퍼니에 발주했다. 그러나 공산 혁명 이후 1918년 미 해군에게 매각되었다. 1920년 SS147이라는 새 함번이 부여되었다. 미국 H급의 잠항 심도는 6m(20피트) 정도로 그리 깊지는 않지만 매우 훌륭한 잠수함으로 평가받는다. 1931년 해체되었다.

제원	
유형: 미국 잠수함	
배수량: 부상 시 398미터톤(392영국톤), 잠항 시 529미터톤(521 영국톤)	
크기: 45.8m×4.8m×3.8m(150피트 3인치×15피트 9인치×12피트 6인치)	
기관: 스크류 2개, 부상 시 디젤 엔진, 잠항 시 전기 모터	
최고속도: 부상 시 14노트, 잠항 시 10노트	
주무장: 457mm(18인치) 어뢰 발사관 4문	
진수년월: 1918년 10월	

1918

도이칠란트

U-151급에 속한 도이칠란트 함은 독일 항구에 대한 영국 해군의 해상 봉쇄를 돌파하기 위한 수송용 잠수함이다. 미국이 제1차 세계대전에 참전하기 이전, 미국에 두 번 다녀오면서 고무 등 고가치 화물을 수송했다. 이후 무장을 갖추면서 U-155라는 함번이 붙었다. 훗날 영국에 인도된 이 배는 1922년에 해체되었다.

도이칠란트

1917년 미국이 제1차 세계대전에 참전하기 이전, 독일은 영국 해군의 독일 항구 봉쇄를 돌파하기 위한 대형 수송 잠수함의 필요성을 빠르게 느꼈다. 이에 U-151이 수송용으로 개조되면서 <도이칠란트>라는 함명이 부여되었다.

제원
유형: 독일 잠수함
배수량: 부상 시 1,536미터톤(1,512영국톤), 잠항 시 1,905미터톤(1,875영국톤)
크기: 65m×8.9m×5.3m(213피트 3인치×29피트 2인치×17피트 5인치)
기관: 스크류 2개, 부상 시 디젤 엔진, 잠항 시 전기 모터
최고속도: 부상 시 12.4노트, 잠항 시 5.2노트
진수년도: 1916년 3월

폭발
1921년 버컨헤드에서 해체 중 폭발을 일으켜 5명의 젊은 견습생이 숨졌다.

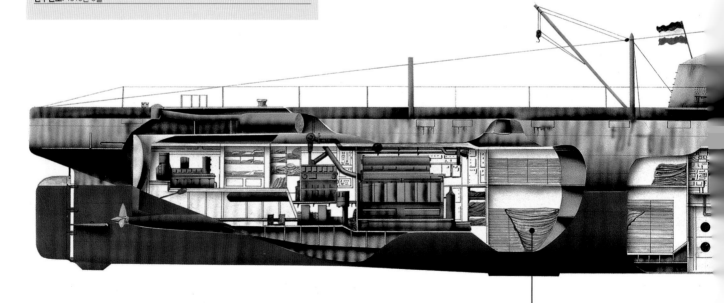

화물칸
화물 탑재량은 700미터톤(690 영국톤)이다. 화물에는 화학 염색약, 의약품, 니켈, 고무, 아연, 구리, 은 등이었다.

데릭

화물의 탑재 및 하역용으로 쓰이는 데릭이
있다. 일부 U-151급 잠수함들은 무선 송수
신을 위해 마스트를 세울 수도 있었다.

재개장

1917년 전방 화물실에 어뢰 적재공간
과 어뢰 발사관이 설치된다. 이 급의
원래 목적으로 돌아간 것이다.

통제실

지휘탑이 낮기 때문에 잠망경은 지휘탑을 관
통하여 함체 내부의 통제실까지 연결된다.

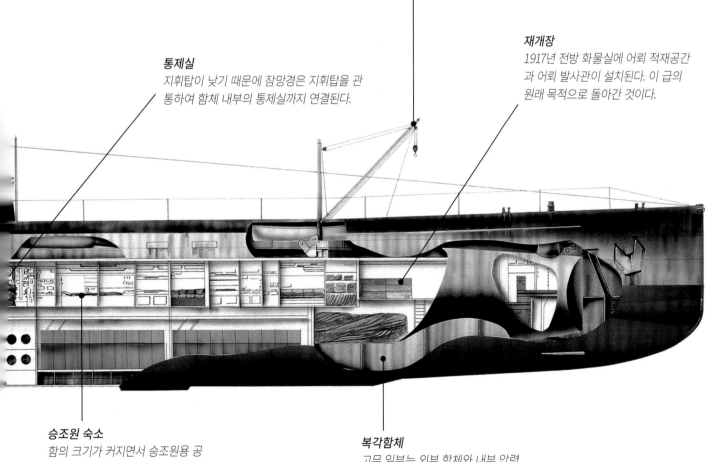

승조원 숙소

함의 크기가 커지면서 승조원용 공
간도 어지간한 U보트들보다 커졌다.
그러나 환경은 여전히 밀실공포증을
일으킬 만했다.

복각함체

고무 일부는 외부 함체와 내부 압력
함체 사이의 공간에 적재되었다.

1919년 이후의 잠수함 발달: 제1부

제1차 세계대전은 항공모함과 잠수함이 미래 전쟁의 주역이 될 거라는 전훈을 남겼다. 그러나 당시 각국의 해군은 이 전훈을 충분히 깨닫지 못했다. 아무튼 잠수함의 개량은 계속되었다. 그리고 그 개량의 주안점은 이제 거의 만능으로 쓰이는 디젤 기계식 수상 추진 체계에 맞추어졌다.

L23

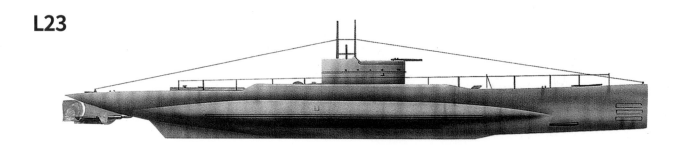

L23은 주로 제1차 세계대전 중 발주되어 건조된 단각함체 잠수함 중 가장 오래 살아남은 함이다. 제2차 세계대전이 개전되었을 때 L23과 자매함 2척만이 현역에 있었다. L23은 제2차 세계대전도 살아남아 1946년에 해체되었다.

제원	
유형: 영국 잠수함	
배수량: 부상 시 904미터톤(890영국톤), 잠항 시 1,097미터톤(1,080영국톤)	
크기: 72.7m×7.2m×3.4m(238피트 6인치×23피트 8인치×11피트 2인치)	
기관: 스크류 2개, 부상 시 디젤 엔진, 잠항 시 전기 모터	
최고속도: 부상 시 17.5노트, 잠항 시 10.5노트	
주무장: 533mm(21인치) 어뢰 발사관 4문, 102mm(4인치) 함포 1문	
진수년월: 1919년 7월	

이(イ)-21

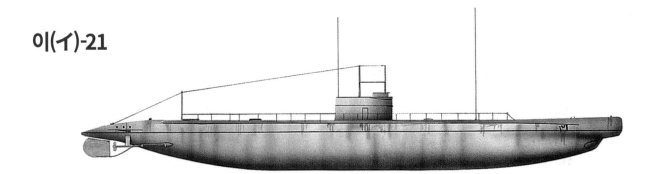

이탈리아에서 설계한 피아트 라우렌티 F1형 잠수함을 기본으로 했다. 가와사키 고베 조선소에서 건조되어 1920년에 완공되었다. 1924년 로(呂)-2로 개칭되었다. 1930년 제적되었다.

제원	
유형: 일본 잠수함	
배수량: 부상 시 728미터톤(717영국톤), 잠항 시 1,063미터톤(1,047영국톤)	
크기: 65.6m×6m×4.2m(215피트 3인치×19피트 8인치×13피트 9인치)	
기관: 스크류 2개, 부상 시 디젤 엔진, 잠항 시 전기 모터	
최고속도: 부상 시 13노트, 잠항 시 8노트	
주무장: 457mm(18인치) 어뢰 발사관 5문	
진수년월: 1919년 11월	

TIMELINE

1919

K26

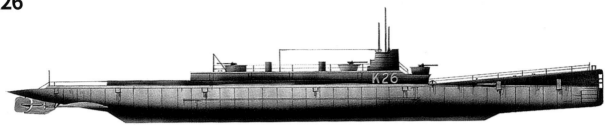

1915년, 영국은 전투 함대와 행동을 함께할 수 있는 고속 원양형 잠수함들을 건조하기 시작했다. 그러려면 디젤 엔진을 증기 터빈으로 바꾸어야 했다. 이 배는 기관실의 길이가 전체 길이의 40%에 달했다. 연돌의 연도에는 커다란 뚜껑이 달려 있다. 1923년 완공되어 1931년 해체되었다.

제원	
유형: 영국 잠수함	
배수량: 부상 시 2,174미터톤(2,140영국톤), 잠항 시 2,814미터톤(2,770영국톤)	
크기: 107m×8.5m×5.2m(351피트 6인치×28피트×17피트)	
기관: 스크류 2개, 부상 시 터빈, 잠항 시 전기 모터	
최고속도: 부상 시 24노트, 잠항 시 9노트	
주무장: 533mm(21인치) 어뢰 발사관 10문, 102mm(4인치) 함포 3문	
진수년월: 1919년 8월	

갈라테

갈라테는 당시 프랑스 해군 최대의 중거리 잠수함 중 하나였다. 낮은 지휘탑의 모습이 독특했다. 어뢰의 배치가 매우 복잡했음에도 1940년까지 성공리에 운용되었다. 1944년 6월 자유 프랑스 해군이 운용하던 중 침몰했다.

제원	
유형: 프랑스 잠수함	
배수량: 부상 시 619미터톤(609영국톤), 잠항 시 769미터톤(757영국톤)	
크기: 64m×5.2m×4.3m(210피트×17피트×14피트)	
기관: 스크류 2개, 부상 시 디젤 엔진, 잠항 시 전기 모터	
최고속도: 부상 시 13.5노트, 잠항 시 7.5노트	
주무장: 551mm(21.7인치) 어뢰 발사관 7문, 76mm(3인치) 함포 1문	
진수년월: 1925년 12월	

X1

초대형 잠수함의 성능을 시험하기 위해 설계되었다. 애스딕(ASDIC)이 설치된 최초의 잠수함이었다. 매우 감항성이 뛰어나고, 함포의 플랫폼으로도 안정적이라는 점이 입증되었다. 132mm(5.2인치) 함포는 부상 시 구축함 및 무장 상선을 공격하기 위해 설치되었다. 1936년 해체되었다.

제원	
유형: 영국 잠수함	
배수량: 부상 시 3,098미터톤(3,050영국톤), 잠항 시 3,657미터톤(3,600영국톤)	
크기: 110.8m×9m×4.8m(363피트 6인치×29피트 10인치×15피트 9인치)	
기관: 스크류 2개, 부상 시 디젤 엔진, 잠항 시 전기 모터	
최고속도: 부상 시 20노트, 잠항 시 9노트	
주무장: 132mm(5.2인치) 함포 4문, 533mm(21인치) 어뢰 발사관 6문	
진수년도: 1925년	

1925

1919년 이후의 잠수함 발달: 제2부

제1차 세계대전 종전 후 영국, 프랑스, 이탈리아, 미국은 독일 U보트를 연구하여, 자국 잠수함 설계에 크게 참조했다. 독일은 잠수함 건조를 금지당했지만, 1920년대 후반부터 비밀리에 잠수함 연구를 재개했다.

에스파동

중무장 기뢰부설 잠수함이다. 어뢰 발사관은 함수 4문, 함미 2문, 상부함체 탑재 컨테이너에 2연장 2개가 있다. 이런 형식의 잠수함 중 8척이 제2차 세계대전 중 손실되었다. 이 중에는 1943년 9월 자침한 에스파동도 포함되어 있다.

제원	
유형: 일본 잠수함	
배수량: 부상 시 728미터톤(717영국톤), 잠항 시 1,063미터톤(1,047영국톤)	
크기: 65.6m×6m×4.2m(215피트 3인치×19피트 8인치×13피트 9인치)	
기관: 스크루 2개, 부상 시 디젤 엔진, 잠항 시 전기 모터	
최고속도: 부상 시 13노트, 잠항 시 8노트	
주무장: 457mm(18인치) 어뢰 발사관 5문	
진수년월: 1919년 11월	

오베론

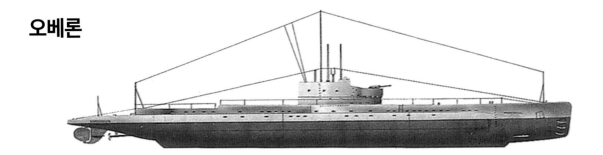

제1차 세계대전의 L급에서 발전한 원양형 잠수함이다. 원 이름은 07이었다. 발전된 설계로 극동 작전에 이상적이었다. 부상 시 항속거리는 9노트로 9,500km(5,000해리), 잠항 시 항속거리는 114km(60해리)이었다. 1945년 해체되었다.

제원	
유형: 영국 잠수함	
배수량: 부상 시 1,513미터톤(1,490영국톤), 잠항 시 1,922미터톤(1,892영국톤)	
크기: 83.4m×8.3m×4.6m(273피트 8인치×27피트 3인치×15피트)	
기관: 스크루 2개, 부상 시 디젤 엔진, 잠항 시 전기 모터	
최고속도: 부상 시 15.5노트, 잠항 시 9노트	
주무장: 533mm(21인치) 어뢰 발사관 8문	
진수년월: 1926년 9월	

TIMELINE
1926

1927

유리디스

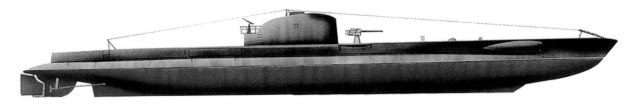

배수량과 항속거리 면에서 중규모의 잠수함이다. 작전 가능 심도는 80m(262피트)다. 1925년부터 1934년 사이에 건조된 26척 중 하나다. 1944년 6월 툴롱에서 자침되었으며, 연합군의 폭격으로 완전 침몰했다.

제원	
유형: 프랑스 잠수함	
배수량: 636 미터톤(626 영국톤) [surface], 800 (787 영국톤) 미티톤 [submerged]	
크기: 65.9m×4.9m×4m(216피트 2인치×16피트×13피트 5인치)	
기관: 스크류 2개, 부상 시 디젤, 잠항 시 전기 모터	
최고속도: 부상 시 14노트, 잠항 시 7.5노트	
주무장: 533mm(21인치) 어뢰 발사관 7문	
진수년월: 1927년 5월	

도메니코 밀렐리레

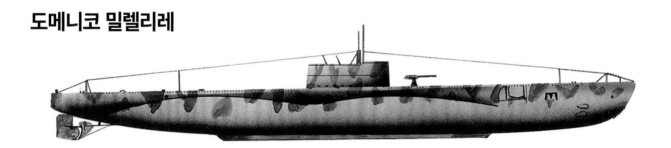

이탈리아 해군을 위해 건조된 대형 순양 잠수함 4척 중 하나다. 1934년에 개장 공사를 받고, 1936~1937, 1941년 스페인 내전에서 프랑코 군을 지원했다. 이후 해상 연료 모선 GR248로 개장되었다.

제원	
유형: 이탈리아 잠수함	
배수량: 부상 시 1,473미터톤(1,450영국톤), 잠항 시 1,934미터톤(1,904영국톤)	
크기: 86m×7.4m×4.2m(282피트×24피트 6인치×14피트)	
기관: 스크류 2개, 부상 시 디젤 엔진, 잠항 시 전기 모터	
최고속도: 부상 시 디젤 엔진 17.5노트, 전기 모터 7노트, 잠항 시 8.9노트	
주무장: 533mm(21인치) 어뢰 발사관 6문, 120mm(4.7인치) 함포 1문	
진수년월: 1927년 9월	

아고너트

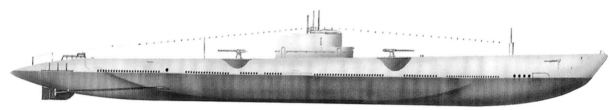

아고너트는 미 해군 유일의 기뢰부설 전용 잠수함이었다. 작전 심도는 91.5m(300피트), 최대 전투행동반경은 18,000마일(28,800km)였다. 제2차 세계대전 중에는 태평양에서 물자 수송과 특수 작전에 종사했다. 1943년 라에 앞바다에서 손실되었다.

제원	
유형: 미국 잠수 기뢰부설함	
배수량: 부상 시 2,753미터톤(2,710영국톤), 잠항 시 4,145미터톤(4,080영국톤)	
크기: 116m×10.4m×4.6m(381피트×34피트×15피트 6인치)	
기관: 스크류 2개, 부상 시 디젤 엔진, 잠항 시 전기 엔진	
최고속도: 부상 시 15노트, 잠항 시 8노트	
주무장: 152mm(6인치) 함포 2문, 533mm(21인치) 어뢰 발사관 4문, 기뢰 60발	
진수년월: 1927년 11월	

1919년 이후의 잠수함 발달: 제3부

1929년, 미국 공학자들이 만든 잠수함용 디젤-전기 엔진은 전력을 생산해 전기 모터를 돌리고, 동시에 배터리를 충전할 수 있는 구조였다. 이 엔진은 미국 S급, 영국 U급 잠수함에 사용되었다.

엔리코 토티

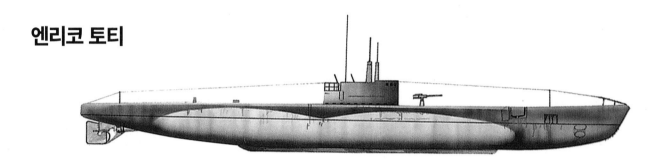

90m(295피트)까지 잠수할 수 있는 장거리 잠수함이었다. 이탈리아 해군은 이 배로 1936~1938년에 걸쳐 스페인 내전의 프랑코군을 지원했다. 그러나 지중해에서 효율적으로 쓰기에는 너무 컸다. 1943년에 퇴역했다.

제원	
유형: 이탈리아 잠수함	
배수량: 부상 시 1,473미터톤(1,450영국톤), 잠항 시 1,934미터톤(1,904영국톤)	
크기: 87.7m×7.8m×4.7m(288피트×25피트 7인치×15피트 5인치)	
기관: 스크루 2개, 부상 시 디젤 엔진, 잠항 시 전기 모터	
최고속도: 부상 시 17.5노트, 잠항 시 8.9노트	
주무장: 533mm(21인치) 어뢰 발사관 6문, 120mm(4.7인치) 함포 1문	
진수년월: 1928년 4월	

지오바니 다 프로치다

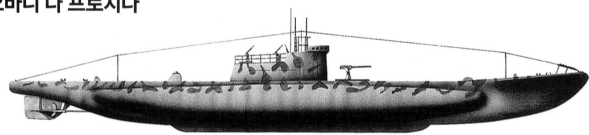

동급함 3척이 더 있다. 스페인 내전 당시 프랑코군을 지원했다. 1942년 고성능 디젤 엔진이 설치되어 부상 시 속도를 17노트로 높였다. 1940~1943년 사이에는 지중해에서 초계 임무를 했고, 1944년에는 훈련함으로 전용되다가 1948년에 해체되었다.

제원	
유형: 이탈리아 잠수함	
배수량: 부상 시 1,473미터톤(1,450영국톤), 잠항 시 1,934미터톤(1,904영국톤)	
크기: 87.7m×7.8m×4.7m(288피트×25피트 7인치×15피트 5인치)	
기관: 스크루 2개, 부상 시 디젤 엔진, 잠항 시 전기 모터	
최고속도: 부상 시 17.5노트, 잠항 시 8.9노트	
주무장: 533mm(21인치) 어뢰 발사관 6문, 120mm(4.7인치) 함포 1문	
진수년월: 1928년 4월	

TIMELINE   1928   1929

쉬르쿠프

강력한 포함이자 어뢰 발사 플랫폼이던 쉬르쿠프의 항속거리는 10 노트에서 19,000km(10,000nm)에 달했다. 잠항 심도는 80m(262피트 6인치)였다. 지휘탑 앞의 수밀식 포탑에는 203mm(8인치) 함포가 있었다. 이 포는 부상 후 2분 30초 이후부터 사격이 가능했다. 1942년 손실되었다.

제원	
유형: 프랑스 잠수함	
배수량: 부상 시 3,302미터톤(3,250영국톤), 잠항 시 4,373미터톤(4,304영국톤)	
크기: 110m×9.1m(360피트 10인치×29피트 9인치)	
기관: 스크류 2개, 부상 시 디젤 엔진, 잠항 시 전기 모터	
최고속도: 부상 시 18노트, 잠항 시 8.5노트	
주무장: 203mm(8인치) 함포 2문, 551mm(21.7인치) 어뢰 발사관 8문, 400mm(15.75m) 어뢰 발사관 4문	
정원: 118명	
진수년도: 1929년	

앙리 푸앙카레

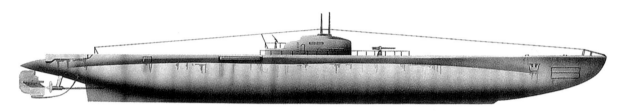

1925~1931년 사이 기공된 29척의 복각 함체 원양형 잠수함 중 하나다. 구경이 다른 어뢰 발사관을 혼합 장비하고 있다는 것이 이채롭다. 1942년 툴롱에서 자침했으나 이탈리아가 인양했다. FR118로 개칭된 이 배는 독일군에 압수된 이후 1943년 9월 침몰했다.

제원	
유형: 프랑스 잠수함	
배수량: 부상 시 1,595미터톤(1,570영국톤), 잠항 시 2,117미터톤(2,054영국톤)	
크기: 92.3m×8.2m×4.7m(302피트 10인치×27피트×15피트 5인치)	
기관: 스크류 2개, 부상 시 디젤 엔진, 잠항 시 전기 모터	
최고 속도: 부상 시 17-20노트, 잠항 시 10노트	
주무장: 400mm(15.7인치) 어뢰 발사관 2문, 550mm(21.7인치) 어뢰 발사관 9문, 82mm(3.2인치) 함포 1문	
진수년월: 1929년 4월	

에르슈

에르슈의 동급함은 87척이다. 이들은 단각함체와 최대잠항심도 90m(295피트)의 성능을 지닌 연안 초계용 잠수함들이다. 이들 중 32척이 제2차 세계대전의 격전 속에서 손실되었다. 그러나 잔여 함들은 1950년대 후반까지 소련 해군에서 운용되었다. 에르슈는 1958년에 해체되었다.

제원	
유형: 소련 잠수함	
배수량: 부상 시 595미터톤(586영국톤), 잠항 시 713미터톤(702영국톤)	
크기: 58.5m×6.2m×4.2m(192피트×20피트 4인치×13피트 9인치)	
기관: 스크류 2개, 부상 시 디젤 엔진, 잠항 시 전기 모터	
최고속도: 부상 시 12.5노트, 잠항 시 8.5노트	
주무장: 533mm(21인치) 어뢰 발사관 6문, 45mm(1.8인치) 2문	
진수년도: 1931년	

1931

영국과 독일의 무장 상선 순양함

영국이 식량과 원자재를 수입하려면 상선단이 필요했다. 독일은 영국 상선단에 맞서 통상파괴선을 운용했다. 이 통상파괴선은 함포 사거리 밖에서는 일반적인 상선처럼 보였다. 이에 영국은 무장 상선 순양함으로 맞섰다.

크론프린츠 빌헬름

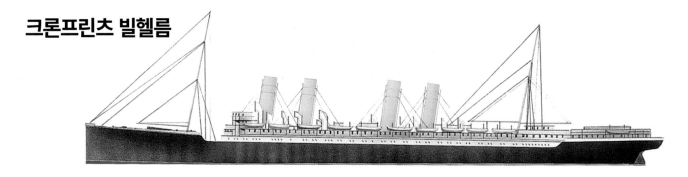

속도가 빠른 크론프린츠 빌헬름은 1914년 8월 무장을 갖추고 통상파괴선이 되어 연합국 선박 15척을 나포했다. 1915년에는 미국 뉴포트 뉴스에 억류되었다. 그리고 1917년 미국이 전쟁에 참전하자 병력 수송선 본 스투벤으로 개칭되어 미국에서 사용된다. 1940년에 해체되었다.

제원	
유형: 독일 여객선	
배수량: 15,147미터톤(14,908영국톤)	
크기: 202m×20.2m×8.8m(663피트×66피트 3인치×29피트)	
기관: 스크류 2개, 4단 팽창 엔진	
최고속도: 23.3노트	
진수년월: 1901년 3월	

카매니아

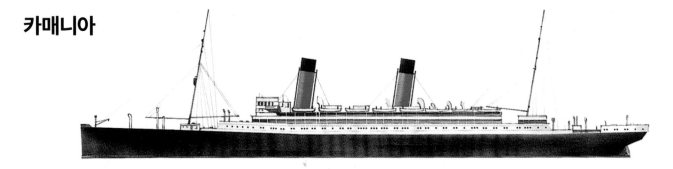

카매니아는 터빈이 설치된 최초의 대형 상선이다. 북대서양 노선에서 운용되었다. 1914년 군에 징발되어 보조 순양함으로 개장되었다. 독일 통상파괴함 캅 트라팔가 호와 격전을 벌여, 총 300여 발을 얻어맞고도 상대를 격침시켰다. 1932년 매각 해체되었다.

제원	
유형: 영국 여객선	
배수량: 19,836미터톤(19,524 영국톤)	
크기: 205.7m×22m(674피트 10인치×72피트 2인치)	
기관: 스크류 3개, 터빈	
최고속도: 20노트	
항로: 북대서양	
진수년월: 1905년 2월	

TIMELINE 　　　1901　　　1905　　　1913

칸 트라팔가

제1차 세계대전이 벌어지자, 부에노스 아이레스에 있던 칸 트라 팔가는 통상파괴선으로 즉시 개조되었다. 제3연돌이 제거되었고 102mm(4인치) 함포 2문, 기타 부무장이 설치되었다. 9월 13일 트리 니다다에서 재급유 중 영국 무장 상선 카매니아 호에게 격침되었다.

제원	
유형: 독일 여객선	
배수량: 19,106미터톤(18,805영국톤)	
크기: 187m×22m(613피트×72피트 3인치)	
기관: 스크루 3개, 터빈	
최고속도: 17.8노트	
진수년월: 1913년 7월	

바야노

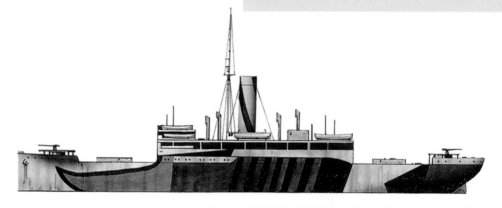

대서양 호송대 호위용으로 건조된 17척 중 하나다. 2문의 대잠수함 곡사포를 장비하고 있다. 적절한 속도의 중형 상선이었으므로 무장 상선 순양함보다 운용 효율이 높았다. 1919년 3월 퇴역했다.

제원	
유형: 영국 호위함	
배수량: 6,896미터톤(6,788 영국톤)	
주무장: 152mm(6인치) 함포 4문, 102mm(4인치) 함포 2문	
진수년월: 1917년 6월	

칼레도니아

5층 갑판 증기선 칼레도니아는 1939년 영국 정부에 인수되었다. 보조 순양함으로 개장된 이 배는 구형 152mm(6인치) 함포 8문, 76mm(3인치) 대공포 2문이 설치되었다. 이름도 스코츠토운으로 개칭되었다. 1940년 6월 13일 독일 잠수함 U-25에게 뇌격당해 격 침당했다.

제원	
유형: 영국 여객선	
배수량: 17,319미터톤(17,046영국톤)	
크기: 168m×22m×9m(552피트×72피트×29피트)	
기관: 스크루 2개, 기어 터빈	
최고속도: 17노트	
항로: 북대서양	
진수년월: 1925년 4월	

1917

1925

헤르초긴 체칠리

훈련 화물선으로 건조된 헤르초긴 체칠리는 1912년 선체 연장 공사를 받아 최고속 산적 화물 범선이 되었다. 제1차 세계대전 이후 프랑스에 인도되었고, 결국 스웨덴의 구스타프 에릭손에게 주어졌다. 1936년 4월 잉글랜드 데본 해안에 좌초했다. 인양되기는 했으나 또 좌초되었고 결국 폐선되었다.

헤르초긴 체칠리

헤르초긴 체칠리는 당대 최고속의 범장 상선이었다. 키가 큰 이 배와 맞설 수 있는 것은 더 원거리를 뛰는 증기선 말고는 없었다. 여기서 말하는 원거리란 오스트레일리아-유럽 간 곡물 운송인 오스트레일리안 바이첸파르트 밀 무역 노선 같은 곳이다. 이 노선은 혼 곶을 돌아가야 한다. 혼 곶에서는 석탄을 보급받기가 어렵기 때문에 증기선에게는 적합지 않았다.

제원	
유형: 독일 범장 훈련선	
배수량: 3,294미터톤(3,242영국톤)	
크기: 94.5m×14m×7.4m(310피트×46피트×24피트 7인치)	
삭구장치: 마스트 4개, 가로돛	
정원: 30명(+견습 선원 70명)	
화물: 석탄, 곡물, 질산염	
항로: 유럽-오스트레일리아, 혼 곶	
진수년도: 1902년	

선미루 갑판
1912년 선미루 갑판이 19피트 (5.8m) 연장되어 견습 선원들의 생활 공간이 커졌다.

화물실
약 4,300미터톤(4,231영국톤)의 산적화물을 탑재할 수 있다. 등록 총 톤수의 두 배가 넘는다.

당나귀 엔진
당대의 다른 대형 범선들과 마찬가지로, 윈치 작동용 소형 증기 엔진이 있다.

키 큰 배
4개의 마스트 중 제일 키가 큰 주 마스트의 높이는 흘수선에서 53.49m(175피트 6인치)다. 주 가로대는 선체의 폭보다도 길다.

돛 면적
돛 면적은 3,530m2(38,000제곱피트)다. 바람이 잘 불면 20노트 이상의 속도를 낼 수 있다.

승조원 숙소
이 배의 승조원 정원은 26명이다. 인원이 적어서 이 거대한 배를 움직이려면 2교대 근무를 할 수밖에 없다.

선체
철로 만들어진 선체의 몸매는 멋지다. 이 때문에 물 위에서 미끄러지듯이 나아갈 수 있다. 오스트레일리아 <곡물 경기>에서도 8번이나 이겼다.

20세기의 범선들

20세기 초반에도 거대한 범장 상선들이 계속 건조 및 운용되었지만, 그 수는 급속도로 줄어들었다. 이 중 많은 수가 증기 기관으로 개장되었다. 그리고 1930년대가 되면 이 중 정기 운용되는 배는 극소수에 불과했다. 하지만 오늘날도 훈련용이나 박물관용으로 운용되는 범장 상선들이 있다.

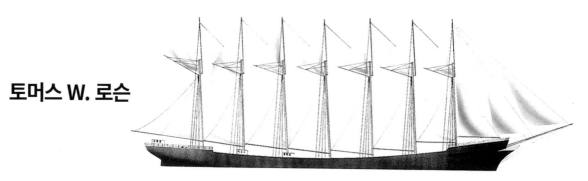

토머스 W. 로슨

토머스 W. 로슨은 아마도 세계 최대의 스쿠너일 것이다. 돛 면적은 4,000m2(43,055제곱피트), 석탄 탑재량은 4,064미터톤(4,000영국톤)이다. 나중에 유조선으로 개장된 이 배는 1907년 200만 갤런(757만 리터)의 석유를 싣고 첫 대서양 횡단 항해를 하던 중 실리 제도 앞바다에서 파선했다.

제원	
유형: 미국 범선	
배수량: 5,301미터톤(5,218영국톤)	
크기: 120.5m×15m×9.8m(395피트 4인치×49피트 3인치×32피트 2인치)	
삭구장치: 마스트 7개, 스쿠너 식	
정원: 35명	
화물: 석탄, 석유	
항로: 미국 연안, 북대서양	
진수년도: 1902년	

아치볼드 러셀

강철 바크 선인 아치볼드 러셀은 빌지 용골을 채택한 극소수 범선 중 하나다. 빌지 용골을 사용하면 바다가 거칠 때도 안정성이 높아진다. 조작하려면 인력이 크게 필요한 장비들이 여러 개 붙어 있다. 제1차 세계대전 이후 덴마크 기업에 매각되었다. 오스트레일리아 곡물 무역에 마지막까지 사용된 범선이던 이 배는 1949년 해체되었다.

제원	
유형: 영국 바크 선	
배수량: 2,423미터톤(2,385영국톤)	
크기: 88.7m×13.1m×7.3m(291피트×43피트×24피트)	
삭구장치: 마스트 4개, 바크 식	
화물: 곡식	
항로: 유럽-오스트레일리아	
진수년도: 1905년	

TIMELINE

 1902   1905   1909

다르 포모르자

함부르크에서 건조된 이 배의 이름은 <프린체신 아이텔 프리드리히>였다. 바람이 적을 때 항행을 도울 보조 엔진을 달고 있는 화물선이었다. 제1차 세계대전 이후 프랑스에 인도된 이 배는 1929년 폴란드 해양대학교에 인도되어 <다르 포모르자>로 개칭되어 훈련선으로 사용되었다. 현재 그디니아에서 박물관선으로 쓰이고 있다.

제원	
유형: 폴란드 범선	
배수량: 1,646미터톤(1,620영국톤)	
크기: 73m×12m×6.4m(239피트×41피트×21피트)	
기관: 360마력급 보조 엔진	
삭구장치: 마스트 3개, 가로돛	
최고속도: 6노트	
진수년도: 1909년	

코망당 드 로즈

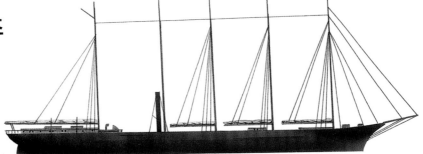

제1차 세계대전 중 프랑스는 40척의 목제 스쿠너 화물선을 미국에 발주했다. 이런 배는 건조비가 적게 들고, 연료도 적게 들고, 자기 기뢰에 강하다. 그러나 전쟁 이후의 경제 침체기에 코망당 드 로즈와 그 자매선들은 큰 상업적 성공을 거두지 못했다. 코망당 드 로즈는 1923년에 폐선되었다.

제원	
유형: 프랑스 증기 스쿠너	
배수량: 3,556미터톤(3,500영국톤)	
크기: 85m×14m×7m(280피트×45피트 6인치×23피트)	
기관: 스크류 2개, 3단 팽창 엔진	
삭구장치: 마스트 5개, 스쿠너 식	
화물: 석유 및 혼합 화물	
진수년월: 1918년 7월	

크루젠스테른

원래는 독일 라에이스츠 범선 해운사를 위해 만든 바크 선 <파두아>였던 이 배는 1946년 배상함으로 소련에 인도되어 <크루젠스테른>으로 개칭되었다. 칼리닌그라드를 모항으로 삼은 이 배는 수로 측량에 사용되었다. 현존하는 가장 큰 범선 중 하나인 이 배는 현재 훈련선으로 사용되고 있다. 2005~2006년에 걸쳐 세계 일주 여행을 하기도 했다.

제원	
유형: 에스토니아 범장 화물선	
배수량: 3,113미터톤(3,064영국톤)	
크기: 114.5m×14m×6.85m(376피트×46피트×22피트 6인치)	
기관: 스크류 2개, 보조용 디젤 엔진	
삭구장치: 마스트 4개, 가로돛	
정원: 견습 선원 포함 230명	
화물: 질산염, 양모, 곡식	
건조년도: 1926년	

1918

1926

아메리고 베스푸치

18세기식 74포 장비 프리깃 설계에 기반한 이 배는 중간돛과 보조 동력이 있기는 했지만 훈련선이다. 그러나 그 훈련도 1930년부터 크게 줄어들었다. 이 배는 지금도 이탈리아 상선단에 남아 있다. 자매선 크리스포로 콜롬보는 1946년 소련에 인도되었다.

아메리고 베스푸치

아메리고 베스푸치의 이름은 신대륙을 발견한 유명한 이탈리아 선원 겸 지도 제작자의 이름이다. 제2차 세계대전기를 제외하면 늘 현역으로 운용되었다. 대부분의 훈련 항로는 유럽 해역이다. 그러나 북미와 남미는 물론 태평양까지도 나간다. 2002년에는 세계 일주 항해를 했다.

제원	
유형: 이탈리아 범선	
배수량: 4165.6미터톤(4100영국톤)	
크기: 82.1m×15.5m×6.7m(269피트 6인치×51피트×22피트)	
기관: 스크루 1개, 보조용 디젤-전기 기관	
삭구장치: 마스트 3개, 가로돛	
정원: 견습 선원 450명	
진수년도: 1930년	

로프
동력이 사용되는 곳은 닻 윈치 뿐이다. 그 외 총연장 30여 km의 로프는 맨손 또는 수동식 양묘기로 움직여야 한다.

조타
타는 선미에 있는 4개의 타기를 사용해 수동으로 조작한다. 또는 항법실에서 유압으로 조작할 수도 있다.

조타실
선미루 갑판의 끝에는 폐쇄형 조타실과 항법실이 있다. 과거의 배에서 선미좌석이 있던 자리다.

선체
프란체스코 로툰디가 목적에 맞게 특별설계한 강철제 선체는 19세기 초반 프리깃 함과 비슷하게 생겼다.

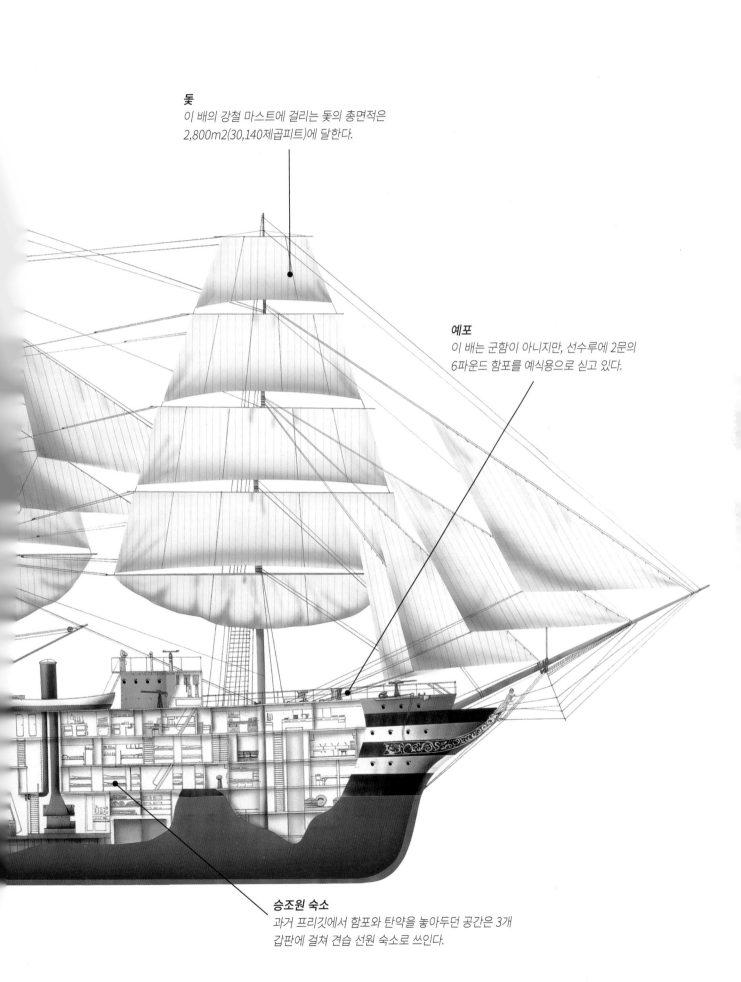

돛
이 배의 강철 마스트에 걸리는 돛의 총면적은
2,800m2(30,140제곱피트)에 달한다.

예포
이 배는 군함이 아니지만, 선수루에 2문의
6파운드 함포를 예식용으로 싣고 있다.

승조원 숙소
과거 프리깃에서 함포와 탄약을 놓아두던 공간은 3개
갑판에 걸쳐 견습 선원 숙소로 쓰인다.

1900~1929년의 건화물선: 제1부

이 30년은 부정기 증기선의 전성기였다. 부정기 증기선은 세계 어디로건 화물을 실어나르는 튼튼한 배다. 한 곳으로 화물을 나르고 나면 바로 다음 일거리를 찾고, 모항에는 1~2년씩 돌아오지 않는 경우도 많다. 물론 꾸준한 무역 수요가 있는 항로를 정기적으로 운항하는 화물선들도 많았다.

코케릴

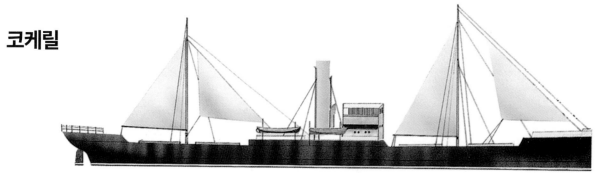

1900년이 되면 범선의 시대는 거의 끝나가고 있었다. 코케릴은 신세대 일반화물선의 전형과도 같은 배였다. 보일러실과 엔진실로 나뉜 2개의 주 선창이 있고, 그 위에는 갑판실과 선교가 있다. 가벼운 안정돛 삭구는 얼마 못 가 불필요해서 제거되었다.

제원	
유형: 벨기에 화물 증기선	
배수량: 2,480미터톤(2,441영국톤)	
크기: 88m×14m(288피트 9인치×45피트)	
기관: 스크류 1개, 수직 복식 엔진	
최고속도: 8노트	
화물: 변질성 상품	
항로: 안트베르펜-런던	
진수년도: 1901	

아틀란드

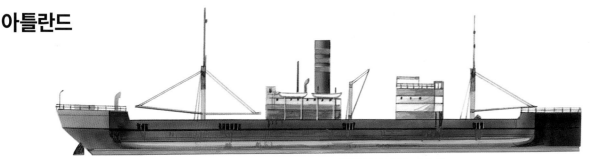

잉글랜더 선더랜드의 독스포드 앤 컴퍼니는 1890년부터 1911년 사이 이 급의 배를 178척 건조했다. 흘수 아래의 선체 형상은 전통적인 포탑형 구조였다. 강철을 덜 사용하여 산적화물 운송에 적합하고, 선주는 항만 사용료(재화중량에 따라 정해진다)를 덜 내도 된다. 1943년 충돌사고로 침몰했다.

제원	
유형: 스웨덴 포탑형 선체 화물선	
배수량: 5109,4미터톤(5,029영국톤)	
크기: 116m×16m(388피트 9인치×52피트 4인치)	
기관: 스크류 1개, 3단 팽창 엔진	
최고속도: 12.7노트	
화물: 철광석 원석	
항로: 나르빅-유럽 항구	
진수년도: 1910년	

TIMELINE   1901   1910   1911

카리모엔

동인도에서 원자재와 농산물을 실어 유럽으로 나르기 위해 건조된 이 배는 데릭이 충실해 투묘소에서 거룻배와 짐을 쉽게 교환할 수 있다. 네덜란드-아프리카 항로에서도 운용되어 자바-제다 사이로 이슬람 교도 순례자들을 실어날랐다.

제원	
유형: 네덜란드 화물선	
배수량: 14,732미터톤(14,500영국톤)	
크기: 135m×17m×8.4m(445피트 6인치×55피트×28피트 4인치)	
기관: 스크루 1개, 3단 팽창 엔진	
최고속도: 16.5노트	
화물: 일반 상품, 열대 산물	
항로: 네덜란드-동인도	
진수년도: 1911년	

캐보티아

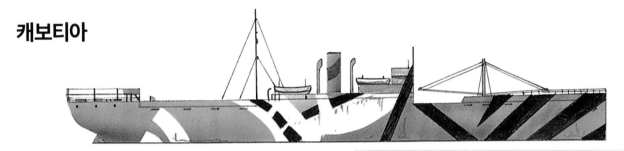

원 이름이 <워 바이퍼>였던 캐보티아는 제1차 세계대전 중 독일 잠수함 공격으로 손실된 상선들을 대체하기 위해 건조된 전시 표준선이다. 북대서양 항로에서 운용되었다. 1925년 새 선주를 맞아 부정기 증기선으로 운용되었다. 1940년 1월 영국 해안에서 촉뢰해 격침당했다.

제원	
유형: 영국 화물선	
배수량: 5,243미터톤(5,160영국톤)	
크기: 125.5m×15.5m(411피트 7인치×50피트 8인치)	
기관: 스크루 1개, 3단 팽창 엔진	
최고속도: 11노트	
화물: 일반 혼합 화물	
진수년도: 1917년	

카니스

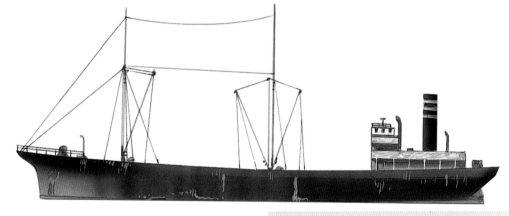

1888년에 범선으로 건조된 이 배의 원 이름은 앤드류 웰치였다. 이후 다른 많은 배들이 그렇듯이 엔진과 새 상부구조물이 부착되어 새로운 선력을 시작했다. 구형 선박을 개조하는 것이 새 배를 건조하는 것보다는 저렴하기 때문이다. <올가>로 개칭된 이 배는 나중에 <소푸스 마그달렌>으로, 그 다음에는 결국 <카니스>로 개칭되어 베르겐을 모항으로 삼았다.

제원	
유형: 노르웨이 연안 증기 화물선	
배수량: 949미터톤(934영국톤)	
크기: 56.4m×11m×5.2m(185피트 6인치×36피트×17피트 5인치)	
기관: 스크루 1개, 디젤	
최고속도: 10노트	
화물: 일반 화물	
항로: 노르웨이 연안	
개장년도: 1918년	

1917   1918

1900~1929년의 건화물선: 제2부

증기 화물선의 대부분은 일반 화물 수송에 적합하지만, 일부는 특수 임무에 맞는 장비를 갖추고 있었다. 육류 수송을 위한 냉장고를 탑재한 냉동선이나, 스칸디나비아 원목 수송선 등이 그 좋은 사례다. 선사간의 경쟁은 치열할 때가 많았고, 운송비를 낮추기 위해 다양한 실험이 행해졌다.

토파즈

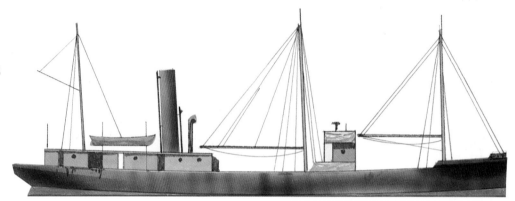

이런 유형의 배는 영국 항구 사이를 40년 동안 오갔다. 가장 많이 실어나른 물건은 석탄이었다. 두 선창, 중앙 갑판실, 선교, 거주공간, 선미부 엔진 등이 선체 대부분을 차지했다. 초기형은 보통 안정돛이 있는 후방 마스트가 달려 있다.

제원	
유형: 영국 연안 증기선	
배수량: 586,2미터톤(577 영국톤)	
크기: 50m×8m×4m(168피트×27피트×13피트)	
기관: 스크루 1개, 3단 팽창 엔진	
최고속도: 8노트	
화물: 석탄, 시멘트, 비료, 일반 상품	
항로: 영국 연안	
진수년도: 1920년	

카렐리아

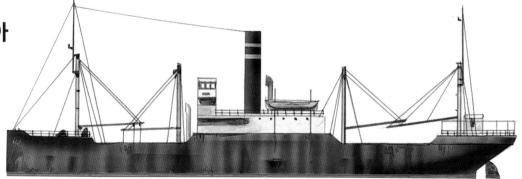

침엽수 원목은 부피에 비해 가볍기 때문에, 원목 수송선은 보통 선창을 채우면서 웰덱 위로 원목을 높이 쌓아올린다. 오지의 부두와 돌제부두를 사용할 수 있는 여러 소형 증기선들은 침엽수 원목 수송 용도로 만들어졌다. 특히 스칸디나비아 조선소에서 건조된 것들이 더 그렇다. 카렐리아는 1963년 네덜란드에서 해체되었다.

제원	
유형: 핀란드 원목 수송선	
배수량: 1,141미터톤(1,123영국톤)	
크기: 66m×10.4m×4,6m(217피트×34피트 5인치×15피트)	
기관: 스크루 1개, 3단 팽창 엔진	
최고속도: 8노트	
화물: 원목	
항로: 핀란드 항구-유럽 항구	
진수년도: 1921년	

TIMELINE

 1920    1921    1926

바르바라

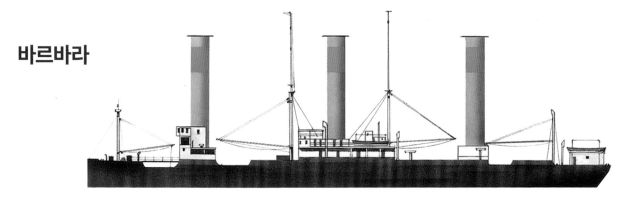

플레트너 로터 타워는 바람의 마그누스 효과를 이용하여 배를 움직인다. 바르바라는 함부르크-아메리카 라인이 운용하려던 플레트너 로터 타워 사용 배 10척 중 첫 배다. 그러나 실제로 플레트너 로터 타워가 설치된 배는 이것이 유일했다. 6노트의 속도를 낼 수 있었다. 몇 번의 항해 끝에 타워는 제거되었다. 이후 사우디 아라비아 기업에 매각되어 1970년대까지 운용되었다.

제원	
유형: 독일 상선	
배수량: 2,110미터톤(2,077영국톤)	
크기: 90m×13m×5,6m(295피트 3인치×42피트 8인치×18피트 4인치)	
기관: 스크류 1개, 디젤 엔진	
삭구장치: 플레트너 실린더 3개	
최고속도: 13노트	
화물: 혼합 화물	
진수년도: 1926년	

네리사

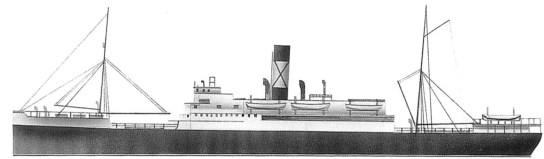

네리사는 클라이드에서 기록적인 속도로 건조되었다. 선체가 강화되었고 쇄빙선식의 선수가 흘수에서 용골 쪽으로 경사져 있다. 229명의 승객을 태울 수 있다. 1927년에는 퍼니스 위시 그룹에 매각되어 서인도-뉴욕 항로에 투입되었다. 1941년 U보트에 격침되었다.

제원	
유형: 영국 화객선	
배수량: 5,672미터톤(5,583영국톤)	
크기: 106m×16,4m×6,3m(349피트 6인치×54피트×29피트 8인치)	
기관: 스크류 1개, 3단 팽창 엔진	
최고속도: 16노트	
항로: 영국-캐나다, 뉴욕-서인도	
진수년도: 1926년 3월	

이사르

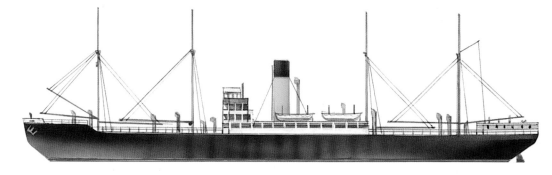

이사르는 마이어폼 선체를 최초로 채택해 항력을 줄이고 속도와 연비를 개선했다. 터빈을 연결하면 연비를 더욱 높일 수 있었다. 중앙에 상부구조물과 엔진을 설치하고 데릭을 장비한 이 배는 어떻게 보면 당대의 표준 화물선이었다.

제원	
유형: 독일 화물선	
배수량: 9,170미터톤(9,026 영국톤)	
크기: 166m×19,2m×8m(564피트 6인치×63피트 6인치×28피트)	
기관: 스크류 1개, 기어 터빈에 연결된 3단 팽창 엔진	
최고속도: 14노트	
화물: 일반 상품	
항로: 독일 항구-극동	
진수년도: 1929년	

1929

1900~1929년의 화객선: 제1부

해운의 역사에서 배들이 매매되고 국적을 바꾼 이야기는 놀랄만큼 큰 비중을 차지한다. 선박 매매 시장의 거점은 런던, 함부르크, 뉴욕, 마르세이유 등이었다. 어떤 배는 여러 번 매매당하기도 했다.

키아우트쇼우

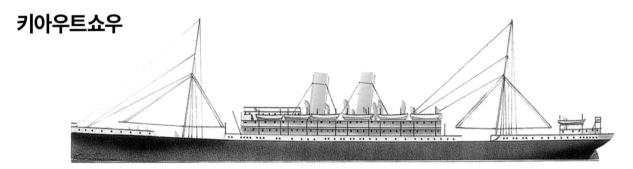

키아우트쇼우는 함부르크 아메리카 라인의 극동 노선용으로 건조되었다. 1등석은 240명, 2등석은 162명, 3등석은 1,950명을 태울 수 있다. 1904년 다른 회사에 매각되어 <프린세스 앨리스>로 개칭되었다. 제1차 세계대전 이후 미국 상선단에 인수되어 <시티 오브 호놀룰루>로 개칭되었다. 1922년 화재로 손실되었다.

제원	
유형: 독일 여객선	
배수량: 11,085미터톤(10,911영국톤)	
크기: 164.5m×18m×8.8m(540피트×60피트×29피트 11 인치)	
기관: 스크류 2개, 4단 팽창 엔진	
최고속도: 15노트	
항로: 함부르크-중국 항구	
진수년도: 1900년	

레이크 챔플레인

처음으로 무선 통신기를 장착한 북대서양 여객선이다. 1913년 오스트리아에 매각되어 <티롤리아>로 개칭되었다. 1914년 영국에 다시 돌아간 이 배는 가짜 드레드노트 행세를 하는 기만함으로 잠시 사용되었다. 그러다가 유조선 <루테니아>가 되었다. 1929년 싱가포르에 배치된 이 배는 1942년 일본에 나포되어 <초란>으로 개칭되었다.

제원	
유형: 영국 여객선	
배수량: 7,510미터톤(7,390영국톤)	
배수량: 140m×15.8m(460피트×52피트)	
기관: 스크류 2개, 3단 팽창 엔진	
최고속도: 13노트	
항로: 영국-세인트로렌스 항구	
진수년도: 1900년	

TIMELINE

1900

1902

카르파티아

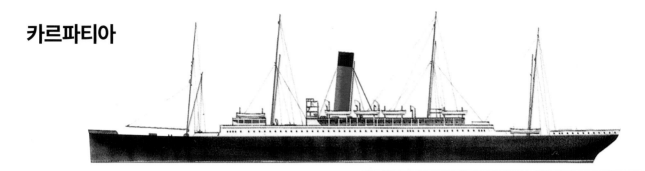

커나드 사의 대서양 노선을 위해 건조된 이 배는 1등석이 없는 당대의 전형적인 화객선이다. 1912년 4월에는 침몰한 타이타닉에서 700여 명의 생존자를 구조했다. 1918년 뉴욕으로 가던 중 독일 잠수함 U-55에 격침당했다.

제원	
유형: 영국 화객선	
배수량: 13,781미터톤(13,564영국톤)	
크기: 170m×20m(558피트×64피트 4인치)	
기관: 스크루 2개, 4단 팽창 엔진	
화물: 일반 화물	
항로: 북대서양	
진수년월: 1902년 8월	

하노버리안

진수 시 이름은 <하노버리안>이었지만, 주인이 바뀌면서 <메이플라워>가 되었다. 북대서양 항로에서 운용되면서 3개 등석 1,455명의 승객을 태웠다. 1904년에는 지중해에 배치되면서 <크레틱>으로 이름을 바꿨다. 1915년부터 1919년까지는 병력 수송선으로 쓰였고, 이후 <데보니안>으로 개칭되면서 다시 원래 용도로 쓰이게 되었다. 1929년에 매각되었다.

제원	
유형: 영국 여객선	
배수량: 13,723미터톤(13,507영국톤)	
크기: 183,2m×18,4m(601피트×60피트 4인치)	
기관: 스크루 2개, 3단 팽창 엔진	
최고속도: 15노트	
항로: 북대서양	
진수년월: 1902년 2월	

코르시칸

코르시칸은 3개 등석 1,500명의 승객을 태울 수 있다. 1912년 빙산과 충돌해 약간의 피해를 입었다. 제1차 세계대전 당시에는 병력 수송선으로 쓰였다. 1922년에는 <마발>로 개칭하고 특별 2등석으로 개장되어 캐나디언 패시픽에서 운용되었다. 1923년 레이스 곶 앞 바다에서 좌초 손실되었다.

제원	
유형: 영국 여객선	
배수량: 11,619미터톤(11,436영국톤)	
크기: 157m×19m(516피트×61피트 4인치)	
기관: 스크루 2개, 3단 팽창 엔진	
최고속도: 16노트	
항로: 글래스고-몬트리올	
진수년월: 1907년 4월	

1907

1900~1929년의 화객선: 제2부

한때 세계 지도에 항로가 나오던 적이 있었다. 지도에 그려지는 항로의 굵기는 교통량에 비례했다. 화객선들은 보통 가느다란 선을 따라 다녔다. 그런 곳은 정기 운송편이 필요하기는 하지만 그렇다고 많은 승객이나 화물이 몰리는 곳은 아니었다.

조지 워싱턴

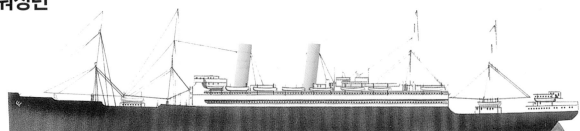

1914년 이전에 건조된 독일제 증기선 중 가장 큰 배다. 3개 등석에 걸쳐 3,017명의 승객을 태울 수 있다. 이 배는 1917년 미국 정부에 인도되어 병력 수송선으로 사용되었다. 1919년 이후 여러 차례 주인이 바뀌며 이름도 <캐틀린>으로 개칭되었다. 1947년 항구에 계류되었고, 1951년 화재를 일으켰다.

제원	
유형: 독일 여객선	
배수량: 25,979미터톤(25,570영국톤)	
크기: 220,2m×23,8m(722피트 5인치×78피트)	
기관: 스크류 2개, 4단 팽창 엔진	
최고속도: 18노트	
항로: 브레멘-뉴욕	
진수년월: 1908년 11월	

갤웨이 캐슬

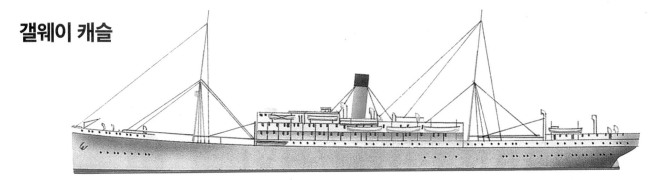

갤웨이 캐슬은 유니온 캐슬의 소형 선박으로, 제1차 세계대전 개전 전까지는 남아프리카행 아프리카 서해안 항로에서 운용되었다. 개전 이후에는 고속 병력수송선으로 쓰였다. 1918년 9월 12일 대서양에서 어뢰 공격을 당했다. 악천후에도 숙련된 승조원들은 충분한 시간을 수면 위에서 버틴 끝에 구명정에 올라탈 수 있었다.

제원	
유형: 영국 여객선	
배수량: 8,116미터톤(7,988영국톤)	
크기: 143,3m×17,1m×8,2m(470피트×56피트 3인치×27피트)	
기관: 스크류 2개, 4단 팽창 엔진	
최고속도: 13.5노트	
항로: 사우댐프턴-케이프타운	
진수년도: 1911년	

TIMELINE　　　　1908　　　　1911

쿠네네

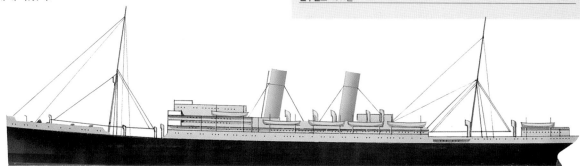

구 독일 화물선 <아델라이데>였던 이 배는 1919년 연합국에 인도되었다. 배수량이 1,625미터톤(1,600영국톤) 이상인 모든 독일 상선은 연합국에 압수되었기 때문이다. 이 배는 포르투갈로 넘어가 <쿠네네>로 개칭되어 1925년까지 운용되다가 5년간 계류 상태로 있었다. 1930년부터 운용이 재개된 이 배는 이후 오랫동안 운용되다가 1955년 해체되었다.

제원	
유형: 포르투갈 화물선	
배수량: 8,966미터톤(8,825영국톤)	
크기: 137m×17.6m×7.7m(450피트×58피트×25피트 3인치)	
기관: 스크루 1개, 3단 팽창 엔진	
최고속도: 12노트	
화물: 곡물, 광물, 일반 화물	
항로: 포르투갈-앙골라	
진수년도: 1911년	

차르

1917년 소련 공산 혁명으로 인해 <차르>는 영국에 인수되어 커나드사 소속이 되었다. 1921년, 1930년, 1935년, 1946년에 선주와 선명이 바뀌었다. 1946년에는 브리티시 엠파이어 사의 <펜린>이 되었다. 이 배는 선력의 대부분을 영국-남미를 오가며 보냈다. 1949년 해체되었다.

제원	
유형: 러시아 여객선	
배수량: 6,607미터톤(6,503영국톤)	
크기: 130m×16m(426피트×53피트)	
기관: 스크류 2개, 4단 팽창 엔진	
최고속도: 15노트	
항로: 상트 페테르부르크-뉴욕, 영국-남미	
진수년도: 1912년	

스와 마루

일본에서 건조된 스와 마루는 자매선인 후시미 마루와 함께 일본 최대의 상선이었다. 기본적으로는 화물선이었지만, 470명의 승객을 탑승시킬 수 있었다. 이 중 300명은 선미의 최저 요금석에 태웠다. 장거리 화물선으로 석탄 4,000미터톤을 탑재할 수 있었다. 1943년 미군 잠수함에게 격침당한다.

제원	
유형: 일본 화물선	
배수량: 21,356미터톤(21,020영국톤)	
크기: 157.3m×19m×8.3m(516피트×62피트 6인치×29피트)	
기관: 스크류 2개, 3단 팽창 엔진	
최고속도: 15.5노트	
화물: 공산품, 일반 화물	
항로: 일본 항구-유럽	
진수년도: 1914년	

1912 1914

1900~1929년의 화객선: 제3부

대부분의 화객선에서는 화물이 주고 승객이 주다. 물론 승객에 대한 대우는 융숭한 경우가 많다. 최소한 1등석 또는 특별 2등석까지는 호화 여객선에 비해도 손색이 없다. 그러나 여객선보다 속도가 느리고, 중간 선착지에 들러 서는 경우가 많다.

날데라

날데라는 1914년 발주되었다. 1917년 영국 해군성은 이 배를 무장 상선 순양함으로 써야 한다고 결정했다. 이 결정은 나중에 고속 화물선, 병력 수송선, 병원선, 항공모함으로 바뀌게 된다. 1918년말 미완성의 선체는 P&O 사에 반환되었다. P&O사는 1920년 여객선으로 선체를 완성했다. 날데라는 1938년 해체되었다.

제원	
유형: 영국 여객선	
배수량: 23,368미터톤(23,000영국톤)	
크기: 182.8m×20.6m×8.9m(600피트×67피트 6인치×29피트 3인치)	
기관: 스크루 2개, 4단 팽창 엔진	
최고속도: 16노트	
항로: 런던-싱가포르 및 오스트레일리아	
진수년도: 1917년	

랭카셔

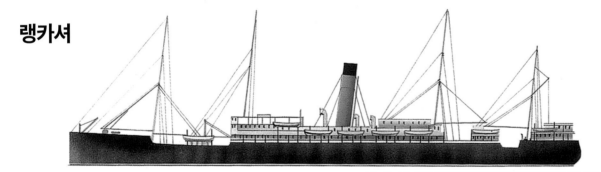

랭카셔는 마스트 4개를 보유한 마지막 증기선 중 하나다. 1917년 7월 비비 라인 사에서 운항을 시작한 이 배는 1930년부터 영국-인도 사이를 오가는 병력 수송선으로 사용되기 시작했다. 제2차 세계대전 중에도 병력 수송선으로 사용된 이 배는 1956년 해체되었다.

제원	
유형: 영국 여객선	
배수량: 9,704미터톤(9,552영국톤)	
크기: 152m×17.4m×8.5m(500피트×57피트 3인치×28피트 1인치)	
기관: 스크루 2개, 4단 팽창 엔진	
최고속도: 15노트	
화물: 일반 화물, 면화, 쌀	
항로: 영국-인도 항구-랭군	
진수년도: 1917년	

TIMELINE

1917

미네카다

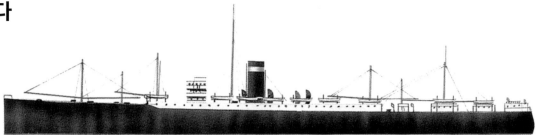

1913년에 아틀란틱 트랜스포트 라인의 호화 여객선으로 발주된 미네카다는 제1차 세계대전 중에는 화물선으로 쓰였다. 1920년부터는 3등석 2,150명 정원의 이민선으로 쓰였다. 1926년에는 여행객 750명 정원으로 개장되었다. 1936년 해체되었다.

제원	
유형: 미국 여객선	
배수량: 17,500미터톤(17,221영국톤)	
크기: 196.9m×20.3m(646피트×66피트 3인치)	
기관: 스크루 3개, 3단 팽창 엔진, 저압 터빈	
최고속도: 15노트	
진수년월: 1917년 3월	

발라라트

발라라트의 설계는 제1차 세계대전 이전 P&O 사에서 광범위하게 쓰이던 B급 선박에 기초했다. 영국-인도-오스트레일리아 항로에서 운용되던 이 배는 높은 승객 수송능력을 자랑했다. 3등석 승객을 1,200명이나 실을 수 있었다. 쉽게 병력 수송선으로 개조될 수 있었다. 1935년 폐선되었다.

제원	
유형: 영국 화객선	
배수량: 15,240미터톤(15,000영국톤)	
크기: 163.7m×19.6m(537피트×64피트 4인치)	
기관: 스크루 2개, 수직 3단 팽창 엔진	
최고속도: 13.5노트	
항로: 영국-오스트레일리아	
진수년월: 1920년 9월	

마운트 클린턴

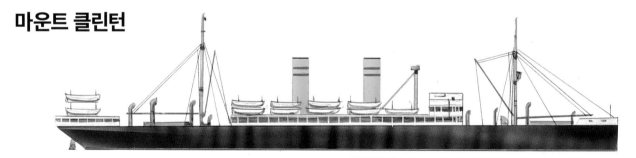

원래는 유럽에서 미국으로 이민자들을 나르던 이민선이던 마운트 클린턴 호는 1925년 매트슨 라인에 매각되어 태평양에서 운용되었다. 주 활동 항로는 하와이-캘리포니아였다. 객실은 승객이 없을 시 경화물칸으로 빠른 전용이 가능하도록 설계되었다.

제원	
유형: 미국 화객선	
배수량: 15,240미터톤(15,000영국톤)	
크기: 139m×17.2m×8.8m(457피트×57피트×28피트 9인치)	
기관: 스크루 1개, 터빈	
최고속도: 13노트	
화물: 파인애플, 설탕, 일반 화물	
항로: 북대서양, 미국-하와이	
진수년도: 1921년	

1920   1921

1900~1929년의 화객선: 제4부

화객선은 속도보다는 운영 경제성 향상 쪽으로 발달했다. 가장 큰 배에만 터빈 엔진이 장착되었다. 때문에 선주들은 비교적 운영 비용이 적은 해양용 디젤 엔진을 더 선호했다. 그럼에도 석탄 보일러형 3중 팽창 엔진은 여전히 널리 쓰였다.

밸모럴 캐슬

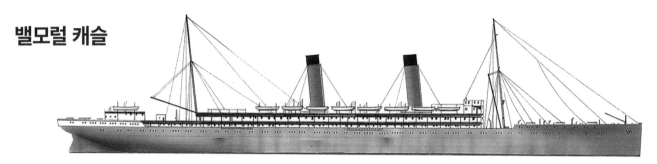

무선 통신기를 탑재한 최초의 유니온 캐슬 여객선이다. 1등석 317명, 2등석 220명, 3등석 268명을 탑승시킬 수 있다. 1910년 남아프리카 연합 성립 시 왕실 요트로 쓰였다. 제1차 세계대전 중에는 병력 수송선으로 쓰였다. 1939년 매각 해체되었다.

제원	
유형: 영국 여객선	
배수량: 13,574미터톤(13,360영국톤)	
크기: 180m×19.6m×9.6m(590피트 6인치×64피트 4인치×31피트 6인치)200ο	
기관: 스크류 2개, 4단 팽창 엔진	
최고속도: 17노트	
항로: 영국-남아프리카	
진수년월: 1909년 11월	

콘테 베르데

콘테 베르데는 1940~1942년간 상하이에 계류되어 있다가, 이후 중국-일본 노선을 운항했다. 1943년 이탈리아가 추축국에서 탈퇴하자, 일본은 이 배가 연합국에 나포되는 것을 막기 위해 자침시켰다. 이후 일본은 이 배를 인양하여 병력 수송선으로 개장했다. 이 배는 1944년 미군에 의해 격침당했으며, 1944년 인양되어 1951년 해체되었다.

제원	
유형: 이탈리아 여객선	
배수량: 19,065미터톤(18,765영국톤)	
크기: 170m×23m(559피트 5인치×74피트 2인치)	
기관: 스크류 2개, 터빈	
최고속도: 20노트	
진수년월: 1922년 10월	

TIMELINE   1909   1922   1924

엑스플로라퇴르 그랑디디에

극동 운용을 위해 건조된 2척 중 하나다. 프랑스-마다가스카르 항로를 운항하다가 프랑스가 1940년 독일에 패망하자 마르세이유에 계류되었다. 이후 독일군이 마르세이유에서 철수할 때, 항구 입구를 막기 위해 자침되었다. 1945년 이후 해체되었다.

제원	
유형: 프랑스 여객선	
배수량: 10,432미터톤(10,268영국톤)	
크기: 145m×18.5m(475피트 9인치×60피트 8인치)	
기관: 스크루 2개, 3단 팽창 엔진	
최고속도: 14노트	
화물: 일반화물, 열대 제품	
항로: 마르세이유-마다가스카르	
진수년도: 1924년	

하일랜드 치프틴

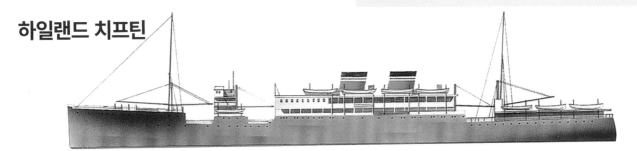

내연 기선은 경제적이다. 15노트 속도를 유지하려면 출력이 10,000 마력이면 된다. 이 배는 3개 등석에 800명을 태울 수 있다. 1955년에 매각되어 포경선 <캘핀 스타>로 개장되었다. 1960년 몬테비데오 앞바다에서 예인되다가 기관실 폭발 이후 좌초 손실되었다.

제원	
유형: 영국 여객선	
배수량: 14,357미터톤(14,130영국톤)	
크기: 166m×21m×8.5m(544피트 6인치×69피트×28피트 1인치)	
기관: 스크루 2개, 디젤 엔진	
최고속도: 15노트	
화물: 일반 화물, 곡물, 쇠고기 통조림	
항로: 런던-라플라타 강	
진수년월: 1928년 6월	

인판타 베아트리스

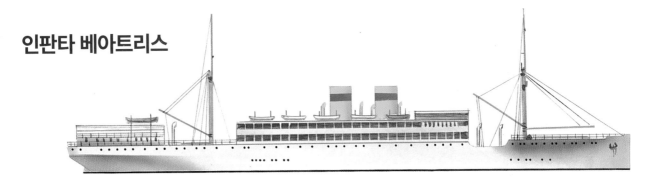

이 배는 승객 편의성이 뛰어났다. 특히 1등석일수록 더욱 그랬다. 그리고 냉장 바나나도 많이 실을 수 있었다. 스페인 내전 중 이 배는 시우다드 데 세빌라로 개칭되었다. 이후 프랑코군의 폭탄 공격으로 바르셀로나에서 격침되었다. 인양되어 1960년대까지 운용되었다.

제원	
유형: 스페인 화객선	
배수량: 6379.5미터톤(6279영국톤)	
크기: 125m×16.8m×6.4m(410피트×52피트×21피트 6인치)	
기관: 스크루 2개, 디젤 모터	
최고속도: 14노트	
화물: 바나나	
항로: 독일-카나리아 제도	
진수년도: 1928년	

1928

타이타닉

화이트 스타 라인을 위해 벨파스트에서 건조된 타이타닉은 그 비극적인 최후를 통해 역사에 이름을 길이 남기게 되었다. 사우샘프턴 발 뉴욕 행 처녀 항해 중이던 1912년 4월 14일, 전속력으로 빙산에 충돌해 침수되었다. 완전 침몰하기까지 2시간 이상이 걸렸지만, 승객과 승조원 총 2,223명 중 1,503명이 배와 함께 목숨을 잃었다.

타이타닉

타이타닉은 당대 최대의 호화 여객선을 노리고 건조되었다. 처녀 항해 불과 며칠 전에 실시된 해상 시운전에서 감항성을 인정받았다. 그러나 위기시 대처 방안이 없었고 충분한 수의 구명정이 없었기 때문에 그 운명의 밤에 수많은 사람들이 죽었다.

제원	
유형: 영국 여객선	
배수량: 47,069미터톤(46,328영국톤)	
크기: 259.85m×28.2m×10.35m(852피트 6인치×92피트 6인치×34피트)	
기관: 스크류 3개, 3단 팽창 엔진	
최고속도: 22노트	
항로: 북대서양	
진수년도: 1911년	

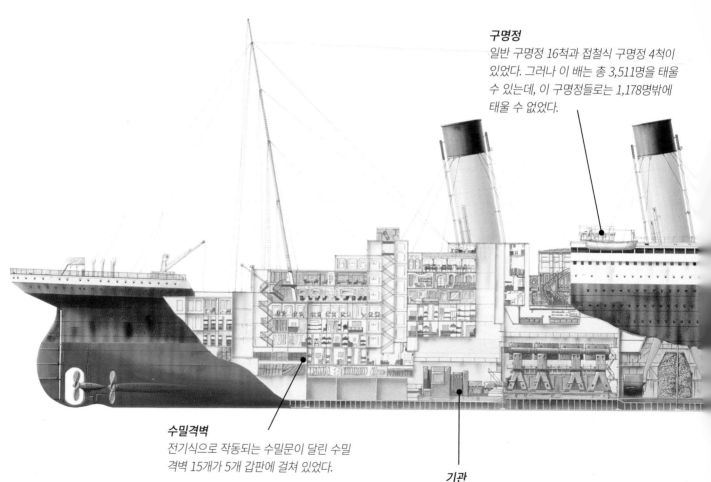

구명정
일반 구명정 16척과 접철식 구명정 4척이 있었다. 그러나 이 배는 총 3,511명을 태울 수 있는데, 이 구명정들로는 1,178명밖에 태울 수 없었다.

수밀격벽
전기식으로 작동되는 수밀문이 달린 수밀 격벽 15개가 5개 갑판에 걸쳐 있었다.

기관
양면 보일러 24개, 단면 보일러 5개로 3단 팽창 엔진 2세트와 저압 터빈 1개 (중앙 스크류용)에 동력을 공급했다.

통신실
마르코니 사의 통신사는 이 방에서
빙산 경보를 전달받았으나, 선장은
이 경보를 무시했다.

견시소
여기에 서 있던 견시는 4월 14일 오후 11시
40분에 "전방에 빙산!"이라고 보고했다. 그
러나 회피 기동을 하기에는 너무 늦었다.

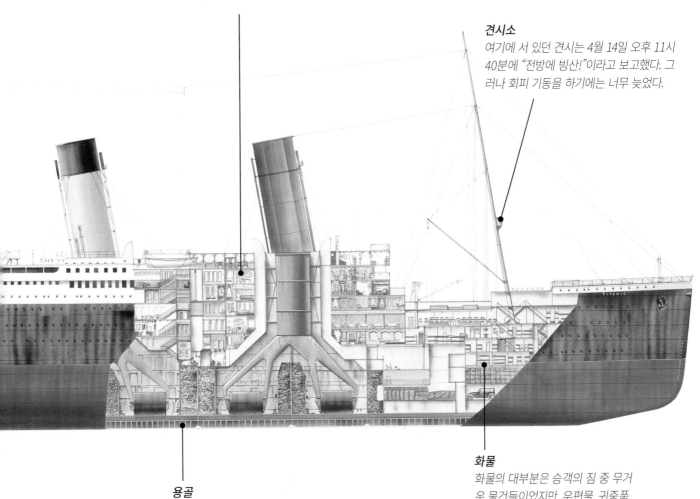

용골
자매선인 <올림픽>, <브리태닉>과 마찬가지로
타이타닉 역시 이중 용골이었다. <불침> 강철
선체를 보강하기 위함이었다.

화물
화물의 대부분은 승객의 짐 중 무거
운 물건들이었지만, 우편물, 귀중품,
자동차 등도 탑재했다.

1900~1929년의 여객선: 제1부

유럽 항구에서 뉴욕과 보스턴으로 가는 항로에는 많은 배들이 오갔다. 따라서 경쟁도 격렬했다. 속도야 말로 성공으로 가는 열쇠였다. 그러니 이 항로의 양방향을 가장 빨리 운항하는 배에 주어지는 블루 리밴드 상을 많은 사람이 탐낸 것도 당연했다.

도이칠란트

가장 빠른 대서양 횡단을 노리고 건조된 이 배는 처녀 항해에서 블루 리밴드 상을 탄 후, 이 상을 6년 동안이나 보유하고 있었다. 1910년에는 유람선으로 개조되어 <빅토리아 루이제>로 개칭되었다. 1914년에는 보조 순양함으로 개장되었으나, 실전에 투입된 적은 없었다. 1925년에 폐선되었다.

제원	
유형: 독일 여객선	
배수량: 16,766미터톤(16,502영국톤)	
크기: 208.5m×20.4m(684피트×67피트)	
기관: 스크류 2개, 4단 팽창 엔진	
최고속도: 23.6노트	
항로: 함부르크-뉴욕	
진수년월: 1900년 1월	

블뤼헤르

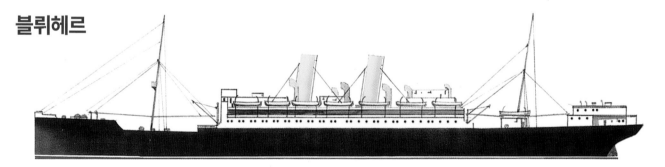

블뤼헤르는 함부르크-아메리카 라인을 위해 건조되었으며, 1902년 완공되어 대서양 항로에 배치되었다. 1917년 연합국에 인도되었고, 1919년 프랑스 선적으로 다시 뉴욕행 노선에 투입되었다. 1921~1923년 동안 계류되어 있던 이 배는 <수프렌>으로 개칭된 후 다시 운용되었으며 1929년 해체되었다.

제원	
유형: 독일 여객선	
배수량: 12,531미터톤(12,334영국톤)	
크기: 168m×19m(549피트 6인치×62피트)	
기관: 스크류 2개, 4단 팽창 엔진	
최고속도: 15노트	
항로: 북대서양	
진수년도: 1901년	

TIMELINE · 1900 · 1901 · 1903

발틱

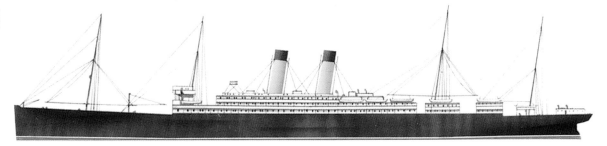

벨파스트의 하랜드 앤 울프 사가 화이트 스타 라인을 위해 건조했다. 1등석 900명, 4등석 2,000명을 탑승시킬 수 있었다. 진수 당시 세계 최대의 배였다. 제1차 세계대전 당시에는 병력 수송선으로 쓰였다. 1924년에 보일러 교체를 받고 1932년에 계류되었다. 1933년 해체되었다.

제원	
유형: 영국 상선	
배수량: 24,258미터톤(23,876영국톤)	
크기: 221m×23m(725피트×75피트 6인치)	
기관: 스크류 2개, 3단 팽창 엔진	
최고속도: 17노트	
화물: 일반 화물	
항로: 북대서양	
진수년월: 1903년 11월	

엠프레스 오브 브리튼

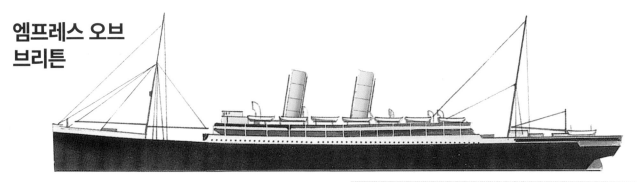

1906년 캐나디언 패시픽 컴퍼니 소속으로 취항한 이 배는 3개 등석에 1,460명의 승객을 태울 수 있다. 제1차 세계대전 서전에는 보조 순양함으로, 이후에는 병력 수송선으로 쓰였다. 1924년 대규모 개장을 받고 <몬트로얄>로 개칭되었다. 1930년에 해체되었다.

제원	
유형: 캐나다 여객선	
배수량: 14,416미터톤(14,189영국톤)	
크기: 167m×20m(549피트×66피트)	
기관: 스크류 2개, 4단 팽창 엔진	
최고속도: 20노트	
항로: 리버풀-캐나다	
진수년월: 1905년 11월	

루시타니아

루시타니아는 커나드 사의 북대서양 노선용으로 만들어졌으며, 진수 당시 세계 최대 크기의 배였다. 승객은 2,165명을 태울 수 있었으며, 1907년 양방향 블루 리밴드 상 수상선이었다. 1915년 5월 뉴욕을 출항해 사우댐프턴으로 가던 중 아일랜드 앞바다에서 독일 잠수함 U-20에게 격침당해 탑승자 1,198명이 죽었다.

제원	
유형: 영국 여객선	
배수량: 32,054미터톤(31,550영국톤)	
크기: 232m×27m(761피트×88피트)	
기관: 스크류 4개, 터빈	
최고속도: 24노트	
항로: 북대서양	
진수년도: 1906년	

1905   1906

1900~1929년의 여객선: 제2부

모든 증기 여객선사들은 자신들의 배가 호화롭다고 강조하면서도, 대부분의 승객들이 3등석을 이용한다는 사실을 알았다. 3등석 승객들은 1등석과는 격리되어 있었지만, 최하 등급인 4등석도 있었다. 4등석은 대개 편도로만 배를 이용하는 이민자들이 사용했다.

프랑스

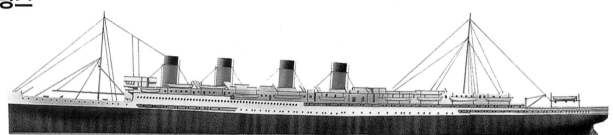

프랑스는 대서양 횡단 여객선 중에는 가장 크기가 작은 축이었지만, 속도는 가장 빨랐다. 제1차 세계대전 중에는 보조 순양함, 병력 수송선, 병원선으로 쓰였다. 1919년 대서양 항로에 복귀했을 때는 매우 큰 인기를 얻어 사람들이 배표를 얻기 위해 경매까지 할 정도였다. 1932년 마지막 대서양 횡단 항해 이후 1934~1935년에 걸쳐 해체되었다.

제원	
유형:	프랑스 여객선
배수량:	27,188미터톤(26,760영국톤)
크기:	217.2m×23m(712피트 7인치×75피트 6인치)
기관:	스크류 4개, 터빈
최고속도:	25.9노트
항로:	르아브르-뉴욕
진수년월:	1910년 9월

프랑코니아

커나드 사의 다른 배인 <라코니아>, <캐로니아>와 비슷하게 생긴 이 배는 리버풀-보스턴 항로에서 주로 운용되었다. 겨울철 항해에 특화된 배였다. 승객은 1등석 30명, 2등석 350명, 3등석 2,200명을 태웠다. 제1차 세계대전 중에는 병력 수송선으로 사용되었다. 1916년 U보트의 어뢰 공격으로 격침되었다.

제원	
유형:	영국 여객선
배수량:	18,441미터톤(18,150영국톤)
크기:	182.95m×21.75m(600피트 3인치×71피트 3인치)
기관:	스크류 2개, 4단 팽창 엔진
최고속도:	17노트
항로:	북대서양, 지중해 유람
진수년도:	1910년

TIMELINE   1910   1911

카이저 프란츠 요세프 1

제1차 세계대전 중 카이저 프란츠 요세프 1호는 트리에스테에 계류되어 있었다. 1919년 이탈리아에 인도되어 <프레지덴테 윌슨>으로 개칭되었다. 1920~1922년 사이 이탈리아 최대의 여객선이었다. 이후 로이드 트리에스티노 사, 아드리아티카 라인 사 등을 옮겨다니며 1930년대 내내 운용되었다. 1944년 라 스페치아에서 자침했다.

제원	
유형: 오스트리아 여객선	
배수량: 17,170미터톤(16,900영국톤)	
크기: 152.4m×18.8m×8.8m(500피트×62피트×29피트)	
기관: 스크루 2개, 4단 팽창 엔진	
최고속도: 19노트	
항로: 트리에스테-뉴욕-부에노스 아이레스	
진수년월: 1911년 9월	

매트스니아

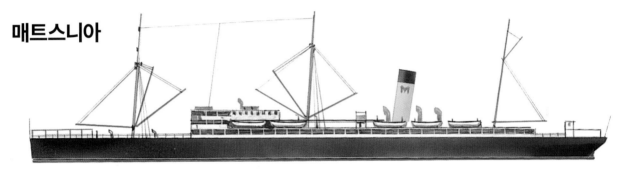

매트슨 라인을 위해 건조된 이 배는 기관과 연돌이 눈에 띄게 뒤로 배치된 것이 특징이다. 2개 등석에 329명의 승객을 태운다. 1932~1937년 사이의 불황기에는 계류되어 있었다. 양차대전에 미국 정부에 의해 무장 상선 순양함으로 사용되었다. 1957년 폐선되었다.

제원	
유형: 미국 화객선	
배수량: 9,886.5미터톤(9,728영국톤)	
크기: 146m×17.5m×9m(480피트 6인치×58피트×30피트 6인치)	
기관: 스크루 1개, 3단 팽창 엔진	
최고속도: 15노트	
화물: 열대 과일, 설탕, 일반 화물	
항로: 샌프란시스코-하와이	
진수년도: 1913년	

브리태닉

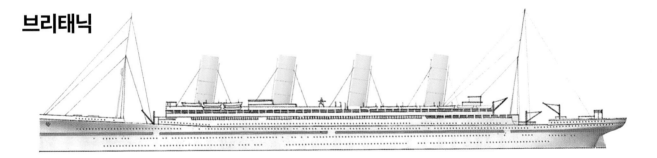

브리태닉은 화이트 스타 라인이 하랜드 앤 울프 사에 발주한 초대형 여객선 3척 중 가장 큰 것이다. 나머지 2척은 올림픽과 타이타닉이었다. 1915년, 영국 해군성은 이 배를 병원선으로 완공할 것을 명령했다. 1916년 에게 해에서 독일 기뢰와 촉뢰, 1시간만에 전복 침몰했다.

제원	
유형: 영국 병원선	
배수량: 48,928미터톤(48,158영국톤)	
크기: 275m×27m(903피트×94피트)	
기관: 스크루 3개, 기어 터빈	
최고속도: 21노트	
진수년도: 1914년	

1913   1914

1900~1929년의 여객선: 제3부

전쟁으로 여객선은 할 일이 없어졌다. 일부 회사들이 여객선을 병력 수송선이나 병원선으로 임대하기는 했지만 말이다. 많은 여객선들이 제1차 세계대전 중 계류되어 있다가 전후에도 다시 취항하지 못하고 천수를 누리지 못한 채 해체되었다.

두일리오

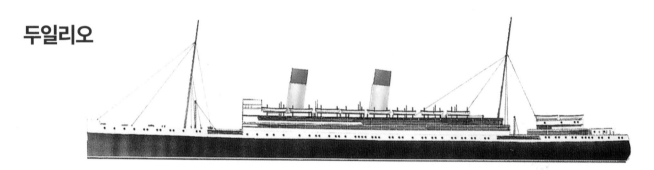

이탈리아 최초의 배수량 20,320미터톤(20,000영국톤)급 이상 국내 건조 여객선이다. 1923년 완공되어 북미 노선에 투입되었으며 1928년에는 남미 노선에 투입된다. 1933년에는 남아프리카 노선에 투입된다. 1942년 국제적십자사에 임대되었다. 1944년 침몰한 이 배는 1948년 인양되어 해체되었다.

제원	
유형: 이탈리아 여객선	
배수량: 24,670미터톤(24,281영국톤)	
크기: 193.5m×23.2m(634피트 10인치×76피트)	
기관: 스크루 4개, 터빈	
항로: 제노바-뉴욕, 제노바-부에노스 아이레스	
진수년도: 1916년	

콜럼버스

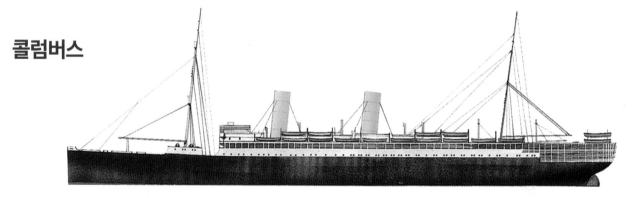

노르트도이처 로이드 사의 발주로 1914년 진수된 이 배의 건조는 1920년까지 중단되어 있었다. 탑승 승객 수는 3개 등석 1,837명이었고 인기가 많았다. 1929년 새 터빈이 설치되어 속도가 높아졌다. 1939년 12월 영국 해군 HMS 하이페리온에 의해 나포되려 하자 대서양에서 자침했다.

제원	
유형: 독일 여객선	
배수량: 32,871미터톤(32,354영국톤)	
크기: 236m×25m(775피트×83피트)	
기관: 스크루 2개, 3단 팽창 엔진(이후 터빈으로 교체)	
최고속도: 19노트(기관 교체 이후 23노트)	
항로: 북대서양, 독일-미국	
진수년월: 1922년 8월	

TIMELINE   1916   1922

도릭

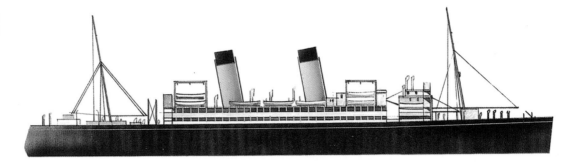

화이트 스타 라인의 유일한 터빈 구동 여객선이다. 리버풀-캐나다 노선을 위해 1등석 승객 583명, 3등석 승객 1,688명을 태울 수 있게 설계되었다. 1930년에는 1등석 승객 320명, 2등석 승객 657명, 3등석 승객 537명을 태울 수 있게 되었다. 1935년 화물선 <포르미니>와 충돌해 손상되었다. 이후 매각 해체되었다.

제원	
유형:	영국 여객선
배수량:	28,935미터톤(28,480영국톤)
크기:	183m×20.6m(600피트 6인치×67피트 6인치)
기관:	스크루 2개, 터빈
최고속도:	16노트
항로:	리버풀-핼리팩스, 몬트리올
진수년도:	1922년

에리당

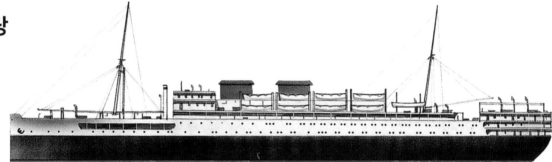

당대에 프랑스에서 건조된 기선 중 가장 크고 강력한 배였던 이 배는 오스트레일리아 노선을 위해 건조된 것이었다. 제2차 세계대전 중에는 비시 정부 통제하에 있다가 1942년 나포되었다. 1947년의 개장 공사 후 인도 노선에 배치되었다. 1951년의 또다른 개장을 통해 연돌이 1개로 줄어들었다. 1956년 폐선되었다.

제원	
유형:	프랑스 여객선
배수량:	14,361미터톤(14,135영국톤)
크기:	142.6m×18.5m(468피트 1인치×61피트)
기관:	스크루 2개, 디젤 엔진
최고속도:	16노트
항로:	마르세이유-뉴 칼레도니아, 마르세이유-인도
진수월:	1928년 6월

에우로파

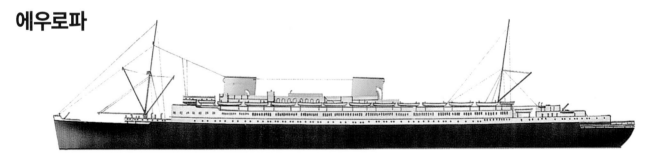

이 배는 항해 성능을 높이기 위해 특이하게도 경사선수와 구상 선수 역재를 지녔다. 1930년 완공되어 1946년에는 프랑스 선적의 <리베르테>가 되었다. 그러나 계류 중 침몰 여객선 <파리> 호의 잔해와 충돌, 침몰했다. 인양되어 1950년 다시 취항했다. 1962년 해체되었다.

제원	
유형:	독일 여객선
배수량:	50,542미터톤(49,746영국톤)
크기:	285m×31m(930피트 9인치×102피트 1인치)
기관:	스크루 4개, 터빈
최고속도:	27.9노트
항로:	브레멘-르아브르-뉴욕
진수년월:	1928년 7월

1928

호수 증기선과 하천 선박들

호수와 하천의 물은 민물이므로 바닷물보다 부력이 적다. 따라서 이런 곳에서 운용되는 선박을 설계할 때는 선박의 크기가 커질수록 그 점을 신경써야 한다. 미국의 5대호 같은 곳에서는 큰 선박도 운용된다. 그러나 호수 및 하천용 선박은 대개 크기가 적당한 수준이다. 티티카카 호수 또는 동아프리카 호수에서 운용되는 배들처럼 말이다.

바이칼

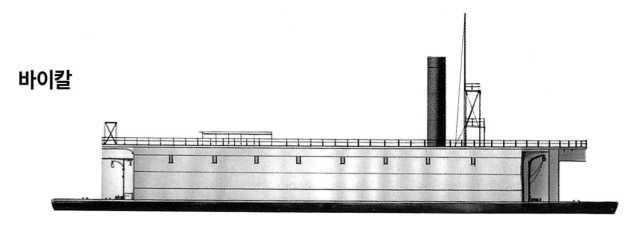

바이칼은 바이칼 호수가 끊은 시베리아 횡단 철도의 동서를 연결시켜주는 목적으로 건조되었다. 쇄빙선 기능도 있다. 1890년대 타인에서 건조된 이 배는 분해되어 러시아로 운반된 다음 현지에서 재조립되었다. 시베리아 횡단 철도가 호수를 돌아갈 때까지 취항했다.

제원	
유형: 러시아 열차 페리	
배수량: 2,844미터톤(2,800영국톤)	
크기: 76.2m×19.2m(250피트×63피트)	
기관: 스크루 2개, 수직 3단 팽창 엔진	
진수년월: 1900년 6월	

레이디 호프툰

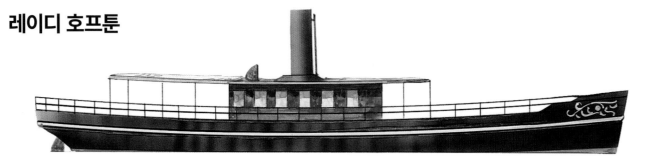

시드니에서 해운 역무 위원회 지도선으로 건조되었다. 이후 시드니 항에서 운용되었다. 한 때 어디서나 볼 수 있는 전형적인 증기 함재정이었다. 많은 수가 사라졌지만 이것은 보존되어 1991년부터 시드니에 박물관선으로 전시되어 있다.

제원	
유형: 오스트레일리아 항만 지도선	
배수량: 38.6미터톤(38영국톤)	
크기: 23.45m×4.2m×2.05m(70피트×13피트 9인치×6피트 9인치)	
기관: 스크루 1개, 3단 팽창 엔진	
진수년도: 1902년	

TIMELINE

1900   1902   1914

림바

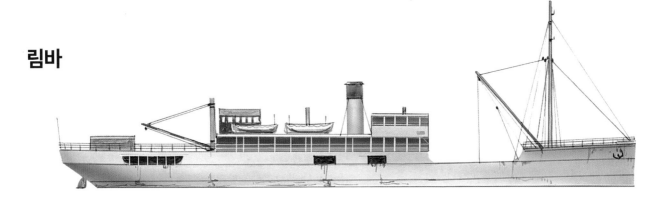

이 배는 독일에서 섹션별로 건조되었고, 완공은 당시 독일 식민지였
던 키고마에서 진행되었다. 첫 이름은 그라프 폰 괴첸이었다. 1916
년 영국에 나포되지 않기 위해 자침했다. 1924년 인양 및 개장되어
<림바>로 개칭되어 재취역했다. 384명의 승객과 경화물을 싣고 철
도종착점 간을 운항했다.

제원	
유형: 동아프리카 호수 증기선	
배수량: 1,600미터톤(1,575영국톤)	
크기: 70.7m×10.05m×2.75m(232피트×33피트×9피트)	
기관: 스크류 2개, 3단 팽창 엔진	
최고속도: 10노트	
항로: 탄자니카 호수, 키고마-음풀룽구	
진수년도: 1914년	

오스카 후버

이런 류의 증기 예인선은 바지선을 길게 줄줄이 매달고 중부 독일을
떠나 라인 강과 연결 수로를 따라 해안으로 간다. 외륜이 있어 흘수
가 얕으므로, 강물이 줄어들어도 잘 떠다닐 수 있다. 오스카 후버는
건조된 곳인 두이스부르크에 박물관선으로 보존되어 있다.

제원	
유형: 독일 하천 예인선	
배수량: 203.2미터톤(200영국톤)	
크기: 75m×20.7m×1.55m(246피트×67피트 10인치×5피트 1인치)	
기관: 외륜, 3단 팽창 엔진	
항로: 라인 강	
진수년도: 1922년	

윌리엄 G. 매터

오대호와 그 연결수로 항행용으로 건조된 독특한 설계의 배다. 선교
와 엔진이 양 끝에 하나씩 있다. 항행의 양 종착점에서 장비의 탑재
와 하역이 가능하므로 갑판에는 장비가 없다. 1920년대에 만들어
진 이 배는 현재 박물관선으로 보존되고 있다.

제원	
유형: 미국 오대호 산적 화물선	
배수량: 8,800미터톤(8,662영국톤)	
크기: 183.2m×18.9m×5.5m(601피트×62피트×18피트)	
기관: 스크류 1개, 기어 터빈 엔진	
최고속도: 12노트	
화물: 철광석, 밀	
항로: 오대호	
진수년도: 1925년	

1922   1925

1900년~1929년 사이의 특수선

특수 목적으로 건조된 배들은 선체도 특수했다. 내빙력이 우수하다거나 흘수가 얕다거나 특수 장비를 탑재하는 등의 특징이 있었다. 가장 흔한 것은 예인선이다. 예인선은 항만 내에서 쓰이는 작은 것에서부터, 대양 항해용 구난선까지 다양한 크기가 있다. 또한 준설선도 있다. 이들 배들이 싣는 장비는 지극히 다양하다.

디스커버리

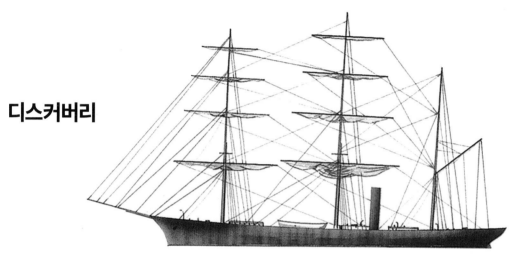

스코틀랜드 던디에서 건조된 이 배는 극지방 연구에 맞게 설계되었다. 배의 목제 선체는 얼음의 압력에 견딜 수 있게 보강되어 있다. 1901년 스코트 선장을 태우고 남극에 갔다. 그 외에도 여러 연구 항해를 했다. 테임즈 강에 오랫동안 정박되어 있었으며 현재 던디에 박물관선으로 있다.

제원	
유형: 영국 탐험선	
배수량: 1,646미터톤(1,620영국톤)	
크기: 52m×10m×4.8m(172피트×34피트×15피트 8인치)	
기관: 스크류 1개, 3단 팽창 엔진	
삭구장치: 마스트 3개, 바크 식	
최고속도: 8노트	
진수년월: 1901년 3월	

인더스트리

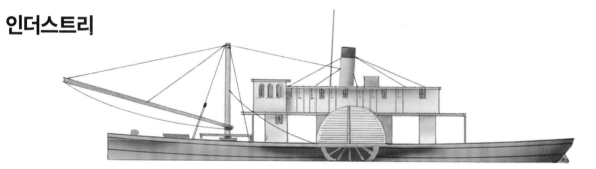

이 배의 임무는 머리 강의 항행 가능 수로의 장애물(떠다니는 통나무 등)을 없애고, 수문 및 선창의 이동 수리소 역할을 하는 것이다. 데릭은 침니를 제거하는 양동이 준설기를 작동시킨다. 1969년까지 정규 운용된 이 배는 현재 오스트레일리아 렌마크에 박물관선으로 보존되어 있다.

제원	
유형: 오스트레일리아 준설 및 침목 인양선	
배수량: 92.4미터톤(91영국톤)	
크기: 34.15m×5.65m×.94m(112피트×18피트 6 인치×3피트 1인치)	
기관: 외륜, 30마력 증기 엔진	
항로: 머리 강	
진수도: 1911년	

TIMELINE

1901 1911 1913

아카디아

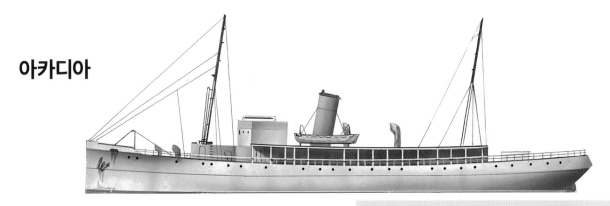

1910년경 캐나다 북방영토에 대한 관심은 높았다. 따라서 그곳의 해안선과 하천을 조사해 가치 있는 정보를 얻고 캐나다의 영유권을 주장하기 위한 수로 연구선으로 아카디아가 건조되었다. 아카디아는 노바 스코시아 핼리팩스에 보존되어 있다.

제원	
유형:	오스트레일리아 준설 및 침목 인양선
배수량:	92.4미터톤(91영국톤)
크기:	34.15m×5.65m×.94m(112피트×18피트 6 인치×3피트 1인치)
기관:	외륜, 30마력 증기 엔진
항로:	머리 강
진수년도:	1911년

인베를라고

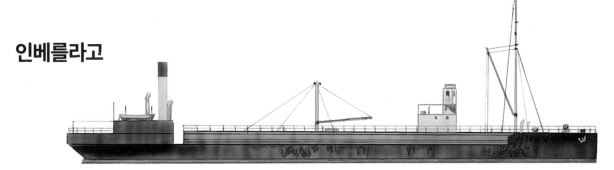

베네수엘라 유전에서 운용된 이런 배들은 흘수가 얕아야 했다. 호수의 깊이가 그리 깊지 않기 때문이다. 이 배는 원유 3,200미터톤(3,156영국톤)을 싣고 유정을 출발해 해안의 투묘지까지 갔다. 1953년 수로를 더 깊게 파는 공사가 완료되자 이런 배들도 더 이상 필요가 없어졌다.

제원	
유형:	네덜란드-베네수엘라 유조선
배수량:	2,758.6미터톤(2,600영국톤)
크기:	92.5m×11.6m×4.05m(305피트×38피트×13피트 3인치)
기관:	스크류 1개, 3단 팽창 엔진
최고속도:	10노트
화물:	원유
항로:	마라카이보 호수
진수년도:	1925년

아르틸리오 II

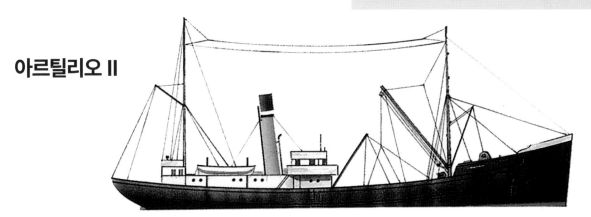

아르틸리오 II는 소형 연안 무역선이다. 1929년에 인양선으로 개장되어 1922년에 침몰한 여객선 <이집트>에서 금을 회수하는 임무에 투입되었다. 기존의 잠수 장비로는 너무 깊다고 여겨지던 110m(360피트) 수심에 침몰한 그 배에서 금을 회수함으로써 수중인양의 신시대가 열렸다. <이집트>의 금 대부분이 회수되었으며, 그 가치는 105만 4,000파운드에 달했다.

제원	
유형:	이탈리아 인양선
배수량:	약 305미터톤(300영국톤)
크기:	약 42.6m×7.6m×2.1m(139피트 9인치×25피트×7피트)
최고속도:	약 14노트
개장년도:	1929년

1925

1929

1930~1949년 사이의 함선들

1930년대의 경제 침체로 신조함 건조 속도는 느려졌다. 그러나 경제성과 효율을 증대시키기 위한 기술 개발은 더욱 활발해졌다.

이 때쯤 되면 새 배의 연료는 석탄에서 석유로 완전 대체되었다. 그리고 디젤 엔진의 등장으로 그 성능도 증기선에 필적하게 되었다. 군함의 크기를 제한하려던 각 나라의 시도도 1939년에 벌어진 제2차 세계대전으로 허사가 되었다. 제2차 세계대전 중 격침당한 해상 화물은 2,000만 톤이 넘으며, 무수한 생명이 희생당했다. 그러나 그 대부분은 신속히 보충되었다.

왼쪽: 전함 <비스마르크>와 <티르피츠>. 독일 최대의 전함이다. <비스마르크>의 실전 투입은 단 1번 뿐이었지만 제2차 세계대전 해전사의 전설로 남았다.

호위 항공모함

대형 항공모함들은 설계 및 건조에 많은 시간이 든다. 때문에 제2차 세계대전 초기부터 기존 함선을 개조한 중소형 항공모함으로 전함과 호송대를 위한 항공 엄호를 제공했다. 이들의 능력은 비교적 약했지만, 꼭 필요할 때 도움이 될 수 있었다.

오더시티

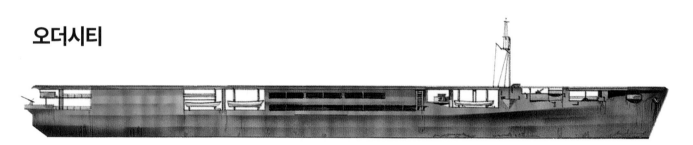

노획한 독일 상선 <하노버>의 선상에 140m×18m(400피트×60피트) 크기의 비행갑판을 깔아 만들었다. 격납 갑판도 승강기도 없으므로 항공기는 비행갑판 위에만 두어야 한다. 따라서 항공기가 날씨에 그대로 노출되었다. 6개월만 운용되다가 1941년 12월 독일 잠수함 U-751의 어뢰 공격으로 격침되었다.

제원	
유형: 영국 호위 항공모함	
배수량: 11,176미터톤(11,000영국톤)	
크기: 142.4m×17.4m×7.5m(467피트 5인치×57피트×24피트 6인치)	
기관: 스크류 1개, 디젤 엔진	
최고속도: 15노트	
주무장: 102mm(4인치) 함포 1문, 대공포 8문	
항공기: 마틀렛 전투기 6대	
정원: 480명	
진수년도: 1939년(1941년 개장)	

상가몬

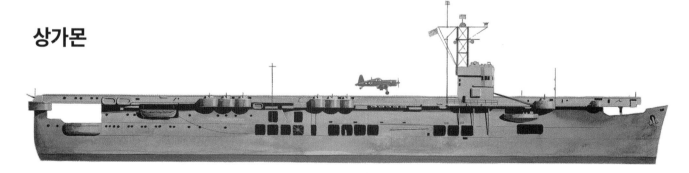

원래 민간 유조선이었던 상가몬은 이후 해군의 급유함으로 사용되었다. 상가몬 이외에도 3척의 급유함이 항공모함으로 개조되었다. 엔진이 함미에 있어 상당한 크기의 격납갑판 공간이 나온다. 비행갑판은 목재고 승강기 2대, 사출기 1대가 있다. 연료 12,000미터톤을 적재하고 급유함 역할을 할 수도 있다.

제원	
유형: 미국 호위 항공모함	
배수량: 24,257미터톤(23,875영국톤)	
크기: 168.55m×32.05m×9.3m(553피트×105피트 2인치×30피트 7인치)	
기관: 스크류 2개, 기어 터빈	
최고속도: 18노트	
주무장: 127mm(5인치) 함포 2문	
항공기: 30대(이후 36대로 늘어남)	
정원: 1,080명	
진수년도: 1939년(1943년 개장)	

딕스뮈드

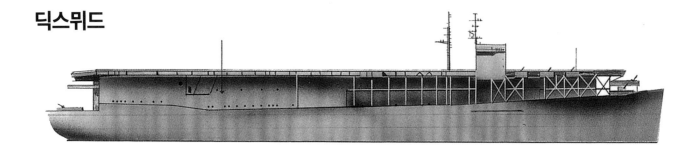

이 배의 원 이름은 <리오 파라나>로, 미국에서 건조되어 영국에 임대될 예정이었다. 비행갑판 길이는 134m(440피트)로, 영국에 인도되어 HMS 바이터로 명명되었다. 1945년 프랑스에 인도되어 딕스뮈드로 개칭되어 항공기 수송선으로 쓰였다. 이후 무장해제되어 숙박함으로 사용되다가 1966년에 해체되었다.

제원	
유형: 프랑스 항공모함	
배수량: 11,989미터톤(11,800영국톤)	
크기: 150m×23m×7.6m(490피트 10인치×78피트×25피트 2인치)	
기관: 스크류 1개, 디젤 엔진	
최고속도: 16.5노트	
주무장: 102mm(4인치) 함포 3문	
항공기: 15대	
진수년월: 1940년 12월	

액티비티

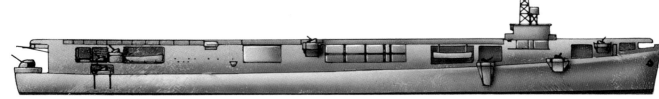

건조 중이던 냉동 화물선을 항공모함으로 설계 변경해서 만들어졌다. 격납고 공간은 길이가 31m(100피트)로 부족했다. 그러나 북극해와 대서양 호송대에서는 효과적인 호위 전력이었으며, 극동에도 항공기를 수송했다. 1945년 이후 화물선으로 개장되어 <브리콘셔>로 개칭되었다.

제원	
유형: 영국 호위 항공모함	
배수량: 14,529미터톤(14,300영국톤)	
크기: 156.3m×20.3m×7.95m(512피트 9인치×66피트 6인치×26피트)	
기관: 스크류 2개, 디젤 엔진	
최고속도: 18노트	
주무장: 102mm(4인치) 함포 2문, 20mm(0.78인치) 대공포 24문	
항공기: 10대	
정원: 700명	
진수년도: 1942년	

데달로

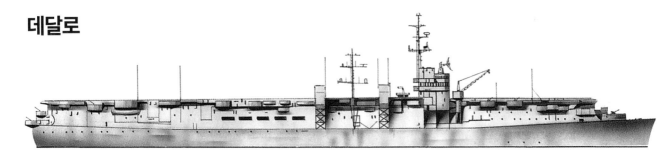

데달로는 원래는 1943년에 완공된 미 항공모함 <캐봇>이었다. 제2차 세계대전에 참전한 이 배는 1947년 퇴역하고, 20년간 계류되어 있다가 1967년 스페인에 임대되었다. 그리고 1972년 스페인에 매각되었다. 새 항공모함인 프린시페 데 아스투리아스가 1982년 취역할 때까지 운용되었다.

제원	
유형: 스페인 항공모함	
배수량: 16,678미터톤(16,416영국톤)	
크기: 190m×22m×8m(622피트 4인치×73피트×26피트)	
기관: 스크류 4개, 터빈	
최고속도: 30노트	
주무장: 40mm(1.6인치) 함포 26문	
항공기: 20대	
진수년월: 1943년 4월	

1942   1943

엔터프라이즈

1938년 5월 취역한 이 배는 제2차 세계대전의 거의 모든 주요 항공모함 전투에 참가했다. 미드웨이 전투에서 이 배의 급강하 폭격기들은 일본 항공모함 4척을 격침했다. 1943년 하반기 개장 공사를 받은 이 배는 1947년 예비역이 되었고 1958년 해체되었다.

함교
엔터프라이즈의 주요 식별점은 거대하고 특징적인 연돌이다. 갑판실 상부구조에서 튀어나온 이 연돌 내에는 3개의 연도가 있다.

사출기
2대의 유압 사출기가 비행 갑판에 있고, 격납 갑판에도 1대의 사출기가 있다.

격납고
격납고에는 대형 측면 셔터가 있다. 이것을 열면 항공기 엔진을 예열시켜 출격 준비를 용이하게 할 수 있다.

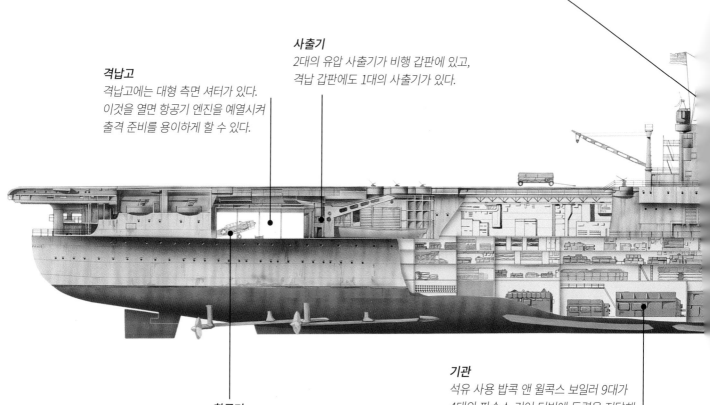

항공기
이 배와 요크타운에서 출격한 급강하 폭격기들은 1942년 6월 미드웨이 전투에서 일본 항공모함 4척을 격침시킨다. 태평양 전쟁의 분수령이었다.

기관
석유 사용 밥콕 앤 윌콕스 보일러 9대가 4대의 파슨스 기어 터빈에 동력을 전달해 89,484kW(120,000축마력)의 힘을 냈다.

엔터프라이즈

엔터프라이즈는 미드웨이, 과달카날, 동부 솔로몬, 길버트 군도, 퀘젤린, 에니웨톡, 트럭, 홀란디아, 사이판, 필리핀 해, 팔라우, 레이테, 루존, 대만, 중국 해안, 이오지마, 오키나와에서 싸웠다. 오키나와 앞바다에서 폭탄 5발, 가미가제 2대의 공격을 받고도 살아남았다.

제원

유형:	미국 항공모함
배수량:	25,908미터톤(25,500영국톤)
크기:	246.7m×26.2m×7.9m(809피트 6인치×86피트×26피트)
기관:	스크루 4개, 터빈
최고속도:	37.5노트
주무장:	127mm(5인치) 함포 8문
항공기:	96대
정원:	2,175명
진수년월:	1936년 10월

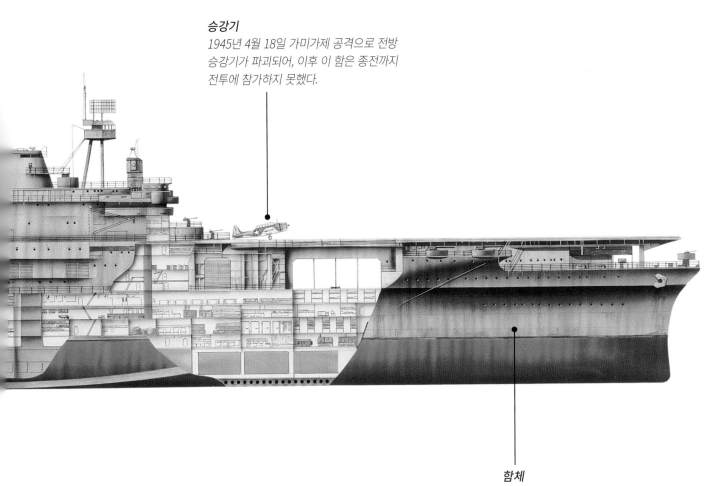

승강기
1945년 4월 18일 가미가제 공격으로 전방 승강기가 파괴되어, 이후 이 함은 종전까지 전투에 참가하지 못했다.

함체
처음부터 항공모함으로 설계되 었지만, 함체 설계를 보면 순양함 함체를 개량한 게 확연하다.

미국 항공모함

미국은 제2차 세계대전에 참전할 당시에는 항공모함이 몇 척 없었다. 그러나 엄청난 규모로 항공모함 건함을 시작했으며, 상선을 개조한 보조 항공모함과 호위 항공모함도 다수 건조했다. 항공모함 함재기들은 태평양 전쟁의 주요 전투에서 중요한 역할을 했으며, 적 잠수함대 격파의 일등공신이 되었다.

와스프

처음부터 항공모함으로 건조된 배 중 보호 장갑판이 빈약하기로 유명하다. 1940년 4월 취역했다. 10대의 스피트파이어를 수송하여 몰타 방위를 도왔다. 1942년 6월 태평양에 배치된 이 배는 같은 해 9월 15일 일본 잠수함 이19의 어뢰 공격을 당해 퇴함 처분되었다.

제원	
유형:	영국 장갑 순양함
배수량:	만재 시 15,966미터톤(15,715영국톤)
크기:	153.76m×22.2m×7.6m(504피트 6인치×72피트 11인치×25피트)
기관:	스크류 2개, 수직 3단 팽창 엔진
최고속도:	22노트
주무장:	254mm(10인치) 함포 4문, 152mm(6인치) 함포 16문
장갑:	벨트 127mm(5인치), 포탑 229-127mm(9-5인치)
정원:	858명
진수년도:	1906년

에섹스

해군의 항공 엄호 중요성이 늘어남에 따라 항공모함의 크기도 그만큼 커져야 했다. 에섹스급 24척은 커진 함체에 91대의 항공기가 사용할 수 있는 연료를 탑재할 수 있다. 에섹스의 취역은 1942년으로, 1969년에 퇴역했고 1973년에 해체되었다.

제원	
유형:	미국 항공모함
배수량:	35,438미터톤(34,880영국톤)
크기:	265.7m×29.2m×8.3m(871피트 9인치×96피트×27피트 6인치)
기관:	스크류 4개, 터빈
최고속도:	32.7노트
항공기:	90~100대
주무장:	127mm(5인치) 함포 12문
진수년월:	1942년 7월

인디펜던스

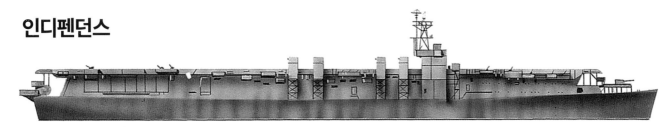

긴급 항공모함 프로그램의 일환으로 클리블랜드급 경순양함의 프레임을 사용해 건조했다. 이 프로그램으로 1943년 9척의 항공모함이 취역했다. 최대 100대의 항공기를 탑재할 수 있었다. 비키니 원자폭탄 실험의 표적으로 쓰였고 1951년 표적함으로 쓰여 침몰했다.

제원
유형: 미국 항공모함
배수량: 13,208미터톤(13,000영국톤)
크기: 190m×33m×7.6m(623피트×109피트 3인치×25피트 11인치)
기관: 스크류 4개, 터빈
최고속도: 31노트
주무장: 127mm(5인치) 함포 2문
장갑: 벨트 140mm(5.5인치), 갑판 51mm(2인치)
항공기: 45대
진수년월: 1942년 8월

갬비어 베이

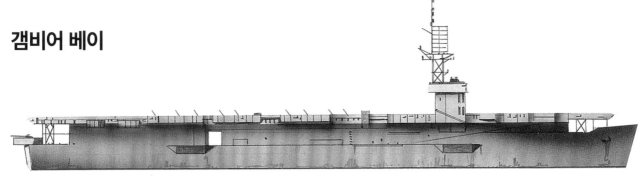

갬비어 베이의 동급함 50척은 상선 선체를 이용해 만든 경 호위 항공모함들이었다. 건조 기간은 모두 1년 미만이었다. 1944년초 갬비어 베이는 USS 엔터프라이즈에 항공기를 공급해 주고, 사이판, 마리아나, 레이테 작전을 지원했다. 1944년 10월 일본군의 포격으로 격침되었다.

제원
유형: 미국 호위 항공모함
배수량: 11,076미터톤(10,902영국톤)
크기: 156.1m×32.9m×6.3m(512피트 3인치×108피트×20피트 9인치)
기관: 스크류 2개, 왕복 엔진
최고속도: 19.3노트
주무장: 127mm(5인치) 함포 1문
진수년도: 1944년

애투

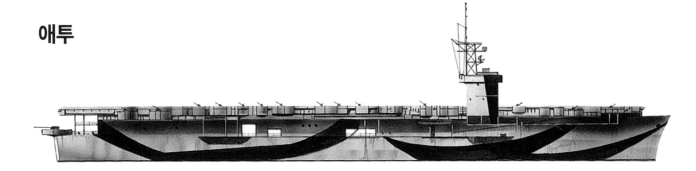

1942년 조선업자 헨리 J. 카이저는 전시에 손실된 화물선들의 대체 선박을 대량으로 건조하고 있었다. 당시 미국은 항공모함도 크게 모자랐으므로, 아직 완공되지 않은 화물선 50척을 호위 항공모함으로 개조한다는 결정이 내려졌다. 애투는 75일만에 완공되었으며, 1946년까지 태평양에서 운용된 후 1949년에 해체되었다.

제원
유형: 미국 호위 항공모함
배수량: 11,074미터톤(10,900영국톤)
크기: 156.1m×32.9m×6.3m(512피트 3인치×108피트×20피트 9인치)
기관: 스크류 2개, 왕복 엔진
최고속도: 19노트
항공기: 28대
진수년월: 1943년 11월

1943   1944

영국 항공모함

1939년 당시 영국 해군은 항공모함 설계와 운용 경험을 20년이나 쌓았다. 그러나 이들의 항공모함 숫자는 많지 않았다. 1938년 건함 계획이 진행 중이었으며 전황과 전시 수요로 인해 더 많은 항공모함 설계가 필요해졌다. 이후 영국 항공모함들은 격전의 한 복판에 내던져졌다.

아크 로열

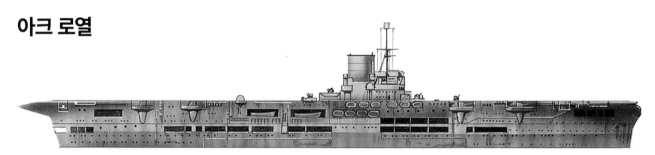

영국 해군 최초의 본격 대형 항공모함이다. 기다란 비행갑판의 높이는 흘수선으로부터 18m(60피트)다. 항공기 60대를 탑재할 수 있으나, 그만큼 탑재한 적은 단 한 번도 없었다. 지중해 H부대의 일원이던 아크 로열은 1941년 11월 독일 잠수함 U-81에게 격침당했다.

제원	
유형: 영국 항공모함	
배수량: 28,164미터톤(27,720영국톤)	
크기: 243.8m×28.9m×8.5m(800피트×94피트 9인치×27피트 9인치)	
기관: 스크루 3개, 기어 터빈	
최고속도: 31노트	
주무장: 114mm(4.5인치) 함포 16문	
장갑: 벨트 114mm(4.5인치), 수밀격벽 76mm(3인치)	
항공기: 50~60대	
진수년월: 1937년 4월	

포미더블

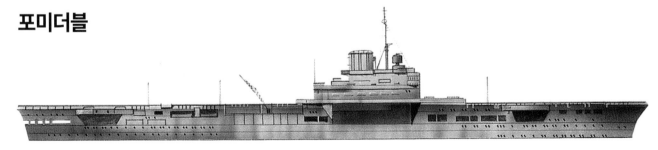

아크 로열과 같은 구조이지만 격납 갑판이 하나다. 장차전의 성격이 확실해지면서 장갑 및 방어력 증진에 주안점이 맞춰졌다. 1945년 5월 2회의 가미가제 공격을 당했지만 살아남았다. 더 많은 항공기를 탑재할 수 있도록 비행갑판도 넓어졌다. 1953년에 해체되었다.

제원	
유형: 영국 항공모함	
배수량: 28,661미터톤(28,210영국톤)	
크기: 226.7m×29.1m×8.5m(743피트 9인치×95피트 9인치×28피트)	
기관: 스크루 3개, 터빈	
최고속도: 30.5노트	
주무장: 114mm(4.5인치) 함포 16문	
장갑: 격납고 115mm(4.5인치), 갑판 76mm(3인치)	
항공기: 36대(이후 54대)	
정원: 1,229명(이후 1,997명)	
진수년월: 1939년 8월	

TIMELINE   1937   1939   1940

인도미터블

일러스트리어스급 항공모함의 변형이다. 항공기 탑재 공간을 늘리기 위해 장갑을 줄이고 격납 갑판을 추가했다. 1942년 8월 폭탄에, 1943년 8월 항공기 발사 어뢰에 손상을 입었으나 1944년 4월 임무에 복귀했다. 1955년 해체되었다.

제원	
유형: 영국 항공모함	
배수량: 30,205미터톤(29,730영국톤)	
크기: 229.8m×29.2m×8.85m(753피트 11인치×95피트 9인치×29피트)	
기관: 스크류 3개, 기어 터빈	
최고속도: 30.5노트	
주무장: 114mm(4.5인치) 함포 16문	
장갑: 벨트 114mm(4.5인치), 격납고 측면 37mm(1.5인치), 비행갑판 76mm(3인치)	
항공기: 45대(이후 56대)	
정원: 1,392명(이후 2,100명)	
진수년도: 1940년	

유니콘

원래는 모함 및 군수지원함으로 설계되었으나, 건조 중 항공모함으로 설계 변경되었다. 또한 다른 항공모함의 함재기를 수리하는 능력도 부여되었다. 제2차 세계대전 중에는 지중해, 대서양, 태평양에서 활약했다. 홍콩에서 모함으로 사용되었고, 1959~1960년에 걸쳐 해체되었다.

제원	
유형: 영국 항공모함	
배수량: 20,624미터톤(20,300영국톤)	
크기: 186m×27.4m×7.3m(610피트×90피트×24피트)	
기관: 스크류 2개, 터빈	
최고속도: 24노트	
주무장: 102mm(4인치) 함포 8문	
장갑: 비행 갑판 51mm(2인치), 탄약고 76.51mm(3.2인치)	
항공기: 36대	
정원: 1,200명	
진수년월: 1941년 11월	

이글

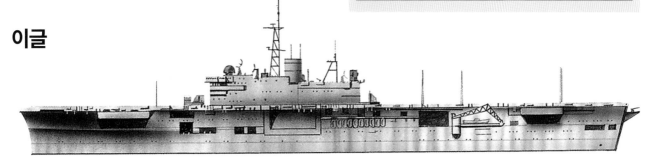

1938년 건조된 일러스트리어스급. 1942년에는 그 후속함 설계가 준비되었다. 후속함은 2개의 본격 격납고가 장비되었고, 장차 도입될 더 큰 항공기를 운용할 수 있었다. 1951년 취역한 이글은 1972년 퇴역했고 1978년 해체되었다.

제원	
유형: 영국 항공모함	
배수량: 47,200미터톤(46,452영국톤)	
크기: 245m×34m×11m(803피트 9인치×112피트 9인치×36피트)	
기관: 스크류 4개, 터빈	
최고속도: 31노트	
주무장: 114mm(4.5인치) 함포 16문, GSW 시캣 SAM 6문(1962년부터)	
항공기: 80대	
정원: 항공대 요원 포함 2,750명	
진수년월: 1946년 3월	

1941    1946

독일과 일본의 항공모함

일본 해군은 항공모함 운용의 선구자였다. 1930년대부터 항공모함을 다수 건조하기 시작했으며, 유사시 항공모함으로 쉽게 개조가 가능한 배도 다수 건조했다. 일본 해군의 항공모함 함재기들은 1941년 12월 진주만을 공습했다. 그러나 독일은 1920년대 항공모함의 건조를 금지당했다. 때문에 독일 설계사들과 조선소들은 항공모함 건조 경험이 없었다.

류조

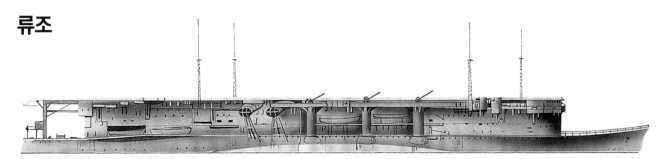

일본 최초의 본격 대형 항공모함인 류조는 순양함 함체로 만들어
졌기 때문에 폭이 좁다. 제1격납고 위에 제2격납고가 설치되었기
때문에 위쪽이 너무 무겁다. 따라서 진수 후 구조 변경이 필요했다.
1934~1936년 사이 함체가 연장되었고, 벌지가 넓어졌다. 1942년
미 항공모함 사라토가의 함재기들에 의해 격침당했다.

제원	
유형: 일본 항공모함	
배수량: 10,150미터톤(9,990영국톤)	
크기: 175.3m×23m×5.5m(575피트 5인치×75피트 6인치×18피트 3인치)	
기관: 스크류 2개, 터빈	
최고속도: 29노트	
주무장: 127mm(5인치) 함포 12문	
항공기: 48대	
정원: 600명	
진수년월: 1931년 4월	

즈이호

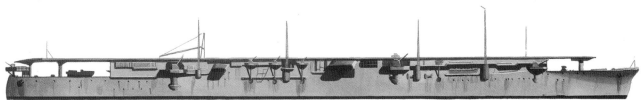

일본 항공모함들은 상부구조물이 매우 작은 것들이 많다. 심지어 원
래 잠수함 모함이던 즈이호는 상부구조물이 아예 없다. 장갑 방어력
도 없다. 산타 크루즈에서 손상당한 이 배는 수리를 받고 마리아나
와 과달카날에서 전투를 벌였다. 레이테 만 해전에 참전했다가 엥가
노 곶에서 격침당했다.

제원	
유형: 일본 항공모함	
배수량: 만재 시 14,528.8미터톤(14,300영국톤)	
크기: 204.8m×18.2m×6.65m(332피트×59피트 89n×21피트 9인치)	
기관: 스크류 2개, 기어 터빈	
최고속도: 28노트	
주무장: 127mm(5인치) 함포 8문	
항공기: 30대	
정원: 785명	
진수년도: 1936년	

TIMELINE   1931   1936   1938

그라프 체펠린

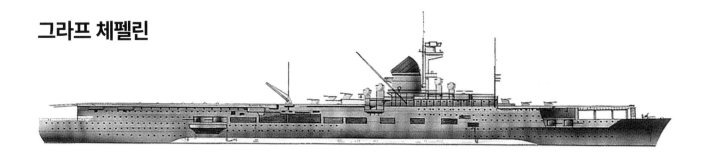

빌헬름 하델러가 설계한 이 배는 1935년부터 건조가 시작되었다. 그러나 U보트 프로그램에 밀려 건조가 크게 지연되었다. 완공되지 못한 이 항공모함은 제2차 세계대전 종전 몇 달 전에 자침했다. 이후 소련군에 의해 인양되었으나, 레닌그라드로 예인되던 도중 침몰했다.

제원	
유형: 독일 항공모함	
배수량: 28,540미터톤(28,109영국톤)	
크기: 262.5m×31.5m×8.5m(861피트 3인치×103피트 4인치×27피트 10인치)	
기관: 스크류 4개, 터빈	
설계상 최고속도: 35노트	
주무장: 104mm(4.1인치) 함포 12문, 150mm(5.9인치) 함포 16문	
장갑: 벨트 88mm(3.5인치), 격납 갑판 37mm(1.5인치)	
항공기: 42대	
진수년월: 1938년 12월	

즈이카쿠

즈이카쿠와 자매함 쇼카쿠는 그 이전 일본의 본격 항공모함에 비해 무장과 방호력, 항공기 탑재능력이 더욱 뛰어났다. 비행 갑판은 길이 240m(787피트), 폭 29m(95피트)였으며 승강기 3대가 달려 있었다. 즈이카쿠는 미 항공모함 USS 렉싱턴 격침에 참여하기도 했으나, 1944년 10월 25일 레이테 만 해전에서 격침당했다.

제원	
유형: 일본 항공모함	
배수량: 32,618미터톤(32,105영국톤)	
크기: 257m×29m×8.8m(843피트 2인치×95피트×29피트)	
기관: 스크류 4개, 터빈	
최고속도: 34노트	
주무장: 127mm(5인치) 함포 16문	
장갑: 벨트 175~45mm(6.5~1.8인치), 갑판 155~100mm(5.9~3.9인치)	
항공기: 84대	
정원: 1,660명	
진수년월: 1939년 11월	

준요

여객선을 개조해 만들어진 준요는 격납갑판이 2개이다. 격납갑판의 높이는 높지 않았다. 알류샨 열도, 산타 크루즈, 필리핀 해전 등에 참전했다. 1944년 12월 어뢰 공격으로 대파된 이 배는 이후 수리되지 않다가 1947년 해체되었다.

제원	
유형: 일본 항공모함	
배수량: 만재 시 24,181미터톤(23,800영국톤)	
크기: 166.55m×21.9m×8.05m(546피트 6인치×71피트 10인치×26피트 6인치)	
기관: 스크류 2개, 기어 터빈	
최고속도: 25노트	
주무장: 127mm(5인치) 함포 12문	
장갑: 기관실 갑판 25mm(1인치)	
항공기: 53대	
정원: 1,200명	
진수년도: 1941년	

1939   1941

일본 항공모함 및 수상기 모함

수상기는 비행장이 없는 도서 주둔지를 지원해야 하는 일본군의 전략에 필수 불가결했다. 일본 해군의 수상기 모함은 총 9척이었으나, 전쟁 후반의 전황으로 이들은 항공모함 또는 잠수정 모함으로 용도 변경을 강요당했다.

치토세

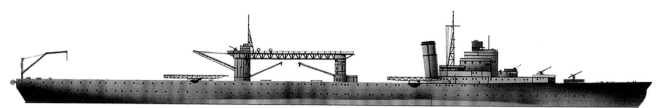

치토세와 그 자매함 치요다는 수상기 모함이었으나, 필요 시 전통 갑판 항공모함으로 쉽게 개조될 수 있었다. 1941년 두 배는 잠수정 모함으로 개조되었다. 1942~1944년 정규 항공모함으로 개장되었다. 치토세는 1944년 미 항공모함 에섹스, 렉싱턴에 의해 격침되었다.

제원	
유형: 일본 항공모함	
배수량: 13,716미터톤(13,500영국톤)	
크기: 193m×19m×7m(631피트 7인치×61피트 8인치×23피트 8인치)	
기관: 스크루 2개, 터빈, 디젤 엔진	
최고속도: 29노트	
주무장: 127mm(5인치) 함포 4문	
항공기: 30대	
진수년월: 1936년 11월	

미즈호

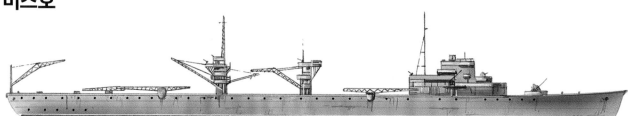

치토세의 자매함인 미즈호는 디젤 엔진만 사용하여 속도가 더 느리다. 1941년 후방 크레인이 제거되고 12척의 잠수정을 탑재 운용할 수 있는 개장을 받았다. 경항모로 개장할 계획도 있었다. 그러나 1942년 5월 2일 미 잠수함 드럼 함에게 격침당했다.

제원	
유형: 수상기(이후 잠수정) 지원함	
배수량: 11,110미터톤(10,930영국톤)	
크기: 192,m×18,8m×7,1m(631피트 6인치×61피트 8인치×23피트)	
기관: 스크루 2개, 디젤 엔진	
최고속도: 22노트	
주무장: 127mm(5인치) 함포 6문	
항공기: 24대	
진수년도: 1938년	

TIMELINE   1936   1938   1943

다이호

다이호는 일본 최대의 본격 항공모함이었다. 2층으로 이루어진 격납 갑판의 길이는 150m(500피트)였고 측면 장갑은 없었다. 비행 갑판은 455kg(1,000파운드) 폭탄의 직격을 버틸 수 있었다. 장갑 총 무게는 8,940미터톤(8,800영국톤)이었다. 1944년 6월 미 잠수함 알바코어에게 격침당했다.

제원	
유형: 일본 항공모함	
배수량: 37,866미터톤(37,270영국톤)	
크기: 260.6m×30m×9.6m(855피트×98피트 6인치×31피트 6인치)	
기관: 스크류 4개, 터빈	
최고속도: 33.3노트	
주무장: 100mm(3.9인치) 함포 12문, 25mm(1인치) 함포 71문	
장갑: 비행갑판 76mm(3인치), 기관실 150mm(5.9인치)	
항공기: 53대	
정원: 1,751명	
진수년월: 1943년 4월	

운류

적 호송대에 대한 공격용 항공모함인 운류급은 원래 17척이 계획되었으나 완공된 것은 3척에 불과하다. 함교는 함 측면으로 튀어나와 있고, 비행 갑판이 넓다. 승강기는 2대다. 그러나 전투에 참가해 보지도 못하고 1944년 12월 미국 잠수함 레드피쉬에 의해 격침당했다.

제원	
유형: 일본 항공모함	
배수량: 만재 시 22,860미터톤(22,500영국톤)	
크기: 227.4m×27m×7.85m(746피트 1인치×88피트 6인치×25피트 9인치)	
기관: 스크류 4개, 기어 터빈	
최고속도: 34노트	
주무장: 127mm(5인치) 함포 12문	
장갑: 벨트 150~45mm(5.9~1.8인치), 갑판 50~25mm(2~1인치)	
항공기: 57+8대	
정원: 1,595명	
진수년도: 1943년	

시나노

완공된 시나노는 당시 세계 최대의 항공모함이었다. 야마토급 전함의 함체를 개조해 만든 보조 항공모함인 이 배는 엄청난 양의 항공기와 연료, 예비 부품을 탑재할 수 있었다. 시나노는 전투에 참전한 적이 없다. 최종 의장 공사를 위해 쿠레로 이동하던 중 1944년 11월 29일 미국 잠수함 아처피쉬에게 격침당했다.

제원	
유형: 일본 항공모함	
배수량: 74,208미터톤(73,040영국톤)	
크기: 266m×40m×10.3m(872피트 9인치×131피트 3인치×33피트 9인치)	
기관: 스크류 4개, 터빈	
최고속도: 27노트	
주무장: 25mm(1인치) 함포 145문, 127mm(5인치) 함포 16문, 로켓 발사기 336기	
장갑: 벨트 205mm(8.1인치), 격납 갑판 190mm(7.5인치), 비행 갑판 80mm(3.1인치)	
항공기: 70대	
정원: 2,400명	
진수년월: 1944년 10월	

1944

공격 화물선 및 통상파괴함

제1차 세계대전 당시 영국과 독일은 상선을 무장시켰다. 독일은 이들 무장 상선을 통상 파괴용으로, 영국은 호송대 호위용으로 운용했다. 이들의 화력은 순양함에도 맞설 수 있었으나, 방어력 부족은 약점이었다.

저비스 베이

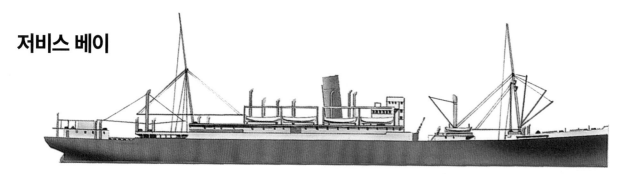

오스트레일리아 이민 무역선으로 1922년 건조된 이 배는 8문의 152mm(6인치) 포를 달고 무장 상선 순양함으로 개조되었다. 1939년 11월 이 배가 속한 호송대는 독일 전함 아트미랄 쉐어의 요격을 받았다. 반격한 저비스 베이는 많은 전사자를 내고 침몰했으나 호송대는 흩어져 도망치는 데 성공했다.

제원	
유형:	영국 무장 상선 순양함
배수량:	23,601미터톤(23,230영국톤)
크기:	167m×20m×10m(549피트×68피트×33피트)
기관:	스크류 2개, 터빈
최고속도:	15노트
화물:	공산품
항로:	런던-오스트레일리아 항구
진수년도:	1922년(1939년 개장)

핑권

원래 <칸델펠스>라는 상선이던 <핑권>은 독일 최고의 전과를 거둔 통상파괴함이었다. 연합군 함선 32척 총 145,619영국톤을 격침 또는 나포했다. 기뢰 420발과 항공기 2대(나중에는 1대로 줄어들음)를 싣고 전 세계 바다를 누비고 다녔다. 1941년 5월 8일 세이셸 앞바다에서 영국 순양함 콘월에 의해 격침당했다.

제원	
유형:	독일 통상파괴함
배수량:	17,881.6미터톤(17,600영국톤)
크기:	155m×18.7m×8.7m(508피트 6인치×61피트 4인치×28피트 6인치)
기관:	스크류 2개, 복동 디젤 엔진
최고속도:	16노트
주무장:	150mm(5.9인치) 함포 6문, 76mm(3인치) 함포 1문
정원:	401명
진수년도:	1936년(1940년 개장)

TIMELINE   1922   1936   1939

코메트

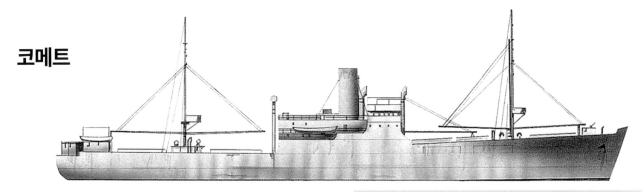

코메트는 독일 무장 상선 순양함 중 가장 충실한 장비를 갖추고 있었다. 도이칠란트급 전함용 150mm(5.9인치) 함포, 2대의 정찰용 항공기, 1척의 어뢰정(LS2)을 갖추고 있었다. 첫 출격에서 상선 10척을 격침했다. 그러나 1942년 두 번째 출격에서 격침당했다.

제원	
유형:	독일 통상파괴함
배수량:	7,620미터톤(7,500영국톤)
크기:	115m×15.3m×6.5m(377피트 4인치×50피트 2인치×21피트 4인치)
기관:	스크류 1개, 디젤 엔진
최고속도:	14.5노트
주무장:	150mm(5.9인치) 함포 6문
정원:	269명
진수년도:	1939년

코르모란

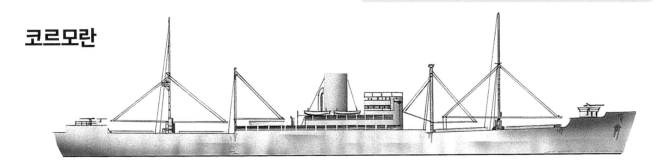

구 명칭이 슈타이어마르크인 이 배는 연합국 상선 11척 총톤수 69,366미터톤(68,274영국톤)을 격침 또는 나포했다. 1941년 11월 11일, 오스트레일리아 서해상에서 오스트레일리아 순양함 <시드니>를 조우했다. 처음에는 네덜란드 상선인 척 했으나 결국 전투가 벌어졌고, 두 배 모두 격침당했다.

제원	
유형:	독일 통상파괴함
배수량:	20,218미터톤(19,900영국톤)
크기:	164m×20m×8.5m(538피트×66피트 3인치×27피트 10인치)
기관:	스크류 2개, 디젤 엔진, 전기 모터
항해 속도:	18노트
주무장:	150mm(5.9인치) 함포 6문
정원:	400명
진수년도:	1939년

아르테미스

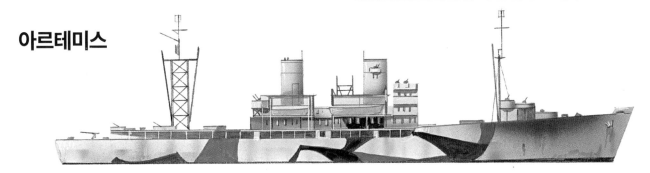

31척의 동급함 중 네임쉽인 아르테미스는 침공지원용으로 설계되었다. 850명의 상륙군과 상륙정을 탑재할 수 있다. 이 상륙정은 바다로 내려진 다음, 데릭을 사용해 인원과 물자를 상륙정에 싣는다. 함체는 전시 표준 S4 패턴으로, 여러 조선소에서 빠르고 저렴하게 건조 가능하다.

제원	
유형:	미국 공격 화물선
배수량:	만재 시 6,848미터톤(6,740영국톤)
크기:	129.85m×17.7m×4.7m(426피트×58피트×15피트 6인치)
기관:	스크류 2개, 기어 터빈
최고속도:	18노트
주무장:	20mm(0.78인치) 함포 12문
정원:	303명
진수년도:	1942년

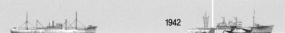

1942

순양전함 및 중순양함

순양전함(베틀크루즈)이라는 말을 공식 용어로 쓴 해군은 영국 해군뿐이다. 그러나 다른 나라 해군에서도 비슷한 함종을 운용했다. 하지만 항공공격을 위시한 새로운 종류의 전투로 인해, 순양전함의 무장은 현대전에 적합지 않다는 점이 드러났다.

됭케르크

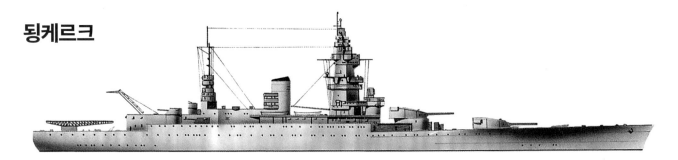

영국의 넬슨급을 모방해 만든 고속 전투부대의 지휘함인 됭케르크는 1930년대 독일 도이칠란트급에 대한 대항마이기도 했다. 정찰기 4대를 탑재했다. 1942년 7월 메르 엘 케비르에서 영국군의 공격으로 파손된 이 배는 툴롱으로 이동했으나, 그해 11월 독일군에 의해 자침되었다.

제원	
유형: 프랑스 순양전함	
배수량: 36,068미터톤(35,500영국톤)	
크기: 214.5m×31m×8.6m(703피트 9인치×102피트 3인치×28피트 6인치)	
기관: 스크류 4개, 터빈	
최고속도: 29.5노트	
주무장: 330mm(13인치) 함포 8문, 127mm(5인치) 함포 16문	
장갑: 벨트 225~125mm(8.8~4.9인치), 포탑 345~330mm(13.5~13인치), 갑판 140~130mm(5.5~5인치)	
정원: 1,431명	
진수년월: 1935년 10월	

그나이제나우

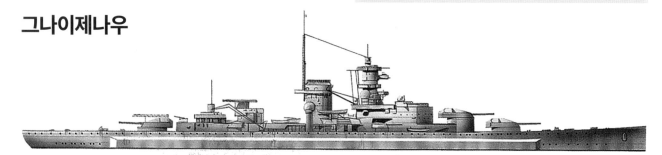

그나이제나우와 요함 샤른호르스트는 1939년 함수 연장 공사를 받아 감항성을 높였다. 제2차 세계대전 중 북대서양에서 영국 상선단을 공격, 영국 항공모함 글로리어스를 격침시켰다. 1942년 영국 공군의 공습으로 못 쓰게 된 그나이제나우는 1947년부터 1951년에 걸쳐 해체되었다.

제원	
유형: 독일 순양전함	
배수량: 39,522미터톤(38,900영국톤)	
크기: 226m×30m×9m(741피트 6인치×98피트 5인치×30피트)	
기관: 스크류 3개, 터빈	
항해 속도: 32노트	
주무장: 280mm(11인치) 함포 9문, 150mm(5.9인치) 함포 12문, 104mm(4.1인치) 함포 14문	
장갑: 벨트 350~170mm(13.75~6.75인치), 갑판 50mm(2인치), 주포탑 전면 355mm(14인치)	
정원: 1,840명	
진수년월: 1936년 12월	

TIMELINE

1935   1936   1938

프린츠 오이겐

이 히퍼급 중순양함은 533mm(21인치) 어뢰 발사관 12문과 3대의 함재기를 탑재했다. 1940년에 취역한 이 배는 비스마르크, 샤른호르스트, 그나이제나우의 대서양 임무에 동반했다. 제2차 세계대전 이후 미 해군에 인도되어 1946년 비키니 환초 원자탄 실험의 표적함으로 사용되었다.

제원	
유형: 독일 중순양함	
배수량: 만재 시 19,050미터톤(18,750영국톤)	
크기: 207.7m×21.5m×7.2m(679피트 1인치×70피트 6인치×23피트 7인치)	
기관: 스크류 3개, 기어 터빈	
최고속도: 32.5노트	
주무장: 203mm(8인치) 함포 8문, 105mm(4.1인치) 함포 21문	
장갑: 벨트 80mm(3.3인치), 주포탑 전면 105mm(4.1인치), 갑판 50-30mm(2-1.2인치)	
정원: 1,600명	
진수년도: 1938년	

볼티모어

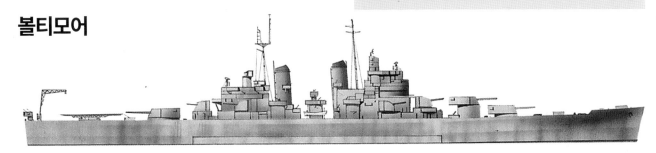

볼티모어급은 해군 조약의 제한이 해제된 후 건조된 최초의 미 순양함이다. 크기가 커져 감항성과 방호력이 우수해졌다. 볼티모어급 중 2척은 미국 최초의 미사일 순양함으로 개장되었고, 나머지 함들은 베트남 전쟁에 화력지원용으로 쓰였다. 볼티모어는 1971년에 퇴역했다.

제원	
유형: 미국 중순양함	
배수량: 17,303미터톤(17,030영국톤)	
크기: 205.7m×21.5m×7.3m(675피트×70피트 6인치×24피트)	
기관: 스크류 4개, 기어 터빈	
최고속도: 33노트	
주무장: 203mm(8인치) 함포 9문	
장갑: 벨트 152-102mm(6-4인치), 갑판 63mm(2.5인치)	
정원: 2,039명	
진수년월: 1942년 7월	

괌

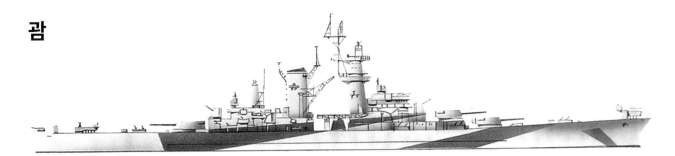

볼티모어급의 대형화 버전인 이 배는 305mm(12인치) 주포와 더 두터운 장갑을 장비했다. 이 배와 자매함 알래스카는 (실제로는 존재하지 않던) 일본군의 고속 통상파괴함의 공격에 맞서기 위해 건조되었다. 정찰기 발착함을 위한 크레인과 사출기가 있다. 항속거리는 15노트에서 22,800km(12,000해리)다. 1961년 해체되었다.

제원	
유형: 미국 순양전함	
배수량: 34,801미터톤(34,253영국톤)	
크기: 246m×27.6m×9.6m(807피트 5인치×90피트 9인치×31피트 9인치)	
기관: 스크류 4개, 기어 터빈	
최고속도: 33노트	
주무장: 305mm(12인치) 함포 9문, 127mm(5인치) 함포 12문, 40mm/20mm 함포 90문	
장갑: 벨트 229-127mm(9-5인치), 갑판 102mm(4인치), 바벳 및 포탑 전면 330mm(13인치)	
정원: 1,517명	
진수년월: 1943년 11월	

1942   1943

샤른호르스트

고속 통상파괴함인 샤른호르스트는 1940년 4월의 노르웨이 침공을 지원했으며, 같은 해 5월에는 영국 항공모함 글로리어스를 격침했다. 1942년 2월 브레스트를 출발해 영불해협을 돌파, 독일로 들어간 유명한 작전에 성공했다. 1943년 12월 HMS 듀크 오브 요크 함이 이끄는 영국군 함대에 의해 북대서양에서 침몰했다.

샤른호르스트

샤른호르스트는 노르웨이 침공 이후 2년 동안 연합국의 수상함과 항공기에 의해 공격을 당했다. 연합국이 이 배를 큰 위협으로 여겼기 때문이다. 그럼에도 이 배는 작전가능상태를 유지했다. 그러다가 연합군 북극 호송대를 공격하러 가던 길에 듀크 오브 요크와 순양함 3척의 공격으로 침몰했다.

제원	
유형: 독일 순양전함	
배수량: 38,277미터톤(38,900영국톤)	
크기: 229.8m×30m×9.91m(753피트 11인치×98피트 5인치×32피트 6인치)	
기관: 스크루 3개, 기어 터빈	
최고속도: 32노트	
주무장: 280mm(11인치) 함포 9문, 150mm(5.9인치) 함포 12문	
장갑: 벨트 350mm(13.8인치), 갑판 95mm(2.9인치)	
정원: 1,840명	
진수년월일: 1936년 6월 30일	

항공기
접이식 날개를 지닌 아라도 Ar 196A-3 수상기 4대가 탑재된다. 정찰 및 대잠수함전 용도다. 1940년에는 사출기 2대 중 1대가 제거되었다.

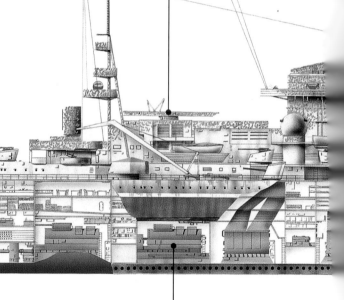

기관
바그너 3드럼 보일러 12대가 생산한 증기가 브라운 보베리 기어 터빈 3대에 동력을 공급한다. 최대 출력은 120.18MW(161,163축마력)다.

함교

1940년에 80cm 파장 레이더가 설치되었다. 비교적 원시적인 시스템이었다. 언제나 레이더 문제는 독일 전함의 단점이었다.

함포

주포를 380mm(15인치)급으로 교체하자는 주장도 있었으나 채택되지 않았다. 그런 무장을 갖추었더라면 이 배의 전투력은 더욱 강해졌을 것이다.

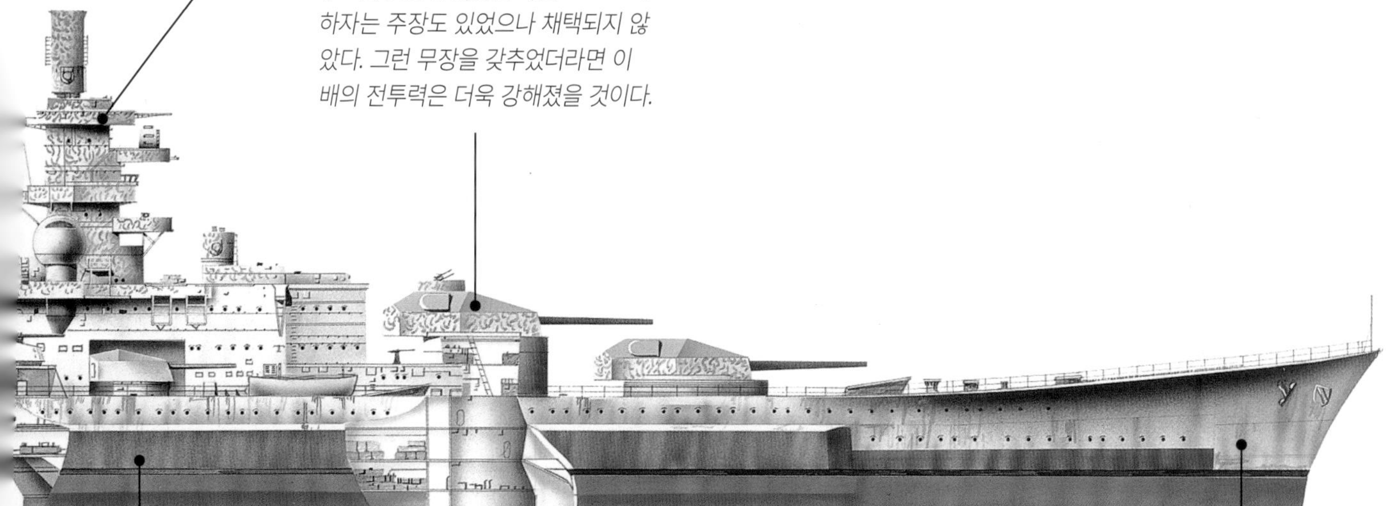

장갑

수선 장갑 벨트의 두께는 357mm(14인치)였다. 비스마르크와 마찬가지로 샤른호르스트 역시 적의 어뢰 및 함포 사격을 오랜 시간 동안 견딘 끝에 침몰했다.

항속거리

연료 저장고의 저장용량은 석유 6,200미터톤(6,101영국톤)이다. 이로써 작전 항속거리는 19노트시 18,710km(10,100해리)가 되었다.

함체

1939년에 뾰족한 대서양식 함수가 추가되었으나, 샤른호르스트는 여전히 '약한' 배였다. 그리고 해상 상태가 나쁠 경우 A번 주포탑을 쓰지 못할 수도 있었다.

전함: 제1부

제2차 세계대전 당시의 각국 해군에는 여전히 전함이 주력함으로 남아 있었다. 전략적 유용성 뿐 아니라 심리적 효과도 뛰어났기 때문이다. 그러나 해군 항공기, 특히 급강하 폭격기와 뇌격기는 전함의 천적이 되었다. 이에 따라 전함은 강력한 대공 무장을 갖추어야 했다.

아트미랄 그라프 슈페

1930년대 독일은 통상 파괴용으로 강력한 도이칠란트급 <포켓 전함> 3척을 건조했다. 함체 전기용접과 경합금 사용으로 무게를 줄였다. 1939년 라플라타 강 전투 이후 영국 군함에 포위당한 아트미랄 그라프 슈페는 몬테비데오 앞바다에서 자침했다.

제원	
유형: 독일 포켓전함	
배수량: 16,218미터톤(15,963영국톤)	
크기: 186m×20.6m×7.2m(610피트 3인치×67피트 7인치×23피트 7인치)	
기관: 스크류 2개, 디젤 엔진	
최고속도: 28노트	
주무장: 280mm(11인치) 함포 6문, 150mm(5.9인치) 함포 8문	
장갑: 벨트 76mm(3인치), 포탑 140-76mm(5.5-3인치), 갑판 38mm(1.5인치)	
정원: 926명	
진수년월: 1933년 4월	

리토리오

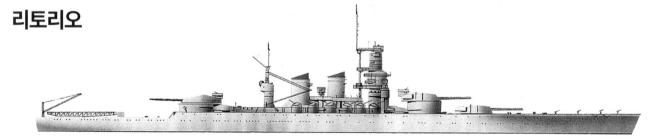

이탈리아 해군이 마지막으로 건조한 전함 중 하나다. 후방 포탑이 높이 들려 있어 옆모습을 더욱 인상적으로 만들어 주었다. 후갑판에 싣고 다니는 전투기 2대에 포 발사 시 후폭풍을 주지 않으려는 설계다. 1948~1950년에 걸쳐 해체되었다.

제원	
유형: 이탈리아 전함	
배수량: 46,698미터톤(45,963영국톤)	
크기: 237.8m×32.9m×9.6m(780피트 2인치×108피트×31피트 6인치)	
기관: 스크류 4개, 터빈	
최고속도: 28노트	
주무장: 380mm(15인치) 함포 9문, 152mm(6인치) 함포 12문, 120mm(4.7인치) 함포 4문, 89mm(3.5인치) 함포 12문	
진수년월: 1937년 8월	

TIMELINE   1933   1937

비토리오 베네토

리토리오, 로마, 비토리오 베네토는 막강한 전함 삼총사였다. 1941년 3월 마타판 해전에서, 그리고 같은 해 12월 어뢰 공격을 당해 손상되었으나 수리되었다. 이탈리아의 항복 이후 수에즈 운하에 계류되어 있었다. 1948~1950년에 걸쳐 해체되었다.

제원	
유형: 이탈리아 전함	
배수량: 46,484미터톤(45,752영국톤)	
크기: 237.8m×32.9m×9.6m(780피트 2인치×108피트×31피트 6인치)	
기관: 스크루 4개, 터빈	
최고속도: 31.4노트	
주무장: 381mm(15인치) 함포 9문, 152mm(6인치) 함포 12문, 120mm(4.7인치) 함포 4문, 89mm(3.5인치) 함포 12문	
장갑: 벨트 280mm(11인치), 갑판 162-45mm(6.4-1.8인치), 바벳 350-280mm(13.8-11인치), 포탑 정면 350mm(13.8인치)	
정원: 1,830명	
진수년월: 1937년 7월	

노스 캐롤라이나

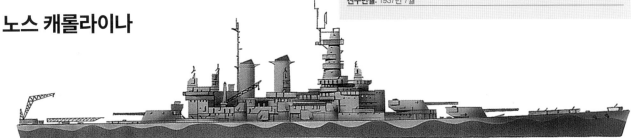

이 배는 355mm(14인치) 주포를 탑재하도록 설계되었으나, 일본 해군이 주무장 규제를 이행하지 않자 406mm(16인치) 3연장 주포탑을 탑재하게 되었다. 1945년까지 40mm(1.6인치) 함포 96문, 20mm(0.8인치) 함포 36문이 설치되었다. 1960년에 제적되어 노스 캐롤라이나 주 윌밍턴에 보존되어 있다.

제원	
유형: 미국 전함	
배수량: 47,518미터톤(46,770영국톤)	
크기: 222m×33m×10m(728피트 9인치×108피트 3인치×32피트 10인치)	
기관: 스크루 4개, 기어 터빈	
최고속도: 28노트	
주무장: 406mm(16인치) 함포 9문, 127mm(5인치) 함포 12문	
장갑: 벨트 305mm(12인치), 갑판 140mm(5.5인치), 바벳 406-373mm(16-14.7인치), 포탑 정면 406mm(16인치)	
정원: 1,793명	
진수년월: 1940년 6월	

아이오와

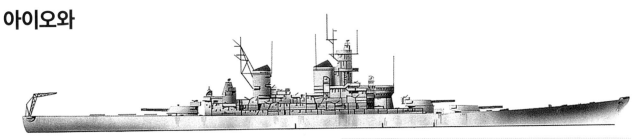

아이오와급 고속전함은 미국 최후 최대의 전함으로 1936년에 기공되었다. 기존의 사우스 다코타급보다 더 강한 공격력과 방어력을 가졌다. 제2차 세계대전 중에는 항공모함 호위함으로 쓰였던 아이오와는 1951~1958년, 1984~1990년에 다시 현역화되어 해안 표적 포격에 사용되었다.

제원	
유형: 미국 전함	
배수량: 56,601미터톤(55,710영국톤)	
크기: 270.4m×33.5m×11.6m(887피트 2인치×108피트 3인치×38피트)	
기관: 스크루 4개, 터빈	
최고속도: 32.5노트	
주무장: 406mm(16인치) 함포 9문, 127mm(5인치) 함포 12문	
장갑: 벨트 310mm(12.2인치), 갑판 152mm(6인치), 바벳 440-287mm(17.3-11.3인치), 포탑 정면 500mm(19.7인치)	
정원: 1,921명	
진수년월: 1942년 8월	

1940

1942

비스마르크

비스마르크는 여러 모로 볼 때 현대 전함에 속한다. 그러나 구식 장갑 구성 때문에 조향장치 및 대부분의 통신 및 통제 체계의 방어력이 약했다. 1941년 5월 대서양 통상파괴 임무 중 영국 HMS 후드를 격침시켰지만, 영국 전함과 순양함들에게 격침당하고 만다.

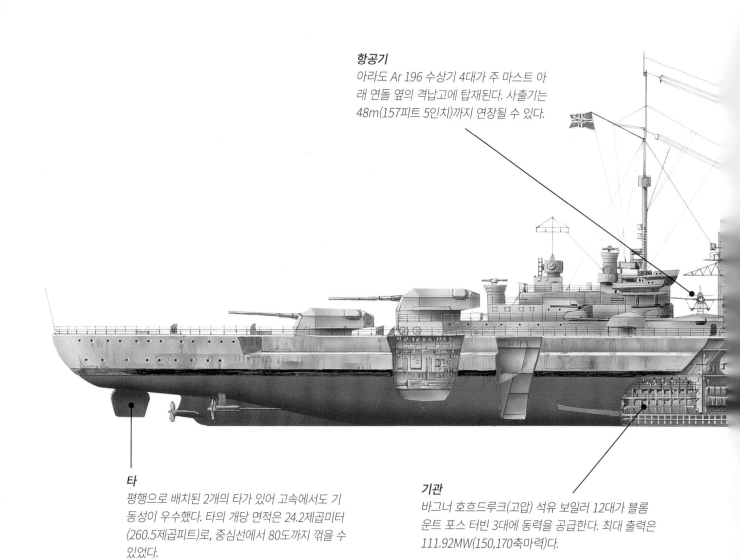

항공기
아라도 Ar 196 수상기 4대가 주 마스트 아래 연돌 옆의 격납고에 탑재된다. 사출기는 48m(157피트 5인치)까지 연장될 수 있다.

타
평행으로 배치된 2개의 타가 있어 고속에서도 기동성이 우수했다. 타의 개당 면적은 24.2제곱미터(260.5제곱피트)로, 중심선에서 80도까지 꺾을 수 있었다.

기관
바그너 호흐드루크(고압) 석유 보일러 12대가 블롬 운트 포스 터빈 3대에 동력을 공급한다. 최대 출력은 111.92MW(150,170축마력)다.

비스마르크

1919년 베르사이유 조약으로 인해 독일 해군의 전력 증강에는 까다로운 제약이 가해졌다. 그럼에도 독일은 비밀리에 설계 연구를 진행했다. 그리하여 1935년 영독 해군 협정이 발효되자 신속히 비스마르크와 티르피츠를 건조할 수 있었다.

제원	
유형: 독일 전함	
배수량: 50,955미터톤(50,153 영국톤)	
크기: 250m×36m×9m(823피트 6인치 ×118피트×29피트 6인치)	
기관: 스크루 3개, 기어 터빈	
최고속도: 29노트	
주무장: 380mm(15인치) 함포 8문, 150mm(5,9인치) 함포 12문	
장갑: 벨트 318-267mm(12,5-10,5인치), 주포탑 362-178mm(14,25-7인치), 갑판 121mm(4,75인치)	
정원: 2,092명	
진수년월: 1939년 2월	

지휘소
전방, 상부, 후방에 하나씩 지휘소가 있었다. 각 지휘소에는 회전식 돔이 있었는데, 이 돔에는 측거의와 FuMO23 레이더가 있었다.

승조원
HMS 도세트셔, 마오리가 115명을 구조했으나, 1,977명의 장병이 비스마르크와 운명을 함께했다.

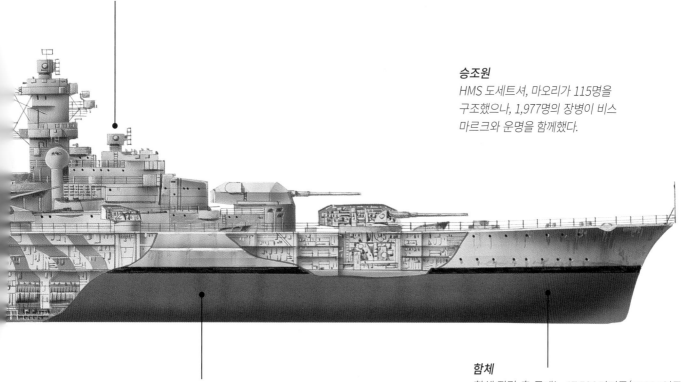

항속거리
연료 저장고는 석유 8,294미터톤(8,178 영국톤)을 저장할 수 있었다. 19노트 시 15,345km(8,525해리)의 작전 항속거리를 낼 수 있었다.

함체
함체 장갑 총 무게는 17,500미터톤(17,220영국톤)이었다. 비스마르크의 실제 배수량은 공식 발표된 것보다 훨씬 무거웠다.

전함: 제2부

전함은 일부 태평양 해전에 참전했다. 그러나 제2차 세계대전 후반, 그리고 한국 전쟁과 베트남 전쟁에서 전함의 주임무는 해안 표적 사격이었다. 32km(20마일) 이상 떨어진 표적에 1,225kg (2,700파운드)에 달하는 고폭탄을 날려보내는 것이었다.

워싱턴

워싱턴은 원래 런던 해군 조약에 맞춰 설계되었으나, 일본이 동 조약 이행을 거부함에 따라 406mm(16인치) 함포가 설치되었고, 최고속도가 2노트가 줄어들었다. 1942년 11월, 이 배는 사우스 다코타와 함께 일본 순양전함 키리시마를 격침했다. 1960~1961년에 걸쳐 해체되었다.

제원	
유형: 미국 전함	
배수량: 47,518미터톤(46,770영국톤)	
크기: 222m×33m×10m(728피트 9인치×108피트 4인치×33피트)	
기관: 스크류 4개, 터빈	
최고속도: 28노트	
주무장: 406mm(16인치) 함포 9문, 127mm(5인치) 함포 20문	
장갑: 벨트 168-305mm(6.6-12인치), 주포탑 178-406mm(7-16인치)	
진수년월: 1940년 6월	

하우

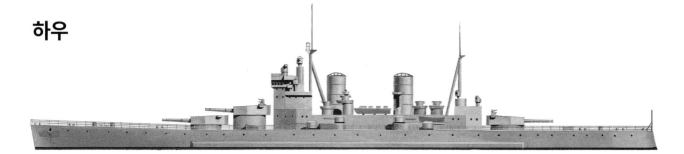

하우는 방뢰 성능에 크게 신경을 썼다. 하우가 1942년 취역하기도 전에 자매함인 프린스 오브 웨일즈가 항공기 발사 어뢰에 의해 침몰했기 때문이다. 시칠리아와 이탈리아 본토 상륙 작전을 지원했으며, 1945년에는 영국 태평양 함대 기함을 맡았다. 1951년 예비함으로 돌려졌으며 1957년 해체되었다.

제원	
유형: 영국 전함	
배수량: 42,784미터톤(42,075 영국톤)	
크기: 227.05m×31.4m×9.5m(745피트×103피트×32피트 7인치)	
기관: 스크류 4개, 기어 터빈	
최고속도: 28노트	
주무장: 356mm(14인치) 함포 10문, 133mm(5.25인치) 함포 16문	
장갑: 벨트 380-356mm(15-14인치), 바벳 및 포탑 정면 356mm(14인치)	
정원: 1,422명	
진수년도: 1940년	

인디아나

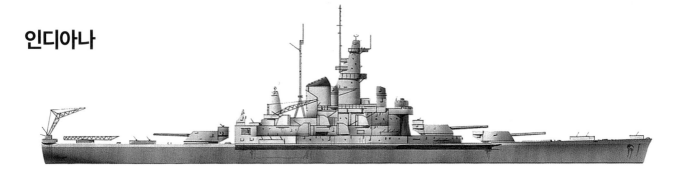

사우스 다코타급 전함 4척 중 2번함이다. 2개 층에 걸쳐 127mm(5인치) 함포가 탑재되어 있으며, 함교 뒤편에는 단일 연돌이 있다. 제2차 세계대전에는 항공모함 호위 및 해안 포격 임무에 주로 활약했다. 1947년 퇴역하여 1963년 해체되었다.

제원	
유형: 미국 전함	
배수량: 45,231미터톤(44,519영국톤)	
크기: 207.2m×32.9m×10.6m(680피트×108피트×35피트)	
기관: 스크루 4개, 기어 터빈	
최고속도: 28노트	
주무장: 406mm(16인치) 함포 9문, 127mm(5인치) 함포 20문	
장갑: 벨트 309mm(12.2인치), 포탑 정면 457mm(18인치)	
정원: 1,793명	
진수년월: 1941년 11월	

클레망소

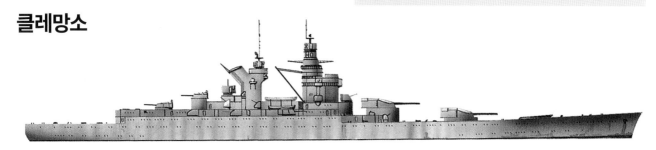

1940년 독일군이 프랑스를 침공했을 때 클레망소는 브레스트에서 일부분만 완공되어 있었다. 1944년 노르망디 상륙작전 이후, 독일군은 클레망소를 가지고 항구 입구를 막을 것을 검토했다. 그러나 이 계획이 실시되기 전, 클레망소는 8월의 폭격으로 침몰했다. 그림은 1940년 계획대로 완공되었을 때의 상상도이다.

제원	
유형: 프랑스 전함	
배수량: 48,260미터톤(47,500영국톤)	
크기: 247.9m×33m×9.6m(813피트 2인치×108피트 3인치×31피트 7인치)	
기관: 스크루 4개, 기어 터빈	
최고속도: 25노트	
주무장: 381mm(15인치) 함포 8문	
진수년도: 1943년	

뱅가드

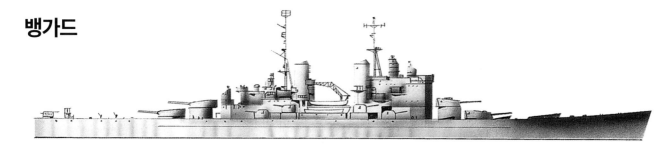

영국 해군 최후, 최대, 최고속의 전함이다. 1941년 발주되었으나 1946년까지 취역하지 못했다. 긴 트랜섬 함미와 상당히 가파른 함수를 지니고 있다. 당대의 다른 어떤 전함보다도 우월했음에도, 이미 대함 거포의 시대는 저물어가고 있었다. 1960년에 해체되었다.

제원	
유형: 영국 전함	
배수량: 52,243미터톤(51,420영국톤)	
크기: 248m×32.9m×10.9m(813피트 8인치×108피트×36피트)	
기관: 스크루 4개, 기어 터빈	
최고속도: 30노트	
주무장: 380mm(15인치) 함포 8문, 140mm(5.5인치) 함포 16문	
장갑: 벨트 114-355mm(4.5-14인치), 주포탑 152-330mm(6-13인치), 바벳 280-330mm (11-13인치)	
정원: 1,893명	
진수년도: 1944년	

1943　　　1944

야마토

야마토와 무사시는 사상 최대, 최강의 전함이었다. 이 전함들의 주포탑 한 개의 무게는 2,818미터 톤(2,774영국톤)에 달했으며, 460mm(18.1인치) 포탄을 30초마다 1발씩 쏠 수 있었다. 이 포탄의 사거리는 41,148m(45,000야드)가 넘었다. 그러나 이 전함들은 제대로 된 전투라고는 한 번밖에 벌이지 못했다. 전과는 1944년에 호위 항공모함과 구축함 각 1척씩을 격침한 것이 전부였다. 야마토는 1945년 격침당했다.

좁은 출구
레이테 만 해전 당시 야마토는 간발의 차이로 6척의 미 전함을 피해갔다. 만약 야마토가 이들과 조우했다면 다수의 적과 맞서는 능력을 실전에서 혹독하게 평가받았을 것이다.

항공기
최대 7대의 항공기를 탑재 가능하며, 발착함에는 함미의 사출기 2대와 회수용 크레인을 사용한다.

대공방어
1944년 3월 127mm 함포 24문, 25mm 대공포 162문이 설치되었다. 그러나 야마토는 1945년 4월 7일 항공기에서 발사된 어뢰 10발과 폭탄 23발을 맞고 침몰했다.

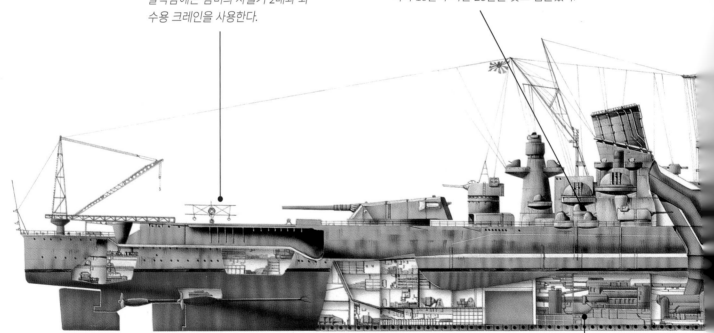

기관
설계 단계에서 증기 터빈과 디젤 겸용, 또는 디젤 전용안이 제시되었으나, 기각되었다.

야마토

일본 연합함대 기함이던 야마토는 미드웨이 해전, 필리핀 해전, 레이테 만 해전에 참전했다. 1945년 4월 7일 가고시마 남서쪽 130마일 해상에서 미해군 항공모함 함재기들에 의해 격침당했다. 이 때 야마토에서는 2,498명이 전사했다.

제원	
유형: 일본 전함	
배수량: 71,110미터톤(71,659영국톤)	
크기: 263m×36.9m×10.3m(862피트 10인치×121피트×34피트)	
기관: 스크루 4개, 터빈	
최고속도: 27노트	
주무장: 460mm(18.1인치) 함포 9문, 155mm(6.1인치) 함포 12문, 127mm(5인치) 함포 12문	
장갑: 벨트 408mm(16.1인치), 바벳 546mm(21.5인치), 주포탑 193-650mm(7.6-25.6인치), 장갑 200-231mm(7.9-9.1인치)	
진수년월: 1940년 8월	

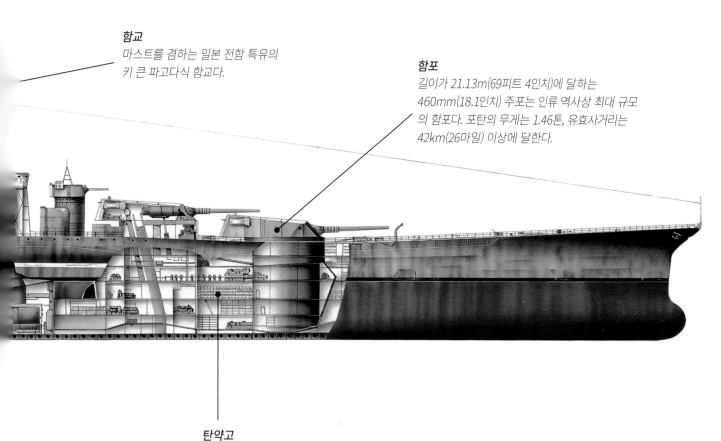

함교
마스트를 겸하는 일본 전함 특유의 키 큰 파고다식 함교다.

함포
길이가 21.13m(69피트 4인치)에 달하는 460mm(18.1인치) 주포는 인류 역사상 최대 규모의 함포다. 포탄의 무게는 1.46톤, 유효사거리는 42km(26마일) 이상에 달한다.

탄약고
탄약고는 유사 시 폭발을 막기 위해 침수가 가능하다. 그러나 그것도 배의 펌프가 정상 작동되어야 가능하다.

호위함 및 초계함: 제1부

평시의 해군은 호위함이 그리 많이 필요 없다. 그러나 전시에는 호송대 호위, 해안 초계, 대잠수함전, 대공전용으로 매우 많이 필요하다. 또한 제2차 세계대전 후반기에 벌어진 상륙작전 지원용으로도 필요했다. 이들 중 다수는 상선을 개조한 것이었다.

하시다테

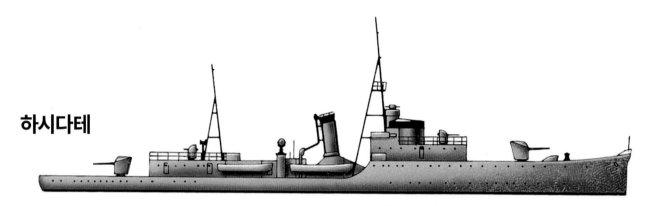

일본의 중국 침공용으로 건조된 이 배는 흘수가 얕아 연안과 하구에서 운용하기 쉽다. 주임무는 해안포격이다. 이후 호위함으로 개장되었다. 이 때 경포와 대잠폭뢰가 추가 장착되었다. 1944년 5월 미군 잠수함에 격침당했다.

제원	
유형: 일본 포함	
배수량: 만재 시 1,168,4미터톤(1,150영국톤)	
크기: 78,5m×9,7m×2,45m(257피트 7인치×31피트 10인치×8피트)	
기관: 스크루 2개, 기어 터빈	
최고속도: 19,5노트	
주무장: 120mm(4,7인치) 함포 3문	
정원: 170명	
진수년도: 1936년	

틴월드

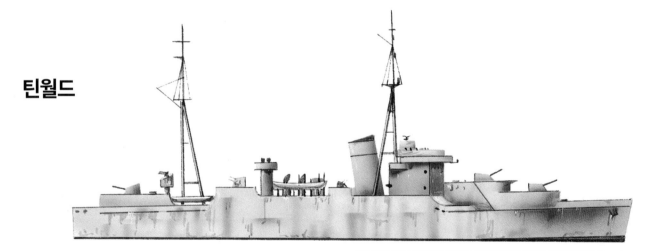

원래 맨 섬 증기선이었던 틴월드는 1940년 보조 방공함으로 개조되었다. 이는 적 항공 공격에 맞서려는 영국 해군의 노력의 일환이었다. 토치 상륙작전을 지원하기 위해 지중해에 파견된 이 배는 1942년 11월 손실되었다. 적 잠수함 또는 기뢰에 격침당한 것으로 추정된다.

제원	
유형: 영국 방공함	
배수량: 우편선으로 운용되던 당시에는 2,474미터톤(2,376영국톤)	
크기: 길이 96,26m(314피트 6인치)	
기관: 스크루 2개, 기어 터빈	
최고속도: 21노트	
주무장: 102mm(4인치) 함포 6문, 2파운드 폼폼포 8문	
진수년도: 1936년	

에리

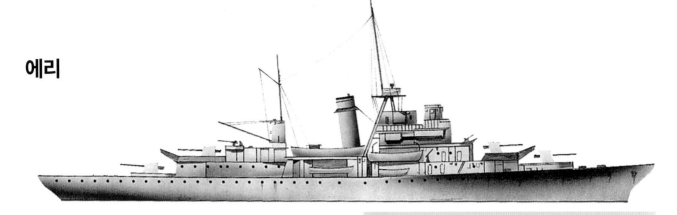

에리와 자매함 찰스턴은 미국 최초로 152mm(6인치) 47구경장 함포를 장착한 배였다. 이 함포는 장약과 탄두 일체형 탄약을 사용했다. 특이한 함체 설계로 5,941마력(4,430kW)의 비교적 저출력으로도 20노트를 유지할 수 있었다. 정찰기 1대를 탑재하며 발착함에는 크레인을 사용한다. 1942년 퀴라소 앞바다에서 독일 U보트에 의해 격침당했다.

제원	
유형:	미국 포함
배수량:	2,376미터톤(2,339영국톤)
크기:	100m×12.5m×3.4m(328피트 6인치×41피트 3인치×11피트 4인치)
기관:	스크류 2개, 터빈
최고속도:	20.4노트
주무장:	152mm(6인치) 함포 4문
정원:	236명
진수년도:	1936년

하치조

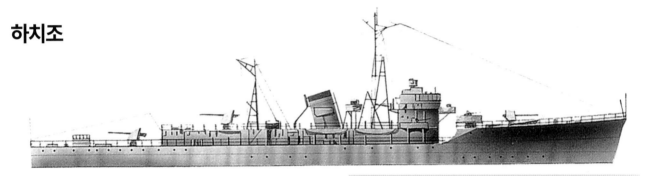

하치조를 모델로 일본은 여러 훌륭한 호위함급을 만들었다. 원래 25mm(1인치) 대공포 4문이던 대공 무장은 제1차 세계대전 중 15문으로 늘었다. 기뢰 탑재량도 12발에서 25발로, 다시 60발로 늘어났다. 1948년에 해체되었다.

제원	
유형:	일본 호위함
배수량:	1,020미터톤(1,004영국톤)
크기:	77.7m×9m×3m(255피트×29피트 10인치×9피트 W인치)
기관:	스크류 2개, 디젤 엔진
최고속도:	19.7노트
주무장:	120mm(4.7인치) 함포 3문
진수년월:	1940년 4월

봄바르다

이탈리아가 호송대의 대잠호위용으로 건조한 59척의 동급함 중 하나다. 이탈리아 항복 이후 독일군에 인도되어 U-206으로 개칭되었다. 1945년 4월에 자침했다. 인양 후 수리를 거쳐 1975년까지 운용되었다.

제원	
유형:	이탈리아 호위함/코르벳
배수량:	740미터톤(728영국톤)
크기:	64m×9m×2.5m(211피트×28피트 7인치×8피트 4인치)
기관:	스크류 2개, 디젤 엔진
최고속도:	18노트
주무장:	102mm(4인치) 함포 1문
진수년도:	1942년

1940   1942

호위함 및 초계함: 제2부

이런 유형의 배들을 분류하는 방식은 다양하다. 전통적인 이름을 쓰기도 하지만, 그런 이름들이 현대 군함의 기능과 병기에 딱 들어맞는 것은 아니다. 큰 것은 <프리깃>, 작은 것은 <코르벳>, <슬루프> 등으로 불리웠다. 배가 작을수록 건조 시간이 덜 들지만, 대공 병기를 갖추려면 프리깃 정도의 크기가 필요했다.

다나이데

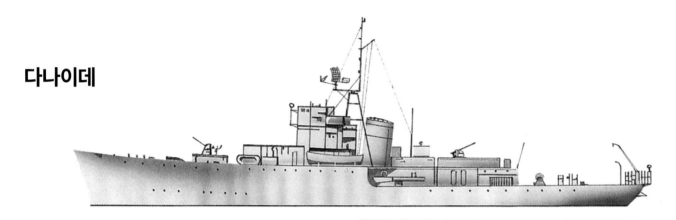

소해 장비를 갖춘 이 배는 진수 후 4개월만에 완공되었다. 기공 후 1년도 안 된 시점이었다. 이후 코르벳 선도함으로 개장되었다. 함교 앞의 기뢰 부설기를 없애고 작은 지휘 갑판실을 설치한 것이다. 동급함 중 다수가 전쟁에서 살아남았으며, 1960년대 중반까지 17척이 현역에 있었다.

제원	
유형: 이탈리아 코르벳	
배수량: 812미터톤(800영국톤)	
크기: 64m×8.5m×2.5m(211피트 3인치×28피트 3인치×8피트 6인치)	
기관: 스크류 2개, 디젤 엔진	
최고속도: 18.5노트	
주무장: 40mm(1.6인치) 대공포 4문	
진수년월: 1942년 10월	

에이번

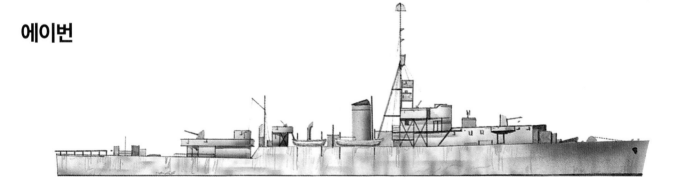

에이번이 속한 리버 급은 원양형 대잠수함 호위함이다. 동급함은 90여척으로, 1941년부터 1944년 사이에 건조되었다. 엔진은 2대가 설치되었으며, 처음에는 무장이 간단했으나 이후 증강되었다. 제2차 세계대전 이후 다수가 다른 나라 해군에 인도되어 1960년대까지 운용되었다. 에이번 역시 1949년에 포르투갈에 매각되었다.

제원	
유형: 영국 프리깃	
배수량: 2,133미터톤(2,100영국톤)	
크기: 91.8m×11m×3.8m(301피트 4인치×36피트 8인치×12피트 9인치)	
기관: 스크류 2개, 3단 팽창 엔진	
주무장: 102mm(4인치) 함포 2문	
진수년도: 1943년	

TIMELINE   1942   1943

다가

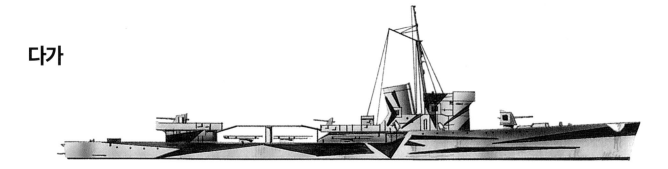

이 급은 지중해 호송대 호위를 위해 이탈리아 항복시까지 16척이 건조되었다. 이 중 다가를 포함한 15척이 1943년 독일군에게 인도되었다. 빠르지만 무장이 빈약하고, 적 구축함의 공격에 취약했다. 13척이 격침되었으며, 그 중에는 1944년 10월 기뢰에 촉뢰한 다가도 있었다.

제원	
유형: 이탈리아 호위함	
배수량: 1,138미터톤(1,120영국톤)	
크기: 82m×8.6m×3m(270피트×28피트 3인치×9피트 2인치)	
기관: 스크류 2개, 터빈	
최고속도: 31.5노트	
주무장: 100mm(3.9인치) 함포 2문, 450mm(17.7인치) 어뢰 발사관 6문	
진수년월: 1943년 7월	

틴테절 캐슬

호송대 호위용으로 설계된 캐슬 급 코르벳은 플라워 급의 확장판이었지만 기관은 같았다. 3포신 스퀴드 박격포를 탑재한다. 이 박격포는 배의 소너 체계에서 얻은 표적 위치 정보를 사용해 조준하고, 200kg(400파운드)짜리 포탄을 최대 400m(430야드) 거리까지 쏘아보낼 수 있다. 1957년에 퇴역했다.

제원	
유형: 영국 코르벳	
배수량: 만재 시 1,615미터톤(1,590영국톤)	
크기: 76.8m×11.2m×4.1m(252피트×36피트 8인치×13피트 26n)	
기관: 스크류 1개, 수직 3단 팽창 왕복 엔진	
최고속도: 16.5노트	
주무장: 102mm(4인치) 함포 1문, 305mm(12인치) 대잠수함 박격포 1문, 폭뢰	
정원: 120명	
진수년월: 1943년 7월	

미쿠라

이 급하게 건조된 호위함에는 일반적인 건조 기준이 적용되지 않았다. 이 급의 후기형은 기성품 부품과 전기 용접을 사용했다. 그러나 폭뢰 투하대를 포함한 대잠수함 병기를 탑재하고 우수한 성능을 보여주었다. 1945년 들어 대공 병기가 보강되었다.

제원	
유형: 일본 호위함	
배수량: 만재 시 1,077미터톤(1,060영국톤)	
크기: 78.8m×9.1m×3.05m(258피트 6인치×29피트 10피트)	
기관: 스크류 2개, 터빈	
최고속도: 19.5노트	
주무장: 120mm(4.7인치) 함포 3문, 폭뢰 120발	
정원: 150명	
진수년도: 1943년	

순양함: 제1부-미국

1930년대의 순양함 건조는, 이론적으로는 1930년 런던 해군 조약의 무장 규제 하에서 진행되었다. 1921~1922년 워싱턴 회담을 주최한 미국은 이 조약을 철저히 준수했다. 그러나 특히 1930년대 말에 들어서 다수의 순양함을 건조했다.

인디아나폴리스

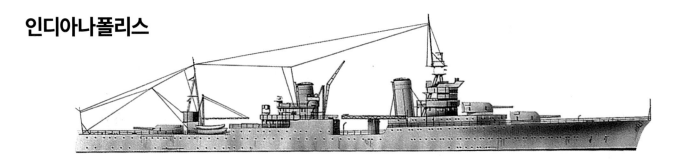

제2차 세계대전에서 마지막으로 손실된 미 해군의 대형 수상함이다. 일본에 투하될 원자폭탄 1발을 티니안의 전방 항공기지에 전달해 준 이 배는, 임무를 마치고 귀환하던 1945년 7월 29일 일본 잠수함의 어뢰 공격을 받아 격침당했다.

제원	
유형: 미국 순양함	
배수량: 12,960미터톤(12,755영국톤)	
크기: 185.9m×20m×6.4m(610피트×66피트×21피트)	
기관: 스크류 4개, 터빈	
최고속도: 32.8노트	
주무장: 203mm(8인치) 함포 9문, 127mm(5인치) 함포 8문	
장갑: 벨트 57mm(2.25인치), 갑판 146-63mm(5.75-2.5인치)	
정원: 917명	
진수년월: 1931년 11월	

아스토리아

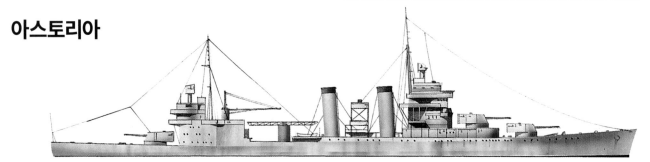

아스토리아는 7척의 중순양함 중 하나다. 1942년 격전에 투입되었다. 항공모함 전단을 호위하면서 산호해 해전과 미드웨이 해전을 치른 것이다. 과달카날 상륙작전 때는 북부 엄호대의 일원이었다. 이때 일본 순양함과의 전투에서 손상을 입고, 퇴함처분 후 침몰했다.

제원	
유형: 미국 순양함	
배수량: 12,662미터톤(12,463영국톤)	
크기: 179.2m×18.8m×6.9m(588피트×61피트 9인치×22피트 9인치)	
기관: 스크류 4개, 기어 터빈	
최고속도: 32.7노트	
주무장: 203mm(8인치) 함포 9문, 127mm(5인치) 함포 8문	
장갑: 벨트 127mm(5인치), 갑판 57mm(2.25인치)	
정원: 868명	
진수년월: 1933년 12월	

TIMELINE
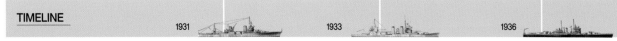
1931   1933   1936

브루클린

1930년대 초반 미 해군은 일본의 신형 모가미 급 순양함에 맞서 브루클린 급 순양함의 설계를 개량했다. 함체의 무게를 줄이고, 그 무게로 추가 장갑을 설치했다. 브루클린 급은 총 9척이었으며 모두가 제2차 세계대전에 참전했다. 1951년 칠레에 인도되었다.

제원	
유형:	미국 순양함
배수량:	12,395미터톤(12,200 영국톤)
크기:	185m×19m×7m(608피트 4인치×61피트 9인치×22피트 9인치)
기관:	스크류 4개, 기어 터빈
주무장:	152mm(6인치) 함포 15문
진수년월:	1936년 11월

위치타

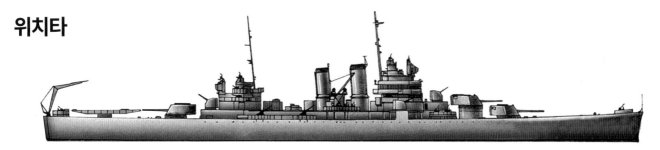

위치타의 함체와 기관은 브루클린과 같으나, 장갑과 무장은 더욱 강력하다. 203mm(8인치) 함포 3연장 포탑이 3개 있다. 1945년 대공 병기가 현대화되었다. 미사일 순양함으로의 개장도 고려되었으나 실행되지는 않았다. 1959년 매각해체되었다.

제원	
유형:	미국 순양함
배수량:	13,314미터톤(13,015영국톤)
크기:	185,4m×18,8m×7,25m(608피트 4인치×61피트 9인치×23피트 9인치)
기관:	스크류 4개, 기어 터빈
최고속도:	33노트
주무장:	203mm(8인치) 주포 9문, 127mm(5인치) 함포 8문
장갑:	벨트 152-102mm(6-4인치), 바벳 178mm(7인치), 포탑 정면 203mm(8인치), 갑판 58mm(2,25인치)
정원:	929명
진수년도:	1937년

아틀란타

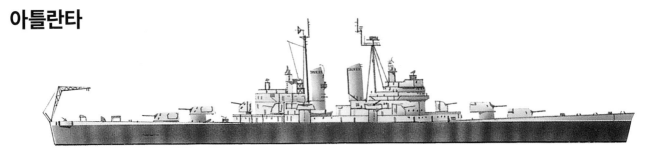

아틀란타가 속한 아틀란타급은 총 11척 건조되었다. 전투 함대의 노출 지역을 초계하며 대공 작전을 벌이는 것이 목적이다. 아틀란타 급 후기형은 파편 방어력이 높아졌고, 함포의 문수와 소나의 성능도 개선되었다. 1942년 일본군의 어뢰 공격을 받아 무력화되자 미군에 의해 자침되었다.

제원	
유형:	미국 순양함
배수량:	8,473미터톤(8,340영국톤)
크기:	165m×16,2m×6,2m(541피트 6인치×53피트 2인치×20피트 6인치)
기관:	스크류 2개, 터빈
최고속도:	32,5노트
주무장:	127mm(5인치) 함포 16문
진수년도:	1941년

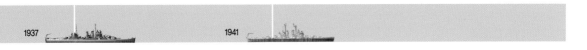

1937   1941

순양함: 제2부-미국과 일본

일본은 1930년 런던 해군 조약의 조인국이었으나, 1935년의 후속 회담에는 참가하지 않았다. 그리고 태평양 최강을 목표로 해군력을 증강시키기 시작했다. 일본 순양함은 충실한 무장을 갖추었으며 어뢰, 기뢰, 항공기도 탑재했다.

마야

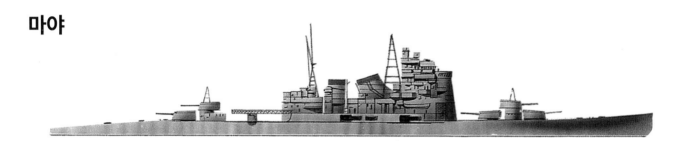

현대적인 디자인과 높은 함교를 지니고 있다. 203mm(8인치) 주포의 앙각은 70도다. 1943년 라바울에서 미 항공기에게 중파되었고, 거의 다시 만들어지다시피 했다. 1944년 10월 레이테 만 해전 직후 미 잠수함의 어뢰 4발에 피격당해 침몰했다.

제원	
유형: 일본 순양함	
배수량: 12,985미터톤(12,781영국톤)	
크기: 202m×18m×6m(661피트 8인치×59피트×20피트)	
기관: 스크류 4개, 터빈	
최고속도: 35.5 노트	
주무장: 203mm(8인치) 함포 10문, 120mm(4.7인치) 함포 4문	
장갑: 벨트 100mm(3.9인치), 탄약고 125mm(4.9인치), 갑판 38mm(1.5인치)	
정원: 773명	
진수년도: 1930년 11월	

모가미

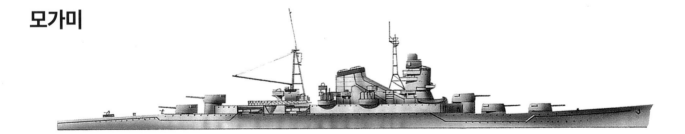

모가미는 경순양함으로 분류되었으나 실제 성능은 그 이상이었다. 중심선을 따라 배치된 3연장 포탑에 155mm(6.1인치) 함포가 탑재되었다. 또한 함체 중앙부의 2연장 포탑에는 이중목적 127mm(5인치) 함포가 배치되었다. 함체 구조는 초기에는 약했으나 보강되었다. 1944년 미 뇌격기의 공격으로 침몰했다.

제원	
유형: 일본 순양함	
배수량: 11,169미터톤(10,993영국톤)	
크기: 201.5m×18m×5.5m(661피트×59피트×18피트)	
기관: 스크류 4개, 터빈	
최고속도: 37노트	
주무장: 155mm(6.1인치) 함포 15문, 127mm(5인치) 이중목적 함포 8문	
장갑: 벨트 100mm(3.9인치), 탄약고 125mm(4.9인치), 갑판 61-31.4mm(2.4-1.4인치)	
정원: 850명	
진수년월: 1934년 3월	

TIMELINE   1930   1934   1937

도네

도네와 그 자매함인 지쿠마는 특이한 배치를 하고 있다. 모든 주포가 전방에 설치되어 있고, 후갑판은 6대의 수상기 운용을 위해 비워놓았다. 사출기로 발함시키고 회수는 크레인으로 한다. 쿠레 인근의 천해에서 1945년 7월 미 항공기에게 격침당했다. 1948년 현장에서 해체되었다.

제원	
유형:	일본 순양함
배수량:	15,443,2미터톤(15,200영국톤)
크기:	201,5m×18,5m×6,5m(661피트 1인치×60피트 8인치×21피트 3인치)
기관:	스크류 4개, 기어 터빈
최고속도:	35노트
주무장:	203mm(8인치) 함포 8문, 127mm(5인치) 함포 8문, 610mm(24인치) 어뢰 발사관 12문
장갑:	벨트 125-100mm(4,9-3,9인치), 포탑 25mm(1인치), 갑판 65-30mm(2,5-1,2인치)
정원:	850명
진수년도:	1937년

아가노

아가노급은 총 4척으로, 구축함 전단의 선도함으로 만들어졌다. 이 함이 탑재하는 93식 산소어뢰는 사거리가 연합군 어뢰의 3배이고 탄두도 더 크다. 1942년 10월에 취역한 아가노는 1944년 트럭 섬 앞바다에서 미 잠수함 스케이트에 의해 격침당했다.

제원	
유형:	일본 순양함
배수량:	8,671,5미터톤(8,535영국톤)
크기:	174,1m×15,2m×5,63m(571피트 2인치×49피트 10인치×18피트 6인치)
기관:	스크류 4개, 기어 터빈
최고속도:	35노트
주무장:	152mm(6인치) 함포 6문, 610mm(24인치) 어뢰 발사관 8문
장갑:	벨트 56mm(2인치), 포탑 25mm(1인치), 갑판 18mm(0,7인치)
정원:	730명
진수년도:	1941년

디모인

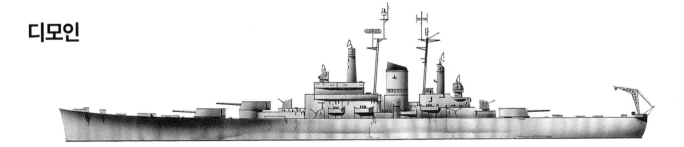

디모인급 3척은 최초로 완전 자동 속사식 203mm(8인치) 함포를 장비했다. 또한 디모인급 중 2척은 에어컨디셔너를 장비한 최초의 군함이기도 하다. 디모인은 순수 포함으로서 1961년까지 현역에 머물렀으며, 이후 예비역으로 전환되었다가 1991년에야 제적되었다.

제원	
유형:	미국 순양함
배수량:	만재 시 21,844미터톤(21,500영국톤)
크기:	218m×23m×8m(717피트×75피트 6인치×26피트)
기관:	스크류 4개, 터빈
최고속도:	33노트
주무장:	203mm(8인치) 함포 9문, 127mm(5인치) 함포 12문
정원:	1,799명
진수년월:	1946년 9월

1941   1946

순양함: 제3부-영국

영국의 순양함 수요는 예전과 달라지지 않았다. 통상로를 지키고 해외 기지(남아프리카 사이먼스타운, 싱가포르, 홍콩)에 교대 배치하며 유럽 열강 해군들과의 힘의 균형을 맞추기 위해 다수의 중형 최신예 순양함이 필요했던 것이다.

글래스고

일본 모가미급에 맞서기 위해 글래스고를 포함 5척의 순양함이 건조되었다. 초기 설계에서는 배수량을 8,600미터톤(8,500영국톤)으로 줄이려 했으나, 비현실적이었다. 연돌들 사이에 사출기가 있다. 2대의 항공기를 수용할 수 있는 격납고가 함교의 일부로 만들어져 있다. 1958년 해체되었다.

제원	
유형:	영국 순양함
배수량:	11,652미터톤(11,470영국톤)
크기:	187m×19m×5.5m(613피트 6인치×63피트×18피트)
기관:	스크루 4개, 터빈
최고속도:	32노트
주무장:	152mm(6인치) 함포 12문
장갑:	벨트 및 탄약고 114mm(4.5인치), 포탑 25mm(1인치)
정원:	748명
진수년월:	1936년 6월

벨파스트

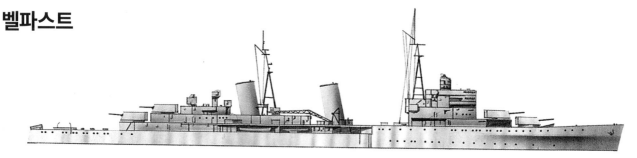

사우샘프턴 급의 후속함인 벨파스트는 배수량 10,160미터톤(10,000영국톤), 152mm(6인치) 3연장 주포탑(앙각 45도)의 제원을 갖도록 기획되었다. 완공 4개월 후 기뢰에 촉뢰했으나, 흘수선 아래 방어력을 보강해 1944년 10월 임무에 복귀했다. 현재는 박물관 함이다.

제원	
유형:	영국 순양함
배수량:	15,138미터톤(14,900영국톤)
크기:	187m×20m×7m(613피트 6인치×66피트 4인치×23피트 2인치)
기관:	스크루 4개, 기어 터빈
최고속도:	32.5노트
주무장:	152mm(6인치) 함포 12문
장갑:	벨트 114mm(4.5인치), 포탑 102-51mm(3-2인치), 갑판 76-51mm(3-2인치)
정원:	850명
진수년도:	1938년

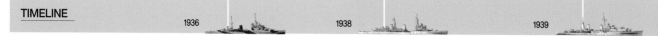

TIMELINE　　　　　　1936　　　　　　　1938　　　　　　　1939

디도

방공함으로 설계된 디도는 앙각 70도의 133mm(5.25인치) 반자동 고속포를 전동식 포탑에 3단으로 설치했다. 회수용 크레인은 연돌 사이에 있다. 동급함 11척 중 4척이 제2차 세계대전 중 손실되었으나, 디도는 전쟁을 견디고 1958년에 해체되었다.

제원	
유형: 영국 순양함	
배수량: 7,518미터톤(7,400영국톤)	
크기: 156m×15m×5.4m(512피트×50피트 6인치×18피트)	
기관: 스크류 4개, 터빈	
최고속도: 32노트	
주무장: 133mm(5.25인치) 함포 8문	
장갑: 측면 76mm(3인치), 갑판 51-25mm(2-1인치)	
정원: 530명	
진수년도: 1942년	

갬비아

기존의 영국 순양함보다 더 작아진 콜로니급은 이후 순양함 설계의 근간이 되었다. 제2차 세계대전 중 2척이 격침당했다. 그러나 대부분은 전후 영국 해군에서 운용되었다. 영국 해군은 전후에도 다수의 식민지 기지를 유지했다. 2척은 1959년 페루에 매각되었고, 1척은 1957년 인도에 매각되었다. 갬비아는 1968년 해체되었다.

제원	
유형: 영국 순양함	
배수량: 6,960미터톤(6,850영국톤)	
크기: 156m×15m×5m(511피트 10인치×50피트 6인치×16피트 9인치)	
기관: 스크류 4개, 터빈	
최고속도: 32.5노트	
주무장: 133mm(5.25인치) 함포 8문	
장갑: 측면 76mm(3인치), 탄약고 상부 갑판 51mm(2인치)	
정원: 530명	
진수년월: 1939년 7월	

벨로나

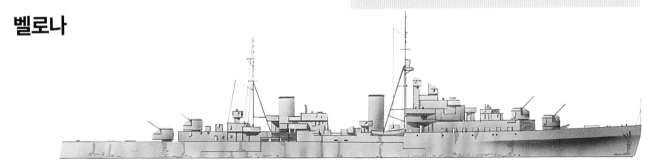

벨로나는 간이형 디도급 순양함 5척 중 하나다. 방공 목적으로 건조되어 반자동 속사포와 경대공포를 갖추고 있다. 5척 모두가 제2차 세계대전에 참전했다. 전후 벨로나와 자매함 블랙 프린스는 뉴질랜드 해군에 임대되었다. 벨로나는 1956년 반납되어 1959년 해체되었다.

제원	
유형: 영국 순양함	
배수량: 11,267 미터톤(11,090 영국톤)	
크기: 169.3m×18.9m×6.4m(555피트 6인치×62피트×21피트)	
기관: 스크류 4개, 터빈	
최고속도: 33 노트	
주무장: 152mm(6인치) 함포 12문	
장갑: 중앙함체 벨트 89mm(3.5인치), 갑판 51mm(2인치)	
진수년월: 1940년 11월	

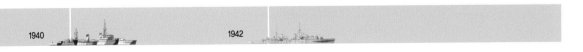

1940   1942

순양함: 제4부-이탈리아

무솔리니 파시스트 정권 집권기의 이탈리아는 호전주의적이고 팽창적인 노선을 걸었다. 그러려면 강력한 함대가 필요했다. 이탈리아 순양함들은 균형이 잘 잡혀 있었고, 속도가 빠른 것이 특징이었다. 그러나 영국 순양함에 비하면 무장이 빈약했다. 이탈리아는 해군 조약의 규제가 허용하는 한, 그리고 그 이상까지도 군함의 성능을 높였다.

피우메

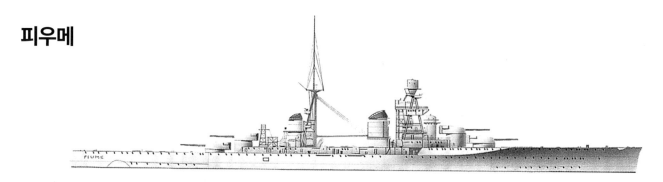

피우메는 원래 워싱턴 해군 조약에서 정한 10,160미터톤(10,000영국톤) 배수량 규제에 맞춰 설계되었으나, 이후 설계가 변경되었다. 시운전에서는 12만 마력의 출력으로 33노트의 속도를 냈다. 동급함 4척이 모두 제2차 세계대전 중 손실되었다. 피우메 역시 1941년 3월 영국 전함과의 전투에서 격침당했다.

제원	
유형: 이탈리아 순양함	
배수량: 14,394미터톤(14,168영국톤)	
크기: 182.8m×20.6m×7.2m(599피트 9인치×67피트 7인치×23피트 1인치)	
기관: 스크류 2개, 터빈	
최고속도: 32노트	
주무장: 203mm(8인치) 함포 8문	
진수년월: 1930년 4월	

지오바니 델레 반데 네레

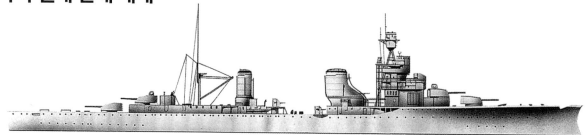

이탈리아는 프랑스의 자구아르 급 대형 구축함에 맞서기 위해 고속 경순양함을 건조했다. 엔진 출력은 95,000마력, 연료 탑재량은 1,250미터톤(1,230영국톤), 항속거리는 18노트에서 7,220km(3,800해리), 전속력에서 1,843km(970해리)다. 지오바니 델레 반데 네레는 1942년 4월 영국 잠수함 <어지>에 의해 격침당했다.

제원	
유형: 이탈리아 순양함	
배수량: 6,676미터톤(6,571영국톤)	
크기: 169.3m×15.5m×5.3m(555피트 6인치×50피트 10인치×17피트 5인치)	
기관: 스크류 2개, 터빈	
주무장: 100mm(3.9인치) 함포 6문, 152mm(6인치) 함포 8문	
진수년월: 1930년 4월	

폴라

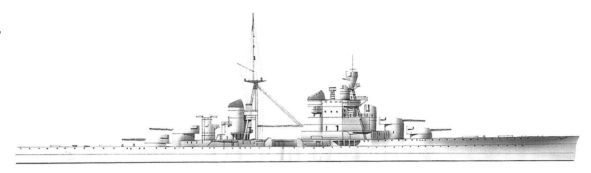

폴라는 배수량을 제한하기 위해 트렌토급의 상부구조물을 축소했고 평갑판을 제거했다. 자매함들과는 달리 함교 구조물과 전방 연돌이 결합되어 있다. 이후 대공포가 추가 설치되었다. 1941년 격침당했다.

제원	
유형: 이탈리아 순양함	
배수량: 13,747미터톤(13,531영국톤)	
크기: 182.8m×20.6m×7.2m(599피트 9인치×67피트 7인치×23피트 8인치)	
기관: 스크루 2개, 터빈	
최고속도: 34.2노트	
주무장: 203mm(8인치) 함포 8문, 100mm(3.9인치) 함포 16문	
진수년월: 1931년 12월	

루이지 카도르나

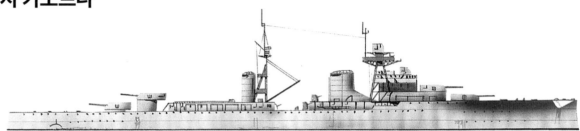

이탈리아 순양함들은 당대 대부분의 순양함들보다 빨랐다. 방어력을 희생한 결과였다. 루이지 카도르나는 신형 152mm(6인치) 함포로 무장했다. 또한 기뢰 부설능력도 있어, 탄종에 따라 84~138발의 기뢰를 탑재할 수 있었다. 1951년 현역 목록에서 제적되었다.

제원	
유형: 이탈리아 순양함	
배수량: 7,113미터톤(7,001영국톤)	
크기: 169.3m×15.5m×5.5m(555피트 6인치×50피트 10인치×18피트)	
기관: 스크루 2개, 터빈	
주무장: 152mm(6인치) 함포 8문, 100mm(3.9인치) 함포 6문	
진수년도: 1931년	

쥬세페 가리발디

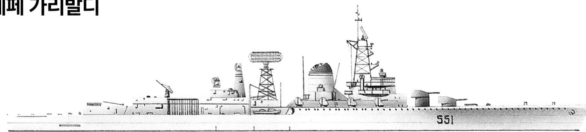

쥬세페 가리발디는 콘도티에레형 순양함의 5번째 급 중 하나이다. 1957년에서 1962년 사이 이 함은 2연장 테리어 대공 미사일 발사기 1기와 폴라리스 미사일 발사관 4기를 갖춘 미사일 순양함으로 개장되었다. 물론 폴라리스 미사일은 결코 탑재된 적이 없지만, 폴라리스를 운용할 수 있는 유일한 수상함이었다.

제원	
유형: 이탈리아 순양함	
배수량: 11,485미터톤(11,305영국톤)	
크기: 187m×18.9m×6.7m(613피트 6인치×62피트×22피트)	
기관: 스크루 2개, 터빈	
최고속도: 30노트	
주무장: 134mm(5.3인치) 함포 4문, 2연장 테리어 미사일 발사기, 폴라리스 미사일 발사관 4문	
진수년월: 1934년 4월	

1934

순양함: 제5부-이탈리아와 소련

1930~1940년대에 건조된 대부분의 순양함들은 적어도 하나씩은 함재기를 싣고 있었다. 발함에는 크레인이나 사출기를, 회수에는 크레인을 사용했다. 소련의 크라스니 카프카즈 함은 눈에 띄는 사출기와 크레인을 싣고 있다. 함재기 덕택에 순양함들은 더욱 멀리까지 관측이 가능했다. 이들 함재기들은 중기관총과 어뢰 무장도 가능했다.

크라스니 카프카즈

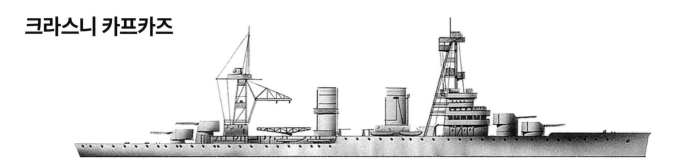

1913년 제정 러시아 해군을 위해 기공된 이 배는 1932년이 되어서야 완공되었다. 설계도 그 동안 크게 변경되었다. 항공기용 크레인이 주 마스트의 일부로 만들어져 있다. 제2차 세계대전에 참전하여 여러 차례의 전투 손상을 이겨냈다. 1956년 SSN-1 미사일의 표적함으로 쓰여 침몰했다.

제원	
유형: 소련 순양함	
배수량: 9,174미터톤(9,030영국톤)	
크기: 169.5m×15,7m×6,2m(556피트×51피트 6인치×20피트 4인치)	
기관: 스크류 2개, 터빈	
최고속도: 29노트	
주무장: 180mm(7.1인치) 함포 4문, 100mm(3,9인치) 함포 4문	
진수년도: 1932년	

에마누엘레 필리베르토 두카 다오스타

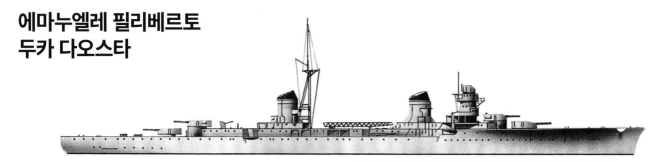

몬테쿠콜리 아급의 확장판인 이 배는 무장은 같지만 기관과 방어력은 증강되었다. 주로 지중해 호송대에서 운용되었다. 1949년 소련에 인도된 이 배는 스탈린그라드, 그 다음에는 케르치로 개명되었으며 1950년대 중반에 해체되었다.

제원	
유형: 이탈리아 순양함	
배수량: 10,540미터톤(10,374 영국톤)	
크기: 187m×17,5m×6,5m(613피트 2인치×57피트 5인치×21피트 4인치)	
기관: 스크류 2개, 터빈	
최고속도: 37,3노트	
주무장: 152mm(6인치) 함포 8문	
장갑: 벨트 70mm(2,5인치), 포탑 90mm(3,5인치)	
정원: 694명	
진수년월: 1935년 7월	

TIMELINE 1932 1935

에우게니오 디 사보이아

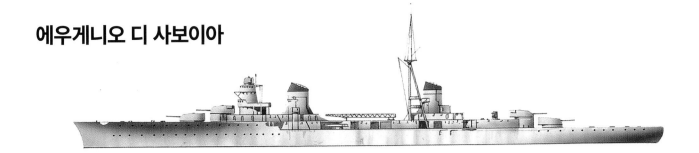

에우게니오 디 사보이아는 1931~1933년 사이의 이탈리아 해군의 건함 프로그램으로 건조된 2척의 군함 중 하나다. 1933년 7월 제노바 안살도 조선소에서 기공되었으며 1936년 1월 완공되었다. 1951년 현역 목록에서 제적되어 그리스에 인도되어 <헬라>로 개칭되었다. 그리스에서는 1964년까지 운용되었다.

제원	
유형: 이탈리아 순양함	
배수량: 10,842미터톤(10,672영국톤)	
크기: 186.9m×17.5m×6.5m(613피트 2인치×57피트 5인치×21피트 4인치)	
기관: 스크류 2개, 터빈	
최고속도: 36.5노트	
주무장: 152mm(6인치) 함포 8문, 100mm(3.9인치) 대공포 6문, 533mm(21인치) 어뢰 발사관 6문	
진수년월: 1935년 3월	

키로프

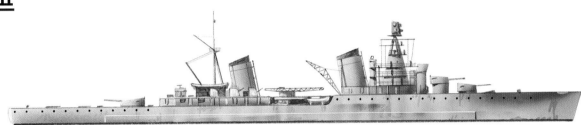

소련 최초의 자국 건조 순양함인 키로프는 1938년에 완공되었다. 3연장 포탑에는 180mm(7.1인치) 함포를 달았다. 제2연돌을 따라 있는 단장포탑에는 100mm(3.9인치) 함포를 달았다. 두 연돌 사이에는 사출기가 있다. 1970년대 후반에야 제적되었다.

제원	
유형: 소련 순양함	
배수량: 11,684미터톤(11,500영국톤)	
크기: 191m×18m×6m(626피트 8인치×59피트×20피트)	
기관: 스크류 2개, 터빈	
최고속도: 35.9노트	
주무장: 180mm(7.1인치) 함포 9문, 100mm(3.9인치) 함포 6문	
장갑: 벨트와 갑판 50mm(2인치), 포탑 75mm(3인치)	
정원: 734명	
진수년월: 1936년 11월	

에트나

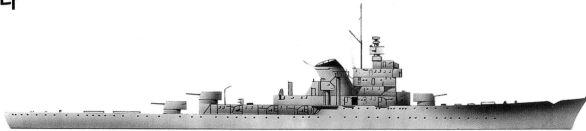

1938년 시암(오늘날의 태국)이 발주한 이 배의 건조는 1941년 12월 중단되었다. 1942년 이탈리아 해군에 인도되었다. 방공순양함으로 용도 변경을 위해 여러 설계 변경이 이루어졌다. 1943년 독일군에 압수되었을 때는 전체 공정 중 50%가 좀 넘는 수준이 진행되었다. 그러나 그해 결국 트리에스테에서 자침되었다.

제원	
유형: 이탈리아 순양함	
배수량: 5,994미터톤(5,900영국톤)	
크기: 153.8m×14.4m×5.9m(504피트 7인치×47피트 6인치×19피트 6인치)	
기관: 스크류 2개, 터빈	
최고속도: 28노트	
주무장: 135mm(5.3인치) 함포 6문	
진수년월: 1942년 5월	

1936   1942

순양함: 제6부-그 밖의 나라

1930년대와 1940년대의 순양함들은 동력원으로 터빈 엔진을 썼다. 보일러에서 나온 증기가 스크류 축에 붙은 블레이드를 돌리는 것이다. 순양함 엔진 출력은 60,246-67,770kW(80,000-90,000마력)인데 비해 구축함 엔진 출력은 37,650kW(50,000마력)에 불과했다. 스크류 축에 기어를 달아 속도를 낮추고 연비를 높여 항속거리를 늘릴 수도 있었다.

뒤플렉스

1926년부터 1929년까지 기공된 4척의 개량형 투르빌급 순양함 중 마지막 함이다. 방어력을 높이기 위해 속도를 2노트 희생했다. 1942년 툴롱에서 자침했다. 1943년 인양되었으나, 연합군의 폭격으로 격침당했다.

제원	
유형: 프랑스 순양함	
배수량: 12,984미터톤(12,780영국톤)	
크기: 194m×19.8m×7m(636피트 6인치×65피트×23피트 7인치)	
기관: 스크류 3개, 터빈	
최고속도: 34노트	
주무장: 203mm(8인치) 함포 8문, 89mm(3.5인치) 함포 8문	
장갑: 벨트 51-57mm(2-2.25인치)	
진수년월: 1930년 10월	

델리

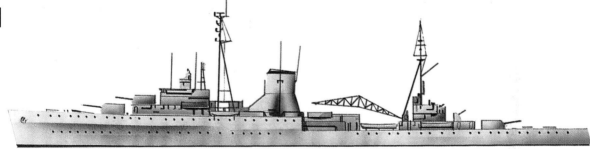

구 영국 해군 린더급 순양함 <아킬레스>였던 델리는 1939년 12월 독일 전함 아트미랄 그라프 슈페 소탕전에 참가했다. 1948년 인도 해군에 매각되어 1957년까지 인도 해군의 기함으로 운용되었다. 인도 해군 현대화가 시작된 1959년 기함에서 해제되었다. 1978년 해체되었다.

제원	
유형: 인도 순양함	
배수량: 9,895미터톤(9,740영국톤)	
크기: 166m×16.7m×6m(544피트 6인치×55피트 2인치×20피트)	
기관: 스크류 4개, 터빈	
최고속도: 32노트	
주무장: 152mm(6인치) 함포 6문, 102mm(4인치) 대공포 4문	
진수년월: 1932년 9월	

TIMELINE

1930   1932

발레아레스

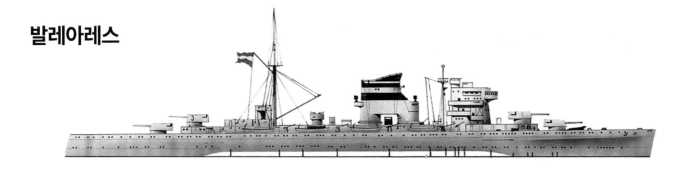

필립 와츠 경이 설계한 발레아레스는 영국 켄트 급을 모방했으나 속도와 대공 병기는 강화되었다. 스페인 내전 당시 프랑코군에 속해 1938년 팔로스 곶 앞바다에서 공화파 군함들과 전투를 벌였다. 어뢰에 피뢰되어 침몰했고 다수의 승조원이 전사했다.

제원	
유형: 스페인 순양함	
배수량: 13,279미터톤(13,070영국톤)	
크기: 193.5m×19.5m×5.2m(635피트×64피트×17피트 4인치)	
기관: 스크루 4개, 기어 터빈	
주무장: 203mm(8인치) 함포 8문	
장갑: 벨트 51mm(2인치), 탄약고 114mm(4.5인치)	
정원: 780명	
진수년도: 1932년	

글롸르

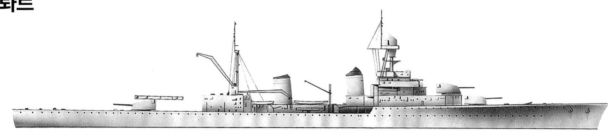

글롸르는 152mm(6인치) 함포를 3연장 포탑에 설치했다. 3연장 포탑 중 2개는 전방에 배부식으로, 1개는 후방에 설치되어 있다. 후방 상부구조물에는 수리 시설까지 갖추어진 대형 격납고가 있다. 긴 개방형 갑판이 있어 4대의 항공기를 운용할 수 있다. 항공기 발함용 사출기는 후방 포탑 위에 있다. 1958년 해체되었다.

제원	
유형: 프랑스 순양함	
배수량: 9,245미터톤(9,100영국톤)	
크기: 179.5m×17.4m×5.3m(589피트×57피트 4인치×17피트 7인치)	
기관: 스크루 2개, 터빈	
최고속도: 36노트	
주무장: 152mm(6인치) 함포 9문, 88mm(3.5인치) 함포 8문	
장갑: 벨트 102mm(4인치)	
진수년도: 1935년	

드 그라스

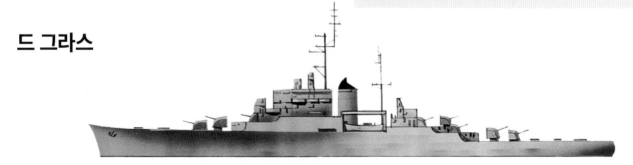

독일의 프랑스 침공으로 건조가 지연되었다. 항공 공격의 레이더 제어가 가능한 함대 지휘함으로 1956년에 완공되었다. 1966년에는 태평양 핵실험 센터 운용을 위해 개장되었다. 여러 포탑이 제거되고 격자형 통신 마스트가 후방에 설치되었다.

제원	
유형: 프랑스 순양함	
배수량: 11,730미터톤(11,545영국톤)	
크기: 188m×18.5m×5.4m(617피트 2인치×61피트×18피트 2인치)	
기관: 스크루 2개, 터빈	
최고속도: 33.5노트	
주무장: 127mm(5인치) 이중목적 함포 12문	
진수년도: 1946년	

1935   1946

데 로이테르

이 배는 건조 중 증축되었으나 무장이 비교적 빈약했다. 네덜란드령 동인도에 주둔하여 일본군에 맞서 격전을 벌였다. 1942년 2월 당시 연합군 전대의 기함으로, 일본군의 인도네시아 침공에 맞서 싸웠다. 1942년 2월 27일 자바 해 해전에서 어뢰 공격을 받고 침몰했다.

대공포
보포스 40mm(1.5인치) 대공포 10문이 있다. 고성능 사격 통제 체계도 있다. 이 배에서 가장 뛰어난 부분 중 하나다.

항공기
함체 중앙의 하인켈 K8 사출기를 사용해 항공기를 발함시킨다. 회수는 크레인으로 한다.

압도적인 적
자바해 해전에서 데 로이테르와 소속 전대는 압도적인 수와 화력을 지닌 일본군에 맞서 싸웠다. 데 로이테르는 일본 93식 어뢰에 격침당했다.

데 로이테르

데 로이테르와 데 제번 프로빈키엔은 여러 차례의 NATO 훈련에
참가했으며 여러 기동부대의 기함도 맡았다. 데 제번 프로빈키
엔은 1962년과 1964년 사이에 개장을 받았으나, 데 로이테르는
예산 부족으로 같은 개장을 받지 못했다. 데 로이테르는 1973년
퇴역했다.

제원	
유형: 네덜란드 순양함	
배수량: 6,650미터톤(6,545영국톤)	
크기: 170.9m×15.7m×5.1m(561피트 ×52피트×17피트)	
기관: 스크루 3개, 기어 터빈	
최고속도: 32노트	
주무장: 150mm(6인치) 함포 7문, 40mm(1.5인치) 10문	
장갑: 벨트 50mm(2인치), 갑판과 포탑 30mm(1.2인치)	
항공기: 포커 C-11W 수상기 2대	
정원: 435명	
진수년도: 1935	

통신
특이하게도 마스트가 없다. 따라서 무선 안테
나를 지지하기 위해 연장된 연돌이 사용된다.
취역 시험 이후 연돌 끝부분이 교체되었다.

지휘탑
독일 군함을 모방해 설계되었다.
좁지만 기함의 참모 조직을 수용
할 숙박 시설이 있다.

무장
원 설계에는 주포가 6문 뿐이었다.
건조 중 1문이 추가되었으나, 여전히
무장은 빈약한 편이었다.

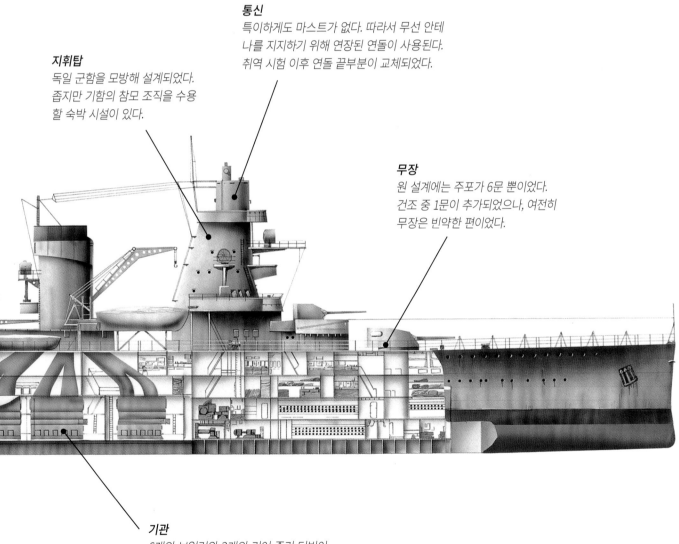

기관
6개의 보일러와 3개의 기어 증기 터빈이
66,000축마력(49,216kW)의 힘을 낸다.
1,300미터톤의 석유를 싣고 12노트의 속
도로 6,800nm(12,594km)를 갈 수 있다.

구축함: 제1부-소련

1930년대 내내 소련은 구축함 전력을 증강시켰다. 계속되는 5개년 계획을 통해 이탈리아가 기술 지원을 해 주었다. 이 때문에 1930년대 초반의 소련 구축함들은 이탈리아 구축함들과 매우 비슷해 졌다. 함대 구축함 48척이 건조되었으며, 대부분이 함포, 어뢰는 물론 기뢰도 장비했다.

민스크

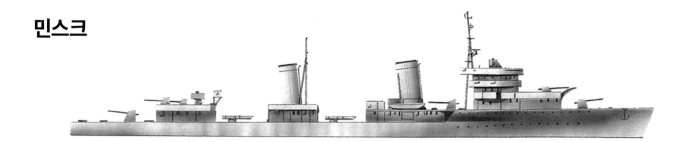

발트 해 기습 작전용 대형 구축함으로 구상된 민스크는 프랑스와 이탈리아에서 기술 지원을 받아 건조되었다. 1941년 침몰했으나 1942년 인양되어 재취역했다. 1959년에는 훈련함이 되었다.

제원	
유형: 소련 구축함	
배수량: 2,623미터톤(2,582영국톤)	
크기: 127.5m×11.7m×4m(418피트 4인치×38피트 4인치×13피트 4인치)	
기관: 스크류 3개, 터빈	
최고속도: 40노트	
주무장: 130mm(5.1인치) 함포 5문, 76mm(3인치) 함포 2문	
진수년월: 1935년 11월	

보드리

신예 7급 구축함의 첫 28척 중 하나인 보드리는 북극해와 북태평양 에서 운용되기에는 감항성이 좋지 않았다. 이 때문에 설계가 변경되 었다. 제2차 세계대전 개전 시점에는 46척이 완공되었고, 이 중 20 척이 손실되었다. 보드리는 1958년에 해체되었다.

제원	
유형: 소련 구축함	
배수량: 2,072미터톤(2,039 영국톤)	
크기: 113m×10m×4m(370피트 3인치×33피트 6인치×12피트 6인치)	
기관: 스크류 2개, 기어 터빈	
주무장: 127mm(5.1인치) 함포 4문	
진수년도: 1936년	

그롬키

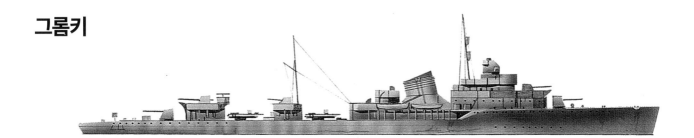

7급 구축함인 이 배는 이탈리아의 영향을 받아 1939년에 완공되었다. 제2차 세계대전 중 대공 병기가 증설되었다. 엔진 출력은 48,000마력, 연료 탑재량은 548미터톤(540영국톤)으로 전속력 시에는 1,533km(807해리)를, 19노트 시에는 4,955km(2,608해리)의 항속거리를 낼 수 있다. 1950년대에 폐함되었다.

제원	
유형: 소련 구축함	
배수량: 2,070미터톤(2,039영국톤)	
크기: 112,8m×10,2m×3,8m(370피트 3인치×33피트 6인치×12피트 6인치)	
기관: 스크류 2개, 터빈	
주무장: 130mm(5,1인치) 함포 4문, 76mm(3인치) 함포 2문, 533mm(21인치) 어뢰 발사관 6문	
진수년도: 1936년	

실니

7급 구축함 설계에는 이탈리아의 영향이 강하게 들어갔다. 실니는 7급 구축함 중 제2기에 속하는 7U급(스토로제보이 급으로도 불리움)이다. 강화된 함체와 엔진이 특징이다. 일반적인 구축함용 무장 외에도 기뢰 60발을 탑재한다. 발트해 함대 소속이었던 이 배는 1960년대 중반에 퇴역했다.

제원	
유형: 소련 구축함	
배수량: 2,443,5미터톤(2,405영국톤)	
크기: 112,8m×10,2m×4,1m(370피트 7인치×22피트 6인치×13피트 5인치)	
기관: 스크류 2개, 기어 터빈	
최고속도: 36노트	
주무장: 130mm(5,1인치) 함포 4문, 533mm(21인치) 어뢰 발사관 6문	
정원: 207명	
진수년도: 1938년	

오그네보이

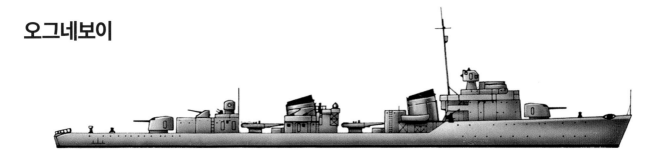

이 연돌 2개짜리 스코리급 군함 중 제2차 세계대전 종전 전 완공된 것은 2척 뿐이다. 1945년 이후 12척이 더 건조되었다. 속도가 빠르고 무장이 충실한 오그네보이는 기뢰 96발, 76mm(3인치) 부포 2문, 12.7mm(0.5인치) 중기관총 4정을 갖추었다.

제원	
유형: 소련 구축함	
배수량: 2,997,2미터톤(2,950영국톤)	
크기: 117m×11m×4,2m(383피트 10인치×36피트 1인치×13피트 9인치)	
기관: 스크류 2개, 기어 터빈	
최고속도: 37노트	
주무장: 130mm(5,1인치) 함포 4문, 533mm(21인치) 어뢰 발사관 6문	
정원: 250명	
진수년도: 1940년	

1938

1940

구축함: 제2부-영국

1930년대 일반적인 영국 순양함은 배수량이 약 2,000톤이었고 최고속도가 35노트 정도였다. 이전 구축함보다는 상당히 커졌지만 기능은 비슷했다. 그러나 갈수록 매우 다양한 임무를 맡게 되었다. 다른 나라 해군과 마찬가지로, 이후 대공 병기가 강화되었다.

아덴트

8년 동안 구축함 건조가 지지부진하던 영국 해군은 W급을 통해 구축함 건함의 새 시대를 열었다. 1930년에 완공된 아덴트는 1940년 6월 샤른호르스트와 그나우제나우의 공격을 받아 격침당했다. 당시 아덴트가 호위하던 항공모함 글로리어스도 격침당했다. W급의 다른 3척도 전쟁 중 격침당했다.

제원	
유형: 영국 구축함	
배수량: 2,022미터톤(1,990영국톤)	
크기: 95.1m×9.8m×3.7m(312피트×32피트 3인치×12피트 3인치)	
기관: 스크루 2개, 기어 터빈	
주무장: 120mm(4.7인치) 함포 4문, 533mm(21인치) 어뢰 발사관 8문	
최고속도: 35노트	
진수년도: 1929년	

크레센트

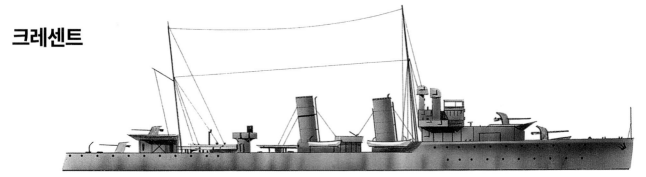

C급 구축함인 크레센트는 B급에 비해 연료 탑재량이 늘어났다. 또한 76mm(3인치) 대공포 1문, 120mm(4.7인치) 함포, 533mm(21인치) 어뢰 발사관 8문을 장비했다. 크레센트는 1937년 캐나다 해군에 인도되었으며 1940년 6월 25일 충돌 사고로 침몰했다.

제원	
유형: 영국 구축함	
배수량: 1,927미터톤(1,897영국톤)	
크기: 97m×10m×3m(317피트 9인치×33피트×8피트 6인치)	
기관: 스크루 2개, 터빈	
최고속도: 36.4노트	
주무장: 120mm(4.7인치) 함포 4문	
진수년월: 1931년 9월	

던컨

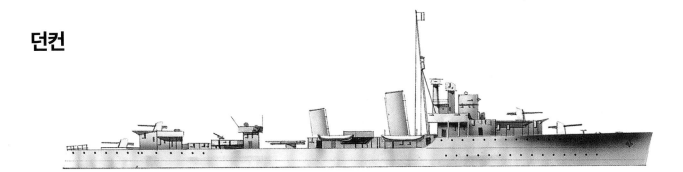

원래 선도 구축함용 장비가 탑재되었던 던컨은 1932년 기공된 D급 구축함이다. D급은 B급에 비해 약간 크기가 크다. 제2차 세계대전 중 다수의 D급이 손실되자 잔여함들은 호위함으로 개장되었다. 던컨은 1945년 해체되었다.

제원	
유형: 영국 구축함	
배수량: 1,973미터톤(1,942영국톤)	
크기: 100m×10m×4m(329피트×32피트 10인치×12피트 10인치)	
기관: 스크류 2개, 터빈	
주무장: 120mm(4.7인치) 함포 4문	
진수년월: 1932년 7월	

익스마우스

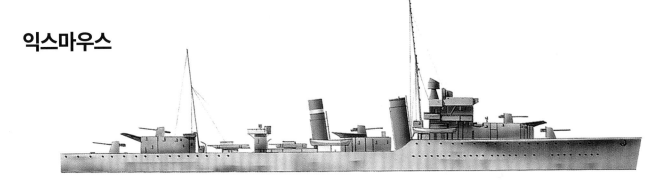

표준 구축함의 크기를 키운 이 배는 120mm(4.7인치) 함포가 하나 더 붙어 있고, 속도도 더 빠르다. 항해 성능도 뛰어나다. 20노트 속도에서 시간당 연비는 2톤이 좀 넘는 정도다. 1940년 1월 모리 만에서 격침당해 승조원 전원이 전사했다. 침몰 원인은 U보트의 어뢰 사격으로 추정된다.

제원	
유형: 영국 선도 구축함	
배수량: 2,041미터톤(2,009영국톤)	
크기: 104.5m×10.2m×3.8m(342피트 10인치×33피트 9인치×12피트 6인치)	
기관: 스크류 2개, 터빈	
주무장: 120mm(4.7인치) 함포 5문	
진수년월: 1934년 2월	

클리블랜드

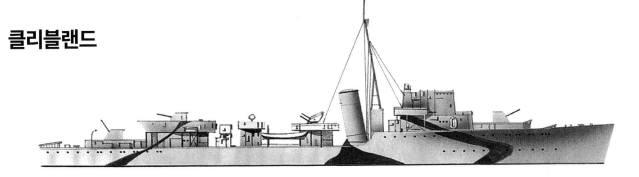

헌트급 구축함 제1기분 중 한 척으로, 이 급은 총 86척이 건조되었다. 6문의 102mm(4인치) 포를 탑재하도록 설계되었지만 무장 무게가 너무 무거워 4문으로 줄였다. 감항성은 있었지만 횡요가 심했다. 1957년 6월 해체장소로 이동하던 도중 침몰했다.

제원	
유형: 영국 구축함	
배수량: 1,473미터톤(1,450영국톤)	
크기: 85m×9m×4m(280피트×29피트×12피트 6인치)	
기관: 스크류 2개, 터빈	
최고속도: 28노트	
주무장: 102mm(4인치) 함포 4문	
진수년월: 1940년 4월	

1934   1940

코사크

트라이벌급 구축함인 코사크는 1940년 2월 노르웨이 영해에서 독일 배 <알트마르크>에 실려 있던 영국군 포로들을 극적으로 구출해낸다. 1941년 5월에는 비스마르크 추격전에 참가하기도 했다. 몰타 행 호송대를 호위하기도 했다. 1941년 10월 26일 북대서양에서 U-563에게 격침당했다.

부무장
처음에는 4연장 2파운드 대공포 1문, 4연장 12.7mm(0.5인치) 기관총 2문, 폭뢰 투하기 1개와 레일을 갖추고 있었다.

어뢰 발사관
코사크는 비스마르크 추격전에 참전했고, 1940년 25일과 26일 사이에 비스마르크에 어뢰 1발을 명중시켰다고 보고했다.

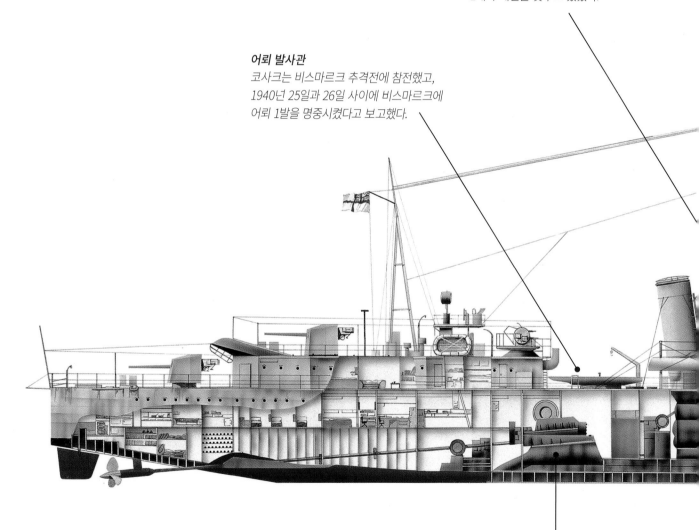

기관
어드미럴티 3드럼 보일러에서 생산하는 증기는 두 개의 파슨스 기어 터빈에 전달되어 최대 33,131kW(44,430축마력)의 출력을 낸다.

코사크

1941년 5월 코사크는 비스마르크 추격 섬멸전에 참전했다. 중동으로 가는 WS-8B 호송대를 호위하면서 코사크를 포함한 구축함 5척은 저녁부터 다음날 아침까지 여러 차례의 어뢰 공격을 가했으나 단 1발도 명중시키지 못했다. 오히려 적 전함들에게 공격당하기 쉽게 되었을 뿐이었다.

제원	
유형: 영국 구축함	
배수량: 1,900미터톤(1,870영국톤)	
크기: 111.5m×11.13m×4m(364피트 8인치×36피트 6인치×13피트)	
기관: 스크류 2개, 기어 터빈	
최고속도: 36노트	
주무장: 120mm(4.7인치) 함포 8문, 533mm(21인치) 어뢰 발사관 4문	
정원: 219명	
진수년월: 1937년 6월	

레이더 장비
개장 중 고도로 숙련된 노동자들의 손으로, 286M 형식의 레이더 안테나가 전방 마스트에 설치되었다.

사격 통제
측거 및 사격 통제 지시 본부는 함교에 있었다. 이 급은 신관 유지 타이머 고각 사격 통제 컴퓨터를 갖추고 있었다.

함포
마크 XII 속사포를 장비한 트라이벌 급은 어뢰보다 함포에 더 중점을 두어 설계된 최초의 영국 구축함이었다.

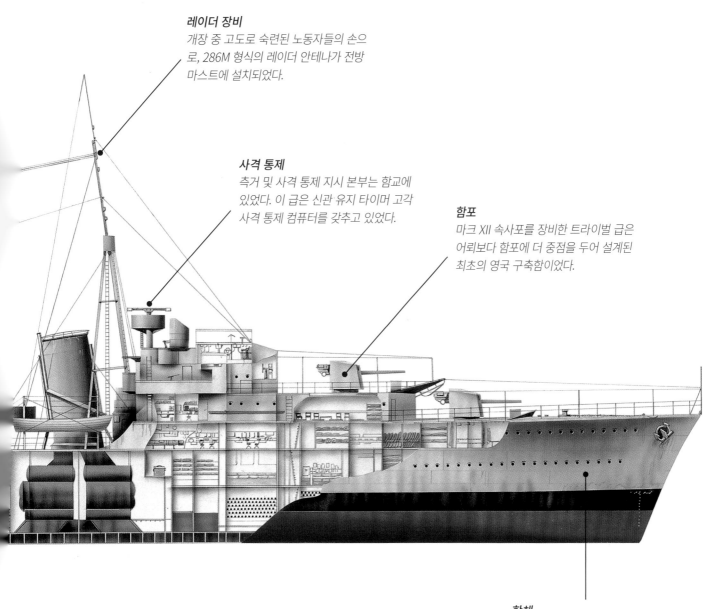

함체
트라이벌 급은 빠르고 감항성이 뛰어났다. 클리퍼식 함수, 경사 마스트, 연돌 등도 멋있었다.

구축함: 제3부-영국과 프랑스

프랑스와 이탈리아 구축함 설계는 상대국의 영향을 받았다. 양국 간 건함 경쟁은 그들의 경순양함 크기에서도 드러난다. 영국 구축함은 비교적 작고 무장도 빈약한 편이다. 그러나 영국 구축함은 더욱 신속하고 유연한 전술 기동이 가능하다. 구축함 본연의 목적에 더욱 충실하다.

에글

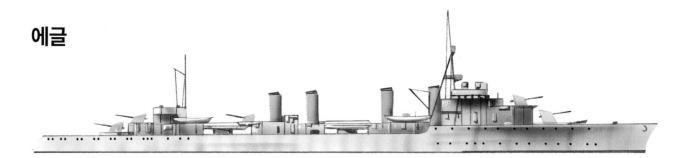

동급함 5척을 거느리고 있는 1930년대 유일의 4연돌 구축함인 에글은 신형 반자동 속사포로 무장하고 있다. 발사속도는 분당 12~15발이다. 이 배는 1942년 툴롱에 독일군이 진주하자 자매함 2척과 함께 자침했다. 인양되었으나 1943년 항공 공격으로 격침되었다.

제원	
유형: 프랑스 구축함	
배수량: 3,190.3미터톤(3,140영국톤)	
크기: 128.5m×11.84m×4.79m(421피트 7인치×38피트 10인치×16피트 4인치)	
기관: 스크류 2개, 기어 터빈	
최고속도: 36노트	
주무장: 140mm(5.5인치) 함포 5문, 550mm(21.7인치) 어뢰 발사관 6문	
정원: 230명	
진수년도: 1931년	

랭도타블

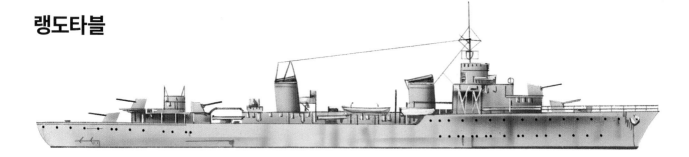

프랑스는 이탈리아의 신형 구축함이 나올 때마다 더 크거나 강력한 구축함을 만들었다. 판타스크 급은 속도가 40노트가 넘는 고속이었다. 르 트리옹팡, 르 말랭, 랭도타블은 독일군의 노르웨이 침공 중 스카게라크를 공격해 독일 초계정과 전투를 벌였다. 랭도타블은 1942년 툴롱에서 자침했다.

제원	
유형: 프랑스 구축함	
배수량: 3,352.8미터톤(3,300영국톤)	
크기: 132.4m×12.35m×5m(434피트 4인치×40피트 6인치×16피트 4인치)	
기관: 스크류 2개, 기어 터빈	
최고속도: 40노트	
주무장: 138.6mm(5.46인치) 함포 5문, 533mm(21인치) 3연장 어뢰 발사관 3문	
정원: 210명	
진수년도: 1933년	

TIMELINE　　1931　　　1933　　　1941

익스무어

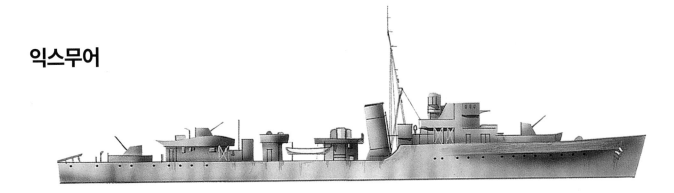

기공 시 원 이름은 HMS 버튼이었던 이 배는, 1941년 2월 독일 E보트에 의해 격침된 <헌트>급 구축함 선대 익스무어 함의 이름을 따 개칭되었다. 이 익스무어는 선대 익스무어보다 좀 더 컸고, 1953년 덴마크 해군에 인도되어 <발데마르 세이르>로 개칭되었다. 1966년 폐함되었다.

제원	
유형: 영국 구축함	
배수량: 1,651미터톤(1,625영국톤)	
크기: 85.3m×9.6m×3.7m(280피트×31피트 6인치×12피트 5인치)	
기관: 스크루 2개, 터빈	
최고속도: 26.7노트	
주무장: 102mm(4인치) 함포 6문	
진수년월: 1941년 3월	

코메트

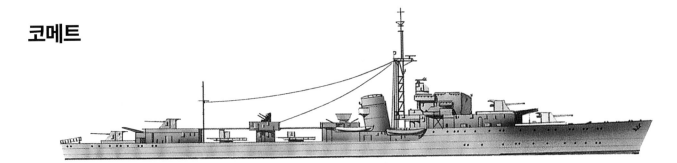

코메트는 동급함 23척이 있는 대형 구축함으로, 제2차 세계대전 후반기에 개발되었다. 이 중 HMS 콘테스트는 영국 구축함 최초로 전용접제 함체를 갖추었다. 이 급의 모든 함은 제2차 세계대전에서 살아남았다. 4척은 1946년 노르웨이에, 4척은 1950년대 파키스탄에 인도되었다. 코메트는 1952년에 폐함되었다.

제원	
유형: 영국 구축함	
배수량: 2,575미터톤(2,535영국톤)	
크기: 111m×11m×4m(362피트 9인치×35피트 8인치×14피트 5인치)	
기관: 스크루 2개, 터빈	
최고속도: 36.7노트	
주무장: 114mm(4.5인치) 함포 4문	
진수년월: 1944년 6월	

데어링

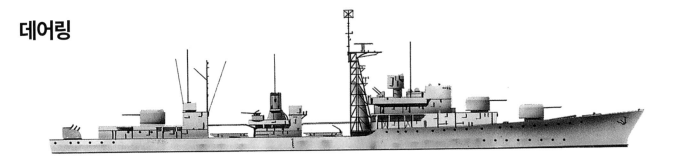

영국 해군의 다용도 구축함이었던 데어링과 동급함 7척은 전용접제 함체를 갖추었다. 전방 연돌을 둘러싼 격자형 마스트가 있다. 114mm(4.5인치) 함포는 자동식이었고, 레이더로 통제되었다. 1971년 퇴역 폐함되었다.

제원	
유형: 영국 구축함	
배수량: 3,636미터톤(3,579영국톤)	
크기: 114m×13m×4m(375피트×43피트×13피트)	
기관: 스크루 2개, 터빈	
최고속도: 31.5노트	
주무장: 114mm(4.5인치) 함포 6문	
진수년월: 1949년 8월	

1944   1949

구축함: 제4부-미국

1941년 12월 당시 미국은 태평양에 68척, 대서양에 51척의 구축함을 갖고 있었다. 그리고 1942년부터 1945년까지 302척이 더 건조되었다. 구축함은 미 해군의 만능 선수로서 함대와 항공모함을 호위하고, 적 잠수함과 항공기를 막아내며 상륙작전도 지원했다.

심즈

함대 구축함은 빨라야 한다. 따라서 강력한 엔진이 필요하다. 심즈급은 예상보다 무거워졌지만 효율은 뛰어났다. 장대한 항속거리를 가지고 있다. 12노트 시 12,000km(6,500nm)에 달한다. 1942년 5월 7일 산호해 해전에서 일본 항공기에게 격침당했다.

제원	
유형: 미국 구축함	
배수량: 2,388.6미터톤(2,315영국톤)	
크기: 106.15m×10.95m×3.9m(348피트 4인치×36피트×12피트 10인치)	
기관: 스크루 2개, 기어 터빈	
최고속도: 35노트	
주무장: 127mm(5인치) 함포 5문, 533mm(21인치) 어뢰 발사관 8문	
정원: 192명	
진수년도: 1938년	

도일

도일이 속한 대형 구축함급은 미국이 제2차 세계대전에 참전하기 전 마지막으로 설계된 구축함이다. 설계 간략화로 건조 속도가 빨랐고, 많은 동급함에 전방부가 직선형인 함교 구조물이 설치되었다. 전후 다수가 다른 나라 해군에 인도되었다. 도일은 1970년에 해체되었다.

제원	
유형: 미국 구축함	
배수량: 2,621미터톤(2,580영국톤)	
크기: 106m×11m×5.4m(348피트 6인치×36피트×18피트)	
기관: 스크루 2개, 터빈	
최고속도: 37.4노트	
주무장: 127mm(5인치) 함포 4문, 533mm(21인치) 어뢰 발사관 5문	
진수년월: 1942년 3월	

TIMELINE

1938

1942

에드살

상선 호송대 호위함은 빠른 속도가 그다지 필요 없다. 상선은 느리기 때문이다. 대신 기동성이 우수해야 하고, 적의 수상함이나 잠수함의 공격에 기민하게 대응할 수 있어야 한다. 6개 급(서로 매우 비슷했다)에 걸쳐 수백 척의 상선 호위함이 건조되었다. 에드살의 디젤 엔진은 감속 기어박스를 통해 작동된다.

제원	
유형: 미국 호위 구축함	
배수량: 만재 시 1,625.6미터톤(1,600영국톤)	
크기: 93.3m×11.15m×3.2mm(306피트×36피트 7인치×10피트 5인치)	
기관: 스크류 2개, 디젤 엔진	
최고속도: 21노트	
주무장: 76mm(3인치) 함포 3문, 533mm(21인치) 어뢰 발사관 3문	
정원: 186명	
진수년도: 1942년	

개틀링

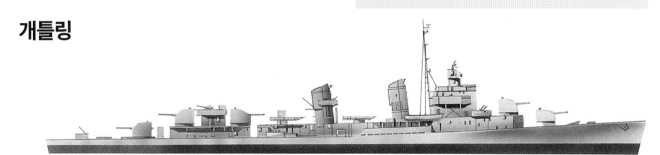

개틀링급은 제2차 세계대전 당시 건조된 미국 구축함 중에서 제일 배수량이 크다. 대부분의 선대 구축함들보다 1,000톤 가량이 크다. 공격력도 일부 경순양함에 비해서는 별로 손색이 없다. 30여년간 취역했으며 1974년에야 제적되었다.

제원	
유형: 미국 구축함	
배수량: 2,971미터톤(2,924 영국톤)	
크기: 114.7m×12m×4.2m(376피트 5인치×39피트 4인치×13피트 9인치)	
기관: 스크류 2개, 터빈	
최고속도: 35노트	
주무장: 127mm(5인치) 함포 5문	
진수년월: 1943년 6월	

던컨

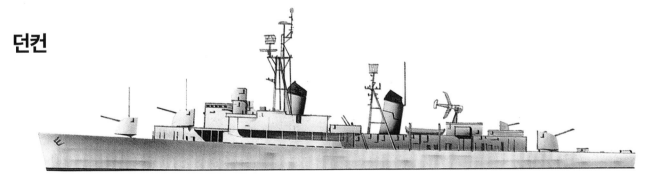

90여 척의 기어링급 원양용 구축함 중 하나다. 무장이 강력하고 연료 탑재량이 많아 항속거리가 길다. 1945년 레이더 초계함으로 개장되어 어뢰 발사관이 철거되었다. 1973년 해군에서 제적되었으나, 일부 동급함은 1980년까지도 운용되었다.

제원	
유형: 미국 구축함	
배수량: 3,606미터톤(3,549영국톤)	
크기: 120m×12.4m×5.8m(390피트 6인치×41피트×19피트)	
기관: 스크류 2개, 기어 터빈	
최고속도: 33노트	
주무장: 127mm(5인치) 함포 6문, 533mm(21인치) 어뢰 발사관 10문	
정원: 336명	
진수년월: 1944년 10월	

1943   1944

플레처

플레처는 175척이 건조된 플레처급의 네임쉽이다. 플레처급은 1930년대의 선대 구축함들과는 완전히 다르다. 미국의 초기 구축함들처럼 평갑판이고, 위가 덜 무거워 횡요 가능성이 적다. 제2차 세계대전에서 전투 성장 15개를, 한국 전쟁에서 5개를 수훈했다. 1962년에 예비역으로 전환되었고, 1967년에 퇴역했다.

승조원 숙소
주방과 세탁장이 연돌 사이에 있다. 사병용 숙소 대부분은 보일러실과 엔진실 사이에 있다.

탄약 취급
5개의 포탑 아래마다 하나씩 탄약 취급실이 있다. 흘수선 아래 탄약고에 있는 탄약을 이 취급실에서 들어올린다.

친절한 설계
플레처급은 승조원들의 필요를 감안한 설계로 인기가 높았다.

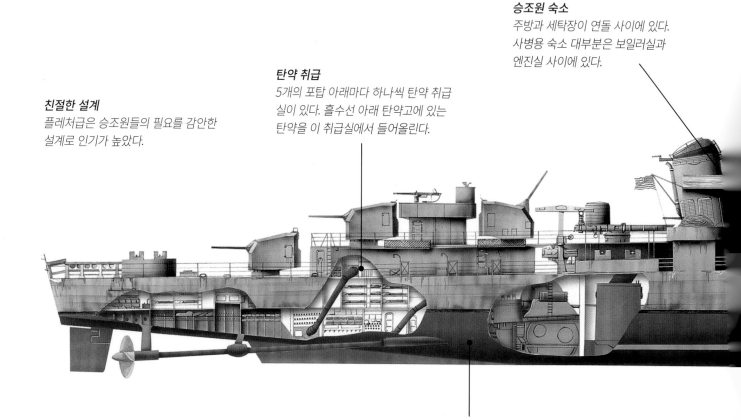

함체
이전의 글리브스 급에 비해 배수량이 25% 많다. 때문에 더 큰 포를 달 수 있고, 승조원 공간도 조금 더 넓다.

플레처

플레처급은 그 때까지 발주된 구축함 중 가장 컸으며, 가장 성능이 뛰어났고 승조원들의 사랑을 많이 받았다. 기준 구축함들과는 달리, 대공 병기 및 기타 병기들이 크게 증설되었다.

제원	
유형: 미국 구축함	
배수량: 2,971미터톤(2,924 영국톤)	
크기: 114.7m×12m×4.2m(376피트 5인치×39피트 4인치×13피트 9인치)	
기관: 스크류 2개, 기어 터빈	
최고속도: 38노트	
주무장: 127mm(5인치) 함포 5문, 533mm(21인치) 어뢰 발사관 10문	
정원: 273명	
진수년도: 1942년	

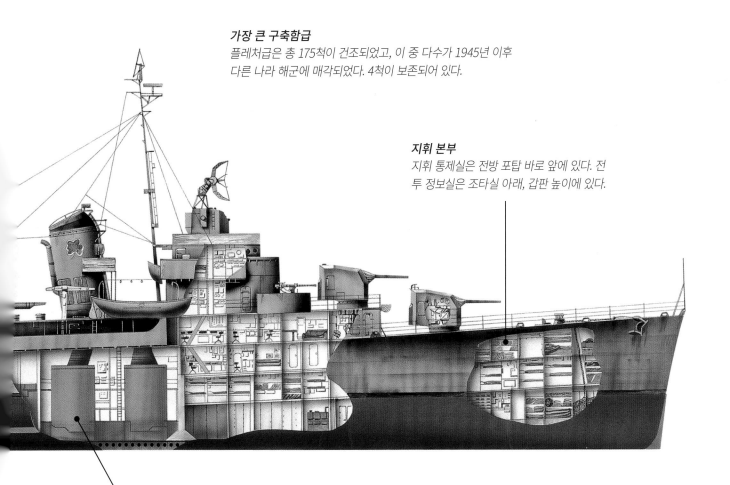

가장 큰 구축함급
플레처급은 총 175척이 건조되었고, 이 중 다수가 1945년 이후 다른 나라 해군에 매각되었다. 4척이 보존되어 있다.

지휘 본부
지휘 통제실은 전방 포탑 바로 앞에 있다. 전투 정보실은 조타실 아래, 갑판 높이에 있다.

기관
밥콕 앤 윌콕스 보일러 4대가 만든 증기가 3대의 제네럴 일렉트릭 기어 터빈을 돌린다. 최대 출력은 45MW(60,000축마력)이다.

구축함: 제5부-이탈리아

이탈리아는 1930년부터 1941년 사이 5개급의 구축함을 건조했다. 이들의 수를 다 합쳐도 36척에 불과하다. 배수량이 큰 이들은 프랑스를 상당히 의식해서 설계되었다. 속도가 매우 빨라 38노트 정도는 쉽게 낼 수 있다. 솔다티 급은 야간 작전을 위해 조명탄 발사용 포를 장비하고 있다.

알베르토 다 쥬사노

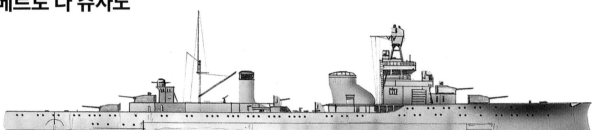

프랑스의 강력한 리옹 급 구축함에 맞서기 위해 건조된 4척 중 하나다. 크고 무장이 풍부하지만 장갑은 빈약하다. 속도는 매우 빨라서 어떤 동급함은 시운전 중 42노트를 내기도 했고, 8시간 동안 40노트를 유지하기도 했다.

제원	
유형:	이탈리아 고속 구축함
배수량:	5,170미터톤(5,089영국톤)
크기:	169.4m×15.2m×4.3m(555피트 9인치×49피트 10인치×14피트 1인치)
기관:	스크류 2개, 기어 터빈
최고속도:	40노트
주무장:	152mm(6인치) 함포 8문
진수년도:	1930년

발레노

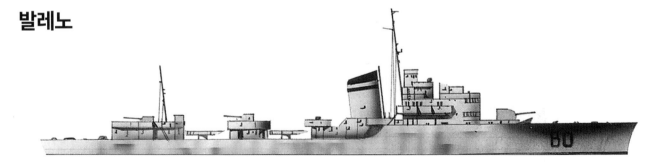

연돌이 1개이고, 선대 구축함보다 함폭이 좁은 발레나는 멋지고 빠른 배다. 지중해 호송대 호위 임무, 수색 및 초계 임무에 투입되어 혹사되었다. 1941년 4월 16일 다른 구축함 <루카 탕고>와 함께 4척의 영국 구축함에 맞서 전투를 벌였다. 발레노는 이 전투에서 전복당해 이튿날 침몰했다.

제원	
유형:	이탈리아 구축함
배수량:	2,123미터톤(2,090영국톤)
크기:	94.3m×9.2m×3.3m(309피트 6인치×30피트×10피트 9인치)
기관:	스크류 2개, 기어 터빈
최고속도:	39노트
주무장:	119mm(4.7인치) 함포 4문, 533mm(21인치) 어뢰 발사관 6문
진수년월:	1931년 3월

TIMELINE

1930

1931

풀미네

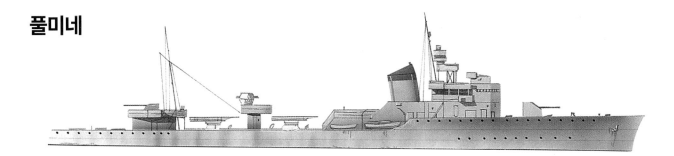

1929~1930년에 걸쳐 구축함 설계는 비약적인 발전을 이루었다. 풀미네가 속한 8척의 이탈리아 구축함급은 연돌이 1개이고 그 중심선 뒤쪽에 2문의 어뢰 발사관을 장비하고 있었다. 풀미네는 이 급의 제2기 건조분에 속한다. 제2차 세계대전 중 이 급에서 6척이 손실되었다. 그 중에는 영국군에게 격침된 풀미네도 있었다.

제원	
유형:	이탈리아 구축함
배수량:	2,124미터톤(2,090영국톤)
크기:	94.5m×9.25m×3.25m(309피트 6인치×30피트 6인치×11피트)
기관:	스크류 2개, 터빈
최고속도:	38노트
주무장:	119mm(4.7인치) 함포 4문
진수년월:	1931년 8월

빈센초 지오베르티

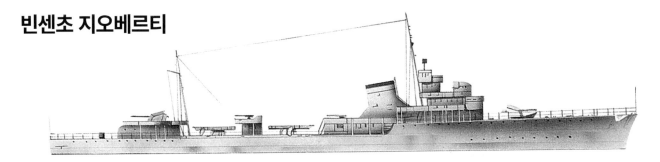

강력한 구축함인 빈센초 지오베르티의 자매함은 3척이다. 중심선 위에 3연장 어뢰 발사관이 있다. 이후 20mm(0.8인치) 대공 기관포가 설치되었다. 건조는 1936~1937년에 걸쳐 이루어졌다. 1943년 8월 9일 영국 잠수함 <시뭄>의 어뢰 사격으로 격침당했다.

제원	
유형:	이탈리아 구축함
배수량:	2,326미터톤(2,290영국톤)
크기:	106.7m×10m×3.4m(350피트×33피트 4인치×11피트 3인치)
기관:	스크류 2개, 터빈
최고속도:	39노트
주무장:	120mm(4.7인치) 함포 4문, 533mm(21인치) 어뢰 발사관 6문
진수년월:	1936년 9월

아르틸리에레

이 배가 속한 솔다티급은 이탈리아 해군에서 가장 건조 척수가 많은 구축함급이다. 21척 모두가 제2차 세계대전에 호위함으로 참전해 적과 포화를 주고받았다. 대공 병기가 부족했기 때문에 신속히 보강되었다. 아르틸리에레는 1940년 10월 전투 중 손실되었다.

제원	
유형:	이탈리아 구축함
배수량:	2540 미터톤(2500 영국톤)
크기:	106.7m×10.2m×3.5m(350피트×33피트 4인치×11피트 6인치)
기관:	스크류 2개, 기어 터빈
최고속도:	38노트
주무장:	120mm(4.7인치) 함포 4문
진수년월:	1937년 12월

1936   1937

구축함: 제6부-이탈리아와 일본

일본은 6개 전단 110척의 구축함을 가지고 제2차 세계대전에 참전했다. 당시의 미국과 비슷한 전력이었다. 그러나 전쟁 중 추가로 건조된 것은 33척에 불과하다. 일본 구축함은 효율적이었다. 승조원들은 어뢰의 장점을 최대한 살릴 수 있는 환경인 야간 전투에 대비한 훈련이 잘 되어 있었다. 또한 일본 잠수함대와 마찬가지로 93식 어뢰를 사용했다.

아사시오

대형 구축함 아사시오급 10척은 일본의 해군 건함 조약 파기를 상징했다. 그러나 이 배들의 증기 터빈은 신뢰성이 없었다. 조향장치의 결함도 1941년 12월까지 고쳐지지 않았다. 10척 모두 제2차 세계대전 중 손실되었다. 아사시오 역시 미 해군 항공모함 함재기에 의해 격침당했다.

제원	
유형: 일본 구축함	
배수량: 2,367미터톤(2,330영국톤)	
크기: 118.2m×10.4m×3.7m(388피트×34피트×12피트)	
기관: 스크류 2개, 기어 터빈	
최고속도: 35노트	
주무장: 127mm(5인치) 함포 6문	
정원: 200명	
진수년월: 1936년 12월	

하마카제

레이더를 장비한 최초의 일본 구축함이다. 이 함을 포함해 18척의 동급함 모두가 2연장 포탑에 탑재된 6문의 127mm(5인치) 함포로 무장했다. 그러나 1943~1944년에 걸쳐 후방 상부 포탑이 철거되고 대공포가 설치되었다. 어뢰 발사관은 함체 중앙에 폐쇄형 4연장식으로 배치되어 있다. 하마카제는 1945년 4월 7일 미군 항공기에 격침당했다.

제원	
유형: 일본 구축함	
배수량: 2,489미터톤(2,450영국톤)	
크기: 118.5m×10.8m×3.7m(388피트 9인치×35피트 5인치×12피트 4인치)	
기관: 스크류 2개, 터빈	
최고속도: 35노트	
주무장: 127mm(5인치) 함포 4문, 610mm(24인치) 어뢰 발사관 8문	
진수년월: 1940년 11월	

TIMELINE

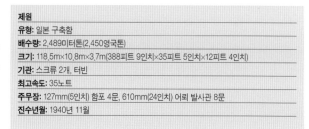

1936   1940   1942

봄바르디에레

약간의 개량이 가해진 솔다티 급 제2기에 속한다. 일부 동급함들은 폭뢰 투하대가 추가되었으며, 모든 동급함들이 경대공포들이 추가되었다. 제2차 세계대전 중 솔다티 급 10척이 손실되었으며 그 중에는 이 배도 포함된다. 1943년 1월 17일 마레티노 앞바다에서 영국 잠수함 <유나이티드> 함의 공격으로 침몰했다.

제원	
유형:	이탈리아 구축함
배수량:	2,540미터톤(2,500영국톤)
크기:	107m×10m×4m(350피트×33피트 7인치×11피트 6인치)
기관:	스크류 2개, 터빈
최고속도:	38노트
주무장:	120mm(4.7인치) 함포 5문
진수년월:	1942년 3월

아리에테

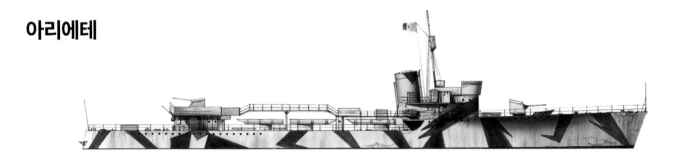

트리에스테에서 건조된 아리에테는 제2차 세계대전의 이탈리아의 마지막 구축함급의 네임쉽이었다. 그리고 1943년 이탈리아가 항복하기 이전 취역한 유일한 동급함이기도 하다. 제2차 세계대전 이후 유고슬라비아에 배상함으로 넘겨져 <두르미토르>로 개칭되어 1963년까지 운용되었다.

제원	
유형:	이탈리아 구축함
배수량:	1,127.8미터톤(1,110영국톤)
크기:	83.5m×8.6m×3.15m(274피트×28피트 3인치×10피트 4인치)
기관:	스크류 2개, 기어 터빈
최고속도:	31.5노트
주무장:	100mm(3.9인치) 함포 2문, 450mm(17.7인치) 어뢰 발사관 6문
정원:	150명
진수년도:	1943년

드라고네

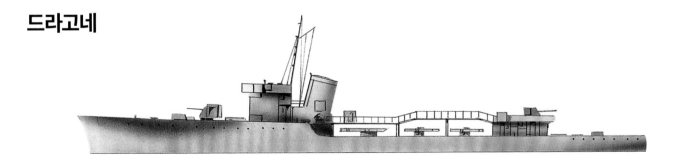

가볍지만 느린 구축함인 드라고네와 그 자매함들은 스피카 급의 확장판이다. 경제성을 따져 건조된 이들은 속도와 공격력이 높은 군함에게는 취약했다. 이탈리아 항복 이후 독일군에게 인도되어 TA30이라는 함번이 붙었다. 1944년 6월 영국 어뢰정의 어뢰 사격으로 격침당했다.

제원	
유형:	이탈리아 구축함/호위함
배수량:	1,117미터톤(1,100영국톤)
크기:	83.5m×8.6m×3m(274피트×28피트 3인치×10피트 4인치)
기관:	스크류 2개, 터빈
주무장:	102mm(4인치) 함포 2문, 450mm(17.7인치) 어뢰 발사관 6문
진수년월:	1943년 8월

1943

구축함: 제7부-일본과 독일

1930년대 독일 구축함은 당대의 첨단이었다. 그러나 고압 보일러와 터빈은 고장이 잘 났다. 영국 구축함에 비하면 항속거리와 탄약 탑재량이 모자랐다. 게다가 수가 40척 밖에 안 되었다. U보트가 수백 척이나 건조된 것에 비하면 약소한 전력이었다.

T1

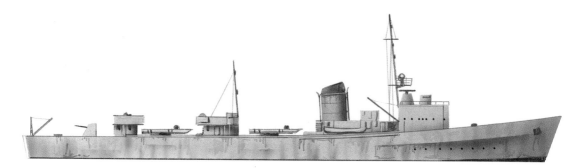

공식적으로는 어뢰정으로 분류되었지만, 실상은 소형 구축함이었다. 이 급은 36척이 건조되었다. 일부 함들은 T1보다 좀 더 컸지만, 그렇다고 다른 특수 기능은 없었다. 함대 임무에 비해 너무 크기가 작았고, 호위 임무에 비해서는 너무 가벼웠다. 이들의 진가는 속도였다. 속도가 빠르기 때문에 북해의 적 호송대를 공격하기에는 제격이었다.

제원
유형: 독일 소형 구축함
배수량: 1,107.4미터톤(1,090영국톤)
크기: 84.3m×8.6m×2.35m(276피트 7인치×28피트 3인치×7피트 8인치)
기관: 스크류 2개, 기어 터빈
최고속도: 35노트
주무장: 105mm(5인치) 함포 1문, 533mm(21인치) 어뢰 발사관 3문
정원: 119명
진수년도: 1938년

Z30

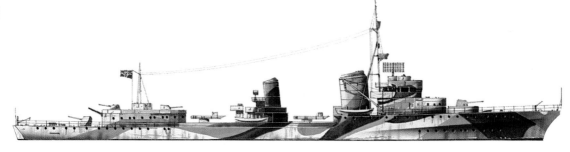

함번이 Z23~30인 이른바 <나르빅>급의 공식 명칭은 36A급이다. 이들의 주포는 구축함 역사상 최대였지만, 속사에 적합지 않았다. 오히려 너무 무거워 감항성을 낮추었다. 제2차 세계대전 종전 시 Z30은 영국에 인도되어, 수중 폭발 실험에 쓰여 침몰했다.

제원
유형: 독일 구축함
배수량: 만재 시 3,750미터톤(3,691영국톤)
크기: 127m×12m×4.6m(416피트 8인치×39피트 4인치×15피트 2인치)
기관: 스크류 2개, 기어 터빈
최고속도: 38.5노트
주무장: 150mm(5.9인치) 함포 4문, 533mm(21인치) 어뢰 발사관 8문
정원: 321명
진수년도: 1940년

TIMELINE

1938   1940   1941

아키츠키

일본의 마지막 전시 구축함급으로, 신개발 이중목적(대공 및 대함) 함포와 장거리 어뢰를 장비했다. 1944년 10월 레이테만에서 미군에 의해 격침되었다. 12척이 건조된 이 급 중 6척이 전후까지 살아남았다. 일본 연합함대가 종전 시까지 거의 괴멸한 것을 감안하면 비교적 높은 생존률이었다.

제원
유형: 일본 구축함
배수량: 만재 시 3759 미터톤(3700 영국톤) full load
크기: 134.2m×11.6m×4.15m(440피트 3인치×38피트 1인치×13피트)
기관: 스크루 2개, 기어 터빈
최고속도: 33노트
주무장: 100mm(3.9인치) 함포 8문, 610mm(24인치) 어뢰 발사관 4문
정원: 300명
진수년도: 1941년

후유츠키

1939년에 기획된 대형 원양형 구축함이었다. 일본 항모 기동부대를 호위하는 고속 대공 호위함으로 사용할 목적이었다. 그러나 1943년 수요가 바뀌어 대함 공격용 4연장 어뢰 발사관을 탑재하도록 설계가 바뀌었다.

제원
유형: 일본 구축함
배수량: 3,759미터톤(3,700영국톤)
크기: 134.2m×11.6m×4.2m(440피트 3인치×38피트×13피트 9인치)
기관: 스크루 2개, 터빈
최고속도: 33노트
주무장: 96mm(3.8인치) 함포 8문, 607mm(23.9인치) 4연장 어뢰발사관 1문
진수년월: 1944년 1월

피온다

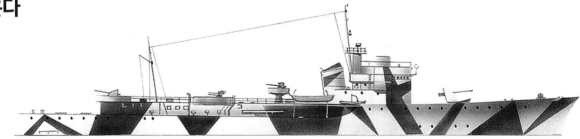

이탈리아는 장차전에 대비해 피온다 동급함 42척이 필요할 것이라고 내다보았으나, 기공된 것은 1942년에 기공된 피온다를 포함해 16척 뿐이다. 건조 중 독일군에게 노획된 피온다에는 TA46이라는 새 명칭이 붙었다. 1945년에 공습을 받아 파손되었으나 건조가 재개되었다. 이름도 벨레비트로 바뀌었다. 그러나 이 배는 결코 완공되지 못했다.

제원
유형: 이탈리아 구축함
배수량: 약 1,138미터톤(1,120영국톤)
크기: 82.2m×8.6m×2.8m(270피트×28피트 3인치×9피트 2인치)
기관: 스크루 2개, 터빈
주무장: 100mm(3.9인치) 주포 2문
진수년도: 없음

1944

카를 갈스터

Z20이라고도 알려진 카를 갈스터는 크게 개량된 36급 구축함이다. 신형 클리퍼식 함수를 갖추고 있다. 무장도 풍부하다. 대공 병기는 물론 60발의 기뢰도 탑재하고 있다. 동급함 중 유일하게 제2차 세계대전에서 살아남았다. 전후 소련에 인도되어 프로트슈니로 개칭되었고, 1960년경 퇴역했다.

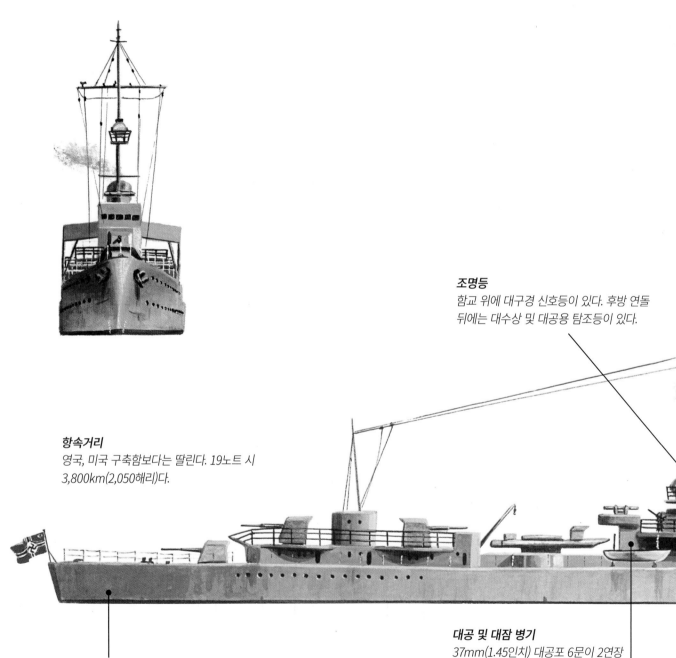

조명등
함교 위에 대구경 신호등이 있다. 후방 연돌 뒤에는 대수상 및 대공용 탐조등이 있다.

항속거리
영국, 미국 구축함보다는 딸린다. 19노트 시 3,800km(2,050해리)다.

기뢰
독일 구축함들이 흔히 그렇듯이 대부분의 Z20급은 기뢰 부설이 가능하다. 60발의 기뢰를 탑재한다.

대공 및 대잠 병기
37mm(1.45인치) 대공포 6문이 2연장으로 배치되어 있다. 20mm(0.79인치) 함포도 12문이 있다. 4대의 대잠폭뢰 투하대도 있다.

카를 갈스터

카를 갈스터는 동급함 중 유일하게 종전 시까지 살아남았다. 나머지 5척은 나르빅, 롬바스크피요르드 등지에서 격침당했다. 1946년 카를 갈스터는 소련 해군에 배상함으로 넘겨졌다. 1950년대까지 발트해 함대에서 <프로트슈니>라는 이름으로 운용되었다.

제원	
유형: 독일 구축함	
배수량: 만재 시 3,469.7미터톤(3,415영국톤)	
크기: 125m×11.8m×4m(410피트 1인치×38피트 8인치×13피트 1인치)	
기관: 스크류 2개, 기어 터빈	
최고속도: 36 노트	
주무장: 127mm(5인치) 함포 5문, 533mm(21인치) 어뢰 발사관 8문	
정원: 330명	
진수년도: 1938년	

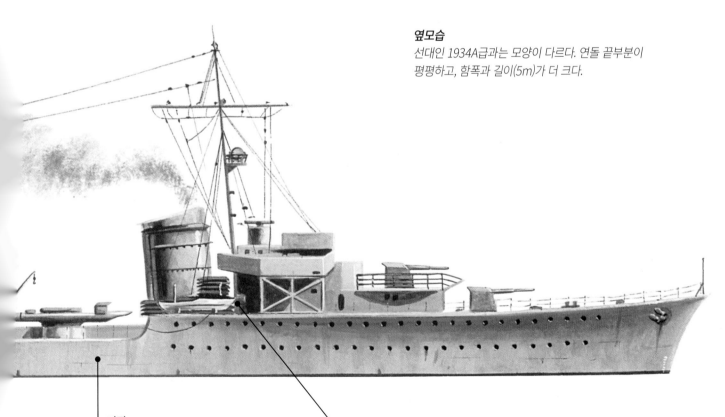

옆모습
선대인 1934A급과는 모양이 다르다. 연돌 끝부분이 평평하고, 함폭과 길이(5m)가 더 크다.

기관
고압 보일러와 터빈으로 55,554kW(74,500축마력)의 출력을 낸다. 선대 구축함보다 더욱 신뢰성도 높아졌다.

보트
평시 4척의 보트를 탑재한다. 함장 전용 보트, 커터, 구명정, 페르케르스보트(다용도 보트) 등이 있어 승조원 이동이나 다른 배와의 연락에 사용한다.

구축함: 제8부-독일 및 기타 국가 해군

제2차 세계대전 후반에서부터 1950년대에 이르는 구축함 설계와 운용은 전쟁의 영향을 크게 받았다. 극한 상황에서 이미 검증된 무장, 기관, 배치 등은 쉽사리 변하지 않았다. 그러나 대공 병기의 효율은 전전 구축함들에 비해 크게 높아졌다.

그라비나

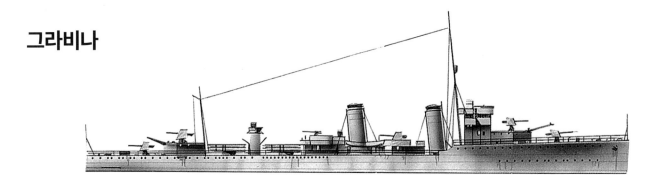

그라비나는 스페인 해군 최대의 구축함급 16척 중 하나다. 영국 스코트 급 전단 선도함을 사실상 복제한 것이다. 이들은 1926~1933년 사이 진수되었다. 그라비나를 포함한 후기형 8척은 큰 포방패를 보유하고, 항속거리는 14노트 시 8,550km(4,500해리)다. 1960년대 제적되었다.

제원	
유형: 스페인 구축함	
배수량: 2,209미터톤(2,175영국톤)	
크기: 101.5m×9.6m×3.2m(333피트×31피트 9인치×10피트 6인치)	
기관: 스크류 2개, 터빈	
최고속도: 36노트	
주무장: 120mm(4.7인치) 함포 5문, 533mm(21인치) 어뢰 발사관 6문	
진수년월: 1931년 12월	

예테보리

스웨덴은 1934년부터 6척으로 이루어진 새 구축함급의 건함을 시작, 1941년에 모두 완공시키고자 했다. 120mm(4.7인치) 함포는 함체 전방, 중앙, 후방에 하나씩 있는 단장포탑에 설치된다. 1941년 내부 폭발로 침몰한 이 배는 이후 인양되어 1958년까지 운용되다가, 1962년 8월 표적함으로 사용되어 침몰했다.

제원	
유형: 스웨덴 구축함	
배수량: 1,219미터톤(1,200영국톤)	
크기: 94.6m×9m×3.8m(310피트 4인치×29피트 6인치×12피트 6인치)	
기관: 스크류 2개, 터빈	
최고속도: 42 노트	
주무장: 120mm(4.7인치) 함포 3문, 533mm(21인치) 어뢰 발사관 6문	
진수년월: 1935년 10월	

TIMELINE   1931   1935   1938

바실리에프스 게오르기오스

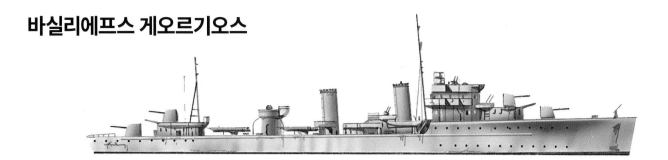

그리스 해군을 위해 영국 글래스고에서 건조된 이 배는 영국 G급 구축함의 무장을 변경했다. 살라미스에서 독일군의 폭격으로 파손되었다. 그리스가 패전하자 독일군은 이 배를 작전 가능하게 수리해 ZG3으로, 나중에는 헤르메스로 개칭했다. 1943년 4월 항공 공격으로 가동 불능이 된 이 배는 튀니스 항 입구에 자침되었다.

제원	
유형: 그리스 구축함	
배수량: 만재 시 2,123.4미터톤(2,090영국톤)	
크기: 101.2m×10.4m×3m(332피트×34피트 1인치×9피트 10인치)	
기관: 스크루 2개, 기어 터빈	
최고속도: 32노트	
주무장: 127mm(5인치) 함포 4문, 533mm(21인치) 어뢰 발사관 8문	
정원: 215명	
진수년도: 1938년	

Z51

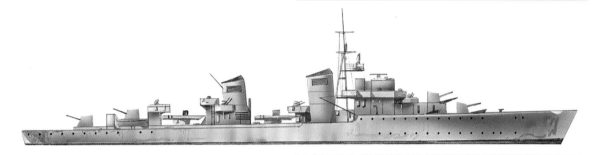

함대 어뢰정 시제품으로 만들어졌다. 기존 독일 구축함보다는 무장이 적지만 기동성을 높이고, 대공 병기를 강화한 모델이었다. 브레멘에서 건조 중이던 Z51은 1945년 3월 영국 공군 모스키토 폭격기에 의해 격침당했다. 동급함은 건조되지 않았다.

제원	
유형: 독일 구축함	
배수량: 2,674.1미터톤(2,632영국톤)	
크기: 114.3m×11m×4m(375피트×37피트 8인치×13피트 1인치)	
기관: 스크루 3개, 디젤 엔진	
최고속도: 36.5노트	
주무장: 127mm(5인치) 함포 4문, 533mm(21인치) 어뢰 발사관 6문	
정원: 235명	
진수년도: 1944년	

아라구아야

아라구아야와 그 5척의 자매함은 제2차 세계대전 개전 시 영국 해군에 인도된 6척의 브라질 구축함을 대체하기 위해 건조되었다. 이들도 기본 설계는 선대함들과 같으나 미국제 장비를 사용한다. 1943년부터 1946년까지 일랴 다스 코브라스 해군 조선소에서 건조되었다. 1974년 폐함되었다.

제원	
유형: 브라질 구축함	
배수량: 1,829미터톤(1,800영국톤)	
크기: 98.5m×10.7m×2.6m(323피트×35피트×8피트 6인치)	
기관: 스크루 2개, 기어 터빈	
최고속도: 35.5 노트	
주무장: 127mm(5인치) 함포 4문, 40mm(1.57인치) 함포 2문	
진수년도: 1946년	

1944 　　1946

포함과 고속정

연근해에서의 근접전을 위해 만들어진 고속 포함은 근거리 해안 습격에도 쓸 수 있었다. 어뢰정도 고속화 되었다. 특히 1930년대 소련이 이런 배를 많이 건조했다. 더 먼 거리를 초계하기 위해 더 큰 포함이 건조되었다. 호수와 강 등 특정 수역에서의 운용을 위해 설계된 포함도 등장했다.

에리트레아

원래 슬루프로 분류되었던 에리트레아는 디젤 엔진 및 전기 모터를 따로, 또 함께 사용할 수 있다. 최대 항속거리는 15.3노트에서 9,500km(5,000해리)이다. 1940~1941년 사이 기뢰부설함으로 개장된 이 배는 1943년에 영국군에 노획되어 1948년에는 프랑스에 인도되었다. 프랑스는 이 배를 <프란시스 가미에르>로 개칭하고 1966년까지 운용했다.

제원	
유형:	이탈리아 슬루프
배수량:	3,117미터톤(3,068영국톤)
크기:	96,9m×13,3m×4,7m(318피트×43피트 8인치×15피트 5인치)
기관:	스크류 2개, 디젤 엔진과 전기 모터
최고속도:	18노트
주무장:	120mm(4,7인치) 함포 4문
진수년도:	1936년 9월

드래곤플라이

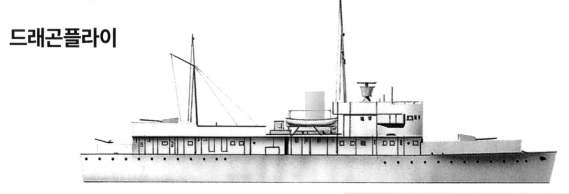

드래곤플라이는 총 4척으로 구성된 하천 포함급 중 1척이다. 배수량이 작고 흘수가 얕아 얕은 강을 다니기 좋다. 엔진 출력은 3,800마력. 연료유 탑재량은 90미터톤(90영국톤)이다. 1942년 2월 14일 싱가포르를 탈출하던 도중 일본 급강하 폭격기에 의해 격침당했다.

제원	
유형:	영국 포함
배수량:	726미터톤(715영국톤)
크기:	60m×10m×1,8m(196피트 6인치×33피트 8인치×6피트 2인치)
기관:	스크류 2개, 터빈
최고속도:	17 노트
주무장:	102mm(4인치) 함포 2문
정원:	74명
진수년도:	1938년

G5

1930년대 초반에 고안된 고속정급 295척 중 하나다. 이 중 다수가 신뢰성 높은 이소타 프라슈니 엔진을 탑재하고 있었다. 그러나 같은 엔진의 소련 현지 생산품은 성능이 안 좋았다. 어뢰는 함미에서 발사된다. 때문에 어뢰 발사 시 뱃머리가 옆으로 기운다.

제원	
유형: 소련 어뢰정	
배수량: 14미터톤(13.7영국톤)	
크기: 19.1m×3.4m×0.75m(62피트 6인치×11피트×2피트 6인치)	
기관: 스크류 2개, 가솔린 엔진	
최고속도: 45노트	
주무장: 12.7mm(0.5인치)기관총 2정, 533mm(21인치) 어뢰 발사관 2문	
진수년도: 1938년	

D3급 MTB

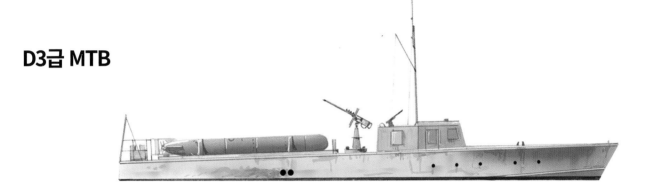

이 급은 소련 해군용으로 약 130척이 건조되었다. 그 중 대부분이 발트해에서 운용되었다. 어뢰의 탑재와 발사는 발사관이 아닌 받침대를 통해 이루어진다. 독일 어뢰정보다는 작고, 기본적인 것만 있지만 전투에서는 효율적이었다. 또한 거친 해상 상황을 견딜 수 있었다.

제원	
유형: 소련 고속 어뢰정	
배수량: 32.5미터톤(32영국톤)	
크기: 21.6m×3.95m×1.35m(71피트×13피트×4피트 6인치)	
기관: 스크류 3개, GAM-34FN 가솔린 엔진	
최고속도: 39노트	
주무장: 533mm(21인치) 어뢰 받침대 2개	
정원: 9-14명	
진수년도: 1939-45년	

페어마일 C급

이 목제 포함은 영국 해군의 A형 발동기정의 확장판으로, 홀 스코트 가솔린 엔진과 4발의 대삼수함 폭뢰를 장비하고 있다. 이 급은 실패작이었다. 선회 반경이 너무 크고, 전투 시 폭로면적이 크며, 발동기가 시끄러워 은밀 운용이 어려웠다.

제원	
유형: 영국 발동기 포정	
배수량: 70미터톤(69영국톤)	
크기: 33.55m×6.5m×1.75m(110피트×17피트 5인치×5피트 8인치)	
기관: 스크류 3개, 가솔린 엔진	
최고속도: 27노트	
주무장: 2파운드 폼폼포 2문, 기관총 8정	
정원: 16명	
진수년도: 1941년~	

1939   1941

경순양함: 제1부

1930년 런던 해군 조약은 경순양함과 중순양함을 배수량이 아닌 포 구경으로만 구분했다. 경순양함은 155mm(6.1인치) 이하, 중순양함은 205mm(8인치) 구경의 포 장비가 허용되었다. 최대 배수량은 10,000영국톤(10,160미터톤)이었다.

애리튜저

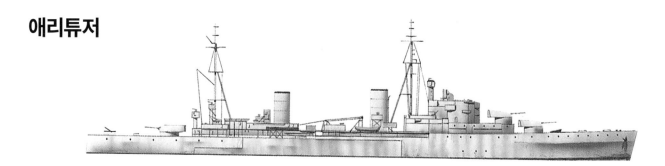

애리튜저와 그 동급함 3척은 적절한 무장과 성능을 갖추면서도 배수량은 최소인 순양함을 목표로 건조되었다. 조금 더 긴 1933년의 퍼스 급과 비슷하다. 동급함 중 2척이 제2차 세계대전 중 손실되었다. 애리튜저는 1950년에 폐함되었다. 동급함 오로라는 1948년 중국에 판매되었다.

제원	
유형:	영국 순양함
배수량:	6,822미터톤(6,715 영국톤)
크기:	154m×15.5m×5m(506피트×51피트×16피트 6인치)
기관:	스크류 4개, 기어 터빈
주무장:	152mm(6인치) 함포 6문, 102mm(4인치) 함포 4문
장갑:	벨트 51mm(2인치)
진수년도:	1932년

에밀 베르탱

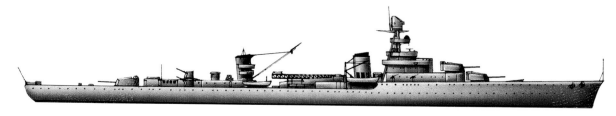

적 통상파괴함과 잠수함을 공격하기 위해 건조되었다. 수상기 1대를 탑재한다. 1940년 프랑스 패망 당시 마티니크에 있다가 무장 해제되었다. 1944~1945년에 걸쳐 미국에서 재장비되었다. 항공기 사출기는 제거되었다. 1959년에 해체되었다.

제원	
유형:	프랑스 순양함
배수량:	8,615.7미터톤(8,480 영국톤)
크기:	177m×16m×6.6m(580피트 8인치×52피트 6인치×21피트 8인치)
기관:	스크류 4개, 기어 터빈
최고속도:	34노트
주무장:	152mm(6인치) 함포 9문, 550mm(21.7인치) 어뢰 발사관 6문
장갑:	탄약고 및 갑판 25mm(1인치)
정원:	711명
진수년도:	1933년

TIMELINE

1932

1933

고틀란드

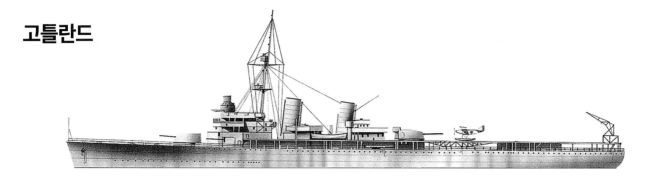

12대의 수상기를 탑재하는 수상기 모함으로 기획되었으나, 설계가 변경되어 항공 순양함이 되었다. 보통 후갑판에 항공기 6대를 탑재한다. 그러나 실제로는 갑판에 8대, 함내에 3대를 탑재할 공간이 있다. 1943~1944년에 걸쳐 방공순양함으로 개장되었다. 1960년에 제적되었다.

제원	
유형: 스웨덴 순양함	
배수량: 5,638미터톤(5550 영국톤)	
크기: 134.8m×15.4m×5.5m(442피트 3인치×50피트 6인치×18피트)	
기관: 스크류 2개, 터빈	
최고속도: 28 노트	
주무장: 152mm(6인치) 함포 6문	
진수년도: 1933년	

트롬프

수색 순양함인 트롬프는 독일이 네덜란드를 점령할 때 영국으로 탈출, 제2차 세계대전 내내 연합군 군함으로 싸웠다. 주로 극동에서 활약했다. 정찰기 1대를 탑재했다. 1945년 이후 네덜란드 해군으로 복귀했으며, 1958년 퇴역했으나 이후 숙박함으로 사용되었다.

제원	
유형: 네덜란드 순양함	
배수량: 4,337.8 미터톤(4,860 영국톤)	
크기: 132m×12.4m×4.2m(433피트×40피트 8인치×13피트 9인치)	
기관: 스크류 2개, 기어 터빈	
최고속도: 33.5노트	
주무장: 150mm(5.9인치) 함포 6문, 533mm(21인치) 어뢰 발사관 6문	
장갑: 벨트 15mm(0.7인치), 측면 30mm(1.2인치), 갑판 25mm(1인치)	
정원: 309명	
진수년도: 1937년	

차파예프

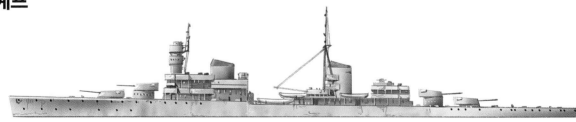

레닌그라드(오늘날의 상트페테르부르크)에서 기공된 차파예프는 1950년까지 완공되지 않았다. 표준 배수량이 11,480미터톤(11,300영국톤)인 큰 배였다. 152mm(6인치) 함포만을 탑재했다. 설계와 무장이 구식이었고 1960년에 무장과 기관이 해제되었다. 1964년 해체되었다.

제원	
유형: 소련 순양함	
배수량: 만재 시 15,240미터톤(15,000영국톤)	
크기: 201m×19.7m×6.4m(659피트 5인치×64피트 8인치×21피트)	
기관: 스크류 2개, 기어 터빈, 디젤 엔진	
최고속도: 34노트	
주무장: 152mm(6인치) 함포 12문, 100mm(3.9인치) 함포 8문	
정원: 840명	
진수년도: 1940년	

1937   1940

경순양함: 제2부

1939년 당시 영국의 경순양함 보유량은 81척으로 세계 최대였다. 그러나 이 중 일부는 노후함이었다. 이 중 23척이 제2차 세계대전 중 손실되었다. 같은 해 미국은 47척, 이탈리아는 9척, 프랑스는 12척, 소련은 4척을 보유했다.

야콥 판 헴스케르크

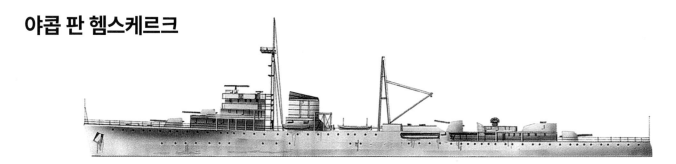

야콥 판 헴스케르크는 전단 선도함으로 계획되었으나, 그 계획은 1938년 바뀌었다. 이후 1939년 나치가 네덜란드를 침공하면서 영국에 인도되어 102mm(4인치) 함포가 탑재되었다. 그 이상 큰 주포는 탑재할 수 없었다. 1958년 해체되었다.

제원	
유형: 네덜란드 순양함	
배수량: 4,282미터톤(4,215영국톤)	
크기: 131m×12m×4.5m(433피트×40피트 9인치×15피트)	
기관: 스크류 2개, 터빈	
최고속도: 34.5노트	
주무장: 102mm(4인치) 함포 8문	
진수년월: 1939년 9월	

아틸리오 레골로

1939년 기공된 카피타니 로마니 급 고속 순양함 12척 중 하나다. 이 급 중 5척은 완공되지 못했고, 선대에서 해체되었다. 3척은 임무 중 손실되었고, 1척은 노획을 막기 위해 자침했다. 아틸리오 레골로는 1948년 프랑스로 인도되었다.

제원	
유형: 이탈리아 순양함	
배수량: 5,419미터톤(5,334영국톤)	
크기: 142.9m×14.4m×4.9m(469피트×47피트 3인치×16피트)	
기관: 스크류 2개, 터빈	
최고속도: 42노트	
주무장: 135mm(5.4인치) 함포 8문	
장갑: 포탑 20mm(0.8인치)	
진수년월: 1940년 8월	

TIMELINE   1939   1940   1941

카이오 마리오

카이오 마리오는 대 구축함 호위 및 수색 용도로 건조된 고속 순양
함이었다. 방어력을 희생하고 높은 속도를 얻었다. 기관실 방호는 방
파편갑판 하나뿐이었다. 완공되지 못한 채 1943년 라 스페치아에서
독일군에게 노획되는 것을 막기 위해 자침했다.

제원	
유형: 이탈리아 순양함	
배수량: 5,419미터톤(5,334영국톤)	
크기: 143m×14m×4.8m(469피트 1인치×46피트×15피트 7인치)	
기관: 스크류 2개, 터빈	
최고속도: 40노트	
주무장: 135mm(5.3인치) 함포 8문	
진수년월: 1941년 8월	

울피오 트라이아노

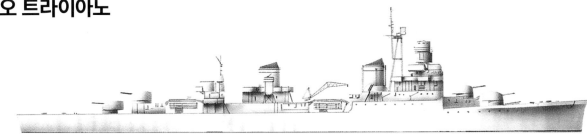

아틸리오 레골로의 자매함이다. 높은 작전 속력을 내기 위해 함교
장갑은 15mm(0.6인치), 4개의 2연장 포탑 장갑은 20mm(0.8인치)
에 불과하다. 1943년 팔레르모 항을 공격한 영국 인간 어뢰에 의해
건조 중 격침당했다.

제원	
유형: 이탈리아 순양함	
배수량: 5,420미터톤(5,334 영국톤)	
크기: 143m×14.4m×4.9m(468피트 10인치×47피트 3인치×16피트)	
기관: 스크류 2개, 터빈	
최고속도: 40노트	
주무장: 135mm(5.3인치) 함포 8문	
진수년도: 1942년	

요타 레욘

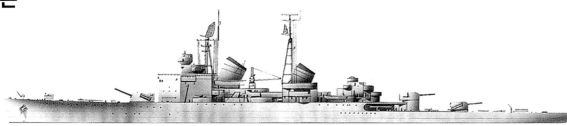

스웨덴은 1943년 무장과 방어력이 뛰어난 순양함 2척을 기공했다.
2개의 경사 연돌을 갖춘 요타 레욘과 자매함 트레 크로노르는 알아
보기 쉬웠다. 요타 레욘은 1957~1958년 개장시 탑형 함교를 갖추
게 되었다. 1971년 칠레에 매각되었다.

제원	
유형: 스웨덴 순양함	
배수량: 9,347미터톤(9,200영국톤)	
크기: 182m×6.7m×6.5m(597피트×22피트×21피트 4인치)	
기관: 스크류 2개, 터빈	
최고속도: 33노트	
주무장: 152mm(6인치) 함포 7문	
진수년월: 1945년 11월	

1942   1945

상륙정 및 지휘함

1942년부터 1945년까지 수천 척의 상륙정이 병력과 전차, 트럭, 지원 차량을 적지에 상륙시키기 위해 건조되었다. 그 크기는 200톤에서 수천 톤에 이르기까지 다양하다. 이들은 새로운 형태의 군함이었다. 이들은 호위함의 지원도 받았지만, 항공 공격에 대비한 경화기도 직접 장비했다.

LCI(L)

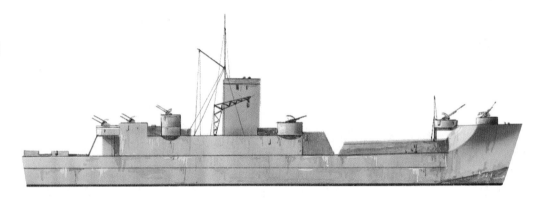

LCI(L)은 대형 보병 상륙정(Landing Craft Infantry (Large))의 약자다. 영국에서 기습 상륙작전용으로 설계되었고, 최대 188명의 병력을 태울 수 있다. 영국과 미국에서 1,000여척이 건조되었다. 항속거리는 15,750km(8,500nm)로 대서양 횡단이 가능하다. 만재 시 배수량은 경하 배수량의 2배이며, 만재 시 함미 흘수는 1.5m(5피트)다.

제원	
유형: 영미 상륙정	
배수량: 197미터톤(194영국톤)	
크기: 48.3m×7.2m×0.8m(158피트 6인치×23피트 8인치×2피트 8인치)	
기관: 스크류 2개, 디젤 엔진	
최고속도: 15.5노트	
주무장: 20mm(0.79인치) 함포 4문	
정원: 24명	
진수년도: 1942~1944년	

애쉬랜드

자주식 건선거라 할 수 있는 LSD는 밸러스트 탱크를 채우거나 비워서 함수의 높이를 조절, 상륙정(LCT)의 출입을 도울 수 있다. 상륙정 3척을 탑재할 수 있으며, 각 상륙정은 중형 전차 5대를 탑재할 수 있다. 애쉬랜드는 1970년까지 해군에 남아 있었다. 이 배의 개념은 후대의 상륙함들이 이어받게 된다.

제원	
유형: 미국 상륙선거함(LSD)	
배수량: 만재 시 8,057미터톤(7,930영국톤)	
크기: 139.5m×22m×4.8m(457피트 9인치×72피트 2인치×15피트)	
기관: 스크류 2개, 3단 팽창 왕복 엔진	
최고속도: 15.5 노트	
주무장: 127mm(5인치) 함포 1문, 40mm(1.57인치) 함포 12문, 20mm(0.79인치) 함포 16문	
정원: 254명	
진수년도: 1942년	

TIMELINE 1942  1943

애팔래치안

제2차 세계대전 중 일본령 도서 지역에 대규모 상륙 작전을 벌일 때 통신 및 임무 조정 용도로 쓰인 지휘함이다. 1947년 미 태평양 함대 기함으로 잠시 사용된 적도 있다. 그해 현역 목록에서 제적되었으며, 1960년에 해체되었다.

제원	
유형: 미국 지휘함	
배수량: 14,133미터톤(13,910영국톤)	
크기: 132.6m×19.2m×7.3m(435피트×63피트×24피트)	
기관: 스크루 1개, 터빈	
속도: 17노트	
주무장: 127mm(5인치) 함포 2문, 40mm(1.57인치) 함포 8문	
진수년도: 1943년	

LSM(R)

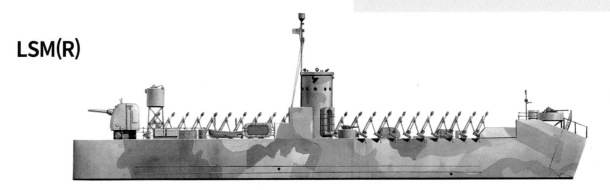

LSM은 중형 상륙정을 의미한다. R이 붙으면 화력지원용이라는 뜻이다. 함포, 박격포, 로켓포를 빼곡히 장비해 상륙하는 아군을 위해 화력지원을 벌인다. 크기와 제원은 건조 중에도 변경되었다. 초기형은 항속거리가 매우 길었으며, 후기형도 대양 횡단은 가능하다.

제원	
유형: 미국 상륙정/화력지원정	
배수량: 795.5미터톤(783영국톤)	
크기: 62m×10.5m×1.68m(203피트 6인치×34피트 6인치×5피트 6인치)	
기관: 스크루 2개, 디젤 엔진	
최고속도: 13노트	
주무장: 127mm(5인치) 함포 1문, 108mm(4.2인치) 박격포 4문, 로켓포, 경대공포	
정원: 143명	
진수년도: 1944~1945년	

T1

일본은 선거형 상륙함이나 크레인 장비 상륙함 대신 이런 배를 만들었다. 특이한 모양의 함미에서 5척의 상륙정이 레일을 타고 만재 상태로 입수하는 방식이다. 22척이 건조되었으며, 이 중 일부는 1945년 받침대를 이용해 잠수정을 발진시킬 수 있도록 개조되었다. 극소수만이 전쟁에서 살아남았다.

제원	
유형: 일본 상륙함	
배수량: 만재 시 2,235.2미터톤(2,200영국톤)	
크기: 96m×10.2m×3.6m(315피트×33피트 5인치×11피트 10인치)	
기관: 스크루 1개, 기어 터빈	
최고속도: 22노트	
주무장: 127mm(5인치) 함포 2문	
진수년도: 1944년	

1944

기뢰부설함

1939~1945년 사이 부설된 기뢰의 수는 약 60만~100만 발로 추산된다. 이들 기뢰는 항공기로 부설되기도 했지만 대다수는 배로 부설되었다. 전통적인 기뢰부설함은 보통 그 목적에 맞춰 설계 건조된 빠른 배지만, 실제로는 다른 배를 기뢰부설함으로 개조하는 경우도 많았다. 구축함들 역시 기뢰를 탑재 및 부설할 수 있다.

하우덴 레우

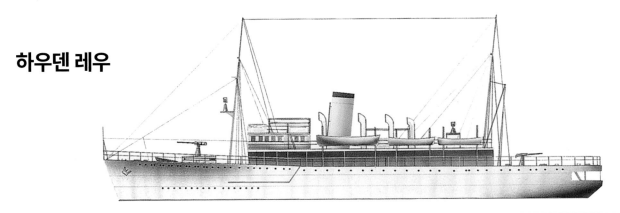

극동에서 운용하기 위해 건조된 하우덴 레우는 기뢰 최대 250발(탄종에 따라 다를 수 있음)을 후방 탄약고에 탑재할 수 있다. 이 기뢰들은 레일을 타고 함미로 나간다. 태평양 전쟁이 개전된 지 한 달도 안 된 1942년 1월 12일 타라크 앞바다에서 일본 군함에 의해 격침되었다

제원	
유형: 네덜란드 기뢰부설함	
배수량: 1,311미터톤(1,291영국톤)	
크기: 65.8m×11m×3.3m(216피트×36피트×11피트)	
기관: 스크류 2개, 3단 팽창 엔진	
최고속도: 15노트	
주무장: 76mm(3인치) 대공포 2문	
진수년도: 1931년	

그리프

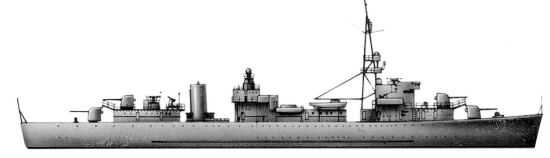

주목적은 600발을 탑재하는 기뢰부설함이지만 훈련함은 물론 국가원수 전용함으로도 쓸 수 있다. 프랑스에서 건조되어 1938년에 인도되었다. 1939년 9월 1일, 방어 포좌로 쓰기 위해 헬라의 부양식 건선거에서 자침되었다. 9월 3일 독일 항공기의 공격으로 격침되었다.

제원	
유형: 폴란드 기뢰부설함	
배수량: 2,286미터톤(2,250영국톤)	
크기: 103.2m×13.1m×3.6m(338피트 7인치×43피트×11피트 10인치)	
기관: 스크류 2개, 디젤 엔진	
최고속도: 20노트	
주무장: 120mm(4.7인치) 함포 6문	
정원: 205명	
진수년도: 1936년	

TIMELINE

1931   1936   1940

쓰가루

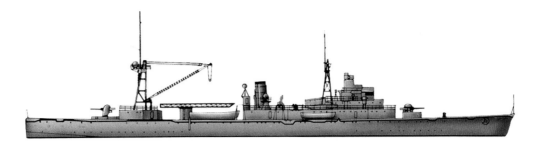

영국 압디엘급과 비슷한 크기인 이 배는 일본에 2척밖에 없던 대형 기뢰부설함 중 하나다. 영국 것과 마찬가지로, 배의 길이와 거의 같은 갑판에 기뢰가 탑재되며, 함미로 기뢰를 떨어뜨린다. 쓰가루는 항공기도 1대 탑재한다. 1944년 6월 미 잠수함의 어뢰 공격을 당했다.

제원	
유형:	일본 기뢰부설함
배수량:	만재 시 6,705.6미터톤(6,600영국톤)
크기:	124.5m×15.6m×4.9m(408피트 6인치×51피트 3인치×16피트 2인치)
기관:	스크루 2개, 기어 터빈
최고속도:	20노트
주무장:	127mm(5인치) 어뢰 4문
진수년도:	1940년

아르테벨드

어업지도선으로 쓰기 위해 건조된 다용도선이다. 1940년 5월 건조 중 독일군에 노획되어, 완공 후 로렐라이로 개칭되었다. 제2차 세계대전 종전 시 벨기에에 반환되었다. 1950년대까지 운용되었으며 1954~1955년에 걸쳐 해체되었다.

제원	
유형:	벨기에 기뢰부설함 및 왕실 요트
배수량:	2,306미터톤(2,270영국톤)
크기:	98.5m×10.5m×3.3m(323피트 2인치×34피트 5인치×10피트 10인치)
기관:	스크루 2개, 기어 터빈
최고속도:	28.5노트
주무장:	104mm(4.1인치) 함포 4문, 기뢰 120발
진수년도:	1940년

에이드리언

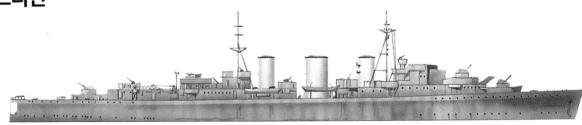

에이드리언은 6척의 고속 기뢰부설 순양함 중 하나다. 폭로면적이 작고 대공, 대수상 병기가 충실하다. 모두 제2차 세계대전의 격전지에 투입되었다. 높은 속도를 이용해 위험한 몰타행 탄약 수송 임무를 맡기도 했다. 3척이 적의 공격으로 침몰했다. 에이드리언은 1965년 해체되었다.

제원	
유형:	영국 순양함/기뢰부설함
배수량:	4064미터톤(4000영국톤)
크기:	127.4m×12.2m×4.5m(418피트×40피트×14피트 9인치)
기관:	스크루 2개, 터빈
최고속도:	40노트
주무장:	102mm(4인치) 함포 6문, 기뢰 100-156발
진수년도:	1943년

1943

소해정

제2차 세계대전 중 부설된 기뢰는 60만~100만 발에 달한다. 독일에서 발명된 자기 기뢰는 충격이 가해져야 폭발하는 접촉 기뢰를 대체했다. 연합국은 이에 대처해야 했다. 따라서 소해정들은 기뢰에 연결된 와이어를 자르는 대신, 두 척의 소해정을 대전된 케이블로 연결한 다음 기뢰원을 항해하면서 소해하는 방식을 쓴다. 이 임무는 지금도 위험하다.

에스피글

알제린 급 소해정인 에스피글은 터빈 엔진을 장착한 소수의 함 중 하나였다. 초기 소해정은 트롤 어선을 개조해 만들어지는 경우도 많았다. 그러나 이 배는 처음부터 본격 소해정으로 건조되었고, 그만큼 더욱 강력했다. 항속거리는 12노트에서 22,000km(12,000해리)이었다. 어선을 개조한 소해정보다 더 멀리, 더 오래 항해할 수 있다.

제원	
유형:	영국 소해정
배수량:	995.7미터톤(980영국톤)
크기:	65.6m×10.8m×3.2m(225피트×35피트 6인치×10피트 6인치)
기관:	스크루 2개, 터빈
최고속도:	16.5노트
주무장:	102mm(4인치) 함포 1문
정원:	85명
진수년도:	1942년

YMS100

YMS는 야드급 소해정(Yard Mine Sweeper)의 약자다. 함체가 목제로 되어 있는 연안용 소형 군함이다. 그럼에도 불구하고 미국에서 출격하는 상륙부대를 위해 대양을 횡단하며 소해 임무를 여러 차례 해내기도 했다. 대잠수함 버전의 개발도 시도되었으나, 디젤 엔진으로는 충분한 속도를 낼 수 없었다.

제원	
유형:	미국 소해정
배수량:	365.7미터톤(360영국톤)
크기:	41.45m×7.45m×2.35m(136피트×24피트 6인치×7피트 9인치)
기관:	스크루 2개, 디젤 엔진
최고속도:	15노트
주무장:	76mm(3인치) 함포 1문
정원:	60명
진수년도:	1942~1944년

T371

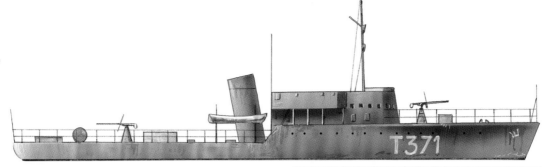

연안 임무용으로 건조된 T급 소해정은 전시 건조형이었다. 철판을 용접해 빠르고 경제적으로 만들 수 있으며, 엔진은 개조한 전차 엔진이었다. 장갑 방호력도 필요 최소한의 수준이었다. 제2차 세계대전이 종결될 때까지 145척이 진수되었으며, 종전 후에도 약 100척이 더 건조되었다.

제원	
유형: 소련 소해정	
배수량: 152.4미터톤(150영국톤)	
크기: 39m×5m×1.5m(127피트 11인치×18피트×4피트 11인치)	
기관: 스크류 2개, 디젤 엔진	
최고속도: 14노트	
주무장: 45mm(1.8인치) 함포 2문	
정원: 32명	
진수년도: 1943년	

다이노

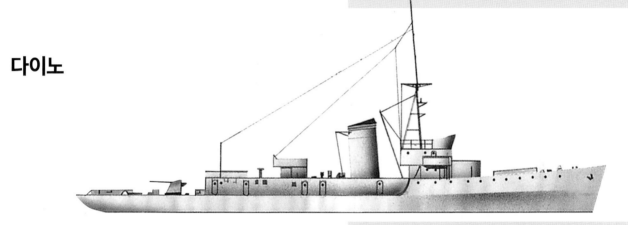

미리 만들어진 각부를 조립해 건조된 이 배는 원래 독일 소해정 B2(후일 M802로 개칭)로, 제2차 세계대전 종전 시 북해와 발트해에서 독일 소해국이 운용했다. 1949년 이탈리아에 인도된 이 배는 다이노로 개칭되었다. 이탈리아에서는 처음에는 소해정으로, 그 다음에는 호위함으로 쓰다가 1960년에 비무장 조사선으로 개장되었다.

제원	
유형: 이탈리아 소해정	
배수량: 850미터톤(838영국톤)	
크기: 68m×9m×2m(224피트×29피트 6인치×7피트 3인치)	
기관: 스크류 2개, 3단 팽창 엔진	
최고속도: 14노트	
진수년도: 1945년	

구아디아로

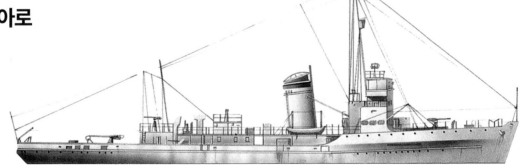

스페인 해군이 제2차 세계대전 이후 건조한 최초의 소해정 중 하나다. 설계는 1943년에 진수된 비다소아, 그리고 건조 방식은 석탄 연료 방식의 독일 M1940소해정을 많이 참고했다. 1959년과 1960년 사이 근대화되었으며 1980년 퇴역했다.

제원	
유형: 스페인 소해정	
배수량: 782 미터톤(770 영국톤)	
크기: 74.3m×10.2m×3.7m(243피트 9인치×33피트 6인치×12피트)	
기관: 스크류 2개, 3단 팽창 엔진 및 배기 터빈	
최고속도: 16노트	
주무장: 20mm(0.79인치) 대공포 2문	
진수년월: 1950년 6월	

1945   1950

수리, 보급, 지원함

함대, 특히 잠수함대와 구축함대의 규모가 커지면서 이들에게 식량, 보급품, 연료를 공급해주는 모선이 필요해졌다. 해-공 합동작전이 복잡해지고 레이더와 기타 무선 기술이 발달하면서 작전의 조정과 통신을 실시할 지휘함도 필요해졌다.

구스타브 제드

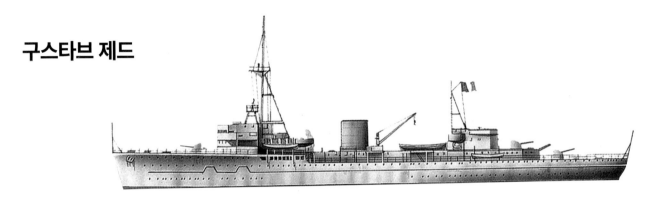

원래는 독일 잠수함 모함 <자르>였다. 1947년 프랑스에 인도되어 1949년 프랑스 해군에 취역해 <구스타프 제드>로 개칭되었다. 1960년대에는 완벽한 지휘 체계를 갖춘 유일한 프랑스 군함이었다. 1967년에는 함대 훈련 본부의 기함이 되었다.

제원	
유형: 프랑스 지휘함	
배수량: 3,282미터톤(3,230 영국톤)	
크기: 93.8m×13.5m×4.2m(308피트×44피트 3인치×14피트)	
기관: 스크류 2개, 디젤 엔진	
최고속도: 16노트	
주무장: 104mm(4.1인치) 주포 3문	
진수년월: 1934년 4월	

토고

토고는 원래 통상파괴용으로 무장을 탑재한 상선 <코로넬>이었다. 그러나 영불해협 돌파에 실패했다. 이 배는 원 이름으로 활동하면서 프레야 레이더, 뷔르츠부르크 레이더, 무선통신 체계를 갖추었다. 발트 해에 주둔하던 이 배는 이후 병력 및 피난민 수송선으로 쓰였다.

제원	
유형: 독일 전투 지휘함	
배수량: 12,903미터톤(12,700영국톤)	
크기: 134m×17.9m×7.9m(439피트 1인치×58피트 9인치×25피트)	
기관: 스크류 1개, 2행정 복동 디젤 엔진	
최고속도: 16노트	
주무장: 105mm(4.1인치) 함포 3문, 40mm(1.57인치) 함포 2문	
진수년도: 1940년	

TIMELINE

1934   1940

풀턴

동급함 6척을 보유한 풀턴은 1941년 12월 파나마 운하에 수상기 기지를 건설했다. 이는 운하 주변에 방어 구역을 설정하기 위한 준비 작업이었다. 1942년에는 잠수함 모함으로 운용되었다. 1950년대에는 원자력 공격 잠수함 지원이 가능하도록 개장되었다.

제원	
유형: 미국 잠수함 모함	
배수량: 18,288미터톤(18,000영국톤)	
크기: 161.5m×22.4m×7.8m(529피트 10인치×73피트 6인치×25피트 7인치)	
기관: 스크류 2개, 디젤 전기 엔진	
최고속도: 15노트	
진수년월: 1940년 12월	

제이슨

1938년 미 해군은 본격 수리함으로 제이슨을 인가했다. 이후 비슷한 배 3척이 더 건조되었다. 다양한 종류의 수리 정비 업무가 가능하며, 한 번에 여러 척의 대형 수상함도 수리할 수 있다. 1980년대에 127mm(5인치) 함포가 제거되고 4문의 20mm(0.79인치) 함포가 대신 설치되었다.

제원	
유형: 미국 수리함	
배수량: 16,418미터톤(16,160영국톤)	
크기: 161.3m×22.3m×7m(529피트 2인치×73피트 2인치×23피트 4인치)	
기관: 스크류 2개, 터빈	
최고속도: 19.2노트	
주무장: 127mm(5인치) 함포 4문	
정원: 1,336명	
진수년월: 1940년 12월	

노튼 사운드

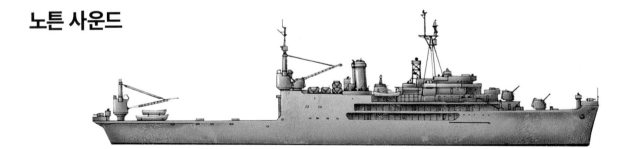

커리턱 급 모함 4척 중 한 척인 이 배는 1944년에 취역했으며 군함 건함 표준을 따라 건조되었다. 후갑판에는 H-5 유압식 사출기 1대가 장비되어 있었다. 상선 선체를 바탕으로 건조한 대부분의 수상기 모함은 1945년 이후 폐함되었으나, 이 배는 1980년대까지 운용되면서 미사일 실험함으로 개장되었다.

제원	
유형: 미국 수상기 모함	
배수량: 15,341.6미터톤(15,100영국톤)	
크기: 164.7m×21.1m×6.8m(540피트 5인치×69피트 3인치×22피트 3인치)	
기관: 스크류 2개, 기어 터빈	
최고속도: 19노트	
주무장: 127mm(5인치) 함포 4문	
정원: 1,247명	
진수년도: 1943년	

1943

1930년대의 잠수함: 제1부

1930년대 해군 조약으로 대구경 함포를 설치한 잠수함의 건조가 금지되었다. 따라서 설계사들은 잠수함을 어뢰 발사 플랫폼으로서 설계하기 시작했다. 엔진의 개량도 활발해졌고, 미국에서 경량 고출력 디젤 엔진이 개발되자 연료, 어뢰, 승조원에게 더 큰 공간을 내줄 수 있게 되었다.

노틸러스

노틸러스는 3척의 V급 잠수함 중 하나다. 크기와 형상 때문에 잠항 속도가 느렸다. 포의 사계를 늘리기 위해 중갑판을 높였기 때문이었다. 1931년에 SS16이라는 새로운 함번이 붙은 노틸러스는 1940년 수상기 급유를 위해 5,104리터(19,320갤런)의 항공유를 실을 수 있도록 개조되었다. 1945년 해체되었다.

제원	
유형: 미국 잠수함	
배수량: 부상 시 2,773미터톤(2,730영국톤), 잠항 시 3,962미터톤(3,900영국톤)	
크기: 113m×10m(370피트×33피트 3인치)	
기관: 스크류 2개, 부상 시 디젤 엔진, 잠항 시 전기 모터	
최고속도: 부상 시 17노트, 잠항 시 8노트	
주무장: 152mm(6인치) 함포 2문, 533mm(21인치) 어뢰 발사관 6문	
진수년월: 1930년 3월	

델피노

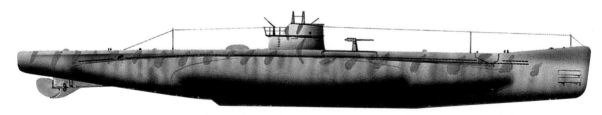

델피노는 1931년 완공되었다. 장거리 잠수함인 이 배는 상선 격침이 가능한 구경의 함포도 장비하고 있었다. 지휘탑 후방에는 경대공포 1문이 있었다. 1942년부터는 훈련함 및 수송함으로 사용되었다. 1943년 침몰했다.

제원	
유형: 이탈리아 잠수함	
배수량: 부상 시 948미터톤(933영국톤), 잠항 시 1,160미터톤(1,142영국톤)	
크기: 70m×7m×7m(229피트×23피트 7인치×23피트 7인치)	
기관: 스크류 2개, 부상 시 디젤 엔진, 잠항 시 전기 모터	
최고속도: 부상 시 15 노트, 잠항 시 8 노트	
주무장: (21인치) 어뢰 발사관 8문, 102mm(4인치) 함포 1문	
진수년월: 1930년 4월	

TIMELINE   1930   1932

돌핀

돌핀은 실험함이다. 그러나 큰 잠수함에나 어울리는 너무 다양한 기능을 작은 잠수함에 억지로 우겨넣어서 결과가 좋지 못했다. 결국 돌핀은 후속 동급함을 보지 못했다. 제2차 세계대전 중 훈련함으로 쓰였다. 1946년 폐함되었다.

제원	
유형: 미국 잠수함	
배수량: 부상 시 1,585미터톤(1,560영국톤), 잠항 시 2,275미터톤(2,240영국톤)	
크기: 97m×8.5m×4m(319피트 3인치×27피트 9인치×13피트 3인치)	
기관: 스크류 2개, 부상 시 디젤 엔진, 잠항 시 전기 모터	
최고속도: 부상 시 17노트, 잠항 시 18노트	
주무장: 533mm(21인치) 어뢰 발사관 6문, 102mm(4인치) 함포 1문	
진수년월: 1932년 3월	

U-2

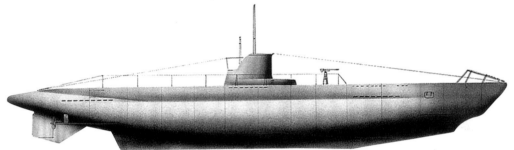

제1차 세계대전 이후 잠수함의 건조와 보유가 금지되었던 독일은 1920년대 스페인, 네덜란드, 소련에 잠수함 비밀 설계팀을 차렸다. 1927년 핀란드에서 건조된 첫 연안용 잠수함이 U-2의 모태가 되었다. 초기 모델이라 할 수 있는 2급 잠수함들은 모두 훈련용으로 쓰였다. U-2는 1944년 4월 침몰했다.

제원	
유형: 독일 잠수함	
배수량: 부상 시 254미터톤(250영국톤), 잠항 시 302미터톤(298영국톤)	
크기: 40.9m×4.1m×3.8m(133피트 2인치×13피트 5인치×12피트 6인치)	
기관: 스크류 2개, 부상 시 디젤 엔진, 잠항 시 전기 모터	
최고속도: 부상 시 13노트, 잠항 시 7노트	
주무장: 533mm(21인치) 어뢰 발사관 3문, 20mm(0.79인치) 함포 1문	
진수년월: 1935년 7월	

엔리코 타졸리

엔리코 타졸리는 스페인 내전에 참전했고, 제2차 세계대전 초반에는 지중해에 배치되었다. 1940년 대서양으로 이동 배치되었다. 1942년에는 일본으로 물자를 운송할 수 있도록 개장되었다. 그러나 1943년 첫 일본행 항해에서 비스케이 만에서 실종되었다.

제원	
유형: 이탈리아 잠수함	
배수량: 부상 시 1,574미터톤(1,550영국톤), 잠항 시 2,092미터톤(2,060영국톤)	
크기: 84.3m×7.7m×5.2m(276피트 6인치×25피트 3인치×17피트)	
기관: 스크류 2개, 부상 시 디젤 엔진, 잠항 시 전기 모터	
최고속도: 부상 시 17노트, 잠항 시 8노트	
주무장: 533mm(21인치) 어뢰 발사관 8문, 120mm(4.7인치) 함포 2문	
진수년월: 1935년 10월	

1935

1930년대의 잠수함: 제2부

이탈리아는 1930년대에 100척 이상의 잠수함을 건조했다. 이들 중 다수가 스페인 내전(1936~1939)에서 프랑코군을 지원했다. 그 중에는 은밀 작전도 포함되어 있었다. 이들 대부분은 단거리용이었다. 당시의 대부분의 영국 잠수함들 역시 그랬다. 그러나 미국은 잠수함의 항속거리를 늘리는 데 더 애를 썼다.

아라담

아라담은 17척의 동급함으로 이루어진 튼튼한 단거리 잠수함급 중 하나였다. 홍해에서 운용된 마칼레 하나를 제외하면 모두가 제2차 세계대전 중 지중해에서 활약했다. 아라담은 1943년 8월 노획을 막기 위해 제노바에서 자침했다. 독일군이 인양했으나, 이듬해 폭격으로 침몰했다.

제원	
유형: 이탈리아 잠수함	
배수량: 부상 시 691미터톤(680영국톤), 잠항 시 880미터톤(866영국톤)	
크기: 60,2m×6,5m×4,6m(197피트 6인치×21피트 4인치×15피트)	
기관: 스크류 2개, 부상 시 디젤 엔진, 잠항 시 전기 모터	
최고속도: 부상 시 14노트, 잠항 시 7노트	
주무장: 530mm(21인치)어뢰 발사관 6문, 100mm(4인치) 함포 1문	
진수년도: 1936년	

디아스프로

디아스프로는 지중해 운용을 목적으로 설계된 단거리 잠수함 페를라급 10척 중 하나다. 최대 작전 심도는 70~80m(230~262피트)다. 10척 모두가 스페인 내전에 참전, 스페인 동안 앞바다에서 활동했으며, 제2차 세계대전에도 참전했다. 디아스프로가 제적된 것은 1948년이었다.

제원	
유형: 이탈리아 잠수함	
배수량: 부상 시 711미터톤(700영국톤), 잠항 시 873미터톤(860영국톤)	
크기: 60m×6,4m×4,6m(197피트 5인치×21피트 2인치×15피트)	
기관: 스크류 2개, 부상 시 디젤 엔진, 잠항 시 전기 모터	
최고속도: 부상 시 14노트, 잠항 시 8노트	
주무장: 533mm(21인치) 어뢰 발사관 6문, 100mm(3.9인치) 함포 1문	
진수년월: 1936년 7월	

TIMELINE

1936

코랄로

코랄로 역시 스페인 내전에 참전한 페를라급 단거리 잠수함이었다.
페를라급 중 2척이 프랑코군에게 인도되었다. 이들은 제2차 세계대
전에도 참전했고, 1척은 영국 순양함 보나벤처를 격침시켰다. 5척이
손실되었고 그 중에는 1942년 12월 영국 슬루프 인챈트리스에게
격침당한 코랄로도 끼어 있었다.

제원	
유형: 이탈리아 잠수함	
배수량: 부상 시 707미터톤(696영국톤), 잠항 시 865미터톤(852 영국톤)	
크기: 60m×6.5m×5m(197피트 5인치×21피트 2인치×15피트 5인치)	
기관: 스크류 2개, 부상 시 디젤 엔진, 잠항 시 전기 모터	
최고속도: 부상 시 14노트, 잠항 시 8노트	
주무장: 533mm(21인치)어뢰 발사관 6문, 100mm(3.9인치) 함포 1문	
진수년월: 1936년 8월	

다가부르

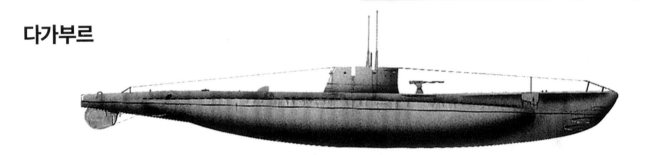

다가부르의 동급함은 16척이다. 스페인 내전에서 프랑코군을 지원
했다. 이 때 동급함 2척이 소형 돌격정을 실을 수 있게 개조되었다.
이들은 훗날 영국 군함 <밸리언트>와 <퀸 엘리자베스>에 막대한
타격을 입힌다. 다가부르는 1942년 영국 구축함 울버린에게 격침당
한다.

제원	
유형: 이탈리아 잠수함	
배수량: 부상 시 690미터톤(680영국톤), 잠항 시 861미터톤(848영국톤)	
크기: 60m×6.5m×4m(197피트 6인치×21피트×13피트)	
기관: 스크류 2개, 부상 시 디젤 엔진, 잠항 시 전기 모터	
최고속도: 부상 시 14노트, 잠항 시 8노트	
주무장: 533mm(21인치) 어뢰 발사관 6문, 100mm(3.9인치) 함포 1문	
진수년월: 1936년 11월	

U-32

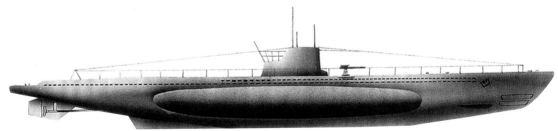

U-32는 독일의 원양형 7급 잠수함 초기형이다. 7급은 이후 등장한
독일 잠수함들의 설계 기반이 되었다. 작고 저렴하며 건조 및 운용
이 쉽고 신뢰성도 높았다. 1941년부터 1943년 사이 이들의 통상파
괴 활약으로 영국은 패전의 위기에 몰렸다. U-32는 1940년 10월 침
몰했다.

제원	
유형: 독일 잠수함	
배수량: 부상 시 626미터톤(616영국톤), 잠항 시 745미터톤(733영국톤)	
크기: 64.5m×5.8m×4.4m(211피트 8인치×19피트×14피트 5인치)	
기관: 스크류 2개, 부상 시 디젤 엔진, 잠항 시 전기 모터	
최고속도: 부상 시 16노트, 잠항 시 8노트	
주무장: 533mm(21인치) 어뢰 발사관 5문, 88mm(3.5인치) 함포 1문	
진수년월: 1937년 4월	

1937

1930년대의 잠수함: 제3부

1939년, 며칠의 시차를 두고 미국 잠수함 스퀄러스와 영국 잠수함 테티스가 침수 사고를 일으켜 많은 승조원들이 죽었다. 두 사고로 인해 잠수함의 안전 개선이 관건이 되었다. 문에는 연동 장치가 달려 쓸데없이 열리지 않게 하고, 비상시 승조원들을 퇴선시킬 수 있는 탈출실도 생겼다.

단돌로

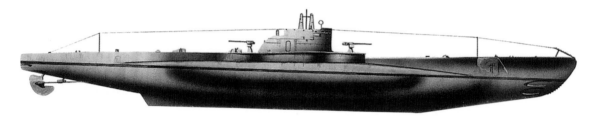

단돌로가 속한 마르첼로 급은 단각 함체와 내부 밸러스트 탱크를 지니고 있다. 제2차 세계대전 당시 이탈리아 최고의 잠수함이었다. 항속거리는 부상 시 9.4노트에서 7,500nm(13,900 km), 잠항 시 3노트에서 120nm(220km)이었다. 최대 작전 심도는 100m(328피트)였다. 단돌로를 제외한 모든 동급함이 작전 중 손실되었다.

제원	
유형: 이탈리아 잠수함	
배수량: 부상 시 1,080미터톤(1,063영국톤), 잠항 시 1,338미터톤(1,317영국톤)	
크기: 73m×7.2m×5m(239피트 6인치×23피트 8인치×16피트 5인치)	
기관: 스크류 2개, 부상 시 디젤 엔진, 잠항 시 전기 모터	
최고속도: 부상 시 17.4노트, 부상 시 8노트	
주무장: 533mm(21인치) 어뢰 발사관 8문, 100mm(3.9인치) 함포 2문	
진수년월: 1937년 11월	

브린

장거리 잠수함인 브린은 아르키메데 급에서 발전된 부분 복각함체를 갖추었다. 제2차 세계대전 초기에 지중해와 대서양에서 활약했다. 1943년에는 실론에 주둔했으며, 이탈리아 항복 후 인도양에서 영국 대잠 부대 훈련에 사용되었다.

제원	
유형: 이탈리아 잠수함	
배수량: 부상 시 1,032미터톤(1,016영국톤), 잠항 시 1,286미터톤(1,266영국톤)	
크기: 70m×7m×4.2m(231피트 4인치×22피트 6인치×13피트 6인치)	
기관: 스크류 2개, 부상 시 디젤 엔진, 잠항 시 전기 모터(2대)	
최고속도: 부상 시 17노트, 잠항 시 8노트	
주무장: 533mm(21인치) 어뢰 발사관 8문	
진수년도: 1938년	

TIMELINE

1937   1938

두르보

600시리즈 아두아급의 동급함 17척 전부는 제2차 세계대전에서 선전했으나 종전 시까지 단 1척만이 살아남았다. 1940년 두르보는 지브롤터 인근 해역 초계 중 영국 구축함 파이어드레이크와 레슬러에게 발견당했다. 영국 구축함은 부상을 유도하기 위해 폭뢰 공격을 가했다. 그러자 두르보의 승조원들은 배를 자침시켰다.

제원	
유형: 이탈리아 잠수함	
배수량: 부상 시 710미터톤(698영국톤), 잠항 시 880미터톤(866영국톤)	
크기: 60m×6.4m×4m(197피트 6인치×21피트×3피트)	
기관: 스크류 2개, 부상 시 디젤 엔진, 잠항 시 전기 모터	
최고속도: 부상 시 14노트, 잠항 시 7.5노트	
주무장: 533mm(21인치) 어뢰 발사관 6문, 100mm(3.9인치) 함포 1문	
진수년월: 1938년 3월	

갈바니

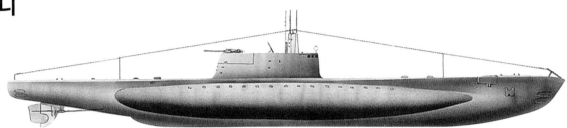

아르키메데 급에서 발전된 4척의 장거리 잠수함 중 하나다. 홍해 전단에 배속되어 마사와 등 이디오피아와 소말리아 해안의 여러 기지에 주둔했던 이 배는 1940년 6월 23일 영국 슬루프 패던을 격침시켰으나, 다음날 HMS 팔머스에게 격침당했다.

제원	
유형: 이탈리아 잠수함	
배수량: 부상 시 1,032미터톤(1,016영국톤), 잠항 시 1,286미터톤(1,266영국톤)	
크기: 72.4m×6.9m×4.5m(237피트 6인치×22피트×14피트 11인치)	
기관: 스크류 2개, 부상 시 디젤 엔진, 잠항 시 전기 모터	
최고속도: 부상 시 17.3노트, 잠항 시 8노트	
주무장: 533mm(21인치) 어뢰 발사관 8문, 99mm(3.9인치) 함포 1문	
진수년월: 1938년 5월	

티슬

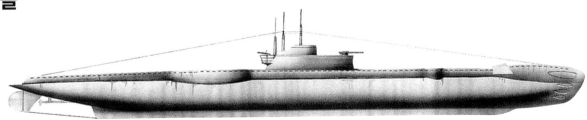

영국 T급 잠수함 21척 중 초기형이다. T급은 기존의 O급, P급, R급 등의 원양형 잠수함을 대체하기 위해 건조되었으며, 최대 42일간 초계 작전이 가능한 설계였다. 티슬은 1940년 4월 14일 북해에서 손실되었다. T급 중 일부는 1963년까지 운용되었다.

제원	
유형: 영국 잠수함	
배수량: 부상 시 1,347미터톤(1,326영국톤), 잠항 시 1,547미터톤(1,523영국톤)	
크기: 83.6m×8m×3.6m(274피트 3인치×26피트 6인치×12피트)	
기관: 스크류 2개, 부상 시 디젤 엔진, 잠항 시 전기 모터	
최고속도: 부상 시 15.25노트, 잠항 시 9노트	
주무장: 533mm(21인치) 어뢰 발사관 10문, 102mm(4인치) 함포 1문	
진수년도: 1939년	

1939

제2차 세계대전의 잠수함: 제1부

1939년 당시 독일 해군의 잠수함은 총 57척이었고, 이 중 작전 가능한 것은 38척이었다. 영국은 58척, 이탈리아는 105척, 소련은 218척을 갖고 있었다. 전쟁이 진행되면서 영국은 총 270척을 보유, 그 중 73척을 작전 중 손실했다. 소련은 54척을 건조하고 109척을 손실했다. 독일은 800여척을 건조했으나 812척을 손실했다.

바르바리고

바르바리고는 항속거리가 짧았다. 부상 시 1,425km(750해리), 잠항 시 3노트에서 228km(120해리)이었다. 그러나 지중해 작전에서는 이 정도도 충분했다. 1943년 잠수 화물선으로 개장되지만 1943년 6월 비스케이만에서 수상 항해 중 연합군 항공기에게 발견되어 격침당했다.

제원	
유형: 이탈리아 잠수함	
배수량: 부상 시 1,059미터톤(1,043 영국톤), 잠항 시 1,310미터톤(1,290영국톤)	
크기: 73m×7m×5m(239피트 6인치×23피트×16피트 6인치)	
기관: 스크류 2개, 부상 시 디젤 엔진, 잠항 시 전기 모터	
최고속도: 부상 시 17.4노트, 잠항 시 8노트	
주무장: 533mm(21인치) 어뢰 발사관 8문, 100mm(3.9 인치)/47구경장 함포 2문, 13.2mm(0.52인치) 기관총 4정	
진수년도: 1938년	

아르키메데

지휘탑에 설치된 100mm(3.9인치) 함포는 전갑판에 설치된 120mm(4.7인치) 함포로 교체되었다. 제2차 세계대전 개전 당시 홍해와 인도양에서 작전했다. 이후 1941년 5월 대서양으로 이동했다. 1943년 4월 14일 브라질 해안에서 연합군 항공기에게 격침당했다.

제원	
유형: 이탈리아 잠수함	
배수량: 부상 시 1,032미터톤(1,016영국톤), 잠항 시 1,286미터톤(1,266영국톤)	
크기: 72.4m×6.7m×4.5m(237피트 6인치×22피트×5피트)	
기관: 스크류 2개, 부상 시 디젤 엔진, 잠항 시 전기 모터	
최고속도: 부상 시 17노트, 잠항 시 8노트	
주무장: 533mm(21인치) 어뢰 발사관 8문, 100mm(3.9인치) 함포 1문	
진수년월: 1939년 3월	

TIMELINE   1938   1939   1941

브론조

아치아이오 급의 시리즈 600에 속하는 이 배는 지중해에서 활동하다가 1943년 7월 12일 시라쿠사 앞바다에서 부상했다가 영국 소해정 4척에 의해 나포된다. 영국군은 이 배에 P714라는 이름을 붙이고 잠시동안 운용하다가, 1944년 1월 프랑스군에 인도했다. 프랑스군은 이 배에 나르발이라는 이름을 붙였다. 1948년 해체되었다.

제원
유형: 이탈리아 잠수함
배수량: 부상 시 726미터톤(715영국톤), 잠항 시 884미터톤(870영국톤)
크기: 60m×6.5m×4.5m(197피트×21피트 4인치×14피트 9인치)
기관: 스크류 2개, 부상 시 디젤 엔진, 잠항 시 전기 모터
최고속도: 부상 시 15노트, 잠항 시 7.7노트
주무장: 533mm(21인치) 어뢰 발사관 6문, 99mm(9.4인치) 함포 1문
진수년도: 1941년

세라프

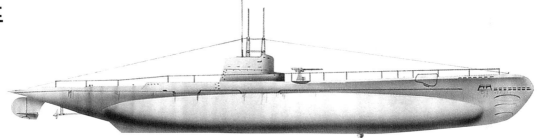

세라프는 중거리 잠수함으로, 잠항 심도는 95m(310피트)다. 디젤 엔진의 출력은 190마력이다. 부상 시 항속거리는 10노트에서 11,400km(6,000해리)다. 이 급은 63척이 건조되었으며, 제2차 세계대전 및 종전 후에 훌륭한 성능을 보여주었다. 세라프는 1965년 해체되었다.

제원
유형: 영국 잠수함
배수량: 부상 시 886미터톤(872영국톤), 잠항 시 1,005미터톤(990영국톤)
크기: 66.1m×7.2m×3.4m(216피트 10인치×23피트 8인치×11피트 2인치)
기관: 스크류 2개, 부상 시 디젤 엔진, 잠항 시 전기 모터
최고속도: 부상 시 14.7노트, 잠항 시 9노트
주무장: 76mm(3인치) 함포 1문, 533mm(21인치) 어뢰 발사관 6문
진수년도: 1941년

드럼

드럼이 속한 가토 급 건조는 미국이 실행한 가장 큰 건함 계획이었다. 무려 70척 이상이 건조되었기 때문이다. 복각함체에 원양항해가 가능한 이들은 감항성과 항속성이 뛰어난 훌륭한 잠수함이었다. 퇴역한 드럼은 보존되었고 1968년부터 박물관함으로 운용되고 있다.

제원
유형: 미국 잠수함
배수량: 부상 시 1,854미터톤(1,825영국톤), 잠항 시 2,448미터톤(2,410 영국톤)
크기: 95m×8.3m×4.6m(311피트 9인치×27피트 3인치×15피트 3인치)
기관: 스크류 2개, 부상 시 디젤 엔진, 잠항 시 전기 모터
최고속도: 부상 시 20노트, 잠항 시 10노트
주무장: 533mm(21인치) 어뢰 발사관 10문, 76mm(3인치) 함포 1문
진수년월: 1941년 5월

제2차 세계대전의 잠수함들: 제2부

독일 U보트들은 비교적 수가 적었지만 늑대떼 전술로 1942년 6월부터 1943년 6월까지 적함 712 척을 격침했다. 그러나 1942년 말부터 U보트의 손실속도가 높아지기 시작했다. 이 손실 중 절반이 항공기에 의한 것이었다. 1943년 5월 한 달 동안 U보트 41척이 격침당했다. 이렇게 독일은 대서양 전투에서 패배했다.

그루퍼

1951년 그루퍼는 최초의 헌터/킬러 잠수함으로 개장되었다. 이 잠수함들은 정숙성이 뛰어나고, 탐지 방위각이 매우 정확하고 탐지거리가 긴 소나를 장비해야 했다. 적 기지 앞이나 좁은 해협 등에 매복하면서 적의 잠수함을 요격했다. 1958년 실험함으로 개장되었으며, 1970년 해체되었다.

제원	
유형: 미국 잠수함	
배수량: 부상 시 1,845미터톤(1,816영국톤), 잠항 시 2,463미터톤(2,425영국톤)	
크기: 94.8m×8.2m×4.5m(311피트 3인치×27피트 15피트)	
기관: 스크루 2개, 부상 시 디젤 엔진, 잠항 시 전기 모터	
최고속도: 부상 시 20.25노트, 잠항 시 10노트	
진수년월: 1941년 10월	

엔리코 타졸리

엔리코 타졸리는 원래 1943년 완공된 미국 가토급 잠수함 바브였다. 이 배는 1955년 이탈리아 해군에 인도되어 구피 스노클을 장착했다. 구조가 보강되었고 잠항 성능을 높이기 위해 선체도 유선형으로 개장되었다. 항속거리는 10노트에서 19,311km(12,000마일)다.

제원	
유형: 이탈리아 잠수함	
배수량: 부상 시 1,845미터톤(1,816 영국톤), 잠항 시 2,463미터톤(2,425영국톤)	
크기: 94m×8.2m×5m(311피트 3인치×27피트×17피트)	
기관: 스크루 2개, 부상 시 디젤 엔진, 잠항 시 전기 모터	
최고속도: 부상 시 20노트, 잠항 시 10노트	
주무장: 533mm(21인치) 어뢰 발사관 10문	
진수년월: 1942년 4월	

TIMELINE

1941   1942   1943

C1

이 급은 1940년대 초반부터 기공되기 시작했다. 대부분은 초계용이었으나 일부는 태평양 도서 지대에 포위된 일본군을 위한 보급용으로 사용되기도 했다. 전쟁 후기 일부는 가이텐 자살 어뢰 4발을 지휘탑 뒤의 격납고에 수납할 수 있게 개조되기도 했다.

제원	
유형: 일본 잠수함	
배수량: 부상 시 2,605미터톤(2,564영국톤), 잠항 시 3,702미터톤(3,761영국톤)	
크기: 108.6m×9m×5m(256피트 3인치×29피트 5인치×16피트 4인치)	
기관: 스크류 2개, 부상 시 디젤 엔진, 잠항 시 전기 모터	
최고속도: 부상 시 17.7노트, 잠항 시 6노트	
주무장: 533mm(21인치) 어뢰 발사관 6문, 140mm(5.5인치) 함포 1문	
진수년도: 1943년	

CB12

CB 잠수정 계획은 1941년부터 시작되었다. 항속거리는 부상 시 디젤 엔진 사용 시 5노트로 2,660km(1,400해리), 잠항 시 3노트로 95km(50해리)이다. 최대 잠항 심도는 55m(180피트)다. 정원은 장교 1명, 사병 3명이다. 밀라노의 카프로니 탈리에도에서 총 22척이 건조되었다.

제원	
유형: 이탈리아 잠수정	
배수량: 부상 시 25미터톤(24.9영국톤), 잠항 시 36미터톤(35.9영국톤)	
크기: 15m×3m×2m(49피트 3인치×9피트 10인치×6피트 9인치)	
기관: 스크류 1개, 부상 시 디젤 엔진, 잠항 시 전기 모터	
최고속도: 부상 시 7.5노트, 잠항 시 6.6 노트	
주무장: 외부 케이지에 450mm(17.7인치) 어뢰 2발	
진수년월: 1943년 8월	

디아블로

복각함체 원양형 잠수함인 디아블로는 가토급의 발전형이다. 더 튼튼하게 만들어졌고 내부 구조도 개선되었다. 이로써 배수량이 약 40.5미터톤(40영국톤) 늘어났다. 파키스탄에 인도된 이 배는 1964년 <가지>로 개칭되었다. 1971년 인도 파키스탄 전쟁에서 침몰한다.

제원	
유형: 미국 잠수함	
배수량: 부상 시 1,890미터톤(1,860영국톤), 잠항 시 2,467미터톤(2,420영국톤)	
크기: 95m×8.3m×4.6m(311피트 9인치×27피트 3인치×15피트 3인치)	
기관: 스크류 2개, 부상 시 디젤 엔진, 잠항 시 전기 모터	
최고속도: 부상 시 20노트, 잠항 시 10노트	
주무장: 533mm(21인치) 어뢰 발사관 10문, 150mm(5.9인치) 함포 2문	
진수년도: 1944년	

1944

U-47

U-47은 1939년 10월 13~14일 사이의 밤에 스캐퍼 플로우 항구에 잠입해 27,940미터톤(27,500영국톤)급 전함 로열 오크를 격침시켰다. 이 잠수함은 이전에도 3척의 소형 상선을 격침시킨 적이 있다. 이후 1941년 3월 7일 북대서양에서 실종되기까지 27척을 더 격침시켰다. 영국 해군 코르벳인 HMS 아뷰터스와 카멜리아에 의해 격침된 것으로 추정된다.

U-47

U-47은 7B급 초기형 잠수함이다. 1939년 스캐퍼 플로우 항내에서 영국 전함 로열 오크를 침몰시켰다. 제2차 세계대전 당시 가장 용맹한 잠수함 전투였으며, 영국의 자존심에 큰 상처를 냈다.

제원
유형: 독일 잠수함
배수량: 부상 시 765미터톤(753영국톤), 잠항 시 871미터톤(857영국톤)
크기: 66.5m×6.2m×4.7m(218피트×20피트 3인치×15피트 6인치)
기관: 스크루 2개, 부상 시 디젤 엔진, 잠항 시 전기 모터
최고속도: 부상 시 17.2노트, 잠항 시 8노트
주무장: 533mm(21인치) 어뢰 발사관 5문, 88mm(3.5인치) 함포 1문
정원: 44명
진수년도: 1938년

항속거리
항속거리는 중요하다. U-47은 부상 시 10노트로 15,660km(8,700해리)를 항해할 수 있다.

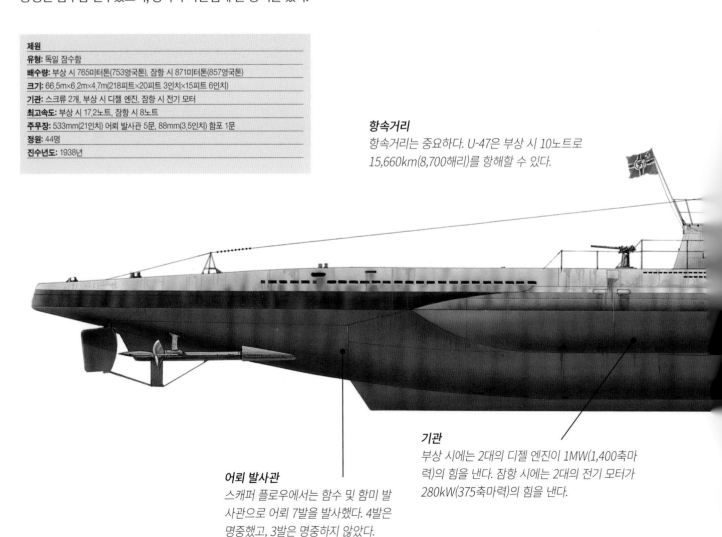

어뢰 발사관
스캐퍼 플로우에서는 함수 및 함미 발사관으로 어뢰 7발을 발사했다. 4발은 명중했고, 3발은 명중하지 않았다.

기관
부상 시에는 2대의 디젤 엔진이 1MW(1,400축마력)의 힘을 낸다. 잠항 시에는 2대의 전기 모터가 280kW(375축마력)의 힘을 낸다.

함체

7B급은 7A급과는 달리 33미터톤(32.5 영국톤) 연료
탱크를 외부에 장착하여 항속거리를 늘렸다.

어뢰

작전은 성공했지만 독일 어뢰에는 문제가 있었다.
자기 발화 신관에 결함이 있었고, 원하는 심도보다
너무 깊이 주행하는 문제도 있었다.

함포

적의 항공 위협이 증가함에 따라, 어떤
함은 88mm(3.5인치) 함포를 제거하고
그 자리에 대공포를 달기도 했다.

탄약 탑재량

7급 U보트는 비교적 크기가 작았기 때문
에 어뢰 탑재량도 14발밖에 되지 않았다.
따라서 가능하면 함포를 사용했다.

제2차 세계대전의 잠수함: 제3부

잠수함 전투의 통계 수치는 실로 천문학적이다. 미국 잠수함이 격침시킨 일본 함선은 약 1,300척 550만 미터톤이다. 독일 잠수함 역시 주로 대서양에서 연합국 함선 1460만 미터톤을 격침했다. 사상자 발생 비율 역시 전군 최고였다. 미국 잠수함 승조원의 전사율은 22%였다. 독일 잠수함 승조원의 전사율은 63%였다.

이201(이는 일본어 い의 독음)

이201은 유선형의 전용접제 함체를 지니고 있으며, 당대의 미국 잠수함보다 수중 속도가 두 배는 빨랐다. 그러나 전력 소모량도 엄청났다. 부상 시 항속거리는 11노트에서 15,200km(8,000해리)다. 잠항 시 항속거리는 3노트에서 256km(135해리)에 불과하다. 1945년 8월 미군에 항복했다.

제원	
유형: 일본 잠수함	
배수량: 부상 시 1,311미터톤(1,291영국톤), 잠항 시 1,473미터톤(1,450영국톤)	
크기: 79m×5.8m×5.4m(259피트 2인치×19피트×17피트 9인치)	
기관: 스크류 2개, 부상 시 디젤 엔진, 잠항 시 전기 모터	
최고속도: 부상 시 15.7노트, 잠항 시 19노트	
주무장: 533mm(21인치) 어뢰 발사관 4문	
정원: 31명	
진수년도: 1944년	

이351

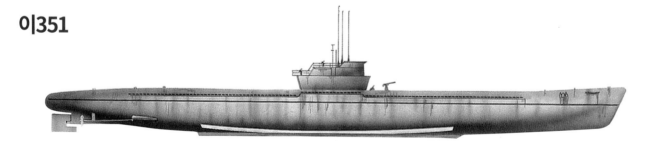

이351은 해안 지원 시설이 없고 수상함이 갈 수 없는 전방 지역의 수상기 지원 및 보급을 위해 만들어졌다. 최대 300미터톤의 항공유를 탑재할 수 있다. 2척이 건조되었다. 이351은 불과 6개월간 취역한 끝에 1945년 7월 14일 미국 잠수함 블루피쉬에게 격침당했다.

제원	
유형: 일본 잠수함	
배수량: 부상 시 3,568미터톤(3,512영국톤), 잠항 시 4,358미터톤(4,290영국톤)	
크기: 110m×10.2m×6m(361피트×33피트 6인치×20피트)	
기관: 스크류 2개, 부상 시 디젤 엔진, 잠항 시 전기 모터	
최고속도: 부상 시 15.7노트, 잠항 시 6.3노트	
주무장: 533mm(21인치) 어뢰 발사관 4문	
정원: 90명	
진수년도: 1944년	

TIMELINE

1944

이400

이400(동급함 2척이 있다)은 세계 최대 규모의 디젤-전기 잠수함이다. 3대의 수상기를 싣고 다니며 발함시킬 수 있다. 일반 부상한 다음 격납고 내에서 항공기 엔진을 예열시키고 격납고 밖으로 꺼내여 날개를 펴고 사출기로 발함시키는 방식이다. 45분 내에 3대를 모두 발함시킬 수 있다.

제원	
유형: 일본 잠수함	
배수량: 부상 시 5,316미터톤(5,233영국톤), 잠항 시 6,665미터톤(6,560영국톤)	
크기: 122m×12m×7m(400피트 3인치×39피트 4인치×23피트)	
기관: 스크류 2개, 부상 시 디젤 엔진, 잠항 시 전기 모터	
최고속도: 부상 시 18.7노트, 잠항 시 6.5노트	
주무장: 533mm(21인치) 어뢰 발사관 8문, 140mm(5.5인치) 함포 1문	
항공기: M6A1 세이란 수상기 3대. 분해된 상태라면 4대까지 수납 가능.	
진수년도: 1944년	

U-2501

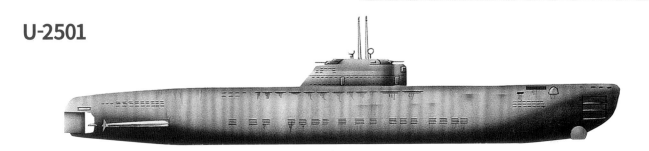

21급은 복각함체, 높은 수중 속도, 3.5노트 속도에서의 높은 정숙성 등이 특징이다. 외각함체는 비교적 얇은 금속판으로 되어 있고, 내각함체는 28-37mm(1-1.5인치) 탄소강판으로 되어 있다. 배터리 한 번 충전으로 3일간 잠항할 수 있다. 1945년에 55척이 취역했다. U-2501은 1945년 자침했다.

제원	
유형: 독일 잠수함	
배수량: 부상 시 1,647미터톤(1,621영국톤), 잠항 시 2,100미터톤(2,067영국톤)	
크기: 77m×8m×6.2m(251피트 8인치×26피트 3인치×20피트 4인치)	
기관: 스크류 2개, 부상 시 디젤 엔진, 잠항 시 전기 모터	
최고속도: 부상 시 15.5노트, 잠항 시 10노트	
주무장: 533mm(21인치) 어뢰 발사관 6문, 30mm(1.18인치) 함포 4문	
진수년도: 1944년	

엔테메도

가토급은 1941년 12월에 기획되었으며, 54척이 신속하게 건조되었다. 480미터톤(472영국톤) 용량의 연료 탱크는 중앙 복각함체 구획에 있다. 최대 잠항 수심은 95m(312피트)다. 엔테메도는 1973년 터키에 인도되었다.

제원	
유형: 미국 잠수함	
배수량: 부상 시 1,854미터톤(1825 영국톤), 잠항 시 2,458미터톤(2,420영국톤)	
크기: 95m×8.3m×4.6m(311피트 9인치×27피트 3인치×15피트 3인치)	
기관: 스크류 2개, 부상 시 디젤 엔진, 잠항 시 전기 모터	
최고속도: 부상 시 20.2 노트, 잠항 시 8.7노트	
주무장: 533mm(21인치) 어뢰 발사관 10문	
진수년월: 1944년 12월	

여객선

국가 간의 자존심 경쟁과 상업적 필요에 따라 각국은 대형 대서양 횡단 여객선 건조 경쟁에 뛰어들었다. 프랑스의 <노르망디>, 이탈리아의 <렉스>, <콘테 디 사보이아>, 영국의 <퀸 메리> 등이 모두 1930년대에 취역했다. 모두 당대의 최대 최고의 여객선들이었다.

엠프레스 오브 브리튼

캐나디언 패시픽 최대의 여객선이던 이 배는 총 1,195명의 승객을 태울 수 있다. 1939년 징발되어 군 병력 수송선으로 사용되었다. 1940년 10월 아일랜드 해안에서 독일 항공기의 폭격을 당했다. 이후 폴란드 구축함 부르자에게 예인되던 도중, 10월 28일 독일 U-32 잠수함의 공격으로 침몰했다.

제원	
유형: 캐나다 여객선	
배수량: 43,025미터톤(42,348 영국톤)	
크기: 231,8m×29,7m(760피트 6인치×97피트 5인치)	
기관: 스크류 4개, 기어 터빈	
최고속도: 25,5 노트	
항로: 캐나다-유럽	
진수년월: 1930년 6월	

조르주 필리파르

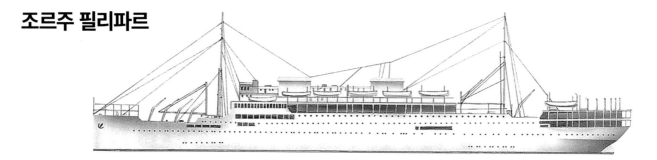

조르주 필리파르는 단명했다. 마르세이유의 메사주리 마리팀 사를 위해 건조된 이 배는 1932년 2월 극동으로 처녀항해를 떠났다. 복귀 중 전기 화재가 발생했고, 과르다피 곶 233km(145마일) 해상에서 침몰했다. 45명의 승객이 죽었다.

제원	
유형: 프랑스 여객선	
배수량: 17,819미터톤(17,539영국톤)	
크기: 172,7m×20,8m(19피트 10인치×68피트 3인치)	
기관: 스크류 2개, 디젤 엔진	
최고속도: 17노트	
진수년월: 1930년 11월	

TIMELINE

1930

1931

렉스

이탈리아 최대의 여객선인 렉스는 이탈리아 국위의 상징이기도 했으며, 처음에는 대서양 블루 리밴드 상을 노리고 건조되었다. 블루 리밴드를 수상하기는 했지만 1935년에 프랑스의 <노르망디>에게 뺏기고 말았다. 1940년 봄부터 계류되어 있던 이 배는 1944년 9월 트리에스테에서 영국 공군의 폭격으로 침몰했다. 1947년 해체되었다.

제원	
유형: 이탈리아 여객선	
배수량: 49,278미터톤(48,502영국톤)	
크기: 248.3m×30m(814피트 8인치×96피트 2인치)	
기관: 스크류 4개, 기어 터빈	
최고속도: 29.5 노트	
항로: 제노바-뉴욕	
진수년월: 1931년 10월	

콘테 디 사보이아

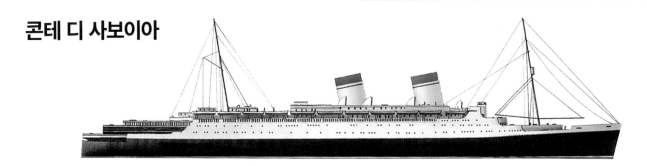

멋지고 우아한 스타일의 이 배는 트리에스테에서 건조되었으며 2,060명의 승객을 태울 수 있다. 자이로 구동 안정장치를 달고 있다. 이런 대형 선박에는 처음으로 사용된 것이다. 1939년 베네치아 인근에 계류되었으며, 1943년 9월 연합군의 폭격으로 침몰했다. 1946년 인양되어 1950년 해체되었다.

제원	
유형: 이탈리아 여객선	
배수량: 51,879미터톤(51,062영국톤)	
크기: 268m×29.25m×8.55m(879피트×96피트×28피트)	
기관: 스크류 4개, 기어 터빈	
항해 속도: 27노트	
항로: 제노바-뉴욕	
정원: 750	
진수년월: 1931년 10월	

니우 암스테르담

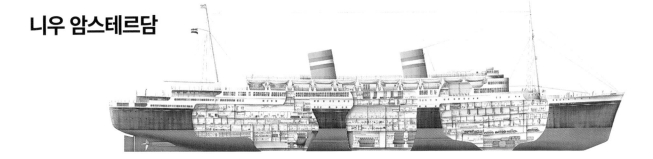

이 배는 제2차 세계대전 개전 당시 뉴욕에 정박하고 있었다. 미국이 참전하면서 병력 수송선으로 사용되었다. 병력 수송선으로서 세운 운항 거리는 800,000km(500,000마일)이다. 전후 개장되어 다시 대서양 횡단 여객 수송 임무에 복귀했다. 1971년부터는 크루즈 여객선으로 사용되었다. 1974년 해체되었다.

제원	
유형: 네덜란드 여객선	
배수량: 36,867.6미터톤(36,287 영국톤)	
크기: 321.2×26.9m(758피트 6인치×88피트 4인치)	
기관: 스크류 2개, 기어 터빈	
최고속도: 20.5노트	
항로: 로테르담-뉴욕	
진수년도: 1937년	

1937

퀸 메리

최대 최고속의 여객선을 노리고 건조한 퀸 메리는 1952년까지 블루 리밴드 상을 놓치지 않았다. 승객 2,739명을 태운다. 전시 병력 수송선으로 사용될 때는 병력 15,000명을 탑승시켰다. 상용 대서양 횡단 항해 1,001회를 성공한 다음 1967년 캘리포니아 롱비치에 매각되어 박물관선 겸 호텔로 쓰이고 있다.

환기
환기구와 팬이 차가운 공기를 보일러실에 전달해준다. 당시의 배에는 에어컨디셔너가 없었다.

속도
퀸 메리는 31.7노트의 빠른 속도를 낼 수 있어 전시 잠수함 및 수상함의 공격을 피할 수 있다.

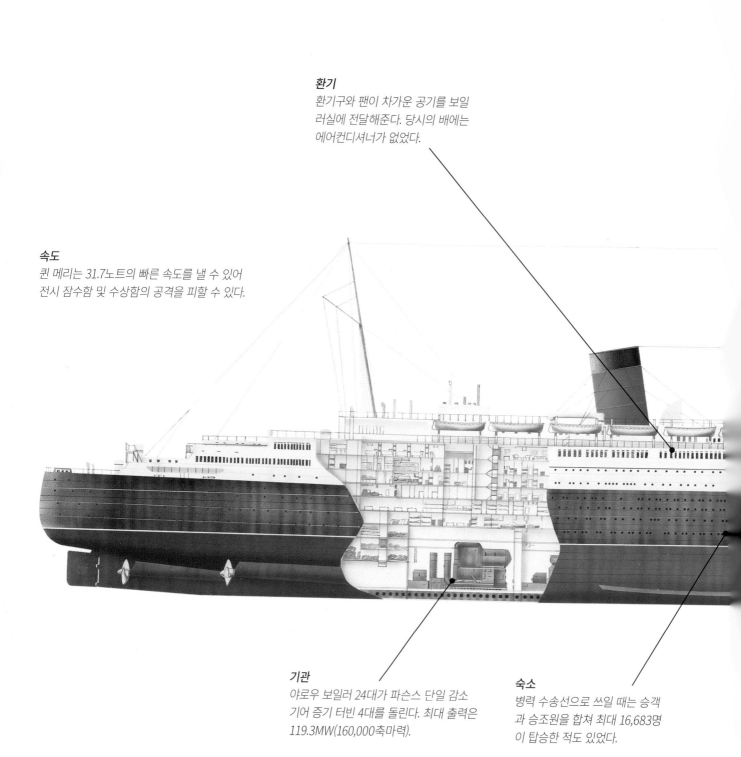

기관
야로우 보일러 24대가 파슨스 단일 감소 기어 증기 터빈 4대를 돌린다. 최대 출력은 119.3MW(160,000축마력).

숙소
병력 수송선으로 쓰일 때는 승객과 승조원을 합쳐 최대 16,683명이 탑승한 적도 있었다.

퀸 메리

퀸 메리라는 이름은 영국 국왕 조지 5세의 아내인 메리 왕후의 이름을 딴 것이다. 그 이름은 진수식 당일까지 철저히 비밀에 부쳐졌다.일설에 따르면 커나드 사가 처음 생각한 이름은 <빅토리아>였다고도 한다. 커나드 사는 늘 ia로 끝나는 이름을 배에 붙이는 전통이 있었기 때문이다.

제원	
유형:	영국 여객선
배수량:	82,537미터톤(81,237영국톤)
크기:	310,75×36,15m(1,019피트 6인치×118피트 7인치)
기관:	스크류 4개, 기어 터빈
최고속도:	29노트
항로:	사우댐프턴-뉴욕
진수년도:	1934년

1등석 구역
실내 수영장, 영화관, 칵테일 라운지, 응접실, 스쿼시 및 테니스 구장이 편의시설로 딸려 있다.

승객
전쟁 이전 승객들은 3개 등석으로 나뉘어 탔다. 1등석 776명, 2등석 784명, 3등석 579명이었다. 승조원 수는 1,071명이었다.

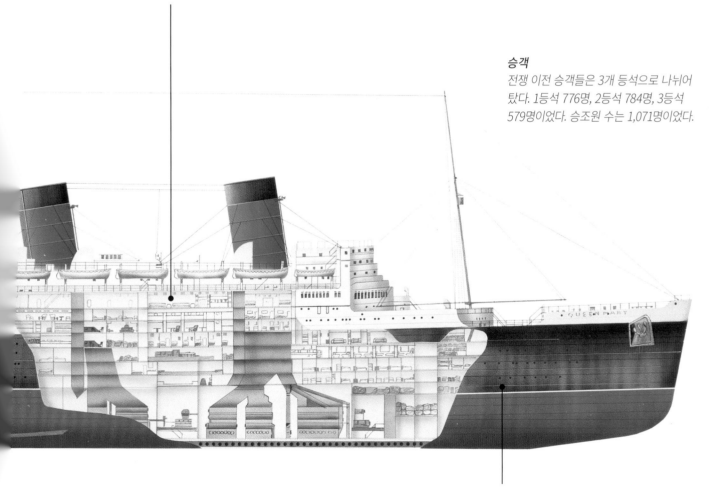

선체
퀸 메리는 1,000피트(300m)급 여객선 중 사상 2번째로 긴 배다. 1번째로 긴 배는 1935년에 진수된 프랑스의 노르망디 호로, 퀸 메리보다 10피트(3m)가 더 길다.

화객선

1930년대 경제 침체기에는 상선 건조도 전반적으로 퇴조했다. 일부 선박의 건조는 지연되었고, 여러 배들이 몇 년씩이나 계류되어 있었다. 신조선의 경우 주안점은 경제성과 효율성이었다. 석유 연료가 석탄 연료를 대체했고, 승조원 수도 감소했다.

엠파이어 윈드러쉬

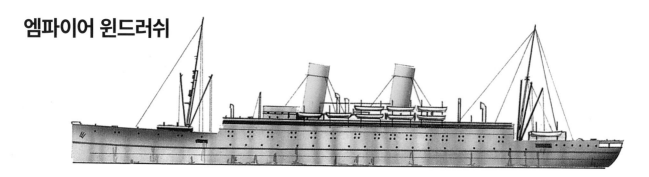

원래 독일 여객선 <몬테 로자>였던 이 배는 1942년 병력 수송선으로 전용되었고, 이후 전함 <티르피츠>의 수리함으로 쓰였다. 1944년 기뢰에 촉뢰해 파손된 이후 병원선으로 쓰였다. 1945년 이후에는 영국 여객선 <엠파이어 윈드러쉬>가 되어 서인도 제도를 떠나는 첫 이민자들을 실어날랐다. 1954년 3월 화재로 침몰했다.

제원	
유형: 영국 여객선	
배수량: 14,104미터톤(13,882영국톤)	
크기: 160m×20m(524피트×66피트)	
기관: 스크류 2개, 기어 디젤 엔진	
최고속도: 14.5노트	
진수년도: 1930년	

클랜 맥칼리스터

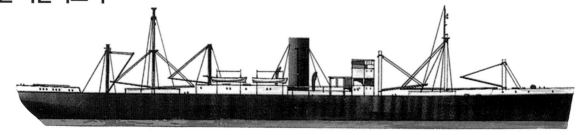

이 다용도 화객선은 클랜 라인 사를 위해 건조되었다. 1940년 5월 8척의 상륙정을 탑재하고 됭케르크에서 철수하는 영국군을 지원하러 갔다. 상륙정을 내려놓은 이후 독일 항공기의 폭격으로 화재가 발생했다. 진화 노력은 실패했고 배는 퇴함되었다.

제원	
유형: 영국 화물선	
배수량: 6,896미터톤(6,787영국톤)	
크기: 138m×19m(453피트 8인치×62피트 3인치)	
기관: 스크류 2개, 3단 팽창 엔진	
항로: 영국-아프리카 및 극동	
진수년도: 1930년	

TIMELINE   1930   1931

에우로파

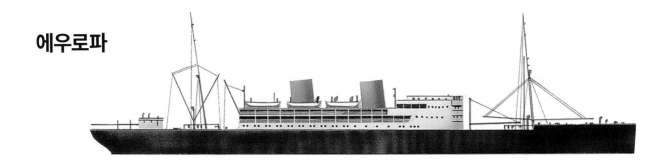

이 배는 덴마크의 동아시아사 등의 소규모 해운 회사들에게 인기가 좋았다. 운용비가 적고 엔진실 직원을 덜 써도 되었기 때문이다. 1940년 덴마크가 패망하자 에우로파는 영국으로 갔다. 1941년 5월 리버풀에서 독일 공군의 폭격으로 전소되었다.

제원	
유형: 덴마크 여객선	
배수량: 10,387미터톤(10,224영국톤)	
크기: 147.6m×19m(484피트 3인치×62피트 4인치)	
기관: 스크류 1개, 디젤 엔진	
최고속도: 17.2노트	
화물: 일반 화물(+승객 64명 탑승 가능)	
항로: 북대서양	
진수년도: 1931년	

카르티지

원 이름은 캔톤이었던 카르티지는 1931년부터 런던-홍콩 노선에 투입되어 승객과 각종 화물을 실어 날랐다. 1940년 무장 상선 순양함으로 개장되어 대공 병기가 탑재되었다. 1943년에는 병력 수송선으로 쓰였다. 1947~1948년에 걸쳐 상선으로 재개장되어 상선 업무에 복귀했다. 1961년 일본에서 파선되었다.

제원	
유형: 영국 여객선	
배수량: 14,533미터톤(14,304영국톤)	
크기: 165m×22m(540피트×71피트)	
기관: 스크류 2개, 기어 터빈	
최고속도: 19.5노트	
항로: 런던-극동	
화물: 일반 화물	
진수년월: 1931년 8월	

더비셔

1개 등석 여객선이다. 291명의 승객을 실을 수 있다. 보통 해외로 출장 또는 파견 근무를 나가는 영국 공무원들이 이용했다. 1939년부터 1942년까지 무장 상선 순양함으로 쓰였고, 이후에는 병력 수송선으로 쓰였다. 1946년 화객선으로 재개장되어 1948~1963년까지 상용으로 쓰였고 이후 매각 해체되었다.

제원	
유형: 영국 여객선	
배수량: 11,836 미터톤(11,650 영국톤)	
크기: 153m×20m(502피트×66피트 4인치)	
기관: 스크류 2개, 디젤 엔진	
최고속도: 15노트	
화물: 일반 화물, 쌀, 티크	
항로: 런던-인도 및 랭군	
진수년월: 1935년 6월	

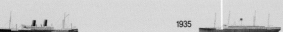

1935

1950~1999년 사이의 함선들

이 시기에 크게 발전한 디지털 컴퓨터와 전자 기술은 함선의 설계, 건조, 운용에 큰 영향을 미쳤다.

자동화된 항법, 기계장치, 화물 취급 체계를 갖춘 대형 상선은 극소수의 승조원만으로도 운용이 가능하다. 위성 추적 장치와 GPS 장치도 항법에 사용되었다. 또한 광동체 제트 여객기가 나오면서 여객선은 크루즈선으로 진화해갔다. 해군에서는 원자로와 탄도 미사일이 등장하면서 원자력 잠수함에 기반한 새로운 전략이 나왔다.

왼쪽: 노틸러스는 세계 최초의 원자력 잠수함이다. 시운전 초기 북극 잠항 횡단 등 신기록을 많이 세웠다.

항공모함: 미국

항공모함은 모든 수상함 중 가장 크고 중요한 임무를 맡고 있다. 미 해군의 항공모함은 그 크기와 숫자 면에서 단연 세계 최대다. 수십 년 동안 개량되어 온 키티호크 급과 니미츠 급은 척당 수천 명의 승조원과 막강한 화력을 보유한 거대한 배다.

포레스탈

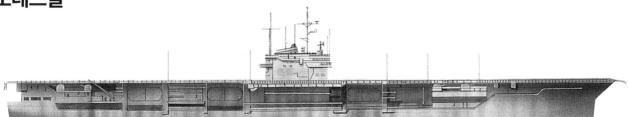

포레스탈과 동급함 3척은 1951년에 인가되었다. 제트기는 왕복 엔진 항공기보다 더 많은 연료를 소모하므로, 제트기를 운용하려면 항공모함도 커져야 했다. 포레스탈은 340만 리터(75만 갤런)의 항공유를 탑재한다. 1993년 퇴역한 포레스탈은 2015년 해체되었다.

제원	
유형: 미국 항공모함	
배수량: 80,516미터톤(79,248영국톤)	
크기: 309.4m×73.2m×11.3m(1015피트×240피트×37피트)	
기관: 스크류 4개, 터빈	
최고속도: 33노트	
주무장: 127mm(5인치) 함포 8문	
항공기: 90대	
정원: 승조원 2,764명(+항공대 인원 1,912명)	
진수년월: 1954년 12월	

엔터프라이즈

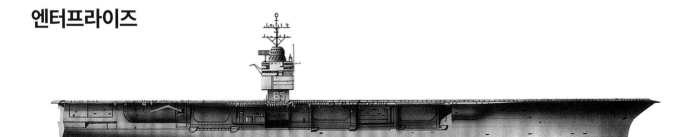

1961년 완공 당시 세계 최대의 배였으며, 세계에서 두 번째로 완성된 원자력 군함이었다. 8대의 원자로를 탑재하고 있으며 20노트로 643,720km(400,000마일) 항해가 가능하다. 1979~1982년에 걸쳐 재개장이 이루어져 새 함교 구조물이 설치되었다. 1990~1994년의 개장을 통해 2012년까지 운용되었으며, 2017년에 제적되었다.

제원	
유형: 미국 항공모함	
배수량: 만재 시 91,033미터톤(89,600영국톤)	
크기: 335.2m×76.8m×10.9m(1100피트×252피트×36피트)	
기관: 스크류 4개, 터빈, 원자로 8대가 공급하는 증기	
최고속도: 35노트	
항공기: 99대	
정원: 항공대 인원을 합쳐 5,500명	
진수년도: 1960년 9월	

TIMELINE

1954   1960   1964

아메리카

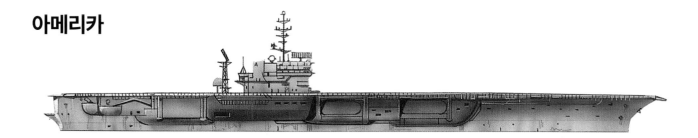

키티 호크급은 재래식 함포를 탑재하지 않는 최초의 항공모함이다. 아메리카는 통합형 전투정보실을 장비한 최초의 항공모함이다. 베트남 전쟁부터 걸프 전쟁에 이르기까지 활약했다. 1996년에 퇴역한 후, 2005년 표적함으로 쓰인 후 침몰당했다.

제원	
유형: 미국 항공모함	
배수량: 81,090 미터톤(79,813 영국톤)	
크기: 324m×77m×10.7m(1063피트×252피트 7인치×35피트)	
기관: 스크류 4개, 기어 터빈	
최고속도: 33 노트	
주무장: 시 스패로우 SAM용 마크 29 발사기 3기, 20mm(0.79인치) 페일랜스 CIWS 3문	
항공기: 82대	
정원: 항공대 요원 제외 3,306명	
진수년도: 1964년	

존 F. 케네디

케네디는 최초로 수중 방어 체계를 갖추었다. 1968년 5월 완공된 이 배는 북대서양과 지중해에 주둔했다. 1980년대에는 레바논과 리비아에, 1991년에는 이라크에 파견되었다. 2002년에는 알 카에다에 대한 폭격 임무를 실시했다. 2007년 예비역으로 전환되었다.

제원	
유형: 미국 항공모함	
배수량: 82,240 미터톤(80,945 영국톤)	
크기: 320m×76.7m×11.4m(1052피트×251피트 8인치×36피트)	
기관: 스크류 4개, 기어 터빈	
최고속도: 33.6노트	
주무장: 시 스패로우 8연장 발사기 3기, Mk15 페일랜스 20mm(0.79인치) CIWS 3문	
정원: 승조원 3,306명(+항공대 요원 1,379명)	
진수년도: 1967년	

조지 워싱턴

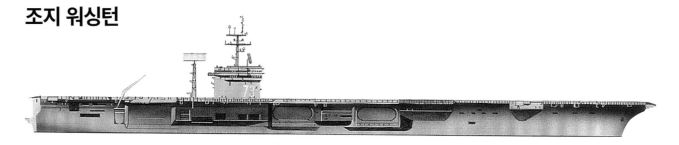

니미츠 급 초대형 항공모함 조지 워싱턴은 보수 체계를 갖추고 있으며, 함체 일부의 장갑 두께는 63mm(2.5인치)다. 탄약고와 기관실에는 상자형 방어가 되어 있다. 항공 장비로는 승강기 4대, 사출기 4대가 있다. 2010년에는 일본 요코스카에서 작전했다.

제원	
유형: 미국 항공모함	
배수량: 92,950미터톤(91,487영국톤)	
크기: 332.9m×40.8m×11.3m(1092피트 2인치×133피트 10인치×37피트)	
기관: 스크류 4개, 수냉식 원자로 2대, 터빈	
최고속도: 30노트 이상	
주무장: 20mm(0.79인치) 발칸포 4문, 미사일	
항공기: 70대 이상	
진수년월: 1989년 9월	

1967   1989

인빈시블

1980년에 취역한 인빈시블은 7도(이후 12도로 변경) 경사의 스키 점프대가 있다. 따라서 시 해리어가 연료를 절약하며 저속으로 발함이 가능하다. 1982년 4~6월에는 포클랜드 제도 기동부대의 일원이었으며, 1993~1995년에는 유고슬라비아 전쟁에 참전, 아드리아 해에 전개했다. 1998~1999년에는 이라크 앞바다에도 전개했다. 인빈시블은 2005년 8월에 퇴역했다.

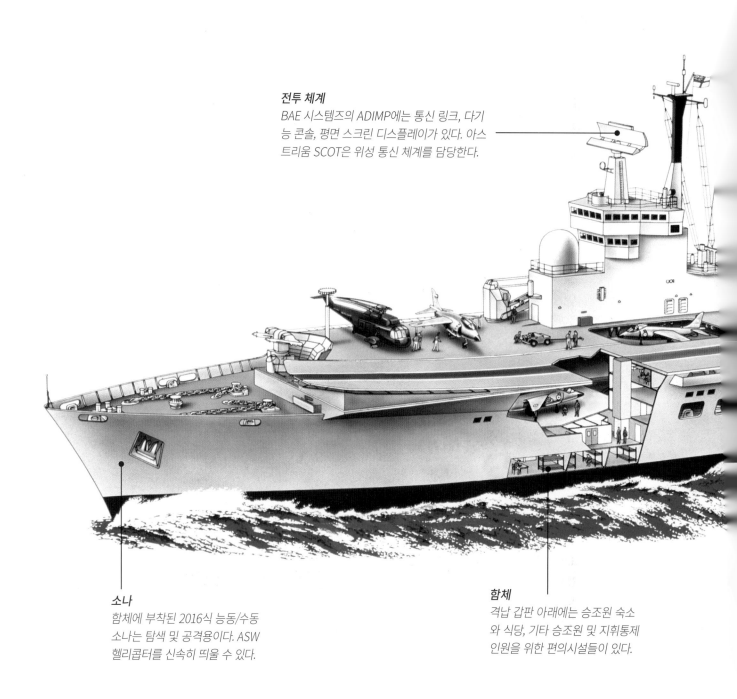

전투 체계
BAE 시스템즈의 ADIMP에는 통신 링크, 다기능 콘솔, 평면 스크린 디스플레이가 있다. 아스트리움 SCOT은 위성 통신 체계를 담당한다.

소나
함체에 부착된 2016식 능동/수동 소나는 탐색 및 공격용이다. ASW 헬리콥터를 신속히 띄울 수 있다.

함체
격납 갑판 아래에는 승조원 숙소와 식당, 기타 승조원 및 지휘통제 인원을 위한 편의시설들이 있다.

인빈시블

과거 영국 해군은 필요 시 언제라도 인빈시블을 투입할 수 있어야 한다고 생각했다. 따라서 퇴역 후에도 사실상 현역함으로 간주하는 것이 그들의 정책이었다. 그러나 퇴역 후 인빈시블은 중요 부품을 떼어 동급함들에게 나눠준 상태였고, 따라서 작전 투입이 가능하도록 복원하려면 18개월이 걸렸다. 그리고 인빈시블은 2011년 해체 처분되었다.

제원	
유형: 영국 항공모함	인빈시블
배수량: 21,031미터톤(20,700영국톤)	
크기: 210m×36m×8.8m(689피트×118피트 1인치×28피트 10인치)	
기관: 스크류 2개, 가스 터빈	
최고속도: 28노트	
주무장: 시 다트 대공/대 미사일 미사일(1995년경 철거), 골키퍼 CIWS	
항공기: 해리어 GR7/GR9 8대, 시 킹 헬리콥터 11대	
정원: 726명(+항공대 요원 384명)	
진수년도: 1977년	

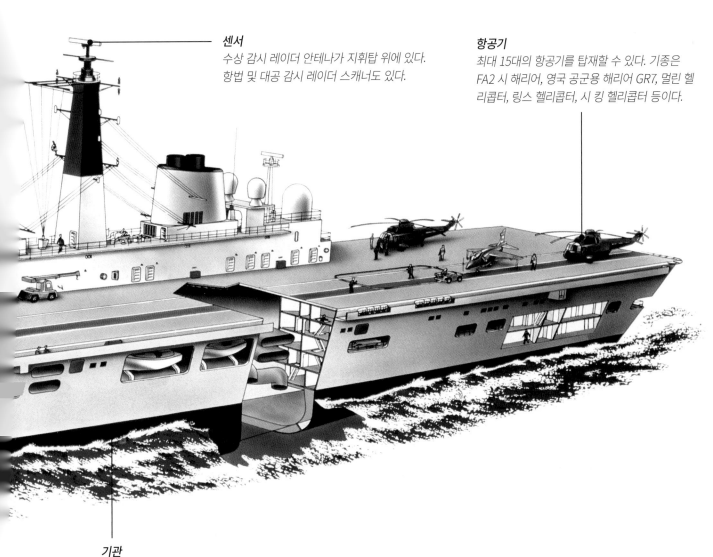

센서
수상 감시 레이더 안테나가 지휘탑 위에 있다. 항법 및 대공 감시 레이더 스캐너도 있다.

항공기
최대 15대의 항공기를 탑재할 수 있다. 기종은 FA2 시 해리어, 영국 공군용 해리어 GR7, 멀린 헬리콥터, 링스 헬리콥터, 시 킹 헬리콥터 등이다.

기관
4대의 롤스로이스 올림퍼스 TM3B 해양용 가스 터빈 엔진과 8대의 팩스먼 발렌타 디젤 엔진이 COCAG 구동체계를 작동시켜 75MW(97,000마력)의 힘을 낸다.

그밖의 나라의 항공모함

제2차 세계대전형 항공모함 중 일부는 의외로 오래 살아남았다. 고정익기와 회전익기의 전술적 중요성을 인지한 여러 나라들은 항공모함을 건조하거나 다른 나라에서 도입하고자 했다. 구형 항공모함들도 사행 비행갑판과 스키점프대를 도입하여 현대식 항공기를 운용할 수 있었다.

허미즈

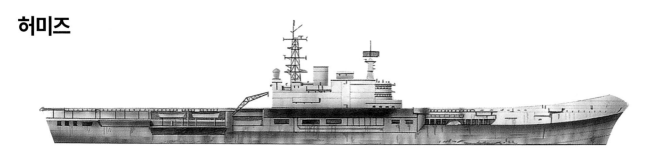

허미즈 건조 계획은 1943년부터 시작되었다. 여러 차례의 설계 변경 끝에 1959년에 완공되었다. 1979년에 해리어 수직이착륙 제트 전투기를 운용하게 되었다. 1982년 포클랜드 전쟁 때는 영국 함대의 기함이었다. 1989년에는 인도에 매각되어 <비라트>로 개칭되었다. 2017년에 퇴역했다.

제원	
유형: 영국 항공모함	
배수량: 25,290미터톤(24,892영국톤)	
크기: 224.6m×30.4m×8.2m(737피트×100피트×27피트)	
기관: 스크류 2개, 터빈	
최고속도: 29.5노트	
주무장: 40mm(1.6인치) 함포 32문	
항공기: 42대	
진수년월: 1953년 2월	

클레망소

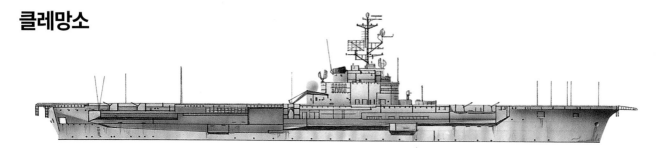

설계 및 건조 중에도 계속 개량이 이루어졌다. 태평양, 레바논, 걸프 전쟁에 파견되었다. 항공기는 슈페르 에탕다르 16대, 에탕다르 IVP 3대, F-8C 크루세이더 10대, 알리제 7대, 헬리콥터 등을 탑재한다. 2005년에 퇴역하여 2009년에 매각 해체되었다.

제원	
유형: 프랑스 항공모함	
배수량: 33,304미터톤(32,780영국톤)	
크기: 257m×46m×9m(843피트 2인치×150피트×28피트 3인치)	
기관: 스크류 2개, 기어 터빈	
주무장: 100mm(3.9인치) 함포 8문	
항공기: 40대	
진수년도: 1957년 12월	

비크란트

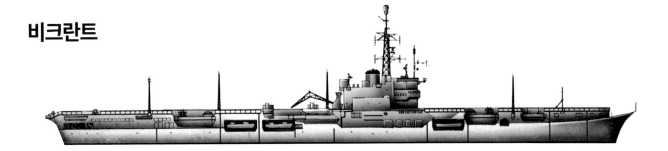

원래 영국 경항모 허큘리스였던 비크란트는 1961년 시 호크 전투폭격기를 운용할 수 있게 개장되었다. 1971년 인도 파키스탄 전쟁 이후 개장을 받아 스키점프대가 장착되었다. 1987~1989년에는 해리어 전투기를 운용할 수 있도록 개장되었다. 1996년 퇴역했다. 인도 자국산 항공모함인 새 비크란트는 2013년 진수되어, 2020년 취역 예정이다.

제원	
유형: 인도 항공모함	
배수량: 19,812미터톤(19,500영국톤)	
크기: 213.4m×39m×7.3m(700피트×128피트×24피트)	
기관: 스크루 2개, 기어 터빈	
최고속도: 23노트	
주무장: 40mm(1.57인치) 함포 15문	
항공기: 16대	
정원: 1,250명	
진수년도: 1945년(1961년 근대화)	

베인티싱코 데 마요

원래 HMS 베네러블이었던 이 배는 이후 네덜란드에 인도되어 <카렐 도르만>으로 개칭되었고, 1968년에는 아르헨티나에 인도되었다. 1979년 비행갑판 확장 공사를 받아 A-4Q 스카이호크, 슈페르 에탕다르, S-2A 트래커, 시킹 헬리콥터 등을 운용하였다. 1982년 포클랜드 전쟁에 참전했고, 1997년 해체되었다.

제원	
유형: 아르헨티나 항공모함	
배수량: 만재 시 20,214미터톤(19,896영국톤)	
크기: 211.3×36.9×7.6m(693피트 2인치×121피트×25피트)	
기관: 스크루 2개, 터빈	
최고속도: 23노트	
주무장: 40mm(1.57인치) 함포 12문	
항공기: 22대	
정원: 1,250명	
진수년도: 1943년(1968년 근대화)	

키에프

1975년에 완공된 키에프는 전통 비행갑판과 처음부터 항공모함용으로 설계된 함체를 지닌 항공모함이었다. 항공기 외에도 SS-N-12 섀독 등 미사일을 장비하고 있다. 1993년 퇴역했고, 2004년에는 중국 해안에서 테마파크로, 2011년부터는 고급 호텔로 쓰이고 있다.

제원	
유형: 소련 항공모함	
배수량: 38,608미터톤(38,000영국톤)	
크기: 273m×47.2m×8.2m(895피트 8인치×154피트 10인치×27피트)	
기관: 스크루 4개, 터빈	
최고속도: 32노트	
주무장: 76.2mm(3인치) 함포 4문, 미사일	
항공기: 36대	
진수년월: 1972년 12월	

1968   1972

쥬세페 가리발디

쥬세페 가리발디는 6개층의 갑판과 13개의 수밀격실을 갖추고 있다. 스키 점프대가 함수에 있어 수직이착륙기가 연료를 더 많이 싣고도 발함할 수 있다. AV-8B 해리어 제트 전투기와 아구스타 헬리콥터를 탑재한다. 탑재 미사일은 여러 차례 바뀌었다.

레이더 체계
AN/SPS-52C 조기 경보 레이더, SPS-702 CORA 수상 탐색 레이더, SPN-749 항법 레이더, SPN-728 항공기 접근 레이더, RTN-30, RTN-10X 사격 통제 레이더가 있다.

항공기
최대 16대의 AV-8B 해리어 II 수직이착륙기, 또는 아구스타 헬리콥터 18대를 탑재할 수 있다. 두 기종을 혼합 탑재하는 것이 일반적이다.

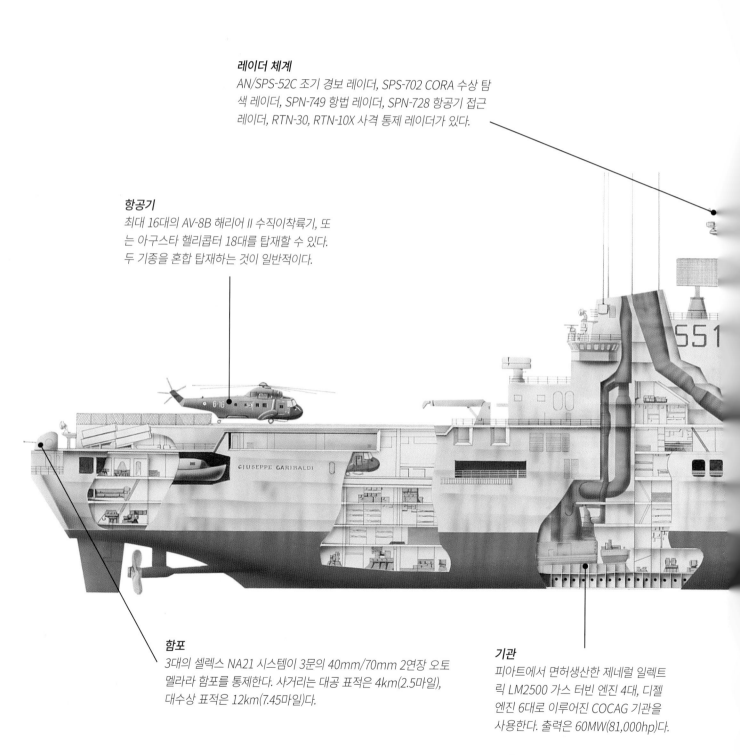

함포
3대의 셀렉스 NA21 시스템이 3문의 40mm/70mm 2연장 오토 멜라라 함포를 통제한다. 사거리는 대공 표적은 4km(2.5마일), 대수상 표적은 12km(7.45마일)다.

기관
피아트에서 면허생산한 제네럴 일렉트릭 LM2500 가스 터빈 엔진 4대, 디젤 엔진 6대로 이루어진 COCAG 기관을 사용한다. 출력은 60MW(81,000hp)다.

쥬세페 가리발디

제2차 세계대전 이후 맺어진 평화 조약으로 인해 이탈리아는 항공모함 보유가 금지되었다. 따라서 이탈리아는 쥬세페 가리발디에 해리어를 실을 수 없었고, 함 자체도 항공순양함으로 분류해야 했다. 이러한 규제는 결국 철폐되었고 1989년 이탈리아 해군은 쥬세페 가리발디에 실을 해리어를 획득했다.

제원	
유형: 이탈리아 항공모함	
배수량: 13,500미터톤(13,370영국톤)	
크기: 180m×33.4m×6.7m(590피트 6인치×109피트 6인치×22피트)	
기관: 스크루 4개, 가스 터빈	
최고속도: 30노트	
주무장: 미사일 발사기, 어뢰 발사관 6문	
항공기: 해리어 16대 또는 헬리콥터 18대	
정원: 550명(+항공대 요원 230명)	
진수년도: 1983년	

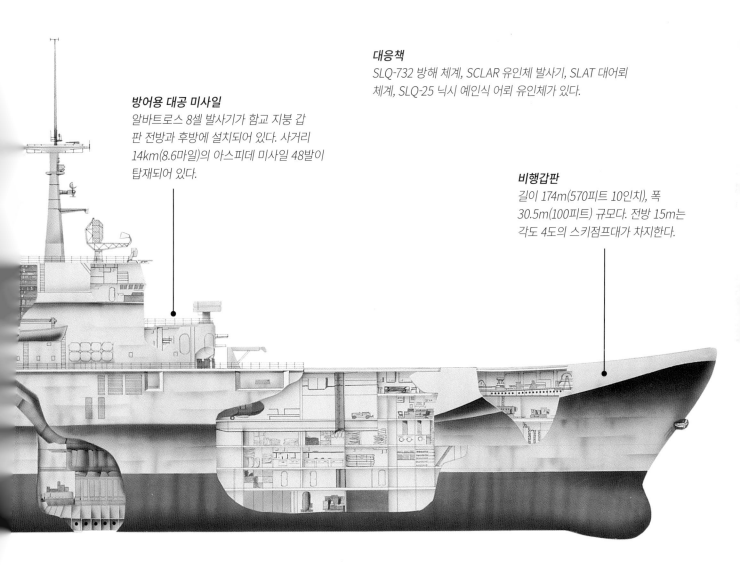

대응책
SLQ-732 방해 체계, SCLAR 유인체 발사기, SLAT 대어뢰 체계, SLQ-25 닉시 예인식 어뢰 유인체가 있다.

방어용 대공 미사일
알바트로스 8셀 발사기가 함교 지붕 갑판 전방과 후방에 설치되어 있다. 사거리 14km(8.6마일)의 아스피데 미사일 48발이 탑재되어 있다.

비행갑판
길이 174m(570피트 10인치), 폭 30.5m(100피트) 규모다. 전방 15m는 각도 4도의 스키점프대가 차지한다.

헬리콥터 모함 및 경항공모함

헬리콥터는 대잠수함 작전에서 중요성이 매우 커졌다. 이로써 헬리콥터는 현대 군함의 사거리 긴 병기가 되었다. 또한 다수의 헬리콥터를 수송 및 운용, 재급유하는 헬리콥터 모함은 침공 작전에서 인도주의 작전에 이르는 다양한 상황에 사용할 수 있다.

이오지마

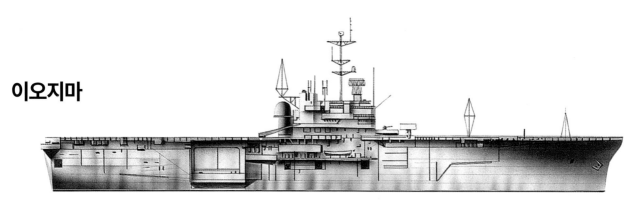

헬리콥터 운용은 물론, 해병대 1개 대대(2,000명)와 포병, 지원차량까지 탑재할 수 있게 설계 건조된 최초의 함선이다. 1970년대 시 스패로우 미사일 발사기가 설치되었다. 1990년 보일러 폭발로 파손되었다. 1993년 제적되어 1995년 해체되었다.

제원	
유형: 미국 강습상륙함	
배수량: 18,330미터톤(18,042영국톤)	
크기: 183,6m×25,7m×8m(602피트 8인치×84피트×26피트)	
기관: 스크류 1개, 터빈	
최고속도: 23,5노트	
주무장: 76mm(3인치) 함포 4문	
항공기: 헬리콥터 20대	
정원: 667명(+해병 2,057명)	
진수년월: 1960년 9월	

잔다르크

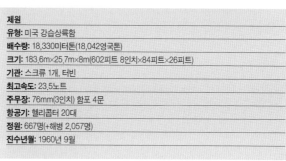

다용도 순양함, 헬리콥터 모함, 강습상륙함인 잔다르크는 병력 700명과 대형 헬리콥터 8대를 탑재할 수 있다. 1975년에는 엑조세 미사일도 탑재되어 본격 대함 전투도 가능해졌다. 훈련함 기능도 있어한 번에 최대 198명의 사관생도를 탑승시킬 수 있다. 2009년 제적되었다.

제원	
유형: 프랑스 헬리콥터 모함	
배수량: 13,208미터톤(13,000영국톤)	
크기: 180m×25,9m×6,2m(590피트 6인치×85피트×20피트 4인치)	
기관: 스크류 2개, 터빈	
최고속도: 26,5노트	
주무장: 100mm(3,9인치) 함포 4문	
항공기: 8대	
정원: 사관생도 포함 627명	
진수년월: 1961년 9월	

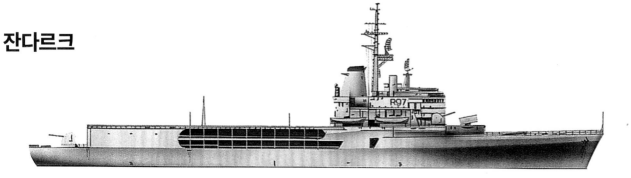

TIMELINE
1960   1961   1964

모스크바

소련 해군 최초의 헬리콥터 모함이다. 1960년에 취역한 미국 원자력 미사일 잠수함에 맞서기 위해 1967년에 완공되었다. 중심 블록에는 대형 병기 체계를 탑재한다. 1990년대 중반에 해체되었다.

제원	
유형: 소련 헬리콥터 모함	
배수량: 14,800미터톤(14,567영국톤)	
크기: 191m×34m×7.6m(626피트 8인치×111피트 6인치×25피트)	
기관: 스크루 2개, 터빈	
최고속도: 30노트	
주무장: SUW-N-1 2연장 발사기 1기, SA-N-3 2연장 발사기 2기	
항공기: 헬리콥터 18대	
정원: 항공대 요원을 합쳐 850명	
진수년도: 1964년	

비토리오 베네토

비토리오 베네토는 본격 헬리콥터 모함이다. 대형 중앙 승강기가 상부구조물 바로 뒤에 있다. 그리고 2개의 핀 안정기가 있다. 1965년 기공되어 1969년 완공된 이 배는 1981~1984년 사이에 개장을 거쳤다. 2003년 퇴역한 이 배는 타란토에서 박물관함으로 개장될 예정이다.

제원	
유형: 이탈리아 헬리콥터 모함	
배수량: 8,991미터톤(8,850영국톤)	
크기: 179.5m×19.4m×6m(589피트×63피트 8인치×19피트 8인치)	
기관: 스크루 2개, 터빈	
최고속도: 32노트	
주무장: 40mm(1.6인치) 함포 12문, 76mm(3인치) 함포 8문, 테세오 SAM 발사기 4기, ASROC 발사기 1기	
항공기: 헬리콥터 9대	
정원: 550명	
진수년월: 1967년 2월	

차크리 나루에벳

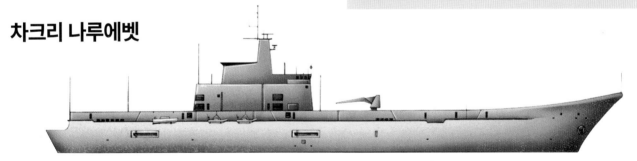

스페인에서 스페인의 프린시페 데 아스투리아스 함을 참조해 건조한 태국 유일의 항공모함이다. 동시에 세계에서 제일 작은 항공모함이기도 하다. 해리어 AV-8B VSTOL 제트 전투기와 헬리콥터를 탑재한다. 해리어도 스페인에서 구입했다. 2018년 현재도 현역이지만 그 상세한 운용 상태는 불명이며 항해 빈도도 적다.

제원	
유형: 태국 경항공모함	
배수량: 11,480미터톤(11,300영국톤)	
크기: 182.5m×30.5m×6.15m(599피트 1인치×110피트 1인치×20피트 4인치)	
기관: 스크루 2개, 터빈, 디젤 엔진	
최고속도: 26노트	
주무장: 미스트랄 SAM 발사기 2기	
항공기: 10대	
정원: 455명(항공대 요원 162명)	
진수년도: 1996년	

1967   1996

타라와

1976년 취역한 타라와는 공지 강습에 맞는 장비를 갖추었다. 상륙정용 침수식 웰데크를 갖추고 있으며, 지휘통제 시설이 있어 기함으로 쓸 수 있다. 5척으로 이루어진 타라와 급의 네임쉽이다. 동급함 모두가 냉전시절 소련의 위협에 맞서 불과 몇 년 사이에 신속하게 건조되었다.

타라와

USS 타라와는 기존의 여러 강습상륙함의 설계 특성과 기능의 진수를 모아 만든 미 해군 최초의 강습상륙함이다.

제원	
유형: 미국 강습상륙함	
배수량: 만재 시 39,388미터톤(38,761영국톤)	
크기: 249.9m×38.4m×7.8m(820피트×126피트×25피트 9인치)	
기관: 스크류 2개, 기어 터빈	
최고속도: 24노트	
주무장: RAM 발사기 2기, 127mm(5인치) 함포 2문, 20mm(0.79인치) 페일랭스 CIWS 2문	
항공기: 헬리콥터 35대, AV-8B 해리어 II 8대	
정원: 892명(+상륙군 1,093명)	
진수년도: 1973년	

의료 시설
타라와에는 300병상, 수술실 4개, 치과 수술실 3개를 갖춘 병원이 있다.

무장
Mk38 Mod 1 25mm(0.98인치) 부시마스터 기관포 4문, M2HB 12.7mm(0.5인치)구경 기관총 5정, Mk15 페일랭스 CIWS 2문, Mk49 RAM 발사기 2기가 있다.

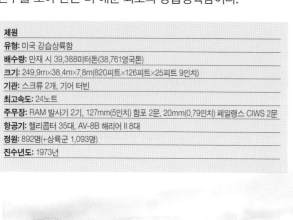
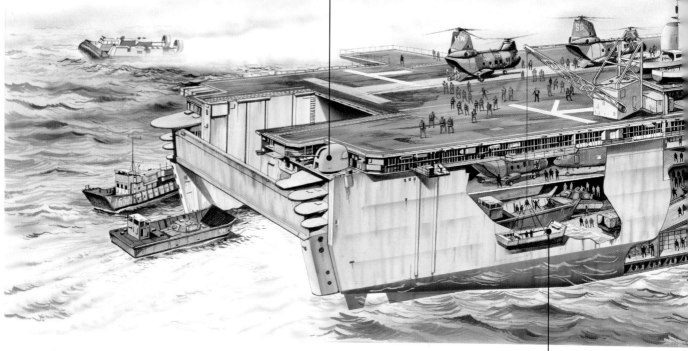

웰데크
차고의 차량은 길을 따라 움직여 상륙정으로 들어갈 수 있다.

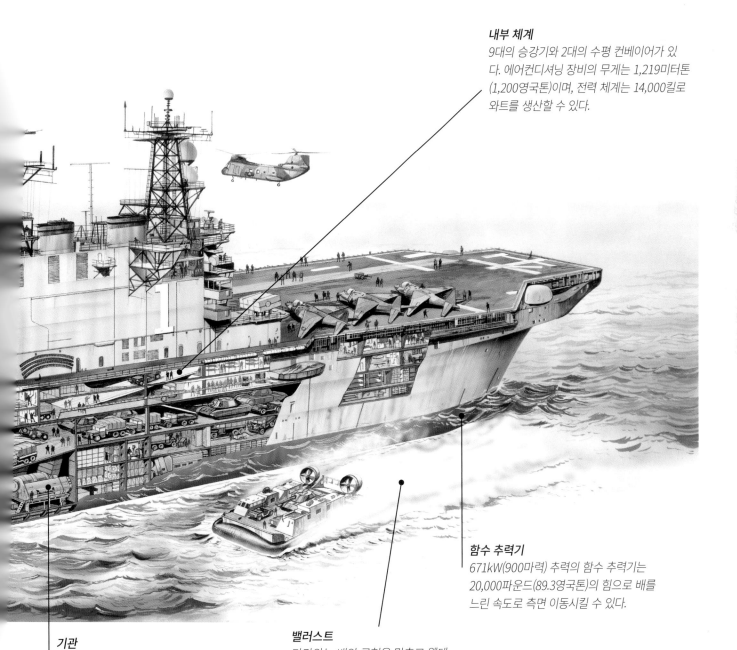

내부 체계
9대의 승강기와 2대의 수평 컨베이어가 있다. 에어컨디셔닝 장비의 무게는 1,219미터톤 (1,200영국톤)이며, 전력 체계는 14,000킬로와트를 생산할 수 있다.

함수 추력기
671kW(900마력) 추력의 함수 추력기는 20,000파운드(89.3영국톤)의 힘으로 배를 느린 속도로 측면 이동시킬 수 있다.

기관
탑재된 2대의 보일러는 미 해군에서 쓰는 것 중에 제일 크다. 시간당 406.4 미터톤(400영국톤)의 증기를 만들어 104,398kW(140,000마력)의 출력을 낼 수 있다.

밸러스트
타라와는 배의 균형을 맞추고 웰데크에서 상륙정을 발착함시키기 위해 12,192미터톤(12,000영국톤)의 물을 밸러스트로 쓸 수 있다.

강습상륙함

상륙전, 특수 장비와 차량의 이동, 복잡해진 통신으로 인해 신세대 상륙함과 지휘함들이 나왔다. 이들은 LST, 1940~1950년대의 상선 개조 군함들보다 더 발전된 시스템을 보유하고 있다.

인트레피드

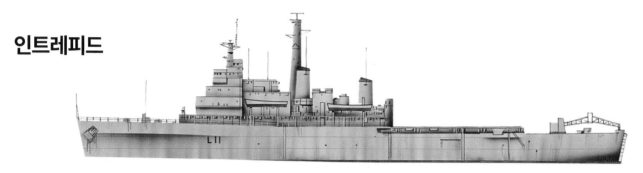

선거형 상륙함인 이 배는 상륙정 운용이 가능하며 상륙군 최대 700명을 태울 수 있다. 상륙 선거 위에는 격납고와 비행갑판이 있어 6대의 헬리콥터를 운용 가능하다. 포클랜드 전쟁 당시 아르헨티나 대표가 이 배의 함상에서 항복 문서에 조인했다. 1999년 퇴역 직후 해체되었다.

제원	
유형: 영국 선거형 상륙함(LPD)	
배수량: 12,313미터톤(12,120영국톤)	
크기: 158m×24m×6.2m(520피트×80피트×20피트 6인치)	
기관: 스크류 2개, 터빈	
최고속도: 21노트	
주무장: 40mm(1.57인치) 함포 2문, 시 캣 대공 미사일 발사기 4기	
정원: 566명	
진수년월: 1964년 6월	

덴버

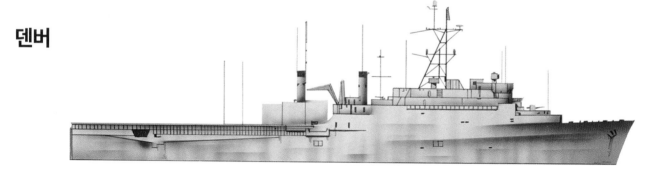

11척으로 이루어진 이 급은 롤리 급의 확장판이다. 더 많은 상륙군 병력과 지원 차량을 실을 수 있다. 후방 함체의 커다란 상륙 선거에는 상륙장갑차와 상륙정이 들어간다. 대만과 수마트라가 쓰나미로 피해를 입었을 때 대민 지원을 하기도 했다.

제원	
유형: 미국 지휘함	
배수량: 9,477미터톤(9,328영국톤)	
크기: 174m×30.5m×7m(570피트 3인치×100피트×23피트)	
기관: 스크류 2개, 터빈	
최고속도: 21노트	
주무장: 76mm(3인치) 함포 8문	
정원: 승조원 447명(+상륙군 840명)	
진수년월: 1965년 1월	

TIMELINE

1964   1965   1970

마운트 휘트니

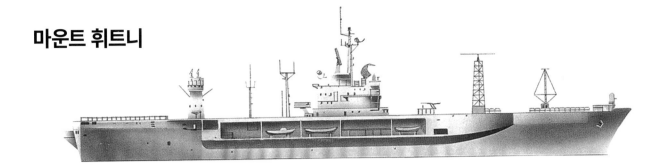

현대전에는 특화된 지휘함이 필요하다. 2005년 미국 제6함대의 기함이 된 마운트 휘트니는 괌급의 함체와 기관을 그대로 사용하고, 최대한 많은 안테나를 싣기 위해 전통 갑판을 사용한다. 이 배는 2008년의 흑해와 같은 위험 지역에 자주 출동했다.

제원	
유형: 미국 지휘함	
배수량: 19,598미터톤(19,290영국톤)	
크기: 189m×25m×8.2m(620피트 5인치×82피트×27피트)	
기관: 스크류 1개, 터빈	
최고속도: 23노트	
주무장: 76mm(3인치) 함포 4문, 8연장 시 스패로우 대공 미사일 발사기 2기	
정원: 700명	
진수년월: 1970년 1월	

이반 로고프

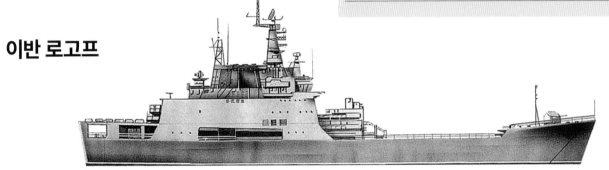

장거리 강습상륙함인 이 배는 상륙군 550명과 전차 및 지원차량 총 40대를 탑재할 수 있다. 함수에 경사로가 있으며 선거의 길이는 76m(250피트)다. 상부구조물 후방에는 헬리콥터 1대가 들어간다. 1979년 흑해 함대에서 태평양 함대로 이관되었으며, 1996년 제적되었다.

제원	
유형: 소련 강습상륙함	
배수량: 13,208미터톤(13,000영국톤)	
크기: 158m×24m×8.2m(521피트 8인치×80피트 5인치×21피트 4인치)	
기관: 스크류 2개, 가스 터빈	
최고속도: 23노트	
주무장: 76mm(3인치) 함포 2문, 대공 미사일	
정원: 200명	
진수년도: 1977년	

휘드비 아일랜드

휘드비 아일랜드의 웰데크는 LCAC 호버크래프트 4대, 또는 61미터톤(60영국톤)급 상륙정 21척을 수납할 수 있다. 상륙군은 450명을 태울 수 있으며, 군용 차량, 공격용 또는 기동용 헬리콥터(2대), 해리어 수직이착륙기를 탑재 운용할 수 있다. 페르시아만을 활동무대로 삼는 제2상륙단에 배속되었다.

제원	
유형: 미국 선거형 상륙함	
배수량: 15,977미터톤(15,726영국톤)	
크기: 186m×25.6m×6.3m(609피트×84피트×20피트 8인치)	
기관: 스크류 2개, 디젤 엔진	
최고속도: 20+노트	
주무장: 20mm(0.79인치) 발칸포 2문	
정원: 340명	
진수년월: 1983년 6월	

1977  1983

코르벳/초계정: 제1부

바다에도 국경선이 그어지고, 밀수가 활발해지면서 초계정의 중요성은 커졌다. 소형 군함들은 가볍지만 효과적인 미사일 발사기와 속사 자동화기를 장비해 강력한 화력을 갖출 수 있게 되었다. 이들의 주임무는 정찰, 감시, 차단이다.

샹하이

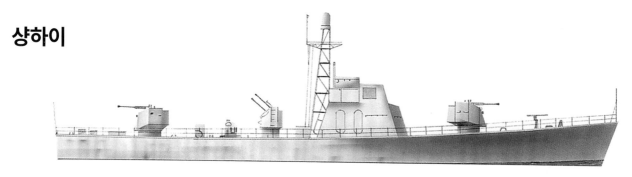

중국 해군은 다수의 연안 초계정을 보유하고 있다. 샹하이는 비교적 강력한 경화기와 폭뢰, 기뢰를 갖추고 있다. 다수가 아시아, 중동, 아프리카 국가에 수출되었으며, 유럽 여러 나라에서 면허 생산을 하기도 했다. 샹하이 급 1형은 1990년대 초반까지 현역에 있었다.

제원	
유형:	중국 고속 공격/초계정
배수량:	137미터톤(135영국톤)
크기:	38.8m×5.4m×1.7m(127피트 4인치×17피트 8인치×5피트 7인치)
기관:	스크류 4개, 디젤 엔진
최고속도:	28.5노트
주무장:	37mm(1.45인치) 함포 4문, 25.4mm(1인치) 기관포 4문
진수년도:	1962년

다르도

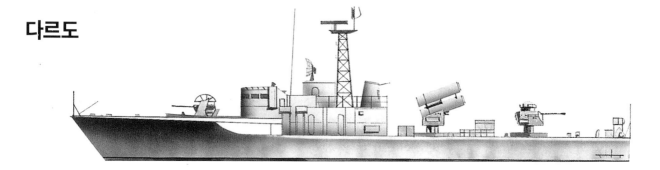

다르도를 포함한 4척은 원래 기뢰부설정(대공포 1문과 기뢰 8발 탑재)이었으나, 무장을 40mm(1.6인치) 함포 1문과 533mm(21인치) 어뢰 21발로 바꾸면 어뢰정으로도 사용할 수 있다. 무장 전환은 24시간 내로 가능하다. 이런 설계가 늘 통하는 것은 아니지만, 다르도에 한해서만큼은 성공적이었다.

제원	
유형:	이탈리아 고속 포정
배수량:	218미터톤(215영국톤)
크기:	46m×7m×1.7m(150피트×23피트 9인치×5피트 6인치)
기관:	스크류 2개, 디젤 및 가스 터빈
최고속도:	40+노트
주무장:	40mm(1.6인치) 함포 1문, 533mm(21인치) 어뢰 발사관 4문
진수년도:	1964년

TIMELINE   1962   1964   1966

스피카

스피카는 발트 해에서 운용하기 위해 설계된 최초의 고속정이다. 이런 곳의 해군 기지는 암반 해안에 지어져 있는 경우가 많으므로, 핵병기를 제외한 다른 무기의 공격으로부터 안전하다. 가스터빈 엔진의 출력은 12,720마력으로, 신속한 가속이 가능하다. 이 설계는 다른 여러 나라 해군에서도 채택했다. 스피카는 현재 스톡홀름에 박물관함으로 전시되어 있다.

제원	
유형: 스웨덴 고속 공격용 어뢰정	
배수량: 218미터톤(215영국톤)	
크기: 42.7m×7m×2.6m(140피트 4인치×23피트 4인치×8피트 6인치)	
기관: 스크류 3개, 가스 터빈	
주무장: 57mm(2.24인치) 함포 1문, 533mm(21인치) 어뢰 발사관 6문	
진수년도: 1966년	

나누츠카 I

나누츠카 I급 미사일정은 배수량이 작지만 중무장을 하고 있다. 일부 변형은 57mm 함포 2문을 장비하고 있다. 또한 모든 함들이 사격 통제 레이더와 함체 장착 소나 체계를 갖추고 있다. 나누츠카 II급은 인도 수출용, III급은 알제리와 리비아 수출용이다. 소련 해군 운용분은 1990년대 말까지 모두 퇴역했다.

제원	
유형: 소련 코르벳	
배수량: 670.5미터톤(660영국톤)	
크기: 59.3m×12.6m×2.5m(194피트 7인치×41피트 4인치×7피트 11인치)	
기관: 스크류 2개, 디젤 엔진	
최고속도: 32노트	
주무장: SS-N-9 SSM 6문, SA-N-4 SAM 발사기 1기, 76mm(3인치) 함포 1문	
진수년도: 1969년	

데스틴 도르브

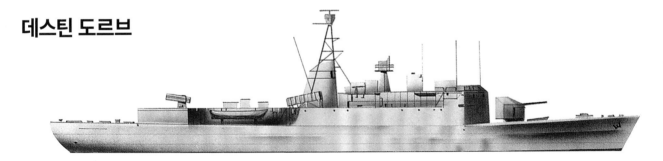

동급함 19척이 있는 데스틴 도르브는 당대의 기준으로도 크기가 작다. 더 큰 함급인 코망당 리비에르급의 후속작이다. 연안 대잠수함 작전에 맞게 설계된 이 함은 장거리 작전도 가능하다. 1999년에 터키 해군에 인도되어 <베이코즈>로 개칭되었다.

제원	
유형: 프랑스 경 프리깃	
배수량: 1,351미터톤(1,330영국톤)	
크기: 80m×10m×3m(262피트 6인치×33피트 10인치×9피트 10인치)	
기관: 스크류 2개, 디젤 엔진	
최고속도: 23.3노트	
주무장: 엑조세 미사일 발사기 4기, 100mm(3.9인치) 이중목적포 1문	
진수월: 1973년 6월	

1969   1975

코르벳/초계정: 제2부

장거리 초계 임무에는 대형 고속정 이상의 배수량을 지닌 배가 필요하다. 이에 여러 나라 해군에서는 현대화된 코르벳를 채용했다. 과거에 저속 호위함을 일컬었던 코르벳라는 용어는, 현재에는 미사일과 레이더, 소나를 탑재한 고속정을 의미한다.

베스키테렌

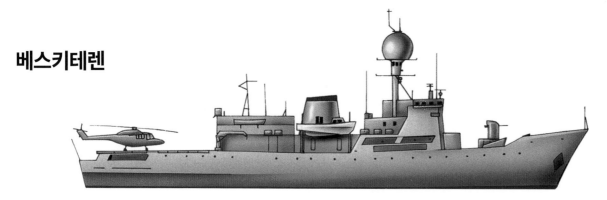

북대서양과 북극해에서 초계 작전용으로 설계된 이 배는 어업 지도 임무도 수행할 수 있다. 덴마크 비드비외르넨급 프리깃의 축소 개량형이다. 항법 레이더와 소나 장비가 달려 있고, 작은 크기임에도 항공기 격납고와 비행갑판이 있어 링스 헬리콥터 1대를 운용할 수 있다.

제원	
유형:	덴마크 초계함
배수량:	만재 시 2,001.5미터톤(1,970영국톤)
크기:	74.4m×12.5m×4.5m(244피트×41피트×14피트 9인치)
기관:	스크류 1개, 디젤 엔진 3대
최고속도:	18노트
주무장:	76mm(3인치) 함포 1문
정원:	60명
진수년도:	1975년

프리맨틀

15척으로 이루어진 프리맨틀 급의 네임쉽인 이 배는 영국 로스토프트에서 건조되었으나, 다른 동급함들은 모두 오스트레일리아 케언스에서 건조되었다. 밀수와 불법 이민자 상륙을 막기 위해 장거리 해안 초계 임무를 하던 어택 급 함정들보다 빠르다. 프리맨틀은 2006년까지 운용되었다.

제원	
유형:	오스트레일리아 고속 초계정
배수량:	214미터톤(211영국톤)
크기:	41.8m×7.1m×1.8m(137피트 2인치×23피트 4인치×6피트)
기관:	스크류 3개, 디젤 엔진
최고속도:	30노트
주무장:	40mm(1.6인치) 함포 1문
진수년도:	1979년

바드르

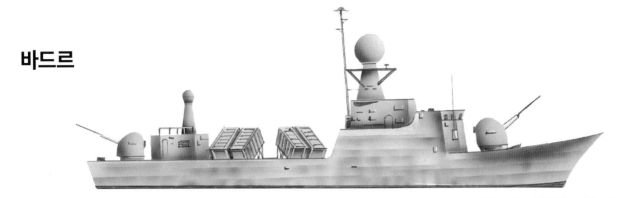

작은 함체에 대량의 장비를 집어넣은 동급함 6척 중의 1척인 바드르는 오토 멜라라/마트라 오토마트 Mk 1 대함 미사일 4발을 탑재한다. 발사는 갑판실 뒤의 상자형 발사기에서 이루어진다. 함의 병기는 사격 통제 및 표적 추적 체계로 통제된다. 대공, 대수상 탐색 레이더 돔이 외형상의 특징이다.

제원	
유형:	이집트 고속정
배수량:	만재 시 355.6미터톤(350영국톤)
크기:	52m×7.6m×2m(170피트 7인치×25피트×6피트 7인치)
기관:	스크루 4개, 디젤 엔진 4대
최고속도:	37노트
주무장:	SSM 4문, 76mm(3인치) 함포 1문
정원:	40명
진수년도:	1980년

카스주브

이 620급 코르벳은 폴란드에서 건조되었으며, 동급함 총 7척이 건조될 예정이었다. 그러나 바르샤바 조약기구의 붕괴로 인해 이 함 이후 후속함은 건조되지 않았다. 또한 원래 탑재할 예정이었던 소련제 미사일 역시 탑재되지 못했다. 기술적 문제 때문에 효율이 낮아 바다에 잘 나가지 않는다. 그러나 2009년 현재 아직도 현역이다.

제원	
유형:	폴란드 코르벳
배수량:	1,202미터톤(1,183영국톤)
크기:	82.3m×10m×2.8m(270피트 2인치×32피트 9인치×9피트 2인치)
기관:	스크루 4개, 디젤 엔진 4대
최고속도:	28노트
주무장:	SA-N-5 SAM 발사기 2기, 76mm(3인치) 함포 1문, 533mm(21인치) 어뢰 발사관 2문
정원:	67명
진수년도:	1986년

에일라트

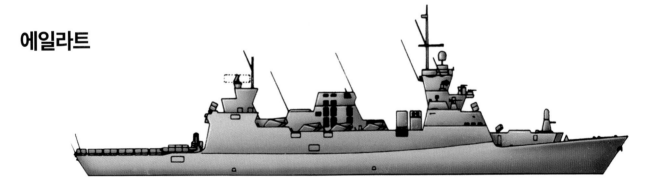

레이더를 피하는 스텔스 설계인 에일라트는 이스라엘의 대규모 소형 공격함 함대의 주력함으로 건조된 3척의 작지만 중무장한 함정 중 하나다. 전방 포가에는 페일랭스 CIWS 체계를 포함해 다양한 포를 설치할 수 있다. 도팽 헬리콥터 1대를 탑재하며, 센서와 레이더도 갖추고 있다.

제원	
유형:	이스라엘 코르벳
배수량:	만재 시 1,295.4미터톤(1,275영국톤)
크기:	86.4m×11.9m×3.2m(283피트 6인치×39피트×10피트 6인치)
기관:	스크루 2개, 터빈 및 터보 디젤
최고속도:	33노트
주무장:	하푼 SSM 8문, 가브리엘 II SSM 8문, 76mm(3인치) 함포 1문
정원:	74명
진수년도:	1994년

1986   1994

USS 롱비치

1961년 9월에 완공된 롱비치는 1945년 이후 건조된 미국 군함 중 항모를 제외하면 가장 크다. 1968년 베트남에 전개되었을 때, MiG 전투기 2대를 격추시킴으로서 사상 최초로 함재 대공 미사일에 의한 적기 격추 전과를 세웠다. 1980년대 하푼 미사일과 페일랭스 CIWS가 설치되었다. 1994년 퇴역했다.

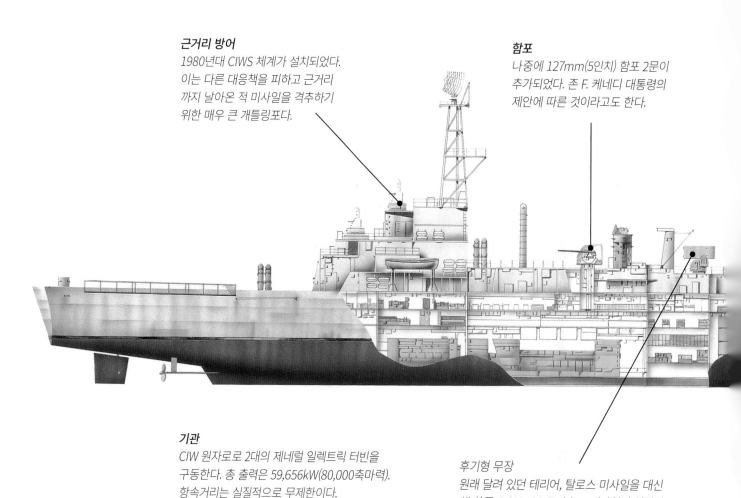

근거리 방어
1980년대 CIWS 체계가 설치되었다. 이는 다른 대응책을 피하고 근거리까지 날아온 적 미사일을 격추하기 위한 매우 큰 개틀링포다.

함포
나중에 127mm(5인치) 함포 2문이 추가되었다. 존 F. 케네디 대통령의 제안에 따른 것이라고도 한다.

기관
CIW 원자로로 2대의 제네럴 일렉트릭 터빈을 구동한다. 총 출력은 59,656kW(80,000축마력). 항속거리는 실질적으로 무제한이다.

후기형 무장
원래 달려 있던 테리어, 탈로스 미사일을 대신해 하푼, BGM-109 토마호크 미사일이 설치되었다. 8연장 ASROC 발사기도 설치되었다.

USS 롱비치

퇴역식은 1994년 7월 2일 노퍽 해군 기지에서 거행되었으며, 정식 퇴역은 1995년 5월 1일이었다. 취역 후 33년이 넘게 지난 후였다. 재활용 처리되었다.

제원	
유형: 미국 미사일 순양함	
배수량: 16,624미터톤(16,602영국톤)	
크기: 219.8m×22.3m×7.2m(721피트 3인치×73피트 4인치×23피트 9인치)	
기관: 스크루 2개, 2대의 원자로로 기어 터빈을 구동	
최고속도: 30+노트	
주무장: 하푼 SSM 발사기 8기, 테리어 SSM 발사기 2기, 127mm(5인치) 함포 2문, 20mm(0.79인치) 페일랭스 CIWS 2문, ASROC 발사기 1기, 324mm(12.75인치) 어뢰 발사관 6문	
정원: 1,107명	
진수년도: 1959년	

센서 체계

AN/SPS 레이더는 수상을 탐색하며 수상 표적의 방위와 거리를 알아내고 추적하며, 대공 탐색 및 사격 통제도 한다. AN/SQS-23 소나도 있다.

미사일

1968년 탈로스 미사일로 112.6km(70마일) 떨어진 북베트남 제트 전투기를 격추시켰다. 실전 상황에서 얻은 최초의 함대공 미사일 전과다.

함체

롱비치는 길고 좁은 전통적인 순양함 함체를 지닌 마지막 미국 순양함이다.

미국 순양함

제2차 세계대전 중 전함의 시대는 끝이 났다. 그러나 그 이후 미국과 소련은 다수의 순양함들을 건조했다. 1950년대 후반이 되면 순양함 개념도 진부화되어 버렸지만 말이다. 신세대 잠수함, 항공기, 미사일이 순양함의 천적으로 등장했다. 순양함 미만의 소형 함선들도 더욱 강력한 병기를 탑재할 수 있게 되었다.

갤브스턴

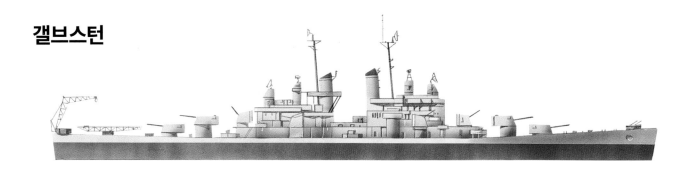

갤브스턴을 포함한 6척의 제2차 세계대전형 순양함은 이후 탈로스 또는 테리어 미사일을 장착하도록 개장되었다. 원래 달려 있던 함포는 유지되었다. 개장 목적은 어디까지나 방공이었지 대잠수함전은 아니었다. 갤브스턴은 1970년까지 운용되다가 1973년 제적, 1975년 해체되었다.

제원	
유형: 미국 순양함	
배수량: 15,394미터톤(15,152영국톤)	
크기: 186m×20m×7.8m(610피트×65피트 8인치×25피트 8인치)	
기관: 스크류 4개, 기어 터빈	
최고속도: 32노트	
주무장: 탈로스 SAM 체계, 152mm(6인치) 함포 6문, 127mm(5인치) 함포 6문	
정원: 1,382명	
진수년도: 1945년(1958년 개장)	

워든

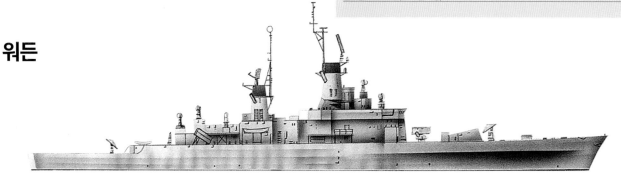

제2차 세계대전형 순양함을 대체하기 위해 건조된 9척 중 하나다. 복잡한 레이더 시스템을 싣기 위해 마스트와 갠트리를 통합했다. 1960년대 말, 1980년대 말에 재개장되었다. 1991년 대공지휘함이 되었다. 1993년 제적되었고, 2000년 표적함으로 쓰여 침몰했다.

제원	
유형: 미국 순양함	
배수량: 8,334미터톤(8,203영국톤)	
크기: 162.5m×16.6m×7.6m(533피트 2인치×54피트 6인치×25피트)	
기관: 스크류 2개, 터빈	
최고속도: 32.7노트	
주무장: 20mm(0.8인치) 발칸포 2문, 4연장 하푼 발사기 2기, 2연장 스탠더드 SM-2 ER 미사일 발사기 2기	
진수년도: 1962년 6월	

TIMELINE   1958   1962   1976

미시시피

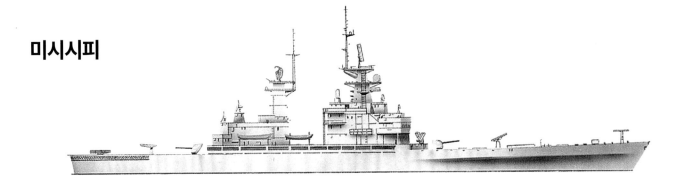

Mk 26 미사일 발사기와 헬리콥터 격납고, 함미 승강기를 갖춘 4척의 군함 중 하나다. 1980년대 격납고는 토마호크 미사일 발사기 3기로 교체되었다. 127mm(5인치) Mk 45 함포는 1분에 20발을 사격할 수 있으며 사거리는 14.6km(9.12마일)이다. 1997년 해체되었다.

제원	
유형: 미국 순양함	
배수량: 11,176미터톤(11,000영국톤)	
크기: 178.5m×19.2m×9m(585피트 4인치×63피트×29피트 6인치)	
기관: 스크류 2개, 원자력 터빈	
주무장: 127mm(5인치) 함포 2문, 타르타르 및 하푼 미사일 2연장 발사기 2기, ASROC 발사기	
진수년월: 1976년 7월	

타이콘데로가

27척으로 이루어진 타이콘데로가 급의 네임쉽이다. 이 급은 원래 프리깃으로 분류되었으나, 매우 강력한 무장을 탑재하기 때문에 순양함으로 재분류되었다. 이 급의 후기형은 함체를 확장하여 더 많은 미사일을 탑재할 수 있다. 다양한 소나 어레이, 이지스 대공 방어 체계, 헬리콥터 1대를 탑재한다. 2004년에 퇴역했다.

제원	
유형: 미국 미사일 순양함	
배수량: 9,052.5미터톤(8,910영국톤)	
크기: 171.6m×19.81m×9.45m(563피트×65피트×31피트)	
기관: 스크류 2개, 가스 터빈 4대	
최고속도: 30노트	
주무장: 하푼 SSM 발사기 8기, SAM 및 ASROC용 Mk 26 발사기 2기, 127mm(5인치) 함포 2문, 324mm(12.75인치) 어뢰 발사관 6문	
정원: 343명	
진수년도: 1981년	

벙커 힐

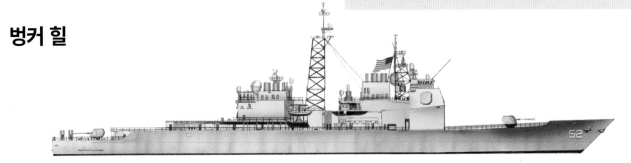

타이콘데로가 급 확장판의 첫 배인 이 함부터 Mk 41 수직 발사 체계를 탑재하게 된다. 벙커 힐은 1987년 페르시아만에 처음으로 전개되었고, 이후 사막의 방패 작전과 사막의 폭풍 작전에도 참전했다. 2006년 병기 체계 갱신을 받았다. 2010년 아이티 지진 피해 구호를 지원했다.

제원	
유형: 미국 미사일 순양함	
배수량: 9,754미터톤(9,600영국톤)	
크기: 173m×16.8m×10.2m(567피트×55피트×34피트)	
기관: 가변 피치 스크류 2개, 가스 터빈 4대	
최고속도: 32.5노트	
주무장: 61셀 Mk 41 VLS 2대, RIM-156 SM-2ER 보크 IV, RIM-162 ESSM, BGM-109 토마호크, RUM-139 VL ASROC 총 122발, RGM-84 하푼 미사일 8발	
정원: 400명	
진수년도: 1985년	

1981   1985

키로프

키로프의 상부구조물에는 레이더와 조기 경보 안테나가 있다. 대부분의 미사일 발사 체계는 전방 하갑판에 있다. 따라서 남는 후갑판은 헬리콥터 격납고와 기관실로 쓰인다. 2대의 원자로는 석유 연료 터빈 과열기와 함께 증기의 열기를 높여 출력과 속도를 높인다.

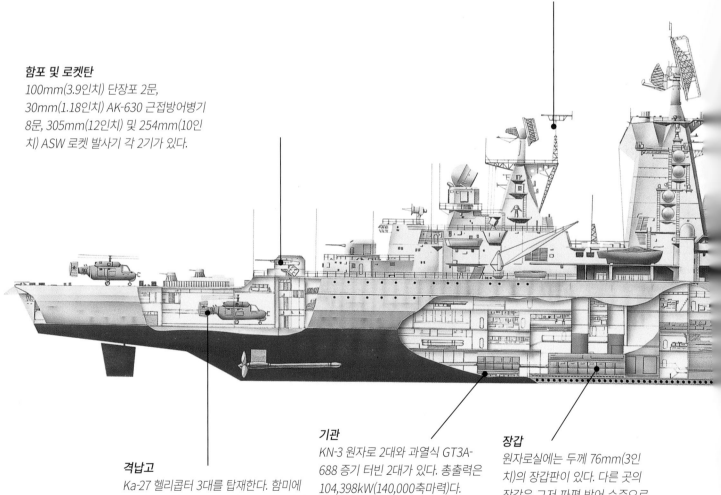

센서
3차원 탐색 레이더와 항법 레이더가 탑에, 대공 탐색 레이더가 마스트에 달려있다. 함 체에는 소나가 달려 있다.

함포 및 로켓탄
100mm(3.9인치) 단장포 2문, 30mm(1.18인치) AK-630 근접방어병기 8문, 305mm(12인치) 및 254mm(10인 치) ASW 로켓 발사기 각 2기가 있다.

격납고
Ka-27 헬리콥터 3대를 탑재한다. 함미에 는 비행 갑판이 있으며, 여기 있는 승강기 는 갑판 밑 격납고로 연결된다.

기관
KN-3 원자로 2대와 과열식 GT3A-688 증기 터빈 2대가 있다. 총출력은 104,398kW(140,000축마력)다.

장갑
원자로실에는 두께 76mm(3인 치)의 장갑판이 있다. 다른 곳의 장갑은 그저 파편 방어 수준으로, 과거 순양전함과는 다르다.

키로프

이 배의 미사일과 함포, 전자장비는 실로 엄청난 수준이다. 전방 마스트에는 가장 큰 레이더 안테나가 달려 있다. 1990년 지중해에서 원자로 고장을 일으켰다. 그러나 당시 소련의 예산 부족과 급변하는 정치적 상황 때문에 수리되지 못했다.

제원	키로프
유형: 소련 미사일 순양함	
배수량: 28,448미터톤(28,000영국톤)	
크기: 248m×28m×8.8m(813피트 8인치×91피트 10인치×28피트 10인치)	
기관: 스크류 2개, 터빈, 가압수형 원자로 2대	
최고속도: 32노트	
주무장: 100mm(3.9인치) 함포 2문, SA-N-4 2연장 발사기 2기, SA-N-6 발사기 12기, 대함미사일 발사기 20기	
정원: 1,600명	
진수년월: 1977년 12월	

미사일
주무장은 P-700 그라니트 (SSN-19) 미사일 20발, SS-N-14 사일렉스 ASW 미사일 14발, 8연장 S-300P-MU 페이버리트 (SA-N-6) SAM 미사일 발사기 12기를 장비한다.

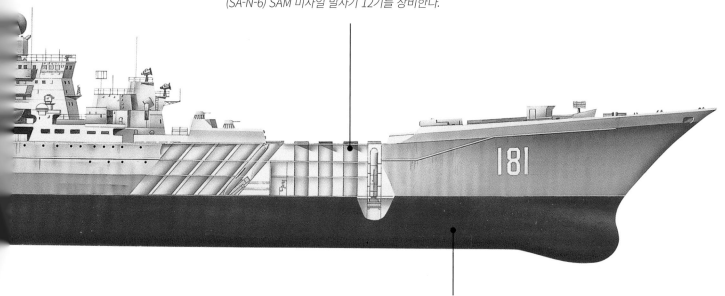

함체
키로프 급(현 아드미랄 우샤코프 급)은 항공모함을 제외하면 세계 최대의 군함이다.

소련 순양함

비록 처음 원하던 만큼은 아니었지만, 소련은 1950년대 상당한 규모의 순양함 전력을 구축하는 데 성공했다. 소련은 이 중 일부를 근대화하려 했으나, 이들의 전략적 가치는 줄어들고 있었다. 20세기 말에 이르자 이들 순양함들은 대부분 구식화되어 퇴역하거나 해체처분되었다. 현역에 머무르는 것은 극소수다.

아드미랄 세냐빈

스베르들로프급 중순양함인 이 배는 1971~1972년에 걸쳐 대규모 개장을 받아 핵전쟁에 대비한 지휘함으로 변모했다. 후방 함포는 제거되고 헬리콥터 비행 갑판과 격납고가 설치되었다. 이 때 SA-N-4 SAM 발사기도 설치되었다. 1991년 제적될 때까지 소련 함대에서 운용되었다.

제원	
유형: 소련 순양함	
배수량: 16,723미터톤(16,640영국톤)	
크기: 210m×22m×6.9m(672피트 4인치×22피트 7인치×22피트)	
기관: 불명	
최고속도: 32.5노트	
주무장: 152mm(6인치) 함포 12문, 533mm(21인치) 어뢰 발사관 10문	
정원: 1,250명	
진수년도: 1952년	

드미트리 포자르스키

스베르들로프급의 제6번함인 이 배는 아드미랄 세냐빈과는 달리, 원래 달고 있던 구식 무장을 유지했다. 이 급은 원래 30척 건조가 예정되어 있었으나, 그 중 16척만이 완공되었다. 이 배는 구식이었지만 1987년까지 현역에 머물렀다. 다른 동급함들은 그 20년 전에 이미 퇴역했다.

제원	
유형: 소련 순양함	
배수량: 16,906.3미터톤(16,640영국톤)	
크기: 210m×22m×6.9m(672피트 4인치×22피트 7인치×22피트	
기관: 불명	
최고속도: 32.5노트	
주무장: 152mm(6인치) 함포 12문, 100mm(3.9인치) 함포 12문, 533mm(21인치) 어뢰 발사관 10문	
정원: 1,250명	
진수년도: 1953년	

TIMELINE

1952   1953

드미트리 돈스코이

이 급은 24척 건조가 계획되었으나, 진수된 것은 17척, 1960년말까지 실전 배치된 것은 14척에 불과했다. 거의 모든 배들이 주갑판에 기뢰 저장 및 부설 장비를 갖추고 있었다. 3연장 포탑에 152mm(6인치) 함포를 갖추고 있으며, 포탑 2개는 전방에, 2개는 후방에 있다. 측거의도 전방과 후방에 하나씩 있다.

제원	
유형: 소련 순양함	
배수량: 19,507미터톤(19,200영국톤)	
크기: 210m×21m×7m(689피트×70피트×24피트 6인치)	
기관: 스크류 2개, 터빈	
주무장: 152mm(6인치) 함포 12문	
진수년도: 1953년	

케르치

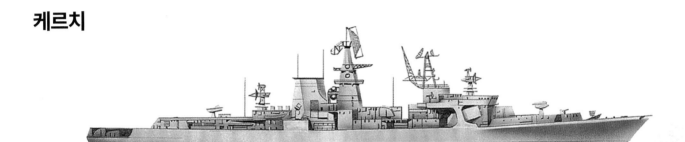

터빈만으로 추진되는 배 중 가장 큰 케르치급의 출력은 12만 마력에 달한다. 항속거리는 최고속도 시 5,700km(3,000해리), 15노트 시 16,720km(8,800해리)다. 대공 및 대잠수함전 능력이 뛰어나며, 거대한 주포와 헬리콥터도 갖추고 있다. 케르치는 흑해 함대에 배치되었다.

제원	
유형: 소련 순양함	
배수량: 9,855미터톤(9,700영국톤)	
크기: 173m×18.6m×6.7m(567피트 7인치×61피트×22피트)	
기관: 스크류 2개, 가스 터빈	
주무장: 76.2mm(3인치) 함포 4문, 2연장 SA-N-3 미사일 발사기 2기	
정원: 525명	
진수년도: 1973년	

슬라바

슬라바는 키로프급의 축소판으로, 동급함은 총 3척이 있다. 함교 양옆에 SS-N-12 2연장 미사일 발사기가 있다. 함교 끝 거대한 전방 마스트에 복합 레이더가 있으며, 주 마스트에도 또다른 복합 레이더가 설치되어 있다. 2008년 남오세티야 전쟁에 참전했다.

제원	
유형: 소련 순양함	
배수량: 11,700미터톤(11,200영국톤)	
크기: 186m×20.8m×7.6m(610피트 5인치×68피트 5인치×25피트)	
기관: 스크류 2개, 가스 터빈	
주무장: 127mm(5인치) 함포 2문, 2연장 SS-N-12 미사일 발사기 8기, SA-N-6 미사일 발사기 8기, 2연장 SAM 미사일 발사기 2기	
진수년도: 1979년	

1973   1979

다른 나라 해군의 순양함들

전통적인 대형함은 20세기 전반까지는 살아남았다. 대형함을 국가의 자존심이자 제독들의 기함으로 여기는 사고방식도 이에 한 몫했다. 그러나 이후 분위기는 바뀌었다. 아마 1982년 영국 잠수함 <콩쿼러>가 아르헨티나의 <헤네랄 벨그라노>를 격침시킨 이후부터이지 않을까 싶다.

바부르

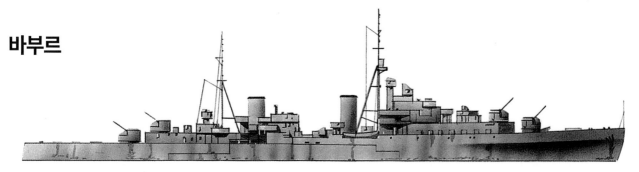

원래 영국 순양함 다이어덤이었던 이 배는 1956년 파키스탄에 인도되어 1956~1957년에 걸쳐 전면 개장을 받았다. 1961년에는 훈련함이 되었고, 이후 항해는 거의 하지 않았다. 그러다가 항구에 계류되었다. 1982년 자한퀴르로 개칭되었고, <바부르>라는 이름은 영국 데본셔급 구축함에게 물려주었다. 1985년 해체되었다.

제원	
유형: 파키스탄 순양함	
배수량: 7,638.3미터톤(7,518영국톤)	
크기: 156m×15m×5.4m(512피트×50피트 6인치×18피트)	
기관: 스크루 4개, 기어 터빈	
최고속도: 32노트	
주무장: 133mm(5.25인치) 함포 8문	
장갑: 측면 76mm(3인치), 갑판 51□25mm(2□1인치)	
정원: 530명	
진수년도: 1942년(1956년 개장)	

코로넬 보로네시

페루에 매각된 영국 피지급 2척 중 하나인 이 배는 원래 HMS 실론이었다. 페루 인도 전 개장이 가해져 마스트가 교체되었고 대공 병기와 함교 거주성이 개량되었다. 레이더 장비 역시 교체되어 장거리 탐색 능력이 향상되었다. 1982년까지 현역에 머물렀다.

제원	
유형: 페루 순양함	
배수량: 11,633미터톤(11,450영국톤)	
크기: 169.4m×18.9m×6.4m(555피트 6인치×62피트×20피트 9인치)	
기관: 스크루 4개, 기어 터빈	
최고속도: 31.5노트	
주무장: 152mm(6인치) 함포 9문, 102mm(4인치) 함포 8문	
정원: 920명	
진수년도: 1942년(1960년 개장)	

TIMELINE 1956   1960   1957

프라트

원래 제2차 세계대전에 참전한 미국 브루클린급 순양함 <내쉬빌>
이던 이 배는 1951년 칠레 해군에 인도되었다. 브루클린 역시 <오히
긴스>로 개칭되었다. 두 배는 1957~1958년에 걸쳐 미국에서 근대
화 개장을 받았다. 프라트는 1984년 퇴역했으며, 오히긴스는 1992
년 제적되었다.

제원	
유형:	칠레 순양함
배수량:	12,405미터톤(12,210영국톤)
크기:	185.4m×18.8m×6.95m(608피트 4인치×61피트 9인치×22피트 9인치)
기관:	스크류 4개, 기어 터빈
최고속도:	30노트
주무장:	152mm(6인치) 함포 15문, 127mm(5인치) 함포 8문
장갑:	벨트 127mm(5인치), 갑판 51mm(2인치)
정원:	868명
진수년도:	1936년(1957년 근대화)

타이거

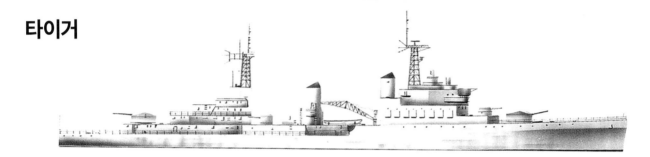

1941년 기공된 타이거는 1946년 건조가 중지되었다가, 변경된 설
계에 맞춰 1959년 완공되었다. 이 배는 영국 최후의 순양함 중 하나
였다. 그러나 당대의 여건과 요구에 맞출 수 없자 그리 많이 사용되
지 못한 채 1960년대에 퇴역하여 1986년에 해체되었다.

제원	
유형:	영국 순양함
배수량:	12,273미터톤(12,080영국톤)
크기:	170m×20m×6.4m(555피트 6인치×64피트×21피트 3인치)
기관:	스크류 4개, 터빈
최고속도:	31.5노트
주무장:	152mm(6인치) 함포 4문, 76mm(3인치) 함포 6문
진수년월:	1945년 10월/1959년 개장

카이오 두일리오

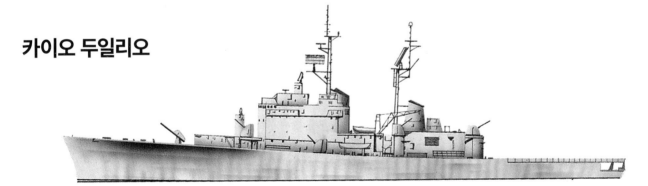

이 배와 자매함 안드레아 도리아는 대공 및 대잠수함전용 헬리콥터
순양함이었다. 신설계가 적용되어 길이에 비해 넓은 빔을 갖게 되었
다. 3대의 AB 212SW 무장 헬리콥터를 탑재한다. 카이오 두일리오
는 1980년 훈련함으로 전환되었고, 1991년 퇴역했다.

제원	
유형:	이탈리아 순양함
배수량:	6,604미터톤(6,506영국톤)
크기:	144m×17m×4.7m(472피트 4인치×55피트 7인치×15피트 4인치)
기관:	스크류 2개, 기어 터빈
최고속도:	31노트
주무장:	76mm(3인치) 함포 8문, 테리어 함대공 미사일
정원:	485명
진수년도:	1962년 12월

1959   1962

(미사일) 구축함: 제1부

미사일과 신세대 장거리 유도 어뢰, 레이더 조준 속사포의 등장으로 중형 군함의 공격력은 엄청나게 향상되었다. 이에 따라 구축함 설계, 건조, 관리 역시 급격한 변화의 시대를 맞았다.

패러것

이 급은 미 해군 최초의 미사일 군함이다. 패러것은 그 중에서도 최초로 ASROC 체계를 장비했다. 이 체계는 로켓 추진 대잠수함 어뢰를 발사한다. 나중에는 방공 지휘 통제를 위해 해군 전술 데이터 체계를 장비했다. 1989년 퇴역, 1992년 제적되었다.

제원	
유형: 미국 구축함	
배수량: 5,738.4미터톤(5,648영국톤)	
크기: 156.3m×15.9m×5.3m(512피트 6인치×52피트 4인치×17피트 9인치)	
기관: 스크류 2개, 기어 터빈	
최고속도: 32노트	
주무장: 테리어(나중에 스탠더드로 바뀜) SAM 미사일 체계 1문, ASROC 로켓 추진 대잠수함 어뢰 발사기 1기, 324mm(12.75인치) 어뢰 발사관 6문	
정원: 360명	
진수년도: 1958년	

그레미야쉬

9척으로 이루어진 구축함 <크루프니> 급은 소련 해군 최초의 미사일 탑재 군함이다. 원래 달려 있던 SS-N-1 스크루버 미사일 체계는 얼마 안 가 철거되고, 대신 대잠수함 무장이 장착되었다. 57mm(2.24인치) 함포 16문이 장착된 이 배는 자체방어 무장이 적어 그만큼 효용이 낮다. 1995년 제적되었다.

제원	
유형: 소련 구축함	
배수량: 4,259미터톤(4,192영국톤)	
크기: 138.9m×14.84m×4.2m(455피트 9인치×48피트 8인치×13피트 9인치)	
기관: 스크류 2개, 기어 터빈	
최고속도: 34.5노트	
주무장: SSN-N-1 SSM 발사기 2기, 대잠수함 로켓 발사기 2기, 533mm(21인치) 어뢰 발사관 6문	
정원: 310명	
진수년도: 1959년	

데본셔

1950년대 말에 설계된 데본셔와 동급함 7척은 핵전쟁 시 방사능 낙진 하에서도 활동할 수 있도록 건조되었다. 때문에 갑판 구조물에 화생방 방호처리가 되어 있다. 이후 시슬러그 미사일 대신 시캣 미사일이 설치되었고, 일부 함들은 엑조세 대함 미사일도 설치되었다. 데본셔는 1984년 표적함으로 쓰여 침몰했다.

제원	
유형:	영국 구축함
배수량:	6,299미터톤(6,200영국톤)
크기:	158m×16m×6m(520피트 6인치×54피트×20피트)
기관:	스크류 2개, 터빈, 가스 터빈 4대
최고속도:	32.5노트
주무장:	114mm(4.5인치) 함포 4문, 시슬러그 미사일 발사기 2기
정원:	471명
진수년월:	1960년 6월

보이키

원래는 SS-N-1 미사일 발사기를 장비한 미사일 구축함으로 완공되었다. 1960년대 중반 이 미사일이 구식화되자 대잠수함전 구축함으로 개장되었다. 북대서양과 북태평양에서 운용되다가, 1988년 해체를 위해 스페인으로 예인되던 도중 노르웨이에서 좌초했다.

제원	
유형:	소련 구축함
배수량:	4,826미터톤(4,750영국톤)
크기:	140m×15m×5m(458피트 9인치×49피트 5인치×16피트 6인치)
기관:	스크류 2개, 기어 터빈
최고속도:	35노트
주무장:	57mm(2.24인치) 함포 8문, 미사일
정원:	310명
진수년도:	1960년

임파비도

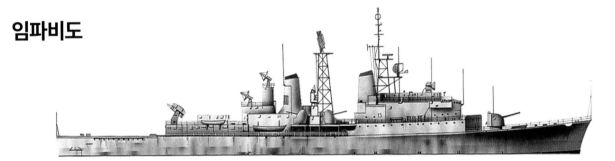

이탈리아 최초의 미사일 구축함 2척 중 하나다. 임페투오소 급 구축함의 개량형인 이 배는 미국제 Mk 13 타르타르 함대공 미사일 발사기 1기를 장비하고 있다. 후방 구조물 위의 사격 통제 탐색 레이더의 탐색 각도를 확보하기 위해 후방 연돌을 높였다. 1976~1977년에 근대화 개수를 받은 후, 1992년 퇴역했다.

제원	
유형:	이탈리아 구축함
배수량:	4,054미터톤(3,990영국톤)
크기:	131.3m×13.7m×4.4m(430피트 9인치×45피트×14피트 5인치)
기관:	스크류 2개, 터빈
최고속도:	34노트
주무장:	127mm(5인치) 함포 2문, 타르타르 미사일 발사기 1기, 533mm(21인치) 어뢰 발사관 6문
정원:	340명
진수년월:	1962년 5월

1962

(미사일) 구축함: 제2부

다른 함종들이 그렇듯이 구축함들도 갈수록 커지면서 더욱 다양한 미사일을 발사할 수 있는 플랫폼이 되어갔다. 2010년 이후 알레이 버크급을 대체하기 위해 제안된 미국의 줌월트급 구축함의 기획 당시 예상 배수량은 12,000미터톤(11,808영국톤)이었다. 이는 60년 전의 중순양함과 맞먹는 배수량이다.

오그네보이

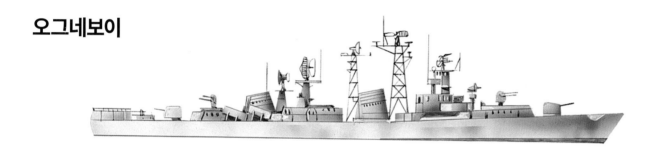

<카신>급으로 알려진 1960년대의 프로젝트 61 미사일 구축함은 동급함이 20척이다. 이 중 3번함인 오그네보이는 1970년대 중반 순항 미사일, 소나, 신형 대공 병기를 장착했다. 센서 장비에는 대공 탐색, 항법, 사격 통제 레이더가 포함된다. 1990년 해체되었다.

제원	
유형:	소련 구축함
배수량:	4,460.3미터톤(4,390영국톤)
크기:	144m×15.8m×4.6m(472피트 5인치×51피트 10인치×15피트 1인치)
기관:	스크류 2개, 가스 터빈 4대
최고속도:	18노트
주무장:	SA-N-1 SSM 발사기 2기, RBU-6000 및 RBU-1000 대잠수함 로켓 발사기 각 2기, 76mm(3인치) 함포 4문, 533mm(21인치) 어뢰 발사관 5문
정원:	266명
진수년도:	1963년

뒤켄

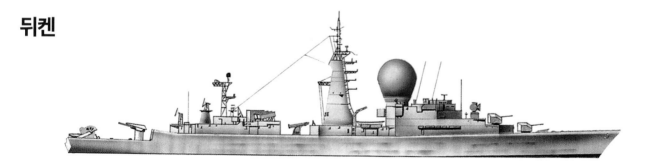

뒤켄은 자매함 쉬프랑과 함께 최초의 프랑스 함대공 미사일 구축함으로 설계되었다. 프랑스의 신세대 항공모함의 호위함으로 운용되었다. 뒤켄은 엑조세 미사일 발사기 4기도 탑재한다. 1990~1991년에 걸쳐 전자 장비 근대화가 이루어졌다. 2007년에 퇴역했다.

제원	
유형:	프랑스 구축함
배수량:	6,187미터톤(6,090영국톤)
크기:	157.6m×15.5m×7m(517피트×50피트 10인치×23피트 9인치)
기관:	스크류 2개, 터빈
최고속도:	34노트
주무장:	100mm(3.9인치) 함포 2문, 말라퐁 대잠수함 미사일 발사기 1기, 어뢰 발사관 4문
진수년월:	1966년 2월

TIMELINE

1963　　　　1966　　　　1973

뒤과이 트루앵

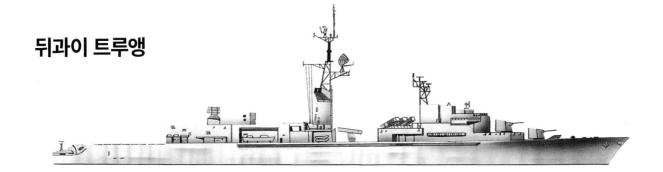

투르비유급 미사일 구축함 3척은 2대의 대잠 헬리콥터를 본격 운용할 수 있는 최초의 프랑스 군함이다. 1979년 뒤과이 트루앵은 제3포탑을 철거하고 크로탈 미사일 발사기를 설치했다. 또한 신세대 대공 감시 레이더도 설치되었다. 1999년에 퇴역했다.

제원	
유형: 프랑스 구축함	
배수량: 5,892미터톤(5,800영국톤)	
크기: 152.5m×15.3m×6.5m(500피트 4인치×50피트 2인치×21피트 4인치)	
기관: 스크류 2개, 터빈	
최고속도: 32노트	
주무장: 100mm(3.9인치) 함포 2문, 8셀 크로탈 미사일 발사기 1기	
정원: 282명	
진수년월: 1973년 6월	

스프루언스

기존의 순양함보다도 큰 스프루언스는 해상 상태가 나쁠 때도 운용할 수 있는 안정적인 무장 발사 플랫폼으로 설계되었다. 훌륭한 함체 설계는 개량을 거쳐 다른 미국 함급 2개에도 쓰였다. 대서양 함대에서 운용되던 스프루언스는 2006년 표적함으로 쓰여 침몰했다.

제원	
유형: 미국 구축함	
배수량: 8,168미터톤(8,040영국톤)	
크기: 171.7m×16.8m×5.8m(563피트 4인치×55피트 2인치×19피트)	
기관: 스크류 2개, 가스 터빈	
최고속도: 32.5노트	
주무장: 127mm(5인치) 함포 2문, 토마호크 및 하푼 미사일	
정원: 296명	
진수년도: 1973년	

다치카제

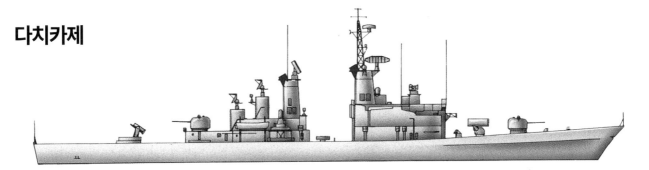

제2차 세계대전 이후 일본이 건조한 다른 군함들과 마찬가지로, 다치카제 역시 미국산 병기로 무장하고 있다. 1983년에는 20mm(0.79인치) 페일랭스 CIWS 2문과 하푼 SSM이 설치되었다. SH-60J 헬리콥터 1대를 운용할 수 있다. 1998년부터 퇴역하던 2007년까지 호위대군 기함이었다.

제원	
유형: 일본 구축함	
배수량: 4,877미터톤(4,800영국톤)	
크기: 143m×14.3m×4.6m(469피트 2인치×46피트 10인치×15피트 1인치)	
기관: 스크류 2개, 기어 터빈	
최고속도: 32노트	
주무장: 하푼 SSM 8문, Mk 13 스탠더드 SAM 발사기 1기, ASROC 발사기 1기, 127mm(5인치) 함포 2문	
정원: 277명	
진수년도: 1974년	

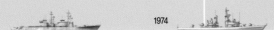

1974

(미사일) 구축함: 제3부

대공 및 대수상전은 구축함의 기본 임무로 여겨졌다. 그러나 여러 나라 해군에서는 구축함에 대잠수함전 기능도 부여했다. CIWS(close-인치 weapons system, 근접 병기 체계) 대응 체계도 널리 보급 되었다. 이들 체계는 20mm 또는 30mm(0.79인치 또는 1.18인치) 함포와 다양한 미사일 및 대 미사일 시스템을 결합한 것으로, 그 구체적인 내용은 공급자마다 다르다.

산티시마 트리니다드

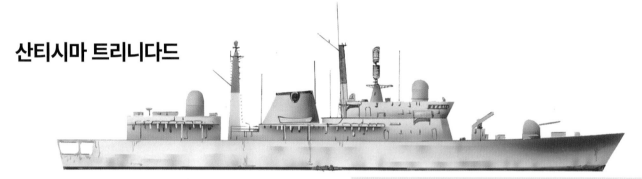

영국 해군의 42급 구축함에 기반하고 1대의 링스 헬리콥터를 운용하는 이 배는 1981년에 취역했다. 1982년 4월에는 포클랜드 군도를 침공하는 아르헨티나군의 선봉을 맡았다. 자매함 에르쿨레스를 현역 상태로 유지하기 위해 1980년대 후반과 1990년대에 걸쳐 장비 대부분을 동류전환당했다.

제원	
유형: 아르헨티나 구축함	
배수량: 4,419.6미터톤(4,350영국톤)	
크기: 125m×14m×5.8m(410피트×46피트×19피트)	
기관: 스크류 2개, 가스 터빈 4대	
최고속도: 30노트	
주무장: GWS30 시 다트 SAM 미사일 발사기 1기, 114mm(4.5인치) 함포 1문, 324mm (12.5인치) 어뢰 발사관 6문	
정원: 312명	
진수년도: 1974년	

뒤플렉스

브레스트에서 대잠수함전용으로 건조된 구축함 8척 중 하나다. 가스 터빈 엔진의 사용이 주요 신기술이다. 52,000마력의 힘으로 30노트의 속도를 낸다. 동급함 모두가 후방에 헬리콥터 2대를 수용할 수 있는 격납고가 있다. 대잠전은 물론 대수상전에도 운용될 수 있다.

제원	
유형: 프랑스 구축함	
배수량: 4,236미터톤(4,170영국톤)	
크기: 139m×14m×5.7m(456피트×46피트×18피트 8인치)	
기관: 스크류 2개, 가스 터빈, 디젤 엔진	
최고속도: 30노트	
주무장: 100mm(3.9인치) 함포 1문, MM38 엑조세 SSM 발사기 4기, 크로탈 해군형 SAM 미사일 발사기 8기, 고정식 어뢰 발사관 2문	
정원: 216명	
진수년월: 1978년 12월	

TIMELINE   1974   1978   1982

에우로

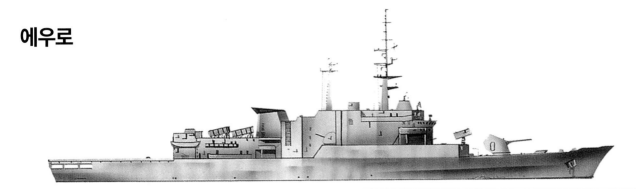

1983년 취역한 이 배의 후방 비행 갑판은 27m(88피트 6인치) 길이에 12m(39피트 4인치) 폭이다. 그리고 함미 통로를 통해 900m(984야드) 길이의 가변 심도 소나 케이블을 풀어낼 수 있다. 이탈리아 해군은 구축함이라는 용어를 사용하지 않으므로, 이 함은 미사일 프리깃으로 분류되어 있다.

제원	
유형: 이탈리아 구축함	
배수량: 3,088미터톤(3,040영국톤)	
크기: 122.7m×12.9m×8.4m(402피트 6인치×42피트 4인치×27피트 6인치)	
기관: 스크류 2개, 디젤 가스 터빈	
최고속도: 29노트(디젤), 32노트(터빈)	
주무장: 127mm(5인치) 함포 1문과 미사일	
진수년월: 1982년 12월	

무테니아

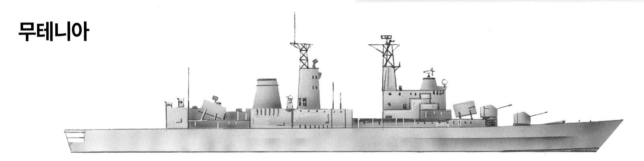

루마니아에서 소련 설계에 맞춰 대부분 소련제 장비를 사용해 건조된 무테니아는 장비가 충실하고, 2대의 알루엣 III 헬리콥터를 운용할 수 있다. 오랫동안 동일한 기술적 문제 및 운용 자금 부족으로 인해 운용되지 못했다. 1990~1992년에 걸쳐 대잠수함전 병기가 설치되었다.

제원	
유형: 루마니아 구축함	
배수량: 5,882.6미터톤(5,790영국톤)	
크기: 144.6m×14.8m×7m(474피트 4인치×48피트 6인치×23피트)	
기관: 스크류 2개, 디젤	
최고속도: 31노트	
주무장: SSN-N-2C SSM 발사기 8기, 76mm(3인치) 함포 4문, 533mm(21인치) 어뢰 발사관 6문, RBU-120 대잠수함 로켓 발사기 2기	
정원: 270명	
진수년도: 1982년	

하마유키

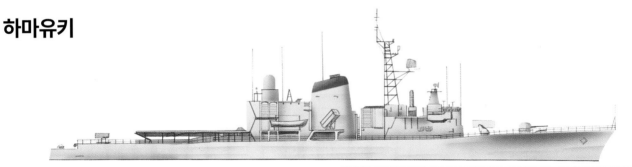

일본 해상자위대는 주로 1980년대에 기능이 다양하고 장비가 충실한 함정들을 건조했다. 하마유키는 12척의 하츠유키급 중 제5번함이며, 미쓰비시 중공업에서 면허생산한 HSS-2B 시 킹 헬리콥터를 탑재한다. 센서 장비로는 함체 소나, 대공, 대수상 탐색 및 사격 통제 레이더가 있다.

제원	
유형: 일본 구축함	
배수량: 3,759.2미터톤(3,700영국톤)	
크기: 131.7m×13.7m×4.3m(432피트 4인치×44피트 11인치×14피트 3인치)	
기관: 스크류 2개, 가스 터빈 4대	
최고속도: 30노트	
주무장: 하푼 SSM 발사기 8기, 시 스패로우 SAM 발사기 1기, 76mm(3인치) 함포 1문, Mk15 페일랭스 20mm(0.79인치) CIWS 1문, ASROC 1문, 324mm(12.7인치) 어뢰 발사관 6문	
정원: 190명	
진수년도: 1983년	

1983

(미사일) 구축함: 제4부

가스 터빈 추진기관은 최고 속도로까지 빠르게 가속할 수 있다. 현대 구축함에서 많이 쓰인다. 소련 카신 급은 1960년대에 가스 터빈을 사용했다. 1970년대 캐나다 이로쿼이 급 및 1972~1980년 사이에 진수된 미국 스프루언스 급 일부, 그리고 현재도 현역인 알레이 버크 급 역시 가스 터빈을 사용했다.

에딘버러

해군 (상륙전) 기동부대를 위한 대공 및 대잠수함전 함정으로 설계되었다. 탑재 헬리콥터 2대는 공대함 무장으로 방어력이 약한 수상함들을 공격할 수 있다. 1990년에 개장된 에딘버러는 2003년 제2차 걸프 전쟁에서 실전에 투입되었고, 2004~2005년에 걸쳐 전면 재개장을 받았다.

제원	
유형:	영국 구축함
배수량:	4,851미터톤(4,775영국톤)
크기:	141m×14.9m×5.8m(463피트×48피트×19피트)
기관:	스크류 2개, 가스 터빈
최고속도:	30노트
주무장:	114mm(4.5인치) 함포 1문, 헬리콥터 발사 Mk 44 어뢰, 3연장 Mk 46 대잠수함 어뢰 발사관 2문, 시 다트 미사일 발사기 1기
진수년월:	1983년 3월

알레이 버크

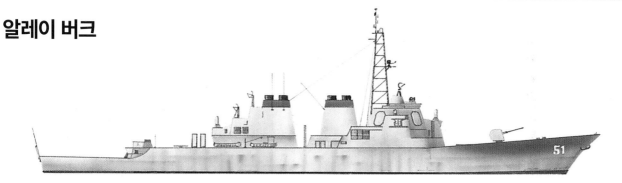

이 급은 1960년대 초반에 취역한 애덤스 급과 쿤츠 급 구축함을 대체하기 위해 설계되었다. SPY-1D 이지스 시스템이 장착된 알레이 버크는 1991년에 취역해 효과적인 대공 엄호를 제공했다. 대수상 및 대잠수함 병기도 탑재한다.

제원	
유형:	미국 미사일 구축함
배수량:	8,534미터톤(8,400영국톤)
크기:	142.1m×18.3m×9.1m(266피트 3인치×60피트×30피트)
기관:	스크류 2개, 가스 터빈
최고속도:	30+노트
주무장:	하푼 및 토마호크 미사일, 127mm(5인치) 함포 1문
진수년도:	1989년

TIMELINE

1983   1989   1991

공고

공고의 설계는 미국 알레이 버크 급에 기초했다. 그 크기는 사실상 순양함급이다. 비행 갑판에는 격납고는 없으나 SH-60J 시 호크 헬리콥터 1대 운용이 가능하다. 이지스 방공 레이더와 미사일 체계가 있는 이 급은 북한 탄도 미사일을 요격할 수 있도록 개량이 가해졌다.

제원	
유형:	일본 구축함
배수량:	9,636.8미터톤(9,485영국톤)
크기:	160.9m×20.9m×6.2m(520피트 2인치×68피트 7인치×20피트 4인치)
기관:	스크류 2개, 가스 터빈
최고속도:	30노트
주무장:	하푼 SSM 발사기 8기, 스탠더드 미사일과 ASROC 어뢰를 발사 가능한 Mk41 VLS 2기, 127mm(5인치) 함포 1문, 20mm(0.79인치) 페일랭스 CIWS 2문, 324mm(12.75인치) 어뢰 발사관 6문
정원:	300명
진수년도:	1991

브란덴부르크

4척으로 이루어진 방공형 구축함 123급의 1번함이다. 대공 탐색 및 대공/대수상 탐색 레이더, 사격 통제용 추적 레이더 2대, 함체 소나 등을 갖추고 있다. 링스 Mk 88 헬리콥터 2대도 탑재한다. 독일은 포르투갈과 터키 수출용으로 유사한 군함을 건조했다.

제원	
유형:	독일 구축함
배수량:	4,343.4미터톤(4,275영국톤)
크기:	138.9m×16.7m×6.3m(455피트 8인치×57피트 1인치×20피트 8인치)
기관:	스크류 2개, 가스 터빈, 디젤 엔진
최고속도:	29노트
주무장:	MM38 엑조세 SSM 발사기 4기, 시 스패로우 SAM용 VLS 1개, 21셀 RAM 발사기 2기, 76mm(3인치) 함포 1문, 324mm(12.75인치) 어뢰 발사관 6문
정원:	219명
진수년도:	1992년

무라사메

1996년에 취역한 이 배는 대공 임무가 주임무이지만 대잠수함전에도 쓸 수 있다. 현대 일본 해상자위대의 전형적인 만능 선수다. SH-60J 헬리콥터 1대를 격납고에 탑재한다. 무라사메 급은 레이더 탐색에 필요한 모든 장비가 있으며, 함체 소나와 예인 소나도 있다.

제원	
유형:	일본 구축함
배수량:	5,181.6미터톤(5,100영국톤)
크기:	151m×16.9m×5.2m(495피트 5인치×55피트 7인치×17피트 1인치)
기관:	스크류 2개, 가스 터빈
최고속도:	33노트
주무장:	하푼 SSM 발사기 8기, 스탠더드 미사일 및 ASROC용 Mk41 VLS 2개, 127mm(5인치) 함포 1문, 20mm(0.79인치) 페일랭스 CIWS 2문, 324mm(12.75인치) 어뢰 발사관 6문
정원:	170명
진수년도:	1994년

1992   1994

(대잠수함) 구축함: 제1부

구축함은 처음부터 어뢰를 주무장으로 사용, 더 큰 군함들을 위협했다. 현재도 많은 구축함들이 어뢰 발사관을 장착하고 있지만, 지금은 어뢰 발사관이 구축함의 전유물은 아니게 되었다. 일부 구축함들은 어뢰를 장비하지 않고, 대신 미사일과 대잠수함용 박격포를 사용한다.

세인트 로렌트

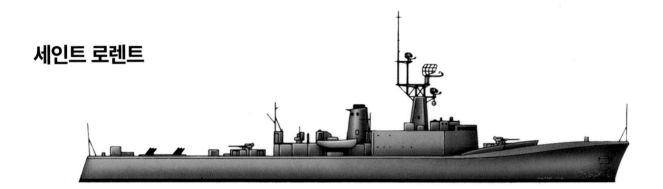

세인트 로렌트 급 7척의 네임쉽으로 1955년에 완공되었다. 1960년에 무장이 개장되었고 함미에 가변 심도 소나가 설치되었다. 헬리콥터 비행갑판과 격납고도 설치되었다. 1979년에 퇴역했고, 1980년 해체업자에게 인도되기 위해 예인 중 침몰했다.

제원	
유형:	캐나다 구축함
배수량:	2641.6미터톤(2600영국톤)
크기:	111.6m×12.8m×4m(366피트×42피트×13피트 2인치)
기관:	스크류 2개, 터빈
최고속도:	28노트
주무장:	76mm(3인치) 함포 4문, 림보 Mk10 대잠수함 박격포 2문
정원:	290명
진수년도:	1951년

네우스트라쉬미

1955년에 네우스트라쉬미 급의 제1번함으로 완공된 이 배는 원래 계획대로라면 다수의 동급함을 거느릴 계획이었으나, 동급함은 만들어지지 않았다. 그러나 살펴보면 핵전쟁을 대비한 여러 기능을 갖추고 있다. 에어컨디셔닝 기능, 밀폐형 승조원 숙소 등이 그것이다. 압력발화 보일러는 후대의 여러 함정에 사용되었다. 1975년 해체되었다.

제원	
유형:	소련 구축함
배수량:	3,434미터톤(3,830영국톤)
크기:	133.8m×13.6m×4.4m(439피트 1인치×44피트 6인치×14피트 6인치)
기관:	스크류 2개, 기어 터빈
최고속도:	36노트
주무장:	130mm(5인치) 함포 4문, 533mm(21인치) 어뢰 발사관 10문
정원:	305명
진수년도:	1951년

TIMELINE

1951

1952

그롬

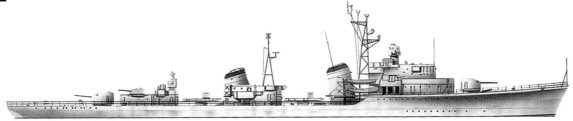

원래는 소련 해군의 스메틀리비 함으로, 1957년 폴란드에 인도된 소련 발트 함대 소속 구축함 2척 중 하나다. 제2차 세계대전 후 새로 편성된 소련 구축함대 소속이었다. 독일 구축함의 특징도 어느 정도 가지고 있다. 1973년까지 운용된 후 1977년 해체되었다.

제원	
유형: 폴란드 구축함	
배수량: 3,150미터톤(3,100영국톤)	
크기: 120.5m×11.8m×4.6m(395피트 4인치×38피트 9인치×15피트)	
기관: 스크루 2개, 터빈	
주무장: 130mm(5.1인치) 함포 4문, 76mm(3인치) 대공포 2문	
진수년도: 1952년	

흐로닝언

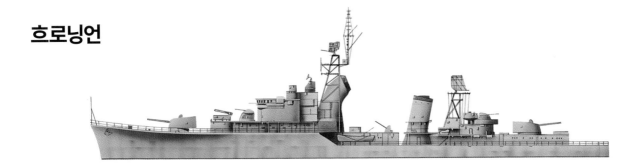

흐로닝언은 동급함이 7척이며 측면 및 갑판에 방어 장갑이 있다. 어뢰 발사 능력이 없는 최초의 구축함 중 하나다. 대신 2문의 단거리 대잠수함 로켓탄 발사기가 있다. 1980년대 동급함 6척과 함께 페루에 매각되어 <갈바레스>로 개칭되어 운용되었으며, 1991년 제적되었다.

제원	
유형: 네덜란드 구축함	
배수량: 3,119미터톤(3,070영국톤)	
크기: 116m×11.7m×3.9m(380피트 3인치×38피트 6인치×13피트)	
기관: 스크루 2개, 터빈	
최고속도: 36노트	
주무장: 120mm(4.7인치) 함포 4문	
진수년월: 1954년 1월	

알미란테 리베로스

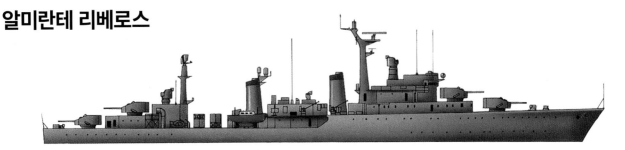

이 중무장한 구축함은 자매함 1척과 함께 영국에서 건조되었다. 1975년 영국으로 돌아가 근대화 개장을 받았다. 이 때 40mm(1.57인치) 부포를 철거하고 미사일 시스템이 설치되었다. 또한 스퀴드 대잠수함 박격포도 설치되었다. 이후 20년이 지나 1998년에 퇴역한 후, 같은 해 표적함으로 쓰여 침몰했다.

제원	
유형: 칠레 구축함	
배수량: 3,650미터톤(3,300영국톤)	
크기: 122.5m×13.1m×4m(402피트×43피트×13피트 4인치)	
기관: 스크루 2개, 터빈	
최고속도: 34.5노트	
주무장: 102mm(4인치) 함포 4문, MM38 엑조세 SSM 발사기 4기, 시 캣 SAM 시스템 1문, 324mm(12.75인치) 어뢰 발사관 6문	
정원: 266명	
진수년월: 1958년 12월	

1954

1958

(대잠수함) 구축함: 제2부

구축함에서 운용되는 대잠수함 헬리콥터들은 소노부이, 디핑 소나, 자기 변화 탐지기 등으로 적 잠수함을 찾아내 식별한다. 또한 어뢰 및 폭뢰 등으로 무장하고 있다. 헬리콥터는 이렇게 높은 전투력을 갖추고 있기에, 헬리콥터 구축함, 헬리콥터 순양함 등의 함종도 생겨났다.

코로넬 보로네시

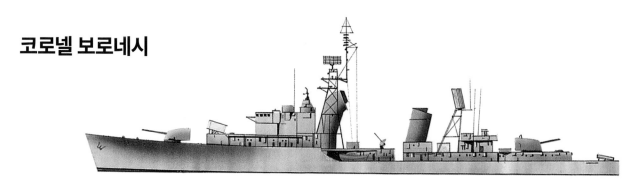

원래는 네덜란드 해군의 프리슬란트 급 구축함 오베레이셀 함이었다. 1982년 7월에 페루 해군에 인도되어 엑조세 미사일을 비롯한 새로운 병기 체계와 센서를 장착했다. 1990년에 퇴역했다.

제원	
유형: 페루 구축함	
배수량: 3,150미터톤(3,100영국톤)	
크기: 116m×12m×5m(380피트 7인치×38피트 5인치×17피트)	
기관: 스크루 2개, 터빈	
최고속도: 36노트	
주무장: 120mm(4.7인치) 함포 4문	
진수년월: 1955년 8월	

아라구아

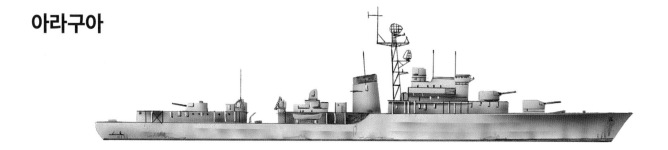

영국에서 건조한 아라구아는 3척의 누에바 에스파르타 급 구축함 중 하나다. 2척의 자매함들은 나중에 시 캣 함대공 미사일 등 최신 무장을 장착하고, 레이더 체계도 근대화되었다. 그러나 아라구아는 처음 인도되었을 때와 비교해 크게 변하지 않았다. 1975년 퇴역했다.

제원	
유형: 베네주엘라 구축함	
배수량: 3,353미터톤(3,300영국톤)	
크기: 122.5m×13.1m×3.9m(402피트×43피트×12피트 9인치)	
기관: 스크루 2개, 기어 터빈	
최고속도: 34.5노트	
주무장: 114mm(4.5인치) 함포 6문, 533mm(21인치) 어뢰 발사관 3문, 스퀴드 대잠수함 박격포 2문, 폭뢰 투하기 2기	
정원: 254명	
진수년도: 1955년	

아사구모

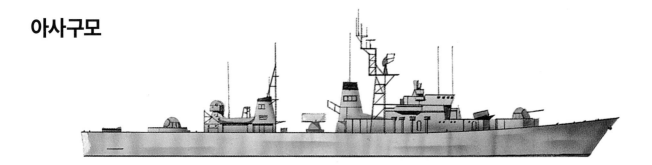

아사구모와 자매함 5척은 제2차 세계대전 이후 현재까지 건조된 일본 구축함 중 전형적인 중기형이다. 711미터톤(700영국톤)의 석유 연료를 실으면 20노트로 11,400km(6,000해리)의 항속거리를 낸다. 병기, 레이더, 센서는 모조리 미국제다. 1998년에 퇴역했다.

제원	
유형: 일본 구축함	
배수량: 2,083미터톤(2,050영국톤)	
크기: 114m×11.8m×4m(374피트×38피트 9인치×13피트)	
기관: 스크류 2개, 디젤 엔진	
주무장: 76mm(3인치) 함포 4문, 어뢰 발사관 6문	
진수년도: 1966년	

아우다체

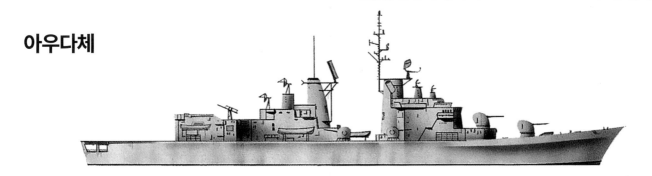

다용도 함대 호위함으로, 주 임무는 대잠수함전이다. 병기와 센서를 탑재한 헬리콥터 2대를 운용한다. 상부 구조물의 높이 때문에 일부 탑재병기의 탄도는 좋지 않다. 1982년 레바논 내전, 1991년 걸프 전쟁에 참전했다. 2006년에 퇴역했다.

제원	
유형: 이탈리아 구축함	
배수량: 4,470미터톤(4,400영국톤)	
크기: 135.9m×14.6m×4.5m(446피트×48피트×15피트)	
기관: 스크류 2개, 기어 터빈	
최고속도: 33노트	
주무장: 127mm(5인치) 함포 2문, SAM 발사기 1기	
진수년도: 1971년	

하루나

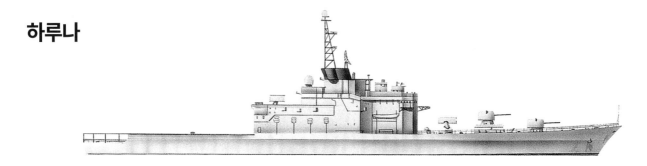

대잠수함 호위전단 지휘함이다. 3대의 시 킹 헬리콥터를 운용하기 위해 후방함체 전체를 사용한다. 격납고 폭은 군함의 전체 폭과 같다. 자동화기의 발사율은 분당 40발이다. 1986년과 1987년에 걸쳐 대공 능력을 향상시키기 위한 대규모 개장이 실시되었다.

제원	
유형: 일본 구축함	
배수량: 5029미터톤(4950영국톤)	
크기: 153m×17.5m×5.2m(502피트×57피트 5인치×17피트)	
기관: 스크류 2개, 터빈	
주무장: 127mm(5인치) 함포 2문, 시 스패로우 미사일 발사기, 324mm(12.75인치) 어뢰 발사관 6문	
진수년월: 1972년 2월	

1971　　　1972

(대잠수함) 구축함 및 프리깃

구축함 한 척에 탑승하는 승조원은 약 200명 정도다. 그만한 크기와 화력을 가진 배 치고는 결코 많은 인원이 아니다. 기술의 발전 덕택에 적은 인원으로도 그만한 배를 운용할 수 있는 것이다. 2010년 이후의 구축함은 3-D 위상 배열 레이더를 장비한다.

구르카

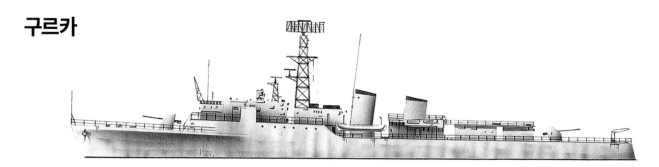

다목적 프리깃 트라이벌 급 7척 중 제3번함이다. 모든 승조원 구역과 대부분의 작업 구역에 에어컨디셔닝이 되는 최초의 영국 군함들 중 하나이기도 하다. 1979년 퇴역했으나 1982년 포클랜드 전쟁이 벌어지자 재취역했다. 1985년 인도네시아에 매각되었으며, 1999년 계류되었다.

제원	
유형: 영국 프리깃	
배수량: 2,743미터톤(2,700영국톤)	
크기: 109m×12.9m×5.3m(360피트×42피트 4인치×17피트 6인치)	
기관: 스크류 1개, 터빈 및 가스 터빈	
최고속도: 28노트	
주무장: 114mm(4.5인치) 함포 2문, 림보 3연장 대잠수함 박격포 1문	
정원: 253명	
진수년월: 1960년 7월	

조르쥬 레이그

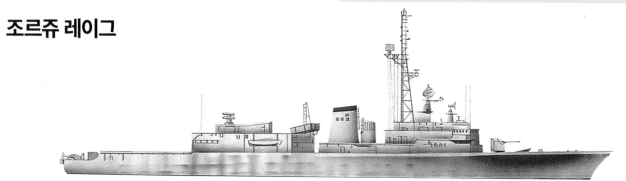

조르쥬 레이그와 그 자매함 7척은 프랑스 대잠 전력의 중심이다. 가스 터빈 엔진의 출력은 52,000마력, 디젤 엔진은 10,400마력에 달한다. 항속거리는 디젤 엔진으로 18노트 시 18,050km(9,500해리)다. 조르쥬 레이그는 2대의 링스 헬리콥터를 탑재하며 완벽한 격납고 시설을 갖추고 있다.

제원	
유형: 프랑스 구축함	
배수량: 4,236미터톤(4,170영국톤)	
크기: 139m×14m×5.7m(456피트×46피트×18피트 8인치)	
기관: 스크류 2개, 가스 터빈 및 디젤 엔진	
최고속도: 30노트	
주무장: 100mm(3.9인치) 함포 1문, 엑조세 미사일	
진수년월: 1976년 12월	

TIMELINE   1960   1976   1978

글래스고

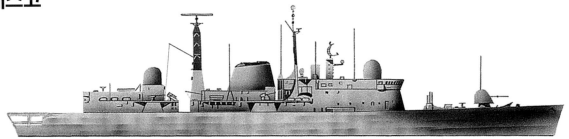

글래스고는 포클랜드 전쟁에 참전했으며 동티모르, 남대서양 초계 임무도 실시했다. 대공 탐색 레이더와 사격 통제 장치를 갖추고 헬리콥터 1대를 탑재한다. 3연장 324mm(12.75인치) 대잠수함 어뢰 발사관 2문도 갖추고 있다. 2005년에 퇴역하여 2009년에 터키에서 해체되었다.

제원	
유형: 영국 구축함	
배수량: 4,165미터톤(4,100영국톤)	
크기: 125m×14.3m×5.8m(410피트×47피트×19피트)	
기관: 스크류 2개, 가스 터빈	
최고속도: 30노트	
주무장: 114mm(4.5인치) 함포 1문, 2연장 시 다트 미사일 발사기 1기	
진수년월: 1976년 4월	

쿠싱

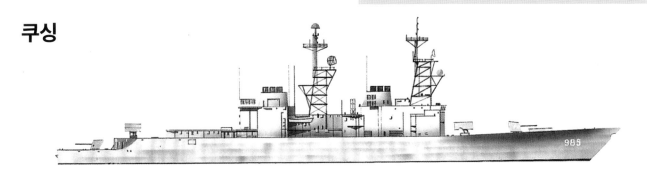

마지막까지 남은 스프루언스급 구축함으로, 2005년에 표적함으로 쓰여 침몰했다. 대잠수함전용 구축함이던 이들은 2대의 헬리콥터를 탑재하고 페일랭스 CIWS 대공 방어 체계, 하푼 및 스패로우 미사일도 장비했다. 가스 터빈을 장비한 최초의 미 해군 수상함인 이 급은 엔진 하나만으로도 19노트를 낼 수 있다.

제원	
유형: 미국 구축함	
배수량: 7,924미터톤(7,800영국톤)	
크기: 161m×17m×9m(529피트 2인치×55피트 1인치×28피트 10인치)	
기관: 스크류 2개, 가스 터빈	
최고속도: 30노트	
주무장: 127mm(5인치) 함포 2문, 322mm(12.75인치) 어뢰 발사관 6문	
진수년월: 1978년 6월	

하츠유키

기존의 일본 대잠수함 구축함과는 설계가 크게 달라졌다. 전반적인 배치는 프랑스 조르쥬 레이그 급을 닮았지만 병기 체계는 미국산, 기관은 영국산이다. 기관은 가스 터빈 2세트로 이루어져 있으며 한 세트는 56,780마력을, 다른 한 세트는 10,680마력을 낸다.

제원	
유형: 일본 구축함	
배수량: 3,760미터톤(3,700영국톤)	
크기: 131.7m×13.7m×4.3m(432피트×45피트×14피트)	
기관: 스크류 2개, 가스 터빈	
최고속도: 30노트	
주무장: 76mm(3인치) 함포 1문, 8셀 시 스패로우 발사기 1기, 20mm(0.79인치) 페일랭스 CIWS 2문	
정원: 190명	
진수년월: 1980년 11월	

1978

1980

트롬프

트롬프와 그 자매함 데 로이테르는 동대서양에서 활동하는 NATO의 두 장거리 기동부대 기함을 맡았다. 8연장 시 스패로우 미사일 발사기와 시 스패로우 60발을 갖추고 있어 단거리 대공/대미사일 방어가 가능하다. 후일 골키퍼 거점 방어 화기 체계가 설치되었다. 링스 헬리콥터 1대도 탑재한다.

트롬프

네덜란드 왕립 해군의 두 순양함을 대체한 HNLMS 트롬프와 데 로이테르는 역사상 가장 크고 강력한 축에 드는 프리깃 함이다. 하푼, 스탠더드, 시 스패로우 미사일 등의 무장을 탑재한다.

제원	
유형: 네덜란드 구축함	
배수량: 5,486미터톤(5,400영국톤)	
크기: 138.2m×14.8m×6.6m(453피트 5인치×48피트 6인치×21피트 8인치)	
기관: 스크류 2개, 가스 터빈	
최고속도: 28노트	
주무장: 120mm(4.7인치) 함포 2문, 8셀 시 스패로우 발사기 1기, Mk 13 SM-1 스탠더드 미사일 발사기 1기	
진수년월: 1973년 6월	

기관
베르크스포르 야로우 3드럼 보일러 4대와 데 쉘데-파슨스 기어 증기 터빈 2대가 63,384kW(85,000축마력)의 출력을 낸다.

장갑
흘수선 벨트는 중앙함체가 76mm(3인치), 함수와 함미가 50mm(1.9인치)다. 포탑 장갑은 50mm(1.9인치)~125mm(4.9인치)다

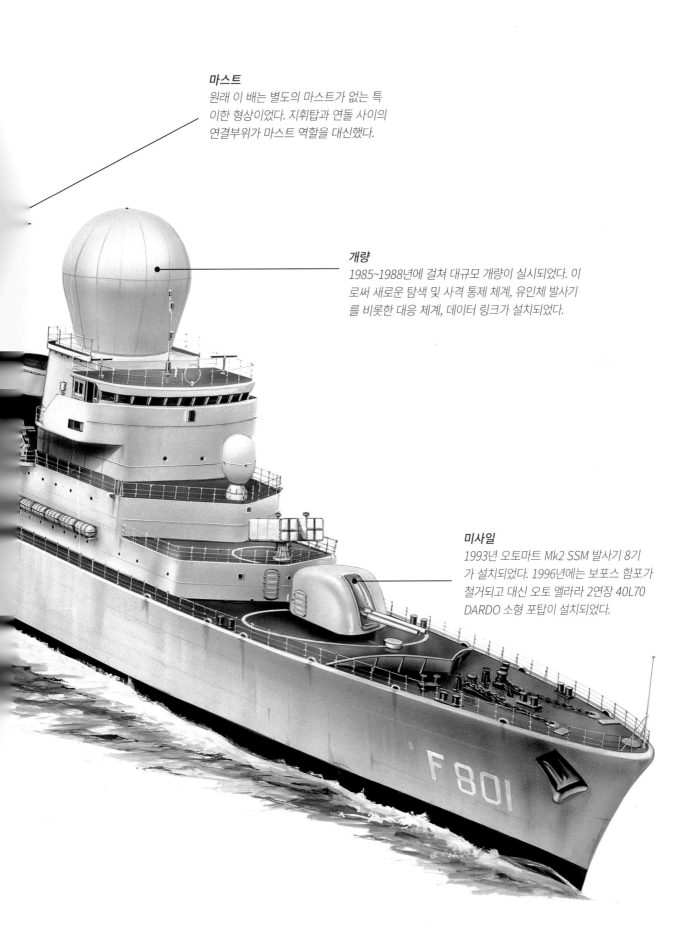

마스트
원래 이 배는 별도의 마스트가 없는 특이한 형상이었다. 지휘탑과 연돌 사이의 연결부위가 마스트 역할을 대신했다.

개량
1985~1988년에 걸쳐 대규모 개량이 실시되었다. 이로써 새로운 탐색 및 사격 통제 체계, 유인체 발사기를 비롯한 대응 체계, 데이터 링크가 설치되었다.

미사일
1993년 오토마트 Mk2 SSM 발사기 8기가 설치되었다. 1996년에는 보포스 함포가 철거되고 대신 오토 멜라라 2연장 40L70 DARDO 소형 포탑이 설치되었다.

F 801

1950년대의 프리깃

현대 군함의 함급 이름 붙이기가 항상 쉽지만은 않다. '프리깃'이야말로 대표적인 사례다. 20세기 초, 프리깃은 호위함, 특히 호송대의 호위함을 의미했다. 보통 구축함보다 작고 느렸고, 어뢰 무장은 없었다. 그러나 1950년대가 되자 이런 설명은 무의미해졌다.

그래프턴

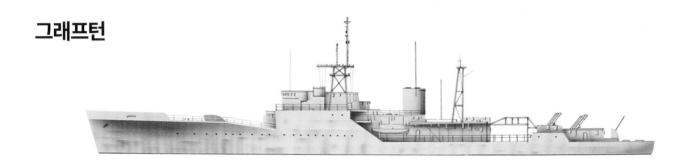

상당부분이 기성품으로 이루어져 있는 그래프턴 급 프리깃 12척은 호위함 치고는 무장이 빈약하다. 대잠수함 무장은 림보 3연장 폭뢰 발사기 2기다. 대형 폭뢰들을 넓은 해역에 매우 정확하게 발사할 수 있다. 1971년 해체되었다.

제원
유형: 영국 프리깃
배수량: 1,480미터톤(1,456영국톤)
크기: 94.5m×10m×4.7m(310피트×33피트×15피트 6인치)
기관: 스크루 1개, 터빈
최고속도: 27.8노트
주무장: 40mm(1.6인치) 함포 2문
진수년월: 1954년 9월

첸타우로

미국의 예산지원으로 만들어져 속사 대잠수함 무장 및 중형 대공무장을 한 동급함 4척 중 1척이다. 2연장 포탑에 함포는 상하로 배치되어 있다. 그러나 이러한 배치는 나중에는 평범하게 바뀌게 된다. 1984년 해체되었다.

제원
유형: 이탈리아 프리깃
배수량: 2,255미터톤(2,220영국톤)
크기: 104m×11m×4m(339피트×38피트×11피트 6인치)
기관: 스크루 2개, 기어 터빈
주무장: 76mm(3인치) 함포 4문
진수년월: 1954년 4월

TIMELINE   1954   1955

치그노

치그노는 첸타우로와 동급함으로 특징이 비슷하지만, 배수량은 더욱 크다. 분당 발사율 60발의 이탈리아산 76mm(3인치) 함포가 2연장 포탑에 탑재되어 있다. 1960년대 이 함포탑들은 철거되고, 3연장 76mm(3인치) 함포탑 1개로 바뀌었다. 1983년 해체되었다.

제원	
유형: 이탈리아 프리깃	
배수량: 2,455미터톤(2,220영국톤)	
크기: 103m×12m×4m(339피트 3인치×38피트×11피트 6인치)	
기관: 스크류 2개, 기어 터빈	
주무장: 76mm(3인치) 함포 4문	
진수년월: 1955년 3월	

가티노

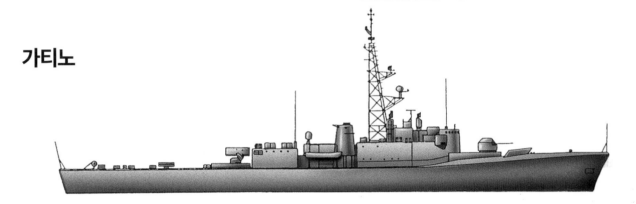

세인트 로렌트 급의 발전형인 가티노는 동급함 3척과 함께 1966~1973년 사이에 근대화되었다. 이 때 가변 심도 소나와 ASROC 발사기가 설치되고 대잠수함 박격포와 76mm(3인치) 함포 1문 씩이 철거되었다. 걸프 전쟁에 참전했다. 1996년에 퇴역하여 2009년 해체되었다.

제원	
유형: 캐나다 프리깃	
배수량: 2,641.6미터톤(2,600영국톤)	
크기: 111.6m×12.8m×4.2m(366피트×42피트×13피트 2인치)	
기관: 스크류 2개, 기어 터빈	
최고속도: 28노트	
주무장: 8연장 하푼 SSM 발사기 1기, 76mm(3인치) 함포 2문, Mk 15 페일랭스 20mm (0.79인치) CIWS 1문, 324mm(12.75인치) 어뢰 발사관 6문	
정원: 290명	
진수년도: 1957년	

게믈릭

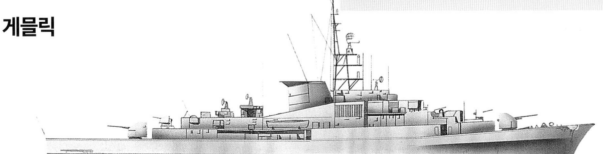

서독의 쾰른 급 프리깃 엠덴이던 이 배는 1983년 9월 터키 해군에 인도되어 <게믈릭>으로 개칭되었다. 대잠수함용 병기, 센서, 전자전 대응책을 탑재한다. 어뢰 발사관 4문이 있어 음향 유도 어뢰를 발사한다. 최대 80발의 기뢰를 부설할 수 있다. 화재 후 1994년 해체되었다.

제원	
유형: 터키 프리깃	
배수량: 2,743미터톤(2,700영국톤)	
크기: 109.9m×11m×5.1m(360피트 7인치×36피트×16피트 9인치)	
기관: 스크류 2개, 가스 터빈/디젤 엔진	
최고속도: 28노트	
주무장: 100mm(3.9인치) 함포 2문, 533mm(21인치) 어뢰 발사관 4문	
진수년월: 1959년 3월	

1957   1959

1960년대와 1970년대의 프리깃: 제1부

1960년대의 프리깃들은 과거의 경순양함의 역할을 맡는 다목적 군함이었다. 문제가 생긴 해역에 강력한 해군의 존재를 알리기 충분한 능력을 갖추고 있었다. 미사일 무장으로 대공 및 대잠수함 전투가 가능했다.

카를로 베르가미니

이 작지만 효율적인 프리깃은 완전 자동식 76mm(3인치) 함포, 신형 단일 포신 박격포, 자동 폭뢰 투하기(분당발사율 15발, 사거리 920m(1,000야드)), 304mm(12인치) 어뢰 발사관 2종, 헬리콥터 1대를 갖추고 있다. 1981년 해체되었다.

제원

유형:	이탈리아 프리깃
배수량:	1,676미터톤(1,650영국톤)
크기:	94m×11m×3m(308피트 3인치×37피트 3인치×10피트 6인치)
기관:	스크류 2개, 디젤 엔진
주무장:	76mm(3인치) 함포 3문
진수년월:	1960년 6월

디도

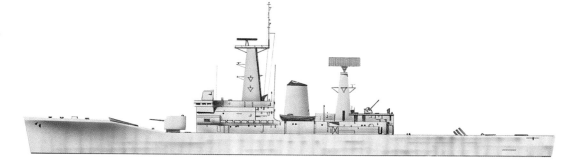

린더 급 프리깃 3척 중 하나인 디도는 GWS 40 이카라 ASW 미사일 시스템이 탑재(1978년)된 군함 8척 중 하나이기도 하다. 와스프 경헬리콥터(이후 링스로 바뀜)도 1대 탑재한다. 1983년 디도는 뉴질랜드에 매각되어 HMNZS 사우스랜드로 개칭되었다. 1995년 제적되어 인도에 보내져 해체되었다.

제원

유형:	영국 프리깃
배수량:	2,844미터톤(2,800영국톤)
크기:	113m×12m×5.4m(372피트×41피트×18피트)
기관:	스크류 2개, 터빈
최고속도:	30노트
주무장:	114mm(4.5인치) 함포 2문, 4연장 시 캣 미사일 발사기 1기
정원:	263명
진수년월:	1961년 12월

TIMELINE   1960   1961

두다르 드 라그레

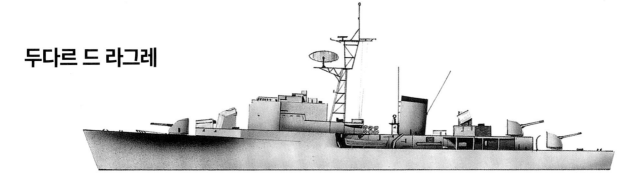

두다르 드 라그레는 호위 및 식민지 초계 용도로 건조되었다. 특수부대원 80명도 태울 수 있다. 1970년대 후반 함포탑 1개가 철거되고 대신 엑조세 미사일 발사기 4기가 설치되었다. 건조 기술과 장비 설계의 발달로 진부화되어 1991년에 제적되었다.

제원	
유형:	프랑스 프리깃
배수량:	2,235미터톤(2,200영국톤)
크기:	102m×11.5m×3.8m(334피트×37피트 6인치×12피트 6인치)
기관:	스크류 2개, 디젤
최고속도:	25노트
주무장:	100mm(3.9인치) 함포 3문, 대공포 2문
정원:	210명
진수년월:	1961년 4월

갤러티어

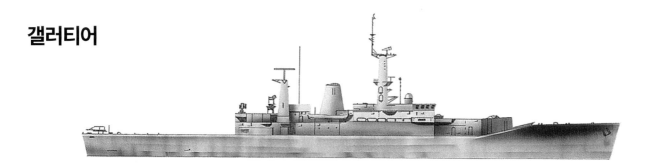

갤러티어는 12형 로스시 급 프리깃의 발전형이다. 미사일 체계는 함교 앞 연장된 상부구조물에 들어간다. 이 급은 1970년대와 1980년대에 개량되었다. 극동과 페르시아만에 파견된 이후 1987년 퇴역하여 1988년 표적함으로 쓰여 침몰했다.

제원	
유형:	영국 프리깃
배수량:	2,906미터톤(2,860영국톤)
크기:	113.4m×12.5m×4.5m(372피트×41피트×14피트 9인치)
기관:	스크류 2개, 터빈
최고속도:	28노트
주무장:	이카라 대잠수함 미사일 발사기 1기
진수년월:	1963년 5월

유바리

일본 해상자위대의 이시카리 급은 20세기 후반의 호위함 치고는 배수량이 너무 작아 필요한 장비와 병기, 전자장비를 싣기 어렵다. 따라서 함체를 늘리고 연료 탑재량과 항속거리를 늘린 유바리 급이 나왔다. 페일랭스 CIWS를 탑재할 계획이었으나 실제 탑재되지는 않았다.

제원	
유형:	일본 프리깃
배수량:	1,777미터톤(1,690영국톤)
크기:	91m×10.8m×3.5m(298피트 6인치×35피트 5인치×11피트 6인치)
기관:	스크류 2개, 가스 터빈 및 디젤
최고속도:	25노트
주무장:	4연장 하푼 SSM 발사기 2기, 76mm(3인치) 함포 1문, 375mm(14.75인치) 박격포 1문, 324mm(12.75인치) 어뢰 발사관 6문
정원:	98명
진수년도:	1982년

1963   1982

1960년대와 1970년대의 프리깃: 제2부

구축함과 프리깃 간의 구분은 갈수록 희미해지고 있다. 현재 두 함종 모두가 정찰 및 대잠수함전, 탐색구조용 헬리콥터를 탑재하고 있다. 프리깃 중에는 소나, ASROC 발사기 등 대잠수함전 장비를 갖춘 배도 많아졌다.

데이빗슨

가르시아급 호위 구축함인 이 배는 1975년 프리깃으로 재분류되었다. 자이로식 안정장치가 있어 거친 바다에서도 운항 가능하다. 거대한 상자형 발사기에는 ASROC 8발이 들어간다. 2연장 어뢰 발사관은 이후 제거되었다. 1989년 브라질에 매각되어 <파라이보>로 개칭되었으며, 2002년에 퇴역했다.

제원	
유형: 미국 프리깃	
배수량: 3,454미터톤(3,400영국톤)	
크기: 126m×13.5m×7m(414피트 8인치×44피트 3인치×24피트)	
기관: 스크루 1개, 터빈	
최고속도: 27노트	
주무장: 127mm(5인치) 이중목적포 2문	
정원: 270명	
진수년도: 1964년	

카라비니에레

보조 가스 터빈 엔진이 붙어 있어 필요할 때 더 속도를 낼 수 있다. 마스트와 연돌이 일체형 구조로 되어 있다. 대잠수함전용 병기로는 반자동 폭뢰 박격포 1문과 어뢰 발사관 6문, 헬리콥터 2대가 있다. 대미사일 방어용 SCLAR 로켓도 있다. 2008년에 퇴역했다.

제원	
유형: 이탈리아 프리깃	
배수량: 2,743미터톤(2,700영국톤)	
크기: 113m×13m×4m(371피트×43피트 6인치×12피트 7인치)	
기관: 스크루 2개, 디젤 엔진, 가스 터빈	
최고속도: 20노트(디젤), 28노트(디젤 및 터빈 동시 사용)	
주무장: 76mm(3인치) 함포 6문	
진수년월: 1967년 9월	

TIMELINE

1964   1967   1968

알반드

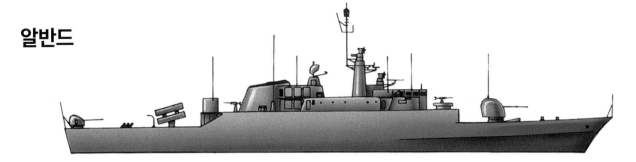

이 함이 속한 알반드 급은 1985년 네임쉽의 이름이 알반드로 개칭될 때까지는 사암 급으로 알려졌다. 영국 보스퍼 소니크래프트 사에서 설계했으며, 21급 프리깃의 축소형이다. 시 캣 발사기는 나중에 철거되었다. 1988년 동급함 1척이 미군기에 의해 격침당했으나, 알반드는 이후에도 현역 상태를 유지했다.

제원	
유형: 이란 프리깃	
배수량: 1,564.7미터톤(1,540영국톤)	
크기: 94.5m×10.5m×3.5m(310피트×34피트 5인치×11피트 6인치)	
기관: 스크류 2개, 가스 터빈 및 디젤	
최고속도: 40노트	
주무장: SSM 발사기 1기, 시 캣 SAM 시스템 1기, 114mm(4.5인치) 함포 1문, 림보 Mk 10 대잠수함 박격포 1문	
정원: 135명	
진수년도: 1968년	

다운스

대량 건조(46척)된 이 프리깃은 기동성과 대잠수함전 능력이 모자라다는 비평을 받았다. 함체 중앙 탑형 구조물은 첨단 전자기기 수용을 목적으로 만들어졌지만 그런 전자기기는 탑재되지 않았다. 대신 표준형 수상/대공 탐색 레이더를 설치했다. 2003년 표적함으로 쓰여 침몰했다.

제원	
유형: 미국 프리깃	
배수량: 4,165미터톤(4,100영국톤)	
크기: 126.6m×14m×7.5m(415피트 4인치×46피트 9인치×24피트 7인치)	
기관: 스크류 1개, 터빈	
최고속도: 28+노트	
주무장: 127mm(5인치) 함포 1문, 8연장 시 스패로우 미사일 발사기 1기, 20mm(0.79인치) 페일랭스 CIWS	
진수년월: 1969년 12월	

지쿠고

동급함 11척 중 한 척으로 1968년 기공되었다. ASROC을 탑재하는 배 중 가장 작다. 경 대공무장이 탑재되어 있다. 지상발진 전투기 및 미사일의 타격범위 내의 연안 초계용이다. 1996년 퇴역했다.

제원	
유형: 일본 프리깃	
배수량: 1,493미터톤(1,470영국톤)	
크기: 93m×11m×4m(305피트 5인치×35피트 5인치×11피트 6인치)	
기관: 스크류 2개, 디젤	
주무장: 76mm(3인치) 함포 2문	
진수년도: 1970년	

1969   1970

1970년대의 프리깃

원양작전에서 프리깃과 구축함의 역할이 부각되는 경향이 있다. 그러나 소형 프리깃의 주임무는 연안 초계다. 그리고 이 때문에 전방 함포가 필요해진다. 상대 선박을 정선 및 검색하거나 고속 기동 선박을 차단하는 데 전방 함포를 사용하기 때문이다.

아타바스칸

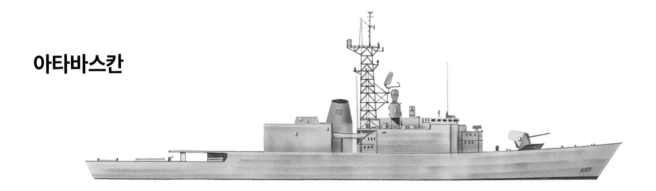

아타바스칸과 세 자매함은 대잠수함전용으로 설계되었다. 시 킹 헬리콥터를 수납하는 격납고 2개가 있다. 때문에 당대의 대잠수함전용 함선 중 가장 운용 유연성이 뛰어나다. 현재 무장으로 SAM 발사기, Mk 15 20mm(0.79인치) 페일랭스 CIWS, 324mm(12.75인치) 어뢰 발사관 6문 등이 있다.

제원	
유형: 캐나다 프리깃	
배수량: 4,267미터톤(4,200영국톤)	
크기: 129.8m×15.5m×4.5m(426피트×51피트×15피트)	
기관: 스크류 2개, 가스 터빈	
최고속도: 30노트	
주무장: 127mm(5인치) 함포 1문, 3연장 박격포 1기	
정원: 285명	
진수년도: 1970년	

이줌루드

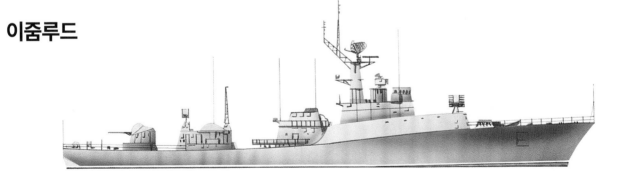

KGB 국경수비대가 연안 초계에 사용했다. 2연장 533mm(21인치) 어뢰 발사관, SA-N-4 SAM, 로켓 발사기 등을 장비한다. 터빈 출력은 24,000마력, 디젤 엔진 출력은 16,000마력이다. 항속거리는 27노트에서 1,805km(950해리), 10노트에서 8,550km(4,500해리)다. 어떻게 처분되었는지는 불명이다.

제원	
유형: 소련 프리깃	
배수량: 1,219미터톤(1,200영국톤)	
크기: 72m×10m×3.7m(236피트 3인치×32피트 10인치×12피트 2인치)	
기관: 스크류 3개, 가스 터빈 1대, 디젤 엔진 2대	
주무장: 57mm(2.24인치) 함포 2문, SAM	
정원: 310명	
진수년도: 1970년	

TIMELINE   1970   1972

나진

제2차 세계대전에 쓰인 소련제 포와, 소련 잉여 함선에서 철거한 SS-N-2A 미사일로 무장했다. 1970년대 초반 북한에서 건조된 2척 중 하나다. 현황은 불명확하다.

제원	
유형: 북한 프리깃	
배수량: 1,524미터톤(1,500영국톤)	
크기: 100m×9.9m×2.7m(328피트×32피트 6인치×8피트 10인치)	
기관: 스크루 2개, 디젤	
최고속도: 33노트	
주무장: 100mm(3인치) 함포 2문, 533mm(21인치) 어뢰 발사관 3문	
정원: 180명	
진수년도: 1972년	

바프티스타 데 안드라데

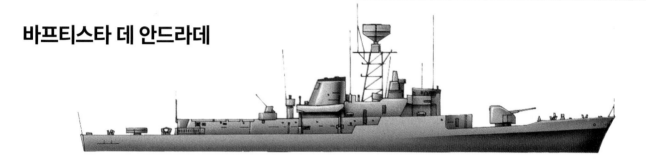

이 급 프리깃 4척은 당대 기준으로 봐도 무장이 부실하다. 대공 및 대잠수함 방어력도 약하다. 포르투갈은 이 4척을 1977년 콜럼비아에 매각하고자 했으나, 거래는 성사되지 않았다. 이들은 연안 초계용으로만 사용되었으며, NATO 군함들과 함께 운용된 적이 없다.

제원	
유형: 포르투갈 프리깃	
배수량: 1,423.4미터톤(1,401영국톤)	
크기: 84.6m×10.3m×3.3m(277피트 8인치×33피트 10인치×10피트 10인치)	
기관: 스크루 2개, 디젤 엔진	
최고속도: 24.4노트	
주무장: 100mm(3.9인치) 함포 1문, 324mm(12.75인치) 어뢰 발사관 6문	
정원: 113명	
진수년도: 1973년	

브로드소드

브로드소드는 린더 급과 공동작전을 하기 위해 건조된 최초의 다목적 프리깃 함이다. 미사일로만 무장하고, 대잠작전용 주 장비로는 링스 헬리콥터를 탑재한 동급함 26척을 건조할 계획이었다. 후기형은 더 많은 무장과 센서를 탑재했다. 1995년 브라질에 매각되어 <그린할지>로 개칭되었다.

제원	
유형: 영국 프리깃	
배수량: 4,470미터톤(4,400영국톤)	
크기: 131m×15m×4m(430피트 5인치×48피트 8인치×14피트)	
기관: 스크루 2개, 가스 터빈	
주무장: M38 엑조세 발사기 4기, 40mm(1.6인치) 함포 2문	
정원: 407명	
진수년도: 1975년	

1973   1975

1970년대와 1980년대의 프리깃

각국 해군들은 대체로 거의 모든 임무를 소화할 수 있는 프리깃을 수상 함대의 중핵으로 여기고 있다. 예를 들어 영국에서는 1960년 당시 구축함 55척, 프리깃 84척을 보유했다. 20년 후인 1980년 구축함 보유수는 13척, 프리깃 보유수는 53척이 되었다. 군함의 수는 줄이되 다목적성을 높이고 무장을 충실히 하는 것이 추세다.

루포

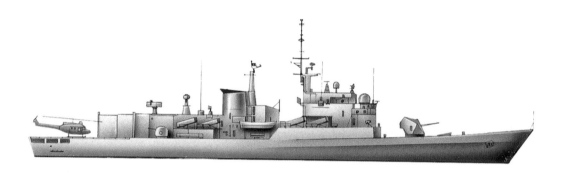

루포 급은 설계가 훌륭하고 이탈리아를 비롯한 여러 나라 해군에서 사용되었다. 루포의 운용에는 SADOC 자동화 전투 통제 체계가 사용되어, 같은 장비를 가진 배들끼리 통합 작전이 가능하다. 2대의 헬리콥터가 탑재된다. 2005년 페루에 매각되어 팔라시오스로 개칭되었다.

제원	
유형: 이탈리아 프리깃	
배수량: 2,540미터톤(2,500영국톤)	
크기: 112.8m×12m×3.6m(370피트 2인치×39피트 4인치×12피트)	
기관: 스크루 2개, 가스 터빈 및 디젤 엔진	
최고속도: 35노트	
주무장: 오토마트 SSM 발사기 8기, 시 스패로우 SAM 발사기 1기, 127mm(5인치) 함포 1문, 324mm(12.75인치) 어뢰 발사관 6문	
정원: 185명	
진수년도: 1976년	

무라드 라이스

소련에서 건조하고 소련제 장비를 탑재한 코니급 경 프리깃 함이다. 소련의 동맹국 및 우방국에 판매하기 위해 건조되었다. 알제리는 1978년부터 1984년 사이 대잠수함전용으로 3척을 도입했다. 러시아는 2009~2010년에 걸쳐 근대화 개장을 실시해 주었다.

제원	
유형: 알제리 프리깃	
배수량: 1,930.4미터톤(1,900영국톤)	
크기: 95m×12.8m×4.2m(311피트 8인치×42피트×13피트 9인치)	
기관: 스크루 3개, 디젤 및 가스 터빈	
최고속도: 27노트	
주무장: 2연장 SA-N-4 SAM 발사기 1기, 76mm(3인치) 함포 4문, RBU-6000 대잠수함 로켓탄 발사기 2문, 폭뢰 투하기 2기	
정원: 110명	
진수년도: 1978년	

고다바리

고다바리는 영국 린더 급 프리깃의 개량형이다. 소련제와 인도제 병기 체계가 탑재되어 있다. 격납고에는 시 킹 또는 체탁 헬리콥터 2대가 탑재된다. 레이더 피탐지 면적을 줄이기 위해 초보적인 스텔스 디자인이 적용되었다. 대부분의 무장은 앞갑판에 설치되었다.

제원	
유형:	인도 프리깃
배수량:	4,064미터톤(4,000영국톤)
크기:	126.5m×14.5m×9m(415피트×47피트 7인치×29피트 6인치)
기관:	스크류 2개, 터빈
최고속도:	27노트
주무장:	57mm(2.24인치) 함포 2문, SS-N-2C 스틱스 미사일 발사기 4기, SA-N-4 게코 미사일
정원:	313명
진수년월:	1980년 5월

아드미랄 페트레 바르부네아누

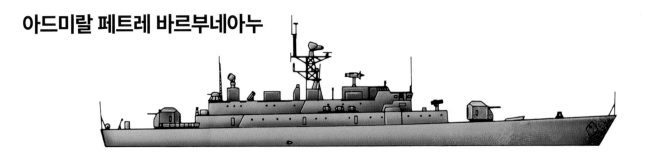

루마니아 해군은 흑해에서 활동한다. 이 배는 대잠수함전용으로 설계되어 16연장 RBU-2500 대잠수함 박격포를 탑재한다. <테탈> 급에 속하는 이 배는 3척의 동급함이 있다. 센서 장비에는 함체 소나, 대공/대수상 탐색 레이더와 사격 통제 레이더가 있다.

제원	
유형:	루마니아 프리깃
배수량:	1,463미터톤(1,440영국톤)
크기:	95.4m×11.7m×3m(303피트 1인치×38피트 4인치×9피트 8인치)
기관:	스크류 2개, 디젤 엔진
최고속도:	24노트
주무장:	76mm(3인치) 함포 4문, 로켓 발사기 2기, 533mm(21인치) 어뢰 발사관 4문
정원:	95명
진수년도:	1981년

도일

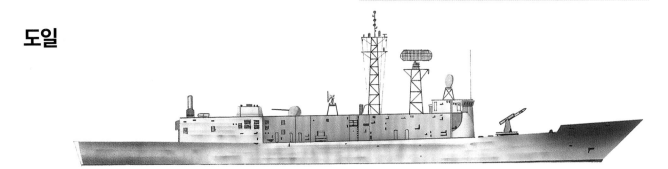

도일의 외부 모습은 기존 프리깃과는 다르다. 제2차 세계대전형 설계와는 거의 완전히 결별한 모습이다. 주무장은 함포가 아니라 미사일이고, 레이더 피탐지율이 낮다. 첨단 레이더 및 소나 탐지 체계가 있다. 대잠수함 병기를 탑재한 헬리콥터 2대를 탑재한다.

제원	
유형:	미국 프리깃
배수량:	3,708미터톤(3,650영국톤)
크기:	135.6m×14m×7.5m(444피트 10인치×45피트×24피트 7인치)
기관:	스크류 1개, 가스 터빈
최고속도:	28노트
주무장:	76mm(3인치) 함포 1문, 하푼 미사일 발사기
진수년월:	1982년 5월

1981 1982

1980년대의 프리깃

미사일 기술의 발전으로 인해 프리깃은 기존의 127mm(5인치) 함포에 덜 의존하게 되었다. 1980년대가 되면 주포도 1문으로 줄어들었다. 주포는 예포 사격 때도 유용한데 일부 프리깃은 그것도 없다. 20mm(0.79인치) 또는 30mm(1.18인치) 발칸포 기반의 CIWS도 도입되었다.

야콥 판 헴스케르크

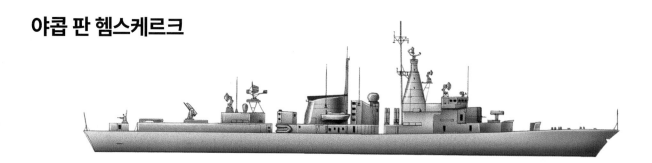

네덜란드 L급 방공 미사일 프리깃은 1986년 완공되었다. 이후 2005년 칠레에 인도되어 <아드미랄 라토레>로 개칭되었다. 다른 군함에서 흔히 볼 수 있는 전방 함포는 없고, 20mm 함포 2문만 있다. 대수상 탐색 레이더, 대공/대수상 탐색 레이더, 사격 통제 레이더, 함체 소나가 있다. 자매함 역시 칠레에 매각되었다.

제원	
유형: 네덜란드 프리깃	
배수량: 3,810미터톤(3,750영국톤)	
크기: 130.2m×14.4m×6m(427피트×47피트×20피트)	
기관: 스크류 2개, 가스 터빈	
최고속도: 30노트	
주무장: 하푼 SSM 발사기 8기, 스탠더드 SM-1MR SAM, 8연장 시 스패로우 발사기, 골키퍼 30mm(1.18인치) CIWS, 324mm(12.75인치) 어뢰 발사관 4문	
정원: 197명	
진수년도: 1983년	

알 마디나

프랑스에서 설계 및 건조된 알 마디나는 1980년대 중반에 사우디아라비아에 인도된 다목적함 4척 중 하나다. 단 대함전에 큰 비중을 두고 만들어졌다. SA365F 도팽 헬리콥터 1대를 운용할 수 있으나, 상시 탑재하지는 않는다. 필요한 모든 종류의 레이더와 함체 소나를 탑재하고 있다.

제원	
유형: 사우디 아라비아 프리깃	
배수량: 2,651.8미터톤(2,610영국톤)	
크기: 115m×12.5m×4.9m(377피트 3인치×41피트×16피트)	
기관: 스크류 2개, 디젤	
최고속도: 30노트	
주무장: 오토마트 Mk 2 SSM 발사기 8기, 크로탈 SAM 발사기 1기, 100mm(3.9인치) 함포 1문, 440mm(17.33인치) 어뢰 발사관	
정원: 179명	
진수년도: 1983년	

코토르

소련 코니급 프리깃 설계에 기반해 만들어진 코토르와 풀라는 코니급보다 더 크고 구조상 변경된 부분이 많다. 무장과 기관도 소련제와 서방제가 섞여 있다. 비동맹 국가인 유고슬라비아의 실정을 반영하는 부분이다. 코토르는 현재 몬테네그로 해군 소속이지만, 운용 가능 상태는 아니다.

제원	
유형:	유고슬라비아 프리깃
배수량:	1,930.4미터톤(1,900영국톤)
크기:	96.7m×12.8m×4.2m(317피트 3인치×42피트×13피트 9인치)
기관:	스크류 3개, 디젤 엔진, 가스 터빈
최고속도:	27노트
주무장:	SS-N-2C SSM 발사기 4기, 2연장 SA-N-4 SAM 발사기 1기, 76mm(3인치) 함포 2문, 324mm(12.75인치) 어뢰 발사관 6문, RBU-6000 대잠수함 로켓 발사기 2기
정원:	110명
진수년도:	1984년

지앙후 III

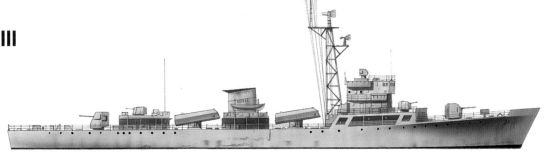

지앙후 I급과 II급에 이은 지앙후 III급은 최신 대함 병기와 더 큰 상부 구조를 가지고 있다. 엔진 출력이 작기 때문에 원양 작전 보다는 연안 대잠수함 초계 목적으로 설계되었다. 파키스탄, 이집트, 태국 등지의 해군에 다수가 수출되었다.

제원	
유형:	중국 프리깃
배수량:	1895미터톤(1865영국톤)
크기:	103.2m×10.83m×3.1m(338피트 7인치×35피트 6인치×10피트 2인치)
기관:	스크류 2개, 디젤 엔진
최고속도:	25.5노트
주무장:	YJ-1 응격(□□) SSM 발사기 8기, 100mm(3.9인치) 함포 4문, 대잠수함 박격포 2문, 폭뢰 투하기 2기
정원:	180명
진수년도:	1986년

인하우마

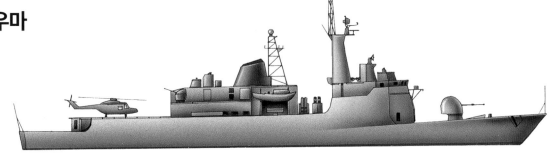

인하우마는 브라질 해군의 중핵을 이루는 16척의 경초계함 중 네임쉽이다. 독일에서 설계된 이 배는 다양한 국적의 장비를 탑재한다. 사격 통제 체계는 스웨덴제, 전투 정보 체계는 영국제, 엔진은 미국제, 미사일 체계는 프랑스제다. 비행갑판에서는 링스 헬리콥터를 운용한다.

제원	
유형:	브라질 프리깃
배수량:	2,001.5미터톤(1,970영국톤)
크기:	95.8m×11.4m×5.5m(314피트 3인치×37피트 5인치×18피트)
기관:	스크류 2개, 디젤 엔진 및 가스 터빈
최고속도:	27노트
주무장:	MM40 엑조세 SSM 발사기 4기, 114mm(4.5인치) 함포 1문, 324mm(12.75인치) 어뢰 발사관 6문
정원:	162명
진수년도:	1986년

1986

1980년대와 1990년대의 프리깃

스텔스 기술은 현대 프리깃의 표준이 되었다. 상부구조물과 함체는 레이더 피탐지율을 최대한 낮추도록 설계되었다. 따라서 높이가 낮아지고, 구조물의 한 면의 넓이가 매우 넓어졌으며, 모서리도 둥그스름해졌다. 이로써 공기저항이 줄어들고 속도와 기동성도 향상되었다. 동시에 대공 및 대수상 탐색 레이더로 탐지 능력도 높아졌다.

핼리팩스

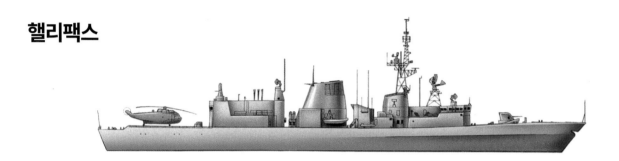

캐나다의 시티 급은 좌현으로 치우친 대형 연돌이 달린 대형 프리깃 함이다. 핼리팩스는 1992년 6월에 완공되었다. 무장은 주로 대수상 용과 대공용을 많이 싣지만, 각함마다 헬리콥터도 탑재해 대잠수함 전투도 가능하다. 2007년부터 각함별로 전면 개장이 실시되었다.

제원	
유형: 캐나다 프리깃	
배수량: 4,826미터톤(4,750영국톤)	
크기: 134.1m×16.4m×4.9m(440피트×53피트 9인치×16피트 2인치)	
기관: 스크류 2개, 가스 터빈 및 디젤	
최고속도: 28노트	
주무장: 하푼 SSM 8기, 시 스패로우 SAM용 VLS 2기, 57mm(2.24인치) 함포 1문, Mk 15 페일랭스 20mm(0.79인치) CIWS 1문, 324mm(12.75인치) 어뢰 발사관 4문	
정원: 225명	
진수년도: 1988년	

네우스트라쉬미

소련 해군의 대잠수함전 능력을 증강시키기 위해 도입된 이 급은 4 척으로 이루어져 있다. 상부구조물과 연돌로 나뉘어 있는 플랫 플레 어드 구조의 함체는 레이더 피탐면적을 줄이고 분산시킨다. 센서 중 에는 예인 소나도 있다. 2008~2009년 해적 소탕을 위해 소말리아 연안에 파견되었다.

제원	
유형: 소련 프리깃	
배수량: 3,556미터톤(3,500영국톤)	
크기: 130m×15.5m×5.6m(426피트 6인치×50피트 11인치×18피트 5인치)	
기관: 스크류 2개, 가스 터빈	
최고속도: 32노트	
주무장: SS-N-25 SSM 발사기 1기, SA-N-9 SAM 발사기 1기, CADS-N-1 함포/미사일 CIWS 2기, RBU-12000 대잠수함 로켓 발사기 1기	
정원: 210명	
진수년도: 1988년	

TIMELINE   1988   1989

테티스

테티스급 4척은 20세기말 21세기초 덴마크 해군 전력을 강화하기 위해 건조되었다. 하푼 및 시 스패로우 미사일을 탑재할 계획이었으나, 이 계획은 냉전 종식으로 무산되었다. 이 급은 경무장의 덩치 큰 어업지도선으로 운용되었다.

제원	
유형: 덴마크 초계함	
배수량: 3,556미터톤(3,500영국톤)	
크기: 112.5m×14.4m×6m(369피트 1인치×47피트 3인치×19피트 8인치)	
기관: 스크류 1개, 디젤	
최고속도: 21.5노트	
주무장: 76mm(3인치) 함포 1문, 폭뢰 투하기	
정원: 61명	
진수년도: 1989년	

플로레알

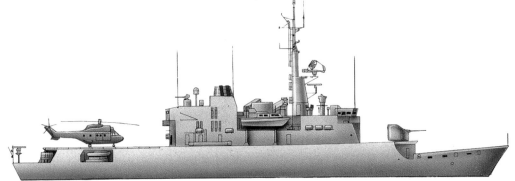

프랑스 배타적 경제 수역을 방어하기 위한 감시 프리깃인 이 급은 기존의 일반적 건함 기술 대신 상선 건조기술과 모듈형 조립체를 응용해 건조했다. 슈퍼 푸마급 헬리콥터를 운용할 수 있다. 동급함 2척은 모로코에 수출되었다.

제원	
유형: 프랑스 프리깃	
배수량: 2,997미터톤(2,950영국톤)	
크기: 93.5m×14m×4.3m(307피트×46피트×14피트)	
기관: 스크류 2개, 디젤 엔진	
최고속도: 20노트	
주무장: MM38 엑조세 SSM 발사기 2기, 100mm(3.9인치) 함포 1문	
정원: 80명+무장 병력 24명	
진수년도: 1990년	

나레수안

중국에서 지앙후 급의 설계를 기반으로 건조되었다. 의장공사는 태국에서 서방제 기관과 병기, 전자장비를 사용해 진행되었다. 때문에 오리지널 지앙후 급보다 더욱 강력하다. 대공 대수상 레이더, 항법 레이더, 화력 관제 레이더, 함체 소나가 있으며 링스 헬리콥터를 운용할 수 있다.

제원	
유형: 태국 프리깃	
배수량: 3,027.7미터톤(2,980영국톤)	
크기: 120m×13m×3.81m(393피트 8인치×42피트 8인치×12피트 6인치)	
기관: 스크류 2개, 가스 터빈 및 디젤 엔진	
최고속도: 32노트	
주무장: 하푼 SSM 발사기 8기, 시 스패로우 SAM용 Mk 41 VLS 1기, 127mm(5인치) 함포 1문, 324mm(12.75인치) 어뢰 발사관 6문	
정원: 150명	
진수년도: 1993년	

1990   1993

기뢰탐색함과 소해정

20세기 전반 기뢰의 유형과 부설 방식은 매우 다양해졌다. 신세대 지능형 기뢰들은 다양한 방식으로 소해 활동을 감지하고 대응할 수 있다. 미 해군 군함들 중에도 페르시아 만에서 작전 중 기뢰에 피뢰되어 손상을 입은 배들이 많다.

에데라

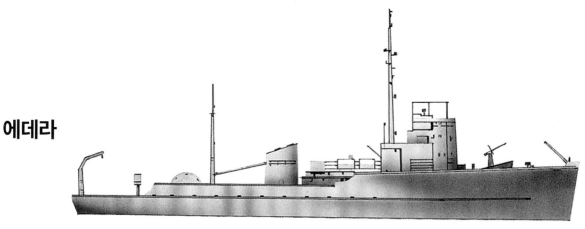

아가베 급 소해정 19척 중 한 척이다. 함체는 목재와 비자성 합금으로 만들어져 있으며, 연안 소해 임무에 맞게 설계되었다. 1960년대 이탈리아 소해정 부대의 한 축을 담당했다. 연료 탑재량은 25미터톤(25영국톤)으로, 10노트에서 4,750km(2,500 해리)를 갈 수 있다.

제원	
유형: 이탈리아 소해정	
배수량: 411미터톤(405영국톤)	
크기: 44m×8m×2.6m(144피트×26피트 6인치×8피트 6인치)	
기관: 스크류 2개, 디젤 엔진	
최고속도: 14노트	
주무장: 20mm(0.8인치) 대공포 2문	
정원: 38명	
진수년도: 1955년	

밤부

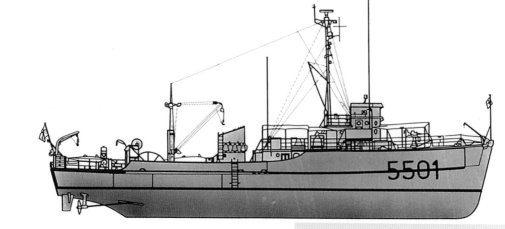

미국 애주턴트급의 개조형 4척 중 하나인 밤부는 1956년 취역했다. 레이더와 소나를 장비한 밤부는 목선이라 자기 지뢰에도 안전하다. 동급함들은 분쟁 지역에서 벌어지는 국제연합의 연안 초계 활동에 투입되기도 했다. 1990년대 퇴역했다.

제원	
유형: 이탈리아 연안 소해정	
배수량: 375미터톤(370영국톤)	
크기: 44.1m×8.5m×2.6m(144피트 5인치×28피트×8피트 6인치)	
기관: 스크류 2개, 디젤 엔진	
최고속도: 13노트	
주무장: 20mm(0.79인치) 대공포 2문	
정원: 31명	
진수년도: 1956	

TIMELINE

1955   1956   1957

드로미아

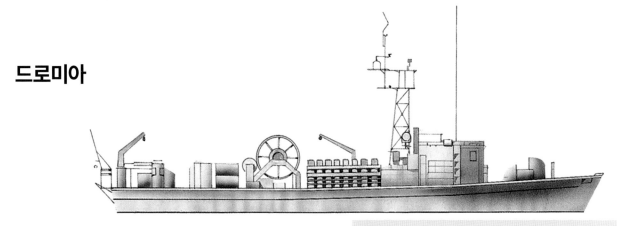

1955년부터 1957년 사이 이탈리아에서 건조된 영국 연안형 소해정 <햄> 급 20척 중 하나다. 천해, 강, 포구 등에서 운용할 수 있도록 설계되었다. 그리고 제2차 세계대전과 그 이후 전쟁들의 전훈을 받아들여 만들어졌다.

제원	
유형: 이탈리아 소해정	
배수량: 132미터톤(130영국톤)	
크기: 32m×6.4m×1.8m(106피트×21피트×6피트)	
기관: 스크류 2개, 디젤 엔진	
최고속도: 14노트	
주무장: 20mm(0.79인치) 함포 1문	
진수년도: 1957	

에리당

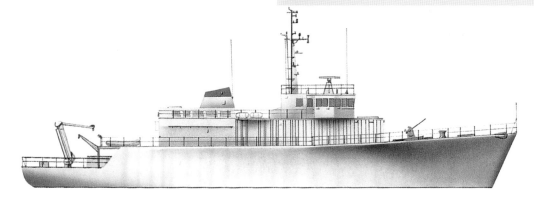

1970년대 말 프랑스, 벨기에, 네덜란드는 다른 나라에서도 사용할 수 있는 설계에 맞춰 총 35척의 기뢰탐색정을 건조했다. 에리당은 기뢰탐색 및 소해, 장거리 초계, 훈련, 무인 소해정 조종, 잠수 작전 지휘 등에 사용할 수 있다.

제원	
유형: 프랑스 기뢰탐색정	
배수량: 552미터톤(544영국톤)	
크기: 49m×8.9m×2.5m(161피트×29피트 2인치×8피트 2인치)	
기관: 스크류 1개, 디젤 엔진	
최고속도: 15노트	
주무장: 20mm(0.79인치) 함포 1문	
진수년도: 1979년 2월	

아스테르

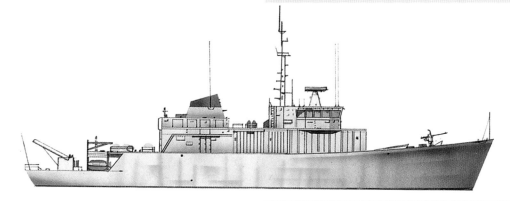

아스테르는 NATO용으로 만들어진 트라이파타이트 기뢰탐색함의 벨기에판이다. 트라이파타이트는 프랑스, 벨기에, 네덜란드에서 함체를 따로 만든 다음에, 벨기에 국내에서 프랑스 전자장비와 네덜란드 기관으로 의장 공사를 한 것이다. 화생방 보호 대책과 소해 장비가 있고, 초계 및 감시에 사용할 수 있다.

제원	
유형: 벨기에 기뢰탐색함	
배수량: 605미터톤(595영국톤)	
크기: 51.5m×8.9m×2.5m(169피트×29피트×8피트)	
기관: 스크류 1개, 디젤 엔진, 기동용 프로펠러 2개 함수 추력기 1대	
최고속도: 15노트	
주무장: 20mm(0.79인치) 대공포 1문	
진수년도: 1981년	

1979

1981

해군 특수함

이전 수십 년 간 함대 지원에는 전용 함정이 필요했다. 하지만 현대 함대의 운영 체계는 과거에 비해 매우 복잡해졌고, 따라서 기존의 지원함을 개량하는 것보다는 새로 건조해서 쓸 수밖에 없었다. 물론 그렇지 않은 예외도 있었지만 말이다. 그 외의 특수 분야에는 강습 및 상륙함 등이 있다.

필리쿠디

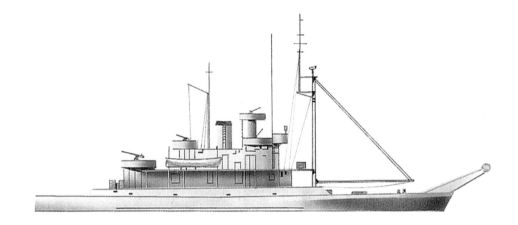

필리쿠디와 그 자매함인 알리쿠디는 표준 NATO 설계에 기반하고 있다. 항만 입구에 다양한 깊이로 방잠망을 부설할 수 있다. 함수에는 방잠망 취급에 필요한 크고 넓은 갑판이 있다. 전방 마스트에 달린 붐으로 방잠망을 취급한다.

제원	
유형:	이탈리아 방잠망 부설정
배수량:	847미터톤(834영국톤)
크기:	50m×10m×3.2m(165피트 4인치×33피트 6인치×10피트 6인치)
기관:	스크류 2개, 디젤-전기 모터
최고속도:	12노트
주무장:	40mm(1.57인치) 함포 1문
진수년도:	1954년 9월

카오를레

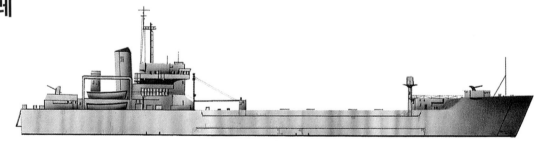

원래 미 해군의 뉴욕 카운티 함이었던 이 배는 1972년 이탈리아에 매각되어 카오를레로 개칭되었다. 완전무장 상륙군 최대 575명을 실을 수 있으며, 상륙군, 전차, 기타 차량의 혼합 탑재도 가능하다. 평저선이고 흘수가 얕아 수심이 얕은 해안에 좌초해 인원과 물자를 내려놓을 수 있다. 1999년 나폴리에서 해체되었다.

제원	
유형:	이탈리아 상륙함
배수량:	8,128미터톤(8,000영국톤)
크기:	135m×19m×5m(444피트×62피트×16피트 6인치)
기관:	스크류 2개, 디젤 엔진
최고속도:	17.5노트
주무장:	76mm(3인치) 함포 6문
진수년도:	1957년 3월

TIMELINE 1954 1957  1959

차즈마

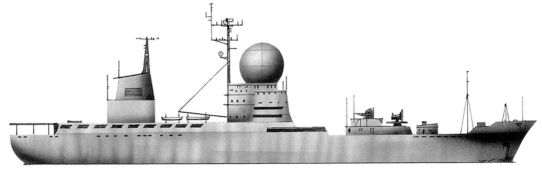

7,381미터톤(7,265영국톤) 드샨코이 급 산적 광물 수송선인 차즈마는 1963년 미사일 추적함으로 개장되어 태평양에 배치되었다. 함교 위 돔에는 쉽 글로벌 레이더가 탑재된다. 상부 구조물 후방에는 헬리콥터 비행 갑판과 격납고가 있어, 호몬 헬리콥터 1대를 운용할 수 있다.

제원	
유형:	소련 미사일 추적함
배수량:	13,716미터톤(13,500영국톤)
크기:	140m×18m×8m(458피트×59피트×26피트)
기관:	스크류 2개, 디젤 엔진
최고속도:	15노트
진수년도:	1959년

도이칠란트

제2차 세계대전 이후 서독은 3,048미터톤(3,000영국톤)을 초과하는 군함을 만들 수 없었다. 그 제한을 처음으로 깬 배다. 100mm(3.9인치), 40mm(1.57인치) 함포, 폭뢰 투하기, 기뢰, 어뢰 등 다양한 무장을 훈련용으로 탑재한다. 1994년 인도로 예인되어 해체되었다.

제원	
유형:	독일 훈련함
배수량:	5,588미터톤(5,500영국톤)
크기:	145m×18m×4.5m(475피트 9인치×59피트×14피트 9인치)
기관:	스크류 3개, 디젤 엔진, 터빈
최고속도:	22노트
주무장:	100mm(3.9인치) 함포 4문
정원:	500명(교육생 267명 포함)
진수년도:	1960년

앨리게이터 급

이 함급의 소련 측 명칭은 프로젝트 1171 노소로그 급 대형 상륙함이며, NATO 측 명칭은 앨리게이터 급이다. 16척이 건조되었으며 함수와 함미에 램프가 있다. 모든 동급함이 동일한 무장을 갖추고 있으며, 크레인도 최소 하나씩은 있다. 인원을 만재한 장갑 병력 수송차 최대 30대를 탑재할 수 있다. 일부 동급함은 2008년 남 오세티야 전쟁에서도 쓰였다.

제원	
유형:	소련 상륙함
배수량:	만재 시 4,775미터톤(4,700영국톤)
크기:	112.8m×15.3m×4.4m(370피트 6인치×50피트 2인치×14피트 5인치)
기관:	스크류 2개, 디젤 엔진
최고속도:	18노트
주무장:	SA-N-5 SAM 미사일 2~3기, 122mm(4.8인치) 로켓 발사기 1기
정원:	75명(+상륙군 300명)
진수년도:	1964년

1960    1964

제2차 세계대전 이후 재래식 잠수함: 제1부

제2차 세계대전 종전 시 독일과 일본의 잠수함대는 괴멸 상태였다. 그러나 소련, 미국, 영국은 상당한 수의 잠수함대를 갖추고 있었다. 1950년대 들어 잠수함 건함 계획이 다시 실시되었으며, 냉전으로 인해 가속이 붙었다.

위스키

이 공격용 잠수함은 1951년부터 1958년 사이 약 240척이 건조되었다. 이 중 4척이 1959년부터 1963년 사이 조기 경보함으로 개장되었다. 그러나 1963년부터 장거리 베어 항공기가 등장하면서 일부 지역에서는 이들 잠수함의 전략적 가치가 줄어들었다. 1980년대부터 현역 목록에서 제적되었다.

제원	
유형:	소련 잠수함
배수량:	부상 시 1,066미터톤(1,050영국톤), 잠항 시 1,371미터톤(1,350영국톤)
크기:	76m×6.5m×5m(249피트 4인치×21피트 4인치×16피트)
기관:	스크류 2개, 부상 시 디젤 엔진, 잠항 시 전기 모터
최고속도:	부상 시 18노트, 잠항 시 14노트
주무장:	406mm(16인치) 어뢰 발사관 2문, 533mm(21인치) 어뢰 발사관 4문
진수년도:	1956년

골프 I

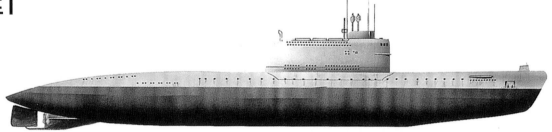

골프 I급 잠수함 23척은 1958년부터 1962년 사이에 건조되어 연간 6~7척의 속도로 취역했다. 탄도미사일은 함교 후방에 수직으로 탑재된다. 이 급의 동급함들 중 다수가 취역 후 개장 공사를 받았다. 1990년까지 모든 함이 퇴역했다.

제원	
유형:	소련 미사일 잠수함
배수량:	부상 시 2,336미터톤(2,300영국톤), 잠항 시 2,743미터톤(2,700영국톤)
크기:	100m×8.5m×6.6m(328피트×27피트 11인치×21피트 8인치)
기관:	스크류 3개, 부상 시 디젤 엔진, 잠항 시 전기 모터
최고속도:	부상 시 17노트, 잠항 시 12노트
주무장:	SS-N-4 탄도 미사일 발사기 3기, 533mm(21인치) 어뢰 발사관 10문
진수년도:	1957년

그레이백

그레이백은 건조 중 설계 변경을 통해 최초의 해군용 순항미사일 잠수함이 되어 1964년에 취역했다. 1968년 은밀 작전을 위한 상륙용 수송 잠수함으로 개장된 이 배는 67명의 해병대원과 해군 특수부대 잠수사 운반 잠수정을 탑재할 수 있게 되었다. 그레이백은 1986년 4월 표적함으로 쓰여 침몰당했다.

제원
유형: 미국 잠수함
배수량: 부상 시 2,712미터톤(2,670영국톤), 잠항 시 3,708미터톤(3,650영국톤)
크기: 102m×9m(335피트×30피트)
기관: 스크루 2개, 부상 시 디젤 엔진, 잠항 시 전기 모터
주무장: 레귤러스 미사일 4발, 533mm(21인치) 어뢰 발사관 8문
진수년도: 1957년

다프네

이 급 잠수함 11척은 1964년부터 1970년 사이에 진수되었다. 복각 함체는 용골도 복각이라 안정성이 높다. 기동성이 우수하고 소음이 적으며, 승조원 수가 적으며 유지관리가 쉽다. 여러 나라 해군에서 구입했다. 다프네는 1989년에 퇴역했으며, 다른 동급함들도 1996년까지 퇴역했다.

제원
유형: 프랑스 잠수함
배수량: 부상 시 884미터톤(870영국톤), 잠항 시 1,062미터톤(1,045영국톤)
크기: 58m×7m×4.6m(189피트 8인치×22피트 4인치×15피트)
기관: 스크루 2개, 부상 시 디젤 엔진, 잠항 시 전기 모터
최고속도: 부상 시 13.5노트, 잠항 시 16노트
주무장: 552mm(21.7인치) 어뢰 발사관 12문
진수년월: 1959년 6월

돌핀

돌핀과 그 자매함 3척은 독특한 삼각 함체 설계를 하고 있다. 3개의 원통이 삼각형으로 배열된 구조다. 맨 위의 원통에 승조원, 항법장비, 무장이 들어가고, 아래의 두 원통에 동력장치가 들어간다. 최대 잠항 심도는 약 304m(1,000피트)다. 돌핀은 1985년에 해체되었다.

제원
유형: 네덜란드 잠수함
배수량: 부상 시 1,518미터톤(1,494영국톤), 잠항 시 1,855미터톤(1,820영국톤)
크기: 80m×8m×4.8m(260피트 10인치×25피트 9인치×15피트 9인치)
기관: 스크루 2개, 부상 시 디젤 엔진, 잠항 시 전기 모터
주무장: 533mm(21인치) 어뢰 발사관 8문
진수년월: 1959년 5월

1959

제2차 세계대전 이후 재래식 잠수함: 제2부

1960년대 일본, 이탈리아, 서독은 잠수함 건조를 재개했다. 이로써 이들 나라의 잠수함대들도 NATO 및 미일 상호방위 원조협정 하에 움직일 수 있게 되었다. 스웨덴 등의 비동맹국가들 역시 강력한 잠수함을 건조했다.

엔리코 토티

이 급 4척은 제2차 세계대전 종전 후 이탈리아가 처음으로 건조한 잠수함이다. 얕고 좁은 수역에서 운용할 헌터/킬러 모델이 최종 승인이 날 때까지 여러 차례의 설계 변경을 거쳤다. 1992년에 퇴역한 엔리코 토티는 현재 밀라노에서 박물관함으로 운용되고 있다.

제원	
유형: 이탈리아 잠수함	
배수량: 부상 시 532미터톤(524영국톤), 잠항 시 591미터톤(582영국톤)	
크기: 46,2m×4,7m×4m(151피트 7인치×15피트 5인치×13피트)	
기관: 스크루 1개, 부상 시 디젤 엔진, 잠항 시 전기 모터	
최고속도: 부상 시 14노트, 잠항 시 15노트	
주무장: 533mm(21인치) 어뢰 발사관 4문	
진수년월: 1967년 3월	

하루시오

제2차 세계대전 이후 일본이 최초로 건조한 함대형 잠수함 오시오와는 함수 형상이 다르다. 이 배의 주 임무는 대잠수함전 훈련 시 가상적함 역할이었다. 하루시오는 1984년 퇴역 후 해체되었다.

제원	
유형: 일본 잠수함	
배수량: 부상 시 1,676,4미터톤(1,650영국톤), 잠항 시 2,184,4미터톤(2,150영국톤)	
크기: 88m×8,2m×4,9m(288피트 8인치×26피트 11인치×16피트)	
기관: 스크루 2개, 부상 시 디젤 엔진, 잠항 시 전기 모터	
최고속도: 부상 시 18노트, 잠항 시 14노트	
주무장: 533mm(21인치) 어뢰 발사관 8문	
정원: 80명	
진수년도: 1967년	

TIMELINE   1967   1968

U-12

U-12는 제2차 세계대전 이후 처음으로 건조된 서독 잠수함 급에 속한다. 이 잠수함은 성공을 거두어, 40여 척이 외국 해군에 수출되었다. 함체는 비자성 철 합금이다. 디젤 엔진의 출력은 2,300마력, 1,500마력 전기 모터 1대를 장비하고 있다. U-12는 2005년에 퇴역했다.

제원	
유형: 독일 잠수함	
배수량: 부상 시 425미터톤(419영국톤), 잠항 시 457미터톤(450영국톤)	
크기: 43.9m×4.6m×4.3m(144피트×15피트×14피트)	
기관: 스크루 1개, 부상 시 디젤 엔진, 잠항 시 전기 모터	
최고속도: 부상 시 10노트, 잠항 시 17노트	
주무장: 533mm(21인치) 어뢰 발사관 8문	
진수년도: 1968년	

네켄

네켄과 두 자매함은 1987~1988년에 폐쇄형 공기 불요 추진 체계(AIP)를 장착했다. 이 체계를 사용하면 부상하지 않고 최대 14일을 작전할 수 있다. 이들은 1990년대 퇴역했고 같은 기술을 사용하는 스웨덴제 바스테르괴틀란드 급으로 대체되었다.

제원	
유형: 스웨덴 잠수함	
배수량: 부상 시 995.7미터톤(980영국톤), 잠항 시 1,169미터톤(1,150 영국톤)	
크기: 49.5m×5.7m×5.5m(162피트 5인치×18피트 8인치×18피트)	
기관: 스크루 1개, 부상 시 디젤 엔진, 잠항 시 전기 모터	
최고속도: 부상 시 20노트, 잠항 시 25노트	
주무장: 533mm(21인치) 어뢰 발사관 6문, 400mm(15.75인치) 어뢰 발사관 2문	
정원: 19명	
진수년도: 1978년	

킬로

킬로 급은 누적형 함체를 사용한 최초의 소련 잠수함이다. 누적형 함체는 출력 대비 수중 속도가 높다. 복각 함체를 지닌 이들은 속도와 기동성이 높고 좁은 수역에서의 작전에 잘 맞는다. 현재 러시아 해군에서도 28척이 운용 중이며, 다른 나라 해군에서도 40여 척이 운용 중이다.

제원	
유형: 소련 잠수함	
배수량: 부상 시 2,336미터톤(2,300영국톤), 잠항 시 2,946미터톤(2,900영국톤)	
크기: 73m×10m×6.5m(239피트 6인치×32피트 10인치×21피트 4인치)	
기관: 스크루 1개, 부상 시 디젤 엔진, electric motor [submerged]	
최고속도: 부상 시 12노트, 잠항 시 18노트	
주무장: 533mm(21인치) 어뢰 발사관 6문	
진수년도: 1981년	

1978   1981

제2차 세계대전 이후 재래식 잠수함: 제3부

1980년대부터 원자력 잠수함이 전략 임무의 대부분을 맡게 되었지만, 원자력 잠수함을 보유한 나라는 5개국 뿐이다. 아직도 전술 임무, 특히 연안 초계 임무 상당수는 재래식 잠수함들이 맡고 있다.

갈레르나

스페인에서 프랑스 아고스타 급의 설계를 따라 건조한 4척의 중거리 잠수함 중 한 척이다. 스페인 잠수함 기술을 크게 발전시켰다. 예비 어뢰 16발, 또는 예비 어뢰 9발과 기뢰 19발의 병기를 탑재할 수 있다. 최신 소나 키트도 탑재한다.

제원	
유형: 스페인 잠수함	
배수량: 부상 시 1,473미터톤(1,450영국톤), 잠항 시 1,753미터톤(1,725영국톤)	
크기: 67.6m×6.8m×5.4m(221피트 9인치×22피트 4인치×17피트 9인치)	
기관: 스크루 1개, 부상 시 디젤 엔진, 잠항 시 전기 모터	
최고속도: 부상 시 12노트, 잠항 시 20노트	
주무장: 551mm(21.7인치) 어뢰 발사관 4문	
진수년월: 1981년 12월	

발루스

이 함은 건조 중 화재로 인해 1991년까지 완공되지 못했다. 그래서 1989년 취역한 젤레우가 네임쉽이 되었다. 고장력강 사용으로 잠항 심도는 300m(985피트)에 달한다. 신형 집시 화력 통제 및 전자 지휘 체계로 인해 승조원 수는 49명으로 줄었다. 2007년 동급함 3척에 대해 개장 공사가 실시, 수명이 연장되었다.

제원	
유형: 네덜란드 잠수함	
배수량: 부상 시 2,490미터톤(2,450영국톤), 잠항 시 2,845미터톤(2,800영국톤)	
크기: 67.5m×8.4m×6.6m(222피트×27피트 7인치×21피트 8인치)	
기관: 스크루 1개, 부상 시 디젤 엔진, 잠항 시 전기 모터	
최고속도: 부상 시 13노트, 잠항 시 20노트	
주무장: 533mm(21인치) 어뢰 발사관 4문	
진수년월: 1985년 10월	

TIMELINE

1981   1985   1986

하이 룽

하이룽은 네덜란드의 즈바르드비스 급을 개량한 것으로, 1970년 당시에는 최상급의 설계였다. 모든 기관이 진동 억제 마운트에 설치되어 있어 정숙성이 뛰어나다. 타이거피쉬 음향 유도 어뢰 28발을 탑재하며, 2005년에 UGM-84 하푼 대함 미사일을 탑재하도록 개량되었다.

제원	
유형: 대만 잠수함	
배수량: 부상 시 2,414미터톤(2,376영국톤), 잠항 시 2,702미터톤(2,660영국톤)	
크기: 66.9m×8.4m×6.7m(219피트 5인치×27피트 6인치×22피트)	
기관: 스크류 1개, 부상 시 디젤 엔진, 잠항 시 전기 모터	
최고속도: 부상 시 11노트, 잠항 시 20노트	
주무장: 533mm(21인치) 어뢰 발사관 6문	
정원: 67명	
진수년도: 1986년 10월	

업홀더

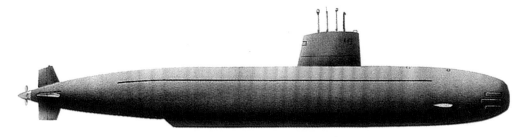

영국 해군의 신형 재래식 초계용 잠수함으로 설계된 업홀더급은 4척이 모두 1998년에 캐나다에 인도되었다. 누적형 함체와 고장력강을 사용하여 200m(656피트)까지 잠항이 가능하다. 기술적 문제가 있어 동급함 3척이 2009~2010년 개장 공사를 받았다.

제원	
유형: 영국 잠수함	
배수량: 부상 시 2,220미터톤(2,185영국톤), 잠항 시 2,494미터톤(2455영국톤)	
크기: 70.3m×7.6m×5.5m(230피트 8인치×25피트×18피트)	
기관: 스크류 1개, 부상 시 디젤 엔진, 잠항 시 전기 모터	
최고속도: 부상 시 12노트, 잠항 시 20노트	
주무장: 533mm(21인치) 어뢰 발사관 6문	
진수년월: 1986년 12월	

콜린스

스웨덴에서 설계하고 오스트레일리아에서 건조한 이 공격용 잠수함은 1995년 취역하자마자 기계적 및 전자적 문제가 빈발했다. 따라서 전투 데이터 관리 체계가 교체되었다. 콜린스급 6척 중 3척이 현역이고 나머지는 예비역이다. 현재 교체 계획이 진행 중이다.

제원	
유형: 오스트레일리아 잠수함	
배수량: 부상 시 2,220미터톤(3,051영국톤), 잠항 시 2,494미터톤(3,353영국톤)	
크기: 77.5m×7.8m×7m(254피트×25피트 7인치×23피트)	
기관: 스크류 1개, 부상 시 디젤 전기 엔진, 잠항 시 전기 모터	
최고속도: 부상 시 10노트, 잠항 시 20노트	
주무장: 533mm(21인치) 어뢰 발사관 6문	
진수년도: 1993년	

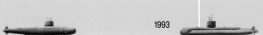

1993

원자력 잠수함: 제1부

1954년까지 잠수함은 잠수할 수도 있는 배였다. 그러나 무제한의 잠항을 가능하게 하는 동력원 연구가 진행 중이었다. 1940년대에 과산화수소 엔진이 시도되었다. 그러나 진정한 답은 원자력이었다. 1954년에 등장한 미 해군의 노틸러스야말로 진정한 잠수함이었다.

노틸러스

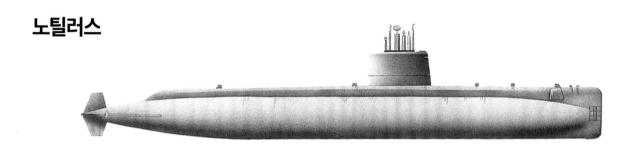

노틸러스는 세계 최초의 원자력 잠수함이지만 외형은 재래식이다. 초기 시운전에서는 많은 기록을 남겼다. 90시간 동안 20노트로 2,250km(1,400마일)을 항해했다. 그리고 얼음 밑으로 북극점을 횡단하기도 했다. 1980년에 제적되어 코네티컷 주 그로톤에 보관되어 있다.

제원
유형: 미국 잠수함
배수량: 부상 시 4,157미터톤(4,091영국톤), 잠항 시 4,104미터톤(4,040영국톤)
크기: 98.7m×8.4m×6.6m(323피트 9인치×27피트 8인치×21피트 9인치)
기관: 스크류 2개, 원자로, 터빈
최고속도: 잠항 시 23노트
주무장: 533mm(21인치) 어뢰 발사관 6문
정원: 105명
진수년월: 1954년 1월

스킵잭

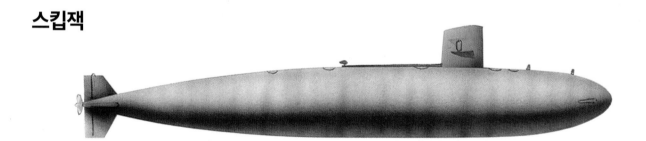

누적형 함체, 함교에 붙은 잠항타를 갖춘 스킵잭은 속도와 기동성이 우수하다. 후방 함체가 급하게 뾰족해지기 때문에 후방 어뢰발사관이 없다. 이 배에 채택된 S5W 고속 공격 추진 체계는 이후 모든 공격용 원자력 잠수함 및 탄도 미사일 원자력 잠수함에 쓰이다가, 로스 앤젤레스급이 나오고 나서야 더 쓰이지 않게 되었다. 1990년대 퇴역했다.

제원
유형: 미국 잠수함
배수량: 부상 시 3,124미터톤(3,075영국톤), 잠항 시 3,570미터톤(3,513영국톤)
크기: 76.7m×9.6m×8.9m(251피트 8인치×31피트 6인치×29피트 2인치)
기관: 스크류 1개, 원자로, 터빈
최고속도: 부상 시 18노트, 잠항 시 30노트
주무장: 533mm(21인치) 어뢰 발사관 6문
정원: 93명
진수년월: 1958년 5월

TIMELINE   1954   1958   1959

USS 핼리벗

처음에는 순항 미사일을 탑재하고 전개되었던 핼리벗은 비밀 정보 임무에 사용되었다. 해저에서 군사적 가치를 지닌 물건을 회수하는 임무에도 많이 쓰였다. 그런 임무에는 레귤러스 미사일 탑재공간에 소형 잠수정을 싣고 가서 사용했다. 1976년 퇴역했고 1994년 해체되었다.

제원	
유형: 미국 잠수함	
배수량: 부상 시 3,846영국톤, 잠항 시 4,895영국톤	
크기: 106.7m×9m×6.3m(350피트×29피트 6인치×20피트 9인치)	
기관: 스크류 2개, 원자로 1대	
최고속도: 부상 시 15노트, 잠항 시 15.5노트	
주무장: SSM-N-8 레귤러스 I 5발, 또는 SSM-N-9 레귤러스 II 2발, 533mm(21인치) 어뢰 발사관 6문	
정원: 111명	
진수년도: 1959년	

조지 워싱턴

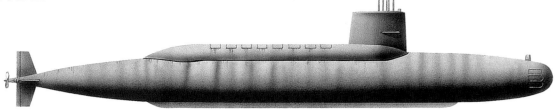

소련은 1955년 핵탄두 미사일을 실을 수 있도록 잠수함을 개조하기 시작했다. 같은 시기 미국 역시 폴라리스 A1 미사일을 개발하고 있었고, 이를 탑재하기 위해 스콜피온 급 잠수함을 개조했다. 이렇게 개조된 잠수함은 조지 워싱턴으로 개칭되었다. 1980년대 미사일이 제거되고, 1986년 퇴역했다.

제원	
유형: 미국 탄도 미사일 잠수함	
배수량: 부상 시 6,115미터톤(6,019영국톤), 잠항 시 6,998미터톤(6,888영국톤)	
크기: 116.3m×10m×8.8m(381피트 7인치×33피트×28피트 10인치)	
기관: 스크류 1개, 가압경수 냉각 원자로 1대, 터빈	
최고속도: 부상 시 20노트, 잠항 시 30.5노트	
주무장: 폴라리스 미사일 16발, 533mm(21인치) 어뢰 발사관 6문	
진수년월: 1959년 6월	

드레드노트

영국 최초의 원자력 잠수함인 드레드노트는 적 탐색 섬멸을 목적으로 만들어졌다. 함체 형상은 고래를 닮았다. 동력원은 스킵잭 잠수함에도 탑재된 미국 S5W 원자로다. 1982년 계류되었고, 이듬해 로사이스로 옮겨져 해체되었다.

제원	
유형: 영국 잠수함	
배수량: 부상 시 3,556미터톤(3,500영국톤), 잠항 시 4,064미터톤(4,000영국톤)	
크기: 81m×9.8m×8m(265피트 9인치×32피트 3인치×26피트)	
기관: 스크류 1개, 원자로, 증기 터빈	
최고속도: 부상 시 20노트, 잠항 시 30노트	
주무장: 533mm(21인치) 어뢰 발사관 6문	
정원: 88명	
진수년월: 1960년 10월	

1960

레졸루션

4척으로 이루어진 레졸루션 급의 1번 함인 이 배는 미국 폴라리스 미사일을 탑재하여 영국의 핵 억지력을 발휘하기 위해 설계되었다. 첫 초계는 1968년이었다. 레졸루션 급 4척 중 1척은 언제나 현역에 배치되어 있었다. 트라이던트 미사일을 장비한 뱅가드급이 나오자, 레졸루션은 1994년에 퇴역했다.

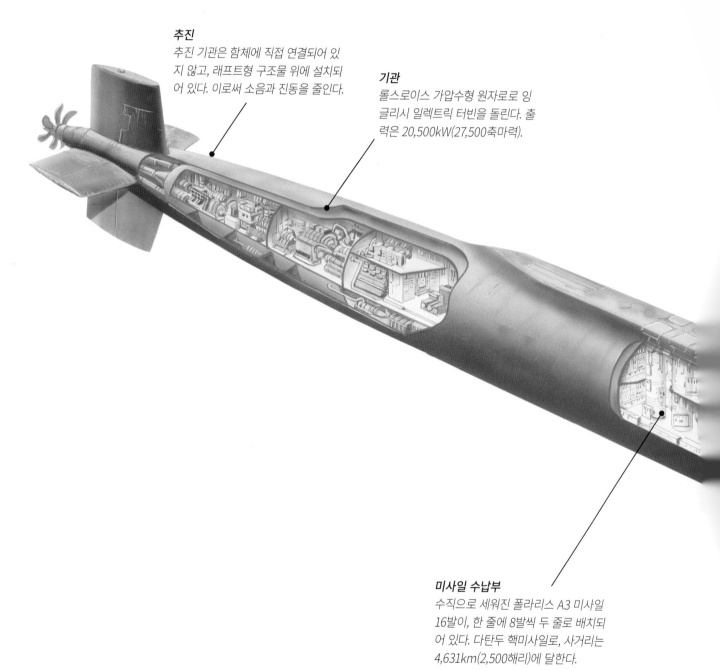

추진
추진 기관은 함체에 직접 연결되어 있지 않고, 래프트형 구조물 위에 설치되어 있다. 이로써 소음과 진동을 줄인다.

기관
롤스로이스 가압수형 원자로로 잉글리시 일렉트릭 터빈을 돌린다. 출력은 20,500kW(27,500축마력).

미사일 수납부
수직으로 세워진 폴라리스 A3 미사일 16발이, 한 줄에 8발씩 두 줄로 배치되어 있다. 다탄두 핵미사일로, 사거리는 4,631km(2,500해리)에 달한다.

레졸루션

레졸루션 급 잠수함은 미국산 폴라리스 SLBM을 탑재하고, 1968년부터 영국 공군으로부터 핵 억지 임무를 넘겨받았다. 이 잠수함은 그 특징이 미국의 라파예트 급과 매우 비슷하다.

제원	
유형: 영국 잠수함	
배수량: 부상 시 7,620미터톤(7,500영국톤), 잠항 록 8,636미터톤(8,500영국톤)	
크기: 129.5m×10m×9.1m(425피트×33피트×30피트)	
기관: 스크루 1개, 가압수형 원자로, 기어 증기 터빈	
최고속도: 부상 시 20노트, 잠항 시 25노트	
주무장: UGM-27C 폴라리스 A-3 SLBM 16발, 533mm(21인치) 어뢰 발사관 6문	
정원: 143명	
진수년월: 1966년 9월	

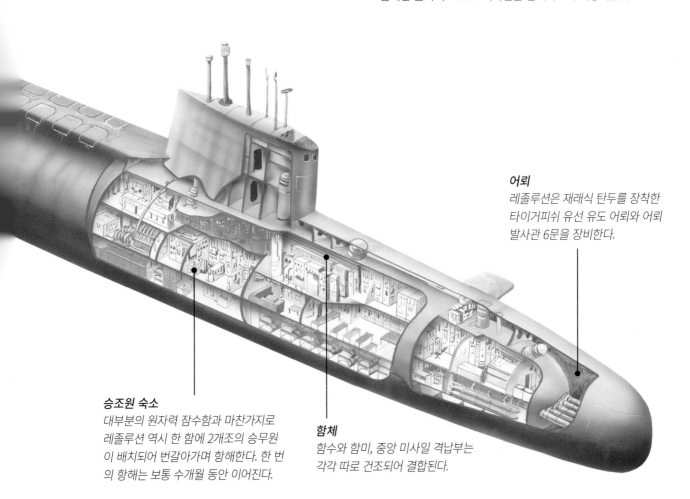

개량
레졸루션급 4척은 1980년대 중반 영국산 쉐발린 재돌입 탄두를 탑재한 폴라리스 AT-K 미사일을 탑재하도록 개량되었다.

어뢰
레졸루션은 재래식 탄두를 장착한 타이거피쉬 유선 유도 어뢰와 어뢰 발사관 6문을 장비한다.

승조원 숙소
대부분의 원자력 잠수함과 마찬가지로 레졸루션 역시 한 함에 2개조의 승무원이 배치되어 번갈아가며 항해한다. 한 번의 항해는 보통 수개월 동안 이어진다.

함체
함수와 함미, 중앙 미사일 격납부는 각각 따로 건조되어 결합된다.

원자력 잠수함: 제2부

미국 원자력 잠수함 중 스레셔(1963년), 스콜피온(1968년) 두 척이 1960년대에 침몰했다. 스레셔 침몰 사건으로 인해 심해 구조선(Deep Sea Rescue Vessel, DSRV)의 도입이 이루어졌다. 원자력 잠수함들은 처음에는 재래식 탄두 어뢰만 탑재했으나 로켓 기술 발전으로 인해 미사일 탑재 잠수함이 등장했다.

대니얼 분

대니얼 분은 라파예트 전략 미사일 원자력 잠수함 중 하나다. 1964년 4월에 완공되어 UGM-73A 포세이돈 미사일을 탑재한다. 1980년 다른 11척과 함께 더 신뢰성 높은 트라이던트 미사일을 탑재하는 개량을 받았다. 오하이오 급의 등장으로 1994년 퇴역했다.

제원	
유형:	미국 잠수함
배수량:	부상 시 7,366미터톤(7,250영국톤), 잠항 시 8,382미터톤(8,250영국톤)
크기:	130m×10m×10m(425피트×33피트×33피트)
기관:	스크류 1개, 가압수형 원자로 1대, 터빈
최고속도:	부상 시 20노트, 잠항 시 35노트
주무장:	폴라리스 미사일 16발, 533mm(21인치) 어뢰 발사관 4문
진수년월:	1962년 6월

워스파이트

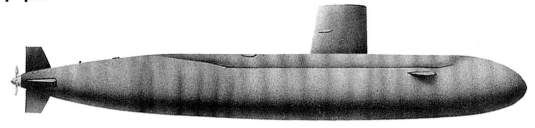

구식 전함의 이름을 원자력 잠수함에 쓰는 것은, 이제 원자력 잠수함이 새로운 주력함이 되었다는 의미다. 영국 최초의 원자력 잠수함 5척 중 하나인 워스파이트는 비상시를 대비한 배터리, 디젤 엔진, 전기 모터도 있었다. 1991년 주요 냉각 회로에서 미세균열이 발견되어 퇴역했다.

제원	
유형:	영국 잠수함
배수량:	부상 시 4,368미터톤(4,300영국톤), 잠항 시 4,876미터톤(4,800영국톤)
크기:	87m×10m×8.4m(285피트×33피트 2인치×27피트 7인치)
기관:	스크류 1개, 가압수형 원자로, 터빈
최고속도:	잠항 시 28노트
주무장:	533mm(21인치) 어뢰 발사관 6문
진수년도:	1965년

TIMELINE

1962   1965

조지 워싱턴 카버

라파예트급 29척 중 하나인 조지 워싱턴 카버는 300m(985피트)까지 잠항할 수 있다. 핵연료는 한 번 교환하면 76만 km(40만 해리)를 운항할 수 있다. 미사일 발사관은 1991년 불능화되었으며, 이후 공격용 잠수함으로 운용되었다. 1993년 제적 및 해체되었다.

제원	
유형: 미국 잠수함	
배수량: 부상 시 7,366미터톤(7,250영국톤), 잠항 시 8,382미터톤(8,250영국톤)	
크기: 129.5m×10m×9.6m(424피트 10인치×33피트 2인치×31피트 6인치)	
기관: 스크류 1개, 가압수형 원자로 1대	
속도: 부상 시 20노트, 잠항 시 30노트	
주무장: 트라이덴트 C4 미사일 16발, 533mm(21인치) 어뢰 발사관 4문	
진수년월: 1965년 8월	

나르월

스터전급에 속하는 나르월은 미국의 100번째 원자력 잠수함이며 공격형 잠수함이다. 스레서 급과 퍼밋 급보다 더 크며, 개량형 원자로가 탑재된다. 정숙성이 매우 우수해 주로 정찰 및 도청에 사용되었다. 1999년 제적되었다.

제원	
유형: 미국 잠수함	
배수량: 부상 시 4,374미터톤(4,246영국톤), 잠항 시 4,853.4미터톤(4,777영국톤)	
크기: 89.1m×9.6m×7.8m(292피트 3인치×31피트 8인치×25피트 6인치)	
기관: 스크류 1개, 가압수형 원자로 1대	
속도: 잠항 시 26노트	
주무장: 533mm(21인치) 어뢰 발사관 4문	
진수년월: 1965년 8월	

양키

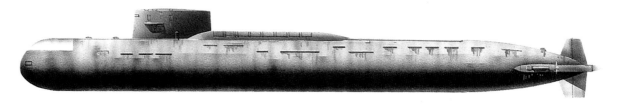

NATO에 양키 급으로 알려진 프로젝트 667A는 이전의 소련 원자력 잠수함들보다 더욱 강력했다. 이 급은 34척이 건조되었으며, 잠항 상태에서 미사일을 발사할 수 있었다. 미국 동해안도 초계했다. SALT 군비 제한 협정에 의해 모든 전략형 양키급은 1994년까지 퇴역했다.

제원	
유형: 소련 잠수함	
배수량: 부상 시 7,823미터톤(7,700영국톤), 잠항 시 9,450미터톤(9,300영국톤)	
크기: 132m×11.6m×8m(433피트 10인치×38피트 1인치×26피트 4인치)	
기관: 스크류 2개, 원자로, 터빈	
최고속도: 부상 시 13노트, 잠항 시 27노트	
주무장: SS-N-6 미사일 발사기 16기, 533mm(21인치) 어뢰 발사관 6문	
정원: 120명	
진수년도: 1967년	

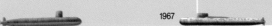

1967

원자력 잠수함: 제3부

1967년 프랑스는 자국 최초의 탄도 미사일 원자력 잠수함 르 르두타블을 진수했다. 1972년에는 중국이 한급을 건조했다. 원자력 잠수함은 적이 탐지하기 어렵고 가공할 화력을 지니고 있어 냉전의 긴장을 높였다.

찰리 II

이보다 크기가 작은 찰리 I(NATO명)급 12척의 후계 함급으로 만들어진 소련 해군의 프로젝트 670M이다. 핵탄두 장착이 가능한 SS-N-9 사이렌 대함 미사일, 2가지 구경의 어뢰를 탑재한다. 미 항모전단에게 위협적이었다. 6척이 건조되어 1990년대 중반까지 운용되었다.

제원	
유형: 소련 미사일 잠수함	
배수량: 부상 시 4,368.8미터톤(4,300영국톤), 잠항 시 5,181.6미터톤(5,100영국톤)	
크기: 103.6m×10m×8m(340×32피트 10인치×28피트)	
기관: 스크류 1개, 원자로	
최고속도: 부상 시 24노트	
주무장: SS-N-9 순항 미사일 8발, 533mm(21인치) 어뢰 발사관 4문, 406mm(16인치) 어뢰 발사관 4문	
정원: 98명	
진수년도: 1967년	

델타 I

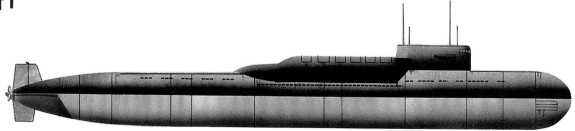

1972년부터 1977년 사이 소련은 미국 포세이돈 미사일 잠수함을 능가하는 전력을 갖추었다. 바로 프로젝트 667B, 대형 <델타>급 잠수함 18척과 거기에 탑재되는 신형 미사일이 있었기 때문이었다. SS-N-48 미사일은 초기 시험에서 7,600km(4,000해리)의 사거리를 보였다. 1995년부터 2004년 사이에 해체되었다.

제원	
유형: 소련 잠수함	
배수량: 잠항 시 11,176미터톤(11,000영국톤)	
크기: 150m×12m×10.2m(492피트×39피트 4인치×33피트 6인치)	
기관: 스크류 2개, 원자로 2대, 터빈	
최고속도: 부상 시 19노트, 잠항 시 25노트	
주무장: SS-N-48 미사일 발사기 12기, 457mm(18인치) 어뢰 발사관 6문	
진수년도: 1971년	

1967   1971   1972

한

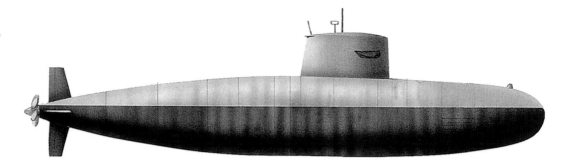

중국 해군은 1970년대 초반 한급 공격형 잠수함을 도입해 원자력 잠수함 보유국가 대열에 합류했다. 미국 잠수함 알바코어에 기반한 유선형 함체는 기존의 중국 잠수함 설계와는 크게 달랐다. 한급은 5척이 건조되었으며 2010년 현재도 이 중 2~3척이 운용 중인 것으로 추정된다.

제원	
유형:	중국 잠수함
배수량:	잠항 시 5,080미터톤(5,000영국톤), 부상 시 배수량 불명
크기:	90m×8m×8.2m(295피트 3인치×26피트 3인치×27피트)
기관:	스크류 1개, 가압수형 원자로 1대 및 터빈 구동장치
최고속도:	잠항 시 25노트
주무장:	533mm(21인치) 어뢰 발사관 6문
진수년도:	1972년

로스 앤젤레스

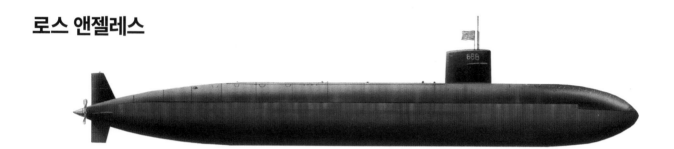

로스 앤젤레스는 세계에서 제일 많이 건조된 원자력 잠수함급인 로스 앤젤레스급의 네임쉽이다. 2010년 현재도 45척이 운용 중이다. 1996년까지 건조된 후기형들은 개량을 받았다. 헌터 킬러형 잠수함을 목표로 건조되었지만, 이라크 전쟁과 아프가니스탄 전쟁에서 나타나듯이 토마호크 미사일로 지상 공격도 가능하다.

제원	
유형:	미국 잠수함
배수량:	부상 시 6,096미터톤(6,000영국톤), 잠항 시 7,010.4미터톤(6,900영국톤)
크기:	109.7m×10m×9.8m(360피트×33피트×32피트 4인치)
기관:	스크류 1개, 가압수형 원자로, 터빈
최고속도:	잠항 시 31노트
주무장:	533mm(21인치) 어뢰 발사관 4문, 토마호크 순항 미사일 최대 8발
정원:	127명
진수년월:	1976년 4월

오하이오

서구 세계에서 건조한 잠수함 중 제일 크다. 이것보다 더 큰 것은 소련의 타이푼급 뿐이다. 이렇게 커진 것은 원자로가 크기 때문이다. 오하이오 함은 1981년 취역했다. 원래 트라이덴트 C-4 미사일을 탑재한다. 그러나 9번함부터는 트라이덴트 D-5를 탑재하도록 건조되었다.

제원	
유형:	미국 잠수함
배수량:	부상 시 16,360미터톤(16,764영국톤), 잠항 시 19,050미터톤(18,750영국톤)
크기:	170.7m×12.8m×11m(560피트×42피트×36피트 5인치)
기관:	스크류 1개, 가압수형 원자로, 터빈
최고속도:	부상 시 28노트, 잠항 시 30+노트
주무장:	트라이덴트 미사일 24발, 533mm(21인치) 어뢰 발사관 4문
진수년월:	1979년 4월

1976   1979

원자력 잠수함: 제4부

원자로의 개량으로 대형 원자력 잠수함의 건조에 탄력이 붙었다. 미국 오하이오 급도 충분히 거대하지만, 이것조차도 소련의 타이푼 급보다는 작다. 이후 원자력 잠수함들은 다시 작아졌다. 효율과 비용을 고려한 선택이었다. 미국은 1998년까지 원자력 잠수함 개발에 7억 달러를 사용한 것으로 추산된다.

빅터 III

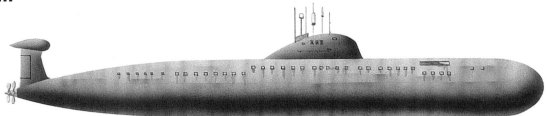

NATO는 소련제 원자력 헌터-킬러 잠수함들에 <빅터>라는 암호명을 붙였다. <빅터 III>는 SS-N-16 미사일을 발사한다. 이 미사일은 재래식 유도 어뢰를 탑재, 이 어뢰를 다른 어떤 투발수단보다도 멀리 날려보낼 수 있다. <빅터>급은 43척 이상이 건조되었으며, 이 중 26척이 <빅터 III>급이다. 2010년 현재 일부가 운용 중이다.

제원

유형: 소련 잠수함
배수량: 잠항 시 6,400미터톤(6,300영국톤)
크기: 104m×10m×7m(347피트 8인치×32피트 10인치×23피트)
기관: 스크류 1개, 가압수형 원자로, 터빈
최고속도: 30노트
주무장: 533mm(21인치) 어뢰 발사관 6문
진수년도: 1978년

타이푼

인류 역사상 최대 규모의 잠수함이다. 배수량이 미국 오하이오급의 약 1.5배다. 미사일 발사관은 함교 앞에 두 줄로 배치되어 있다. 최대 3m 두께의 얼음을 깨고 부상할 수 있다. 이 급의 드미트리 돈스코이는 2008~2009년에 걸쳐 신형 불라바 미사일의 시험 발사를 진행했다.

제원

유형: 소련 잠수함
배수량: 부상 시 25,400미터톤(24,994영국톤), 잠항 시 26,924미터톤(26,500 영국톤)
크기: 170m×24m×12.5m(562피트 6인치×78피트 8인치×41피트)
기관: 스크류 2개, 가압수형 원자로, 터빈
최고속도: 잠항 시 27노트
주무장: SS-N-20 핵탄두 탄도 미사일 20발, 533mm(21인치) 어뢰 발사관 2문, 650mm (25.6인치) 어뢰 발사관 4문
진수년도: 1979년

샌 프란시스코

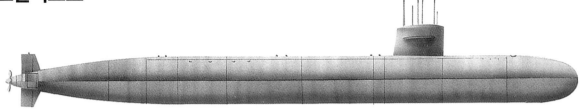

로스 앤젤레스 급 공격형 잠수함 샌 프란시스코는 2005년 1월, 해도에 없던 태평양 해저의 산을 전속력으로 들이받았다. 함수에 손상을 입었지만 안전하게 부상한 이 배는 퇴역한 동급함의 부품으로 수리를 받아 2008년부터 다시 운용되었다.

제원	
유형: 미국 잠수함	
배수량: 부상 시 6,300미터톤(6,200영국톤), 잠항 시 7,010미터톤(6,900영국톤)	
크기: 110m×10m×9.8m(360피트×33피트×32피트 4인치)	
기관: 스크류 1개, 가압수형 원자로, 터빈	
최고속도: 잠항 시 30+노트	
주무장: 533mm(21인치) 어뢰 발사관 4문, 하푼 및 토마호크 미사일	
진수년월: 1979년 10월	

오스카 I

소련측 명칭은 프로젝트 949급이다. 타이푼 급에서 사용하는 아르크티카 원자로와 빅터 III 급에서 사용하는 소나를 가져왔다. 잠항 상태에서 순항 미사일을 발사할 수 있으며 최대 50일간 잠항이 가능하다. 미사일은 내각 함체와 외각 함체 사이에 앞쪽으로 40도 기울어져 장전된다.

제원	
유형: 소련 잠수함	
배수량: 부상 시 12,700미터톤(12,500영국톤), 잠항 시 14,122미터톤(13,900영국톤)	
크기: 143m×18.21m×8.99m(469피트 2인치×59피트 9인치×29피트 6인치)	
기관: 스크류 2개, 가압수형 원자로 2대	
최고속도: 잠항 시 23노트	
주무장: 533mm(21인치) 어뢰 발사관 4문, 650mm(25.6인치) 어뢰 발사관 4문으로 SS-N-19, SS-N-15, SS-N-16 스탤리언 미사일 발사 가능	
진수년월: 1981년 4월	

시아

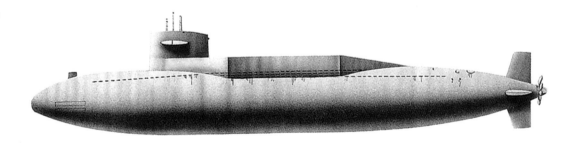

1978년 기공된 092급 시아는 중국 최초의 탄도 미사일 잠수함이며 실험함이다. 2척이 건조되었으며, 이 중 1척이 현재도 운용 중이다. 미사일은 2단 고체연료 로켓을 사용하며 관성 유도로 탄도 비행을 한다. 미사일 사거리는 8,000km(5,000마일)다. 2메가톤급 핵탄두 1발을 탑재한다.

제원	
유형: 중국 잠수함	
배수량: 잠항 시 8,128미터톤(8,000영국톤)	
크기: 120m×10m×8m(393피트 8인치×32피트 10인치×26피트 3인치)	
기관: 스크류 1개, 가압수형 원자로	
최고속도: 잠항 시 22노트	
주무장: CSS-N-3 미사일 발사기 12기, 533mm(21인치) 어뢰 발사관 6문	
진수년월: 1981년 4월	

1981   1981

원자력 잠수함: 제5부

냉전 기간 중 원자력 잠수함은 적국 함대를 미행하고, 적 해군 훈련을 정찰했다. 분명 이러한 활동은 현재도 계속되고 있다. 원자력 잠수함은 장거리 핵탄두 미사일을 탑재한 전략 미사일 잠수함과, 적함의 차단과 파괴를 맡는 헌터-킬러 잠수함, 두 가지로 나눌 수 있다.

조지아

오하이오급 잠수함 조지아는 2004년 순항미사일 잠수함으로 개조되면서 분류기호가 SSGN으로 바뀌었다. G는 유도 미사일(guided missile)을 의미한다. 2008년 대규모 개장과 오버홀을 거쳤다. 함교는 미사일 발사관 앞에 있으며, 전방으로 꽤 쏠려 있다. 원자로는 기관, 통제본부, 승조원 숙소와 철저히 차단되어 있다.

제원	
유형:	미국 잠수함
배수량:	부상 시 16,865미터톤(16,600영국톤), 잠항 시 19,000미터톤(18,700 영국톤)
크기:	170,7m×12,8m×10,8m(560피트×42피트×35피트 5인치)
기관:	스크루 1개, 가압수형 원자로, 터빈
최고속도:	부상 시 28노트, 잠항 시 30+노트
주무장:	트라이덴트 C-4 미사일 24발, 533mm(21인치) 어뢰 발사관 4문
진수년월:	1982년 11월

시에라

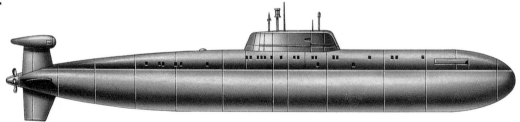

소련측 함급명은 프로젝트 945다. 프로젝트 971(NATO명 <아쿨라>)이 나오기 전 4척이 건조되었다. 아르크티카 원자로를 사용하며 함체는 티타늄이다. 기존 소련 원자력 잠수함에 비해 안전도도 크게 향상되었다. 승조원 탈출 포드도 있다.

제원	
유형:	소련 잠수함
배수량:	부상 시 7,315미터톤(7,200영국톤), 잠항 시 10,262미터톤(10,100영국톤)
크기:	107m×12m×8,8m(351피트×39피트 5인치×28피트 11인치)
기관:	스크루 1개, 가압수형 원자로, 터빈
최고속도:	부상 시 8노트, 잠항 시 36노트
주무장:	533mm(21인치) 어뢰 발사관 4문, 650mm(25,6인치) 어뢰 발사관 4문으로 SS-N-22 및 SS-N-16 미사일 발사 가능
정원:	61명
진수년도:	1983년

TIMELINE
1982   1983   1985

토베이

트라팔가 급 함대 잠수함인 토베이는 1977년에 발주되었다. 원자로의 수명도 더 길어졌다. 주기관과 보조기관은 래프트 위에 올려지며, 이 래프트는 횡방향 수밀격벽에 매달려 있어 음향 차단 효과를 극대화한다. 흡음 타일도 달려 있어 함에서 생기는 소리를 줄인다. 근대화 개장도 이루어졌다.

제원	
유형: 영국 잠수함	
배수량: 부상 시 4,877미터톤(4,800영국톤), 잠항 시 5,384미터톤(5,300영국톤)	
크기: 85,4m×10m×8,2m(280피트 2인치×33피트 2인치×27피트)	
기관: 펌프 제트, 가압수형 원자로, 터빈	
주무장: 533mm(21인치) 어뢰 발사관 5문, 타이거피쉬 어뢰 발사.	
진수년월: 1985년 3월	

뱅가드

뱅가드는 함교 뒤 수직발사관에 16발의 미사일을 장전한다. 각 미사일에는 탄두 14발이 들어가며 사거리는 12,350km(6,500해리)다. 이런 잠수함이 다 그렇듯이 단독으로 수개월간 잠항하며 움직인다. 원자로 재설치와 핵연료 재보급은 8년마다 이루어진다.

제원	
유형: 영국 잠수함	
배수량: 잠항 시 15,240미터톤(15,000영국톤)	
크기: 148m×12,8m×12m(486피트 6인치×42피트 ×39피트 4인치)	
기관: 스크류 1개, 가압수형 원자로	
최고속도: 잠항 시 25+노트	
주무장: 트라이덴트 D5 미사일 발사기 16기, 533mm(21인치) 어뢰 발사관 4문	
정원: 135명	
진수년도: 1990년	

르 트리옹팡

르 르두타블 급을 대체하기 위해 1997년 취역한 프랑스의 첫 신세대 미사일 잠수함이다. 신형 추진기를 사용한다. 2009년 2월, 대서양에서 비밀 초계 중, 역시 비밀 초계 중이던 영국 HMS 뱅가드와 접촉 사고를 냈으나 큰 피해 없이 마무리 되었다.

제원	
유형: 프랑스 잠수함	
배수량: 부상 시 12,842미터톤(12,640영국톤), 잠항 시 14,564,4미터톤(14,335 영국톤)	
크기: 138m×17m×12,5m(453피트×55피트 8인치×41피트)	
기관: 스크류 1개, 원자로, 펌프제트 추진기	
최고속도: 부상 시 20노트, 잠항 시 25노트	
주무장: 2010년부터 M51 핵탄두 미사일	
진수년도: 1993년	

1990   1993

쿠르스크

오스카 II급 원자력 잠수함으로 핵탄두 미사일을 탑재했다. 1999년에는 지중해에 전개했다. 2000년 8월 12일 바렌츠 해에서 실시된 북해함대 훈련 도중 내부 폭발을 일으켜 침몰, 전 승조원이 사망했다. 어려운 인양 작업 끝에 2001년 10월 잔해 인양이 완료되었다.

쿠르스크

침몰한 쿠르스크는 354피트(108m) 해저에 착저했다. 러시아, 영국, 노르웨이가 구조 작전을 실시했다. 그러나 폭발 후 10일이 지나자 더 이상 생존한 인원은 없을 것으로 간주되었다. 쿠르스크 함의 승조원은 총 118명, 이 중 23명이 폭발에도 불구하고 살아남아 격실에 들어가 있었지만, 시간이 지나 공기가 모두 사라지면서 질식사한 것이었다.

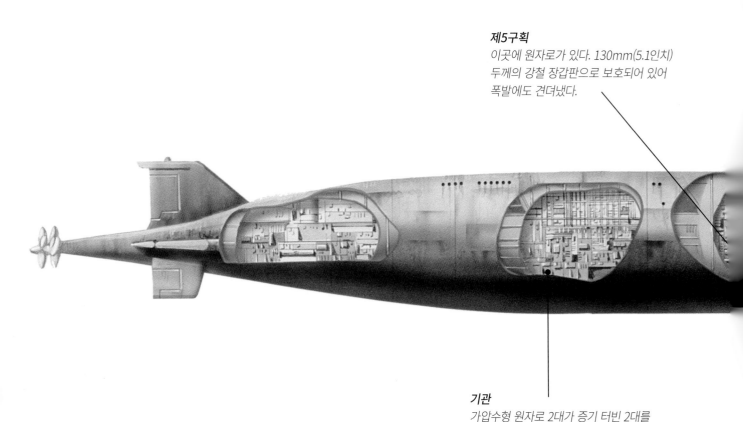

제5구획
이곳에 원자로가 있다. 130mm(5.1인치) 두께의 강철 장갑판으로 보호되어 있어 폭발에도 견뎌냈다.

기관
가압수형 원자로 2대가 증기 터빈 2대를 돌린다. 출력은 73,070kW(98,000축마력).

제원

유형: 러시아 잠수함	
배수량: 부상 시 14,834미터톤(14,600영국톤), 잠항 시 16,256미터톤(16,000영국톤)	
크기: 154m×18.21m×8.99m(505피트 2인치×59피트 9인치×29피트 6인치)	
기관: 스크루 2개, 2대의 가압수형 원자로로 증기 터빈을 구동	
최고속도: 부상 시 16노트, 잠항 시 32노트	
주무장: 그라니트 순항 미사일 24발, 533mm(21인치) 어뢰 발사관 4문, 650mm(25.5인치) 어뢰 발사관 2문	
정원: 118명	
진수년도: 1994년	

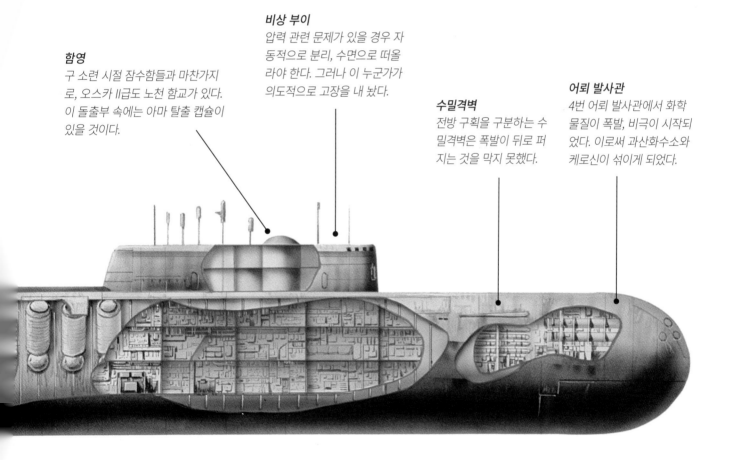

함영
구 소련 시절 잠수함들과 마찬가지로, 오스카 II급도 노천 함교가 있다. 이 돌출부 속에는 아마 탈출 캡슐이 있을 것이다.

비상 부이
압력 관련 문제가 있을 경우 자동적으로 분리, 수면으로 떠올라야 한다. 그러나 이 누군가가 의도적으로 고장을 내 놨다.

수밀격벽
전방 구획을 구분하는 수밀격벽은 폭발이 뒤로 퍼지는 것을 막지 못했다.

어뢰 발사관
4번 어뢰 발사관에서 화학 물질이 폭발, 비극이 시작되었다. 이로써 과산화수소와 케로신이 섞이게 되었다.

2차 폭발
1차 폭발 이후 135초가 지난 후, 더 큰 2차 폭발이 일어나 제3, 제4번 구획을 박살냈다.

지원함 및 수리함

신속 전개 기동 부대란 군사적 또는 재해 지원 임무를 위해 멀리 떨어진 목적지까지 신속하게 이동할 수 있는 부대를 말한다. 이런 부대는 지원함 및 수리함에 의존할 수밖에 없다. 그런 함정들이 부대의 다른 함정들을 따라다니면서 이동 기지 역할을 해줘야 하기 때문이다. 수리함 및 지원함은 때에 따라서 지휘 역할도 맡는다.

헌리

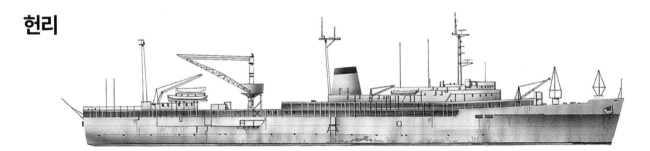

헌리와 그 자매함 홀랜드는 함대 탄도 미사일 잠수함의 수리 및 보급 임무를 위해 설계되었다. 52개의 공방을 갖춘 헌리는 여러 척의 잠수함을 한 번에 처리할 수 있다. 해상 운송 임무를 위해 헬리콥터도 갖추고 있다. 1994년 퇴역, 2007년 해체되었다.

제원	
유형: 미국 잠수함 모함	
배수량: 19,304미터톤(19,000영국톤)	
크기: 182.6m×25.3m×8.2m(599피트×83피트×27피트)	
기관: 스크류 1개, 디젤-전기 엔진	
주무장: 20mm(0.79인치) 함포 4문	
정원: 2,490명	
진수년월: 1961년 9월	

엥가딘

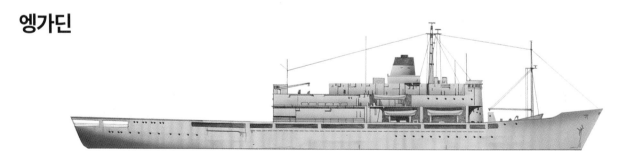

1965년 8월에 기공된 함대 보조함 엥가딘은 원양 작전 시 헬리콥터 승무원 교육용으로 설계되었다. 연돌 뒤의 대형 격납고에는 웨섹스 헬리콥터 4대와 와스프 헬리콥터 2대, 또는 시 킹 헬리콥터 2대를 수납할 수 있다. 표적용 무인기도 운용할 수 있다. 1996년에 해체되었다.

제원	
유형: 영국 헬리콥터 지원함	
배수량: 9,144미터톤(9,000영국톤)	
크기: 129.3m×17.8m×6.7m(424피트 3인치×58피트 5인치×22피트)	
기관: 스크류 1개, 디젤 엔진	
최고속도: 16노트	
정원: 81명(+교육생 113명)	
진수년도: 1966년	

TIMELINE

1961   1966   1970

바센토

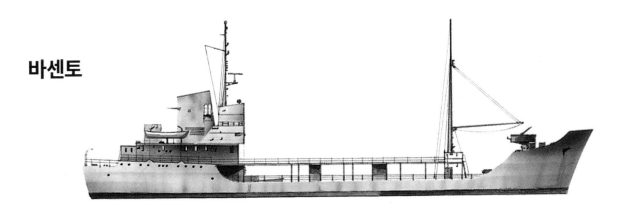

이탈리아 함대에 청수를 공급하는 보조함이다. 탱크 용량은 1,016 미터톤(1,000영국톤)이며 항속거리는 7노트에서 약 5,700km (3,000해리)다. 기관실은 함미에 있다. 2009년 에콰도르에 인도되어 건조한 갈라파고스 제도에 물을 공급하는 임무에 사용되었다.

제원	
유형: 이탈리아 해군 급수함	
배수량: 1,944미터톤(1,914영국톤)	
크기: 66m×10m×4m(216피트 6인치×33피트×13피트)	
기관: 스크류 2개, 디젤 엔진	
최고속도: 12.5노트	
무장: 경대공포 2문	
진수년도: 1970년	

포트 그랜지

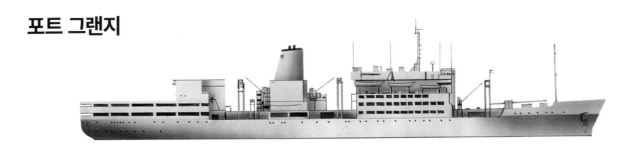

최대 3,500미터톤의 물자를 싣고 해상에서 작전 중인 다른 배에게 연료와 물자를 공급할 수 있다. 또한 최대 4대의 시 킹 헬리콥터를 운용해 전투 임무를 수행할 수 있다. 1994~2000년에는 아드리아해에 배치되었다. 2000년 포트 로살리로 개칭된 후 2008~2009년에 개장되었다.

제원	
유형: 영국 함대 보급함	
배수량: 23,165미터톤(22,800영국톤)	
크기: 183.9m×24.1m×8.6m(603피트×79피트×28피트 2인치)	
기관: 스크류 1개, 디젤 엔진	
최고속도: 22노트	
주무장: 20mm(0.79인치) 기관포 2문	
정원: 140명(+항공대 요원 36명)	
진수년도: 1976년	

프랭크 케이블

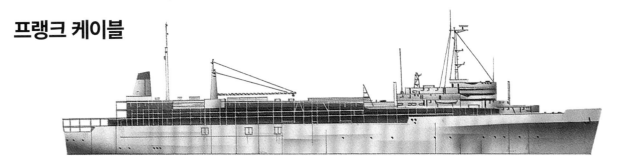

스피어 급 개량형 3척 중 하나인 이 배는 로스 앤젤레스 급 잠수함 지원 설비를 갖추고 있다. 동시에 4척의 잠수함을 지원할 수 있다. 제 2차 세계대전 당시의 잠수함 모함들은 해체처분 직전의 낡은 군함을 개조해 쓰는 경우가 많았지만, 프랭크 케이블은 그것과는 개념이 크게 다르다.

제원	
유형: 미국 잠수함 모함	
배수량: 23,368미터톤(23,000영국톤)	
크기: 196.9m×25.9m×7.6m(646피트×85피트×25피트)	
기관: 스크류 1개, 터빈	
최고속도: 18노트	
주무장: 40mm(1.57인치) 함포 2문	
진수년도: 1978년	

1976

1978

산적 화물선

대형 산적 화물선은 국제 경제 생활에 중요한 역할을 하고 있다. 이런 큰 배들 덕택에 석탄이나 철광석 등 무거운 원자재의 운반비를 낮출 수 있다. 자동화를 통해 화물의 탑재 및 하역 속도가 빨라지고, 승조원 수도 대폭 줄어들었다.

요먼 번

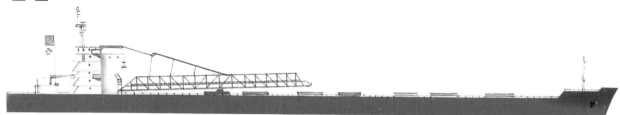

이 배도 높은 상부구조물과 엔진이 함미에 있는 일반적인 산적 화물선의 구조를 하고 있다. 가장 큰 특징은 화물 탑재 하역을 위한 자체 래티스 붐이 있다는 것이다. 이 때문에 자동화 시설이 없는 항구도 이용할 수 있다. 2010년 현재는 독일에 매각되어 <베른하르트 올렌도르프>로 개칭되었다.

제원
유형: 노르웨이 산적 화물선
배수량: 78,740미터톤(77,500영국톤)
크기: 245m×32.2m×14m(830피트 10인치×105피트 8인치×46피트)
기관: 스크류 1개, 디젤 엔진 다수
최고속도: 14.6노트
화물: 철광석, 석탄, 석회석, 소금, 코크스, 곡식 등의 산적 화물
항로: 국제 항로
정원: 25명
진수년월: 1990년 10월

야콥 메르스크

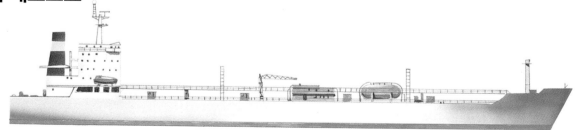

탱커 치고는 작은 야콥 메르스크는 선수 및 선미 추력기 등 혁신적인 특징을 많이 가지고 있다. 4개의 독립식 탱크를 가지고 있으며, 석유는 8개의 다단 원심분리 펌프를 통해 한 번에 2개 탱크에 탑재 또는 하역된다. 2010년 현재는 LPG 탱커 마하라쉬 바바트레야로 운용되고 있다.

제원
유형: 덴마크 탱커
배수량: 42,523미터톤(42,523영국톤)
크기: 185m×27.4m×12.5m(607피트×90피트×41피트)
기관: 스크류 1개, 디젤 엔진
최고속도: 17.3노트
화물: LPG(액화 천연 가스)
항로 지중해-북유럽
정원: 23명
진수년도: 1991년

TIMELINE   1990   1991

프론트 드라이버

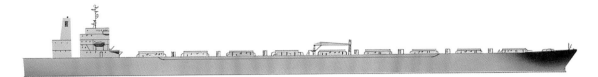

OBO(oil/bulk ore, 석유/산적 광물) 수송선이다. 현측 탱크는 9개 화물창으로 나뉘어져 있어 3종류의 석유 화물을 수송할 수 있다. 선체는 52%가 고장력강으로 만들어져 있다. 그러나 OBO 개념은 널리 전파되지 않았다. 프론트 드라이버는 석탄 153,000미터톤도 탑재할 수 있다. 2007년 그린피스 시위의 표적이 되었다.

제원	
유형: 스웨덴 화물선	
배수량: 195,733미터톤(192,651영국톤)	
크기: 285m×45m(935피트×147피트 8인치)	
기관: 스크류 1개, 디젤 엔진	
화물: 철광석, 석탄, 석회석, 소금, 코크스, 곡식 등의 산적 화물	
항로: 국제 항로	
진수년도: 1991년	

하쿠류 마루

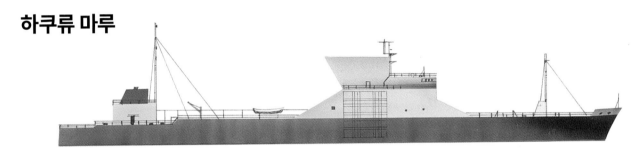

강철 코일을 팔레트 캐리어에 얹어 취급 및 운반하기 위해 특별 건조되었다. 함체는 이중저 구조로 되어 있으며, 철과 콘크리트로 된 1,400미터톤(1,378영국톤) 무게의 영구 밸러스트가 있다. 때문에 해상 상태가 안 좋아도 안정성을 유지하고, 무엇보다도 화물 탑재 및 하역 시 배가 3도 이상 기울지 않는다.

제원	
유형: 일본 강철 화물선	
배수량: 5,278미터톤(5,195영국톤)	
크기: 115m×18m×5m(377피트 4인치×59피트×16피트 5인치)	
기관: 스크류 1개, 디젤 엔진	
최고속도: 15노트	
항로: 후쿠야마-기타 일본 항구	
진수년도: 1991년	

푸투라

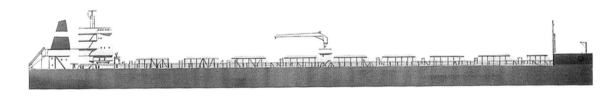

더욱 강화된 안전 기준에 맞춰 만들어진 최초의 산적 화물선 중 하나다. 새 안전 기준에 맞춰 복각 선체, 탱크의 가스 환기, 밸러스트 파이프를 통해 원하는 탱크를 골라 환기시킬 수 있는 기능 등이 추가되었다. 외각 선체와 내각 선체 사이의 공간에 펌프 설비를 설치하므로 화물창 내에 별도의 공간을 두어 펌프 설비를 할 필요가 없다.

제원	
유형: 네덜란드 산적 화물선	
배수량: 76,127미터톤(74,928영국톤)	
크기: 228.6m×32.2m×14.5m(750피트×105피트 6인치×47피트 6인치)	
기관: 스크류 1개, 디젤 엔진	
최고속도: 14.8노트	
화물: 철광석, 석탄 곡식 등 산적 화물	
항로: 국제 항로	
진수년월: 1992년 4월	

1992

화물선

현대 화물선은 정해진 상례를 따라 움직이지만, 특수 화물을 나를 수 있는 배를 찾아주는 국제 해운 대행사들도 있다. 많은 배들은 화물 취급 장비가 없거나 매우 적고, 점점 커지는 덩치로 인해 크레인과 컨베이어가 있는 수심 깊은 항구만 갈 수 있게 되었다. 기관과 조선은 자동화되었다.

사바나

최초의 원자력 상선이다. 원자력의 평화적 이용 가능성을 보여주기 위해 건조되었다. 그러나 운용비가 너무 비싸 이익이 나지 않자 1972년 퇴역했다. 현재 박물관선이다.

제원	
유형: 미국 화물선	
배수량: 14,112미터톤(13,890영국톤)	
크기: 195m(639피트 9인치)×23.77m(78피트)	
기관: 스크류 2개, 원자로, 터빈	
최고속도: 20.5노트	
화물: 혼합 화물	
정원: 124명	
진수년월: 1959년 7월	

헬레나

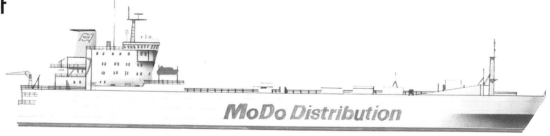

RORO(roll-on, roll-off) 화물선으로, 선체 맨 앞부터 맨 뒤까지 이중저 처리가 되어 있다. 아래쪽 화물실과 엔진실에는 이중 외피 처리가 되어 있다. 화물 탑재 시 화물이 양방향으로 움직이며, 4층의 갑판 모두가 램프로 연결되어 있다. 화물 취급은 조타실과 엔진실 통제본부의 폐쇄회로 디스플레이로 감시한다.

제원	
유형: 스웨덴 화물선	
배수량: 22,548미터톤(22,193영국톤)	
크기: 169m×25.6m×7m(554피트 6인치×84피트×23피트)	
기관: 스크류 1개, 디젤 엔진	
최고속도: 14.6노트	
화물: 종이, 트레일러, 소형차, 컨테이너	
항로: 스웨덴 항구-안트베르펜을 포함한 기타 유럽 항구	
진수년도: 1990년	

TIMELINE

1959      1990      1991

허드슨 렉스

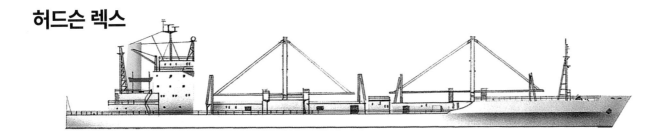

이 배에는 전기 유압 윈치로 작동되는 재래식 데릭 기중기가 장착되어 있다. 팬이 냉동 구역에 찬 공기를 공급하고, 전면 단열 처리가 되어 있다. 냉동 및 온도 조절 체계는 엔진실에 설치되어 있다. 이후 선 마리아로 개칭되었다.

제원	
유형: 파나마 화물선	
배수량: 12,192미터톤(12,000영국톤)	
크기: 148.5m×20.6m×9.4m(487피트 3인치×67피트 7인치×31피트)	
기관: 스크류 1개, 디젤 엔진	
최고속도: 19.2노트	
화물: 냉동 화물	
항로: 네덜란드-서아프리카	
진수년도: 1991년 10월	

한라

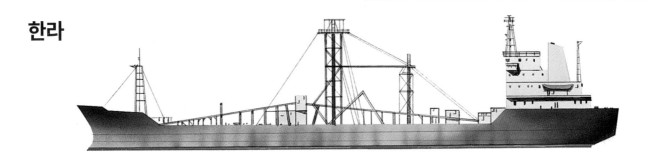

압축 공기로 화물을 대구경 튜브를 통해 움직여 자체 화물 탑재가 가능하다. 격자무늬 탑은 하역용 크레인을 지지하고 있으며, 기관실은 두 화물창 사이에 있다. 1000미터톤(984영국톤)의 시멘트를 탑재할 수 있으며 1시간에 500미터톤(492영국톤)을 하역할 수 있다.

제원	
유형: 한국 시멘트 화물선	
배수량: 10,427미터톤(10,268영국톤)	
크기: 111.8m×17.8m×7m(367피트×58피트 5인치×23피트)	
기관: 스크류 1개, 디젤 엔진	
최고속도: 13노트	
화물: 산적 시멘트	
항로: 한국-일본	
정원: 27명	
진수년월: 1991년 1월	

크라스노그라드

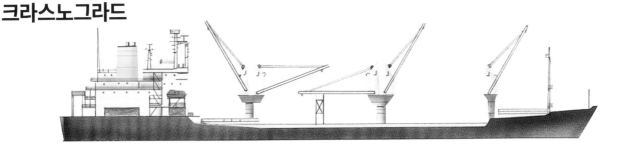

몇 년 만에 처음으로 건조된 외국산 소련 상선이다. 선체에는 4개의 화물창을 갖춘 2개의 전통 갑판이 있다. 6m(20피트) 및 12m(40피트) 컨테이너를 총 728 TEU 탑재할 수 있으며, 이 중 30 TEU는 냉동 수송할 수 있다. 이후 그리스에 매각되어 몰타 선적의 <노르다나 서베이어>로 운용되었다.

제원	
유형: 러시아 화물선	
배수량: 26,630미터톤(26,630영국톤)	
크기: 173.5m×23m×10m(569피트 3인치×75피트 6인치×32피트 10인치)	
기관: 스크류 1개, 디젤 엔진	
화물: 컨테이너	
항로: 국제 항로	
진수년도: 1992년	

1992

저비스 베이

저비스 베이는 자동화율이 매우 높은 터미널들 사이로 움직이면서 24시간 이내에 화물의 탑재 및 하역이 가능하다. 컴퓨터 보조 설계를 통해 탑재 공간을 극대화했다. 탑재 컴퓨터가 탑재하는 모든 컨테이너의 위치를 정해지고 기록한다. 탑재 용량은 4,038 TEU다.

저비스 베이

그 거대한 크기에도 사관 9명, 하급 선원 10명으로만 움직인다. 저비스 제이와 자매선들은 주로 유럽-극동 항로에서 운용하기 위해 건조되었다. 사우샘프턴-요코하마 간의 왕복 운항을 63일 만에 해냈다.

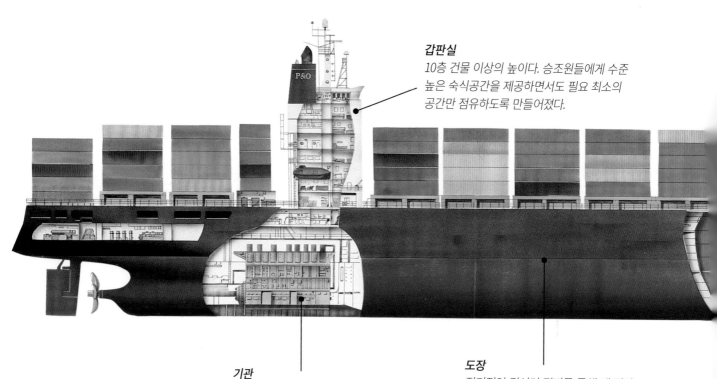

갑판실
10층 건물 이상의 높이다. 승조원들에게 수준 높은 숙식공간을 제공하면서도 필요 최소의 공간만 점유하도록 만들어졌다.

기관
줄처 9RTA 84C 9실린더 디젤 엔진으로 거대한 프로펠러를 돌린다. 최대 출력은 100RPM에서 34,412kW(47,000축마력)다.

도장
정기적인 건선거 정비를 통해 배 밑바닥에 들러붙은 해양생물을 떼어내고 항력 감소 페인트를 도장해야 한다.

제원	
유형: 영국 컨테이너선	
배수량: 51,816미터톤(51,000영국톤)	
크기: 292.15m×32.2m×11.2m(985피트 6인치×105피트 6인치×36피트)	
기관: 스크류 1개, 디젤 엔진	
항해 속도: 23.5노트	
화물: 컨테이너	
항로: 사우샘프턴-일본 항구	
정원: 19명	
진수년도: 1992년	

이름

*2006년 A.P. 몰러에 매각되어 메르스크 라인에서
운용되었다. 2008년 MSC 알메리아로 개칭되었다.*

컨테이너

*화물의 반 이상이 갑판 위에 탑재된다.
갑판 탑재 컨테이너 174개, 선내 탑재
컨테이너 66개를 냉동 보관할 수 있다.*

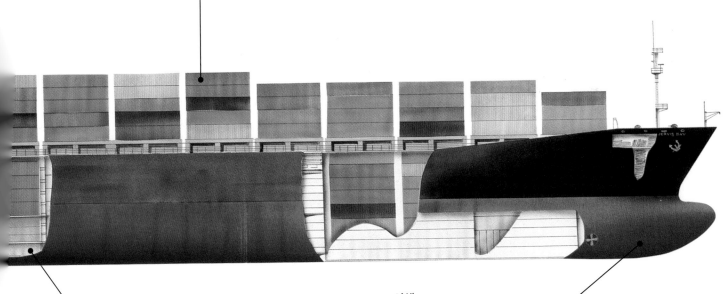

밸러스트 탱크

펌프를 사용해 밸러스트 탱크에 물을 넣
거나 빼는 기능은 화물의 탑재 및 하역 시
균형을 유지하기 위해 반드시 필요하다.

선체

선수 디자인은 뒤로 경사진 구상
선수라 항력이 적다. 현대의 대형
기선에서 흔히 볼 수 있는 설계다.

컨테이너선

모든 컨테이너선의 크기를 결정하는 것은 국제 표준 컨테이너다. 이 컨테이너는 12m(40피트) 길이와 6m(20피트) 길이 두 가지가 있다. 설계사는 필요 최소한의 철로 강도와 안전성, 국제 해양 규격을 충족시키면서도 최대한의 컨테이너를 싣는 선체를 설계해야 한다.

에버 글로브

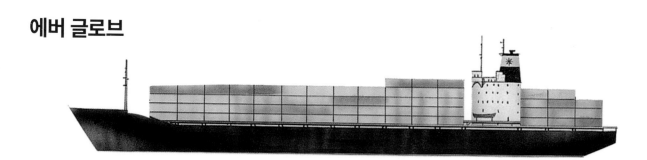

첫 선주는 대만의 에버그린 해운(파나마 선적)이었다. 컨테이너 화물창은 3개다. 선내보다 갑판에 더 많은 컨테이너를 쌓을 수 있다. 이후 2회 매각되면서 <스코틀랜드>, <헤라>로 명칭이 바뀌었다. 2009년 1월 중국에 매각 해체되었다.

제원	
유형: 대만 컨테이너 선	
배수량: 43,978미터톤(43,285영국톤)	
크기: 231m×32m(757피트 10인치×105피트)	
기관: 스크류 1개, 디젤 엔진	
항로: 다양	
진수년도: 1984년	

하노버 익스프레스

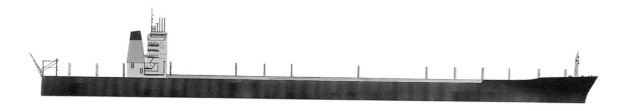

고장력강으로 건조했기 때문에 기존의 10열보다 많은 11열로 컨테이너를 적재할 수 있다. 세로 방향 빔의 배열을 개량, 이런 배들이 취급할 수 없던 무거운 화물도 운반 가능하다. 이 배의 규격은 파나마 운하 통과가 가능한 <파나맥스>식이다.

제원	
유형: 독일 컨테이너 선	
배수량: 76,330미터톤(75,128영국톤)	
크기: 294m×32,2m×13,5m(964피트 6인치×105피트 10인치×44피트 4인치)	
기관: 스크류 1개, 디젤 엔진	
최고속도: 23,8노트	
항로: 국제 항로	
정원: 21명	
진수년월: 1990년 10월	

TIMELINE

1984   1990   1991

코타 위자야

싱가포르 선적의 코타 위자야는 6개의 화물창에 6m(20피트) 및 12m(40피트) 컨테이너를 탑재한다. 기본 탑재량은 1,186TEU이며, 추가로 냉동 컨테이너 200개를 상갑판에 적재할 수 있다. 중앙선체는 이중 외피다. 물을 채운 밸러스트 탱크가 탑재 중 안전성을 확보해 준다.

제원	
유형: 말레이시아 컨테이너 선	
배수량: 22,695미터톤(22,695영국톤)	
크기: 184.5m×27.6m×9.5m(605피트 4인치×90피트 6인치×31피트 3인치)	
기관: 스크류 1개, 디젤 엔진	
최고속도: 19노트	
항로: 말레이시아-유럽-오스트레일리아	
진수년월: 1991년 2월	

네들로이드 에우로파

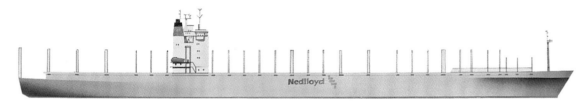

표준 해치 커버를 없앤 최초의 배다. 갑판에 탑재된 컨테이너를 붙들기 위해 화물창에서 갑판 위로 뻗어 나온 컨테이너 유도 지지 시스템이 있기 때문이다. 이러한 설계는 이중 펌프 및 배수 체계가 필요하지만, 그 안전성은 실험을 통해 입증되었다. 화물창은 총 7개다.

제원	
유형: 네덜란드 컨테이너 선	
배수량: 48,768미터톤(48,000영국톤)	
크기: 266m×32.2m×13m(872피트 9인치×105피트 9인치×42피트 8인치)	
기관: 스크류 1개, 디젤 엔진	
최고속도: 23노트	
항로: 국제 항로	
진수년월: 1991년 9월	

현대 어드미럴

세계에서 제일 강한 디젤 엔진(출력 67,000제동마력 이상)을 장비한 현대 어드미럴은 자동화율이 매우 높다. 통제본부 모니터는 단일 감시 체계로 사용 가능하다. 7개의 화물창에는 4,400개의 컨테이너를 탑재할 수 있다. 위험물 전용 탑재 공간도 있다. 또한 복각 선체다.

제원	
유형: 영국 컨테이너 선	
배수량: 62,131미터톤(61,153영국톤)	
크기: 275m×37m×13.6m(902피트 3인치×121피트 9인치×44피트 7인치)	
기관: 스크류 1개, 디젤 엔진	
항로: 영국-극동	
진수년도: 1992년	

1992

아나스타시스

이탈리아 여객선 빅토리아는 1978년 미국 자선단체 머시 쉽스에 의해 병원선으로 개장되었다. 이후 의료 시설이 부족한 나라들을 찾아갔다. 외과 및 치과 치료가 가능한 이 배는 29년 동안 23개국을 상대로 66회 파견되어 275개 항구를 방문했다. 2007년 퇴역했다.

수영 갑판
승조원들의 휴식을 위한 작은 수영장이 있다. 스포츠 게임 공간도 있다.

CT 스캐너
2002년 진단 및 치료 설비에 CT(컴퓨터 단층촬영) 스캐너가 추가되었다.

아나스타시스

세계 최빈국들에 의료 서비스를 제공했다. 병원선으로 개장되기
전에는 여객선으로 파키스탄, 인도, 극동을 항해했다.

제원	
유형: 이탈리아 여객선, 이후 미국 민간 병원선	
배수량: 11,882미터톤(11,695영국톤)	
크기: 159m×20.7m(521피트 6인치×67피트 10인치)	
기관: 스크류 2개, 디젤 엔진	
최고속도: 19.5노트	
정원: 420명	
진수년도: 1953년	

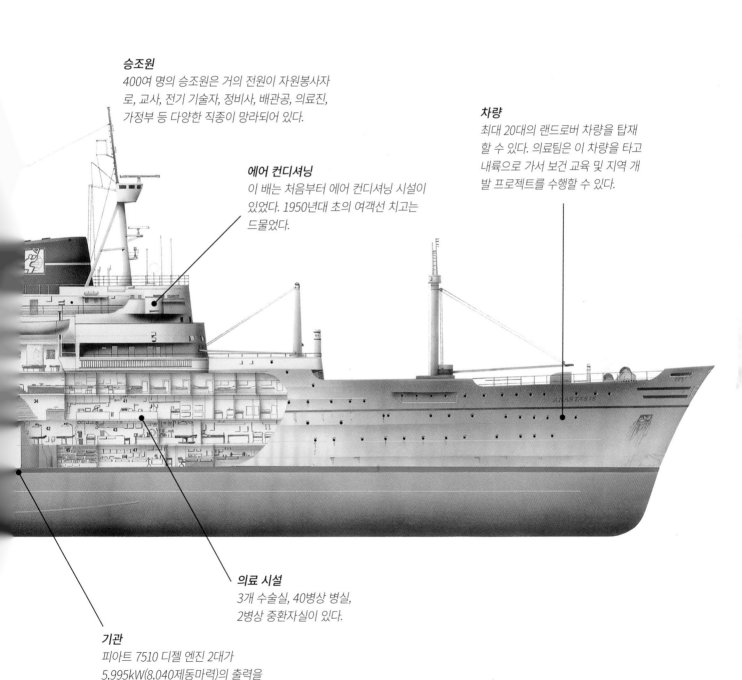

승조원
*400여 명의 승조원은 거의 전원이 자원봉사자
로, 교사, 전기 기술자, 정비사, 배관공, 의료진,
가정부 등 다양한 직종이 망라되어 있다.*

에어 컨디셔닝
*이 배는 처음부터 에어 컨디셔닝 시설이
있었다. 1950년대 초의 여객선 치고는
드물었다.*

차량
*최대 20대의 랜드로버 차량을 탑재
할 수 있다. 의료팀은 이 차량을 타고
내륙으로 가서 보건 교육 및 지역 개
발 프로젝트를 수행할 수 있다.*

의료 시설
*3개 수술실, 40병상 병실,
2병상 중환자실이 있다.*

기관
*피아트 7510 디젤 엔진 2대가
5,995kW(8,040제동마력)의 출력을
낸다. 보조 기관 중 대부분은 개량 및
교체가 필요했다.*

크루즈 선(유람선)

크루징으로 휴가를 즐길 수 있게 된 지 100년이 넘었다. 그러나 초기에 그 이용은 제한적이었다. 배가 커지고 마케팅 기술이 발전하면서 개장 공사를 통해 배에 더 많은 오락 설비를 비치하게 되자 크루징은 해운 업계의 연중 상비 상품이 되었다. 또한 전용 크루즈 선도 진수되었다.

갈릴레오 갈릴레이

이탈리아-오스트레일리아 노선을 노리고 건조되었지만, 점보 제트기에 할 일을 뺏겨 1977~1979년에 걸쳐 계류되었다. 1983년부터 크루즈 선 <갈릴레오>로 운용되었으며, 1983년에는 개장 후 <메리디안>으로 개칭되었다. 개장 시 만재 배수량은 30,500미터톤으로 늘어났다. 1996년 매각되어 <선 비스타>로 개칭되었다. 1999년 5월 말레이시아 앞바다에서 화재 후 침몰했다.

제원	
유형: 이탈리아 여객선, 크루즈 선	
배수량: 28,353.5미터톤 (27,907영국톤)	
크기: 213.65m×28.6m×8.65m(700피트 11인치×93피트 10인치×28피트 4인치)	
기관: 스크류 2개, 기어 터빈	
최고속도: 24노트	
진수년도: 1963년	

래디슨 다이아몬드

이 거대한 여객선은 크루즈 선으로 용도가 변경되면서 설계도 혁신적으로 바뀌었다. 나중에 나온 배들보다는 크기가 작지만, 쌍동선 설계라 길이에 비해서는 폭이 넓다. 두 선체에 모두 엔진이 하나씩 있으며, 두 선체 사이에서 작은 보트를 띄울 수 있다. 현재 <아시아 스타>로 개칭된 이 배는 홍콩을 모항으로 삼고 있다.

제원	
유형: 미국 크루즈 선	
배수량: 18,684미터톤 (18,400영국톤)	
크기: 131m×32m(423피트×105피트)	
기관: 스크류 2개, 선수 추력기, 디젤 엔진	
최고속도: 12.5노트	
진수년도: 1991년	

TIMELINE

1963   1991

소사이어티 어드벤처러

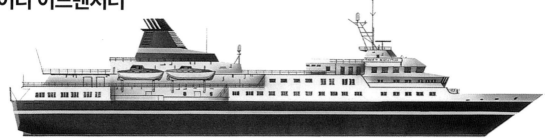

이 탐험선은 1993년 독일에 매각되어 <한제아틱>으로 개칭되었다. 연료 또는 식량 보급 없이 8주간 항해할 수 있으며, 항속거리는 16,150km(8,500해리)다. 남극 같은 특수 지역 항해를 위해 선교 위에 관측용 라운지가 있다. 승객은 188명을 탑승시킨다.

제원	
유형: 바하마 탐험선	
배수량: 8,512미터톤(8,378영국톤)	
크기: 122.7m×18m×4.7m(402피트 8인치×59피트×15피트 8인치)	
기관: 스크루 2개, 디젤 엔진	
진수년월: 1991년 1월	

마제스티 오브 더 시즈

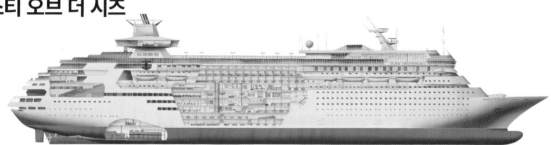

로열 캐리비안 크루즈 라인스를 위해 건조된 이 배는 상당 부분 외부와 폐쇄된 산책 갑판이 있다. 2,350명의 승객을 싣고 카리브해로 1주일간 유람 항해를 할 수 있다. 엔진은 탑승객 공간을 최대화하고 진동과 소음을 최소화하기 위해 선체 후방에 낮게 설치되었다. 2007년 부분 개장되었다.

제원	
유형: 노르웨이 크루즈 선	
배수량: 75,124미터톤 (73,941영국톤)	
크기: 266.4m×32.3m×7.6m(874피트×106피트×25피트)	
기관: 스크루 1개, 디젤 엔진	
최고속도: 21노트	
진수년도: 1992년	

에우로파

9년 동안 최고의 크루즈 선 자리를 놓치지 않은 에우로파는 승객을 410명만 태운다. 설계상의 혁신점 중에는 선체 외부에 장착된 프로펠러 구동 포드가 있다. 이 포드는 각도를 자유롭게 조절해 기동성을 향상시킬 수 있으며, 추진식이 아닌 견인식 프로펠러를 장착하고 있다. 2007년에 개장되었다.

제원	
유형: 독일 크루즈 선	
배수량: 28,854.4미터톤 (28,400영국톤)	
크기: 198.6m×78피트×39피트 (644피트 6인치×78피트×39피트)	
기관: 스크루 2개, 디젤-전기	
최고속도: 21노트	
진수년도: 1999년	

1992    1999

캔베라

1961년 5월 P&O 사 소속으로 태평양 항로에 취역했다. 호화 크루즈 선인 이 배는 2,186명의 승객을 태울 수 있다. 1982년 징발되어 포클랜드 전쟁에 병력 수송선으로 참전, 여러 번의 고비를 넘겼다. 1982년 7월 영국에 돌아와 개장 후 유람 항해에 복귀했다. 1997~1998년에 걸쳐 파키스탄에서 해체되었다.

연돌
멋진 모양의 쌍둥이 연돌 사이에는 통로가 있다. 두 연돌은 무선 안테나 지지대 역할도 한다. 이 배의 특징 중 하나다.

일광욕 갑판
캔베라는 1등석과 2등석 2개 등석을 갖추고 있다. 수영장이 있는 이 갑판은 1등석 승객에게만 개방된다.

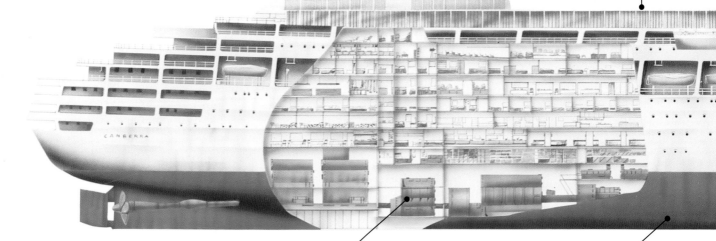

기관
기관의 위치가 좋아 선체 전체를 숙소로 사용할 수 있다. 드물게 보일러거 구동 장치의 뒤에 있다.

안정익
캔베라의 뚱뚱한 선체 양측에는 두 개의 접이식 안정익이 있어 거친 바다에서 횡요를 막는다.

캔베라

1960년 북아일랜드 벨파스트에서 건조되어 그 이듬해 취역했다. 원래는 영국-오스트레일리아를 잇는 여객선으로 설계되었으나, 1974년 호화 크루즈 선으로 개장되었다.

제원	
유형: 영국 여객선	
배수량: 45,524미터톤(44,807영국톤)	
크기: 249m×31m(817피트×101피트 8인치)	
기관: 스크류 2개, 증기 터빈, 전기 구동	
항로: 영국-오스트레일리아	
정원: 938명	
진수년월: 1960년 3월	

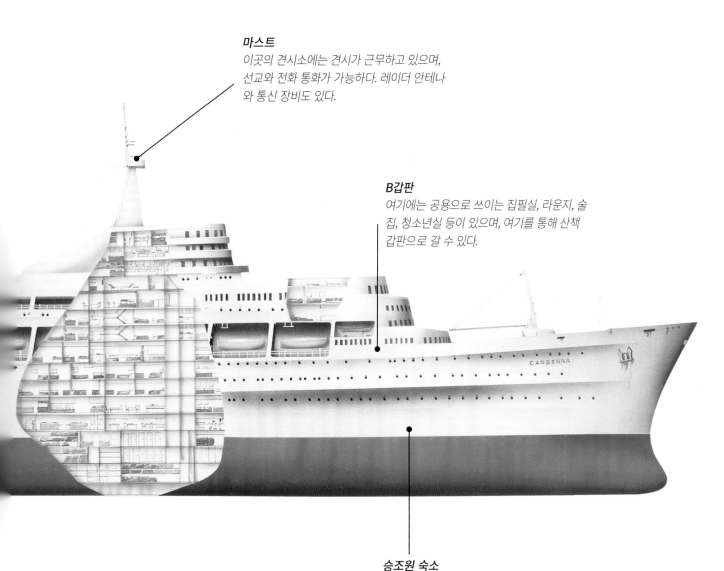

마스트
이곳의 견시소에는 견시가 근무하고 있으며, 선교와 전화 통화가 가능하다. 레이더 안테나와 통신 장비도 있다.

B갑판
여기에는 공용으로 쓰이는 집필실, 라운지, 술집, 청소년실 등이 있으며, 여기를 통해 산책 갑판으로 갈 수 있다.

승조원 숙소
흘수선의 G갑판에는 승조원 숙소, 2등석 숙소 일부, 수하물실, 공방 등이 있다.

퀸 엘리자베스 2세

퀸 엘리자베스 2세는 최후의 대서양 횡단 여객선이다. 건조 과정에서 문제가 빈발했고, 기계적 문제로 처녀 항해가 지연되었다. 1982년 포클랜드 전쟁에 징발되어 병력 수송선으로 참전했다. 엔진 교체를 통해 크루즈 선으로 성공리에 운용되었다. 2008년 퇴역하여 현재는 두바이에서 해상 호텔로 운용되고 있다.

연돌
바람국자형 기부 위에 세워진 혁신적인 디자인의 이 연돌은 1986년에 새로 장착된 것이다. 공기를 위로 밀어올려 배기를 높이 날려보낸다.

승객
2개 등석 구성이다. 1등석 548명, 2등석 1,690명을 탑승시킨다. 사관 및 선원 등 승조원 총수는 795명이다.

알루미늄 구조
상부 구조물 중 상당 부분이 알루미늄으로 되어 있다. 이 때문에 1982년 병력 수송선으로 쓰일 때 우려를 자아내기도 했다.

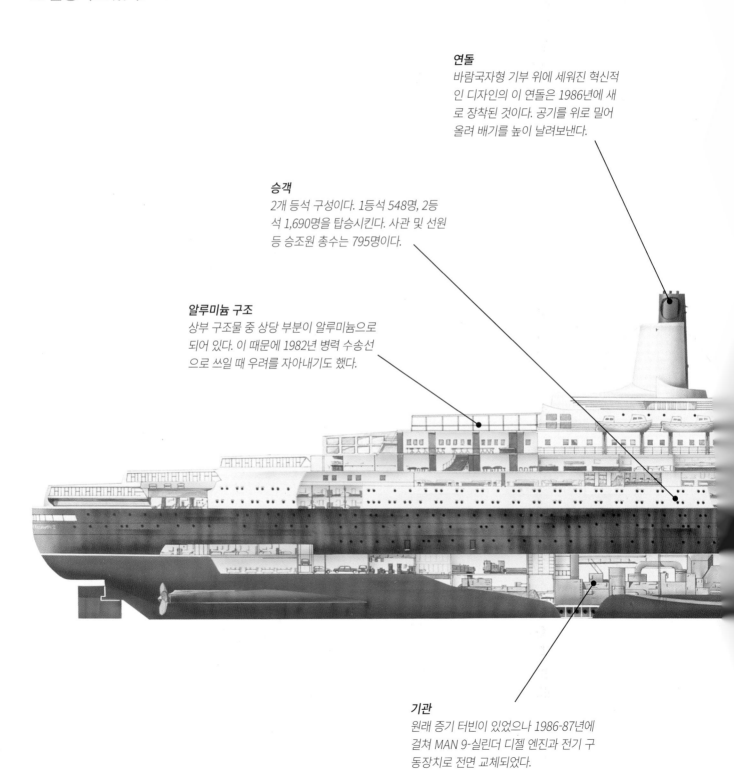

기관
원래 증기 터빈이 있었으나 1986-87년에 걸쳐 MAN 9-실린더 디젤 엔진과 전기 구동장치로 전면 교체되었다.

퀸 엘리자베스 2세

1982년 5월 이 배는 포클랜드 전쟁에 참전했다. 병력 3,000명, 자원한 승조원 650명을 싣고 남대서양으로 떠난 것이다. 사우샘프턴에서 전시 운용에 적합하도록 개장을 받았다. 3개의 헬리콥터 착륙장이 설치되었고, 공용 라운지는 숙소로 개조되었다. 깔려 있던 카펫은 하드보드 지 2,000장으로 가려졌다.

제원	
유형: 영국 여객선	
배수량: 66,432미터톤(65,836영국톤)	
크기: 293.5m×32.1m×9.75m(963피트×105피트×32피트)	
기관: 스크루 2개, 기어 터빈(이후 디젤-전기)	
최고속도: 29노트	
항로: 북대서양 및 유럽 항로	
진수년도: 1967년	

발코니
1977년 선교 뒤에 옥탑방형 숙소가 새로 지어졌다. 이로써 승객들의 개인 발코니가 생겼다.

옆모습
마스트와 연돌은 하나씩밖에 없지만 커나드 사의 전통적인 선형을 가급적 유지하고자 했다.

자랑스러운 기록
이 배는 퇴역할 때까지 승객 연 인원 250만 명을 싣고 965만 6,000km(600만 마일)을 항해하면서 대서양을 806번 횡단했다.

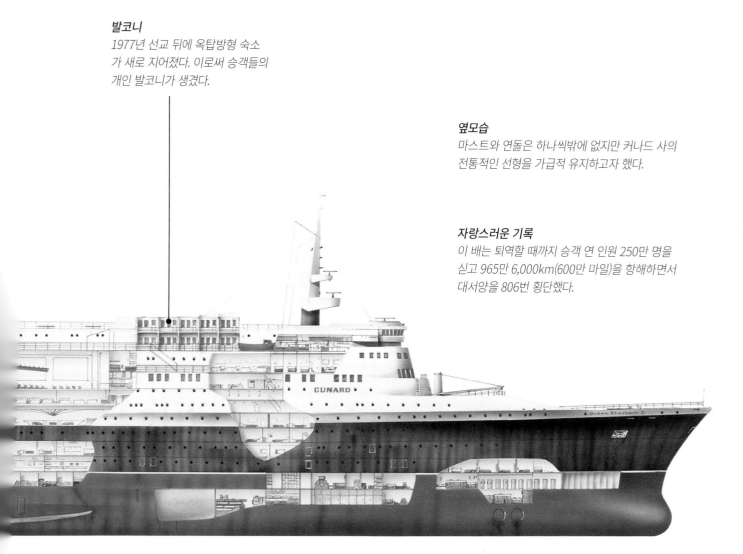

원양 페리

여행과 수송의 추세 변화로 인해 편안한 숙소와 다수의 오락 시설을 갖춘 대형 장거리 자동차 페리 선의 수요가 늘어났다. 발트 해와 일본-아시아 항로가 그 좋은 사례다. 그리고 이런 선박들은 갈수록 커지고 있다.

이시카리

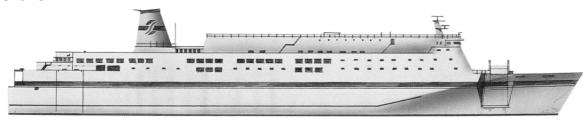

발트해 페리를 본떠 만든 일본 최초의 고속 호화 페리 중 하나다. 승객 850명, 승용차 151대, 트럭 165대를 실을 수 있다. 선체는 속도와 경제성을 고려해 설계되었으며, 통상 하루에 76미터톤(75영국톤)의 연료를 사용한다. 상부의 갑판은 9층이다.

제원	
유형: 일본 차량 페리	
배수량: 7,050미터톤(6,938영국톤)	
크기: 192.5m×27m×6.9m(631피트 6인치×88피트 7인치×22피트 8인치)	
기관: 스크루 2개, 디젤 엔진	
최고속도: 21.5노트	
항로: 일본 국내선	
진수년월: 1990년 11월	

페리 라벤더

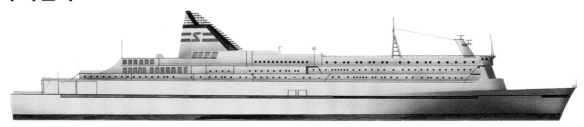

RORO식 여객 페리로, 신일본해 페리사가 발주했다. 당대 최대의 카페리 중 하나다. 승객 796명을 태울 수 있으며, 2개의 차량 갑판은 선수 및 선미 램프로 출입이 가능하다. 2004년 그리스에 인도되어 <이오니언 킹>으로 개칭, 그리스-이탈리아 노선에 투입되었다.

제원	
유형: 일본 차량 페리	
배수량: 20,222미터톤(19,904영국톤)	
크기: 193m×29.4m×6.7m(632피트×96피트 5인치×22피트 2인치)	
기관: 스크루 2개, 디젤 엔진	
최고속도: 21.8노트	
항로: 파트라스-브린디시	
진수년월: 1991년 3월	

TIMELINE   1990   1991

티코 브라헤

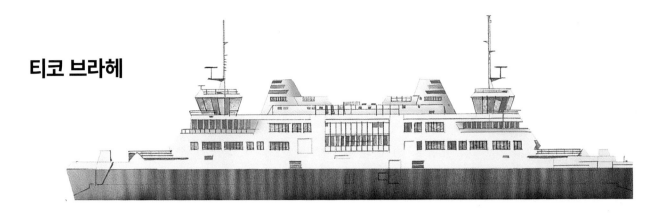

양구형 열차 페리 중 가장 큰 배다. 덴마크 헬싱외르에서 스웨덴 헬싱보리 사이를 운항한다. 해안에서 1,500m(1,640야드) 떨어지면 최대 속도를 낼 수 있으며, 해안에서 800m(875야드) 떨어지면 신속히 감속할 수 있다. 로리 260대, 승용차 240대, 열차 객차 9대m 승객 1,250명을 실을 수 있다.

제원	
유형: 덴마크 열차 페리	
배수량: 10,871미터톤(10,700영국톤)	
크기: 111m×28.2m×5.7m(364피트 2인치×92피트 6인치×18피트 8인치)	
기관: 추진기 4개, 디젤 엔진	
최고속도: 13.5노트	
항로: 헬싱외르-헬싱보리	
진수년도: 1991년	

프란스 수엘

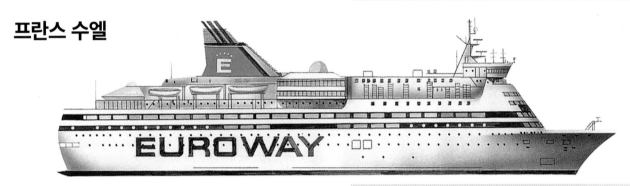

이 발트해 슈퍼 페리는 용골에서 조타실까지 12개 층의 갑판이 있다. 이 중 2개 갑판이 자동차 탑재용으로 쓰인다. 2,300명의 승객이 숙박 가능하다. 일부 선실에는 발코니도 있다. 실랴 사에 매각되어 <실랴 스칸디나비아>로 개칭되었다가, 바이킹 라인 사에 매각되어 <가브리엘라>로 개칭되었다.

제원	
유형: 스웨덴 페리	
배수량: 35,850미터톤(35,285영국톤)	
크기: 169.4m×27.6m×6.25m(556피트×90피트 6인치×20피트 6인치)	
기관: 스크류 2개, 디젤 엔진	
항로: 스톡홀름-헬싱키	
진수년월: 1991년 1월	

콘도르 익스프레스

태즈메니아 호바트의 콘도르 조선소에서 건조된 이 쌍동 선체 페리는 차량 200대와 승객 76명을 태울 수 있다. 러스톤 20실린더 디젤 엔진 4대를 갖추고 있어 40노트 이상의 속도를 낼 수 있다. 2척의 자매선과 함께 영국 남해안, 채널 제도, 브르타뉴를 무대로 고속으로 운항하고 있다.

제원	
유형: 영국 카 페리	
배수량: 386미터톤(380영국톤)	
크기: 86.25m×26m×3.5m(282피트 10인치×85피트 3인치×11피트 6인치)	
기관: 워터 제트 4대, 디젤 엔진	
최고속도: 40+노트	
항로: 풀-세인트 말로	
진수년도: 1997년	

1997

다종 제품 및 석유 탱커

여러 차례의 유조선 좌초와 석유 유출로 인해 VLCC(very large crude carrier: 초대형 원유 유조선) 건조와 운항에 관한 국제 규제는 더욱 엄격해졌다. 파나마 운하를 통과할 수 있는 최대규격인 파나맥스는 294.13m×32.31m×12.04m(965피트×106피트×39피트 6인치)이다. 장차 파나마 운하 확장이 이루어지면 이 규격도 더욱 커질 것이다.

브리티시 스킬

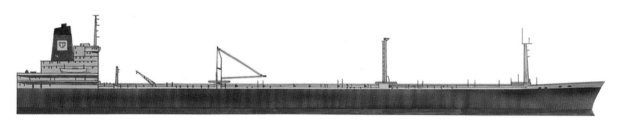

수십 년 전에 건조된 노후 초대형 유조선들을 대체하기 위해 건조되었다. 다른 현대 대형 선박들이 그렇듯이, 대부분의 제어가 자동적으로 이루어진다. 저속 조향 시 도플러 레이더를 사용한 최초의 배 중 하나다. 2000년 남중국해에서 해적의 습격을 당했다.

제원	
유형: 영국 탱커	
배수량: 총톤수 67,090미터톤(66,034영국톤), 재화중량톤수 129,822미터톤(127,778영국톤)	
크기: 261m×40m(856피트 5인치×131피트 5인치)	
기관: 스크류 2개, 디젤 엔진	
화물: 원유	
정원: 30-40명	
진수년도: 1980년	

메이욘 스피리트

복각 선체 구조로 이중저 사이에는 2m(6피트 6인치), 측현 탱크에는 더 큰 간격이 있다. 중앙 선체에는 중앙 화물 탱크가 있고, 작은 측현 탱크들도 있다. 탑재 가능한 총 부피는 120,043㎥(4,239,285 세제곱피트)이다. 원유를 넣거나 빼는 펌프 3대는 통제실에서 통제한다.

제원	
유형: 라이베리아 탱커	
배수량: 100,000미터톤(98,507영국톤)	
크기: 244.8m×41.2m×14.4m(830피트 2인치×135피트 2인치×47피트 3인치)	
기관: 스크류 1개, 디젤 엔진	
화물: 원유	
정원: 38명	
진수년월: 1981년 12월	

TIMELINE   1980   1981   1990

헬리케

4개의 화물창이 있으며 그 속에는 프리 스탠딩 방식의 각기둥형 탄소망간강제 탱크가 있다. 두 개의 탱크 제어장치가 갑판에 있다. 가장 큰 화물창의 공기는 필요 시 시간당 최대 8회 교환된다. 이후 인도의 바룬 라인에 매각되어, 이름도 <마하르쉬 바마데바>로 개칭, LPG를 나르고 있다.

제원
유형: 노르웨이 탱커
배수량: 50,292미터톤(49,500영국톤)
크기: 205m×32.2m×13m(672피트 7인치×105피트 8인치×42피트 8인치)
기관: 스크류 1개, 디젤 엔진
최고속도: 16노트
화물: 액화 천연 가스
진수년월: 1990년 9월

란드소르트

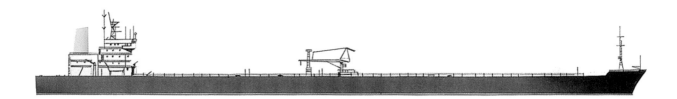

새로운 규정에 맞춰 복각 선체를 적용한 최초의 석유 탱커다. 1997년 당시 그리스 선주는 이 배를 <크루드걸프>로 개칭했고, 2003년에는 <겐마 걸프>로 개칭되었다. 폭이 선체 폭과 거의 같은 9개의 탱크 용량은 172,850m3(6,105,150세제곱피트)다. 외각 선체와 내각 선체 사이의 공간은 10개의 물 밸러스트 탱크로 나뉘어져 있다.

제원
유형: 스웨덴 탱커(VLCC)
배수량: 165,646미터톤(163,038영국톤)
크기: 274m×48m×17m(899피트×157피트 6인치×55피트 9인치)
기관: 스크류 1개, 디젤 엔진
화물: 원유 및 고비중 석유 제품
진수년월: 1991년 6월

조 알더

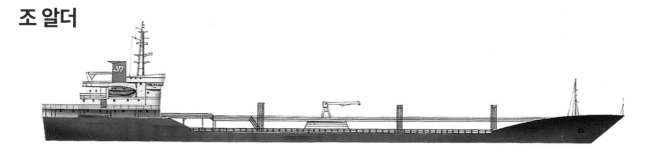

이 특수 탱커는 식품, 비오염성 화학물질, 일반 석유 제품을 싣는다. <발다르노>, <몬테 치아로> 등으로 개칭되었다. 선체는 이중외피, 이중저 구조다. 또한 전후좌우로 튼튼한 수밀격벽이 설치되어 있다. 기관실은 무인 운용이 가능하게 설계되어 있다.

제원
유형: 이탈리아 탱커
배수량: 12,801미터톤(12,600영국톤)
크기: 139m×21.2m×8m(456피트×69피트 9인치×26피트 5인치)
기관: 스크류 1개, 디젤 엔진
최고속도: 14.5노트
화물: 액체
진수년도: 1991년

1991

특수선

원래 얕은 수심해서 실시되었던 해저 원유 시추가 깊은 수심으로 옮겨가면서 시추를 지원하고 대형 구조물을 옮길 특수선의 범위도 그만큼 넓어졌다. 해저 광섬유 및 고장력 전선이 더 많이 설치되면서 신세대 첨단 케이블 부설선의 수요도 커졌다.

인듀어런스

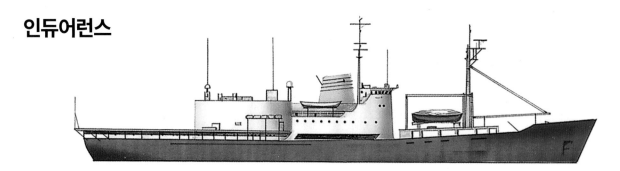

원래는 1967년 라우리첸 라인을 위해 건조된 아니타 단 호였다. 이후 영국에 매각되어 유빙 감시선으로 개조되었다. 1968년 영국의 남대서양 조사를 지원한 것으로 지원선 임무를 시작했으며, 1978년 대규모 개장을 받았다. 1989년 빙산에 충돌해 선체구조가 약화된 후 1991년 퇴역했다.

제원	
유형: 영국 유빙 감시선	
배수량: 3657미터톤 (3600영국톤)	
크기: 91.5m×14m×5.5m(300피트×46피트×18피트)	
기관: 스크루 1개, 디젤 엔진	
최고속도: 14.5노트	
주무장: 20mm(0.79인치) 함포 2문	
진수년월: 1956년 5월	

배트컴

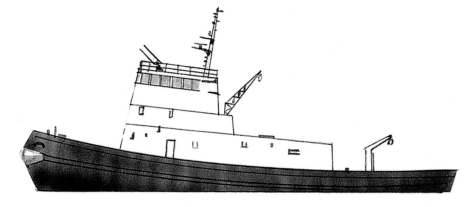

소형 예인선인 이 배는 포말 및 물 저장 탱크 및 고압 호스를 장비하고 있어 선박 또는 항만 시설 화재에 대응할 수 있다. 통제실과 갑판실 위에 설치된 호스는 원형 구조물 위에 있어 최대한의 살포 범위를 갖는다.

제원	
유형: 영국 소방 예인선	
크기: 18m×5.4m(60피트×18피트)	
기관: 스크루 1개, 디젤 엔진	
진수년도: 1970년	

TIMELINE　　　　1956　　　　　　1970　　　　　　1982

AP.1-88

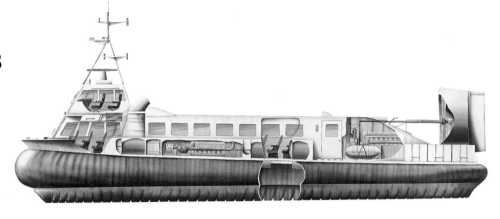

디젤 엔진 설계의 발전으로 인해 호버크래프트도 비싼 가스 터빈을 버리고 민간 운용이 가능한 경제성을 확보하게 되었다. 이 최초의 민간 호버크래프트는 승객 101명 또는 화물 12미터톤을 수송할 수 있다. 기관포와 미사일을 장비한 군용 버전도 생산되었다.

제원	
유형: 영국 공기부양정(호버크래프트)	
최대 운용 중량: 40.6미터톤(40영국톤)	
크기: 24.5m×11m(80피트 4인치×36피트)	
기관: 디젤 엔진 4대로 에어 쿠션 팬을 구동	
최고속도: 40노트	
진수년도: 1982년	

KDD 오션 링크

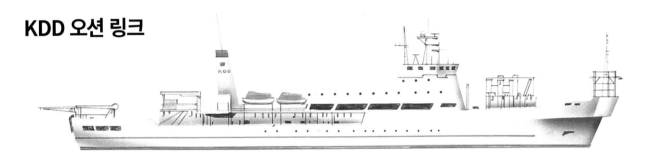

북태평양의 가혹한 조건 하에서도 운용될 수 있다. 3개의 큰 선창에 케이블을 싣는다. 고속 광섬유 케이블은 선미에서 부설되며, 예인식 부설 쟁기가 케이블이 놓일 홈을 해저에 파 준다. 이 쟁기에는 TV 카메라와 스캐닝 소나가 달려 있어 주 통제실에서 작업 상황을 관찰할 수 있다.

제원	
유형: 일본 케이블 부설선	
배수량: 9,662미터톤(9,510영국톤)	
크기: 133m×19.6m×7.4m(437피트×64피트 4인치×24피트 3인치))	
기관: 스크류 2개, 디젤 엔진	
진수년월: 1991년 8월	

시 스파이더

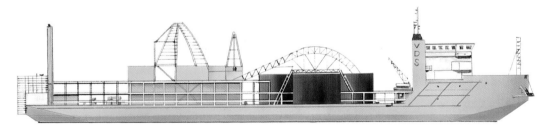

<팀 오만>으로 개칭된 이 배는 스웨덴-폴란드 사이에 수중 케이블을 부설하기 위해 건조되었다. 24m(78피트) 직경의 캐러셀에 5,000미터톤(4,921영국톤)의 고압전류 전선이 감기고, 전선 바스켓에는 1,600미터톤(1,574영국톤)의 전선이 놓인다. 연장식 암이 달린 3개의 케이블 엔진이 있다. 선미 프레임이 도랑 파는 장비를 지지한다.

제원	
유형: 네덜란드 케이블 부설선	
배수량: 4,072미터톤 (4,008영국톤)	
크기: 86.1m×24m×4.5m(285피트×78피트×15피트)	
기관: 피치 조절 스크류, 디젤-전기	
최고속도: 9.5노트	
진수년도: 1999년	

1991

1999

제임스 클락 로스

남극 해양학 연구를 위해 설계된 이 배는 선수와 선미가 튼튼하게 만들어져 있어 두께 1.5m(5피트)의 깨진 얼음 또는 두께 3m(10피트) 이상의 얼음 파편을 헤치고 나아갈 수 있다. 한 번에 최대 10개월간 항해가 가능하며, 완벽한 연구 시설을 갖추고 있다.

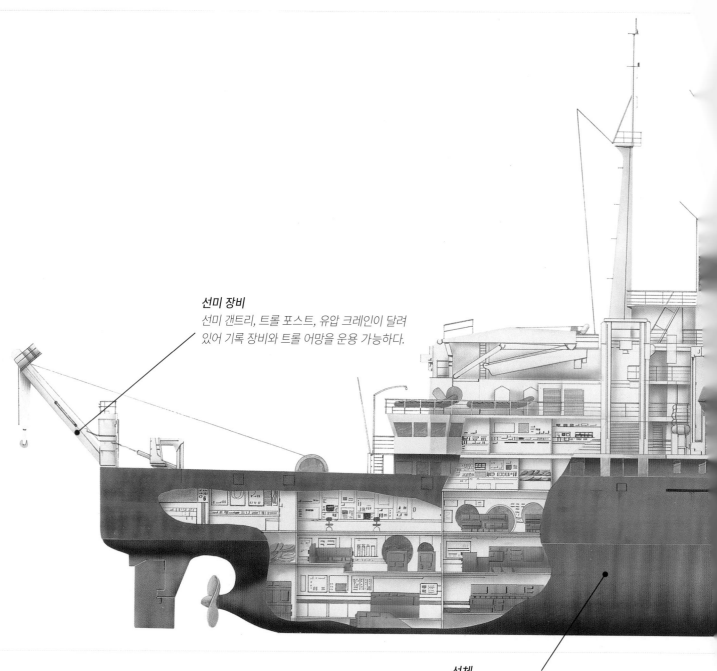

선미 장비
선미 갠트리, 트롤 포스트, 유압 크레인이 달려 있어 기록 장비와 트롤 어망을 운용 가능하다.

선체
압축 공기 시스템을 이용해 횡요를 일으켜 배 주위의 얼음을 더 많이 깰 수 있다.

제임스 클락 로스

제임스 클락 로스 제독의 이름을 딴 이 배는 지리학 연구 장비를 탑재하고 있다. 민감한 수중 음향 장비를 효과적으로 운용하기 위해 자체 소음 신호가 매우 적게끔 설계되어 있다.

제원	
유형: 영국 연구선	
배수량: 7,439미터톤(7,322영국톤)	
크기: 99m×10.8m×6.5m(325피트×35피트 5인치×21피트 4인치)	
기관: 스크류 1개, 디젤 엔진	
진수년월: 1990년 12월	

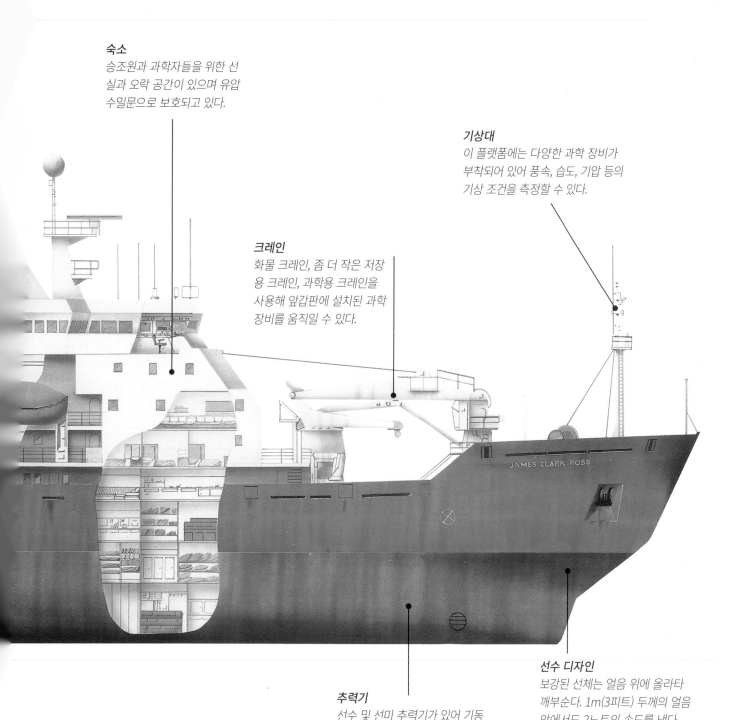

숙소
승조원과 과학자들을 위한 선실과 오락 공간이 있으며 유압 수밀문으로 보호되고 있다.

기상대
이 플랫폼에는 다양한 과학 장비가 부착되어 있어 풍속, 습도, 기압 등의 기상 조건을 측정할 수 있다.

크레인
화물 크레인, 좀 더 작은 저장용 크레인, 과학용 크레인을 사용해 앞갑판에 설치된 과학 장비를 움직일 수 있다.

JAMES CLARK ROSS

추력기
선수 및 선미 추력기가 있어 기동성을 향상시키고 지리 프로젝트 수행 시 배를 고정시켜 준다.

선수 디자인
보강된 선체는 얼음 위에 올라타 깨부순다. 1m(3피트) 두께의 얼음 앞에서도 2노트의 속도를 낸다.

20세기의 비무장 잠수함들

다양한 과학 기술적 및 군사적 수요로 인해 잠수함의 잠항심도를 높이고, 잠항기간을 늘리는 동력 장치에 대한 연구가 이루어졌다. 해저 탐사와 지도 제작의 중요성은 갈수록 커지고 있다. 원격 조종식 잠수정도 많이 쓰이고 있다.

트리에스테

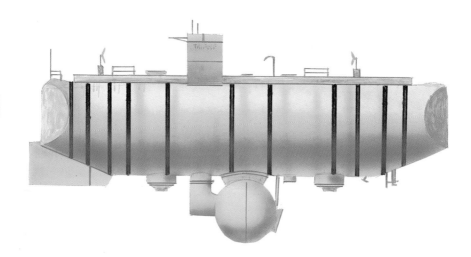

오귀스트 피카르가 설계한 트리에스테는 기본적으로 작은 탑승구를 아래에 매단 거대한 탱크다. 이 탱크에는 물보다 가벼운 가솔린을 싣고 있기 때문에, 밸러스트 역할을 하는 물을 내버리면 떠오르게 된다. 피카르는 1958년 이 배를 미 해군에 팔았고, 1960년 1월 10,912m(35,800피트) 수심의 잠수 기록을 세운다.

제원	
유형: 프랑스 바티스카프	
배수량: 50.8미터톤(50영국톤)	
크기: 18.1m×3.5m(59피트 6인치×11피트 6인치)	
기관: 스크류 2개, 전기 모터	
최고속도: 1노트	
진수년도: 1953년	

알루미노트

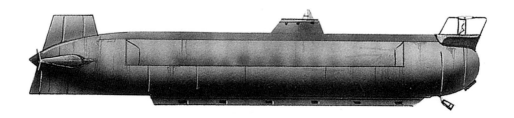

170mm(6.5인치) 두께의 알루미늄으로 만들어진 알루미노트는 4,475m(14,682피트) 심도까지 견딜 수 있다. 측면 스캔 소나로 배양현의 지도를 만들 수 있다. 1966년 스페인에서 실종된 미군 수소 폭탄을 찾는 데도 사용되었다. 1970년에 퇴역하여 버지니아 주 리치몬드에 전시되어 있다.

제원	
유형: 미국 심해 탐사선	
배수량: 불명	
중량: 81미터톤 (80영국톤)	
길이: 16m(51피트)	
최고속도: 3노트	
진수년도: 1965년	

TIMELINE   1953   1965

딥스타 4000

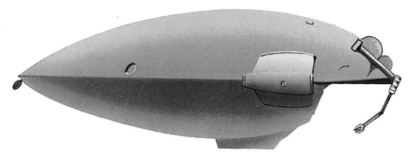

1962년부터 1964년에 걸쳐 웨스팅하우스 전기공업사와 자크 쿠스토 그룹 OFRS에 의해 건조된 과학 연구 탐사용 잠수정이다. 강철제 선체에는 11개의 개구부가 있으며, 2개의 구동 모터가 외장으로 장착된다. 다양한 과학 장비를 탑재 가능하다.

제원	
유형: 미국 과학 연구용 잠수정	
배수량: 불명	
크기: 5.4m×3.5m×2m(17피트 9인치×11피트 6인치×6피트 6인치)	
기관: 고정식 역추진 가능 5마력 AC 모터 2대	
최고속도: 3노트	
진수년도: 1965년	

딥 퀘스트

외각 선체 내에 승조원용 내각 선체와 추진기관용 내각 선체가 따로 있다. 심해 탐사 및 구난용 잠수정으로서 2,438m(8,000피트) 수심을 잠항할 수 있다. 이런 선박들은 해저에서 침몰선, 파이프라인, 광물 매장지를 탐사할 때 매우 중요하다.

제원	
유형: 미국 잠수 구난선	
배수량: 5미터톤 (5영국톤)	
크기: 길이 12m(39피트 4인치)	
기관: 역추진 가능 전기 모터 2대	
항해 속도: 4.5노트	
진수년월: 1967년 6월	

인디아

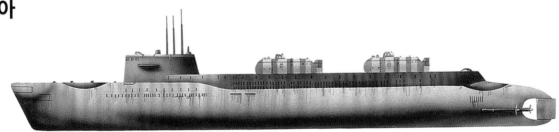

프로젝트 940 레녹은 얼어붙은 바다에서도 구난 구조 작전을 할 수 있게 설계되었다. 2척의 심해 구조 잠수정(DSRV, deep submergence rescue vessel)이 세미리세스식 갑판에 탑재된다. 이 잠수정들은 모선과 연결되어 있다. 동급함은 총 2척이며, 둘 다 1990년 퇴역, 1995년 해체되었다.

제원	
유형: 소련 구난 잠수함	
배수량: 부상 시 3,251미터톤(3,200영국톤), 잠항 시 4,064미터톤(4,000영국톤)	
크기: 106m×10m(347피트 9인치×32피트 10인치)	
기관: 스크류 2개, 부상 시 디젤 엔진, 잠항 시 전기 모터	
최고속도: 부상 시 15노트, 잠항 시 11노트	
정원: 94명	
진수년도: 1979년	

1967

1979

21세기의 함선들

함선으로 인한 해양 및 대기 오염을 줄이기 위해 건조 및 운용 과정에서 많은 노력이 기울여지고 있다.

유가 상승 때문에 함선 운용 시 연비에 더욱 신경을 쓰게 되었다. 파나마 운하와 수에즈 운하 확장 이후 민간 선박의 전반적인 크기는 더욱 커질 것이다. 반면 현대 군함의 가격은 엄청나게 비싸기 때문에 대부분의 나라 해군은 군함의 크기를 줄이고 있다. 그러나 2010년대의 구축함이 1940년대의 전함보다 더욱 강력한 공격력을 가진 것도 사실이다.

왼쪽: 45급 구축함은 영국 해군 역사상 가장 크고 강력한 구축함이다. 최초의 어뢰정 구축함이 건조되었을 때는 상상을 초월할 만큼 파괴력이 컸다.

21세기의 군함: 제1부

미 해군은 두 종류의 수상함을 주력으로 내세우고 있다. 첫 번째는 세계 어디라도 가서 타격할 수 있는 대형 항공모함이다. 두 번째는 세계 어디에도 상륙군과 기갑장비를 내려놓을 수 있는 강습상륙함이다.

샤를 드 골

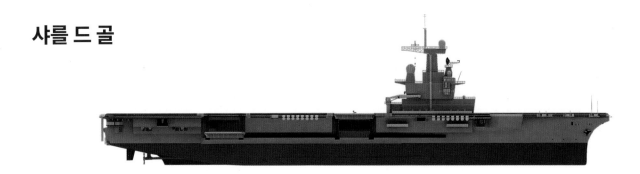

미국 이외 국가가 보유한 유일한 원자력 항공모함이다. 항공기로는 슈페르 에탕다르, 라팔, E-2C 호크아이를 운용한다. 추진기 문제 때문에 2001년에야 취역했고, 작전 속도가 줄었다. 2001~2002년 항구적 자유 작전에 참가해 알카에다를 공습했다. 2007~2008년에 걸쳐 15개월에 달하는 개장 공사를 받으면서 새 프로펠러를 장착했으나, 2009년에 추가 수리를 또 받아야 했다.

제원	
유형: 프랑스 항공모함	
배수량: 42,672미터톤 (42,000영국톤)	
크기: 261.5m×64.36m×9.43m(858피트×211피트 2인치×30피트 10인치)	
기관: 스크류 2개, 가입수형 원자로 2대, 디젤-전기 모터 4대	
최고속도: 27노트	
주무장: SYLVER 발사기 4기, MBDA 아스테르 SAM, 미스트랄 단거리 SAM	
항공기: 40대	
정원: 1,350명(+항공대 요원 600명)	
진수년도: 1994년	

로널드 레이건

니미츠 급은 여러 새로운 설계 특징을 갖고 있다. 함교를 좀 더 뒤로 빼서 비행 갑판을 더욱 탁 트이게 했다. 또한 항공 교통 관제 및 계기 착함 유도 시스템도 들어 있다. 2008년 로널드 레이건은 아프가니스탄에 항공기를 1,140소티 출격시켰다. 모항은 캘리포니아 주 샌 디에고다.

제원	
유형: 미국 항공모함	
배수량: 103,000미터톤(101,000영국톤)	
크기: 332.8m×76.8m×11.3m(1092피트×252피트×37피트)	
기관: 스크류 4개, 원자로 2개, 터빈 4개	
최고속도: 30+노트	
주무장: Mk 29 ESSM 발사기 2기, RIM-116 롤링 에어프레임 미사일 발사기 2기	
장갑: 비밀	
항공기: 90대	
정원: 3,200명(항공대 요원 2,480명)	
진수년월: 2001년 3월	

TIMELINE

1994   2001   2004

미스트랄

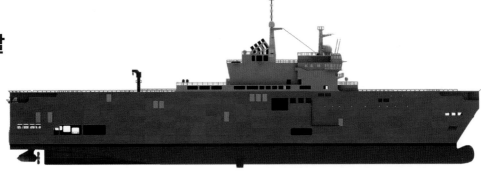

생 나제르와 브레스트에서 일부씩 건조되어 브레스트에서 완공된 이 배는 2006년 2월에 취역, 그해에 레바논에 파견되었다. 단거리 작전에서는 최대 900명의 상륙군을 태울 수 있다. 2척의 상륙용 바지선과 70대의 차량도 실을 수 있다. 2010년 러시아에 동급함 수출이 발표되었다.

제원	
유형: 프랑스 강습 상륙함	
배수량: 만재 시 21,300미터톤 (20,959영국톤)	
크기: 199m×32m×6.33m(652피트 9인치×105피트×20피트 8인치)	
기관: 스크루 2개, 디젤-전기 모터	
최고속도: 18.8노트	
주무장: 심바드 시스템 2기	
항공기: 중형 헬리콥터 16대 또는 경헬리콥터 35대	
정원: 310명(+상륙군 450명)	
진수년월: 2004년 10월	

뉴욕

샌 안토니오 급의 5번 함. 세계무역센터의 잔해에서 회수한 철이 건조에 사용되었다. 그러나 뉴욕 시가 아닌 뉴욕 주의 이름을 따서 명명되었다. 2대의 공기부양정(LCAC), 1척의 다목적 상륙정(LCU)를 실을 수 있다. 2009년 8월에 인도된 이 배는 엔진 주 베어링 고장 문제를 겪었다.

제원	
유형: 미국 선거형 상륙함	
배수량: 25,298.4미터톤 (24,900영국톤) full load	
크기: 208.5m×31.9m×7m(684피트×105피트×23피트)	
기관: 스크루 2개, turbo 디젤 엔진	
최고속도: 22노트	
주무장: 부시마스터 II 30mm(1.18인치) 클로즈 인 기관포, RAM 미사일 발사기 2기	
항공기: CH-53E 슈퍼 스탤리온 2대, MV-22B 오스프리 틸트로터 항공기 2대, CH-46 시 나이트 4대, AH-1 시 코브라 또는 UH-1 이로코이스 헬리콥터 4대	
정원: 360명(+상륙군 700명)	
진수년월: 2007년 12월	

줌월트

꾸준히 발전하는 첨단 기술이 집약된 11억 달러짜리 군함이다. 옛 아이언클래드를 연상시키는 함체는 레이더 반사면적이 어선 수준이라고 한다. 모든 부서에 자동화가 적용되어 승조원 수가 매우 크게 줄었다. 이 배의 임무는 대지 및 대수상 공격 임무가 될 가능성이 높다. 2013년 진수, 2016년 취역했다.

제원	
유형: 미국 다목적 구축함	
배수량: 14,797미터톤 (14,564영국톤)	
크기: 182.9m×24.6m×8.4m(600피트×80피트 8인치×27피트 7인치)	
기관: 가스 터빈, 비상시에는 디젤 엔진으로 첨단 유도 모터를 동작	
최고속도: 30.3노트	
주무장: Mk 57 VLS 모듈 20기, 신형 시 스패로우 및 토마호크 미사일, 155mm(2.24인치) 첨단 함포 체계 2문, 57mm(6.1인치) CIWS 2문	
센서: AN/SPY 다기능 레이더, 입체 탐색 레이더, 듀얼 밴드 소나	
항공기: 헬리콥터 1대	
정원: 140명	
진수년도: 2013년	

2007   2015

21세기의 군함: 제2부

현대 군함의 설계, 건조, 운용에는 엄청난 자원과 상당한 규모의 산업 및 해군 기반시설이 필요하다. 서구 세계에서는 각국 해군과 조선사들이 신형함 개발에 필요한 기획과 자금 확보를 국제 공동으로 실시하는 경우가 많아지고 있다. 이런 추세는 유럽 연합 국가들 사이에서 특히 두드러진다.

작센

작센급 방공 프리깃 함은 브란덴부르크 급의 발전형으로, 스페인의 F100과 같은 점이 많다. 채프 플레어 발사기를 포함해 충실한 대응책을 갖추고 있고, 장거리 대공 대수상 감시 및 표적 지시 레이더를 포함한 탐지 체계를 갖추고 있다. STN 아틀라스 엘렉트로닉 DSQS-24B 함수 소나 1대도 장비하고 있다.

제원	
유형: 독일 프리깃	
배수량: 5,690미터톤(5,599영국톤)	
크기: 143m×17.4m×5m(469피트×57피트×16피트 4인치)	
기관: 피치 조절 스크류 2개, 가스 터빈 및 디젤 엔진(CODAG)	
최고속도: 29노트	
주무장: 하푼 대함 미사일 발사기 2기, 시 스패로우 SAM 발사기 2기, Mk32 2연장 어뢰 발사기 2기, 76mm(3인치) 오토 멜라라 함포 1문	
항공기: NH90 헬리콥터 2대	
정원: 230명(+항공대 요원 13명)	
진수년월: 2000년 10월	

마안샨

이 스텔스 프리깃은 강력한 미사일 무장과 완벽한 레이더 체계를 갖추고 있다. 여러 특징들은 프랑스제 원형보다 더욱 발전되어 있다. 그러나 소나는 러시아제 MGK-335 고정 소나 수트일 것으로 추측된다. 더욱 발전된 054A급이 나왔기 때문에 2척만 건조되었다. 중국의 해군력 증강 속도를 알 수 있는 부분이다.

제원	
유형: 중국 054급 프리깃	
배수량: 4,118미터톤(4,053영국톤)	
크기: 134m×16m(439피트 7인치×52피트)	
기관: 스크류 CODAD 구동장치 2대(SEMT 필스틱 디젤 엔진 4대로 구동). 구동장치는 16식 PA6 STC일 가능성이 가장 높음	
최고속도: 27-30노트	
주무장: VJ83 대함 순항 미사일 4연장 발사기 2기, 8셀 홍치7 단거리 SAM 발사기, 6포신 30mm(1.18인치) AK-630 CIWS 4문, 87식 6연장 ASROC 발사기 2기, 100mm(3.94인치) 함포 1문	
항공기: 카모프 Ka 28 헬릭스 또는 하르빈 Z-9C 헬리콥터 1대	
진수년월: 2003년 9월	

TIMELINE

2000   2003   2004

호우베이 급

현대 해군의 미사일 고속정은 기존의 고속정에 비해 더욱 강력한 무장을 갖추고 있다. 002급으로도 알려진 이 급은 쌍동 스텔스 함체를 갖추고 있으며, 중국에서 건조되고 있다. 대수상 탐색 및 항법 레이더, HEOS300 전자 광학 기기 등의 탐지 장비를 갖추고 있다. 두 개의 디젤 엔진은 5,119kW(6,865마력)의 힘을 낸다. 해안 및 연안 초계가 임무다.

제원

유형:	중국 미사일 고속정
배수량:	만재 시 223.5미터톤(220영국톤)
크기:	42.6m×12.2m×1.5m(139피트 7인치×40피트×4피트 10인치)
기관:	워터 제트 추진장치 2대, 디젤 엔진
최고속도:	36노트
주무장:	C-801/802/803 대함 미사일 8발, 또는 훙니아오 장거리 순항 미사일 8발, QW MANPAD(휴대형 대공 미사일) 12발, 30mm(1.18인치) 함포 1문
정원:	12명
진수년월:	2004년 4월

데어링

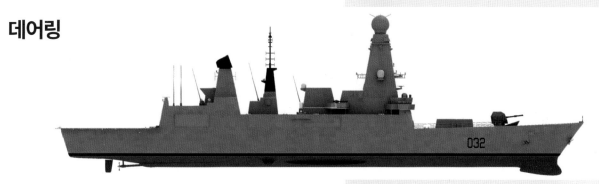

42급을 대체할 45급 구축함은 총 8척 건조가 기획되어 있었다. 이 중 데어링 함은 3개 조선소에서 만든 6개의 블록을 결합하는 방식으로 건조되었다. 이 배의 주임무는 방공이다. 따라서 SAMPSON 다기능 대공 추적 레이더와 S1850M 3차원 대공 감시 레이더를 갖추고 있다. 또한 MFS-7000 소나, SSTDS 수중 기만 체계도 갖추고 있다.

제원

유형:	영국 구축함
배수량:	만재 시 8,092미터톤(7,962.5영국톤)
크기:	152.4m×21.2m×7.4m(500피트×69피트 6인치×24피트 4인치)
기관:	스크류 2개, 통합형 완전 전동 추진 장치, 가스 터빈
최고속도:	29+노트
주무장:	SYLVER 미사일 발사기, MBDA 아스테르 15/30 미사일, 페일랭스 20mm(0.79인치) CIWS 2문
항공기:	링스 HMA 8 또는 멀린 HM 1 헬리콥터 1대
정원:	190명
진수년월:	2006년 2월

아키텐

프랑스-이탈리아 합작으로 건조된 FREMM 다목적 프리깃은 대공, 대함, 대잠 작전에 모두 적용 가능하다. 아키텐과 자매함 8척은 2012년부터 취역했으며 또다른 2척은 방공함으로 운용될 것이다. 이탈리아는 10척(다목적 6척, 대잠형 4척)을 건조할 계획이다. 다른 NATO 국가들에 수출될 가능성도 있다.

제원

유형:	프랑스 FREMM급 프리깃
배수량:	6,000미터톤(5,544영국톤)
크기:	142m×20m×5m(465피트 9인치×65피트 6인치×16피트 4인치)
기관:	스크류 2개, 통합형 완전 전기 추진기, 가스 터빈
최고속도:	27+노트
주무장:	MM-40 엑조세 블록 3, MU 90 어뢰
항공기:	NH90 헬리콥터 1대
정원:	108명
진수년월:	2012년 2월

2006   2012

크루즈 선

크루징의 인기는 2000년대에도 계속되었다. 신세대 슈퍼 크루즈 선의 건조가 이루어지는 것만 봐도 그 사실을 알 수 있다. 이런 배들은 배 안에서 모든 필요를 충족시키고 휴식을 취할 수 있으며, 육지에 정박하는 횟수가 상당히 적다. 이런 배들의 총톤수는 배의 부피로 따지며, 영국톤으로 나타낸다. 총톤수 수치를 보면 이 배들이 얼마나 큰지 알 수 있다.

퀸 메리 2

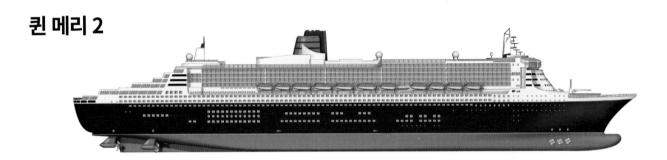

선사인 커나드 사의 주장에 따르면, 이 배는 여객선으로 분류될 경우 사상 최대의 여객선이라고 한다. 과거 커나드 사 배들의 전통적인 선형을 따르고 있다. 또한 여름에는 정기 대서양 횡단을 하고, 다른 계절에는 크루징을 한다. 높이는 72m(236피트 2인치)로, 뉴욕 베라자노 내로스 다리 아래를 간신히 통과할 수준이다. 3,506명의 승객을 탑승시킨다.

제원	
유형: 영국 크루즈 선	
총톤수: 150,904미터톤(148,528영국톤)	
크기: 345m×45m×10.1m(1132피트×147피트 6인치×33피트)	
기관: 전기 추진 포드 4개, 디젤 엔진 및 가스 터빈으로 구동	
최고속도: 29.62노트	
항로: 대서양 횡단 및 전 세계	
정원: 1,253명	
진수년월: 2003년 3월	

퀸 빅토리아

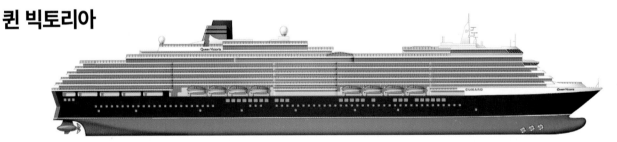

이탈리아의 핀칸티에리 마르게라 사에서 커나드 라인을 위해 건조했다. 처녀 항해는 2007년 12월에 실시했다. 2,014명의 승객을 싣고 지구 어디라도 갈 수 있지만, 파나마 운하 통과는 안 된다. 16개 갑판 중 12개 갑판이 승객용이다. 식당 7개, 연회장 1개, 극장 1개가 있다.

제원	
유형: 영국 크루즈 선	
총톤수: 91,440미터톤(90,000영국톤)	
크기: 294m×36.6m×8m(964피트 6인치×120피트×26피트 2인치)	
기관: 아지포드 추력기 2대, 디젤-전기	
항해 속도: 23.7노트	
항로: 전 세계	
정원: 2,165명	
진수년월: 2007년 1월	

TIMELINE   2003   2007

포에시아

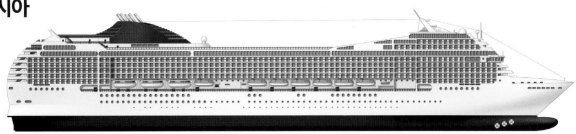

이탈리아 MSC 크루즈 선단의 일원인 이 배는 프랑스 생 나제르에서 3억 6천만 달러에 건조되었다. 미용실, 마사지 실, 체육관, 조깅 트랙, 음식점, 라운지, 오락실 등의 다양한 편의 시설이 있다. 13개 갑판에 최대 3,605명을 태울 수 있다. 13개의 엘리베이터가 있어 쉽게 이동할 수 있다.

제원	
유형: 파나마 선적 크루즈 선	
총톤수: 93,970미터톤(92,490영국톤)	
크기: 293.8m×32.19m×7.99m(963피트 10인치×105피트 6인치×26피트 2인치)	
기관: 스크루 2개, 디젤 엔진	
항해 속도: 23노트	
항로: 지중해	
정원: 987명	
진수년월: 2007년 8월	

아마첼로

이 배의 진수로 인해 하천 크루징의 안락함은 차원적으로 달라졌다고 한다. 4개 갑판에 148명을 탑승시킨다. 첫 크루징은 2008년 3월이었다. 미국 아마워터웨이스 사를 위해 네덜란드 쉐프스베르프 흐라베 사가 건조했다. 동급선들은 유럽 뿐 아니라 베트남 메콩 강에서도 운용된다.

제원	
유형: 스위스 하천 크루즈 선	
크기: 109.75m×11.6m×1m(360피트×38피트×3피트 3인치)	
기관: 스크루 2개, 디젤 엔진	
항로: 라인 강, 다뉴브	
정원: 41명	
진수년도: 2007년	

오아시스 오브 더 시즈

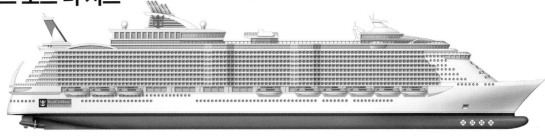

사상 최대의 여객선이다. 최대 6,296명을 태울 수 있다. 흘수선 위 높이는 72m(236피트 2인치). 연돌은 특정 다리 아래를 지나다니기 위해 연도를 접을 수 있다. 타가 없고, 대신 추력기 포드를 움직여 조향한다. 모항은 플로리다 주 포트 에버글레이즈로, 처녀 항해는 2009년 12월에 실시되었다.

제원	
유형: 바하마 선적 크루즈 선	
총톤수: 225,282미터톤(222,238영국톤)	
크기: 360m×60.5m×9.3m(1181피트×198피트×31피트)	
기관: 20MW 아지무트 추력기 3대, 6대의 디젤 엔진으로 구동	
최고속도: 22.6노트	
항로: 카리브 해, 플로리다 해안	
정원: 2,165명	
진수년월: 2008년 11월	

2008

21세기의 화물선

모든 상선은 석유로 움직인다. 이 중 상당 부분이 황이 많이 첨가된 벙커유다. 전 세계의 이산화탄소 배출량 중 1.75%~4.5%가 선박에서 발생한다. 이를 줄이기 위해 많은 노력이 기울여졌다. 여러 국내 또는 국제 규제에서는 선박에서 발생한 폐기물을 배출하지 못하게 하거나, 정화한 다음 배출할 것을 요구하고 있다.

버지 본드

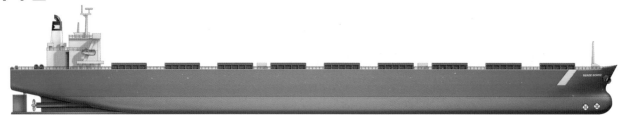

일본 이마바리 조선이 건조하고 라 다리엔 해운이 보유한 버지 본드는 광물 운반선으로, 9개의 화물창을 보유하고 있다. 만재 배수량은 206,312미터톤(203,011영국톤)으로, 순톤수(화물 탑재공간의 부피를 톤수로 나타낸 것)는 66,443미터톤(65,380영국톤)이다. 화물 탑재공간의 부피는 220,022m3(7,766,776세제곱피트)다.

제원	
유형: 파나마 선적 산적 화물선	
총톤수: 104,727미터톤 (103,051영국톤)	
크기: 299.94m×50m×18.1m(982피트×164피트×59피트 4인치)	
기관: 스크류 1개, 디젤 엔진	
최고속도: 15.1노트	
화물: 광석	
항로: 전 세계	
진수년도: 2005년	

엠마 메르스크

진수 당시 세계 최대의 컨테이너선이었다. 탑재되는 베르트질라 줄처 14RT FLEX 96-C 디젤 엔진 또한 세계 최대의 엔진이다. 엔진 무게만도 2,300영국톤(2,337미터톤)이며 출력은 109,000마력(82MW)이다. 배기가스는 발전에 쓰인다. 흘수선 아래 선체에는 실리콘 소재 페인트가 칠해져 있어 항력을 줄인다. 이 도료는 따개비가 들러붙는 것을 막지만 해양 생물에게 해롭지도 않다.

제원	
유형: 파나마 선적 산적 화물선	
총톤수: 104,727미터톤 (103,051영국톤)	
크기: 299.94m×50m×18.1m(982피트×164피트×59피트 4인치)	
기관: 스크류 1개, 디젤 엔진	
최고속도: 15.1노트	
화물: 광석	
항로: 전 세계	
진수년도: 2005년	

TIMELINE   2005   2006   2008

그랜드 빅토리

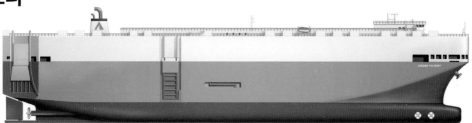

자동차 수송선은 어느 것이나 비슷해 보이지만, 이 배의 설계는 혁신적이다. 비대칭 선미 핀과 특이한 형태의 구상선수를 장비, 기동성을 높이려 했다. 엔진 역시 배출물, 소음, 진동을 최소화하는 방향으로 설계되었다. 2개의 탑재용 램프를 지닌 RORO선인 이 배는 12개 갑판에 자동차를 싣는다.

제원	
유형: 일반 자동차 수송선	
총톤수: 60,164미터톤(59,217영국톤)	
크기: 199,99m×35,8m×9,62m(656피트×117피트 5인치×31피트 8인치)	
기관: 스크루 1개, 디젤 엔진	
최고속도: 19,8노트	
화물: 자동차 6,402대	
항로: 일본-아시아 및 미국 항구	
진수년월: 2008년 6월	

오리가 리더

로이드 리스트에서 뽑은 2009년 올해의 배인 이 배의 갑판에는 태양 전지 328장이 덮여 있다. 이 전지에서 생산한 전력은, 이 배에서 필요로 하는 추진력의 0.05%에 불과하다. 그러나 실험적이고 독특한 배이다. 또한 앞으로 더 발전시킬 여지도 있을 것이다.

제원	
유형: 일본 자동차 수송선	
총톤수: 61,176미터톤 (60,213영국톤)	
크기: 199,99m×32,26m×9,7m(656피트 1인치×105피트 9인치×31피트 10인치)	
기관: 스크루 1개, 일부 태양에너지, 디젤 엔진	
화물: 자동차 6,200대	
항로: 일본-캘리포니아	
진수년도: 2008년	

쉐이크 엘 모크라니

지중해 LNG 수송선단의 일원인 이 배는 남유럽 국가들에 가스를 전달해 준다. 총 탑재 용량은 75,500m3(2,665,150세제곱피트)이다. 화물 탱크의 설치 및 마감은 IMO(국제 해사 기구)와 MARPOL(해양 오염 방지 협약)의 최신 규정을 준수한다. 항구 내에서 움직일 때는 선수 추력기를 사용한다.

제원	
유형: 바하마 선적 액체 가스 탱커	
총톤수: 52,855미터톤 (52,009영국톤)	
크기: 219,95m×22,55m×9,75m(721피트 5인치×74피트×32피트)	
기관: 스크루 1개, 증기 터빈, 선수 추력기	
최고속도: 17,5노트	
화물: 액화 천연 가스	
항로: 알제리 항구-스페인, 프랑스, 이탈리아 항구	
진수년도: 2008년	

특수선

최근 특수선은 더욱 특화되고, 정밀해졌으며 그 성능도 크게 발전했다. 그 핵심 기술 중 하나는 동적 위치 제어다. 이 기술을 통해 배의 위치를 매우 정밀하게 제어할 수 있다. 특수선은 일반 상선보다도 환경 오염을 더욱 철저하게 관리한다.

블루 말린

원래 노르웨이 선적이던 블루 말린은 2001년 네덜란드의 도크와 이즈 쉬핑 사에게 인도되었고 2004년 개장되었다. 최대 6만 미터톤의 구조물을 실을 수 있고, 이 구조물을 물에 띄우기 위해 수심 10m(33피트)까지 잠수할 수 있다. 이 배의 주 임무 중에는 60,000톤급 석유 플랫폼 <선더 호스>의 운송도 있다.

제원	
유형: 네덜란드 대형 수송선	
배수량: 만재 시 76,060미터톤(74,843영국톤)	
크기: 224,5m×42m×13,3m(712피트×138피트×44피트)	
기관: 스크루 1개, 디젤 엔진, 접이식 추력기 2대	
최고속도: 14,5노트	
정원: 60명	
진수년월: 2000년 4월(2004년 개장)	

HAM 318

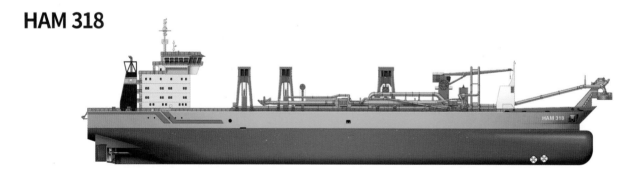

12m(39피트 4인치) 직경의 흡입 파이프 2개를 갖춘 이 호퍼 준설선은 17m(55피트) 수심까지 작업이 가능하며, 슬러지를 아래쪽 문 또는 육상 파이프로 배출한다. 누출된 원유 제거 작업에도 사용될 수 있으며 중유 2,800m3(98,840세제곱피트)를 저장할 수 있다. 준설 깊이를 110m(360피트)까지 늘릴 계획이다.

제원	
유형: 네덜란드 준설선	
배수량: 57,360미터톤(56,442영국톤)	
크기: 176,15m×32m×13m(577피트 9인치×105피트×42피트 6인치)	
기관: 피치 조절식 스크루 2개, 디젤 엔진, 선수 추력기 2대	
최고속도: 17,3노트	
정원: 45명	
진수년월: 2001년 10월	

TIMELINE

2000

2001

티코 릴라이언스

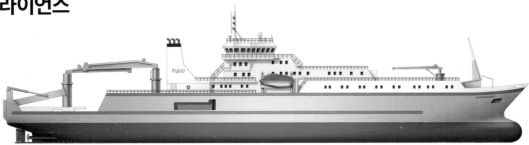

싱가포르의 케펠 싱마린 사가 건조한 이 심해 케이블 부설선은 티코 원격통신사에서 운용한다. 5,465미터톤(5,377.5영국톤)의 케이블을 탑재하고, 콩스베리 심라드 SDP 21 동적 위치 제어 시스템도 갖고 있다. 페리 트라이테크 ST200 무인잠수정(ROV)으로 해저 작업을 실시하며, 굴설용 쟁기도 보유하고 있다.

제원	
유형:	마셜 제도 선적 케이블 부설선
배수량:	만재 시 12,184미터톤(11,989영국톤)
크기:	140m×21m×8.4m(459피트 2인치×68피트 11인치×27피트 6인치)
기관:	아지무트 추진기 2대, 선수 및 선미 추력기, 디젤 전기
최고속도:	13노트
정원:	80명
진수년도:	2001년

스테나 드릴 MAX

대한민국에서 건조된 이 배는 수심 3,000m(10,000피트) 이하 깊이에서도 작업 가능하며, 극지 인근에서도 10,670m(35,000피트) 깊이까지 시추가 가능하다. 동적 위치 제어 시스템과 다수의 추력기를 사용해 제 위치를 지킬 수 있다. 갑판은 15,000미터톤(14,760영국톤)까지의 하중을 버틸 수 있다. 헬리콥터 비행 갑판도 하나 있다.

제원	
유형:	스웨덴 해상 시추선
배수량:	96,000미터톤(94,464영국톤)
크기:	228m×42m×19m(748피트×137피트 10인치×62피트 4인치)
기관:	아지무트 추력기 6세트, 디젤-전기
최고속도:	12노트
정원:	180명
진수년도:	2007년

크레스트웨이

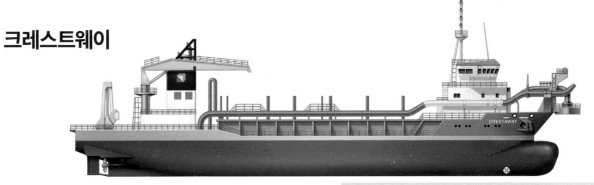

벨기에 준설 회사인 로열 보칼리스 사가 운용하는 이 배는 최대 33m(110피트) 수심까지 작업이 가능한 흡입 준설선이다. 호퍼 용량은 5,600m3다. 큰 투자를 통해 만들어진 이런 배는 운하 준설, 전빈 재건축, 기타 대규모 공사 등 어떤 임무에건 사용될 수 있다.

제원	
유형:	키프로스 선적 준설선
총 톤수:	5,005미터톤(4,925영국톤)
크기:	97.5m×21.6m×7.6m(319피트 10인치×70피트 10인치×23피트 7인치)
기관:	아지무트 추력기 2대, 선수 및 선미 추력기, 디젤 전기
최고속도:	13노트
정원:	14명
진수년월:	2008년 5월

2007

2008

한국의 배

판옥선

조선 전기의 맹선이 일본의 안택선에 상대가 되지 않자 1555년(명종 10년) 당시 남도포 만호였던 정걸 장군이 개발했다. 판옥선이란 배 위에 판잣집(판옥)이 있다고 해서 붙은 이름이다. 선저가 평평하고 흘수선이 낮으며 선회가 빨라 혼전에서 유용했다. 2층 구조로 만들어져 있어, 노를 젓는 군사와 전투를 하는 군사를 나누어 효율적인 전투를 할 수 있다. 임진왜란 당시에도 주력선으로 사용되었다. 대선, 중선, 소선 등 크게 3가지 크기로 건조되었다.

제원	
유형: 조선 군함	
배수량: 불명	
크기: 32.34m×12.23m(106피트 1인치×40피트 1인치)	
기관: 노, 가로돛	
최고속도: 불명	
주무장: 천자총통, 지자총통, 현자총통, 황자총통 등	
정원: 노군 100명, 수병 50여 명	
진수년도: 1511년	

거북선

세간에는 이순신 장군이 혼자 발명한 것처럼 알려져 있으나 이미 조선 태종(1413) 때부터 존재했던 함종이었다. 판옥선을 기반으로 두터운 장갑과 강력한 화력을 부여, 적의 군함 대열을 몸으로 들이받아 무너뜨리는 장갑 돌격함이었다. 19세기 후반까지도 조선 수군에서 현역으로 사용되었다.

제원(대한민국 해군사관학교 재현품 기준)	
유형: 조선 군함	
배수량: 150톤	
크기: 34.2m×10.3m×1.4m(112피트 2인치×33피트 10인치×4피트 7인치)	
기관: 노, 가로돛	
최고속도: 6노트	
주무장: 함포 14문	
정원: 160명	

독도함

대한민국 해군이 보유한 구형 상륙함으로는 초수평선 상륙작전 및 상륙작전 지휘, 인도적 임무 및 평화유지활동을 할 수 없어 2005년 독도함을 진수, 2007년 취역했다. 상륙군 700명(대대급)으로 중대급 기계화장비를 수송할 수 있으며 상륙기동 헬리콥터, 상륙돌격장갑차, 공기부양 상륙정 등을 운용할 수 있다. 지휘통제시설도 충실히 갖추어져 있다.

제원	
유형: 대한민국 강습상륙함	
배수량: 만재시 18,850톤	
크기: 199m×31m×6.6m(652피트 11인치×101피트 8인치×21피트 8인치)	
기관: CODAG	
최고속도: 23노트	
주무장: 대함유도탄방어유도탄, 30mm 근접방어무기체계	
정원: 330명	
진수년도: 2005년	

세종대왕함

최대 탐지 및 추적거리 1054km(탄도 미사일 925km)에 달하는 이지스 시스템을 탑재, 적기 및 적 미사일을 요격할 수 있다. 세종대왕함을 통해 한국은 미국·일본·스페인·노르웨이에 이어 5번째 이지스함 보유국이 되었다. 북한 등 주변국의 위협에 대한 해상 방어력도 월등히 높아졌다.

제원	
유형:	대한민국 이지스 구축함
배수량:	만재시 10,000톤 이상
크기:	165.9m×21.4m×6.25m(544피트 3인치×70피트 2인치×20피트 6인치)
기관:	COGAG(LM-2500 4대)
최고속도:	30노트
주무장:	80(32+48) 연장 Mk.41 VLS 1기(SM-2 블록 IIIB), 48연장 K-VLS 1기(천룡 순항 미사일, 홍상어 미사일), 골키퍼 CIWS 1기, RIM-116 램 1기, 127mm Mk45 Mod4 함포 1기, 4연장 해성 미사일 발사대 2기, 3연장 324mm Mk.32 어뢰발사관 2기
정원:	300명
진수년도:	2007년

메르스크 맥키니 몰러

덴마크 메르스크 라인을 위해 대한민국 대우조선해양에서 건조한 초대형 컨테이너선이다. 화물 탑재량은 18,000 TEU로 말라카 해협을 지날 수 있는 최대 크기인 말라카맥스 급이자 진수 당시로서는 세계 최대 규모였다(단, 2018년 현재는 20,000 TEU급 컨테이너선도 있다). 하지만 너무 커서 파나마 운하는 통행할 수 없다. 이름은 계약 당시 메르스크 라인의 회장이었던 메르스크 맥키니 몰러(2012년 타계)에서 따왔다.

제원	
유형:	덴마크 컨테이너 선
배수량:	총톤수 194,849영국톤, 순톤수 79,120영국톤, 재화중량톤수 165,000영국톤
크기:	399m×59m×14.5m(1,309피트 1인치×193피트 7인치×47피트 7인치)
기관:	고정 피치 스크류 2개, MAN-B&W 8S80ME-C 9.2 엔진(출력 29,680 kW/39,800마력) 2대
최고속도:	23노트
탑재량:	18,270 TEU
정원:	19명
진수년도:	2013년

용어 해설

AA '대공포(anti-aircraft artillery, AAA)' 등에 쓰일 때는 대공, '공대공 미사일(air-to-air missile, AAM)' 등에 쓰일 때는 공대공.

장갑(Armour) 철로 된 판. 이후에는 강철과 희소 금속(티타늄 등)이 쓰이기도 했다. 군함의 함체와 그 밖의 중요 부위에 설치되어, 전투 피해로부터 함체와 중요 부위, 승조원을 보호한다.

ASM 대잠수함 미사일(Anti-submarine missile), 대잠수함 박격포(anti-submarine mortar), 공대지 미사일(air-to-surface missile) (공)대함 미사일(air-to ship/anti-ship missile)

ASW 대잠수함전(Anti-submarine warfare)

축방향 사격(Axial fire) 함의 주축을 따라 전방 혹은 후방으로 사격하는 것

밸러스트(Ballast) 배의 부력을 조절하고 안정성을 높이기 위해 사용하는 무게추

바지(Barge) 보통 내륙 수로에서 화물을 나르는 흘수가 낮은 평저선. 항구와 항구 사이, 원양선과 원양선 사이를 연결한다.

순양전함(Battlecruiser) 전함 수준의 무장을 갖추었으나 장갑 방어력을 희생해 속도를 높인 혼합형 함종

전함(Battleship) 함대에서 제일 크고 강력한 함종. 주포로는 구경 10인치(254mm) 이상의 포를 탑재하고, 매우 두터운 장갑을 두르고 있다. 인류 역사상 최대의 전함은 일본의 야마토급으로서, 구경 18.1인치(460mm) 주포를 탑재했다.

빔(Beam) 배 선체의 폭

빔 엔진(Beam engine) 단일 실린더 증기 엔진의 원형. 커넥팅 로드를 사용해 빔의 피스톤을 움직인다. 빔 자체가 간단한 클래스 1 레버를 형성한다. 그 왕복 운동을 링크를 사용해 회전 운동으로 바꾸어 크랭크 또는 편심을 통해 플라이휠을 돌린다.

보포스(Bofors) 스위스 군수산업체. 40mm 대공포 생산으로 가장 유명하다.

보일러(Boiler) 물을 끓여 수증기를 만들어 기계를 작동시키는 장비.

보나벤처(Bonaventure) 후부 마스트 전용 돛. 17세기 말기에 들어 쓰이지 않게 되었다.

붐(Boom) 돛의 아랫부분을 연장하기 위해 사용되는 원재. 항구의 입구에 걸어놓는 부유 장벽을 가리키기도 한다.

구경(Bore) 원통 또는 총포의 내경

뱃머리돛대(Bowsprit) 범선 뱃머리에 돌출된 원재. 삼각돛의 방향을 정해 고정시키는 선외 구조물.

선루단(Break) 갑판의 높이 변화. 예: 함수상갑판의 선루단

폐쇄기(Breech block) 총포 약실의 분리 가능한 부품. 이곳을 통해 탄약이 장전된다.

후장식(Breech-loading, BL) 폐쇄기를 통해 탄약을 장전하는 총포.

현측(Broadside) 배의 측면. 함포의 일제 사격이 이루어지는 부분이기도 하다.

벌지/블리스터(Bulge/Blister) 어뢰에 대한 방어력을 높이기 위해 군함 함체 외부에 추가된 방. 외부에는 보통 물이 채워져 있어 폭발 시 파편을 흡수하고, 내부에는 공기가 채워져 있어 폭발력을 분산시킨다.

벌크 운반선(Bulk Carrier) 곡식이나 광석 같이 점도가 낮은 화물을 운반하기 위해 설계된 단일 갑판 선박

격벽/수밀격벽(Bulkhead/Water-tight bulkhead) 선박의 내부를 가로세로로 구분하는 수직 벽. 수밀 처리가 되어 있을 수 있다. 인원 출입문이 있을 경우 출입문도 수밀이 가능하며, 출입문의 개폐제어 방식으로는 원격조종식이 선호된다.

연료고(Bunker/Bunkerage) 배의 연료를 저장하는 곳.

구경(Calibre) 총/포신의 내경. 총/포신의 길이를 구경으로 나눈 값인 구경장은 'L/(숫자)'로 표현한다. 따라서 구경이 10인치고 포신 길이가 300인치의 포는 '10인치 L/30', 또는 '10인치/30'으로 나타낸다.

CAM선(CAM ship) 캐터펄트 장비 상선(Catapult-Armed Merchant ship). 캐터펄트를 장비하여 전투기를 발함시킬 수 있다. 1940년 임시적으로 도입되었다.

주력함(Capital Ship) 1910년경에 도입된 용어로, 가장 중요한 해군 자산을 나타낼 때 쓰인다. 보통은 전함과 순양전함을 주력함으로 친다. 모니터함도 이후 주력함에 포함되었다.

항모전단(Carrier battle group) 제2차 세계대전 중 등장한 부대 명칭. 1척 이상의 함대 항공모함과 그에 부속된 방어 전력(구축함 및 순양함)으로 이루어진다. 항모전단에는 전함도 편성되는 경우가 많다. 제2차 세계대전 당시 전함은 해안포격 임무에 사용되는 경우가 많았다.

캐로네이드(Carronade) 포신이 짧고 가벼운 전장식 화포.

1770년대부터 스코틀랜드의 캐론 제철소에서 생산되었다.

포곽(Casemate) 포가 설치된 고정된 장갑 상자. 포신의 부앙각을 조절해 조준할 수 있다. 더 우수한 탄도를 얻기 위해 함체 또는 상부구조물에서 돌출되어 있는 경우가 많다.

쌍동선(Catamaran) 2개의 선체를 갑판으로 연결한 배.

CB 객실 등급 cabin class

시타델/주 시타델(Citadel/Central citadel) 함의 주포가 들어 있는 중장갑 보루.

클리퍼(Clipper) 고속 범선 전반을 가리키는 호칭. 특히 19세기 중반 곡식, 아편, 차 무역에 쓰이던 것을 가리킨다.

겸용선(Combined Carrier) 20세기 후반에 등장한 화물선. 벌크 화물과 컨테이너 화물을 모두 수송할 수 있다.

복합 구조(Composite construction) 철, 또는 강철 프레임과 목제 선체 외판을 사용하는 구조

복식 엔진(Compound engine) 다실린더 수증기 엔진으로, 수증기의 기압이 약해지면서 최소 2번이 사용된다. 이론적으로 볼 때 모든 다실린더 엔진은 복식 엔진이다. 그러나 수증기를 3번 사용하는 것은 3단 팽창, 4번 사용하는 것은 4단 팽창이라고 부른다.

컨벌커(Conbulker) 겸용선 참조 see Combined Carrier.

코르벳(Corvette) 원래는 프랑스어로 함급을 받지 못할 만큼 작은 범선 군함을 의미했다. 영국의 <슬루프>에 해당된다. 이후 오늘날에는 프리깃이나 호위 구축함보다 작은 군함을 가리킨다.

순양함(Cruiser) 프리깃 또는 구축함보다 크고, 더욱 중무장과 중장갑을 갖춰 독립적인 작전이 가능하며 전투 함대의 수색대 역할을 할 수 있는 함급이다. 현대 순양함들은 항모전단의 방어 전력으로 운용된다.

커터(Cutter) 원래는 갑판이 있고 경무장을 한 작은 배를 말한다. 마스트와 바우스피리트가 하나씩 있으며 함체를 종단하는 주돛과 사각형 중간돛이 있다. 선수삼각돛(Jib) 2장 또는 선수삼각돛 1장과 지삭삼각돛(Staysail) 1장이 있다. 보통 함대의 보조 전력 또는 해안 경비 임무에 사용된다.

CVA 공격 항공모함

DDG 유도탄 구축함

DDH 헬리콥터 구축함

선저구배(Deadrise) 선저가 수직에 대해 이루는 각도. 선저의 예리함을 나타낸다.

재화중량(Deadweight) 톤수(Tonnage) 참조

갑판(Deck) 쭉 이어진 수평의 바닥. 건물의 층처럼 배의 위아래를 나눈다.

데릭(Derrick) 물건을 들어올리는 장비로, 마스트 또는 킹포스트에 세워져 회전하는 원재로 이루어져 있다. 이 원재에는 스테이, 조강, 장강 펜던트가 있어, 그 높이와 위치를 정확히 조절할 수 있다. 또한 원재의 꼭대기에 있는 블록을 통해 활주삭을 윈치에 연결할 수 있다.

구축함(Destroyer) 원래는 배수량 200톤 이상, 어뢰 발사관과 작은 함포 등으로 무장한 소형 군함인 어뢰정 구축함이었다.

호위 구축함(Destroyer-escort) 코르벳보다는 더 큰 소형 군함. 제2차 세계대전 중 주로 대서양 항로의 상선 호송대를 지키기 위해 설계 및 건조되었다.

디젤(Diesel) 혼합기를 압축만으로 점화시키는 내연기관. 1892년 루돌프 디젤이 발명했다.

디젤 전기(Diesel-electric) 디젤 엔진으로 발전기를 작동시키고, 이 발전기가 생산한 전력으로 작동시킨 전기 모터로 추진기 축을 돌리는 추진 방식이다.

배수량(Displacement) 함선이 밀어내는 물의 양을 계산함으로서 함선과 그 탑재물의 실제 총중량을 알아내는 방식이다.

흘수(Draught 또는 Draft) 배가 떠 있는 데 필요한 물의 깊이, 또는 배가 물에 잠긴 깊이.

드레드노트(Dreadnought) 처음으로 모든 주포를 대구경포로 장비한 HMS 드레드노트 함을 따라 만든 전함에 붙은 함종명. 모든 주력함들이 이러한 형식으로 만들어짐에 따라 사어가 되었다.

드라이버(Driver) 후부 마스트에 매달리는 추가 돛. 스팽커(Spanker) 참조.

ECM 전자 방해책(Electronic Countermeasures) 적군의 전자 센서를 속이거나 혼란시키는 수단.

EEZ 배타적 경제 수역(Economic Exclusion Zone) 한 국가의 해안선의 평균 저수위표로부터 200nm 거리까지의 해역으로, 해역 내에서는 그 나라가 천연자원을 독점적으로 채굴할 권리가 있다. 영해를 보완하는 개념이지만, 대체하지는 않는다. 영해는 원래 해안선에서 3nm(해안포의 유효사거리)까지였으나, 이후 12nm으로 늘어났다.

고속 공격정(Fast attack craft) 함포, 어뢰, 미사일로 무장한 군함. 크기가 작고 속도가 빠른 것이 특징이다. 큰 성공은 거두지 못했다.

사격통제(Fire control) 군함 함포 사격을 통제하는 (중앙집중형) 체계. 표적에 대한 탄착 관측에 기반을 둔다. 표적과 자함의 움직임을 계산에 넣는다.

선박 등록국 국기(Flag of Convenience) 등록을 참조하라.

외곡(Flare) 배의 현측이 외측으로 굽어져 생긴 곡선(보통 오목하다).

플로플로(Floflo) 플로트 온/플로트 오프(Float on/float off)

적재 방식, Lolo, Roro를 참조하라.

전단(Flotilla) 제2차 세계대전까지 영국 해군에서는 소형함(구축함, 잠수함, 소해정, 고속 공격정) 8척으로 구성된 부대를 1개 전단으로 불렀다. 순양함 및 주력함으로 구성된 부대는 전대(squadron)라고 불렀다. 전단과 전대 여러 개가 모여 함대를 구성한다. 함대라는 뜻을 지닌 스페인어 flota의 지소사에서 온 말이다.

평갑판선(Flush Decked) 보통 선수루 또는 선미루가 없는 배를 말한다.

강제 통풍(Forced draught) 노(爐) 속으로 공기를 통상 압력보다 더 높은 압력을 밀어넣어 보일러의 효율을 높이는 수단.

종범(Fore-and-aft) 용골 방향으로 설치된 돛.

선수루(Forecastle) 원래는 군함의 함수에 세워진 전투용 상부 구조물이었다. 이후에는 다른 곳보다 높아진 함선의 전방 함체와 그 속의 공간을 가리킨다. 보통은 승무원 거주구역으로 사용된다.

프레임(Frames) 배의 갈비뼈, 배의 외판을 지지한다. 용골과 직각으로 설치되어 있다.

건현(Freeboard) 수면과 상갑판(작은 배에서는 뱃전) 사이의 거리

프리깃(Frigate) 원래는 단일 갑판에 함포를 탑재한 5~6급함으로, 수색용으로 쓰였다. 이후 적 순양함에 대한 방어 용도로도 쓰였다.

가스 터빈(Gas turbine) 혼합기를 연소, 급속히 팽창하는 가스로 축상에 배열된 터빈 블레이드를 돌리는 회전식 내연기관. 가스 터빈과 회전식 내연 기관 간의 관계는 증기 터빈과 회전식 증기 기관 간의 관계와 같다.

포갑판(Gundeck) 영국 해군이 범선형 군함의 주갑판을 부를 때 쓰던 이름

선수(Head) 함선 선체의 앞부분. 영어에서는 복수형으로 쓰일 때 화장실을 의미하기도 하는데, 전통적으로 화장실은 선수에 만들었기 때문이다. 사각돛의 윗부분도 의미한다.

앞돛(Headsail) 앞돛대에 달리는 돛들을 말한다. 보통 선수삼각돛과 지삭삼각돛을 말하지만 스피나커까지도 앞돛으로 친다.

힐(Heel) 배를 한쪽으로 기울이는 움직임. 보통 돛에 가해지는 풍압 때문에 생긴다.

힐링 탱크(Heeling tanks) 배의 측면에 설치되어 배를 의도적으로 힐링시킬 수 있게 해주는 밸러스트 탱크

마력(Horsepower) 엔진이 만드는 힘의 단위. 제임스 와트는 1마력을 초당 550피트파운드로 정했다. 550파운드(약 250kg)의 물체를 1피트(30.48cm) 들어올리는 데 필요한 힘이다.

아이언클래드(Ironclad) 철제 장갑을 장착한 목제 군함을 가리키던 당대의 이름. 이후 최초의 전철제 군함에도 쓰였다. 이 이름은 드레드노트가 등장할 때까지 쓰였다.

선수삼각돛(Jib) 앞돛대의 앞밧줄에 설치되는 삼각돛, 아래쪽이 붐에 고정되지 않는 경우가 많다.

지브붐(Jib-boom) 뱃머리돛대의 연장

용골(Keel) 함선의 등뼈 역할을 하는 주요 길이방향 부품. 함선의 부품 중 가장 강도가 높다. 요트의 경우 용골이 배 아래쪽으로 날개 모양으로 뻗어나가 돛에 가해지는 풍압에 맞서 균형을 잡는다. 물론 잉글랜드 북동부의 항구에서는 선저가 평평한 라이터들도 사용된다.

케치(Ketch) 마스트가 2개인 범선, 현대에는 타주 앞에 작은 후부 마스트가 붙은 요트를 가리킨다(욜 참조).

노트(Knot) 배의 속도를 재는 국제 단위다. 1노트는 1시간에 1해리를 가는 속도다.

측판(Leeboard) 원시적인 형태의 자재용골. 함선의 측면 전방 회전축에 설치된다. 오른쪽과 왼쪽에 하나씩 2개가 설치되지만, 바람 불어가는 쪽의 것만 사용된다.

리프팅 스크류(Lifting screw) 물 밖으로 꺼낼 수 있게 설계된 스크류 프로펠러. 물 밖으로 꺼내면 저항이 줄어들기 때문에 범선의 보조 동력장치로 많이 사용된다.

라이터(Lighter) 무동력 바지선. 항구에서 배에 물자를 싣거나 내릴 때 사용된다. 적절한 항구 시설이 없는 곳에서도 사용된다.

여객선(Liner) 정기적으로 사람들을 실어나르는 배. 보통 대양 횡단에 많이 쓰인다. 여객선이라는 말이 등장한 것은 1800년대 중반이다. 승객을 덜 싣고 대신 화물을 많이 싣는 화물여객선도 있다.

탄약고 탄약을 안전하게 저장하는 창고

마스트(Masts) 수직 또는 그에 가깝게 설치된 원재. 양현 및 선수 선미에 위치할 수 있으며, 돛을 매달 수 있다.

MGB/MTB 고속 포정/고속 어뢰정(Motor gun boat/motor torpedo boat) 고속 공격정 참조.

소해정(Minesweeper) 트롤 어선 크기만 한 소형 군함(실제로 많은 소해정들이 어선을 개조해 만들어지고 있다). 수중의 기뢰를 찾아 무력화하기 위한 특수 장비를 탑재하고 있다. 기뢰 제거 전문가들의 지원도 받는다.

후부 마스트(Mizzen) 선수로부터 3번째 마스트. 대부분의 배들의 마스트 수가 3개이므로, 맨 뒤에 있는 마스트이다. 예외 없이 종범 안정돛을 달고 있다.

NATO 북대서양 조약 기구(North Atlantic Treaty Organisation).

해리(Nautical mile) 바다에서 거리를 재는 국제 단위. 6,080피

트(1,852m)다.

OBO 광석 산적 원유 겸용선(Ore/Bulk/Oil carrier).

욀리콘(Oerlikon) 스위스 방위산업체. 이 회사의 20mm 기관포는 동급 최고의 성능을 자랑하여, 제2차 세계대전 당시 연합군과 추축군 모두 사용했다. 이 기관포는 20세기말까지 계속 생산 및 수출되었다.

잠망경(Periscope) 관측자가 시면을 바꿀 수 있는 광학 장비. 바다에서는 잠수함이 수면 위를 보거나, 포탑에서 외부를 보는데 쓰인다.

선미루(Poop) 선미 측에 위로 튀어나와 있는 갑판.

프로펠러(Propeller) 스크류 프로펠러의 잘못된 호칭. 증기 또는 전기 기관으로 스크류 프로펠러를 돌리면, 스크류 프로펠러의 휘어진 블레이드가 물에 부딪치면서 추력을 생성, 함선을 앞으로 나아가게 한다.

추진기(Propulser) 보통은 프로펠러를 쓰지 않는 추진 장치(워터제트 등) 전반을 말한다. 추진기 중 가장 효율적인 것은 보이스 슈나이더의 제품이다.

후갑판(Quarterdeck) 주 마스트(증기선 또는 전기선의 경우 주 마스트가 있음직한 부분) 후방의 상갑판을 가리킨다. 전통적으로 사관들의 공간이었다.

속사포(Quick-firing) 탄두와 장약이 일체화된 형태의 탄약을 쏘는 중소구경 함포를 가리킨다.

레이더(Radar) 무선 방향 및 거리 탐지기(Radio Direction and Range)의 약자로, 전자기파를 사용해 물체의 방향과 거리를 탐지하는 장비다.

예비역 군함(Reserve Warships) 현역 임무에 사용되지 않는 군함들을 가리킨다. 일시적으로 예비역으로 돌려지는 경우, 유지 보수는 계속된다. 장기간 예비역으로 돌려질 경우에는 <모스볼> 처리를 받는다.

타(Rudder) 배의 중심선 중 선미 부분에서 수직방향으로 내려진 판자 또는 지느러미. 처음에는 타축이라 불리는 간단한 경첩에 연결되어 있었으며, 이 타는 틸러에 직접, 또는 로프나 체인을 통해 타취차에 연결되어 있다. 타를 조작해 기울이면 함선의 방향이 바뀌어 진로도 바뀌게 된다.

SAM 지대공 미사일(Surface-to-air missile)

스쿠너 돛 장비(Schooner-rigged) 높이가 동일한 마스트 2개 이상(또는 맨 앞 마스트가 주 마스트와 다른 마스트에 비해 낮은)을 장비하고 모든 마스트에 종범이 있는 배. 중간돛은 있기도 하고 없기도 하다.

슈노르켈/스노클(Schnorkel/Snorkel) 최상단에 구형 밸브가 달린 튜브. 잠수함이 이 장비를 사용하면 잠항 중에도 공기를 빨아들여 내연기관을 작동시킬 수 있다.

시비(Seabee) 터미널 포트에서의 화물 선적과 하역을 간편하게 하기 위해, 화물을 적재한 바지선을 화물선에 바로 탑재가 가능하도록 한 시스템. 바지선(더 정확히 말하면 라이터)은 화물선의 선미에 있는 승강기를 사용해 화물선에 올려지거나 내려진다. LASH를 참조하라.

현호(Sheer) 선수와 선미를 향해 상갑판이 그리는 호

활강포(Smooth-bore) 포신에 강선이 없는 포. 19세기 후반까지 해군 무기로 쓰였다.

소나(Sonar) 음향 항법 및 거리 측정(Sound Navigation and Ranging)의 약자. 음파를 사용해 수중의 물체를 잡아내는 기술이다. 그리고 이 기술을 구사하는 장비에도 이 이름이 붙었다. ASDIC을 참조하라.

스팽커(Spanker) 원래 뒷바람을 이용하기 위해 후부 마스트에 매달린 추가 돛. 나중에는 후부 마스트에서 가장 낮은 돛이 되었다. 드라이버 참조.

경갑판(Spar deck) 엄밀히 말하면 임시 갑판이다. 그러나 이후 평갑판선의 상갑판을 의미하게 되었다.

스폰슨(Sponson) 선체 밖의 주갑판 또는 상갑판 높이에 만들어진 플랫폼. 보통 그 측면에 함포를 달아 축방향 사격을 한다.

전대(Squadron) 영국 해군에서 다수(보통 8척)의 대형함(순양함과 주력함)으로 편성하던 부대 이름. 그러나 미 해군에서는 최소 소해정까지에 이르는 모든 종류의 함종으로 전대를 편성한다. 오늘날 더 널리 퍼진 것은 미 해군 방식이다. 전대라는 용어는 전단이라는 용어를 대체하고 있다.

가로돛식 배(Square-rigged) 돛을 야드(마스트의 횡 거더)에 설치한 범선. 움직이지 않을 때는 돛이 배의 세로축과 직각을 이룬다.

SSM 지대지 미사일(Surface-to-surface missile).

SSN 원자력 잠수함(Nuclear-powered submarine).

정삭(Standing Rigging) 스테이나 슈라우드처럼 마스트를 안정시키는 데 쓰이는 삭구. 동삭을 참조하라.

증기 터빈(Steam Turbine) 수증기로 축상의 터빈 블레이드를 돌리는 회전식 엔진.

선수(Stem) 배의 프레임 중 가장 앞의 것. 최하단은 용골 위에 고정된다.

선미재(Stern post) 배의 프레임 중 가장 뒤의 것. 최하단은 용골 위에 고정된다.

잠수함(Submarine) 매우 긴 시간 동안, 또는 사실상 무한히 잠항이 가능한 함선.

태크(Tack) 종범의 앞쪽 아래 모퉁이. 범선의 경우 이곳의 한 편에 계속 바람이 부딪치게 된다.

틸러(Tiller) 타에 직결된 목제 혹은 금속제 막대기. 타를 움직일 때 쓴다.

톤수(Tonnage) 상선의 탑재량, 또는 군함의 배수량을 나타내는 단위.

중간 마스트(Topmast) 마스트의 두 번째 부분. 아래 마스트의 바로 위로, 중간 마스트 야드가 있다.

중간돛(Topsail) 가로돛식 배에서 가로돛은 중간 마스트 야드 위에 바로 세워진다. 더 큰 배의 경우 작업 편의를 위해 중간돛, 위돛, 아래돛이 함께 설치되어 있다. 종범선의 경우 중간돛은 가로돛이나 종범일 수 있다.

어뢰(Torpedo) 자체 추진력을 지닌 폭발물로, 수면 아래로 항주한다. 유도 능력은 있는 것도 있고 없는 것도 있다.

트롤 어선(Trawler) 두 개의 밧줄을 이용해 원추형의 그물을 끌고 다니는 어선. 현대의 트롤 어선들은 상당한 규모의 냉장 및 냉동 시설을 갖추고 있다. 또한 수 주간 항해가 가능하다.

3단 팽창(Triple-expansion) 일종의 왕복 복식 엔진으로, 최소 3개의 실린더를 갖추고 있다. 이들 실린더는 갈수록 커지며, 이 실린더의 피스톤들은 모두 하나의 크랭크축에 연결되어 있다. 가장 작은 실린더에 매우 높은 압력의 수증기가 들어오면 응결되어 좀 더 큰 그 다음 실린더로 간다. 여기서 한 번 더 응결된 수증기가 가장 큰 실린더로 간다.

터보 전기(Turbo-electric) 추진 체계의 일종. 수증기 터빈이 발전기를 작동시키고, 이 발전기가 만들어낸 전력으로 전기 모터를 돌려, 프로펠러 축을 돌리는 방식이다.

포탑(Turret) 원래는 함포를 지키는 장갑판으로, 함포가 설치된 플랫폼과 함께 회전했다. 이후에는 회전 마운트의 일부가 되어 1문 이상의 함포를 지지하게 되었다.

포탑선(Turret ship) 1890년대에 나온 화물선 설계. 상갑판이 배의 빔 절반가량을 차지한다. 상갑판 바로 아래 갑판은 하버 갑판이라고 불렸다. 하버 갑판은 직경이 큰 곡선을 그리는 주 수직판과 만난다. 이러한 설계는 기본적으로 일종의 속임수였다. 수에즈 운하 회사가 상갑판의 빔에 비례해 요금을 매기는 제도의 허점을 노린 것이다.

욜(Yawl) 마스트 2개짜리 요트로, 크기가 작은 후부 마스트가 타축 뒤에 배치되는 방식이다. 케치를 참조하라.

색인